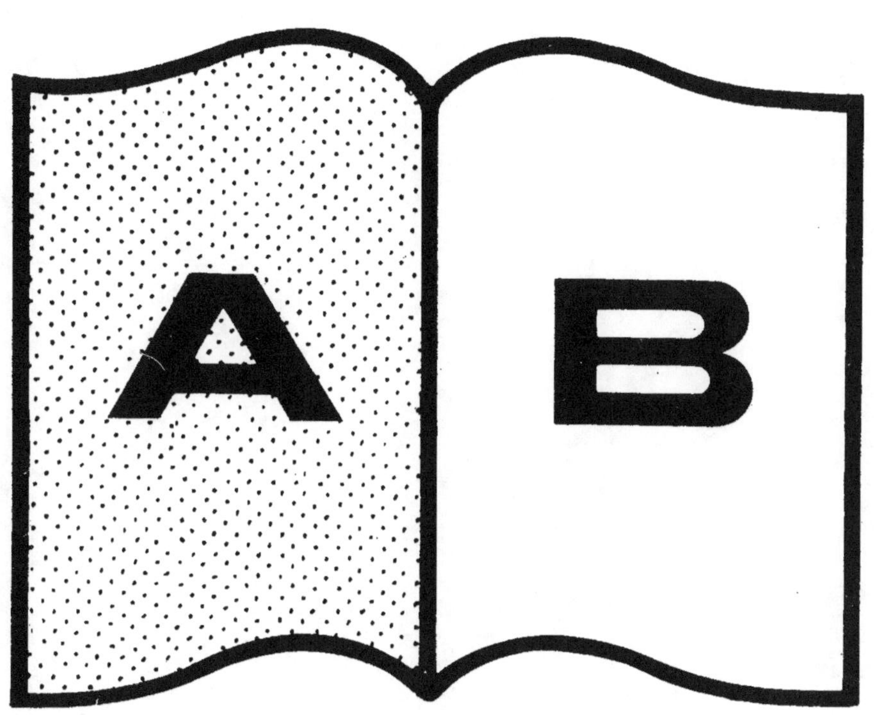

Contraste insuffisant

NF Z 43-120-14

CARTES MARINES

Constructions navales

Voyages de Découverte

CHEZ LES NORMANDS

1500-1650

PAR

L'Abbé A. ANTHIAUME

LICENCIÉ ÈS-SCIENCES MATHÉMATIQUES

Aumônier du Lycée du Havre

Préface de l'Amiral BUCHARD

TOME I

PARIS

ERNEST DUMONT, ÉDITEUR

42, rue Barbet-de-Jouy

1916

CARTES MARINES

Constructions navales — Voyages de Découverte

Chez les Normands

1500-1650

CARTES MARINES

Constructions navales
Voyages de Découverte
CHEZ LES NORMANDS

1500-1650

PAR

L'Abbé A. ANTHIAUME

LICENCIÉ ÈS-SCIENCES MATHÉMATIQUES

Aumônier du Lycée du Havre

———※———

Préface de l'Amiral BUCHARD

———⊷———

TOME I

PARIS

ERNEST DUMONT, ÉDITEUR

42, rue Barbet-de-Jouy

———

1916

DU MÊME AUTEUR

Le Collège du Havre, Le Havre, 1905, 2 vol. in-8° de 385 et 473 pages.

Bernardin de Saint-Pierre, écolier et pédagogue, Le Havre, 1905, in-8° de 12 pages.

Un capitaine normand au XVIᵉ siècle, Guillaume de Houdetot, Le Havre, 1909, in-8° de 56 p.

L'Astrolabe dit « de Béthencourt » et la Science nautique des Normands au moyen âge, Paris, 1909, in-8° de 36 p.

L'enseignement de la Science nautique au Havre-de-Grâce pendant les XVIᵉ, XVIIᵉ et XVIIIᵉ siècles, Paris, 1910, in-8° de 20 p.

L'Astrolabe-quadrant du Musée des Antiquités de Rouen. Recherches sur les connaissances mathématiques, astronomiques et nautiques au moyen âge (en collaboration avec le Dr Jules Sottas), Paris, 1910, in-8° de 167 p. [Académie des Sciences, 1910].

La distribution des prix au Collège du Havre en l'année 1777, Le Havre, 1911, in-8° de 27 p.

Un pilote et cartographe havrais au XVIᵉ siècle, Guillaume Le Testu, Paris, 1911, in-8° de 70 p.

La Science nautique des Normands du Xᵉ au XVIIIᵉ siècle, Rouen, 1911, in-8° (Mémoire présenté au Congrès du Millénaire normand).

Les Cartes géographiques et principalement les Cartes marines dans l'antiquité et au moyen âge, Paris, 1912, in-8° de 93 p.

Recherches sur l'histoire de la Science nautique antérieurement à la découverte du Nouveau Monde, Le Havre, 1913, in-8° de 255 p. [Académie des Sciences, Prix Binoux, 1915].

PRÉFACE

M. l'Abbé Anthiaume, qui a déjà publié un certain nombre de travaux scientifiques dont la valeur a été attestée, en 1910 et 1915, par l'Académie des Sciences (1), m'a demandé, *comme marin*, *comme hydrographe* et *comme Normand*, de dire ce que je pensais du nouvel ouvrage qu'il présente au public. Je le fais bien volontiers, car son œuvre m'a paru du plus grand intérêt.

Les choses du passé ne sont pas toujours faciles à raconter. Pour retracer avec exactitude l'histoire de la Navigation au cours des âges, il faut une longue série d'efforts, d'observations, d'études : c'est ce qu'a réalisé aujourd'hui, avec une rare compétence, M. l'Abbé Anthiaume, qui y a consacré dix années de sa vie.

.La force d'âme déployée par les anciens navigateurs a fait d'eux les héros d'une épopée, immense comme la mer elle-même !

Les poètes en ont chanté certains épisodes ; mais combien, et peut-être des plus beaux, resteront à jamais ensevelis avec ces marins illustres !

Si nous nous reportons aux premiers temps de l'humanité, comment ne pas admirer le courage du premier homme qui osa se confier à la première nacelle ! Il dut avoir, dit Horace, un triple airain sur le cœur, pour ne point défaillir !

---

(1) *L'Astrolabe-quadrant du Musée des Antiquités à Rouen* (en collaboration avec le Dr Jules Sottas), Paris, 1910. — *Recherches sur l'histoire de la science nautique, antérieurement à la découverte du Nouveau Monde*, Le Havre, 1913.

Et ce cœur de l'homme montre de nos jours la même intrépidité que jadis. N'avons-nous pas vu les avions escalader le ciel, et les submersibles se tracer une route dans la profondeur des mers ? Certes, un jour viendra où la navigation dans les airs et la navigation sous-marine deviendront aussi banales que la navigation en surface ; mais l'esprit de l'homme saura trouver encore quelque chose de plus nouveau.

Quoiqu'il en soit, il appartient aux générations actuelles de rendre hommage aux héros qui ont ouvert la voie du progrès.

Si de nos jours la poésie a disparu des récits de la mer, il faut que l'histoire prenne sa place et vienne consacrer le souvenir des grandes âmes et des grandes actions qui projettent encore un relief éclatant sur le fond obscurci des âges évanouis.

**

En lisant l'INTRODUCTION du présent ouvrage, on verra par quels tâtonnements la Navigation a passé avant de devenir la Science d'aujourd'hui.

L'auteur s'est borné à de rapides aperçus : il n'entrait pas dans son plan de traiter à fond une matière qui demanderait à elle seule de gros volumes.

Du moins a-t-il su résumer, en quelques pages et avec habileté, les meilleurs travaux se rattachant à l'histoire de la Carte marine avant Christophe Colomb.

Cette étude préliminaire s'imposait pour préparer le lecteur à l'objet même du livre. Avant de montrer, pièces en mains, ce que les Navigateurs et les Cartographes normands ont fait pour l'avancement de la Science nautique, ne fallait-il pas d'abord nous dire en quoi ils étaient eux-mêmes tributaires de leurs devanciers ?

**

Nous allons essayer de suivre rapidement M. l'Abbé Anthiaume dans l'ouvrage si documenté qu'il publie aujourd'hui.

Le titre adopté : — CARTES MARINES, — CONSTRUCTIONS NAVALES, — VOYAGES DE DÉCOUVERTE CHEZ LES NORMANDS (1500-1650), condense, en deux lignes, la matière éparse dans les deux gros volumes.

Le Tome I traite plus spécialement de la Cartographie normande, des Cartographes du xvi° siècle et des progrès réalisés par l'hydrographie normande dans l'ancien monde.

IMPORTANCE DE LA CARTOGRAPHIE.

On sait quel précieux auxiliaire formaient jadis les cartes nautiques pour le marin qui, au xvi° siècle, naviguait presque exclusivement à l'*estime*, c'est-à-dire déterminait sa position à l'aide de la boussole et de la vitesse du bâtiment.

La Carte marine était alors une *Carte plate*, sur laquelle le chemin, suivi par le navire, était représenté par une ligne droite coupant tous les méridiens sous le même angle, dit *angle de route*.

Mais ce système présentait de grands inconvénients ; aussi les Normands introduisirent-ils en France, dès les premières années du xvii° siècle, le système des *Cartes réduites*, qui vint parer aux imperfections des Cartes plates.

CARACTÉRISTIQUES DES CARTES NORMANDES.

En consultant les travaux hydrographiques anciens, exécutés par les Normands, on constate que le littoral de la France (et principalement celui de la Normandie) y est mieux représenté que partout ailleurs.

Dans les autres parties du monde, nous pouvons signaler également : une carte très minutieuse du Spitzberg, publiée dès 1630 par les Normands ; une carte de l'Archipel asiatique, admirablement dressée, en 1635, par le honfleurais P. Berthelot ; des plans détaillés de Madagascar qui paraissent au xvi° siècle et subsistent jusqu'au milieu du xvii°.

Les Normands manifestent une conception spéciale des

Terres Australes, et en particulier de Jave-la-Grande (qui correspond peut-être à l'Australie). Les premiers, ils séparent complètement, dans leurs cartes, l'Asie de l'Amérique du Nord ; ils donnent le tracé du Labrador, de Terre-Neuve, la configuration du St-Laurent...

Au xvii° siècle, la colonisation des Antilles françaises est spécialement l'œuvre des Normands, qui fournissent en outre les levés géographiques de certains points du Brésil.

Pour représenter toutes ces terres, nos compatriotes ont imaginé des *Projections* fort ingénieuses, qui montrent les progrès accomplis, pas à pas, dans la science géodésique.

On trouve également sur leurs cartes les dessins de nombreux navires qui viennent donner une idée précise de l'Architecture navale de cette époque.

*
* *

CARTOGRAPHES ET CARTES DU XVI° SIÈCLE.

Mais les travaux dont nous venons de parler ne sont pas anonymes ; des noms sont restés, que M. l'Abbé Anthiaume fait connaître. Il vient tirer de l'oubli et rappeler à la vie toute une phalange de navigateurs et de savants.

Pour arriver à un pareil résultat, il a dû compulser bien des documents, épars dans les Archives françaises ou étrangères, et se livrer à des recherches longues et minutieuses ! Mais le succès a couronné ses efforts, et maintenant, grâce à lui, ces noms resteront à jamais gravés sur les Tablettes de la Science.

Citons avec l'auteur quelques-uns des hydrographes illustres qui émergent dans la pléiade des savants d'autrefois.

C'est, pour la description du littoral français, *Jean Jolivet* célèbre par sa carte de Normandie, *Jean Mallart* et son routier, puis *Jean Guerard* qui sur son portulan de 1627 indique attentivement les profondeurs de la mer et la nature des fonds.

Les régions polaires et la recherche du passage du N.-E vers la Chine passionnent beaucoup, à cette époque, les Normands, qui envoient dans ces parages plusieurs expéditions. Ils y fondent notamment une industrie nouvelle, « la pêche à la baleine », dont le siège s'établit à Rouen et au Havre.

C'est le moment que choisissent *Jean Guerard* et *Jean Dupont* pour mettre au point leur carte du Spitzberg.

En Afrique, dès le xvie siècle, nous trouvons, pour la côte occidentale, les descriptions les plus précises, faites par le dieppois *Desceliers* (1550) et par le havrais *Le Testu* (1556).

Les Normands fréquentent aussi Madagascar, et perfectionnent les documents hydrographiques italiens et portugais déjà existants. Ils y créent un spécimen de cartes marines, qui reste en vigueur jusqu'au xviiie siècle, époque où tous les plans sont retouchés et modernisés par le havrais *D'Après de Mannevillette* (1776).

En Asie, les navires du fameux dieppois *Ango* pratiquaient déjà, au xvie siècle, la route des Indes Orientales. On cite, dans les premières années du xviie siècle, l'expédition du rouennais *Augustin de Beaulieu* sur les côtes de Coromandel, de Malabar, et à l'île de Sumatra. Les meilleures cartes normandes du littoral asiatique sont l'œuvre de *Desceliers*, de *Le Testu*, et du honfleurais *Pierre Berthelot* (1635).

Les groupes de Java, des Moluques, de Bornéo, des Philippines et du Japon paraissent moins connus des Normands.

Quant au Continent austral (l'*Antichthone* de l'Antiquité et du Moyen âge), les Normands crurent à son existence, plus que les autres peuples. Ils regardaient ce continent hypothétique comme nécessaire pour contrebalancer la grande masse des terres de l'hémisphère boréal, et pour conserver l'équilibre sphérique.

Cependant, bien qu'ils en aient même dessiné, avec un certain soin, les contours, on peut, dans les documents d'alors, constater combien naïve était leur foi réelle dans l'existence de ce continent ignoré.

Ces croyances ne disparurent qu'avec les voyages de

Cook (1772-1775), époque où surgit alors l'hypothèse du « Continent antarctique », laquelle, de nos jours, compte encore un certain nombre de partisans.

*
* *

Le Tome II s'occupe, dans sa première partie, des découvertes réalisées par les Normands dans le Nouveau Monde ; et dans sa seconde partie il traite des Constructions navales normandes, et des méthodes scientifiques employées par nos compatriotes pour dresser leurs cartes.

Le Nouveau Monde fut visité par les Normands dès le xv⁰ siècle.

Au xvi⁰ siècle, ils armaient de nombreux navires pour la pêche à la morue, qui se pratiquait surtout à Terre-Neuve et au Labrador (1).

Les voyages du malouin *Jacques Cartier* restent célèbres à juste titre. C'est lui qui a découvert le Canada (appelé pendant longtemps *Nouvelle France*).

Au xvii⁰ siècle, les ports normands de Dieppe, Rouen, Honfleur, deviennent la tête du trafic maritime pour ce pays. Pendant bien des années l'archevêque de Rouen exerça la juridiction spirituelle au Canada, regardé comme une extension de son diocèse.

Du Cap Breton à la Floride, le littoral est encore exploré par des navigateurs, soit normands, soit au compte des Normands. Les principaux sont : *Jean Verrazano*, le dieppois *Jean Ribaut*, *René de Laudonnière*, le rouennais *Étienne Bellinger*. L'archevêque de Rouen, *Charles Iᵉʳ de Bourbon*, et *l'Amiral de Joyeuse* s'associent pour développer la colonisation dans cette zone américaine.

Aux Antilles, les Normands paraissent au xvi⁰ siècle, comme flibustiers, pour accomplir leurs exploits restés si fameux. Les rois de France leur accordent des lettres de marque, comme corsaires, afin de combattre les galions espagnols rentrant en Europe avec un chargement d'or et de marchandises.

Au xvii⁰ siècle, ils s'installent à St-Christophe et dans les Petites Antilles, et M. l'Abbé Anthiaume nous donne,

---

(1) Le Labrador des Normands est en réalité le Groënland mal placé.

à ce sujet, des renseignements inédits puisés dans les registres du tabellionage havrais.

En 1633, le dieppois Jean Guerard fait paraître une carte de grande valeur, nous renseignant sur les expéditions normandes de *Pierre Belain d'Esnambuc*. Le Brésil est connu des Normands qui, dès la fin du xve siècle, le fréquentent assidûment pour y charger, entre autres produits, le bois Brésil alors très estimé pour la teinture.

Au xvie siècle, nos compatriotes continuent à trafiquer avec les Brésiliens et à entretenir avec eux de cordiales relations. Ils revendiquent pour le Brésil le nom de *France antarctique*. Plusieurs fois ils tentent de s'installer en ce pays ; mais le gouvernement portugais prend ombrage de nos essais de colonisation et envoie des forces considérables nous donner la chasse le long de la côte brésilienne.

La campagne de 1580, si bien combinée par Catherine de Médicis et par Philippe Strozzi, échoua, et de ce moment nous dûmes renoncer à l'espoir d'occuper le Brésil.

Desceliers (1550) et *Le Testu* (1556) tracent correctement le littoral brésilien, et donnent des détails curieux sur les mœurs des habitants. Quelques années plus tard (1579), *Jacques de Vau de Claye* représente les côtes avoisinant Rio de Janeiro et fait un relevé rapide de la zone comprise entre l'Amazone et le Rio San Francisco. Ce document est plutôt un tracé militaire, un vrai plan de campagne, destiné à la future colonisation du pays. On y trouve, indiqués méthodiquement, les emplacements occupés par les indigènes alliés, le nombre des guerriers ennemis...

Quant aux côtes du Pacifique, elles furent peu fréquentées par les Normands pendant ces périodes.

Comme on le voit par ce qui précède, c'est la géographie du monde entier que les Normands ont retouchée, sinon découverte.

En vérité, aucune gloire n'a manqué à ces grands navigateurs, qui étaient bien les fils de ces Northmans que la légende antique nous montre sans cesse bercés au gré des flots et affrontant comme un jeu les plus redoutables tempêtes !

Constructions navales.

En suivant ainsi sur tous les Océans les raids de ses compatriotes, M. l'Abbé Anthiaume voulut connaître quels genres de navires ils montaient.

Oh ! Ce n'étaient pas des nefs bien perfectionnées ! Et ces instruments très primitifs ne valaient que par l'habileté de ceux qui les dirigeaient. Mais les résultats obtenus avec de pareils moyens ne font qu'augmenter notre admiration pour ces hardis manœuvriers !

Le clos des galées de Rouen fut le premier arsenal de la monarchie française ; il se développa de 1294 à 1419 ; on y fabriquait des galères avec les arbres des forêts de Roumare et de Rouvray.

Au xv⁰ et au xvɪ⁰ siècles, la grande navigation s'étant développée, on installa sur les rives de la Seine, et aussi à Dieppe et à Fécamp, des chantiers plus vastes, afin d'y mettre sur cale des vaisseaux importants qui n'avaient plus aucun trait de ressemblance avec les caravelles de Christophe Colomb.

C'est aux Normands qu'on doit, au xɪv⁰ siècle, l'application du goudron pour le calfatage des bordés, et l'emploi de la poudre à canon.

Les navires lancés en Normandie sont de deux types : « les vaisseaux longs et les vaisseaux ronds ». À défaut des modèles perdus aujourd'hui, M. l'Abbé Anthiaume a retrouvé sur ces bâtiments des renseignements précieux, dans les cartes marines du xvɪ⁰ siècle et en particulier dans les plans du dieppois Roze et du havrais Le Testu.

Il a, très heureusement aussi, mis à profit l'étude des vitraux du temps. Les églises de Villequier, de Vatteville, d'Auppegard, et de Neuville-les-Dieppe offrent de riches spécimens, dont il a extrait des détails inédits, et dont la valeur technique ne saurait être contestée.

L'auteur a terminé cette étude par un paragraphe spécial sur les Constructions navales du Havre sous Richelieu.

Ces pages sont écrites à l'aide de documents nouveaux, puisés dans les registres non encore explorés du tabellionage du Havre.

*
* *

Divers systèmes de projections des Cartes normandes.

Une des parties les plus intéressantes de l'ouvrage de M. l'Abbé Anthiaume est celle qui traite des « *Projections des cartes normandes* ».

Avec une compétence scientifique rare et une grande habitude des formules mathématiques, l'auteur, qui est d'ailleurs licencié ès-sciences, nous initie à des calculs que nous n'avons pas encore, jusqu'ici, rencontrés, même dans les traités d'hydrographie les plus complets.

En étudiant les portulans du moyen âge, il démontre que, basée sur la distance estimée entre deux ports et sur les Azimuts de ces ports, leur projection n'est autre que le système à latitudes croissantes de Mercator.

Il nous révèle ensuite que, sur les Cartes plates carrées, la loxodromie se projette suivant une courbe transcendante, et non en ligne droite comme on l'a cru longtemps.

Les cartes normandes sont, en grande majorité, des cartes plates construites sur la rose des vents et pourvues d'échelles de latitude. Les mappemondes de Desceliers sont des Cartes plates carrées.

Divers autres systèmes de projections furent employés, aux xvi° et xvii° siècles, entre autres : la projection stéréographique, soit méridienne, soit sur l'horizon de Paris (Roze et J. de Vaulx), la projection orthographique méridienne (J. de Vaulx), la projection trapézoïdale (J. de Vaulx), etc. Mais les plus curieuses sont, assurément : la projection sinusoïdale de Cossin, celle à latitudes croissantes de Le Vasseur et de Guerard et plusieurs dues à Le Testu. M. l'Abbé Anthiaume les a toutes soumises au calcul analytique, et a pu compléter certaines théories qui n'avaient pris place qu'à l'état d'ébauches dans le *Traité des projections des Cartes géographiques* de l'ingénieur hydrographe A. Germain.

Les projections, que Le Testu a livrées à la postérité, dans son Atlas de 1556, sont au nombre de six, et sont particulièrement remarquables. La première représente le quart d'un hémisphère sous la forme d'un triangle sphérique, la deuxième, les « trois quarts de la moitié du monde » ; la troisième est un système original, employé par le vénitien Tramezini ; la quatrième, connue sous le nom de canevas symétrique, a été inventée par Apian ; la cinquième, projection perspective de la terre, et la sixième, projection étoilée, semblent avoir été imaginées par Le Testu. Il en est de même de la projection si curieuse de son planisphère de 1566.

Ces projections n'ayant encore, jusqu'à l'heure présente, fait l'objet d'aucun commentaire approfondi, M. l'Abbé Anthiaume les a étudiées avec le plus grand soin, et nous sommes bien certains que son travail scientifique sera lu avec un vif intérêt par tous les amateurs de géométrie analytique.

*
* *

Dans le dernier chapitre, l'auteur montre à l'aide de nombreux documents que l'influence de la cartographie normande a été considérable en France et à l'Étranger. Ainsi se trouve bien établie l'excellente renommée de nos compatriotes comme cartographes, comme navigateurs et comme savants.

*
* *

Les lecteurs qui auront le courage de lire cette longue préface voudront bien m'excuser d'avoir fait une analyse aussi complète de l'ouvrage de M. l'Abbé Anthiaume.

Ayant moi-même réalisé, de par le monde, pas mal de travaux hydrographiques, de plans, de cartes marines, d'instructions nautiques, je n'ai pu résister au grand plaisir d'étudier minutieusement le travail présenté par l'auteur, et de mettre en relief les points qui m'ont si vivement intéressé.

Paris, le 27 décembre 1916.

C.-Amiral H. BUCHARD.

INTRODUCTION

La Carte marine avant Christophe Colomb

§ I. — Les Périples.

Les Anciens s'adonnèrent très tôt à la navigation et firent la description des mers qu'ils parcouraient. Les Grecs, en particulier, écrivirent bien des traités pratiques qui ne nous sont pas parvenus. On cite notamment, au premier siècle avant J.-C., la *Description de l'Océan*, ouvrage de Posidonius, auquel Strabon emprunta une foule de détails pour la composition de sa *Géographie* (1).

Il existait alors des guides spécialement rédigés pour les marins (2) ; ces itinéraires écrits s'appelaient *Périples*. Etymologiquement, le périple était une circumnavigation ; en réalité, c'était plutôt ce que nous dénommons aujourd'hui une *description maritime*, un *livre de bord*. Les navigateurs y consignaient leurs observations, faites le long des

---

(1) Dubois, *Examen de la Géographie de Strabon*, Paris, 1891, p. 322 et suiv.

(2) Strabon, *Géographie*, liv. VIII, ch. 1, § 1, et ch. III, § 20. — Athénée. *Banquet des Sophistes*, liv. VII, § 8. — H. Berger, *Geschichte der wissenschaftlichen Erdkunde der Griechen*, 4 fasc., 1887-1893.

côtes qu'ils avaient visitées, et y indiquaient la distance qui séparait un port d'un autre port.

Parmi les périples, les uns renfermaient la description de toutes les mers connues, les autres ne détaillaient que certaines régions maritimes. Tous ces documents ont à nos yeux une telle valeur historique, que, groupés ensemble, ils constituent l'histoire maritime de l'antiquité.

Pour la *Méditerranée*, nous connaissons le périple de Scylax, de Caryande, au v⁰ siècle avant J.-C., et le Stadiasme de la Grande Mer au iv⁰ siècle de notre ère ; pour le *Pont-Euxin*, le périple d'Arrien, de Nicomédie, préfet de Cappadoce sous le règne d'Adrien (1) ; pour la *Mer Erythrée* (2), on cite : 1° Agatharchide de Cnide (vers l'an 130 avant J.-C.) (3), qui a fait une bonne topographie des rives de la Mer Rouge (4) ; 2° Artémidore d'Ephèse (100 ans environ avant J.-C.), qui a écrit un périple en onze livres (5) cité par Strabon et Pline, et résumé par Marcien d'Héraclée au v⁰ siècle de notre ère ; 3° *Le périple de la Mer Erythrée*, ouvrage anonyme composé au milieu du iii⁰ siècle de l'ère chrétienne (6). Pour la Mer Extérieure (c'est-à-dire. l'Atlantique et l'Océan Indien), peu connue des Grecs et des Romains, nous ne possédons que des descriptions fort sommaires ; ce sont, par exemple, la courte relation du voyage de Hannon, le périple de Marcien d'Héraclée, qui n'est, à vrai dire, qu'un abrégé de la Géographie de Ptolémée et l'*Ora maritima* d'Avienus.

Trois périples nous semblent plus complets, plus précis et plus importants que les autres : le périple de Scylax, le Stadiasme et l'Ora maritima d'Avienus. Ils ne présentent

---

(1) C. MULLER, *Geographi græci minores*, Paris, 1855, t. I, p. CXI-CXV, 370-401. — CHOTARD, *Le périple de la Mer Noire par Arrien*, 1860. — G. M. THOMAS, *Der periplus des Pontus Euxinus*, 1864.

(2) Chez les Anciens, c'était la mer de l'Inde, y compris le Golfe Persique et la Mer Rouge.

(3) Diodore de Sicile, *Bibliothèque historique*, liv. III. 38.

(4) C. MULLER, *op. cit.*, t. I, p. LIV-LXXIII et 111-195.

(5) BERGER, *op. cit.*, IV, p. 39.

(6) C. MULLER (*op. cit.*, t. I, p. 157-305) et B. FABRICIUS (*Der Periplus des Erythralischen Meeres von einen unbekannten*, 1883) ont publié le texte de ce périple.

pas seulement des relations de voyages et des comptes rendus commerciaux ; ce sont de vrais itinéraires maritimes.

Le *périple de Scylax* est un périple de la *Mer Intérieure*, c'est-à-dire une description des côtes de la Méditerranée, du golfe Adriatique et du Pont-Euxin. Les distances y sont marquées en journées de navigation, et ces journées sont estimées à 500 stades dans les grandes traversées. Dicéarque, dans l'évaluation de l'espace compris entre Carthage et les Colonnes d'Hercule, puis Strabon, dans son chapitre sur la côte d'Egypte, ont copié Scylax.

Un simple coup d'œil jeté sur la carte qu'on a jointe au texte, et qui retrace toute la région décrite par l'auteur, semble démontrer clairement que ce périple de la Méditerranée et de la mer Noire a été formé par la réunion de plusieurs périples moins étendus. La plupart d'entre eux sont peut-être d'origine grecque ou gréco-phénicienne. Le vrai auteur de ce périple, s'il n'était pas de Caryande, en Carie, comme certains le pensent, était à coup sûr de quelque ville grecque située sur le bord de la Mer Egée. Déjà la partie septentrionale de la Mer Adriatique commençait à être connue des Grecs. Scylax déclare lui-même que l'Ister (aujourd'hui le Danube) se jette dans la Mer Noire aussi bien que dans l'Adriatique (1).

Le *Stadiasme de la Grande Mer* (2) est un périple analogue, qui semble appartenir au IVᵉ ou au Vᵉ siècle de notre ère. C'est le plus riche et le plus exact des documents anciens relatifs à la Méditerranée. L'auteur énumère avec grand soin les ports et leurs avantages naturels, les promontoires, les aiguades, les points saillants des côtes. Le trajet des navires n'est pas une ligne droite, mais une série

---

(1) Sur le périple de Scylax on peut consulter : Nic. FRÉRET, *Mémoire sur la Géographie ancienne* (Académie des Inscriptions, *Mém.*, t. XVI). — B. G. NIEBUHR, *Ueber das Alter des Kustenbeschreibers Scylax von Karyanda*, Berlin, 1810. — Franç. GAIL, *Dissertatio de Scylacis œtate et ejus Peripli auctoritate*, au tome I de ses *Geographi græci minores*, 1827-1831. — LETRONNE, Le périple de Scylax (Journal des Savants, 1826). — C. MÜLLER, *op. cit.*, t. I, p. XXXIII-LI et 15-96.

(2) La Grande Mer comprend la Méditerranée et la Mer Noire.

— 4 —

d'arcs rentrants ou sortants selon qu'on côtoie un golfe ou
un cap. La somme de ces courbes exprime la distance d'un
point à un autre. Toutefois, quand une échancrure profonde de la côte permet d'abréger la route ou quand une
île se trouve éloignée du rivage, il mentionne le trajet
direct. Cette œuvre annonce déjà par certains côtés les
portulans du moyen âge (1).

Festus Avienus, qui vivait à la fin du IV⁰ siècle de notre
ère sous Théodose le Grand, a traduit en vers les *Phéno-
mènes* d'Aratus, le périple de Denys le Périégète, et un
ouvrage géographique intitulé *Ora maritima* (régions maritimes) (2). Ce dernier poème présente pour nous un intérêt
tout particulier. C'est une description du littoral, écrite en
vers latins d'après des renseignements empruntés à d'anciens auteurs grecs. Elle dérive d'une œuvre phénicienne
qui remonte, comme l'a démontré K. Müllenhoff (3), à une
époque où les Celtes n'avaient pas encore pris possession
de l'Hispanie, et avant la conquête du pays par les Cartha-
ginois. Cette description côtière phénicienne fut traduite
par un grec Massaliote vers le V⁰ siècle avant J.-C. Un
interpolateur au II⁰ siècle la corrigea et l'augmenta de nouvelles données. Avienus s'empara de ce travail, le revêtit
d'une forme poétique et mit au jour une œuvre qui porte
ainsi les traces d'une très haute antiquité (4), mais qui ne
paraît pas achevée. L'auteur se proposait de décrire toutes
les côtes occidentales et méridionales de l'Europe (5), et
l'édition de Panckouke ne comprend que la description du
littoral de la Méditerranée depuis les Colonnes d'Hercule
jusqu'à Marseille en 703 trimètres ïambiques. Les distances

---

(1) Le *Stadiasme*, fut publié et imprimé par J. IRIARTE (*Reg. bibl.
Matrit. codices græci*, Madrid, 1769, t. I, p. 485-493), traduit en latin par
C. MULLER, *Geographi græci minores*, Paris, 1855, t. I, p. CXXIII-CXXVIII
et 427-514. — Voir aussi LETRONNE, *Journal des Savants*, février 1829, et
MILLER, *ibid.*, avril 1844.

(2) Rufus Festus AVIENUS, Paris, Panckouke, 1843, in-8°, p. 104-149.

(3) *Deutsche Altertumskunde*, Berlin, 1890.

(4) Konrad KRETSCHMER, *Die italienischen Portolane des Mittelalters*,
Berlin, 1909, in-4°, p. 164-166.

(5) Cf. le vers 51 de l'édition de Panckouke.

mutuelles des ports y sont marquées en traversées de jour.

Müllenhoff croit que ce périple rendit de grands services aux marins qui, de génération en génération, se le passèrent les uns aux autres en le retouchant au fur et à mesure des nouvelles découvertes.

Il semble que le *Périple* en général a suffi aux anciens navigateurs et qu'ils n'éprouvèrent nullement le besoin d'utiliser des cartes. Cependant Nordenskiöld (1) prétend que l'antiquité possédait des cartes nautiques et que celles de Marin de Tyr furent le prototype des cartes du moyen âge, dites portulans.

Hérodote (2), Thucydide (3) et d'autres écrivains prennent comme unité de mesure des distances maritimes le chemin parcouru dans une traversée de jour ou de nuit. Cette mesure est aussi celle de plusieurs périples, par exemple ceux de Hannon et de Scylax. Mais ces traversées de jour ou de nuit étaient diversement évaluées. D'autres auteurs de périples y substituèrent le *stade*, mais, ce stade n'ayant pas la même longueur dans tous les pays, ses indications causèrent parfois bien des méprises et bien des erreurs. Une journée de navigation variait entre 500 et 900 stades.

Le stade marin était plus petit que le stade terrestre. Strabon (4) déclare, d'après Polybe, que, le long de la côte italienne baignée par la mer de Sicile, la voie de terre mesure largement 3.000 stades, tandis que le trajet correspondant par mer ne dépasse pas 2.500 stades. Le stade marin est donc les 5/6 du stade terrestre. On constate en effet que dans les anciens périples, où la mesure du stade

---

(1) A. E. Nordenskiold, *Periplus, an essay on the early history of charts and sailing-directions. Translated from the swedish original by Fr. A. Bather. With numerous reproductions of old charts and maps*, Stockholm, 1897, p. 3.

(2) *L'Histoire* d'Hérodote a été traduite en français par Saliat, Paris, 1575.

(3) *Histoire la guerre du Péloponèse.*

(4) *Géographie*, traduction de Amédée Tardieu, Paris, 1867, t. I, liv. V, ch. I, p. 350.

est la même pour les routes de terre ou de mer, le stade employé est trop grand pour les distances maritimes.

Le polonais Franciszek Bujak (1) a cherché la valeur du stade marin dans les périples anciens. D'après ses calculs, le stade servant de base au *Stadiasme* est de 150 m. en moyenne, tandis que le stade olympique mesure 185 m. Très vraisemblablement, pour connaître le nombre de stades nautiques, le marin employait un procédé bien simple qui consistait à mesurer sur terre la distance entre deux points, puis à évaluer le trajet par mer en prenant les 5/6 de cette distance. Les stades ainsi réduits étaient inscrits dans les périples.

Les stades cédèrent la place aux milles. L'auteur anonyme du périple du Pont-Euxin (ve siècle ?) a ajouté aux stades le nombre équivalent en milles, et, d'après lui, 7 $\frac{1}{2}$ stades valent un mille.

Entre le dernier périple byzantin (ive ou ve siècle) et les fragments des plus anciens portulans du xie au xiiie siècle, il existe une lacune trop vaste pour qu'on puisse à coup sûr négliger la solution de continuité. Nous avons, néanmoins, la conviction que les manuels de navigation byzantins et italiens se rattachaient les uns aux autres. Au xiie siècle apparurent les premiers vestiges de portulans italiens. Leur construction ressemble fort à celle des périples. Le mille italien avait déjà remplacé le stade. Ce qui nous porte à croire que les marins italiens s'appuyèrent sur les calculs anciens et les modifièrent avec le temps, et qu'il existe un rapport étroit entre le périple et le portulan italien.

On sait que, avant le xiie siècle, des relations commerciales existaient entre quelques cités italiennes et le Levant. Il n'est donc pas étonnant qu'à la faveur de ces relations les Italiens et les Byzantins se soient mutuellement communiqués leurs connaissances nautiques.

---

(1) O. *Sredniowiecznych mapach zeglarskirch*, Krakow, 1903. p. 34 et suiv.

§ II. — LES PORTULANS *écrits* ET LES PORTULANS *figurés*.

Deux sortes de renseignements guidaient les marins dans leurs courses : les cartes, puis leur texte explicatif.

Les textes explicatifs, ou itinéraires maritimes *écrits*, s'appelaient dans l'antiquité *périples*, au moyen âge *portulans*, puis *routiers*.

Les cartes, ou itinéraires maritimes *figurés*, sont connues sous le nom de *cartes-portulans*, ou simplement de *portulans*.

Le nom de portulan (1) s'applique donc indifféremment aux itinéraires *figurés* ou *écrits*, aux cartes marines ou aux routiers.

Parmi les itinéraires maritimes *écrits*, il semble, avons-nous dit, que le portulan italien dérive du périple grec. Toutefois, les nomenclatures sont différentes. Bien des noms nouveaux ont été substitués à d'anciens, soit parce que certains endroits ont beaucoup perdu de leur importance, soit parce que de nouvelles cités ont été fondées qui se sont rapidement développées. En outre, les distances ne sont plus exprimées en traversées de jour ou de nuit, mais sont désormais établies en stades et enfin en milles.

Les itinéraires *écrits* se développant, on les a ornés d'esquisses, et c'est ainsi qu'on a passé du portulan *écrit* au portulan *figuré*.

Avant l'emploi de la boussole dans la navigation, quelle était la forme de ces représentations ? Peut-être étaient-elles pourvues de lignes de croisement qui indiquaient les situations respectives des ports entre eux. Leur construction ne reposait pas, ce semble, sur des principes scientifiques. On y remarquait deux lignes perpendiculaires orientées suivant les quatre points cardinaux, et parfois quatre ou huit autres directions de la rose des vents, puis des lignes secondaires reliant un port à un autre. C'étaient à peu près les éléments des anciens périples, réunis sur un plan figuratif.

____

(1) Le mot italien *portolano* signifie livre de port, livre de côtes.

Ces plans étaient basés sur les deux notions nécessaires, déjà mentionnées par Homère (1) : la longueur du chemin parcouru et la direction de la route.

Le marin évaluait la vitesse de son bâtiment avec les yeux, au juger. Il ne possédait, en effet, pour résoudre ce problème, que des données trop peu précises, telles que la rapidité de l'écume le long du navire, ou la hauteur de l'eau rejetée par l'avant, ou encore le temps employé pour parvenir d'un lieu à un autre. C'étaient là des ressources insuffisantes pour mesurer, même par approximation, le chemin parcouru.

La direction de la route était un second élément de connaissance que le navigateur ne pouvait guère mieux déterminer que la vitesse du navire. De jour il observait la position du soleil et de nuit celle des étoiles. Ces astres l'aidaient à s'orienter. On sait toute l'importance de l'orientation pour la construction des cartes nautiques et pour la navigation à l'aide de ces cartes. Dans certains parages, le marin avait encore comme guides pendant la nuit les feux allumés sur les falaises ou sur les grèves (2).

A la suite de la découverte de la boussole, on construisit des cartes, dites cartes-boussoles, qui réalisaient un grand progrès. Les deux notions indispensables au pilote restaient toujours, comme auparavant, la direction et l'évaluation du chemin parcouru. L'estime à vue fut longtemps le seul moyen d'apprécier les distances ; Magellan, au début du XVI° siècle, ne suivait pas d'autre méthode (3). Mais la direction de la route fut désormais demandée à la boussole. On plaçait cette boussole sur la carte et on observait l'angle formé par la direction qu'on voulait suivre avec celle de l'aiguille aimantée. A l'aide du gouvernail et de la manœuvre des voiles, le pilote maintenait le cap du bâtiment dans

---

(1) *Odyssée*, IV, 389.

(2) Homère, *Iliade*, XIX, 375.

(3) Navarrète, *Coleccion de los viages y descubrimientos que hicieron por mar los Españoles desde fines del Siglo XV*, 5 vol. in-4°, Madrid, 1825-1837.

un angle déterminé par le sillage du navire avec la ligne méridienne, et il atteignait ainsi l'endroit proposé.

D'après une tradition accréditée à Dieppe, les habitants de cette ville auraient connu les propriétés de l'aimant dès le règne de saint Louis. Il est certain toutefois que les Dieppois étaient très habiles à fabriquer des boussoles et que, pendant longtemps, ils en pourvurent tous les ports de France.

Vers l'an 1300 (1), quand la boussole fut définitivement appliquée à la navigation, on adjoignit une rose des vents à l'aiguille aimantée. A partir de ce moment, les navigateurs, après avoir trouvé l'aire de vent qu'ils devaient suivre, se dirigèrent d'après la rose fixée à leur boussole et négligèrent par conséquent la rose de leur dessin. Toutefois, on continua, et pendant encore bien des années, à dresser les cartes marines sur les roses des vents.

La carte-boussole fut appelée par les Italiens carte nautique ou carte marine. Les légendes de ces cartes inscrivent les mots *carta*, *tabula*, ou même le pronom personnel « X... me fecit », mais non *portolano* (2). Breusing (3) et Th. Fischer (4) ont proposé le mot inexact de *carte loxodromique*. F.-R. de Wieser (5) a fait accepter, dans le langage ordinaire, le mot de *carte-portulan* ou tout simplement de *portulan*.

§ III. — LA CONSTRUCTION DES CARTES.

Les cartes-portulans sont dessinées sur parchemin, c'est-à-dire sur peau de mouton, de chèvre ou de veau. Les

---

(1) D'AVEZAC, *Aperçus historiques sur la boussole* (Bull. de la Soc. de Géogr., Paris, 1860, t. XIX, p. 355.)

(2) K. KRETSCHMER, *Die italienischen Portolane des Mittelalters*, Berlin, 1909, in-4°, p. 37, note.

(3) *Zur Geschichte der Geographie. Flavio Gioja und der Schiffskompass*, Berlin.

(4) *Sammlung mittelalterlicher Welt-und Seekarten italienischen Ursprungs und aus italienischen Bibliotheken und Archiven*, Venise, 1886.

(5) *In der Besprechung des Nordenskiöldschen Periplus, Petermans Mitteil*, 1899.

cartes à grandes dimensions conservent souvent la forme primitive de la peau de l'animal. Le parchemin se termine d'ordinaire sur le bord gauche (à l'Ouest) en une langue étroite, qui est le cou de la bête. La carte est généralement tracée sur la partie attenante à la chair ; l'autre côté reste assez rugueux (1).

Ces cartes se présentent sous deux formes, soit en feuilles isolées avec des dimensions variant de 11 × 15 cm. (atlas de Tammar Luxoro, xiv° siècle) à 70 × 148 cm. (carte de Bartholomeo Pareto, xv° siècle), soit en feuilles multiples formant un livre ou un atlas qui, parfois, contient de vingt à vingt-cinq cartes. La carte catalane de 1375 est faite de quatre feuilles de 62 × 49 cm. chacune. Pour les grandes mappemondes, par exemple celle de Canerio qui mesure 2 m. 25 × 1 m. 15, on rattachait ensemble plusieurs feuilles de parchemin.

Les cartes-portulans n'étaient pas graduées. Elles étaient tracées sans projection, c'est-à-dire sans base mathématique établie sur des coordonnées géographiques. Au moyen âge, les navigateurs firent usage de la rose des vents qui s'adaptait le mieux à leurs navigations, soit dans la Méditerranée, soit dans l'Atlantique le long des côtes de l'Europe occidentale (2) ; ils s'approprièrent de préférence la rose de huit vents. Cette rose, d'après eux, suffisait à l'orientation d'une carte.

Au xiv° siècle, on doubla et même on quadrupla le nombre des divisions de cette rose. Pierre Vesconte, dans plusieurs de ses portulans, adopta une rose de seize vents. C'est lui aussi qui, dans ses cartes de 1311 et 1313, commença à employer trente-deux rumbs de vent (3). On gardait, pour désigner les vents, huit directions principales, et

---

(1) E. L. STEVENSON, *Portolan charts*, New-York, 1911, in-4°.

(2) D'AVEZAC, *Aperçu historique sur la rose des vents* (lettre à M. Henri Narduci).

(3) UZIELLI et AMAT, *Studi biografici e bibliografici sulla storia della Geografia in Italia*, Roma, 1882, t. II, p. 52. — Biblioth. nat. de Paris, Section des cartes géographiques, DD. 687.

chacune d'elles était divisée en quatre parties qui formaient des demi-vents et des quarts de vent.

Les cartes-portulans du XIVe siècle sont traversées par un réseau de lignes très serré, qui rappelle une toile d'araignée. Au point central de la carte est dessinée une première rose chargée ordinairement de seize vents ; huit ou seize autres roses secondaires de trente-deux vents sont placées aux points de rencontre des seize vents de la rose principale avec une circonférence décrite du point central. Le cartographe prolonge jusqu'aux limites de la carte toutes les lignes qui, dans chaque rose, indiquent les différentes aires de vent. A l'aide du croisement de ces lignes, le pilote déterminait, mais très approximativement, les positions relatives des lieux.

Pour distinguer plus facilement les rayons de la rose principale au milieu de la multiplicité de ces lignes, on les coloriait diversement. Les vents étaient figurés par des traits noirs, les demi-vents par des traits verts et les quarts de vent par des traits rouges. C'est ainsi qu'on les rencontre dans la plupart des cartes marines. Si la carte est petite, le groupe des roses secondaires n'existe pas, et au centre de la carte est une simple rose à trente-deux divisions. Dans les cartes à grandes dimensions, un seul système de roses est insuffisant, et on emploie alors, selon les cas, deux, trois et même quatre séries de roses. L'une de ces roses secondaires doit être commune à deux systèmes.

Le schéma de toutes ces roses concorde la plupart du temps sur les cartes. Mais le point central de la principale rose varie de position, ainsi du reste que les seize roses secondaires. Ces systèmes de lignes sont établis à volonté sur les cartes.

Le centre des cartes au XIVe siècle, et peut-être encore au XVe, était en Grèce. Sur la carte des Archives de Gap, qui a été construite entre 1430 et 1453 (1), le centre est déplacé ; il se trouve en Sicile. En 1465 (2), Petrus Roselli

---

(1) Ch. de LA RONCIÈRE, *Le portulan du XVe siècle découvert à Gap* (Bull. de Géogr. hist. et descript., 1911, in-8°, p. 67 et 315-316).

(2) Bolletino Soc. geogr. ital., 1887, p. 467.

dessine la rose centrale entre la Sicile et la Sardaigne, et plus tard, en 1512, Vesconte de Maggiolo le met au Nord de la Sardaigne, près de la côte orientale de la Corse. Ces déplacements vers l'Ouest, puis vers le Nord, indiquent que l'intérêt de la cartographie se portait vers l'Océan et dans la région occidentale de l'Europe.

Certains savants, comme Nordenskiöld, croient que les réseaux de lignes figurant les aires de vent n'ont été ajoutés aux cartes qu'après leur achèvement. Th. Fischer est d'avis contraire. Il est possible que certains cartographes aient dessiné des roses et des aires de vent, soit avant, soit après le tracé de la carte. Nous avons rencontré les deux cas dans l'étude des cartes-portulans. D'ailleurs, rappelons-nous bien que c'était la rose liée à la boussole, et non la rose de la carte, qui indiquait au pilote la direction à imprimer à son navire.

Les cartes sont tournées, vers la gauche, de presque un quart de vent. Il en résulte que certaines localités ont, à l'Est des cartes, des latitudes trop élevées. Cette particularité provient peut-être de ce qu'on a employé le compas pour la construction de cette carte, sans tenir compte de la déclinaison de l'aiguille aimantée. Il faut remarquer encore que Constantinople, depuis le temps de Ptolémée, était placée au moins à deux degrés au Nord de sa vraie position. L'erreur remonte donc à l'antiquité, et on s'en rendra facilement compte en étudiant la situation d'un point quelconque pris à l'Est de la Méditerranée. H. Wagner déclare qu'il y a là une erreur d'orientation due à l'inexpérience des cartographes. Ainsi, Gibraltar et Alexandrie sont à la même latitude, alors qu'il existe entre ces deux endroits une différence de 5° lat., fait connu longtemps avant Ptolémée. La longueur de la Méditerranée, de l'Est à l'Ouest, est exagérée de près de vingt degrés dans les cartes ptoléméennes, tandis que sur les cartes-portulans l'erreur dépasse rarement un degré.

§ IV. — LA NAVIGATION A L'AIDE DE LA CARTE.

Dans la seconde moitié du xiiiᵉ siècle, on naviguait certainement avec la carte marine. Ainsi les pilotes, qui conduisaient saint Louis en Tunisie (1270), « firent aporter, dit Guillaume de Nangis (1), la *mapemonde* devant le roy, et li mostrerent le siege (2) dou port de Chastiau Castre (3) et combien ils estoient près dou rivage » (4).

Le majorquin Raymond Lulle, dans son *Fenix de as maravillas del orbe*, mentionne, vers 1286, l'existence de cartes utiles à la navigation (5).

Dans un inventaire de bord, publié par M. Ch. de La Roncière (6), nous lisons qu'en 1293, sur le vaisseau *Saint-Nicolas*, de Messine, il y avait trois mappemondes ; chacune d'elles valait six ou sept tarins.

Marco Polo, qui voyagea de 1271 à 1295, puise ses renseignements sur le littoral de Ceylan « en la mappemondi des mariniers de cel mer » (7).

Le roman de Guerino Meschino, écrit à Florence pro-

---

(1) *Historiens de France*, t. XX, p. 444 et 445. — Texte latin : « Unde allata mappa mundi, regi situm terræ portus callarici, et vicinitatem propinqui littoris ostenderunt. »

(2) La position.

(3) CAGLIARI, en Sardaigne.

(4) Guillaume de Nangis, moine de Saint-Denis, vécut dans la seconde moitié du xiiiᵉ siècle. Dans ses œuvres, on distingue la *Biographie de saint Louis* et la *Vie de Philippe le Hardi* (qui ont été imprimées en 1596 dans la *Collection de* PITHOU, en 1649 dans le Vᵉ volume du *Recueil de Duchesne* et en 1840 dans le tome XX des *Historiens de France*), puis une *Chronique* (qui a été publiée par la *Société de l'Histoire de France*, 2 vol. in-8°).

(5) Raymundi LULLI, *Arbor Scientiæ*, Lyon, 1515, in-4°, fol. CXCI. Cité par d'AVEZAC (*Bull. de la Soc. de Géographie*, 1863, t. I, p. 296). — D'AVEZAC, *Coup d'œil historique sur la projection des cartes géographiques*, Paris, 1863, p. 37, et *Aperçus historiques sur la boussole* (Bull. de la Soc. de Géographie, 1860, t. I, p. 354). — FISCHER, *Sammlung mittelalterl. Welt-und Seekarten italien. Ursprungs*, Venedig, 1896, p. 78. — Ch. de LA RONCIÈRE, *Histoire de la Marine française*, t. II, p. 513.

(6) Biblioth. de l'Ecole des Chartes, t. LVIII (1897), p. 394-408.

(7) Marco POLO, édition de la Société de Géographie, p. 197. — DE SANTAREM, *Essai sur l'histoire de la Cosmographie et de la Cartographie au moyen âge*, Paris, 1849, t. I, p. 337.

bablement tout au début du xive siècle (1), renferme un passage où l'auteur déclare que les navigateurs de son temps voguaient en toute sécurité à l'aide de l'étoile, de la carte et de la boussole (2). Dans le même chapitre, on retrouve l'expression *carta da navigare*. La boussole, les cartes géographiques et l'observation des astres étaient donc alors les éléments d'un voyage maritime.

En outre, tous les commandants de galère, se conformant à l'Ordonnance du roi d'Aragon, datée de 1354, devaient emporter à bord deux exemplaires des portulans de la mer qu'ils se proposaient de parcourir, afin de contrôler le tracé de leur route par des observations contradictoires (3).

En 1402, lorsqu'il s'en alla conquérir les Canaries à la foi chrétienne, Jean de Bethencourt, qui avait reçu au foyer de la famille et à Dieppe une instruction solide, utilisa avec avantage les indications cartographiques. Sa chronique le déclare expressément à plusieurs reprises, soit à propos de la distance du cap de Bojador au fleuve de l'Or, qui est de « cent chinquante lieues, et ainsi l'a monstré la *carte* » (4), soit à propos des dimensions de l'île de Palme « plus grande qu'elle ne se monstre en la *carte* » (5).

Plus tard, sous Louis XI, un célèbre hydrographe, Robert de Cazel, enseigna au vice-amiral Coulon « le secret de la quarte de naviguer » (6). C'était donc un art peu

---

(1) Libri, *Histoire des Sciences mathématiques en Italie*, Paris, 1838-1840, in-8°, t. II, p. 221.

(2) *Pero li naviganti vanno con la calamita, securi per lo mare, e con la stella et con lo partire della carta et de li bossoli de la calamita*, (Libro di Guerino Meschino, Padua, 1473, in-fol., cap. 169).

(3) *Ordenanzas de las Armades navales de la Corona de Aragon, aprobadas por el rey D. Pedro IV, año de 1354.* Dans l'appendice n° 1 de ces ordonnances, on cite, parmi les objets que doit contenir chaque galère, 2 timons, 2 gouvernails avec leurs pointes, 2 cartes de navigation (*dos cartas de marear*). (Dr Hamy, *Bull. de Géogr. hist. et descript.*, 1888, p. 416).

(4) *Conquête des Canaries.* ch. LVIII.

(5) *Ibid.*, ch. LXVI.

(6) Biblioth. nat., ms. franç. 1357. *Recueil des plus célèbres astrologues*, par Symon de Pharès.

accessible au commun des navigateurs que le maniement de la *quarte de naviguer* !

A cette époque, c'est-à-dire vers le milieu du xv° siècle, le prince Henri de Portugal réussissait à vulgariser dans son pays les cartes plates. Mais ces cartes ne pouvaient reproduire que des surfaces peu étendues, pour lesquelles le sphéroïde terrestre se confondait avec le plan tangent au point central de la région figurée sur la carte. Quand l'espace à représenter était considérable, il en résultait de grandes altérations et inexactitudes dans la configuration des côtes.

§ V. — LE PORTULAN ORIGINAL.

Aux xiv° et xv° siècles, les cartes nautiques de la Méditerranée et de la Mer Noire se font remarquer par leur grande précision et par leur parfaite exécution. Elles offrent entre elles bien des traits de ressemblance. Si l'on considère, surtout dans la Méditerranée, les directions, les unités de mesure, les distances mutuelles des divers lieux, le tracé des côtes, des îles, des golfes et des promontoires, on est frappé des rapports étroits qui existent entre toutes les cartes-portulans. Chacune d'elles porte une échelle des distances, et si l'on mesure à cette échelle l'espace compris entre différents ports, les résultats sont toujours concordants. On est ainsi amené à considérer tous les portulans comme des copies d'un même modèle. Ce prototype, nous l'appelons *portulan original*, ou, comme Nordenskiöld, *portulan normal*.

Ce portulan normal date, selon nous, de la fin du xiii° siècle, et nous pouvons même préciser qu'il a été construit entre 1266 et 1290. Ses reproductions enregistrent les noms des ports de Caffa et de Pise. Or les Génois fondèrent en 1266 le port de Caffa (1) et détruisirent celui de Pise en 1290.

---

(1) *Caffa* est l'ancienne *Theodosia*, aujourd'hui *Feodosie*, en Crimée. Elle fut occupée par les Génois de 1266 à 1475.

Une étude minutieuse des rapports de distances a démontré que l'unité de mesure est différente sur les côtes de l'Atlantique et sur les rivages méditerranéens. Breusing attribuait cette anomalie à la défectuosité des observations astronomiques faites dans l'Atlantique. Mais la vraie cause de l'erreur n'était pas là. Elle existait, comme l'a démontré H. Wagner (1), dans la différence de l'unité de mesure adoptée pour l'Atlantique et pour la Méditerranée.

Toutes les cartes-portulans portent une échelle de longueur de 50 milles, divisée ordinairement en cinq parties et plus rarement en dix, à l'aide de laquelle on détermine les distances mutuelles des divers points des cartes.

G. Uzielli a cru que ces milles étaient des milles romains de 1480 mètres chacun, et tout d'abord on se rangea à son avis. Mais à l'examen on remarqua que cette mesure s'adaptait très bien au littoral de l'Atlantique, et nullement aux côtes italiennes de la Méditerranée. Les milles y étaient plus petits.

H. Wagner et E. Steger (2) ont étudié avec soin cette question.

Pour Wagner, le mille des portulans de la Méditerranée est en moyenne de 1200 à 1250 mètres, donc inférieur de 1/5 ou 1/6 au mille romain. Ce rapport est celui que nous avons déjà constaté entre le stade marin et le stade terrestre. Ce mille serait donc d'origine grecque ou orientale.

E. Steger, étendant ses recherches à un plus grand nombre de cartes, est parvenu au même résultat. Comme base de ses calculs, il prit quatre spécimens de cartes-portulans : l'atlas Luxoro (xive siècle), le portulan médicéen (1351), la carte de Bianco (1436) et celle de Giroldis (1426). De la comparaison de ces cartes entre elles, il déduisit des grandeurs de milles très incertaines. La moyenne de ses mesures variant entre 1170 m. et 1410 m., il en conclut que le mille de la Méditerranée est à peu près de 1250 mètres.

---

(1) *Leitfaden durch den Entwicklungsgang der Seekarten vom XIII bis XVIII Jahrhundert*, Brême, 1895.

(2) *Untersuchungen über italienische Seekarten des Mittelalters auf Grund der Kartrometrischen Methode*, Dissertation, Göttingen, 1896.

Kretschmer a repris toutes les mesures de Steger et a trouvé 1270 m. comme moyenne arithmétique entre tous ces nombres.

Si les expériences de savants, comme Wagner et Steger, n'ont pas abouti à des résultats tout à fait concluants sur la longueur exacte du mille employé dans la Méditerranée, il n'en est pas moins vrai que le mille, unité de mesure des cartes de la Méditerranée, est plus petit que le mille romain.

La différence existant entre ces milles était connue seulement des plus habiles cartographes. Aussi une des fâcheuses conséquences de l'ignorance de la valeur du mille dans la Méditerranée et dans l'Atlantique fut que le mille romain de 1480 m. et le mille italien de 1250 m. furent supposés identiques et mesurés avec la même échelle. Ce procédé réduisit le rapport des mesures sur les cartes, et l'image de l'Europe fut raccourcie dans le sens du Nord au Sud.

L'unité de longueur se rapproche donc, dans la Méditerranée, du mille italien ou encore de la lieue marine italienne de quatre milles, et, dans l'Atlantique, du mille romain ou même de la *legua* espagnole. Le stade grec avait en effet une valeur approximative de 185 m.; le mi^{ll} romain était de huit stades, et la lieue nautique *catalane* égalait quatre milles romains.

A première vue, le portulan original semble donc italien pour le tracé de la Méditerranée, et catalan pour celui de l'Atlantique.

Certains ont voulu découvrir dans les cartes-portulans des preuves d'une influence orientale. Selon Théobald Fischer, les cartes-portulans dérivent de cartes byzantines. Fiorini prétend que peu après l'an 1000 les marins italiens ont appris des Grecs à tracer et à utiliser pour la navigation des cartes déjà très exactes qu'ils perfectionnèrent graduellement dans la suite. Mais aucune carte-portulan d'origine byzantine ou grecque ne nous est connue (1).

---

(1) K. KRUMBACHER, *Gesch. der byzantinischen Literatur*, München, 1891, p. 163.

§ VI. — Le portulan original est-il italien ou catalan ?

Les Italiens sont les premiers des peuples latins qui aient tracé de véritables cartes nautiques. « Il est a présumer, dit Lelewel (1), que ce fut l'Italie qui donna la première impulsion à la cartographie nautique ».

On ne peut méconnaître que les Italiens ont exercé une action fondamentale sur les progrès de la cartographie nautique, tandis que les autres nations n'ont fait que les imiter (2). Cela est vrai même des Catalans, du moins pour la période qui s'étend du xᵉ au xiiiᵉ siècle.

A la suite des Siciliens et des Italiens, les Catalans et les Majorquins cultivèrent cette branche si intéressante de la science cartographique ; mais quelques spécimens seulement de leur talent sont parvenus jusqu'à nous. Nordenskiöld, dans son *Periplus*, attribue aux Catalans l'honneur de la priorité qui, suivant d'autres, revient aux Italiens. Pereira (3) dit qu'on fit d'abord à Majorque des « cartas de marear ». Ce passage semble prouver tout simplement que les Portugais ont appris des Catalans et non des Italiens, comme le prétend Ruge (4), l'art de construire des portulans. Rappelons-nous toutefois que les Catalans et les Majorquins possédaient de grandes forces navales au commencement du ixᵉ siècle, que Raimond comte de Barcelone, en 1118, visita Gênes et Pise et combattit sur les côtes de Provence à la tête de ses navires, qu'au temps d'Edrisi (1154) Barcelone étendit son commerce jusqu'à la Sicile, et que la

---

(1) J. Lelewel, *Géographie du moyen âge*, Bruxelles, 4 vol. in-8°, 1852-1857, t. II.

(2) D. Antonio Blazquez, *Estudio acerca de la cartografía española en la edad media acompañado de varios mapas*, Madrid, 1906, in-8°, p. 43.

(3) Duarte Pacheco Pereira, *Esmeraldo de Situ orbis*, livre écrit probablement à la suite d'un voyage fait à l'Inde par l'auteur en 1506. Le ms. a été publié à Lisbonne, XXXV-128 pages.

(4) Ruge, *Die Entwicklung der Kartographie von America bis 1370*, 1892.

suprématie de la mer fut aux Espagnols jusqu'au XIII° siècle à la fin duquel il passa aux Italiens (1).

De tout ce qui précède, il semble rationnel d'admettre que le portulan original était catalano-italien, ou mieux, selon Nordenskiöld (2), catalan, mais exécuté d'après des modèles italiens.

§ VII. — LES CARTES ITALIENNES ET CATALANES.

L'extension du commerce des Italiens et des Catalans et la fréquence de leurs voyages aux ports du Levant et de la Méditerranée firent de ces peuples des maîtres en cartographie. Aux XIV° et XV° siècles, les plus habiles d'entre eux se trouvaient à Gênes, Venise, Florence, Ancône, Pise, Palerme, Messine, Majorque, Barcelone, Tarragone et Valence. Voici les principales œuvres sorties de ces villes :

Gênes : la carte pisane (1270 ?), l'atlas de Tammar Luxoro (XIV° siècle), la carte de Giovanni da Carignano (1344), les cartes de P. Vesconte (1311-1327), celles de Battista Becharius (1426-1435) et le planisphère de Barthélemi Pareto (1455).

Venise : les cartes de François Pizigano (1367, 1373), plusieurs portulans de Jacques Giroldis (1422-1446), l'atlas de Andrea Bianco (1436), deux planisphères de Joannes Leardus (1448, 1452), Alvise Cadamosto (1454-1456), le planisphère de Fra Mauro (1449).

Florence : le portulan médicéen de 1351.

Ancône : les nombreux portulans de Gratiosus et de Andreas Benincasa (de 1461 à 1508), les cartes du C^to Ottomano Freducci (1497-1538).

Majorque et la Catalogne : la carte mogrebine de la Bibliothèque ambrosienne de Florence, qui est antérieure à la carte pisane. Cette carte arabico-espagnole fut peut-être

---

(1) Dr HAMY, *Études historiques et géographiques*, Paris, in-8°, 1896, p. 2-3.

(2) *Fac-simile Atlas*, p. 46.

construite à Majorque, patrie des marchands qui allaient en Flandres.

La carte catalane (1375), le portulan de Guillaume Soleri (1385), la carte de Mecia de Viladestes (1413), les cartes de Gabriel de Valsequa (1439, 1447), les cartes de Pierre Roselli (1462, 1464, 1465) (1).

§ VIII. — LA RENAISSANCE PTOLÉMÉENNE.

Le xvᵉ siècle marque l'époque où la *Renaissance ptoléméenne* réhabilita la science antique. Jusque-là, la navigation s'était réduite à un simple cabotage, et de très rares navigateurs avaient eu assez d'audace et assez de science pour entreprendre un voyage au long cours. On va désormais se lancer en plein océan. Mais les portulans où les gisements sont déterminés d'après les rumbs de vents ne suffisent plus aux besoins de la grande navigation. Et puis les nouvelles cartes marines (cartes plates) qu'on employait depuis le commencement du xivᵉ siècle devenaient d'autant

---

(1) Sur les cartes italiennes et catalanes, les principaux ouvrages à consulter sont les suivants : ZURLA, *Di Marco Polo e degli altri viaggiatori veneziani più illustri*, Venise, 1818, t. II, p. 339. — DE SANTAREM, *Notice sur plusieurs monuments géographiques inédits du moyen âge et du xviᵉ siècle* (Bull. de la Soc. de Géogr. de Paris, 1847, p. 289.) — J. LELEWEL, *Géographie du moyen âge*, Bruxelles, 4 vol. 1852-1857, t. II. — CANALE, *Storia de commercio, dei viaggi, delle scoperte e carte nautiche degl' Italiani*, Genova, 1866, p. 347, 442, 445. — P. MATKOVITH, *Alte handschriftliche Schifferkarten*, Wien, 1863, p. 25. — G. DE LUCAS, *Carte nautiche del medio evo disegnate in Italia*, Napoli, 1866, p. 16, 17. — H. WUTTKE, *Zur Geschichte der Erdkunde im letzten Drittel des Mittelalters*, Dresde, 1871, p. 16, 21, 28, 36-41. — G. UZIELLI E P. AMAT DI S. FILIPPO, *Studi biografici e bibliografici sulla storia della geografia in Italia*, Roma, 1882, t. II, nᵒˢ 12, 18, 33, 37, 47, 49, 107, 150, 391. — Th. FISCHER. *Sammlung mittelalterlicher Welt-und Seekarten italienischen Ursprungs und aus italienischen Biblioteken und Archiven*, Venise, 1886. p. 92, 111-116, 117-126, 127-147, 153. — K. KRETSCHMER, *Die italienischen Portolane des Mittelalters*, 1909, Berlin, p. 106-148. — A. ANTHIAUME, *Les cartes géographiques et principalement les cartes marines dans l'Antiquité et au moyen âge*, Paris, 1912, in-8°, p. 45-68. — A ces ouvrages, il faut ajouter les atlas de Santarem, Lelewel, Wuttke, Jomard, Sammlung Ongania (nᵒˢ II, III, VIII, XV), et le *Periplus* de Nordenskiöld.

moins exactes que les régions étaient plus éloignées de l'équateur (1).

Les cosmographes s'aperçurent bien vite que le seul moyen de coordonner entre elles, d'après un système de proportions bien arrêtées, les diverses régions de la terre, était de fixer la position des lieux d'après leur distance à l'équateur et à un premier méridien. C'était revenir à Ptolémée. On essaya donc d'élever la science moderne sur les fondements de la science ancienne.

Déjà, au déclin du xiv° siècle, les esprits avaient commencé à se porter vers l'étude de la *Géographie* de Ptolémée, et plusieurs savants avaient entrepris des traductions latines de ce livre. Mais ce fut surtout à partir du commencement du xv° siècle que l'œuvre ptoléméenne devint le type et la base de l'étude théorique de la terre, et qu'on s'appliqua à rapporter à la mappemonde du géographe grec toutes les nouvelles connaissances qui pouvaient s'y encadrer.

On interpola, dans les tables ptoléméennes, les positions modernes dont on croyait connaître la longitude et la latitude. Les manuscrits de Ptolémée, et les premières éditions imprimées d'après ces manuscrits, offrent de fréquents exemples de ces interpolations. Cependant on ne pouvait renfermer les dernières découvertes dans le cadre très restreint de Ptolémée. Les cartes qu'on trouve dans ses manuscrits ont été dessinées dans les xiii°, xiv° et xv° siècles d'après son système de projection et d'après les longitudes données par ce savant ; mais ces cartes ne furent guère connues qu'au xv° siècle. On signale toutefois en Belgique une carte contenue dans un manuscrit de Ptolémée et qui est une reproduction d'une œuvre du ix° siècle.

Un moine florentin, nommé Jacques Angelo, acheva en 1409 la traduction latine de la *Géographie* de Ptolémée et la dédia au pape Alexandre V. Elle circula en copie dans toute l'Europe, mais c'est en France qu'elle fut accueillie avec plus d'empressement et se répandit avec plus de rapi-

---

(1) D'Avezac, *Coup d'œil historique sur la projection des cartes de géographie* (Bull. de la Soc. de Géogr., Paris, 1863, p. 295-298).

dité. Dès 1410, le cardinal Pierre d'Ailly (1) faisait allusion, dans son *Imago mundi*, à cette très récente traduction.

Un Normand, Nicolas Oresme, avait depuis longtemps déjà repris les théories de Ptolémée en traduisant son *Astrologie* dans notre langue vulgaire, puis en rédigeant un traité de la *Sphère* (2), où à l'exposé du système planétaire des Grecs l'auteur avait ajouté la solution des principaux problèmes géographiques (3).

Dans la seconde moitié du xv° siècle, sous la protection de René II d'Anjou, un petit groupe de savants, retirés à Saint-Dié, y travaillaient avec ardeur. L'un d'eux, dom Nicolas (improprement appelé Donis), bénédictin de Reichenbach, remania la version d'Angelo et la présenta au duc d'Este en 1468. Trois ans après, il revisa également les cartes, en adjoignit de nouvelles, et offrit l'ouvrage complet au pape Paul II (4). Dom Nicolas réduisit les dimensions des cartes antérieures et y plaça une échelle destinée à mesurer les distances. Malheureusement, il négligea les contours des cartes marines et chercha à faire entrer dans le tracé ptoléméen les données des cartes modernes basées sur l'expérience. Il n'obtint qu'un très médiocre résultat, et propagea ainsi pendant longtemps les erreurs de Ptolémée (5).

Vers le même temps, l'invention de l'imprimerie seconda vivement l'activité des savants et contribua puissamment à la prompte diffusion des œuvres soit anciennes soit récentes. Le texte seul du travail d'Angelo fut publié à Vicence en 1475 sous les auspices de Sixte IV. La première édition avec cartes parut trois ans plus tard ; elle renfermait

---

(1) Né en 1350 à Compiègne ou à Abbeville, Pierre d'AILLY fut pendant un certain temps attaché comme grand chantre au Chapitre de Rouen (Abbé LOTH, *La Cathédrale de Rouen*, p. 121).

(2) Biblioth. nat., ms. franc. 1350, et nouv. acquis. 1052.

(3) A. ANTHIAUME, *Recherches sur l'Histoire de la science nautique*, Le Havre, 1913, in-8°, p. 39-42.

(4) Il existe des manuscrits de Ptolémée à Paris, à Londres, à Vienne, à Petrograd, à Rome et en plusieurs villes de l'Italie et de l'Allemagne.

(5) L. GALLOIS, *Les géographes allemands de la Renaissance*, Paris, 1890, in-8°, p. 13-24.

vingt-sept feuilles gravées par le célèbre artiste Arnold Buckinck. Les éditions de Ptolémée allèrent se développant, s'enrichissant de cartes nouvelles, se rectifiant au besoin, et, enfin, se complétant avec l'extension des découvertes (1). L'influence du grand astronome, malgré la faiblesse de plusieurs de ses théories, fut réelle et méritée au xv° siècle. Les erreurs contenues dans son œuvre arrêtèrent pendant longtemps le développement de la cartographie (2) ; mais les savants du xvi° siècle, en vérifiant les observations ptoléméennes, ébranlèrent considérablement l'autorité du maître.

§ IX. — LES LATITUDES ET LES LONGITUDES.

Aucun tracé de longitude et de latitude n'apparaît sur les portulans du moyen âge. Et cependant les navigateurs déterminaient alors avec soin les positions réciproques des ports par le moyen des distances et des azimuts des lignes de direction qui reliaient deux ports entre eux.

L'introduction des lignes des aires de la rose sur les cartes a précédé l'emploi de la boussole et de sa rose pour la navigation. Si, à l'origine, on a pu graduer les portulans à l'exemple des cartes de Ptolémée, il est certain que dans la suite les lignes de direction données par les roses des cartes furent préférées aux méridiens et aux parallèles. Le tracé, d'ailleurs, dans un temps où les cartographes avaient des idées si confuses sur la cosmographie, leur semblait plus facile avec les aires de vent qu'avec les méridiens et les parallèles.

Un cosmographe anglais, Robert de Lincoln, avait donné, au xiii° siècle, dans son *Traité de la sphère*, la

---

(1) Henri FERRAND, *De l'influence des idées modernes sur les éditions de Ptolémée*, Grenoble, 1905, in-8° de 12 pages.

(2) Les erreurs de la *Géographie* de PTOLÉMÉE sont bien exposées par NORDENSKIOLD dans son *Fac-simile Atlas*, p. 32-35.

nomenclature des différents lieux de la terre avec leurs longitudes et leurs latitudes (1).

Selon Jérôme-François Zanetti, savant italien, les cartographes vénitiens marquaient, dès l'année 1367, les degrés dans les cartes marines (2). Ne connaissant aucun exemplaire de ces cartes, nous nous demandons s'il s'agit ici d'une graduation complète dans le sens des latitudes et des longitudes, ou encore d'une échelle de latitudes, ou tout simplement d'une échelle de lieues.

Dans le portulan-atlas de A. Bianco (1436) se trouve une carte graduée ; mais c'est une copie peu modifiée de la mappemonde de Ptolémée, et, d'ailleurs, il est certain que quelques cartes graduées se rencontrent dans des manuscrits de la géographie de Ptolémée, antérieurs à l'atlas de Bianco.

On a soutenu que Gratiosus Benincasa avait introduit, au xve siècle, dans une de ses cartes, les coordonnées géographiques (3). Cette affirmation ne provient-elle pas de l'erreur commise en prenant l'échelle des lieues pour une échelle de longitudes et de latitudes ?

Les plus anciennes cartes graduées qui nous sont parvenues sont des cartes du Nord. L'une, anonyme, appartient à la bibliothèque Zamoyski, à Varsovie, et date probablement du xive siècle. Une autre, faite par Claudius Clavus en 1427 et reproduite par Nordenskiöld (4), est la première carte graduée, non ptoléméenne, à date certaine. Sa double graduation semble démontrer que les navigateurs du temps connaissaient à fond les régions comprises entre le Danemark ou le sud de la Norvège, d'une part, et l'Irlande et le Groenland, d'autre part. Ces navigateurs avaient donc pris soin de déterminer les latitudes d'après la lon-

______

(1) De Santarem, *Recherches sur la découverte des côtes occidentales de l'Afrique....*, Paris, 1842, p. 284.

(2) *Dell origine di alcune arte*, etc., Venise, 1758, in-4°.

(3) Fiorini, *La projezioni delle carte geografiche*, Bologna, 1881, p. 353.

(4) A. E. Nordenskiold, *Fac-simile Atlas to the early history of cartography, with English text rendered from the Swedish by J. A. Ekelof and Clements R. Markham*, Stockholm, 1889, in-folio, fig. 27.

gueur du jour au solstice d'été, et, pendant leurs voyages, de faire l'estime de la route et de noter les difficultés de la navigation.

Le portulan de Gap, datant de 1430 à 1453, est gradué en latitudes (1).

Mais les portulans de grande étendue ne furent pourvus de méridiens et de parallèles qu'à partir du xvi° siècle.

Les latitudes sont inscrites sur les mappemondes de Canerio (1502) (2) et du Dr Hamy (1502) (3).

La graduation en longitude figure pour la première fois sur la carte de Diego Ribeiro (1529) (4).

§ X. — La projection des cartes.

Au moyen âge, bien des cartes semblent tracées sans projection. Toutefois, nous distinguons alors deux projections principales : 1° la projection des portulans dressés sur la rose des vents, et 2° la projection cylindrique qui est celle des *cartes plates*.

1° Les Génois, les Vénitiens, les Pisans, les Majorquins, aux xiv° et xv° siècles, se dirigèrent sur mer avec des cartes très précises. Construites sur le système des roses des vents, elles appartiennent pratiquement à la famille des cartes plates. Pour tracer ces portulans, on calculait à l'estime la distance entre deux ports quelconques, dont l'emplacement de l'un était bien établi et, à l'aide de la boussole, on observait pour chacun de ces ports l'azimut, c'est-à-dire l'angle de la direction du navire avec le méridien. Prenant ensuite une carte plate sur laquelle on n'avait figuré que les méridiens parallèles et équidistants, on y portait,

---

(1) Ch. de la Roncière, *Le portulan du xv° siècle découvert à Gap* (Bull. de Géogr. hist. et descript., 1911, p. 316).

(2) L. Gallois, *Nicolas de Canerio*. — E. L. Stevenson, *Marine world chart of Nicolo de Canerio Januensis*, New-York, 1908.

(3) *Études historiques et géographiques*, 1896, in-8°, p. 131-143.

(4) L. Gallois, *op. cit.*

ramenées à l'échelle de la carte, la longueur et la direction
de la distance commune entre ces deux ports, et on déterminait ainsi le lieu exact du second par rapport au premier. En continuant cette construction pour un grand nombre de lieux, on obtenait un tracé qui, chose curieuse, re-
produisait celui qui est connu sous le nom de « projection
de Mercator ». Nous aurons l'occasion d'établir mathéma-
tiquement que la distance de l'équateur à un parallèle quelconque est donnée par la formule qui définit précisément la
projection du célèbre Flamand.

Les navigateurs de la fin du moyen âge employaient
donc, mais vraisemblablement sans en apprécier la grande
précision, des cartes construites sur un système de projection dont la théorie n'a été exposée qu'au xvi° siècle.

On sait qu'au moyen âge les mesures étaient prises
avec une exactitude relative et que l'étendue des cartes se
trouvait généralement restreinte à la Méditerranée et à la
Mer Noire. Néanmoins, une étude attentive du portulan original permet de constater que, tracé sans projection apparente, il reproduit en réalité la projection de Mercator et
n'a donc pas les imperfections des cartes plates.

2° La projection la plus commode pour les navigateurs
était la projection *cylindrique*, qui représente les méridiens
par des droites parallèles.

Vers l'an 1300, d'après d'Avezac (1), les navigateurs
génois modifièrent le développement cylindrique et créèrent
la carte *plate carrée*.

Dans cette projection, les méridiens et les parallèles
sont des droites équidistantes. Tous les degrés de longitude et de latitude sont uniformément égaux au degré équa-
torial et forment ainsi autant de carrés ; d'où le nom de
plate carrée attribué à la projection.

Ce développement a été appliqué à des cartes marines.
Nous citons comme exemples plusieurs des portulans de

---

(1) *Coup d'œil historique sur la projection des cartes de géographie*
(Bull. de la Soc. de Géographie, Paris, 1863, p. 295-298).

Vesconte, celui de Sanuto (1321), l'atlas anonyme de 1351 (1),
l'atlas catalan de 1375, l'atlas vénitien de 1384, puis les cartes du prince Henri de Portugal (1438 ?), et aussi certaines
autres cartes comme celle que vit Vasco de Gama à Mélinde.

Les cartes plates carrées ne peuvent représenter des
régions très étendues en latitude. Les méridiens en effet,
au lieu de se réunir aux pôles, élargissent extraordinaire-
ment les contrées boréales ou australes dans le sens de la
longitude, puisqu'ils y gardent entre eux une distance aussi
grande qu'à l'équateur. Puis les parallèles, conservant leur
équidistance, ne donnent pas à ces contrées une étendue
proportionnellement plus considérable dans le sens de la
latitude, inconvénient déjà remarqué par Ptolémée (2). Cette
projection déforme donc les pays quand elle embrasse de
vastes espaces. Les moins défectueuses des cartes plates
sont celles qui représentent les régions voisines de l'équateur, parce que, tout près de l'équateur, les cosinus de latitude ou rayons des parallèles ne varient que fort peu.

§ XI. — La nomenclature.

Au moyen âge, les cartographes s'approprient la nomenclature géographique qu'ils découvrent dans les ouvrages de cosmographie du temps. Un certain nombre de mappemondes ne contiennent guère qu'une liste bien imparfaite
des noms de peuples et de villes, disposés par continents et
par colonnes. Ces noms sont empruntés soit à la cosmographie attribuée à Œthicus, soit à l'œuvre de Julius Hono-
rius. On rencontre aussi, dans la nomenclature des cartes,
des réminiscences de la cosmographie des Pères de l'Eglise
et d'écrivains tels que Raban Maur, Hugues de Saint-Victor
et autres.

La nomenclature considérable qui charge les cartes

---

(1) Bibliothèque, Laurentienne de Florence.
(2) *Géographie*, liv. I, chap. XX.

médiévales est en général assez caractéristique, et son étude offre d'importants éléments d'information.

Le portulan original est enrichi d'une nomenclature très complète. On y remarque, en dehors d'une foule d'îles et d'îlots nommément désignés, à peu près six cent vingt noms le long de la côte septentrionale de la Méditerranée, deux cent soixante le long de la mer de Marmara et de la mer Noire, cent soixante le long de l'Asie-Mineure dans la Méditerranée, et deux cent quarante environ le long de l'Afrique septentrionale. La plupart de ces noms sont écrits à l'encre noire et, observation intéressante, les positions marquées à l'encre rouge sont, à quelques exceptions près, les mêmes sur tous les portulans d'origine italienne ou catalane des XIV°, XV° et XVI° siècles.

Les ports les plus importants sont distingués à l'encre rouge. Cependant, il règne, semble-t-il, beaucoup d'arbitraire dans l'emploi de cette couleur rouge. Souvent ce n'est pas tant la situation d'une place que son avantage pour l'approvisionnement ou le chargement des navires qui détermine le cartographe à l'inscrire en noir ou en rouge. Peut-être aussi l'auteur du portulan original s'est-il tout simplement contenté de reproduire les couleurs telles qu'elles apparaissaient sur les mappemondes spéciales qui lui servaient de modèles.

Vers le XV° siècle commença le mélange des noms de la géographie gréco-latine et des noms modernes, tels que Angers, Orléans, Avignon, Strasbourg, Dresde, Magdebourg, et cette nomenclature mixte est une source abondante d'instructives remarques.

LIVRE I

CHAPITRE I

Les Origines et les Caractères distinctifs de la Cartographie normande

La cartographie normande n'a pas été créée de toutes pièces par nos compatriotes ; ils en ont puisé les divers détails dans des exemplaires existants, les ont développés au fur et à mesure de leurs découvertes personnelles, perfectionnant ou détériorant leurs modèles selon les conceptions plus ou moins définies qu'ils avaient des pays dont ils dessinaient les contours.

Cependant les Normands ont fait école, et ils sont parvenus à imposer leur science à ceux-là mêmes qui avaient été leurs maîtres, notamment aux Portugais. Au déclin du XVIᵉ siècle et au commencement du XVIIᵉ, nombreux sont les emprunts faits aux Normands par les cartographes de tous pays. Il importe donc de rechercher les sources de la cartographie normande et de signaler les principaux caractères qui mettent mieux en évidence sa valeur originale.

§ I. — Les origines de la cartographie normande.

Il est difficile de résoudre avec toute la justesse désirable le problème des origines de la cartographie normande, parce que les principaux éléments d'information font défaut.

Les cartes normandes sont perdues pour la plupart, et les rares spécimens que nous en possédons sont trop soignés et trop étudiés pour n'avoir pas été précédés d'une longue série de travaux moins parfaits. La science cartographique ne peut progresser que lentement, et son développement est subordonné aux découvertes effectuées par les explorateurs.

A notre avis, cette absence de documents provient surtout de ce que les nouvelles notions géographiques étaient seulement consignées dans des épures assez grossièrement exécutées par les pilotes et limitées aux stations vues par chacun d'eux. C'est sur ces ébauches que reposa la construction des premières cartes.

Pendant longtemps, les marins n'eurent à leur disposition que de petites cartes particulières. Samuel Champlain constate (1), à propos de ses deux représentations du bassin du Saint-Laurent (1612 et 1613), que « les petits cartrons ou cartes des terres neufves pour la plus part sont presque toutes diverses en tous les gisemens et hauteurs des terres. Et s'il y en a quelques-uns qui ayent quelques petits eschantillons assez bons, ils les tiennent si precieux qu'ils n'en donnent l'intelligence à leur patrie, qui en pourroit tirer de l'utilité ».

Quelques années plus tard, le P. Fournier signalait, dans son *Hydrographie* (1643), des *Journaux de voyage* que les capitaines ou pilotes devaient remettre à leur retour entre les mains des officiers de l'Amirauté. « Tout plein de pilotes, dit-il, ont dépeint en leurs registres les costes et les havres où ils avaient abordé. J'en ay veu quantité à Dieppe en des papiers-journaux de nos anciens pilotes, très

---

(1) *OEuvres de Champlain*, publiées sous le patronage de l'Université Laval par l'abbé Laverdière, 1870, t. III, p. 271.

naïvement représentés et avec beaucoup d'art et de circons-
pection ; et il n'y a aucun havre célèbre où il ne s'en trouve
quantité de semblables » (1).

Et l'abbé de Longuerue écrivait avant 1733 : « Les
Dieppois avaient des observations faites depuis environ 220
ans. M. Colbert voulut les faire copier ou les faire apporter
dans sa Bibliothèque. Il fut mal servi : ce dessein ne s'exécuta pas. Il mourut, et, onze ans après, la ville et les observations furent brûlées » (2). Colbert mourut en 1683 et le
port de Dieppe fut bombardé en 1694.

Au cours de leurs navigations, les pilotes normands
dessinaient donc les profils des côtes qu'ils visitaient et cela
dès la première moitié du xv⁰ siècle au plus tard. Ce sont
ces relèvements côtiers qui constituèrent la base de leurs
premières cartes marines.

Le normand Jean de Béthencourt, en 1402, possédait
des cartes marines, et principalement celle de la côte d'Afrique aux parages du Cap Bojador (3). Sa science et son habileté ouvrirent, dit-on, à l'art nautique des horizons nouveaux. Sur ses traces, les marins s'enhardirent, et si, au
témoignage d'historiens bien informés (4), les efforts des
savants et l'audace des marins aboutirent à la découverte
du Nouveau Monde, un des grands promoteurs de cette
entreprise serait donc J. de Béthencourt.

Pierre Bergeron, parlant de Béthencourt, assure en
effet que « mesme il a frayé et ouvert le chemin à tant d'autres depuis à entreprendre de plus grandes chóses, qui ont
esté et seront en admiration aux siècles suivans. Cela est un
honneur et los immortel pour la France, qui en a ressenty
de si excellents effets » (5). Et, ajoute Pierre d'Avity, « le
premier de ces derniers siècles, Béthencourt donna cou-

---

(1) *Hydrographie*, Paris, in-fol., p. 665.

(2) *Longueruana*, Berlin et Paris, 1754, in-12, 1ʳᵉ partie, p. 49-50.

(3) *Conquête des Canaries*, ch. LVIII et LXVI.

(4) Jean de BARROS en ses *Décades*, le P. LAFITAU (*Histoire des
découvertes et des conquêtes des Portugais dans le Nouveau Monde*,
1733), et d'AVEZAC en ses Œuvres.

(5) Cité par Léon de DURANVILLE dans le *Précis des travaux de
l'Académie de Rouen*, 1853-1854, p. 250.

rage aux Portugais et Castillans de faire nouvelles découvertes, après qu'ils eurent vu comme ce gentilhomme avoit heureusement découvert et conquis ces belles isles » (1).

Faisant allusion aux explorations des Portugais et des Espagnols, Bergeron adresse ce nouveau compliment à nos compatriotes : « Béthencourt et les Français ont été cette étoile matinière qui, par son lever, a ouvert la porte à la lumière du soleil, par laquelle le monde, en ces derniers jours, a été rempli de la vue et de la connaissance de soi-même » (2).

En France existaient des mappemondes et des cartes marines avant Christophe Colomb, et il semble fort peu probable que ces cartes soient dues à des étrangers, puisque plusieurs ont une nomenclature toute française. Ainsi, au commencement du xvᵉ siècle, Jean duc de Berry ne possédait pas moins de « cinq bien grandes mappemondes » (3). Charles VII avait aussi une « quarte de mer » (4). Dans l'Inventaire de la bibliothèque de Jean, comte d'Angoulême, mort en 1467, on relève « une mappe marine en parchemin enrollée en ung baston, divisée par toutes terres et pais de mer » (5). En 1476, « Jehan Robert et Jehan Morel, paintres », accompagnèrent le général de Savoie, lorsqu'il visita le littoral normand, chargés de « pourtraire la coste de Caux, depuis le Chief de Caux jusques à Tancarville et mesmes celle de Honnefleu » et les porter « par pourtraicture devers le Roy » Louis XI (6). Un état des papiers d'Anne de Bretagne, du 23 juillet 1499, renferme l'indica-

---

(1) *Le Monde, où la Description générale de ses quatre parties,* Paris, 1637, 4 vol. in-folio.

(2) Dussieux, *Les grands faits de l'histoire de la Géographie,* t. II, p. 7.

(3) L. Delisle, *Le Cabinet des manuscrits de la Bibliothèque impériale,* Paris, 1868, in-4°. t. III, p. 405, nᵒˢ 191-195.

(4) *Inventaire de la Bibliothèque du Roi Charles VII,* fait en 1423 par ordre du duc de Bedford.

(5) Luchaire, *Bibl. de la Faculté des Lettres de Paris,* 1897, 3ᵉ fasc., p. 87, 141.

(6) De Fréville, *Mémoire sur le commerce maritime de Rouen,* Rouen, 1857, t. II, p. 377.

tion de « une grant mappemonde roullée en parchemin, qui a esté prinse sur l'inventaire fait par Peguineau et Signac à Tours » (1).

Il nous est impossible de donner une idée exacte de la valeur cartographique de ces documents ; ils sont perdus, et aucune analyse sérieuse n'en a été conservée.

A la suite de Christophe Colomb, une foule d'aventuriers s'élança sur les mers. Mais leurs courses ne ressemblaient en rien à des explorations scientifiques. Nul souci chez eux de faire avancer la science. A leurs yeux, une expédition maritime n'était qu'une entreprise appelée à leur donner des profits, et, pour ne pas faire bénéficier le monde de leurs découvertes, ils les cachaient avec tant de soin qu'ils se gardaient bien d'en donner connaissance même à leurs concitoyens. Ils voulaient par là écarter la concurrence. En Guinée, au Mexique et au Pérou, ils essayèrent de s'établir pour trouver de l'or. A la recherche des épices, ils découvrirent les Indes Orientales et Occidentales. Ils fouillèrent les deux Amériques pour y rencontrer le fameux *Eldorado*, pays où gisaient, croyait-on, des champs d'or. Christophe Colomb lui-même dans ses voyages songeait-il bien à faire progresser la science géographique ?

L'Espagne et le Portugal lancèrent leurs marins sur les mers du Nouveau Monde. Dans ces expéditions, la France ne joua pas le rôle principal. C'est l'époque où l'art du cartographe va se développer et devenir une science. Où les Normands vont-ils puiser leur inspiration pour la construction de leurs beaux planisphères du xvi° siècle ? Dans les œuvres portugaises.

Que les Dieppois aient emprunté des délinéations et des nomenclatures aux Portugais et peut-être aux Espagnols, c'est un fait certain. Nos compatriotes n'ont pas créé la science cartographique. En correspondance suivie avec le Portugal et l'Espagne, ils se sont facilement assimilé leurs connaissances nautiques et ils y ont ajouté des éléments qui leur étaient personnels.

---

(1) Biblioth. nat., ms. franç. 22335, fol. 109-111.

Pour bien saisir cette vérité, il suffit de se rappeler que, à la fin du xv⁰ siècle et au commencement du xvi⁰, des relations maritimes furent entretenues, surtout par la voie commerciale, entre la France et le Portugal.

On était en France au courant des découvertes portugaises, et dans plusieurs ports de Normandie et de Bretagne on prit à gages même des pilotes lusitaniens. Deux d'entre eux, Diogo Cohinto et Bastian Moura, accompagnèrent Gonneville en 1503 « pour en la route ès Indies ayder de leur sçavoir » (1). Les armateurs normands engageaient volontiers à leur service ces habiles *conducteurs* de navires pour s'enquérir auprès d'eux des expéditions lointaines entreprises par leurs compatriotes et compléter ainsi leurs connaissances géographiques à l'aide de la science d'autrui.

Les Normands et les Bretons avaient de si fréquents rapports avec les Portugais qu'ils parlaient couramment leur langue et que Jacques Cartier, par exemple, fut interprète portugais à Saint-Malo (2).

Les Normands s'inspirèrent de la cartographie lusitanienne ; nous aurons bien des fois l'occasion de le constater. Pendant tout le cours du xvi⁰ siècle, on trouve des cosmographes portugais établis dans les ports de Normandie ou de Bretagne. Certains même étaient à la solde du roi de France, tels André Homem qui fut cartographe de François I⁰ʳ et de Charles IX, et Bartholomeu Velho qui mourut à Nantes en 1568. Trois petits neveux de Toscanelli étaient négociants à Dieppe entre les années 1545 et 1549 (3). Ces transfuges ont pu confier de précieux renseignements aux cartographes, et ainsi se justifierait dans une certaine mesure l'échange réciproque de contours et de nomenclature entre les cosmographes portugais et les dieppois.

D'ailleurs les rapports qui unissaient le Portugal à la

---

(1) D'Avezac, *Campagne du navire l'Espoir de Honfleur*, Paris, 1869.

(2) Joüon des Longrais, *Jacques Cartier*, Paris. 1888, in-12. — Actes des 10 avril 1544 et 27 mars 1557.

(3). Uzielli, *Toscanelli* (périodique, n° 1, janvier 1893, p. 39).

Normandie suffisent à expliquer l'influence portugaise sur
les planisphères dieppois de la première moitié du xvi° siècle. Si les légendes et les noms de lieux sont parfois transcrits d'une manière presque inintelligible, cela tient à ce
que certains dessinateurs, meilleurs calligraphes que cartographes, ignoraient parfois la langue des cartes ou des
croquis que les pilotes, italiens ou portugais, leur don-
naient à reproduire. Les dernières découvertes se superpo-
saient aux données traditionnelles, et ainsi leurs cartes
étaient chargées d'un mélange confus de notions anciennes
et nouvelles.

Les Normands avaient certainement entre les mains
des cartes importées de Portugal. Bien des cartes normandes du commencement du xvi° siècle étant égarées, c'est
seulement entre 1520 et 1530, sur la mappemonde de Verrazano dressée en Italie par un cartographe établi à Rouen
ou à Honfleur en 1526 (1), que nous saisissons l'influence
de la science portugaise sur la science française, influence
qui s'exerça encore pendant un certain nombre d'années.

Les Portugais du reste étaient d'habiles cartographes,
et Lisbonne fut un grand centre d'œuvres cartographiques.
Vers 1504, maître Diogo construisit une sphère sur le
modèle d'une carte que lui remit Jorge de Vasconcellos,
préposé sans doute au dépôt des cartes marines (2). En
1514, il y avait, semble-t-il, à la *Casa da India* un *Padron*,
c'est-à-dire une carte générale officielle comme à la *Casa
de Contratacion* de Séville (3). L'art cartographique se développa à Lisbonne, et, en 1552, dix-huit cartographes étaient
employés dans six établissements à fabriquer des cartes
marines (4).

Dans la première moitié du xvi° siècle, plusieurs cartographes portugais passèrent à l'Espagne pour y collaborer

---

(1) H. Harrisse, *Découverte et Evolution cartographique de Terre-
Neuve*, Paris, in-4°. 1890, p. LI.

(2) Sousa Viterbo, *Trabalhos Nauticos dos Portuguezes nos seculos
XVI e XVII*, Lisboa, 1898, in-fol., p. 87.

(3) H. Harrisse, *op. cit.*, p. XXVI.

(4) C. Rodrigues de Oliveira. *Sumario*, Lisboa, 1552.

à l'entreprise de Magellan, et se mirent à la disposition de
la « Casa de Contratacion » de Séville. Après le retour des
survivants de l'expédition de Magellan, il y eut une véritable émigration de pilotes portugais vers le grand port sévil-
lan. Certains même vendirent sans scrupule des cartes, véritables secrets d'Etat, parce qu'ailleurs on rémunérait mieux
leur travail (1).

Les deux cartographes, dont l'œuvre fut alors prédomi-
nante, étaient d'origine portugaise et s'appelaient Pedro et
Jorge Reinel, père et fils. C'est à eux qu'on doit en grande
partie l'unification des écoles cartographiques de Séville et
de Lisbonne entre 1520 et 1523. Les Normands consultèrent
et au besoin reproduisirent les contours et la nomenclature
de la mappemonde de Diego Ribeiro (1529) (2), de la carte
de Gaspar Viegas (1534) (3), et de l'atlas de la bibliothèque
Riccardienne à Florence (4). Or ces cartes lusitano-italien-
nes portent manifestement l'empreinte des Reinel. C'est
donc dans une œuvre inspirée des Reinel qu'on devrait
retrouver le prototype des cartes normandes de la première
moitié du xvi° siècle.

Mais dans les progrès de la science cartographique au
xvi° siècle il est bien difficile de fixer la part qui revient
aux Dieppois et celle des Portugais. Les planisphères
normands étaient surtout des cartes marines, et nous ne
possédons que des dérivés des cartes originales.

Un grand obstacle s'opposait à la diffusion de la
science cartographique, c'était le secret que Portugais,
Espagnols et Français gardaient sur leurs découvertes.

Selon Hakluyt et quelques autres écrivains, il était
absolument interdit sous peine de mort aux pilotes ou
cartographes portugais de livrer ou de vendre des cartes

---

(1) J. Denucé, *Les origines de la cartographie portugaise*, Gand,
1908, in-8°, p. 33.

(2) H. Harrisse, *Jean et Sébastien Cabot*, Paris, 1882, in-4°, p. 178-179.

(3) H. Harrisse, *op. cit.*, p. 183-184.

(4) Konrad Kretschmer, *Atlas zur Entdeckungsgeschichte Amerika's*,
Berlin, 1892, in-4°, pl. XXXIII à XL.

marines aux étrangers (1). Il nous semble qu'il ne faut pas prendre à la lettre cette défense. Bien des faits historiques nous prouvent que si l'exportation des cartes figurant les Moluques était prohibée, il n'en était pas de même des cartes des autres régions nouvellement reconnues par les Portugais. Les atlas généraux n'étaient pas assez précis pour renseigner les étrangers, au lieu que les cartes particulières pouvaient révéler aux pilotes la route que les Portugais tenaient à garder cachée. L'interdiction comportait donc quelque restriction.

En 1501, le 21 août, Angelo Trivigiano écrivait qu'il n'avait pu se procurer à Lisbonne la carte d'un récent voyage à Calicut, parce qu'il y avait peine de mort prononcée contre quiconque se permettrait de communiquer l'itinéraire figuré de cette expédition (2). Et cependant ce même A. Trivigiano avait facilement obtenu de Christophe Colomb une carte détaillée du Nouveau Monde, sans doute celle du voyage de Cabral.

Le 13 novembre 1504 parut un décret interdisant de dessiner des cartes nautiques s'étendant au delà du Rio Manicongo (7° lat. S.).

Les Portugais cachaient leurs expéditions aux Moluques afin d'éviter les protestations de l'Espagne qui prétendait avoir des droits sur ces îles. La ligne de démarcation entre le domaine maritime des Portugais et celui des Espagnols avait été tracée par le pape, mais chacun de ces peuples cherchait à agrandir sa sphère d'action dans les pays d'outre-mer. La partie de l'archipel de la Sonde reconnue par les Portugais dans leur grande expédition de 1511-1512 aux Moluques fut représentée pour la première fois sur une carte par Reinel, de 1516 à 1520. Les détails sont encore si vagues que ces esquisses n'étaient d'aucun secours aux pilotes. Aussi l'ambassadeur portugais, qui en 1519 vit à Séville Reinel le père tracer les

---

(1) H. Harrisse, *Jean et Sébastien Cabot*, p. 72, note.

(2) Zurla, *Di Marco Polo e degli altri viaggiatori veneziani più illustri*, Venezia, 1818, t. II, p. 362.

Moluques sur les cartes qui devaient être remises à Magellan, ne souleva la moindre contestation à ce sujet. Cependant dans les routiers écrits de 1515 à 1520, la route des
Moluques s'arrête brusquement à Malacca. Le pilote André
Pires, dans son « regimento de navegacion » composé
vers 1517, devait consacrer son dernier chapitre à l'exposé
de la route conduisant à Banda, à Timor et aux Moluques (1). Le pilote João de Lisboa voulait terminer son
« Tratado de Marinharia », de 1514 (2), par l'explication
de la route conduisant à Singapour, à Bornéo et aux
Moluques, « rota pera Cimquapura, Borneo e Malluquo » ;
mais ni A. Pires, ni João de Lisboa n'insérèrent cet itinéraire. La censure s'opposa sans doute à l'introduction de
ces renseignements dans les dits ouvrages. C'était la mise
en pratique de la doctrine du « mare clausum » ; il fallait
à tout prix fermer la mer aux étrangers.

D'après Alonso de Santa Cruz (3), les Portugais avaient
l'habitude de dresser des cartes inexactes pour les vendre
aux étrangers, tandis que celles qui étaient à leur usage
étaient presque correctement tracées (4). Les comptes
rendus de la Junta de Badajoz (1524) nous apprennent
qu'on fit passer sous les yeux des membres de la Junta de
nombreuses cartes où l'auteur avait à dessein introduit des
erreurs (5). Les lacunes qu'on rencontre dans ces cartes,
déclare H. Harrisse (6), étaient voulues. Cependant ce
savant (7) croit que, si les cartes portugaises et espagnoles
sont vagues et incomplètes, c'est parce que leurs auteurs
n'en savaient pas davantage.

Le Portugal était jaloux de posséder et de conserver
le monopole commercial dans les régions qu'il avait décou-

---

(1) Biblioth. nat., ms. portugais 40: *Roteiro da costa da ymdia pera
lo dolas partes.*

(2) Ouvrage publié par J. I. de Brito Rebello, Lisboa, 1903, in-4°.

(3) *Islario General de todas las Islas del Mundo* (Ms. de la Biblioth.
nat. de Madrid).

(4) Navarrète, *Opusculos*, t. I, p. 61 et suiv.

(5) Blair et Robertson, *The Philippine islands*, t. I, p. 165-222.

(6) *Jean et Sébastien Cabot*, p. 72-73.

(7) *Ibid.*, p. 74.

vertes, mais principalement dans ces îles où l'on trouvait en abondance des épices et des pierres précieuses. Cette préoccupation persista longtemps en Portugal, car le 31 septembre 1531 un agent de Joâo III contracta à Savone avec Leone Pancaldo un engagement en vertu duquel, moyennant deux mille ducats, ce pilote ne devait ni enseigner à qui que ce soit la route des Moluques, ni tracer la carte de ces îles (1).

On a dit que le gouvernement espagnol ne fit jamais un secret de ses découvertes maritimes et ne punissait pas ceux qui vendaient des cartes géographiques officielles (2). Il serait peut-être téméraire d'être trop exclusif sur ce point. Sans doute, au xvi° siècle, les Espagnols n'avaient rien à cacher des découvertes faites au Nord-Est de l'Amérique, parce qu'ils ne connaissaient nullement ces pays et que les cartes préparées à Séville renfermaient peu de nouveautés sur l'Amérique du Nord. Rappelons que les Espagnols, dès leurs premiers voyages dans ces régions, étaient contraints d'employer des pilotes bretons (3). En outre, nous n'avons rencontré dans les *Recopilaciones de leyes* aucune condamnation portée contre les cartographes.

Si cependant la peine de mort n'était pas encourue par celui qui divulguait des cartes espagnoles, il y avait une restriction apportée à la liberté de cette divulgation. En 1503, Christophe Colomb saisit les cartes qui étaient entre les mains de son équipage. Toutes les cartes espagnoles sont restées manuscrites, et en 1511 un décret fut rendu qui interdisait d'en confier aucune aux étrangers. Si par exception une petite carte des Indes Orientales a été glissée dans quelques exemplaires de l'édition de Pierre Martyr en 1511, et une esquisse dans l'Arte di Navigar de Médine (1541), les éditions postérieures en sont dépourvues.

---

(1) Cornelio Desimoni, *Una moneta col nome di Giulio II e quattro documenti reguardante il pilote savonese Leone Pancaldo*, Savona, 1891. in-8°.

(2) H. Harrisse, *Discovery of North America*, London, 1892, in-4°, p. 14, 257 et suiv.

(3) Navarrète, *Coleccion de viages*, t. III, p. 123.

Quand Robert Thorne, qui résidait à Séville en 1527, remit une carte à l'ambassadeur anglais, il le pria de ne la prêter que le moins possible aux gens de la cour d'Angleterre. Quoique ne contenant aucun détail qui pût porter préjudice à l'Empereur, la communication de cette carte pourrait causer bien des ennuis à son auteur. Nul n'a le droit de faire ces cartes ; leur construction est exclusivement réservée aux maîtres-cartographes (1).

D'ailleurs en cette année 1527 Charles-Quint rendait un décret qui excluait tous les étrangers des fonctions de premier et de second pilote.

Les cartes officielles étaient alors gardées dans un coffre à deux serrures ; la clef de l'une restait entre les mains du pilote-major et l'autre était remise au plus jeune cosmographe.

Quant aux cartes françaises, les Normands avaient la même réserve ou la même défiance vis-à-vis des étrangers. Le P. Fournier, qui a vu à Dieppe quantité de cartes, ajoute que « pour chose au monde ne veulent communiquer leur travail » (2).

Les Français et la science allemande. — A l'époque de la Renaissance, les peuples maritimes de l'Europe occidentale s'attachaient surtout à la pratique de la navigation ; ils laissaient aux nations continentales le soin de résoudre les questions purement spéculatives de la science nautique.

En relations commerciales très suivies avec l'Italie, les Allemands furent tenus au courant des grandes découvertes des Portugais et des Espagnols, et les propagèrent par l'imprimerie. C'était l'époque où l'école géographique allemande brillait d'un vif éclat (3).

A la tête de cette école étaient placés des maîtres émi-

---

(1) Hakluyt, *Divers voyages*, p. 52, Edit. Hakluyt Society.

(2) Ed. Le Corbeiller, Comptes rendus de la Société de Géographie de Paris, 1889, p. 349.

(3) L'histoire de l'Ecole allemande a été très savamment exposée par Mr L. Gallois dans son ouvrage sur *Les Géographes allemands de la Renaissance* (Paris, 1890, 1 vol. in-8°, de XX-266 p. et 6 pl.).

nents dont les savantes leçons eurent alors un grand retentissement. D'illustres mathématiciens et astronomes en sortirent qui s'appelaient, au xv° siècle, Régiomontan (1), Martin Behaim (2), et, au xvi° siècle, Jean Schœner (1477-1547), Apian (1495-1552), Jean Stœffler (1452-1531), Jean Werner (1468-1528), auxquels nous rattachons les chefs de l'école alsacienne-lorraine avec Lud, Ringmann et son contemporain Waldseemuller.

Le dernier de ces maîtres, Sébastien Munster (3), résume à lui seul une grande partie de l'œuvre de l'Ecole allemande.

On a prétendu que les ouvrages de Régiomontan, et surtout ses *Ephémérides*, avaient exercé une heureuse influence sur la science astronomique portugaise. Mais d'après un érudit, M. Joaquim Bensaude (4), qui réédite de nos jours une série des plus anciens travaux de science nautique de ses compatriotes, les Portugais n'ont rien demandé à la science allemande.

Pour établir sa thèse, M. Bensaude met en parallèle les *Ephémérides* de Régiomontan et l'*Almanach perpetuum* de Zacuto (5), en s'appuyant sur les tables et sur les instruments astronomiques utilisés par ces deux savants.

Les Portugais possédaient des tables astronomiques au xv° siècle ; on en a retrouvé les manuscrits.

Deux éléments sont nécessaires pour mesurer la latitude d'un lieu d'après la hauteur solaire : la longitude solaire et la déclinaison. Or M. Bensaude cite plusieurs exemples qui démontrent que la longitude solaire était couramment employée au xv° siècle par les Portugais.

---

(1) De son vrai nom, Jean MULLER. Né en 1436 et mort en 1476.

(2) Né à Nuremberg vers le milieu du xv° siècle et mort à Lisbonne en 1507.

(3) Né en 1489 à Ingelheim et mort à Bâle en 1552.

(4) *L'Astronomie nautique au Portugal à l'époque des grandes découvertes*, Berne, 1912, 1 vol. in-4° de 290 pages.

(5) Abraham-ZACUTO, professeur à l'Université de Salamanque, composa son *Almanach* de 1473 à 1478 et le publia pour la première fois à Leiria en 1496.

L'*Almanach* de Zacuto renferme la table de la déclinaison (tabula declinationis) et quatre autres tables marquant la longitude solaire (tabula solis) jour par jour, pour un cycle de quatre années (1).

Pour trouver la déclinaison à l'aide de ces tables, on notait dans la première la position du soleil parmi les signes du zodiaque, et dans l'une des autres la déclinaison correspondant à cette position du soleil.

Le livre de Zacuto contenait donc les éléments astronomiques nécessaires pour la recherche de la latitude, mais n'indiquait nullement la méthode de calcul à suivre, c'est-à-dire l'instrument permettant d'observer la hauteur méridienne du soleil, et le moyen d'en déduire la latitude.

Les cartes portugaises antérieures à l'ouvrage de Pedro Nunes (2), basent leur déclinaison solaire maxima sur 23°33' ; mais M° Robert Anglès (3) avait déjà adopté cette même valeur de 23°33'.

Si nous passons aux *Ephémérides* de Régiomontan, nous constatons que leur première édition est de 1474. Dans cette édition et dans celles qui suivirent jusqu'en 1498, la longitude solaire est inscrite, mais non la déclinaison. A partir de 1498, les *Ephémérides* diffèrent complètement de l'édition princeps. Des vingt tables que renferme cet ouvrage, quinze sont empruntées, sans indication d'origine, à l'*Almanach perpetuum* de Zacuto.

Donc, avant 1498, Régiomontan ne marque aucunement la déclinaison du soleil dans ses *Ephémérides*. Cet ouvrage seul était par conséquent inférieur à celui de Zacuto pour le calcul de la latitude d'un lieu.

Régiomontan place la table de la déclinaison dans la *Tabula directionum* (4), ouvrage dans lequel la valeur

---

(1) Paul TANNERY, *Le traité du quadrant de Maître Robert Anglès* (Notices et Extraits des mss. de la Biblioth. nat., t. XXXV, 2° partie, Paris, 1897, p. 561-640). Cet ouvrage qui aurait été composé à Montpellier avant l'année 1276 contenait déjà le cycle de quatre ans.

(2) *Tratado da carta de marear*, 1537.

(3) Paul TANNERY, *op. cit.*

(4) Edition de 1475.

maxima de la déclinaison est de 23°30' et non de 23°33'.

Les Portugais, conclut Mr Bensaude, n'ont donc pas eu recours aux œuvres de Régiomontan.

Les instruments astronomiques, dont se servait Régiomontan pour ses observations, étaient, d'après Mr Bensaude, le *quadrant* ou *l'astrolabe*, la *Saphœa* et *l'arbalestrille*.

Son astrolabe est la reproduction fidèle des astrolabes arabes si répandus alors. La Saphœa est un instrument dû à Arzachel, et l'arbalestrille, dont on lui a attribué l'invention, avait été décrite vers 1340 par le provençal Levy ben Gerson.

Cependant il convient de noter que les *Ephémérides* de Régiomontan, qui renseignaient sur les mouvements de la lune et des étoiles pour une période comprise entre 1475 et 1506, furent consultées par Barthelemi Diaz, Vasco de Gama, Christophe Colomb et Vespuce (1).

Les Allemands, comme l'a démontré Mr L. Gallois, ont rendu de signalés services à la science géographique. Au xvi° siècle, des imprimeurs allemands répandus à travers l'Europe gravaient des cartes de l'Amérique. Ruysch, l'auteur d'une carte datée de 1508, était allemand. Des vingt et une éditions de Ptolémée, qui parurent dans la première moitié du xvi° siècle et qui, pour la plupart, sont ornées de cartes, seize au moins furent publiées en Allemagne.

Les Normands ne semblent pas avoir connu les travaux de géographie mathématique des Allemands. Plus appliqués à la pratique qu'à la théorie de la navigation, ils se mirent en relations de préférence avec les populations maritimes, principalement avec les Portugais, et c'est dans leurs œuvres qu'ils puisèrent les meilleurs éléments de leur cartographie.

Recherche du passage au Cathay. — La cause déterminante des voyages d'outre-mer au xvi° siècle et du secret

---

(1) Humboldt, *Examen critique*, t. I, p. 274. — Pour Colomb et Vespuce, cf. O. Peschel. *Geschichte der Erdkunde*, publié par S. Ruge, Munich, 1877, p. 401, n. 1.

gardé sur ces entreprises était la recherche du *Cathay*, ou pays des épices. Le nom de Cathay avait pénétré en Europe au xiii° siècle avec le bruit des conquêtes de Gengiskhan. Après la découverte de la Chine méridionale par les navigateurs européens, on plaça par erreur le Cathay au Nord de la Chine, et ce fut le désir de l'atteindre qui poussa les aventuriers du xvi° siècle vers cette région.

Christophe Colomb crut toujours que les terres découvertes par lui étaient reliées à l'Asie. Au retour de son second voyage (11 juin 1496), il estimait n'avoir pas été à plus de cent lieues de la grande cité de Quinsai (1). Cuba ne pouvait être que l'extrémité de l'Asie ; quatre-vingts personnes l'avaient affirmé sous serment le 12 juin 1494. S'il admit après sa dernière excursion qu'une mer existait entre le Nouveau Monde et l'Inde, sa première conviction n'en fut pas ébranlée.

Dès le début de leurs expéditions au Nouveau Monde, les navigateurs reconnurent l'existence, à l'Ouest et au Nord-Ouest de Cuba, d'un continent qui n'était pas l'Asie (2). Or la région asiatique, où l'on voulait aborder, était le fameux pays des épices ou le Cathay. Désappointés, les explorateurs, dès avant 1502, résolurent de franchir le continent et d'aller à la découverte d'un détroit les conduisant aux îles et contrées d'Asie.

On chercha ce détroit d'abord par le Nord et le premier qui tenta l'entreprise fut Jean Cabot, dès 1497.

Ferdinand d'Aragon passa, au mois d'octobre 1511, avec Juan de Agramonte un contrat qui fut bientôt ratifié par la reine Jeanne. Agramonte avait commission d'aller s'enquérir du secret de Terre-Neuve (3).

L'année suivante (1512), Sébastien Cabot débarquait en Espagne avec Willoughby. Aussitôt Ferdinand d'Aragon

---

(1) Aujourd'hui Hang-Tcheou.

(2) H. Harrisse, *Discovery of North America*, p. 105.

(3) *Juan de Agramonte que va a saber el secreto de la tierra nova* (Navarrète, *Coleccion de los viages y descubrimientos*, Madrid, 1829, t. III, p. 122-125).

mandait Cabot à Logrono pour en obtenir des renseignements sur les voyages au pays des Bacallaos (1).

Ce secret et ces renseignements ne s'appliquaient-ils
pas au fameux passage au Cathay ? Le gouvernement espagnol attachait alors une telle importance à cette découverte
que, en 1519, il s'imposa d'énormes sacrifices pour préparer
à Séville l'expédition de Magellan, sous la direction de
Sébastien Cabot.

Dès les années 1524 et 1525, Estevan Gomez, pilote portugais qui était venu avec Magellan s'établir en Espagne,
fut chargé de parcourir la côte depuis la Floride jusqu'à la
ligne de démarcation fixée par le traité de Tordesillas.
Pierre Martyr a précisé le but du voyage de Gomez en
affirmant qu'il a quitté La Corogne avec la ferme intention
de découvrir un passage entre la Floride et Baccalaos, et
qu'il prétend avoir aperçu le Cathay (2).

Dans le second quart du xvi° siècle, l'Amérique du
Nord, de la Floride au Labrador, fut visitée par des navires
portugais qui espéraient y trouver la route du Cathay. Cabot
marquait par 61°-64° de latitude l'entrée du détroit qu'il
orientait d'abord à l'Ouest sur une longueur de 10°, puis
inclinait vers le Sud en l'évasant de plus en plus (3).

Les Français avec Verrazano marquèrent sur leurs
cartes à la hauteur de 40° à 42° lat. N. le chemin qui conduisait au Japon ou en Chine, puis, avec Cartier, ils pensè-
rent l'atteindre par la voie du Saguenay.

Champlain, au commencement du xvii° siècle, crut que
la série des rivières et lacs du Canada formait un canal
interocéanique pour se rendre en Chine. Le trajet qu'il pré-
conisait était bien simple et pouvait aisément s'effectuer en
cinq ou six semaines. Il s'agissait de remonter le Saint-
Laurent jusqu'au « lac de Zubgara près de Sept Cités »,

---

(1) *Sobre la navegacion à los Bacallaos* (H. HARRISSE, *Jean et Sébastien Cabot*, p. 330-331).

(2) *Discessit fretum quæsiturus inter Floridam tellurem et Baccalaos.
Cataium inde se repertum inquit.* Epist. DCCC, p. 474, édit. de 1857.

(3) HUMPHREY GILBERT, *Discourse of a Discoverie for a New Passage
to Cataia*, London, 1576, in-4°, fol. DIII.

puis de suivre la rivière de « la Gada » qui sort de ce lac et
« qui tombe au Sud dans la mer Vermejo ou Californie » (1).

Toutefois Champlain ne trouva pas ce « chemin le plus
facile pour aller au pays de la Chine par dedans les dites
terres et rivières » (2). Cet insuccès n'ébranla pas la conviction des géographes, et, en 1634, le dieppois Jean Guérard
plaçait encore sur sa carte, au delà des lacs canadiens, cette
inscription : C'est la route pour gagner le Japon.

Nous verrons que la fameuse ouverture fut encore cherchée à travers l'Amérique centrale ou Isthme américain, au
Sud de l'Amérique et même au Nord-Est de l'Europe. Le
Cap de Bonne-Espérance avait été doublé pour la première
fois par Vasco de Gama en 1497.

<h3>§ II. — Les caractères distinctifs de la cartographie
normande.</h3>

Les cartes normandes se recommandent à notre attention par certaines configurations qui leur sont propres. Parcourons successivement les diverses parties du monde, et
notons au passage pour chaque région les particularités
qui caractérisent l'œuvre normande.

1° *L'Europe.* — Pour la cartographie de la Méditerranée, les Normands n'avaient qu'à reproduire le portulan
normal. Sur la côte occidentale de l'Europe, ils ont, comme
il est naturel, représenté mieux que les étrangers le littoral
de la France et surtout celui de la Normandie. Nous men-
tionnerons plusieurs de leurs cartes qui atteignent presque
la perfection.

La partie septentrionale de l'Europe est médiocrement
figurée. Toutefois, certains progrès sont dus aux Normands.

La Baltique, la Scandinavie, le Groenland, la Russie

---

(1) Bibl. nat., ms. franç. 17329, fol. 454. — Cité par M. Ch. de La
Roncière, *Histoire de la marine française*, t. IV, p. 328.

(2) Archives départem. de la Seine-Inférieure. Registres du Parlement, 4 mars et 14 décembre 1613.

et la Mer Blanche sont tracés d'après des modèles existants.

La topographie de la Baltique, de la Scandinavie et du Groenland laisse beaucoup à désirer. Les uns l'ont reproduite d'après des cartes de la fin du xv° siècle ; les autres ont consulté des sources moins défectueuses, sans doute quelques relations de voyages entrepris dans ces parages.

Le littoral de la Russie et de la Mer Blanche était peu connu au xvi° siècle ; c'est seulement après l'expédition du dieppois Jean Sauvage (1586) qu'on put en fixer la forme. Aussi les cartes normandes du xvii° siècle sont-elles bien supérieures à celles du xvi°.

Les Normands ne figurent bien les régions polaires qu'à partir du xvii° siècle ; auparavant, ils les ignoraient complètement. Notons en particulier quelques bonnes représentations du Spitsberg. Une carte anonyme, dressée entre 1628 et 1631 en Normandie, peut-être au Havre, et remarquable par sa nomenclature toute française, retrace les voyages du basque Jean Vrolicq, et, sous le nom de *France arctique*, présente le Spitsberg comme une colonie française. Depuis quelques années déjà, Vrolicq armait au Havre des navires dont l'équipage, composé surtout de Havrais et de Dieppois, allait sous sa conduite pêcher la baleine au Spitsberg.

2° *L'Asie et l'Archipel asiatique*. — La route des Indes Orientales fut très recherchée au xvi° siècle par les pilotes du dieppois Ango (1) ; mais les difficultés étaient grandes pour « faire le voiage des espiceryes aux Indes ». Bien souvent les Normands agirent de ruse avec les Portugais, et allèrent eux aussi vers les Moluques.

Le tracé de l'Asie par les Normands est satisfaisant. L'Archipel asiatique est plus exactement figuré par nos compatriotes que par les étrangers. Au xvii° siècle, les cartes du honfleurais Pierre Berthelot sont les meilleures qui aient paru jusque-là. Les Normands connaissent peu le Japon au xvi° siècle et le représentent assez mal.

---

(1) Eugène GUÉNIN, *Ango et ses pilotes*, *Paris*, 1901, in-8° de 292 pages.

3° *L'Afrique*. — Les Normands paraissent avoir navigué très tôt vers l'Afrique, mais comme trafiquants plutôt que comme découvreurs. C'est la crainte de la concurrence étrangère qui leur fit taire leurs entreprises maritimes. Au commencement du xvi° siècle, ils connaissaient l'Afrique par leurs propres voyages, par les cartes portugaises et par les nombreuses éditions de la *Géographie* de Ptolémée. L'Afrique est la partie la moins personnelle de leur œuvre cartographique. Ils se sont contentés de reproduire des types antérieurs, principalement des cartes portugaises dont ils ont altéré la nomenclature en essayant de la franciser. Parmi les Normands, Desceliers dans les légendes de son planisphère de 1550 et Le Testu dans son atlas de 1556 fournissent d'exacts renseignements sur la faune, la flore et les productions du sol de l'Afrique.

4° *Madagascar*. — Les Normands ont corrigé et complété les premières cartes de Madagascar, principalement celles de Cantino (1502), de Reinel (vers 1517) et de Ribeiro (1529), et ont mis au jour un type cartographique qui subsista jusqu'à la seconde moitié du xviii° siècle, époque à laquelle il fut modifié par le havrais d'Après-Mannevillette. Les meilleures cartes de Madagascar aux xvi° et xvii° siècles semblent dériver de la cartographie normande.

5° *La Terre Australe* figure sur presque toutes les mappemondes normandes au xvi° siècle, et ces cartes semblent empruntées au même original. Fait curieux, les Normands déclarent sans détour qu'ils ne connaissent pas cette région, qu'ils ignorent sa situation géographique et même qu'elle est encore *non du tout descouverte*. Néanmoins ils en dessinent les contours d'après la conception spéciale qu'ils s'en font et la chargent d'une nomenclature portugaise et française.

6° *Jave la Grande*, d'après les Normands, n'est pas une île, mais une vaste région située au Sud de l'Archipel de la Sonde. Des traits vagues en relient vers le Sud les côtes orientales et occidentales au continent austral. Nous rap-

pellerons comment les géographes modernes ont interprété
cette conception normande.

7° *L'Amérique du Nord* est la partie du monde qui a été
le plus fréquentée par les Normands. Ils l'ont en partie
découverte et se sont étudiés à la représenter aussi fidèlement que possible. Dans cette configuration, ils ont très peu
suivi les cartographes étrangers et ont ainsi donné à leurs
cartes un caractère particulier auquel on les reconnaît aisément. Les principaux traits distinctifs de leur cartographie
sont la séparation complète entre l'Asie et l'Amérique, le
tracé et la nomenclature du Labrador, le morcellement
extraordinaire de Terre-Neuve, le tracé du Saint-Laurent,
la Norembègue, le défaut de concordance des nomenclatures entre elles.

L'Amérique séparée de l'Asie. — Christophe Colomb
unissait l'Amérique à l'Asie, la première lui paraissant une
extension orientale de la seconde. Après son dernier voyage
cependant, il crut qu'une mer existait entre l'Amérique centrale et l'Inde. Témoin la carte que Barthelemi Colomb
transporta à Rome et qui fut retrouvée à Florence en 1892
par Wieser, d'Inspruck. Christophe Colomb mourut avec
la conviction que les pays découverts par lui appartenaient
à l'Asie, et les premières cartes du Nouveau Monde furent
tracées conformément à cette conception (1).

Pendant tout le xvi° siècle, plusieurs géographes se
rangeant à cette opinion admirent que le Nouveau Monde
formait une partie de l'Asie. Ainsi un portulan portugais,
dont la construction remonte entre 1514 et 1520, montre
des pavillons musulmans sur les côtes du Venezuela et du
Nicaragua. Le cartographe prend donc ces régions musul-
manes comme dépendantes de l'Asie orientale (2).

Pierre Martyr dans ses *Décades* (3) accepte l'idée erronée de l'Amérique, prolongement de l'Asie.

---

(1) A. E. NORDENSKIOLD, *Periplus, an essay on the early history of
charts and sailing-directions*, Stockholm, 1897, p. 100.

(2) KUNSTMANN, *Entdeckung Americas*, n° IV. — STEVENS, *Notes*, etc.,
pl. V. — H. H. BANCROFT, *Central America*.

(3) *De orbe novo Decades*, Alcala, 1516.

Schœner, sur son globe de 1533 (1), fait sienne l'opinion de Barthelemi Colomb que l'Asie et l'Amérique du Nord ne sont qu'une seule et même région.

De semblables hypothèses se retrouvent sur le globe de Bure ou globe doré (2) de 1528 ou environ, dans le manuscrit intitulé *De principiis Astronomie* (1530 ?) (3), et sur les cartes de Oronce Finé de 1531 et de 1536 (4).

Schœner, dans son *Opusculum Geographicum* (1533) (5), ne soutient-il pas que la ville de Mexico est la Quinsay de Marco Polo ? Et François Ier lui-même, en autorisant vers la même époque les explorations de Jacques Cartier, n'appelait-il pas la vallée du Saint-Laurent une partie de l'Asie ?

Le Globe de bois (1535) (6), le globe de Nancy (même date) et une mappemonde manuscrite du géographe italien Ruscelli (7) reproduisent la même idée.

Deux mappemondes de Jacopo Gastaldi, l'une ayant pour titre *Dell' universale nuova* (8) et l'autre *Carta marina universale* relient l'Amérique à l'Asie. Ce géographe fut suivi par Wuttke dans deux cartes de l'année 1550 ou environ (9), par Gaspar Vopellius (1556) qui prolongeait jusqu'au Gange la côte de Californie, et par Johannes Myritius dans son *Opusculum Geographicum* (carte datée de 1587).

---

(1) L. GALLOIS, *Les géographes allemands de la Renaissance*, Paris, 1890, in-8°, p. 91-92. — SCHOENER, *Opus geographicum*, 2° partie, ch. 1.

(2) Biblioth. nat. de Paris. — *Nova et integra universi orbis descripsio.* Sans lieu ni date ; 0 ^{m} 70 de circonférence. Reproduit dans l'ouvrage de Gabriel Marcel : « Reproduction de cartes et de globes relatifs à la découverte de l'Amérique », Paris, 1894, in-folio.

(3) British Museum, Coll. des mss. Sloane.

(4) L. GALLOIS, *De Orontio Finœo gallico geographo*, Paris, 1890, in-8°, 107 p. et 5 pl.

(5) L. GALLOIS, *Les géographes allemands de la Renaissance*, Paris, 1890, p. 91 et suiv.

(6) Biblioth. nat. de Paris. — Ce globe, de 20 cm. de diamètre, a été décrit et reproduit dans l'ouvrage de H. HARRISSE, *The Discovery of North America* (Paris, 1892. in-4°).

(7) British Museum.

(8) *Géographie* de PTOLÉMÉE, 1re édition italienne, Venise, 1548.

(9) *Jahresbericht des Vereins für Erdkunde in Dresden*, 1870, p. 62, cartes VI, VII et IX.

« On ne sait pas encore, écrivait Ortelius en 1572, si l'Amérique est circonscrite tout autour par la mer, ou bien si à son extrémité septentrionale elle fait continent avec l'Asie. Hondius nous apprend à son tour que jusqu'en 1612 on était encore incertain si l'Amérique du Nord se limitait, oui ou non, par la mer » (1).

Thomas Morton (2) déclare que dans la Nouvelle Angleterre on ignorait encore si la terre ferme d'Amérique avoisinait ou non le pays des Tartares.

Toutes les hésitations ne se dissipèrent définitivement qu'en 1728, lorsque Behring passa du Pacifique aux Mers arctiques.

Quelques cartographes, nullement assurés de l'union du nouveau continent avec l'Asie, tranchaient la difficulté soit en représentant le Nord du Pacifique, à la jonction soupçonnée de l'Asie et de l'Amérique, comme une région inconnue, soit en évitant de tracer sur leur carte la partie occidentale de l'Amérique. Dans ce dernier cas, ils rapprochaient le tracé de l'Amérique des limites de leur parchemin à gauche et ainsi l'espace leur manquait pour la décrire.

A partir de 1510, cependant, certains cartographes exposent une configuration de l'Amérique du Nord entièrement distincte de l'Asie.

Slobnicza, de Cracovie, publie en 1512 une mappemonde, faite à Varsovie, où l'Amérique est un continent entouré d'eau et séparé de l'Asie par un immense Océan dans lequel se voit l'île Zipangu.

Le Nouveau Monde est tracé comme un continent indépendant distinct du Vieux Monde sur les œuvres cartographiques suivantes : l'édition de la *Géographie* de Ptolémée (1513), Boulengier (1514), le Globe vert (3), plusieurs globes

---

(1) Van Raemdonck, *Les sphères terrestre et céleste de Gérard Mercator*, 1875, in-8°, p. 295.

(2) *New English Canaan*, 1636.

(3) A la Biblioth. nat. de Paris. — Sans titre et sans date, il a un diamètre de 0 m. 24. Cf. Gabriel Marcel, *Un globe manuscrit de l'école de Schöner* (Paris, 1890, in-8°) et *Reproductions de cartes et de globes relatifs à la découverte de l'Amérique* (Paris, 1893, in-fol.).

de Schœner (1), Gregorius Reisch (1515), Apian (1520), Bordone (1528), Honter (1546) qui divise l'Amérique en deux grandes îles, celle du Sud appelée *America* et celle du Nord *Parias*, Mercator qui, sur sa mappemonde de 1538, sépare complètement l'Amérique septentrionale de l'Asie, mais en déclare les rivages inconnus (littora incognita), Sébastien Munster, Battista Agnese, etc.

Sur la plupart des cartes que nous venons de mentionner, le détroit situé entre l'Asie et l'Amérique a un tracé tout à fait arbitraire. Cela vient de ce que, convaincus de l'existence d'une communication au Nord-Ouest de l'Europe entre l'Atlantique et le Grand Océan, mais en ignorant la forme, les cartographes lui ont prêté un tracé fantaisiste.

C'est en France, et particulièrement en Normandie, que s'est développée l'idée, imaginée, dit-on, par les Dieppois, de la séparation absolue entre l'Asie et le Nouveau Monde.

Le Globe de Bailly (1530), qui est construit d'après cette conception, appartient au type verrazanien ; et la caractéristique des cartes verrazaniennes, c'est un vaste détroit unissant l'Atlantique au Pacifique et isolant ainsi l'Asie de l'Amérique. Ces mêmes traits se retrouvent sur les cartes normandes de la moitié du xvi° siècle. Les mappemondes dieppoises, quoique ne reproduisant pas au Nord de la Floride le rétrécissement distinctif de la cartographie verrazanienne, dérivent cependant du même prototype, et c'est ce prototype qui semble inaugurer la distinction entre l'Amérique et la région asiatique.

Pourquoi les Dieppois ont-ils ainsi isolé l'Amérique ? L'un d'eux, Pierre Desceliers, répond à cette question dans une des nombreuses inscriptions de son planisphère de 1550 : « Aulcuns cosmographes, écrit-il, ont conjoinct l'Asie avec la floride, neufve espaigne, terre ferme et amérique, et disent icelle estre partie de l'Asie, mais l'oppinion d'iceulx

---

(1) Le globe de la collection du prince de Liechtenstein à Vienne, le globe de la Bibliothèque nationale de Paris, les globes de Francfort et de Weimar, le globe de 1520 (L. GALLOIS, *Les Géographes allemands de la Renaissance*, pl. III, IV et V).

n'est a ensuyir en tant quelle n'appert par certaine experience ne par raison ».

Le détroit placé entre l'Asie et l'Amérique n'est plus
imaginaire dans l'atlas de Lafreri, publié par Zalterius à
Venise en 1566. Sur la carte du Nouveau Monde au haut
et à gauche (1), on lit cette inscription qui révèle bien son
origine française : « Il disegno del discoperto della nova
Franza, il quale s'è havuto ultimamente dalla novissima
navigatione dè Franzesi in quel luogo : Nel quale si vedono
tutti l'Isole, Porti, Capi et luogi fra terra che in quella sono.
Venetiis œneis formis Bolognini Zalterii. Anno MDLXVI ».
(Tracé de la Nouvelle France, découverte naguère dans la
dernière expédition des Français en ce lieu : avec les îles,
les ports, les caps et les localités qu'elle renferme. A Venise,
gravé par Zalterius en l'an 1566).

Le fameux passage, appelé aujourd'hui détroit de Behring, figure sur cette carte sous le nom de *Streto de Anian*.
En 1588, un navigateur et aventurier espagnol, Maldonado,
s'en déclara le *découvreur* : « made by me, captain Lorenzo
Ferrer Maldonado, in the year 1588 ». Maldonado avait une
mémoire bien infidèle, puisqu'il oubliait qu'il avait tout simplement copié la carte de Zalterius.

La vraie configuration des confins septentrionaux de
l'Amérique ne put être bien établie qu'à la suite des expéditions armées par Frobisher, Davis, Hudson, Baffin et autres
pour découvrir le passage Nord-Ouest.

Le tracé et la nomenclature du Labrador. — Les Normands adoptent pour le Labrador un tracé à peu près uni-
forme ; en réalité, c'est le Groenland déplacé et représenté,
au moins jusqu'en 1560, d'une façon toute particulière qui
semble bien imaginée par les Normands.

La nomenclature, bien qu'empruntée en grande partie
aux Portugais et surtout à la Riccardienne, de Florence,
prouve que les Normands n'avaient pas visité cette région.
Ils transportent à Terre-Neuve des dénominations qui conviennent au Labrador, et réciproquement.

____

(1) NORDENSKIOLD, *Fac-simile Atlas*, Stockholm, 1889, in-fol., fig. 81.

Cés caractères différencient les mappemondes normandes des autres productions cartographiques du même temps.

Le morcellement extraordinaire de Terre-Neuve. —
Terre-Neuve fut d'abord une île isolée dans l'Océan, et très
éloignée de sa vraie place. On la rapprocha ensuite du continent sous la forme d'un petit archipel dénommé *Insulæ
Corterealis*. D'autres cartographes la soudèrent complètement à la terre ferme. Jacques Cartier découvrit le détroit
de Belle-Ile ; mais ses voyages ne firent pas connaître la
vraie forme de Terre-Neuve, et les épures qu'il en rapporta
étant imparfaites furent encore dénaturées par les Normands qui transformèrent Terre-Neuve en archipel. Ce morcellement demeura pendant plus d'un quart de siècle la
caractéristique des planisphères normands.

Le tracé du Saint-Laurent. — Les Dieppois au xvi° siècle figurent dans le bassin du Saint-Laurent les découvertes
du malouin J. Cartier, et ils avaient d'autant plus de facilité à connaître ces découvertes qu'ils entretenaient des
relations constantes avec Saint-Malo et peut-être avec Cartier lui-même.

La longueur assignée au Saint-Laurent sur les cartes
normandes permet d'en fixer l'origine et l'ancienneté.

Les Italiens, les Anglais et les Hollandais ne connurent
le Saint-Laurent qu'après les Normands. Et jusqu'à la fin
du xvi° siècle aucun fait nouveau ne contraignit nos compatriotes à modifier leur tracé du Saint-Laurent.

La Norembègue. — Certains cartographes et plusieurs
écrivains ont introduit dans leur œuvre la ville et le pays de
Norembègue. Ils ne connaissaient cette contrée que par ouï-
dire. Le nom de Norembègue est de conception dieppoise,
et il a peut-être été forgé par les compagnons normands de
Verrazano en 1524. Crignon lui donne comme synonyme le
mot *Francese* ou *Franciscane*.

Le défaut de concordance des nomenclatures entre
elles. — Les mappemondes dieppoises ont des nomenclatures différentes. Qu'on les mette en regard les unes des
autres, et on s'apercevra bien vite qu'elles n'ont entre elles
aucune dépendance, quoique les cartes soient signées du

même auteur ou tracées dans une même ville. Certains cartographes dieppois laissent, sans désignation aucune, des endroits déjà consignés sur des cartes antérieures, d'autres empruntent des vocables à des cartes inexactes, alors qu'ils ont sous les yeux de meilleurs modèles tracés par eux-mêmes. Ainsi la carte Harléienne omet les noms de l'île Anticosti et de la rivière de Saguenay, île et rivière bien connues de l'auteur. En 1550, Desceliers oublie la ville de Hochelaga, et, en 1546, l'île d'Orléans. Anticosti est nommée par Desceliers en 1546, et ne l'est plus en 1550. Sur cette dernière mappemonde, Desceliers intercale de mauvaises dénominations empruntées à la carte de Desliens (1541), alors que sa carte de 1546 était plus exacte. On pourrait multiplier les exemples de ce défaut de concordance des nomenclatures sur les cartes normandes. En outre, il y a des noms qu'on ne trouve nulle part ailleurs et qu'il est impossible d'identifier. Cela vient sans doute de ce que les cartes dieppoises ne sont pas des cartes originales et dérivent de prototypes qui ont été reproduits par des cartographes étrangers, lesquels ne connaissant pas la langue de la nomenclature l'ont défigurée et dénaturée au point de rendre cette nomenclature méconnaissable et inintelligible.

8° *L'Amérique du Sud.* — Les Normands ont emprunté aux cartes portugaises et espagnoles le tracé et la nomenclature des côtes septentrionales de l'Amérique du Sud. La science cartographique doit peu aux Normands pour cette région.

Dès les premières années du xvi° siècle, les Normands ont tout tenté pour s'installer au Brésil malgré la vive opposition que leur faisaient les Portugais. Ils fréquentaient ces parages à la fin du xv° siècle. Les Normands s'inspirèrent des Portugais pour la cartographie du Brésil. Néanmoins nous montrerons, en étudiant les efforts de nos compatriotes pour conquérir le Brésil au profit de la France, que sur certains points ils en ont présenté une description plus complète que bien d'autres géographes.

Rien ne distingue particulièrement les Normands dans

le tracé et la nomenclature de la Patagonie ; ils connaissaient très peu ce pays.

Le Chili et le Pérou sont mal figurés dans leur partie occidentale. Si les Français avaient alors visité ces régions, ils n'en avaient certainement qu'une idée bien vague. Toutefois nous signalerons deux cartes très complètes sur certaines contrées du Pérou, principalement sur la partie septentrionale.

9° *L'Amérique centrale et les Antilles.* — *L'Amérique centrale* a été peu fréquentée au xvi° siècle par les Normands, qui n'y sont allés que comme corsaires guerroyant contre les Espagnols, maîtres alors de toute cette contrée. Mais nos compatriotes rencontrèrent de la part de ces premiers occupants une telle résistance qu'ils durent renoncer à les poursuivre dans ces parages. Nous rappellerons bientôt le voyage où le havrais G. Le Testu, de concert avec le fameux pilote anglais Francis Drake, attaqua en 1572 près de Nombre-de-Dios, un convoi de mulets chargés d'or et d'argent, qui revenaient du Pérou et de Panama, et trouva la mort en défendant ses gens contre l'escorte espagnole.

Les Normands ne se sont pas souciés de chercher le long de l'Amérique centrale une fissure leur permettant de gagner rapidement, à travers le Grand Océan, les îles des épices et le Cathay. Nous n'avons découvert dans leurs Archives aucune trace du projet de creusement d'un canal reliant les deux Océans. Champlain est, selon nous, le premier, qui ait signalé l'avantage qu'il y aurait pour nos marins à « couper ces quatre lieues de terre qui séparent Porto Bello de Panama ».

Les Antilles ne furent pas toutes colonisées par les Espagnols au xvi° siècle. Ceux-ci ne fondèrent d'établissements durables que dans les Grandes Antilles, et délaissèrent l'Archipel des Petites Antilles. C'était une faute. En France, on proclamait alors la liberté des mers et nos rois autorisaient par des lettres de marque les corsaires normands et bretons à combattre et à saisir, sur la route des Antilles, les galions espagnols s'en venant de Saint-Domingue, de Cuba et du Pérou avec un chargement d'or (1). Les Petites Antilles inoccupées servaient d'abri et de repaire aux écumeurs de mer.

Le traité de Vervins (12 mai 1598) conclu entre Henri IV et le roi d'Espagne Philippe II ne modifia pas la situation. Le roi de France n'y obtint pas les franchises qu'il réclamait si instamment ; mais il fut stipulé qu'au delà de la limite de la paix, appelée depuis *Ligne des Amitiés*, on pourrait reprendre les hostilités.

Les Normands profitèrent largement de cette convention du traité de Vervins pour continuer la course avec ou sans autorisation régulière, et en plusieurs rencontres ils firent sur les Espagnols des prises très fructueuses.

C'est seulement au xvii° siècle que furent occupées les Antilles françaises, et leur colonisation est spécialement l'œuvre des Normands.

L'embarquement des colons et de leurs *alloués*, normands pour la plupart, s'effectuait à Honfleur, à Dieppe et surtout au Havre. Les Archives de Dieppe n'existent plus ; elles ont été brûlées dans le vaste incendie qui consuma la ville en 1694. Celles de Honfleur ont été analysées avec soin et beaucoup d'érudition par Ch. et P. Bréard (2) ; et de notre côté nous avons eu la bonne fortune de pouvoir consulter les plus importantes, celles du Havre encore inexplorées. Nous nous attacherons de préférence à utiliser les renseignements nouveaux que nous ont fournis les registres du tabellionage du Havre.

Les colonies, créées par les Normands dans les Petites Antilles, furent exploitées au moyen de grandes Compagnies protégées par l'Etat. Le Cardinal de Richelieu fut le principal promoteur de ce mouvement colonial. L'action du gouvernement se combina donc avec l'effort personnel des

---

(1) E. Guénin, *Ango et ses pilotes*, Paris, in-8°, 1901.

(2) *Documents relatifs à la Marine normande et à ses armements aux xvi° et xvii° siècles*, Rouen, 1889, in-8° de 291 pages.

pionniers ; car chaque établissement aux Antilles fut d'abord un acte d'initiative privée et son sort reposa sur la valeur et la capacité de son fondateur.

Ajoutons qu'au début les Anglais réussirent mieux que les Français, parce que leur organisation était plus sérieuse et plus prévoyante.

CHAPITRE II

Cartographes et Cartes du XVIe siècle

Il est certain que, pour répondre aux besoins de leur marine, les Normands ont eu en main au xvie siècle un grand nombre de cartes, et que la plupart de ces documents ont disparu. Depuis un demi-siècle, on en a retrouvé quelques spécimens dans des dépôts d'Archives en France et à l'étranger, et aussi dans des papiers de familles normandes. Parmi ces cartes, les unes sont datées et signées ; ce sont celles-là dont nous établirons avec soin la valeur, parce qu'elles fixent nettement le caractère propre de la cartographie normande. Il y a aussi des cartes qui sont perdues, mais dont on connaît les auteurs, et le renom de ces savants permet de soupçonner le grand mérite de leur œuvre. Enfin il existe des cartes anonymes françaises, et très probablement normandes, qui ne portent aucune indication du lieu et de la date de leur construction.

Rappelons donc le souvenir des cartographes dont les travaux ont été conservés ou égarés, et mentionnons ensuite les cartes anonymes qui nous sont parvenues.

§ I. — Cartographes dont les œuvres sont datées et signées.

Nicolas DESLIENS (1541 et 1566).

Nous ne possédons aucuns détails biographiques sur

ce Dieppois, auteur d'une carte marine (1) mesurant 0 m. 587 × 1 m. 075. Ce remarquable planisphère est construit sur la rose des vents. La rose centrale est placée en Guinée. On y remarque une échelle de lieues, puis une échelle de latitudes qui s'étend de 57° lat. S. à 79° lat. N.; nulle trace de longitudes. Comme sur les cartes plates, l'équateur et les deux tropiques sont représentés par des lignes droites. Sur chaque région importante, des pavillons indiquent les peuples qui, les premiers, ont visité cette contrée ou ceux qui la possédaient à l'époque où le cartographe a dressé sa carte.

Au haut de la mappemonde et à gauche, on lit sur une banderole la légende suivante : « Faicte à Dieppe par Nicolas Desliens, 1541 ».

Nous avons étudié cette carte sur un exact fac-similé qui se trouve à la Bibliothèque Nationale de Paris (2). Le Musée de Dieppe en possède une bonne reproduction de 0 m. 45 × 0 m. 80.

Cette carte marine n'est pourvue d'aucuns enjolivements à l'intérieur des pays, ni arbres, ni animaux, ni rois sur leur trône, comme en sont chargées d'autres mappemondes du temps. Sur la mer sont figurés quelques navires, une demi-douzaine environ. L'un est au Nord de l'Asie, il a franchi le passage Nord-Est ; un autre est plus avancé dans sa course, il semble se diriger vers la région de *Zipangri* (Japon). Un troisième se trouve au Nord du *Laborador*, il vogue dans le passage Nord-Ouest. La grande préoccupation des Normands à cette époque était en effet de gagner par le Nord le pays des épices, en naviguant soit à l'Ouest, soit à l'Est. L'Amérique est entièrement séparée de l'Asie.

A la hauteur de 67° lat. N. apparaît la ligne des côtes de l'Amérique septentrionale avec cette inscription qui court le long du tracé : « Terre septentrionale incôneue ».

On doit encore à Nicolas Desliens une mappemonde, finement dessinée sur vélin et coloriée, qui mesure 26 × 45

---

(1) Bibliothèque royale de Dresde, Geogr. A 52 m.
(2) Section des cartes géograhiques, DD. 935.

centimètres, marges comprises, et qui porte sur une banderole ces mots : « A Dieppe, par Nicolas Desliens, 1566 ». C'est une carte plate qui est graduée sur la rose de huit vents et orientée le Sud au haut et le Nord au bas (1). L'original en est conservé à la Bibliothèque Nationale de Paris. La marge, large de 2 cm. 1/2, est couverte, sur fond azur, de dessins variés et des figures des huit vents principaux de la rose.

Le premier méridien passe par l'île de Fer, et c'est sur ce méridien que sont marquées les latitudes, dont les degrés sont tous égaux entre eux. Le point, qui se confond à la fois avec le milieu de la rose centrale et celui de la carte, est situé entre 10° et 15° lat. N. sur le méridien passant par le Cap de Bonne-Espérance.

La nomenclature est presque entièrement française.

En deux endroits de la carte, Desliens a dessiné une échelle de lieues, puis des navires dans les différentes mers.

C'est par erreur que H. Harrisse (2) a assigné à ce planisphère la date de 1563 ; et malheureusement sa faute a été répétée par les cartographes Denkmäler, Viktor Hantzsch et Ludwig Schmidt.

Un acquéreur qui était entré en possession de cette mappemonde à la vente de M. Viel Castel l'a recédée le 25 Mai 1857 à la Bibliothèque Nationale.

Il en existe une reproduction héliographique dans le *Recueil de portulans*, publié par Gabriel Marcel (3), et une copie sur papier au Musée de Dieppe.

Jean ROZE

Jean Roze était « natif et demourant en nostre ville de Dieppe » (4). La date de sa naissance nous est inconnue.

---

(1) Les latitudes s'étendent de 85° lat. N. à 63° lat. S.

(2) *The Discovery of North America : A critical documentary and historic investigation, with an essay on the early Cartography of the New World, before the year* 1536, London, 1892, 1 vol. in-4°.

(3) Paris, in-folio, 1886.

(4) Revue catholique de Normandie du 15 janvier 1909. Deux documents inédits sur Jean Roze, hydrographe dieppois, par Edouard LE CORBEILLER, p. 213.

Son père, David Roze, « extrait de noble et ancienne race et maison du royaume d'Ecosse. » (1), était venu jeune encore à Dieppe, s'y était marié vraisemblablement à une dieppoise, et avait continué à résider en cette ville jusqu'à sa mort survenue entre 1547 et 1551. Nous ne possédons aucuns renseignements sur la mère de Jean Roze.

Contemporain de Pierre Desceliers, Roze fut-il son élève ou son émule dans l'étude de l'hydrographie ? Nous ne saurions le dire. Comme les Dieppois de cette époque, il apprit le dessin en même temps que la science nautique. De bonne heure, il se mit à voyager et devint pilote. Nous croyons que c'est lui qui est mentionné dans la prise, faite en 1534 par les Hollandais, d'un « ship called the Katherine of Dieppe, John Rosse master » (2) (navire dieppois nommé la *Katherine*, et conduit par John Rosse).

En 1542, Jean Roze se retira en Angleterre de son plein gré et y prit du service dans la marine de Henri VIII. C'est de cette année que date son *Hydrografy*.

Quelles missions Roze remplit-il dans la marine anglaise ? Nous l'ignorons. Nous savons seulement qu'il était venu en Angleterre « pendant l'ancienne paix », que ses gages étaient de cent soixante écus par an ; mais qu'au bout d'un certain temps il songea à rentrer en France. Il avouait même qu'il ne restait en pays étranger que « quasy par force et contrainct », et que « luy, sa femme et enfantz » ne demandaient qu'à retourner à Dieppe. Sous Henri VIII, les pilotes de la marine anglaise étaient pour la plupart étrangers. Raguse, Venise, Gênes en avaient fourni un certain nombre ; mais les meilleurs et les plus habiles étaient des Bretons et surtout des Normands.

Le rapatriement de J. Roze n'allait pas sans de grandes difficultés. L'ambassadeur de France en Angleterre était alors Odet de Selve. J. Roze pria ce personnage de favoriser son retour en la terre natale. De Selve seconda de tout

---

(1) Archives départementales de la Seine-Inférieure. Mémoriaux de la cour des aides, reg. III, fol. 321.

(2) *Letters and papers foreign and domestic* (*Henri VIII, t. 7*). Lettre du maire de Douvres datée du 25 juin 1534.

son pouvoir le désir de J. Roze. Le 11 janvier 1547, il écrivit à l'amiral Claude d'Annebaut une lettre élogieuse pour J. Roze, « homme de très bon esprit, comme j'entendz, et fort entendu au faict de la marine et de la navigation ». Quoique inscrit dans la marine anglaise, il n'a à aucun instant songé à s'armer contre le roi de France, et même il n'a jamais eu « voulenté de servir aultre prince que ledict seigneur Roy ». S'il a le bonheur de rentrer à Dieppe, il s'engage à « faire au roy tout le service dont il se pourra adviser et icy ne s'épargnera à ce qu'il aura moyen de faire ».

François Ier ne se montra pas empressé à revoir un de ses sujets qui s'était volontairement expatrié, et il ne consentit à l'accueillir qu'en cas de guerre avec les Anglais. La mort du roi, arrivée quelques semaines plus tard, sembla servir les desseins de notre Dieppois.

Odet n'abandonnant pas la cause du transfuge manda le 4 mai 1547 au connétable Anne de Montmorency que Roze était « homme pour faire de très grands services ». Cinq jours plus tard, l'ambassadeur revint à la charge. Jean Roze avait des renseignements importants à communiquer au roi et au connétable sur les différents ports d'Angleterre. Il voulait notamment leur remettre une carte d'Angleterre et une d'Ecosse « très bien faictes », et leur « donner advis de ce qu'il sçayt des choses de deça ». Son plus vif désir était « de retourner en France chez luy en la maison de son père qui est encore vivant », et il ne réclamait « aulcuns gages ne entretenement ».

Tant de démarches pressantes triomphèrent de la résistance du roi de France qui accorda enfin l'autorisation demandée. Mais l'extradition de Roze n'était pas chose facile à régler. Roze et de Selve s'y employèrent habilement et aplanirent bien vite toutes les difficultés. Le 16 juin, le connétable recevait un nouvel avis lui confirmant que Roze était un « homme de sçavoir et d'expérience au fait de la navigation avec bonne voulenté de faire service ».

Les cartes d'Angleterre et d'Ecosse, dressées par J. Roze, furent sans doute utilisées dans les expéditions entreprises vers cette époque par les Français dans ces régions. Au commencement de Juillet 1547, le prieur de Capoue, Léon Strozzi, qui était général des galères de France, se porta au secours des troupes écossaises qui assiégeaient le château de Saint-André. L'année suivante, au mois de juin 1548, le navigateur Durand de Villegagnon conduisit à Leith le capitaine Montalembert d'Essé avec six mille soldats qui allaient aussi renforcer l'armée écossaise dans sa lutte contre les Anglais. Continuant ensuite sa route, Villegagnon alla à Dunbar prendre Marie Stuart qu'il amena à Brest par le Canal de Saint-Georges. Que les cartes de Roze aient été entre les mains des navigateurs qui s'aventuraient alors sur les côtes, encore si peu connues, de l'Angleterre et de l'Écosse, nous le croyons volontiers.

Villegagnon songeant à se mesurer lui-même avec les Anglais équipa une flotte en Normandie. Un certain Jehan Rots, marchand de Dieppe, très probablement notre Jean Roze, s'engagea le 8 janvier 1550 à livrer une ramberge pour la fin d'avril, moyennant sept mille cinq cents livres (1). Mais l'expédition n'eut pas lieu.

Les promesses faites par J. Roze n'étaient pas vaines. Il le prouva bien en plusieurs circonstances, dès qu'il fut rentré à Dieppe. Aussi, en récompense, le roi de France lui délivra, en 1551, non pas des lettres d'anoblissement, puisque par son père il était de race noble, mais des lettres de réhabilitation. Il avait en effet dérogé. « Son dict feu père lorsqu'il se seroit retiré et résidoit en nostre dict royaulme n'avoit suffisant moyen de sóy entretenir au dict estat de noblesse et se seroit entremis du faict de marchandise, et en ce faisant desrogé au dict estat de noblesse ».

Les droits et privilèges attachés à la noblesse furent rendus à J. Roze « en faveur, disait le roi, des bons et agréables services que nous a cy devant faictz et espérons que continuera de bien en myeulx cy après ». Des lettres de la reine d'Écosse et du duc de Chastellerault, gouverneur d'Écosse, témoignaient de la « dicte et ancienne race et noblesse » de J. Roze. Le roi lui accorda la jouissance et

____

(1) Biblioth. nat. de Paris, ms. franc. 18153.

l'usage « de tous les privilleges, franchises et immunitez de noblesse dont ont accoustumé jouyr aultres nobles de nostre royaulme nonobstant que le dict David son père ait exercé train de marchandise ».

Ces lettres, retrouvées par M. Ed. Le Corbeiller (1) et publiées dans la *Revue catholique de Normandie* (2), sont datées de Joinville au mois d'août 1551 avec enregistrement aux Comptes le 17 avril 1553 après Pâques (3).

De royales libéralités témoignèrent en faveur des bons et loyaux services qu'il rendait à son pays et à son roi. Ainsi, en 1557, pour le dédommager « des grands despens qu'il a supportés pour nostre service es derniers voiaiges par luy faictz sur la mer », le roi décharge son « cher et bien amé Jehan Roz l'un des capitaines de nostre marine deponant de tout ce à quoy peult monter le droict de quatre pour cent » à percevoir par le trésor royal sur la prise, naguère faite en mer par « ung navire appartenant aud. Roz », de deux bâtiments retournant l'un du Pérou (4), et l'autre des « isles Sainct-Thomé » (5).

D'après M. Le Corbeiller, l'un des navires s'en revenait du Cap Vert avec un chargement de « cuyrs de bœuf », et l'autre de San-Thomé avec une grande provision de sucre (6).

Nous trouvons la mention d'un Roze à la fin d'une lettre, datée de Middleburgh le 8 juin 1560 (7), où est annoncée l'arrivée en ce port de deux petits bâteaux de Français sous la conduite de Hans Rose (8). Est-ce notre dieppois Jean Roze ?

---

(1) Arch. départ. de la Seine-Inférieure. Mémoriaux de la Cour des Aides, reg. III, fol. 321-322.

(2) Evreux, in-8°, n° du 15 janvier 1909, p. 212-215.

(3) Anoblissement de « Jean Roz cappitaine de navire demeurant à Dieppe, filz de David Leroz escossais, pour méritter en avril mil cinq cens cinquante et un » (Ms. de la Biblioth. de Rouen, Y. 11, f° 9).

(4) Le mot *Pérou* avait alors une signification assez vague.

(5) J. Roze armait volontiers des navires pour la course, et recherchait les bonnes prises.

(6) Lettres données à Saint-Germain-en-Laye le 4 décembre 1557.

(7) *Calendar of State papers, foreign series*, volume de 1560-1561.

(8) *Two small boats of Frenchmen with Hans Roze.*

Bref, Jean Roze nous échappe vers cette époque, et nous ne saurions dire vers quel temps il mourut.

Il nous reste à faire connaître l'œuvre hydrographique et cartographique de Jean Roze.

Le vicomte de Santarem (1) avait attiré l'attention des savants sur un « Atlas inédit fait par *Jean Rots* ou *Roty* de Dieppe ».

Les notions théoriques renfermées dans le texte et surtout les cartes qui y sont ajoutées donnent au livre de Jean Roze une très grande valeur. Il compte trente-deux folios de 598 millimètres de hauteur sur 386 de largeur. Au dos de la couverture, on lit : « John Rotz. Booke of Hydrography, 1542 ». Ce beau manuscrit est conservé au British Museum (2). Il y était déjà en 1734, comme en témoigne le catalogue des manuscrits de la Bibliothèque du Roi (page 306), dressé en cette même année par David Casley, député bibliothécaire.

Dans cet atlas sont insérés six folios de texte, puis onze cartes et une mappemonde en deux hémisphères.

Roze emploie la langue paternelle, c'est-à-dire la langue écossaise qui, d'ailleurs, ressemble fort à la langue anglaise. Les principales différences que nous observons chez Roze atteignent le parfait et le participe passé qui, en écossais, se terminent en *it* au lieu de *ed* en anglais.

Bien des participes présents changent en *and* la terminaison anglaise *ing*. Les mots anglais commençant par *wh* se présentent en écossais sous la forme *quh*, laquelle indique une gutturale.

Nous adoptons la forme française *Roze* pour désigner le nom de notre hydrographe. C'est d'ailleurs ainsi que l'inscrit dans sa correspondance Odet de Selve, ambassadeur de France en Angleterre de 1546 à 1549 (3).

---

(1) *Recherches sur la découverte des pays situés sur la côte occidentale d'Afrique, au-delà du cap Bojador*, Paris, 1842, 1 vol. in-8°, p. 145-146.

(2) *Mss. 20. E. IX.*

(3) *Inventaire des Archives du Ministère des Affaires étrangères*, publié par Germain Lefèvre-Pontalis, 1888, 1 vol. in-8°.

Au folio I sont dessinées les armoiries de Henri VIII d'Angleterre : écartelé de France et d'Angleterre. Les supports sont à dextre un griffon rouge, et à senestre un chien d'argent à collier rouge, avec un anneau derrière par lequel passe une laisse rouge. Au-dessus est une couronne surmontée d'une croix et décorée de plusieurs fleurs de lis. Sur le pourtour sont enchassées des perles alternativement vertes et bleues. La couronne est doublée d'hermine. Au-dessous on lit cette inscription écrite en anglais ou plutôt en écossais de l'époque : « This booke of hydrography is made by me John Rotz sarvant to the Kingis mooste excellent Majeste. Gode save his Majeste ». (Ce livre d'hydrographie a été composé par moi John Rotz, serviteur de la Très-Excellente Majesté du Roi. — Dieu sauve sa Majesté !) La bordure de ce feuillet, ornée de couleurs variées, représente un portail Renaissance.

Folio II. — Le titre de l'ouvrage est répété en termes différents (une ligne), puis vient la dédicace adressée au Roi (quarante-quatre lignes) (1).

Dans cette dédicace, Roze commente cette maxime : L'homme propose et Dieu dispose. Et il se donne lui-même en exemple. Depuis longtemps il avait le « désir et affection de faire quelque œuvre plaisante et agréable au Roy de France » qui a été son « souverain et naturel seigneur ». Il y avait dans le monde un assez grand nombre de cartes marines dressées « selon la maniére vulgaire ». Assez difficiles à manier parce qu'elles avaient « de quatre ou cinq verges de long », Roze en réduit les dimensions en les présentant sous la forme d' « ung livre contenant toutte l'idrographie ou science marine ». C'est en Angleterre que Roze acheva ce travail. Quoique destiné primitivement au roi de France, il le dédie à Henri VIII d'Angleterre : « Dieu et fortune, dit-il, mon tan faict de grace et faveur que daconduire et gouverner la navire de ma simple et petite personne errant et navigant par les undes et flotz de ceste mer

<hr>

(1) Le texte entier, à l'exception du titre et de la dédicace qui sont écrits en français, est en langue écossaise.

mondayne jusqz... a poser l'ancre au tres noble et tres excellent port de vostre tan gratieux et desiré service. » Il est heureux d'avoir pu, en Angleterre, « ancrer en repos et saulveté avec son petit esquipage et mathelotage de femme et enfantz ».

Dans la suite de sa dédicace, Roze, rappelant qu'il a beaucoup voyagé lui-même et qu'il a consulté des cartographes habiles, affirme, et nous le croyons sans peine, que ses cartes sont « au plus certain et vray qu'il a esté possible de faire, tant par experience propre que par la certaine experience de amys et compaignons navigateurs ».

Roze, la dédicace terminée, explique les échelles et les aires de vent employées dans les cartes de son ouvrage (quinze lignes) et il présente une table de degrés, minutes, etc. (1).

Folio III. — Explication des aires du compas de mer (trente-huit lignes). Compas peint en or et en couleurs.

Folio IV. — Instruction pour trouver l'élévation du pôle à l'aide de l'étoile polaire (vingt-trois lignes). Figure, en or et en couleurs, pour expliquer la dite instruction.

La bordure des folios II, III et IV est identique ; l'or et le noir y dominent.

J. Roze rappelle le procédé, qui existait de son temps et dont il n'est pas l'auteur, pour connaître la hauteur du pôle au-dessus de l'horizon. D'après la position des étoiles nommées les Gardes, par rapport à l'étoile polaire, il indique ce qu'il faut ajouter ou retrancher à la hauteur de cette étoile polaire pour avoir la vraie hauteur du pôle.

Folio V. — Instruction pour trouver la latitude (vingt-neuf lignes). J. Roze expose la méthode qui a pour base la connaissance de la hauteur méridienne du soleil et de la déclinaison de cet astre au jour de l'observation, et à l'appui de sa théorie il donne deux ou trois exemples.

Vers le bas du feuillet, Roze transcrit un calendrier

______

(1) Neuf colonnes avec dix lignes à chacune.

avec les fêtes et quatre colonnes de figures astronomiques (soleil, etc.)

La marge est ornée de nombreuses couleurs et de fleurs, genre flamboyant.

Folio VI. — Table se rapportant à la « lyne équinoctial », c'est-à-dire à l'équateur. Cette table forme deux colonnes avec traits en or et écriture à l'encre noire.

A la suite est une table intitulée « The extration of Radices » (l'extraction des racines). Les traits sont en or et les chiffres à l'encre rouge.

69	4761	129

Dans l'exemple que cite l'auteur, la seconde colonne contient le nombre dont on veut extraire la racine carrée, dans la première est cette racine cherchée, et dans la troisième un nombre composé du double de la racine du premier chiffre trouvé, 6, suivi de 9 qui est le second chiffre de la racine. Aujourd'hui nous disposons autrement l'opération :

$$
\begin{array}{r|l}
4761 & 69 \\
1161 & 129 \times 9 = 1161 \\
000 &
\end{array}
$$

Ce feuillet renferme encore un tableau, en traits dorés, mais les colonnes y sont restées en blanc. La marge est semblable à celle de la carte précédente.

Au folio VII commence le tracé des onze cartes. Toutes ces cartes sont peintes avec beaucoup d'art, quoique ne possédant pas le fini et la délicatesse de celles de Guillaume Le Testu et de J. de Vaulx dans leurs magnifiques Atlas mss.

de 1556 (1) et de 1583 (2). En général, le dessin est meilleur que le coloris.

Les marges sont couvertes de fleurs en or et de diverses couleurs, de même que les cartes. Les roses des vents y sont nombreuses ; une plus grande au centre mesurant environ 8 centimètres de diamètre et seize autres intermédiaires plus petites réparties à égale distance sur une circonférence décrite du centre de la rose centrale. Celles-ci n'ont que 45 millim. de diamètre sur la plupart des cartes. Les lignes de ces roses sont tracées en encre verte et rouge. Le cartographe n'a eu garde d'oublier de peindre les indigènes de chaque pays et de mettre sous les yeux les productions du sol.

Voici le schéma général de chacune des cartes de Jean Roze :

La carte occupe le verso d'un feuillet et le recto du feuillet suivant.

La largeur des deux pages, quand le livre est ouvert, est de 765 millim. environ, y compris 30 millim. pour les deux marges.

La hauteur complète est de 590 millim. ou à peu près, et de 575 millim. sans les marges.

Une autre bordure, large de 65 à 70 millim., existe à droite et à gauche de chaque carte. Deux échelles de latitudes longent toute cette bordure, laquelle pour le surplus est très ornée de dessins fantaisistes. Plusieurs navires sont représentés voguant en pleine mer : 1 trois-mâts avec voiles carrées aux folios XXI, XXV et XXVI. Au folio XXX (Java), cinq navires : 1 trois-mâts et 1 deux-mâts à voiles latines, puis 3 trois-mâts avec voiles carrées.

Il y a généralement une échelle de 200 lieues marines, placées d'ordinaire dans les marges et quelquefois sur la mer, et un degré équivaut à 17 lieues 1/2. Les degrés de latitude sont désignés à l'encre noire au-dessus de l'équateur, et à l'encre rouge au-dessous.

---

(1) Archives du Ministère de la Guerre.

(2) Bibliothèque nationale, ms. français 150.

La carte I s'étend de 38° lat. N. à 7° lat. S. et comprend la côte orientale du *Pérou*, l'*Isthme de Panama*, *Cuba*, les *Indes d'Occident* occupées par les Espagnols, *Yucatan*, la *Floride*, la *Mer des Indes d'Occident*, la *Grande mer océanique* (Grand Océan), les *Indes d'Orient* au pouvoir des Portugais, et les *Isles des Moluques*.

L'Isthme de Panama semble assez exactement dessiné. On remarque cinq personnages, deux au Sud et trois au Nord de l'isthme. Tous sont vêtus de tuniques grises descendant jusqu'aux genoux, et sont armés d'un arc et d'une flèche. Plusieurs arbres sont représentés dans la région.

La carte II figure les Indes Orientales et s'étend de 25° lat. N. à 19° lat. S. On y remarque surtout la Mer des Indes Orientales, la petite Jave, les Indes Orientales, l'île de *Trapobana* (Sumatra), l'île *Zeilon* (Ceylan), l'Inde et la péninsule Siamoise. Il y a beaucoup d'arbres, la plupart très touffus. Dans l'île de *Trapobana* sont trois hommes en tuniques bleues ; l'un tient en la main gauche un objet qui ressemble à un cimeterre. Il y a aussi un éléphant blanc dont les défenses pointent en l'air.

Sur le continent, au Nord, est une hutte couverte en chaume et élevée sur quatre pieux. Une barre horizontale est posée le long de cette hutte sur deux pieux plus petits. Un homme en tunique bleue se glisse à l'intérieur de la hutte en s'aidant, pour y monter, de cette barre comme d'un marchepied.

Près de cette maison sont beaucoup d'hommes diversement habillés. Les reins ceints d'étoffes bleues, les uns portent de longs bâtons, d'autres des cimeterres, certains sont armés à la fois de bâtons et de cimeterres. Quelques-uns ont des tuniques bleues. On en aperçoit un qui est vêtu d'une sorte de chemise. Deux hommes sont munis de boucliers aussi grands qu'eux. Un autre est à cheval, il semble tenir une torche ; un serviteur protège sa tête à l'aide d'un parasol.

Les roses des vents sont plus détaillées que sur la précédente carte.

Au Sud de la Petite Jave, on aperçoit le commencement d'un continent, la Grande Jave.

La carte III embrasse les pays entourant le Golfe Persique et la Mer Rouge, et les latitudes s'étendent de 32° lat. N. à 13° lat. S.

La carte IV représente le Sud et le Sud-Est de l'Afrique, puis Madagascar.

La carte V montre encore le Sud de l'Afrique et une grande partie de la Côte Occidentale jusqu'au delà de Saint-Thomé. Elle s'étend de 6° lat. N. à 39° lat. S.

La carte VI continue la côte occidentale d'Afrique depuis 9° lat. S. jusqu'à 36° lat. N., un peu au Nord des Canaries.

La carte VII est celle de l'Europe et du Nord de l'Afrique. La plus grande rose, au lieu d'être au centre, est placée bien au sud du milieu de la carte. C'est seulement une demi-rose finissant à la marge. Sur cette carte on lit les noms suivants :

La Norvège, les Iles Britanniques, Gibraltar, la Russie, la Mer Noire, la Méditerranée, la Judée, le Levant.

Les latitudes vont de 66° N. à 20° S.

La carte VIII comprend la Méditerranée occidentale, l'Espagne, la Côte Occidentale de l'Europe jusqu'aux embouchures de la Scheldt, les Iles Britanniques, l'Irlande, le Labrador et Terre-Neuve. Les latitudes s'étendent de 29° à 74° N.

La carte IX est celle du Golfe du Mexique et des régions adjacentes. On y distingue ces noms : *La grande mer océane, la Terre-Neuve où l'on va à la pêche, Terre de Floride, Cuba, Espagnolla, Yucatan, les Indes d'Occident occupées par les Espagnols, la côte du Pérou, les îles des Antilles.*

Les latitudes sont inscrites de 51° N. à 6° S.

La carte X est une partie de l'Afrique et du Brésil. On y remarque surtout : la *Côte de Jaloffe* en Afrique, les *Canaries*, les *îles du Cap Vert*, *l'Océan*, les *îles des Antilles*, la *côte de Canniballes*, et la côte du *Brésil*. Les latitudes vont de 36° N. à 11° S.

La carte XI représente la partie orientale de l'Amérique du Sud et une petite étendue de la côte occidentale au-dessus du détroit de Magellan. Citons particulièrement le Cap de Saint-Augustin, la côte du Brésil, la rivière de La Plata et le détroit de Magellan.

Les latitudes sont australes et s'étendent de 6° à 52°.

La dernière carte est une mappemonde partagée en deux hémisphères. Le Nord est au haut du feuillet, et non au bas comme sur toutes les autres cartes.

C'est une projection stéréographique sur le méridien passant par les longitudes de 90° et 270°.

L'hémisphère de gauche renferme la moitié de l'Arabie, l'Europe, l'Afrique, Madagascar, la moitié d'une île au Sud-Est de l'Afrique, et tout le Nouveau Monde.

Dans l'hémisphère de droite sont l'Asie, l'Inde, la région de la péninsule Malay (Malacca) et un grand continent méridional nommé *The lande of Java* et correspondant à la Grande Jave des cartes normandes de cette époque.

Aucun enjolivement n'apparaît dans l'intérieur des terres ; ni hommes, ni animaux, ni arbres.

Les longitudes et les latitudes sont marquées. Les méridiens et les parallèles sont tracés de dix en dix degrés. Le premier méridien est une ligne droite passant par les îles du Cap Vert dans un hémisphère et par le 180° degré de longitude dans l'autre. Les longitudes sont donc indiquées dans le premier hémisphère, de 270° à 360° et de 0° à 90° ; et dans le second, de 90° à 270°. Du centre de chaque hémisphère rayonnent vers la périphérie trente-deux lignes droites qui représentent les divisions de la rose des vents.

A l'entour des deux hémisphères sont dessinées des têtes soufflant des huit points cardinaux et demi-cardinaux, et près de ces têtes sont écrits les noms de ces huit vents principaux : *North, Nordeist, Eist, Sutheist, Suth, Suthest, West, Noruest.*

L'espace compris entre les hémisphères et les marges dorées est rempli de dessins de fleurs et de feuilles, excepté à l'extrémité gauche et au bas où Roze a placé un ornement fantaisiste.

Près de la tête soufflant le vent N.-O. dans l'hémisphère de gauche sont insérées dans un petit cartouche rectangulaire les initiales *H. R.* et dans l'autre hémisphère, au vent N.-E., on lit dans un encadrement semblable : *VIII.* Ces lettres sont les initiales de Henri VIII d'Angleterre.

Dans des positions symétriques par rapport à l'équateur et au-dessous, on lit : « God save the Kingis maieste » (Dieu sauve la royale Majesté).

A l'extérieur de la marge et au haut du feuillet, presque entre les deux hémisphères, est dessinée une rose à cinq pétales surmontée d'une couronne, et au-dessous flotte un ruban bleu.

Au folio XXXI qui suit la mappemonde que nous venons de décrire, Roze a dessiné une bordure architecturale renaissance en or. Elle ressemble fort à celle du folio I. A l'intérieur de cet encadrement et vers le sommet est un cartouche dont les bords sont rouges, bleus et or, et qui entoure cette inscription : DIEV. ET. MON. DROICT. Au-dessous sont des motifs renaissance peints en or, en bleu ou en rouge. Ces ornements sont répandus à l'entour et au-dessus d'une couronne dont le cercle porte quatre croix pattées et quatre fleurs de lys alternativement. Derrière ces croix naissent quatre quarts de cercle que surmonte un petit globe terminé par une croix. C'est la couronne royale d'Angleterre. Cette couronne couvre une sorte de rose à cinq pétales où se remarquent les couleurs or, argent, et rouge. N'avonsnous pas là les armoiries des cinq Tudors qui régnèrent sur l'Angleterre de 1485 à 1603 : Henri VII (né en 1458, et roi de 1485 à 1509), Henri VIII (fils de Henri VII, roi de 1509 à 1547), Edouard VI (fils de Henri VIII et de Jeanne Seymour, né en 1537 et roi de 1547 à 1553), Marie Tudor (née en 1516, fille de Henri VIII et de Catherine d'Aragon, et reine de 1553 à 1558), Elisabeth Tudor (née en 1533, fille de Henri VIII et d'Anne de Boleyn, et reine de 1558 à 1602). De ces cinq Tudors, deux régnèrent avant 1542, date de la composition du livre d'Hydrographie de Roze, et trois qui étaient nés ne montèrent que plus tard sur le trône d'Angleterre.

Au XXXII° et dernier folio, Roze a peint une sorte de tablette ornementée où dominent les couleurs or, brune et noire, et sur la face de laquelle est une inscription dont voici la traduction française :

« Ici se termine ce livre d'Hydrographie écrit par moi, Jean Roze, serviteur de sa très excellente Majesté royale, en l'année de Notre Seigneur Dieu 1542, et de son très glorieux règne le 34°. Dieu sauve sa Majesté ! »

La Mappemonde HARLEIENNE.

Cette mappemonde, richement enluminée sur vélin, est conservée au British Museum (1). Son nom vient de ce qu'elle a fait partie autrefois des collections harleiennes. Elle mesure 2 m. 85 × 1 m. 20 (2) et n'est ni signée, ni datée. Il en existe une belle reproduction dans une publication du Comte de Crawford, intitulée : « Autotype fac-similes of three Mappemondes » (3). Les latitudes sont marquées de 64° S. à 73° N. Elle n'a pas d'échelle de longitudes.

L'attention des géographes fut attirée sur cette mappemonde par l'hydrographe Alexandre Dalrymple qui, en 1787, en traça et grava la portion Sud-Est sur une échelle un peu réduite, et qui, plus tard, fit connaître quelques détails de son histoire. Elle appartenait alors à Sir Joseph Banks qui, en 1790, la restitua à la bibliothèque de Harley.

Cette mappemonde qui est certainement de l'école du dieppois Pierre Desceliers « unquestionably Dieppe map of the school of Pierre Desceliers » (4) est attribuée, non sans raison, à Desceliers lui-même ou à Roze. Ce qui autorise

---

(1) Add. ms. 5413.

(2) H. Harrisse, *Découverte et Évolution cartographique de Terre Neuve et des pays circonvoisins*, 1497-1501-1769. London, 1890, 1 vol. in-4°.

(3) Aberdeen, 1898, très-grand in-folio de 46 feuilles, plus trois tableaux d'assemblage, avec un fascicule d'Introduction dû à Coote.

(4) Coote, *op. cit.*

cette attribution, c'est l'analogie qu'elle offre avec les autres productions cartographiques de ces savants (1).

C'est, dit Harrisse, une mappemonde dieppoise rappelant la facture de P. Desceliers ; mais elle n'a pas cet habile cartographe comme auteur, parce que, ajoute-t-il, toutes les cartes de Desceliers sont dûment signées, tandis que celle-ci est anonyme (2).

A notre avis, la carte Harleienne n'est pas l'œuvre de Desceliers, mais pour d'autres raisons. Comme nous allons le démontrer, cette carte a été tracée entre 1542 et 1546, c'est-à-dire très probablement avant la première mappemonde connue de Desceliers (1546). Les ressemblances frappantes constatées entre ces deux cartes, comme par exemple l'identité des échelles de lieues et des échelles de latitudes, et celle du tracé et de la nomenclature de certaines côtes, prouvent tout simplement que Desceliers a connu la carte Harleienne et lui a emprunté un certain nombre de détails. La carte Harleienne, très imparfaite par rapport à la carte de Desceliers de 1546, est donc antérieure à celle-ci, si on l'attribue à Desceliers.

Mais d'après les multiples traits de ressemblance qui la rapprochent de l'œuvre de Roze, nous avons l'intime conviction que la carte Harleienne a été dressée plutôt par Roze que par Desceliers.

Armoiries. — Les armoiries, peintes en couleurs près de la marge à gauche, sont plus ou moins fantaisistes. Selon Coote (3), les deux grands écussons mesurant chacun douze centimètres représentent l'un les armes royales de François Ier, l'autre celles de François, héritier présomptif comme dauphin de Viennois. Mais H. Harrisse (4) rectifia ces incorrections.

1° Il fit observer que les armes royales de François Ier se composaient uniquement de trois fleurs de lis, tandis que

---

(1) *Journal des Savants*, 1902.
(2) *Discovery of North America*, 1892, p. 647.
(3) *Autotype fac-similes of three mappemondes*.
(4) *The Dieppe world maps*, p. 3.

les armes décrites par Coote comme armes royales sont :
écartelé aux 1 et 4 de France et aux 2 et 3 de Dauphiné. Ces
armoiries ne sont pas celles du roi, mais celles d'un dauphin
de Viennois, et ce dauphin de Viennois n'était pas François, héritier présomptif, lequel mourut le 10 Août 1536 (1).
La carte Harleienne date en effet, nous allons le démontrer,
de l'année 1542 au plus tôt.

Les armoiries figurées sur l'Harleienne sont celles de
Henry d'Orléans, second fils de François Ier, dauphin à la
mort de son frère François, en 1536.

2° Le second écusson qui, d'après Coote, reproduit les
armes de « François dauphin de Viennois » est : écartelé
aux 1 et 4 mi-partie de France, aux 2 et 3 de Dauphiné. On
a superposé des dauphins aux armes royales pleines. C'est
un blason purement fantaisiste.

Les deux écussons sont entourés de couronnes non
cintrées et de chaînes qui sont le collier de l'ordre de saint
Michel, reconnaissable aux coquilles.

Date. — La date de construction de l'Harleienne semble facile à déterminer. Elle ne peut être antérieure à 1542,
parce qu'elle mentionne les découvertes faites au Canada
par Jacques Cartier au cours de son troisième voyage, en
particulier le tracé du fleuve Saint-Laurent. Or, ces résultats ne furent connus en France qu'après le retour du célèbre *découvreur* à Saint-Malo, sa patrie, le 26 Octobre 1542.

L'Harleienne n'est pas moins avancée dans la topographie du Saint-Laurent que la mappemonde de Desceliers
(1546). Elle figure et nomme les localités découvertes par J.
Cartier en 1541, par exemple la ville appelée par lui Saint-
Malo et représentée sur l'Harleienne et la mappemonde de
Desceliers (1546). Elle offre, en outre, la délinéation précise
et détaillée du pays.

L'Harleienne ne fut donc pas préparée vers 1536, selon
que l'affirme Coote, mais au plus tôt en 1542. Elle n'est pas.

---

(1) Le P. Anselme, *Histoire Généalogique et chronologique de la
maison royale de France, des pairs, des grands officiers de la couronne
et de la maison du Roy, et des anciens barons du Royaume*, Paris, 1726-
1733, 9 vol. in-fol., t. I, p. 131.

selon Harrisse (1), postérieure à 1546, parce que Terre-Neuve y est très morcelée comme sur les cartes de Des-liens (1541), Roze (1542), Cabot, 1544) antérieures aux car-tes de Desceliers.

Pierre DESCELIERS.

Pierre Desceliers très vraisemblablement appartenait à une famille originaire du pays d'Auge, entre Honfleur et Pont-l'Evêque, et son père vint à Arques, vers la fin du xvᵉ siècle, prendre du service au Château en qualité d'ar-cher.

Les Desceliers, dont nous avons retrouvé la trace au pays d'Auge au xvıᵉ siècle, avaient été anoblis en Janvier 1514 (v.s.) en la personne de Charles, pour trois cents livres (2).

Pendant bien des années, plusieurs membres de cette famille, dénommés Jean et Charles, sont cités soit comme frères, soit comme fils les uns des autres. Le grand nombre des mêmes prénoms amène une confusion telle que nous ne pouvons affirmer le degré de parenté qui les lie tous entre eux. Ainsi Jean *des Selliers*, de Honfleur, est « anobli par le roy à cause de la Charte des francs-fiefs comme issu de Charles, par arrêt de 1526 » (3), et cependant Jean et Char-les sont signalés comme frères par Ch. Bréard (4). Jean, lieutenant-général du vicomte d'Auge, et son frère Charles, sieur du Plain Chesne (5), étaient copropriétaires, en 1507, de l'hôtellerie du *Grand-Dauphin*, rue de la Ville à Hon-fleur. Vers 1543, ils vendirent le *Grand-Dauphin* à des bour-

---

(1) *Evolution cartographique de Terre-Neuve*, p. 208.

(2) *Recherche des Elus de Lisieux*, 1540, n. 275. — Reg. à la Ch. des Comptes de Paris, anc. reg. XII, fᵒ 85. — *Actes de François Iᵉʳ*, 23235. — Bibliothèque de l'Arsenal, ms. 4903, p. 123 (mention).

(3) Abbé Lebeurier, *Etats des anoblis*, nᵒ 1396.

(4) *Vieilles rues et vieilles-maisons de Honfleur*, 1900, in-12, p. 269 et 321.

(5) Fief situé à Saint-Gatien, canton de Honfleur.

geois honfleurais. Les deux frères possédaient encore à
Honfleur (rue Saint-Léonard) l'hôtellerie de *La Licorne*.
Ch. Bréard (1) croit qu'à la suite de fâcheux démêlés avec
la Chambre des Comptes de Normandie les deux frères alié-
nèrent leurs deux immeubles.

D'après la *Recherche des Elus de Lisieux* (1540, n. 275)
et une communication du Commandeur Henry Le Court, de
Lierremont (2), Charles, l'anobli de 1514, avait pour fils
Jean et pour petits-fils Charles et Jean. Charles et Jean
habitaient, en 1540, Englesqueville-en-Auge (3). Jean s'y
trouvait encore en 1560. Tous deux prenaient même le titre
de seigneurs d'Englesqueville, quoique cette paroisse
appartînt au Chapitre de Chartres. Ils possédaient en outre
la sergenterie de Chammelonde, dans la forêt de Touques (4), et Reux (5).

En 1573, les Archives départementales de la Seine-Inférieure (6) mentionnent Jean, Charles, Guillaume et Robert
Descelliers, écuyers, sieurs d'Englesqueville. C'est sans
doute ce Robert Desceliers, sieur de la *Ransonnerie* ou
Rançonnière (7) qui épousa Catherine de Saint Pierre (8)
vers 1574.

En 1687, Claude Manchon, veuve de Guillaume Desceliers, fit donation d'une maison à l'hôpital de Honfleur (9).

De 1760 à 1765, le receveur de l'hôpital de Honfleur
s'appelait Guillaume Desceliers (10).

---

(1) *Vieilles rues et vieilles maisons de Honfleur*, Honfleur, 1900,
1 vol. in-12, p. 321.

(2) Trouville-sur-Mer (Calvados).

(3) Canton de Pont-l'Evêque.

(4) Formeville, *Histoire de Lisieux*, t. II, p. 359.

(5) Aujourd'hui canton de Pont-l'Evêque.

(6) G. 4569.

(7) Plein fief assis à St-Gatien, mouvant de la vicomté d'Auge, sergenterie de Honfleur.

(8) Revue cathol. de Normandie, V. 567.

(9) Archives départementales du Calvados, H, suppl. 1623.

(10) *Ibid*, H, suppl. 1653.

En 1780, nous trouvons à Saint-Gatien Charles-Thomas Desceliers, brigadier des gardes de la forêt de Touques (1).

Charles Desceliers avait épousé en 1608 Catherine de Brévedent ; de ce mariage était née Anne qui devint la femme de Pierre de Courcy. Leur descendance s'est perpétuée, selon le Commandeur Henry Le Court, jusqu'à la Révolution.

Il y a encore, dans le pays d'Auge, de nombreuses familles roturières portant le nom de Desceliers.

Au commencement du xvi° siècle (2), l'envasement du port de Honfleur contraignit bien des familles à émigrer. Elles allèrent s'installer à Dieppe ou à Arques, et plusieurs revinrent plus tard au Havre. C'est ainsi qu'en 1520 on trouve à Dieppe la famille honfleuraise des Nageret, marchands-armateurs anoblis par Louis XII (3). Tel fut aussi sans doute le cas des Desceliers.

Le nom de l'illustre Dieppois fut diversement orthographié : Des Cheliers, Des Celiers, Deschelliers, Descaliers et Desceliers. Les inscriptions relevées sur ses mappemondes et retrouvées en partie depuis un demi-siècle ne laissent aucun doute sur la vraie manière d'écrire le nom de leur auteur. Toutes sont signées *Pierre Desceliers*. Que le chroniqueur Desmarquets (4), qui altère souvent les noms et les faits, l'appelle Descaliers et que Vitet (5), reproduisant cette orthographe, ajoute que telle était l'appellation populaire, peu nous importe. Selon nous la municipalité de Dieppe qui, en 1826, avait attribué à une de ses rues le nom de Descaliers, a été bien inspirée lorsqu'en ces derniers temps elle a rectifié cette erreur et rétabli la vraie orthographe : *Desceliers*.

---

(1) Piel, V, 415.

(2) Soc. de l'Histoire de Normandie, Mélanges, t. VI. *Documents relatifs à la Marine normande aux xv° et xvi° siècles*, par MM. Ch. Bréard et Barrey, p. 221.

(3) Biblioth. nat.; mss. franç. 26113, n° 1189 ; 26114, n° 101.

(4) *Mémoires chronologiques pour servir à l'histoire de Dieppe et à celle de la navigation françoise*, Paris, 1785, 2 vol. in-12.

(5) *Histoire de Dieppe*.

Nos renseignements biographiques sur Pierre Desceliers sont peu nombreux. C'est sans résultat appréciable que nous avons effectué des recherches, soit à Dieppe, dans les registres de catholicité et du tabellionage, soit à Arques, dans les archives de la commune et de la paroisse, soit à Rouen, dans les archives départementales. Impossible d'assigner les dates exactes de la naissance et de la mort de Pierre Desceliers. Pour trancher cette double question, les auteurs n'apportent que des présomptions. Ceux qui fixent la naissance de P. Desceliers à Arques en l'an 1487 (1), s'appuient plutôt sur la tradition que sur un document authentique. Le lieu de naissance de P. Desceliers n'est indiqué nulle part, mais on a tout lieu de supposer qu'il naquit à Arques. Sa famille et lui-même habitèrent si longtemps cette paroisse !

Parmi les habitants d'Arques, on comptait en effet plusieurs Desceliers à la fin du xvᵉ siècle. Jean et Noël *des Seliers* étaient tous deux archers morte-paye au Château d'Arques en 1498 (2). Jean y était déjà quinze ans plus tôt, en 1483 (3).

Noël laissa aux deux frères Audon et Pierre Desceliers une maison en héritage. Il était sans doute leur père.

Pierre Desceliers avait deux frères, Audon et Nicolas, et une sœur, Pierrette. En 1537, il était prêtre, et résidait à Arques (4) ; son frère Audon, arbalétrier au Château d'Arques, s'était déjà « retiré d'Arques à la ville Françoise de Grace » (aujourd'hui Le Havre) (5).

---

(1) Ed. FRÈRE, dans les Errata du *Manuel du bibliographe normand*, Rouen, 1858-1860, 2 vol. in-8°. — Th. LEBRETON, dans le supplément de sa *Biographie normande*, Rouen, 1857-1861, 3 vol. in-8°. — Mᵐᵉ OURSEL, *Biographie normande*.

(2) Biblioth. nat., mss. franç., 25783, nᵒ 4. — 19 juin 1498. Revue de 12 hommes de guerre à morte-paye reçue à Dieppe.

(3) Biblioth. nat., ms. Clairembault 237, nᵒ 265.

(4) Ch. de BEAUREPAIRE, *Recherches sur l'Instruction publique dans le diocèse de Rouen*, t. III, p. 198.

(5) Les diverses Archives du Havre au xvıᵉ siècle ne signalent aucun habitant portant le nom de Desceliers.

Aucun événement historique important ne se passa au Château d'Arques pendant que les parents de Pierre Desceliers firent partie de la garnison.

Dans le cartulaire de l'église d'Arques (au presbytère), il est fait mention (fol. 67 r°) de « Jehan Deschelliers arbalestrier » pour « vi s. de rente », et (fol. 105) d'une vente, faite le 6 mai 1493 « à Noel Deschelliers, archier au chasteau d'Arques » de cinq sols tournois de rente pour cinquante sols d'argent et deux s. six d. pour le vin. Un « estat des parties de rente deubs au thrésor de l'église d'Arques en 1671 » (1) rappelle qu'une maison nommée la *Corne de Cerf* « sur la rue tendante au besle et bornée d'un costé par l'ancienne geôle » avait successivement appartenu à Noel *Deschelliers*, Audon *Deschelliers* et « depuis par décret à Mᵉ Pierre Deschelliers », lequel était entré dans les Ordres. D'après une note prise dans les comptes de l'église (2), Audon *Deschelliers* payait en 1540 une rente de vingt sols, sur la *Corne de Cerf*, à la chapelle de Breenchon en l'église d'Arques. C'est donc après 1540 que Pierre Desceliers serait entré en possession de cette propriété (3).

Le nom de Audon Desceliers figure encore dans un acte rédigé au mois d'août 1545 (4). Selon nous, il dut mourir un ou deux ans plus tard, puisque d'après une pièce des archives départementales (5) sa succession fut réglée en 1547.

Pierre Desceliers habita longtemps la paroisse d'Arques. Il y était installé en 1537, et c'est là qu'il signa tous ses travaux cartographiques qui nous sont connus. Le dernier en date est de 1553. Ce savant mourut très probablement à Arques. Les registres mortuaires de cette époque ne nous sont pas parvenus. Nous croyons qu'il fut inhumé

---

(1) Archives du presbytère d'Arques.

(2) Aujourd'hui disparus.

(3) Quelques renseignements importants nous ont été gracieusement communiqués par un érudit dieppois, Mᵣ Edouard Le CORBEILLER.

(4) Arch. départem. de la Seine-Inférieure, G. 7943.

(5) Décret des biens d'Audon DESCHELLIERS, 1547. Fonds de la Collégiale de Charlemesnil.

dans l'église, dans la partie si remarquable qu'il vit bâtir et qui comprenait le chœur, les chapelles latérales et le transept. La nef brûlée par Charles le Téméraire n'était pas encore reconstruite.

Pierre Desceliers fut à la fois un géographe, un cartographe et un hydrographe très distingué.

On lui attribue la démonstration de la sphéricité de la Terre, et de l'existence des antipodes. Mais on croyait à la sphéricité de la Terre depuis une très haute antiquité. Dès le vi⁰ siècle avant notre ère, elle avait été professée par l'école de Pythagore. Cette opinion ne s'était cependant répandue parmi les philosophes qu'avec l'adhésion de Platon et d'Aristote. Jusque-là, on considérait la Terre comme un disque aplati. C'est Platon qui, le premier, soupçonna l'existence des antipodes, et en créa le mot. Les voyages de circumnavigation entrepris aux xv⁰ et xvi⁰ siècles fournirent la preuve expérimentale et irréfutable de cette vérité. Quel genre de démonstration Desceliers donna-t-il à cette question de la sphéricité de la Terre, nous l'ignorons complètement. On prétend que c'est sur cette vérité qu'il aurait appuyé ses principes d'hydrographie.

P. Desceliers aurait aussi, à la réquisition du duc François de Guise, dressé le plan de toutes les forêts de France. Mais le chroniqueur Asseline attribue cette œuvre à un nommé Pierre Desliens. Selon nous, il y a là une erreur de nom ou de prénom. Si c'est une erreur de nom, il s'agit de Pierre Desceliers ; si le prénom est faux, il faut lire Nicolas Desliens.

Asseline (1), d'après Dablon, chroniqueur dieppois dont le manuscrit est perdu, affirme encore que Desceliers eut la gloire d'avoir exécuté le premier en France des cartes marines. Mais alors certaines cartes de Desceliers seraient antérieures à celles de Jean de Clamorgan, de Parmentier, de Desliens, etc. Ces cartes seraient donc perdues. En tout cas, nous étudierons trois mappemondes de Desceliers,

____

(1) David ASSELINE, *Les antiquitez et chroniques de la ville de Dieppe*, Dieppe, 1874, 2 vol. in-8°, t. II, p. 325.

datées de 1546, 1550 et 1553, et cette étude sera plus que suffisante pour démontrer la science et le talent incomparables du cartographe.

On ajoute aussi que P. Desceliers fut le fondateur du premier centre d'études nautiques, et la tradition a joint à son nom le titre glorieux de « créateur de l'hydrographie française ». Les historiens ou biographes normands sont unanimes sur ce point (1). Ce qui est certain du moins, c'est que Pierre Desceliers enseigna le premier la science nautique dans un port de mer français.

Il semble même que son enseignement ait reçu, vers le milieu du xvi° siècle, une consécration officielle. Nous avons examiné au Musée de la Ville de Dieppe un très curieux cachet à double empreinte, où l'on distingue les initiales P. D., et nous estimons, comme M. A. Milet, directeur dudit Musée (2), que c'est une sorte de sceau royal équivalant à un diplôme d'examinateur de pilotes. Il est en cuivre et mesure 55 millim. de long et 20 millim. de large (3).

P. Desceliers a donc été très probablement pourvu d'une commission l'autorisant à délivrer aux navigateurs un brevet de capacité.

Cartes de Desceliers. — P. Desceliers dessina, ou du moins signa plusieurs cartes marines devenues célèbres.

Si l'on en croit Asseline, chroniqueur généralement bien informé, Desceliers serait antérieur à Desliens. Peut-être faut-il admettre que, si Desceliers ne fut pas le premier français qui traça des portulans, il fut, du moins, suivant

---

(1) Guibert, *Mémoires biographiques et littéraires sur les hommes de la Seine-Inférieure*, Rouen, 1812, t. I, p. 303. — Vitet, *Histoire de Dieppe*, Paris, 1844, 1 vol. in-8°, p. 221. — L'abbé Cochet, *Galerie dieppoise*, et *Vigie de Dieppe* du 15 février 1853. — P. J. Féret, *Histoire des Bains de Dieppe*, Dieppe, 1855, in-8°, p. 113. — Théodore Lebreton, *Biographie normande*, Rouen, 1857, t. I, p. 410. — Ch. de Beaurepaire, *Recherches sur l'Instruction publique dans le diocèse de Rouen avant 1789*, 3 vol. in-8°, Rouen, 1870-1872, t. III, p. 197.

(2) A. Milet, *Anciennes industries scientifiques et artistiques dieppoises*, Dieppe, 1904, in-8°, p. 13.

(3) Il a été offert au Musée de Dieppe par Mr Ropert, adjoint au maire.

la pensée de V. A. Malte-Brun (1), le premier en France qui publia des planisphères d'une vaste étendue.

Mappemonde de 1546. — Léopold Delisle (2) a trouvé, dans le catalogue des papiers du Cardinal Louis d'Este, mention d'un grand planisphère sous cette rubrique : « La descriptione del mondo in carta pecorina scritta a mano, miniata tutta per P. Descheliers, 1543 » (3). La date, 1543, nous paraît erronée. Il faut lire 1546, et c'est précisément le planisphère que nous étudions maintenant.

Ce planisphère-portulan de 1546 est conservé à Londres à la Bibliothèque Lindsania et mesure 2 m. 60 × 1 m. 30. Il appartint autrefois à Jomard, le fondateur de la Société de Géographie de Paris, qui le croyait dressé par ordre du roi de France Henri II, et qui en inséra, dans son Atlas des monuments géographiques (1862), une gravure faite par Rembiélinski. Plus tard, il vint entre les mains du Comte de Crawford à Haigh Hall (Vigan) (4), qui en publia en 15 feuilles une très belle reproduction lithographique à la grandeur de l'original (5).

Ce planisphère de Desceliers (1546) est souvent désigné sous le nom de *Carte de Henri II.*

Jomard, n'ayant pu lire l'inscription de cette mappemonde, la datait du milieu du xvie siècle. D'Avezac, qui lui assignait la date de 1542 (6), la croyait faite par ordre et aux frais de François Ier peut-être pour l'instruction du dauphin Henri II.

---

(1) *Un géographe du* xvie *siècle retrouvé* [Bull. de la Soc. de Géographie, 1876 (t. XII), p. 295].

(2) *Journal des Savants*, décembre 1902.

(3) Le célèbre critique d'art, Eugène Muntz, qui nous a transmis ce texte, l'avait emprunté à Campori (Notizie dei miniatori dei principi Estensi, Modène, 1872, p. 38), et il l'a inséré dans ses notes sur *Les Miniatures françaises dans les bibliothèques italiennes* (La Bibliofilia de Leo Olschki, vol. IV, oct.-nov. 1902, p. 234).

(4) *Journal des Savants*, 1898, p. 698.

(5) *Autotype fac-similes of three mappemondes*, Aberdeen, 1898, avec introduction de Coote.

(6) Bull. de l'Acad. des Inscriptions et Belles-Lettres, séance du 30 août 1867.

Pour expliquer la source des connaissances portugaises et espagnoles utilisées dans la construction de leurs planisphères par Desceliers et d'autres cartographes dieppois, on a prétendu qu'en 1542, dom Miguel de Sylva, évêque de Viseu, avait été banni du Portugal, sa patrie, et qu'en venant en France, il emportait avec lui des cartes et des mappemondes qu'il livra aux Dieppois. Mais cette hypothèse est invraisemblable, ou tout au moins elle est insuffisante pour expliquer la science des Dieppois.

Ce planisphère, enrichi d'armoiries écartelées de France et de Dauphiné, est vraiment une carte marine, et une des plus exactes que nous possédions de la première moitié du xvi° siècle. L'Océan et les contours des côtes des différents pays y sont tracés avec tout le soin désirable et toute l'exactitude possible pour l'époque. Il n'y faut pas chercher les détails géographiques se rapportant à l'intérieur des pays, à l'exception toutefois de l'Europe. Les espaces libres au dedans des terres sont remplis de portraits de rois et d'indigènes, ou d'indications sur la flore, la faune, les productions naturelles des pays et autres objets intéressants. Mais le long des rivages rien n'est imaginaire. Le cartographe est un savant consciencieux qui avoue franchement son ignorance de tel ou tel parage et refuse par suite de le tracer d'imagination.

Coote, attaché au British Museum, y découvrit et déchiffra en août 1877 cette inscription tout près du Japon : « Faictes à Arques par Pierre Desceliers presb^re, 1546 ». Les mots étant presque disparus, la lecture en fut très difficile. Pour ce motif, le graveur Rembiélinski laissa en blanc la place de l'inscription. Dès lors les divers savants qui étudièrent l'Atlas de Jomard, croyant cette mappemonde anonyme, cherchèrent à lui assigner une date, et c'est ainsi que Kohl (1), d'Avezac, Cortambert et autres, n'ayant sous les yeux que la lithographie de Rembiélinski, se déclarèrent impuissants à fixer l'époque précise de la construction de ce planisphère.

---

(1) *Discovery of Maine*, Portland, 1869, pl. XVIII, p. 351.

En 1882, le Comte de Crawford informa H. Harrisse que, dans le coin supérieur à gauche de la mappemonde, le conservateur des cartes géographiques au British Museum, Major, avait déchiffré cette inscription à peine lisible : « Faictes à Arques par Pierre Desceliers presb^{re}, 1546 » (1).

Coote (2) revendique comme sienne cette découverte en affirmant que « dans une claire après-midi il aperçut le premier des traces d'une inscription presque effacée ». Cette légende mesurait 225 × 75 millim., et les lettres étaient des capitales romaines ayant chacune 25 millim. de hauteur. H. Harrisse intervint dans la discussion soulevée à propos de l'orthographe de deux mots de la légende, et présenta les observations suivantes (3) : *Faictes* est une orthographe inexacte et défectueuse ; il faudrait *Faicte*. L'abréviation usitée pour *presbtre* est *ptre*, et non *presb^{re}*.

L'examen de l'autotype fac-similé du Cte de Crawford montre que le nom *Arques* et la date *1546*, inscrits dans la première et la troisième ligne de la légende, sont bien visibles, tandis qu'il n'existe plus de trace de la seconde ligne qui contenait le nom du cartographe, gravé comme le reste en lettres capitales de 25 millim.

L'expression anglaise, *made out*, que nous avons traduite par inscription *déchiffrée*, est dès lors susceptible de recevoir une double interprétation. Elle peut signifier que le nom du cartographe a été rétabli soit à l'aide de lettres ou fragments de lettres encore perceptibles, soit d'après une étude comparée des cartes de l'auteur.

H. Harrisse se demande si l'on n'est pas en droit de conjecturer que les mots « Pierre Desceliers, presb^{ro} » ont été ajoutés dans la suite. Peut-être qu'aucun nom de cartographe n'a jamais, jusqu'à nos jours, figuré sur cette carte. Peut-être que le mot Arques a fait songer à Desceliers, plutôt qu'à tout autre, alors qu'un de ses contemporains,

---

(1) « In the top left hand corner (near Japan) is that almost obliterated inscription which was made out by Mr Major. »

(2) *Op. cit.*

(3) *The Dieppe World maps*, p. 8-10.

nommé Breton, était également prêtre à Arques et excellent cartographe. En outre, remarque Harrisse en terminant son observation, la mappemonde de 1546 diffère, sur plusieurs points importants, de la carte bien authentique de Desceliers (1550).

La reproduction, conservée au Musée de Dieppe et habilement coloriée à la main, mentionne que la mappemonde dite de Henri II a été exécutée à Arques près Dieppe par Pierre Desceliers, en septembre 1546.

Nous pensons qu'il faut tout simplement s'en tenir à l'opinion commune, et décrire comme une œuvre de Desceliers la mappemonde de 1546.

Cette mappemonde (1) est graduée en latitude de 80° 40' N. à 62° 50' S., et, en longitude, depuis l'île de Fer dans les Canaries (premier méridien). Une lacune existe dans le Pacifique entre le 211° et le 272° degré de longit. Ouest, région alors inconnue aux Français.

Sur les mers sont dessinés quelques navires et quelques monstres marins.

Mappemonde de 1550. — Ce magnifique planisphère était en 1847 entre les mains du chevalier Christofóro Negri, professeur de droit constitutionnel à Padoue, qui l'avait acquis, en 1842, d'une famille de réfugiés espagnols. C. A. de Challaye, membre de la Société de Géographie de Paris, consul de France à Erzeroum, le découvrit chez le professeur Negri, et tenta en vain de l'obtenir pour la Bibliothèque nationale de Paris. Le British Museum l'acheta et le conserve précieusement (2).

Cette mappemonde si intéressante se déploie sur quatre belles feuilles de parchemin blanc très fort. C'est la plus ornée de la série des mappemondes de Desceliers. Elle mesure 2 m. 15 × 1 m. 35, et porte dans un cartouche l'ins-

---

(1) Kohl, *Discovery of Maine*. — A. Rainaud, *Le continent austral*, Paris, 1893, p. 288-290. — H. Harrisse, *Jean et Sébastien Cabot*, Paris, 1882, p. 216.

(2) Add. ms. 24065.

cription suivante en lettres capitales rouges : « Faicte à
Arques par Pierre Desceliers, presbtre, l'an 1550 » (1).

C'est une carte plate, comme les autres œuvres de Desceliers. Elle s'étend en latitude de 62°30' lat. S. à 84°30'
lat. N., et en longitude depuis l'île de Fer (premier méridien) avec une lacune qui comprend une centaine de degrés
de l'Océan Pacifique. L'échelle est la même que sur la mappemonde Harleienne et sur celle de Desceliers (1546), mais
un peu plus petite et plus ornementée. Cette carte a été
décrite par de Challaye lui-même dans le Bulletin de la
Société des Antiquaires de l'Ouest (2), et cette description,
quoique insuffisante, a été reproduite par l'abbé Cochet
dans la *Vigie de Dieppe* (15 février 1853). Le comte de
Crawford en a donné une remarquable reproduction lithographique en 16 feuilles.

Voici les armoiries qu'on y remarque :

Au bas de la carte et à gauche, le cartographe a placé
l'écusson de France : « trois fleurs de lys d'or en champ
d'azur, surmontées de la couronne royale et entourées du
collier de Saint-Michel ». C'est par erreur que de Challaye
laisse supposer que des *colliers royaux* enveloppaient ces
armoiries. Au xvie siècle, il n'y avait que deux colliers
royaux : celui de Saint-Michel et celui du Saint-Esprit. Or
ce dernier ne fut créé qu'en 1578 par Henri III. Ce que de
Challaye a pris pour un collier n'est qu'une simple guirlande de fleurs, placée là comme enjolivement et non comme
emblème d'une distinction quelconque (3).

Ces armoiries royales n'indiquent-elles pas que la
carte était dédiée, ou peut-être destinée au roi Henri II ?

Dans l'autre angle inférieur, à droite, sont dessinées
les armes du connétable Anne de Montmorency : « d'or à
une croix de gueules, cantonnée de 16 alérions d'azur ».

---

(1) *Journal des Savants*, 1898, p. 698. — Bull. de la Soc. de Géographie de Paris, septembre 1852, p. 235. — H. HARRISSE, *Jean et Sébastien
Cabot*, p. 229. — Ce planisphère est reproduit aussi par Delmar MORGAN
dans *Remarks on discovery of Australia*, 1891.

(2) Poitiers, 1852, p. 343-350.

(3) H. HARRISSE, *The Dieppe world maps*, p. 4.

L'écu est accompagné d'une couronne de marquis, et du collier de l'Ordre de Saint-Michel.

Dans l'angle supérieur à droite, ce sont les armoiries de Claude d'Annebaut, maréchal de France, connétable héréditaire de Normandie, et amiral de France depuis le 5 février 1543 : « De gueules à une croix de vair ». L'écu repose sur une ancre.

La base de la nomenclature très abondante de cette mappemonde est tout à fait portugaise.

La bordure de cette carte forme un encadrement de 5 cm. de large et est composée de divers ornements parmi lesquels on distingue un assez grand nombre de figures de vents, qui soufflent du côté d'une banderole contenant leur nom.

Les roses, sur lesquelles est construite cette mappemonde, sont dessinées avec art et enjolivées de peintures variées et dorées. Du centre de chacune d'elles partent des rumbs de vent, dont les lignes s'entrecroisent dans tous les sens. Les deux principales sont surmontées d'une grande fleur de lis, dont la position indique la direction du Nord.

Cette mappemonde se signale des autres du même temps par l'addition de légendes, au nombre de vingt-cinq environ, qui fournissent de curieux renseignements sur l'histoire de la Géographie au XVIe siècle. Elles sont disséminées sur toute la surface de la carte et empruntées pour la plupart à des auteurs anciens ou à des relations de voyages. Chacune d'elles couvre en moyenne un espace de 10×15 centimètres.

Sur la bordure de la carte à gauche, Desceliers inscrit douze climats, et à l'Est de la Chine, près de la marge de droite, il indique les latitudes des endroits où les plus longs jours de l'année sont de 6, 5, 4, 3, 2, 1 mois, puis de 24, 23,......13 heures. Sur l'équinoxial, il marque « 12 heures pour les plus longs jours ».

Les miniatures sont exécutées avec une admirable perfection. De nombreux personnages sont revêtus de costumes riches et variés. Ce sont principalement des rois assis sur leur trône et armés de leur sceptre.

Au sud de l'Afrique, vers le méridien de la Guinée, à 35° longitude orientale et 49° lat. S., est figurée une sirène, un miroir à la main. Elle semble indiquer les difficultés de la navigation dans ces parages, ou, plus exactement, la témérité qu'il y aurait à tenter de doubler le fameux promontoire, dit Cap des Tempêtes, pour aller par exemple à la recherche des Iles des Epices dans les Indes.

On aperçoit encore deux cétacés dont la tête émerge de l'eau, puis quatre poissons volants bleus.

Sur le continent, il y a de nombreuses peintures d'animaux : éléphants, chameaux, lions, ours, dragons ailés, bœufs, licornes, autruches, puis des châteaux-forts, des montagnes, des arbres, etc.

Un certain nombre de navires sillonnent les différentes mers du golfe. Ils sont généralement dessinés avec plus de soin que ceux de la mappemonde Harleienne ou de Desceliers (1546). Vers la partie orientale de l'Amérique du Nord, un superbe navire est près de la *Terre des Bretons*. Un autre, non moins joli, a le cap vers les *Antilles*. Aucun pavillon n'indique leur nationalité, mais sûrement ce sont des bâtiments français. Dans la Méditerranée, une belle galère. Au-dessus de la Mer de Magellan, à la hauteur du Chili, deux navires se canonnent mutuellement. Du côté de la Grande Java, vers Zanzibar, un beau navire avec matelots faisant la manœuvre dans les cordages, sur les vergues, etc.

Mappemonde de 1553. — Le planisphère de 1553 est peu connu (1). On le vit pour la première fois à l'Exposition de Paris en 1875 (2). Il était alors la propriété de l'abbé Sigismond de Bubics, de Vienne (Autriche), qui depuis fut évêque de Kassa.

Cette mappemonde fut examinée, pendant le printemps de l'année 1878, au British Museum, par Major, à qui elle avait été prêtée.

On en exposa une très petite reproduction photographi-

____

(1) *Journal des Savants*, 1898.

(2) Catalogue de Félix FOURNIER, Section de l'Autriche-Hongrie, n° 147, p. 157.

que au 4ᵐᵉ Congrès international de Géographie (Paris, 1889), mais les dimensions s'y montrent tellement réduites (14 1/2 × 24 centim.) qu'il est impossible d'en observer les détails (1). On n'a là qu'un simple aperçu de l'ensemble de la carte.

Le Musée de Dieppe en possède une photographie bien préférable à celle de Paris, parce que plus grande et plus facile à étudier. Elle mesure 48 × 80 centim.

Nous avons vainement cherché à Vienne l'original de la carte de 1553. Nous le pensions perdu, lorsque, en 1909, il fut signalé comme récemment retrouvé (2).

En 1876, Malte Brun avait tenté une description de ce portulan manuscrit (3) et l'avait comparé avec celui de 1550.

Ce beau planisphère est dressé sur quatre peaux de parchemin et couvre à peu près le même espace que le précédent. On y lit sur un cartouche placé à l'angle inférieur, à droite, dans la Terre Australe : « Faicte à Arques par Pierres Desceliers, prebstre, 1553 ».

On y remarque une échelle de latitudes et une échelle de lieues. Les latitudes s'étendent de 55° S. à 80° N. Nous n'apercevons pas d'échelle de longitudes. Mais, dans le sens des parallèles, la mappemonde s'étend depuis l'extrémité occidentale du Golfe de Mexique jusqu'à 10° à l'Est de Timor.

Nulle légende n'est inscrite sur cette carte, construite, comme les autres de Desceliers, sur la rose à trente-deux rumbs.

Le cartographe a figuré les zones : la *région tempérée*, la *région froide* et la *zone torride*. Sur les mers apparaissent quelques monstres marins et quelques navires, et aussi quelques poissons volants ; sur les continents, différents animaux.

Il y a aussi de fines miniatures, mais un peu inférieures à celles du planisphère de 1550.

Sur toute la bordure de la carte sont répandues des

---

(1) Biblioth. nat., Section de Géographie, D. 453.
(2) Paul Graf Taleki, *Atlas du Japon*, Leipzig, 1909, p. 28.
(3) Bull. de la Soc. de Géographie 1876, t. XII, p. 295-301

figures de vents et, dans des banderoles à l'entour de ces figures, les diverses appellations de ces vents.

Desceliers sépare toujours l'Amérique de l'Asie.

En somme, il y a pour l'ensemble des délinéations beaucoup d'analogie entre cette carte et celle de 1546, mais sur une reproduction photographique aussi restreinte la nomenclature est illisible.

Nicolas VALLARD (1547).

Nicolas Vallard fut le possesseur, sinon l'auteur d'un atlas qui, autrefois, appartint, dit-on, au prince de Talleyrand (1) et qui, maintenant, est conservé à Cheltenham (Angleterre) dans la collection de feu sir Thomas Philips, gentilhomme anglais, très passionné pour les riches documents historiques et les manuscrits rares (2).

Cet atlas a pour titre : « Nicholas Vallard de Dieppe dans l'année 1547 », et au-dessus de cette inscription est gravé un globe terrestre avec la devise : *Dieu pour espoir*.

Parmi les géographes, certains, comme Barbié du Bocage qui, le premier, décrivit ce recueil cartographique dans une note lue en séance publique de l'Académie française (3), pensent « que cet atlas avait été dessiné à Dieppe en 1547 par une personne du nom de Nicholas Vallard ». D'autres sont portés à croire que le mot Vallard est simplement le nom du détenteur des cartes. Sir Frederick Madden, « qui eut l'occasion d'examiner l'Atlas, estimait qu'il n'avait pas été fait par Vallard, mais que le nom était seulement la marque de sa propriété ».

----

(1) Vte de Santarem, *Recherches sur la priorité de la découverte des pays situés sur la côte occidentale d'Afrique, au-delà du Cap Bojador*, Paris, 1842, 1 vol. in-8° de CXIV-336 p., p. 146.

(2) H. Harrisse, *Jean et Sébastien Cabot*, p. 219. — Id., *Evolution cartographique de Terre-Neuve*, p. 227.

(3) Note reproduite au *Moniteur universel* du 14 juillet 1807.

J.-G. Kohl (1) partageait la même opinion. Madden, Kohl, Major et autres appuient leur conviction sur ce fait que l'atlas en question reproduit les découvertes portugaises, en particulier celles qui étaient gardées secrètes comme la route au pays des Épices, l'Australie, etc... Les Français, à leur avis, devaient les ignorer, et les noms français inscrits sur l'atlas sont des noms portugais, ou bien traduits en notre langue, ou bien absolument défigurés, tellement défigurés qu'ils ne sauraient être l'œuvre d'un Français.

Mais, malgré les efforts faits par les Portugais pour cacher leurs découvertes, les Français les connaissaient fort bien. Est-ce que, par exemple, en 1527 et 1529, les dieppois Parmentier n'étaient pas en possession du secret de la route des Indes ?

Dans le millésime de 1547, Harrisse voit l'année où Vallard possédait l'Atlas (2). En tout cas, il est certain que cet atlas fut composé après le retour de Cartier de son troisième voyage (automne de 1542).

La supposition qui a été faite que ce monument cartographique avait été apporté de Lisbonne en France par l'évêque de Viseu, dom Miguel de Sylva, n'a pas de fondement solide.

L'atlas de Vallard, quoique basé sur la cartographie portugaise, peut donc bien être l'œuvre d'un Normand.

Au xvie siècle, il existait à Dieppe une famille du nom de *Vallart*. Nous n'avons rencontré dans les différentes archives de cette ville aucune mention de Nicolas Vallard ; mais un Jean *Vallard*, époux de Jehanne, vivait à Dieppe en 1512. Un Guillaume *Vallart* y était tabellion en 1528 et encore en 1540 (3). Ce Guillaume Vallart ou un autre de même prénom faisait partie de la garnison de Dieppe en

____

(1) *Documentary history of the State of Maine*, t. I, contenant une « History of the discovery of Maine », Portland, 1869, p. 355. — *Maps in Hakluyt*, p. 38.

(2) *Jean et Sébastien Cabot*, 1882, in-4°, p. 219.

(3) Inventaire J. Miffant de 1559, chez Me Quesnel notaire à Dieppe.

1551, sous l'amiral d'Annebaut, capitaine de la dite ville (1).

L'atlas de Vallard est précédé d'une introduction dans laquelle l'auteur expose, en quatre feuillets avec dessins, « le Regime et Gouvernement du Soleil ». Deux feuillets de tables complètent son explication. La partie principale de l'œuvre consiste en quinze cartes (570 × 392 millim.) tracées chacune sur double page (verso d'un feuillet et recto du feuillet suivant). En voici la liste :

1re carte : Java (2).

2me » La Péninsule malaise et l'Inde.

3me » Java.

4me » L'Océan Indien, l'Arabie, la Mer Rouge et l'Afrique.

5me » Madagascar et l'Afrique jusqu'au Cap de Bonne-Espérance.

6me » Le Sud de l'Atlantique avec l'Afrique occidentale et le Brésil.

7me » Le Nord-Ouest de l'Afrique, le Maroc, une partie de l'Espagne avec les îles du Cap Vert, les Canaries et les Açores.

8me » L'Europe depuis l'Afrique occidentale jusqu'au Groenland (en partie) et l'Islande, la mer Noire et la Russie.

9me » Le Canada, Terre-Neuve et le littoral oriental de l'Amérique du Nord (3).

10me » La Neufve Espagne, la Floride, Mexico, l'Amérique centrale et une fraction du Nord de l'Amérique du Sud.

11me » Le Brésil et l'Amérique du Sud jusqu'au Cap de Frio.

12me » Le vrai Brésil, l'Amérique du Sud depuis le détroit de Magellan jusqu'au Rio de Plata.

---

(1) Bibliothèque nationale, manuscrit français 25795, n°. 161, montre du 24 avril 1551.

(2) La côte N.-E. de l'Australie a été reproduite, en 1856, en fac-similé chromolithographique, Press-mark, S. 35.10 [British Museum, maps 54. E. 10].

(3) C'est le n° XIX de Kohl.

13mo carte : L'Angleterre, l'Irlande, l'Ecosse et le Sud de
l'Europe jusqu'à la Germanie.
14me » L'Adriatique sillonnée de galères.
15mo » La Mer Egée et les Dardanelles.

Guillaume LE TESTU

Guillaume Le Testu mérite un rang honorable parmi
« les gloires maritimes de la France » (1) au xvi° siècle.
Quelques écrivains seulement ont mentionné son nom ou
l'un de ses travaux (2) ; aucun n'a tenté d'écrire un récit
même abrégé de sa vie ou une analyse de son œuvre. Ce
savant presque ignoré fut cependant un des plus habiles
cartographes et des plus experts navigateurs de son temps.
L'absence de documents contemporains ne nous permet pas
de lui attribuer quelque exploit maritime particulièrement
glorieux ; nous savons tout au moins que c'était un pilote
intrépide et très instruit.

G. Le Testu était « natif de la ville Françoyse de
Grace » (3), autrement dit, du Havre. Si, comme on l'a
écrit, Le Testu vint au monde vers 1509, son lieu de naissance ne put être que dans le hameau de pêcheurs et de
marchands qui entourait alors l'emplacement appelé la
Grande Crique. Ce fut cette baie qui forma comme le premier bassin du port du Havre. Quoique aucun document
authentique ne vienne jusqu'ici justifier la date de 1509, il
faut considérer comme peu vraisemblable la naissance de

---

(1) Alex. de HUMBOLDT.

(2) THEVET, dans ses OEuvres. — Ramon de la SAGRA, *Histoire physique, politique et naturelle de l'île de Cuba*, 1re partie, t. I (traduction
de S. BERTHELOT, p. 37). — Sabin BERTHELOT, *Journal de l'Instruction
publique*. — Ferd. DENIS, *Une fête brésilienne célébrée à Rouen en 1550*,
Paris, 1850, p. 33-36. — Ern. DUMONT, *Flâneries d'un bibliophile normand*. — HARRISSE, dans ses OEuvres. — Alex. LEMALE, *Le Havre d'autrefois*, Le Havre, 1883, gr. in-4°. — HEULHARD, *Villegagnon, roi d'Amérique* ; in-4°, Paris, 1897, p. 91-93.

(3) Inscription placée en tête des œuvres de LE TESTU.

Le Testu dans les premières années qui suivirent la fondation du Havre, c'est-à-dire après 1517.

G. Le Testu pratiqua d'abord le pilotage au port de Dieppe. C'est dans cette ville qu'il étudia très probablement la théorie et l'art du dessin, en même temps que la science nautique, sous l'habile direction des Dieppois. Le Havrais tira un excellent parti des doctes leçons reçues à Dieppe. Dans ses cartes géographiques, on retrouve en effet très fréquemment l'inspiration de ses illustres maîtres. A moins peut-être qu'il n'ait eu sous les yeux, lui aussi, le prototype cartographique auquel tous les Dieppois firent des emprunts !

Une certaine tradition rattache au nom de Le Testu la découverte du nord de l'Australie, faite vers 1531 (1). N'acceptons cette affirmation qu'avec une grande réserve, parce que, dans son Atlas de 1556, Le Testu copie la nomenclature et le tracé des cartes dieppoises antérieures, et déclare lui-même que cette nomenclature et ce tracé sont entièrement fantaisistes. Notons en outre que les écrivains français n'ont jamais revendiqué pour leur compatriote la priorité de cette découverte des côtes de Java.

Le Testu accompagna dans ses expéditions maritimes le cordelier André Thevet (2), lequel alla pour la première fois au Nouveau Monde en « l'an mil cinq cens cinquante, souls la conduitte du valeureux pilote et capitaine Testu »(3). D'après une autre information du même Thevet (4), ce fut seulement le 14 juin 1551 que tous deux appareillèrent de Dieppe. Le Testu gouverna droit sur le cap Saint-Augustin, puis longea la côte du Brésil et descendit jusqu'au 26° degré de latitude australe, point qu'il atteignit le 7 décembre.

---

(1) Major, *Journal of the royal Geographical Society*, 1872. — Petermann's *Mitteilungen*, I, 1873. — Armand Rainaud, *Le Continent Austral*, Paris, 1893.

(2) Il convient de ne pas accorder tout crédit aux déclarations de Thevet, parce que son témoignage est parfois sujet à caution.

(3) Bibl. Nat., ms. franç. 15457.

(4) *Ibid.*, ms. franç. 15452, fol. 106. André Thevet, Grand Insulaire.

Plein d'ardeur et d'audace, Le Testu (1) « pénétra et vire-volta cette mer et coste dangereuse, comprise depuis la rivière de Ganabara (2) jusques à celle de Morpion » (3). A la hauteur de l'île de la Trinité, Le Testu, rencontrant deux vaisseaux portugais, ne manqua pas de leur courir sus ; mais pendant le combat un boulet ennemi brisa la boussole et son habitacle (4).

Le Testu ne revint de cette expédition qu'en juillet 1552, et débarqua à Dieppe (5). Il rapportait d'intéressantes observations qu'il consigna plus tard dans ses œuvres. Pourtant le but principal de sa croisière avait été le trafic. N'oublions pas que les navigateurs normands étaient surtout des écumeurs de mer ; ils étaient alors moins découvreurs que pirates.

De 1552 à 1556, Le Testu entreprit quelques voyages, et, entre temps, composa son bel Atlas qu'il acheva le 5 avril 1556 (nouveau style).

Thevet (6) affirme que le pilote Le Testu conduisit au Brésil Villegagnon en 1555. Le bon moine ne se trompe-t-il pas encore ? Parti du Havre le 14 août 1555 (7), Villegagnon n'arriva que le 3 novembre en vue de la côte brésilienne, et le 10 novembre il jeta l'ancre dans la baie de Rio-de-Janeiro. Après un séjour d'environ trois mois, Villegagnon adressa à Coligny un rapport circonstancié sur les commencements de la colonie qu'il tentait de fonder, et lui demanda en même temps des renforts et des approvisionnements. Ce message, il le confia à son neveu, M. de Boissy, seigneur de Bois-le-Comte, lequel s'embarqua pour la France en compagnie de Thevet, le 31 janvier 1556 (n. st.) d'après Thevet,

---

(1) *Ibid.*, ms. franç. 15454. *Voyage aux Indes Australes*, p. 116. *De la terre et païs qui avoisine la rivière de Janere.*

(2) Rio de Janeiro.

(3) THEVET donne à la province de Saint-Vincent le nom de « pays de Morpion ».

(4) Bibl. Nat., ms. franç. 15452, fol. 106 v°, 303, et ms. franç. 15454.

(5) *Ibid.*, ms. franç. 15457.

(6) *Ibid.*, ms. franç. 15459, fol. 193 v°, et 15454, fol. 12 v°.

(7) HEULHARD, *Villegagnon*, p. 105.

le 14 février selon le pilote Barré. Nous ignorons la date de leur arrivée en Normandie ; mais il nous paraît invraisemblable que leur traversée n'ait duré que deux mois. Or c'est l'opinion qu'il faudrait admettre si Le Testu faisait partie de l'expédition, puisqu'il signa au Havre la dédicace de son Portulan le 5 avril 1555 avant Pâques, autrement dit le 5 avril 1556 (n. st.).

L'armement réclamé par Villegagnon eut lieu au Havre par ordre du Roi. Trois grands navires furent équipés en guerre, et Le Testu fut très vraisemblablement le conducteur de l'un d'eux (1). L'embarquement se fit à Honfleur le 19 novembre 1556, et dès le lendemain, après relâche au Chef-de-Caux, on prit la mer.

La flottille entra le dimanche 7 mars 1557 dans la rivière de Rio-de-Janeiro.

Nous ne savons à quelle date Le Testu revint en France. S'il rentra avec Villegagnon, ce ne put être que dans les derniers mois de 1559.

Le Testu entreprit bientôt, sur les côtes de l'Afrique et de l'Amérique septentrionale (2), différents voyages d'exploration qui lui valurent auprès de ses contemporains la réputation d'habile homme de mer. Suivant l'expression de Thevet, il était « vaillant, rusé, accord ».

Ce fut probablement après cette série de courses, entre 1556 et 1566, que Le Testu fut nommé pilote royal au port du Havre. Cette distinction n'était accordée par le Roi qu'au meilleur pilote d'un port. Le pilote royal partageait avec les officiers du port le soin de la manœuvre des vaisseaux, il exerçait un droit de surveillance sur tous les pilotes, et

---

(1) « Ces navires étaient : la *Grande-Ramberge*, qui avait pour capitaine le sr de Sainte-Marie dit l'Espine, pour maître Jean Humbert de Honfleur, et pour équipage 120 hommes, tant soldats que matelots ; la *Petite-Ramberge*, avec 80 hommes, montée par Bois le Comte ; la *Rosée*, avec 90 hommes, ainsi nommée de celui qui la conduisait » (Heulhard, *Villegagnon*, p. 133).

(2) Ferd. Denis, *Une fête brésilienne célébrée à Rouen en 1550*, Paris, 1850, p. 34.

s'appliquait à en former qui fussent capables de le seconder dans l'accomplissement de ses fonctions.

Le Testu mourut en 1572, dans des circonstances qu'il convient de rappeler d'après des sources autorisées (1).

Philippe Strozzi, général au service de la France, avait envoyé à ses dépens, avec un navire de trente tonneaux, selon Catherine de Médicis, de soixante-dix, selon Thevet, le « très excellent pilote » Le Testu à Nombre-de-Dios (au sud du Mexique) « en intention seulement de recognoistre les advenues et hauteurs de ladite coste ». Le Testu mouilla l'ancre dans une petite baie couverte de montagnes et de bois. Il y rencontra des indigènes qui, fuyant la domination espagnole, l'accueillirent avec une joie bien vive. Ces sauvages lui déclarèrent que les Français arrivaient fort à propos pour s'emparer d'un important butin. C'était précisément l'époque où les Espagnols, venant de recueillir au Pérou d'énormes trésors, les transportaient par terre, à dos de mulet, de Panama à Nombre-de-Dios, afin de les y embarquer à destination de l'Espagne. Ils avaient, dit Thevet, « plus de trois millions d'or ». Les indigènes s'offraient comme guides aux Français ; ils s'engageaient à les conduire par des chemins et des bois sûrs. Les Français se laissèrent volontiers « chatouiller par l'amorce de l'or et de l'argent dont ces mulets estoient chargés ». Mais Le Testu se montra tout d'abord bien perplexe. Il craignait d'encourir « le reproche d'avoir outrepassé, voire abandonné sa mission, qui n'estoit que de reconnoistre ladite coste ». Les sauvages lui firent tant de bonnes grâces, qu'ils allèrent « jusques à l'asseurer qu'ayans autrefois ouy parler à leurs pères des François sous le nom de Francs », ils auraient déjà tenté de chasser

---

(1) Bibli. Nat., ms. franç. 15459, fol: 193 v°. Le *Grand Insulaire* de Thevet. — *Ibid.*, 15454, fol. 137. *Voyage aux Indes Australes*, de Thevet. — *La Vie, mort et tombeau de haut et puissant seigneur Philippe de Strozzi, dressée par la Reine Catherine de Médici*, publiée par H. T. S. de Torsay, Paris, Guillaume Le Noir, 1608. Reproduit par Cimber et Danjou (*Archives curieuses de l'Histoire de France*, t. IX, p. 401-462). — *Traicté de la navigation et des voyages de descouverte et conqueste modernes, et principalement des François*, par Pierre Bergeron (1 vol. in-8°, Paris, Heuqueville, 1629, p. 118-119).

les Espagnols de leurs rivages, s'ils avaient pensé réussir, et auraient prié les Français de venir prendre leur place. Le Testu, séduit par leurs belles protestations, non moins que par l'appât d'un riche butin, « mist en terre vingt-trois hommes des siens qui estoient dans son vaisseau » et y laissa les autres pour le garder.

Francis Drake, le célèbre navigateur anglais, faisait partie de cette aventureuse expédition, et il travailla lui aussi à intercepter dans les bois le trésor qui s'acheminait vers Nombre-de-Dios.

Après sept jours d'attente, on aperçut des mulets « bastés de lingots et grosses pièces d'or ». Les Français se jetèrent sur eux, leur coupèrent « jambes et jarrets » et « prindrent (de l'or et de l'argent) tant qu'ils en peurent porter ». Quelle belle aubaine ! « C'estoient plaques d'or comme seaux de la grande chancellerie de France, de deux sortes d'or, les unes de ducas de Castille, les autres de pistoles ». Mais l'escorte de cinquante soldats espagnols, qui suivait les mulets, survint bientôt et s'empressa d'attaquer « les nostres à coup de flesches ». Le Testu leur tint tête avec huit arquebusiers. Il envoya en avant ceux de ses hommes qui avaient pris le plus de butin, et il resta en arrière « ne craignant tels coquins ». Par malheur, il fut « atteint d'une arquebousade que lui donna un Espaignol ». Se voyant « hors d'espérance de se sauver », il cria aux siens de se retirer et mourut au milieu de ses ennemis. Dans cette action, il n'y eut « homme tué ny blessé que lui », et ses gens s'emparèrent de plus de soixante mille écus.

« Le cœur me saigne, écrivait Thevet, quand je me remets avant les yeux le piteux désastre qui survint à ce bon capitaine, mon bon amy et l'un des plus experts pilotes de nostre aage. »

Plus heureux que Le Testu, Drake était parvenu à échapper aux Espagnols après leur avoir soustrait une bonne quantité d'or.

Le Testu appartenait, croyons-nous, à la religion protestante. En tout cas, les registres de catholicité du Havre ne nous ont été d'aucun secours dans nos recherches sur sa famille. Les Archives du tabellionage du Havre ne nous ont pas mieux servi ; nous y avons trouvé, sans doute, mention de personnages portant le nom de Le Testu et adonnés aussi au métier de la mer. Il nous a été impossible d'établir leur parenté avec le pilote royal.

OEuvres de G. Le Testu. — On ne connaît que deux compositions signées de Le Testu : un Atlas et un Planisphère. Malheureusement, il est assez difficile de donner une juste appréciation de ce genre de travaux cartographiques. Beaucoup de cartes du temps ont disparu, et l'on ne peut discerner avec certitude les détails dus à la science personnelle de l'auteur et ceux qu'il a empruntés à ses contemporains ou à ses devanciers.

L'Atlas et le Planisphère de G. Le Testu sont des cartes nautiques, qui sont restées manuscrites. Aussi le cartographe se soucie bien moins des régions situées à l'intérieur des terres que de la description des côtes et des mers.

L'Atlas, ou Portulan, est l'ouvrage capital de Le Testu. Il convient d'en examiner sommairement les parties les plus importantes (1).

1° *Le Portulan de 1556*. — Ce portulan est précieusement conservé à Paris, à la bibliothèque du Ministère de la Guerre ; il a pour titre : « Cosmographie universelle selon les navigateurs, tant anciens que modernes, par Guillaume Le Testu, pillotte en la mer du ponent, de la ville françoyse de Grace ». Cet atlas mesure 53 × 37 cm., et se compose de cinquante-neuf feuillets comprenant cinquante-six cartes, toutes dessinées par l'auteur et accompagnées d'un texte explicatif en regard de chacune d'elles. Le dessin remplit le verso d'un feuillet, et le texte, qui y correspond, se lit au recto du feuillet suivant. Les cartes, vraies miniatures de 450 × 325 millim., sont dressées sur papier et richement coloriées.

____

(1) Abbé ANTHIAUME, *Un pilote et cartographe havrais au XVI° siècle, Guillaume Le Testu*, Paris, 1911, in-8° de 70 pages.

On possède du xvɪᵉ siècle bien des travaux cartographiques remarquables ; on n'en connaît aucun qui, par la finesse du dessin et le luxe d'ornementation, approche du magnifique recueil que nous étudions. L'Atas de Le Testu est bien supérieur à toutes les collections connues de portulans, routiers, mappemondes, isolario ; il surpasse même les productions similaires des Portugais et des Espagnols. Seules, les cartes dieppoises du xvɪᵉ siècle lui sont comparables pour la délicatesse et la pureté d'exécution. Assurément, nous sommes en présence du plus riche et du plus complet spécimen de la cartographie française au xvɪᵉ siècle.

Un simple regard jeté sur ces cartes laisse deviner l'étendue des connaissances de leur auteur, lequel n'a rien ignoré des travaux accomplis de son temps ou avant lui. Outre la grande précision des tracés et des nomenclatures, le cartographe a enjolivé son œuvre par des additions aussi artistiques que savantes. Habitants de chaque pays dans leurs costumes et avec leurs armes, figures des principaux monarques du monde, batailles et chasses, personnages extraordinaires, animaux féroces ou domestiques, poissons, oiseaux, plantes, arbres, productions de chaque contrée, légendes singulières, barques des indigènes, vaisseaux des navigateurs, pavillons et armoiries, châteaux forts, villes, monuments de tous genres, Le Testu représente tout avec les couleurs locales.

Ce n'est qu'au prix de longues et patientes recherches que l'on édifie à la science cartographique un aussi beau monument. Cet Atlas résume toute la géographie de l'époque et expose les grands progrès qu'au milieu du xvɪᵉ siècle elle avait faits en France, ou du moins en Normandie. On était alors à une des périodes les plus illustres de nos annales maritimes. Malgré le partage du Nouveau Monde et le monopole commercial que nos rivaux s'attribuaient aux Indes, les Normands naviguaient sur toutes les mers (1).

____

(1) Ch. de La Roncière, *Histoire de la marine française*, t. III et IV.

Les plus instruits s'ingéniaient à communiquer leur savoir à leurs compatriotes, et l'on conçoit que le pilote royal Le Testu ait composé pour eux son Atlas.

Mais où a-t-il puisé les matériaux des tracés, de la nomenclature et du texte qui l'accompagne ? Sans doute dans les relations des géographes et des voyageurs qui l'avaient précédé, ou dans les incessantes explorations des navigateurs de son temps, ou encore dans leurs cartes gravées ou manuscrites.

Selon Harrisse et quelques érudits, le Portulan de Le Testu dérive d'un type portugais, qui a aussi servi aux Dieppois vers la même époque. La cartographie dieppoise, malgré son cachet d'originalité, a certainement subi l'influence de la cartographie portugaise. Au modèle qu'il a consulté, Le Testu a changé quelques noms qu'il a francisés, et même son Portulan, quoique dédié à l'amiral de Coligny, a conservé une appellation lusitanienne à plusieurs possessions françaises du Nouveau Monde.

En faisant hommage de son œuvre à « hault, puissant seigneur, messire Gaspar de Coligny, seigneur de Chastillon, amiral de France », Le Testu ne pouvait se concilier les bonnes grâces d'un meilleur protecteur. L'épître dédicatoire est écrite avec beaucoup de délicatesse : « La grande affection que j'ay eue, Monseigneur, d'avoir dressé cestuy myen petit œuvre (que toutesfois je n'estime à suffisance élaboré pour vous debvoir estre présenté) m'a contrainct, obstant ma rudite, le mettre et dresser en l'estat que je vous le présente, vous suppliant ne prendre garde aux impropriettés desquelles j'ay en la composition d'icelluy usé, mais au bon cœur dont il vous est présenté ». Le Testu est vraiment bien humble pour déplorer la *rudite* de son esprit et les *impropriettés* de son style ! Il prévient ensuite l'objection qu'on aurait pu formuler contre l'opportunité de cet ouvrage, venant après plusieurs autres réputés remarquables. « Nature, dit-il, ne s'est tant astreinte où asubjétie aux escrips des anciens qu'elle aict perdu le pouvoir et vertu de produire chozes nouvelles et estranges : oultre les

chozes de quoy ils ont escript. Ils ne pouvaient avoir entièrement veu tous les effaicts d'icelle ou bien quand ils les
auroient veus, chascun homme a naturellement faict acquisition d'une sy grande impuissance qu'il ne lui est possible
de tout réduire par escript, ou aultrement chacun n'a pu
escripre en plus advant que le don de Dieu lui a esté
ouvert. » — Il supplie, en terminant, l'amiral de Coligny
d'agréer l'hommage de son livre. « Ce faisant, me donnerez
l'enhardissement qui faict à tous hommes entreprendre cela
qui leur est possible soubz le ciel accomplir, pour vous donner plaisir. Et avant, Monseigneur, je prie le Créateur qu'il
vous veuille de plus en plus accroistre et augmenter et à la
fin vous donner l'éternelle fruiction de ses sainctes promesses. En la ville françoyse de Grace, le cinquiesme jour d'apvril mil cinq centz cinquante cinq avant Pasques ».

De la dédicace (fol. 1 v° et 11 r°), Le Testu passe, sans
avant-propos, au développement de son sujet. Des cinquante-six cartes composant son Portulan, les six premières
sont de curieuses projections, qui révèlent dans leur auteur
un cartographe avisé ; les cinquante autres renferment la
description de la Terre considérée dans ses cinq parties :
l'*Europe* (de la septième à la treizième carte), l'*Afrique* (de
la quatorzième à la vingt-et-unième carte), l'*Asie* (de la vingt-
deuxième à la vingt-neuvième carte), la *Terre Australe* (de
la trentième à la quarante-et-unième carte) et l'*Amérique*
(de la quarante-deuxième à la cinquante-sixième carte).

Projections des cartes de Le Testu. — Le Testu
employa de préférence, dans les projections des six premières cartes, des systèmes conventionnels. Son désir d'expo-
ser des projections nouvelles ou peu usitées l'a éloigné des
règles générales de la science cartographique. Dans son
Portulan, il s'est plus particulièrement attaché à représenter le globe terrestre en une seule figure, alors que, depuis
le commencement du xvi° siècle, la division en deux hémisphères, bien plus commode et plus exacte, était connue et
tendait même à prévaloir chez certains de ses contemporains.

Le Testu, qui n'ignorait pas les avantages et les imperfections de ses modes de projection, eût été bien embarrassé s'il lui avait fallu soumettre au calcul ses tracés géographiques. Il vivait à une époque où les savants étaient assez exercés en géométrie pour découvrir à l'œil les défectuosités de leurs cartes. Malgré leur compétence au point de vue graphique, ils étaient assez ignorants des procédés scientifiques qu'ils utilisaient. On ne saurait donc, à notre avis, faire l'honneur à Le Testu de le ranger parmi les grands mathématiciens du xvi° siècle. On aurait tort aussi de répéter que, dans son Planisphère de 1566, il a employé le système métrique. Ne rendons pas sa science invraisemblable par un éloge excessif ; elle s'offre à nous de façon assez ingénieuse, mais non transcendante.

Description des cartes. — Les cartes, à partir de la septième, sont toutes des cartes plates orientées sur la rose des vents et munies d'une double échelle : échelle de latitudes et échelle de lieues pour la mesure des distances. Chaque échelle de lieues comporte cent lieues et est divisée en huit parties de douze lieues et demie chacune. La longitude n'étant pas indiquée sur ces cartes, il nous est impossible de définir les limites de chacune d'elles uniquement par les longitudes et les latitudes extrêmes.

Les climats. — Dans le texte, Le Testu introduit la notion des climats sous lesquels sont situés les divers pays qu'il décrit.

Les cartographes du moyen âge partageaient, en effet, le globe en zones ou climats parallèles à l'équateur. La zone torride étant considérée alors comme inhabitable, le premier climat ne commençait qu'au 10° degré environ de latitude Nord et s'appelait le climat de Méroé (1). Le point initial du premier climat et le point final du dernier sont éloignés de 46 degrés environ. La largeur des zones était variable ; elle était établie de façon à donner aux endroits situés aux deux extrémités d'un même climat une différence de

---

(1) *Méroé*, île du Nil en Ethiopie.

30 minutes dans la longueur du jour solsticial. Ainsi, à la fin du neuvième climat, la longueur du jour différait de 4 heures 1/2 avec le commencement du premier climat. Dans la représentation des climats, les zones diminuent de largeur à mesure qu'on s'éloigne de l'équateur, conformément aux données de la science astronomique. On peut dire aussi que les climats indiquent les latitudes des lieux qu'ils embrassent dans leurs limites. Le Testu mentionne les neuf climats dans l'ordre suivant à partir du 10° degré de l'équateur : Méroé, Syène, Alexandrie, Rhodes, Rome, Pontus, Boristhène, Riphées et Damias ; chacune de ces appellations rappelle une ville, un fleuve, une île ou des montagnes. Les climats sont désignés par ces neuf noms, précédés du mot *dia* pour les lieux de l'hémisphère boréal et du mot *antidia* pour ceux de l'hémisphère austral.

Les îles fantastiques. — Certains cartographes, se basant sur une mauvaise interprétation des récits laissés par les voyageurs du moyen âge, plaçaient au hasard des îles réellement existantes, ou même traçaient des îles purement imaginaires (1).

Le Testu, adoptant les errements de son temps, inscrit des îles que la critique géographique, appuyée sur les témoignages non suspects des navigateurs, a successivement rejetées. Inutile d'énumérer toutes ces îles. Qu'il nous suffise de signaler dans l'océan Atlantique l'île de *Saint-Brandan*, l'île *Brazil*, l'île *Maida* ou *Maidas*, et dans l'océan Indien l'île de *Zanzibar*.

Les légendes erronées. — Les cartographes du xvi° siècle ont emprunté aux écrits de l'antiquité et du moyen âge bien des récits et bien des légendes qu'ils ne se souciaient guère de contrôler. Leur admiration naïve pour leurs devanciers et leur amour du merveilleux ont ainsi introduit dans leurs œuvres des représentations grotesques qu'on regrette

---

(1) D'Avezac, *Les Iles de l'Afrique*, Paris, 1848, in-8° (Extrait de *l'Univers pittoresque*, Afrique, t. IV). — A. de Humboldt, *Examen critique de l'Histoire de la Géographie du Nouveau Continent*.

d'y rencontrer (1). Les Normands, et notamment Le Testu,
ne surent pas s'affranchir de ces inepties. Leurs légendes
ridicules prouvent tout simplement que les régions hantées
par de mythiques personnages étaient inconnues aux cartographes.

Les armoiries. — Le Testu a multiplié les armoiries
sur son Atlas ; mais il y mêle tant de fantaisie, qu'il serait
téméraire de s'appuyer sur ses dessins pour dresser la liste
des découvreurs des diverses régions du monde. En outre,
les couleurs d'un pavillon ne sont-elles pas par elles-mêmes
insuffisantes pour renseigner sur la nationalité du navire
qui l'arbore ? Le pavillon rouge, par exemple, souvent
déployé sur l'Atlas de Le Testu, était alors le pavillon du
Maroc, accompagné quelquefois d'un croissant au milieu ;
il était généralement aussi le pavillon des puissances barbaresques. La flamme rouge était la flamme turque, mais
aussi le signe distinctif de tous les bâtiments de guerre. Le
pavillon blanc, chargé d'une croix de gueules, convenait
autant aux Génois qu'aux navigateurs portugais, etc.

Le croissant est jeté à profusion sur les armoiries dessinées par Le Testu. Cette pièce héraldique étant couramment acceptée comme figure accessoire, et par ailleurs le
croissant demeurant lui-même une pièce principale dans
quelques blasons, il en résulte qu'il est impossible dans bien
des cas de suivre Le Testu et de tirer de ses dessins des
déductions certaines.

Sur quelques cartes, des drapeaux sont chargés soit
d'un soleil radieux, soit de la lune, soit de quelques étoiles.
Le cartographe n'a-t-il pas voulu rappeler tout simplement
que, dans ces pays, comme le porte d'ailleurs son texte, les
habitants sont sauvages et « ne croient que à la lune et au
soleil » ?

---

(1) Berger de Xivrey, *Traditions tératologiques, ou Récits de l'antiquité et du moyen âge en Occident sur quelques points de la fable, du
merveilleux et de l'histoire naturelle*, Paris, 1836. — Ferdinand Denis, *Le
Monde enchanté, cosmographie et histoire naturelle fantastique du
moyen âge*, Paris, 1843.

L'Europe (carte septième — carte treizième). — Au
xvi° siècle, l'Europe, à l'exception de certaines régions du
Centre et surtout du Nord, était assez bien connue, et les
éléments d'une bonne configuration ne manquaient pas à
Le Testu pour le tracé des côtes occidentales et australes.

Le texte qui accompagne chaque carte est assez bref.
Le géographe rappelle en quelques mots les mœurs, le
régime alimentaire et le commerce des habitants, les productions du sol et les divers genres d'animaux vivant dans
la région.

Qu'il nous suffise d'indiquer les limites de chaque carte,
sans nous attarder à la description des provinces qu'elles
comprennent. L'auteur, d'ailleurs, se contente de les mentionner en y ajoutant les noms de leurs capitales.

En Europe, toutes les latitudes sont boréales.

La septième carte (fol. viii v°) représente une portion de
l'Europe, définie d'une part entre le 26° et le 66° degré de
latitude et, d'autre part, de l'Est à l'Ouest, entre le méridien
passant par l'extrémité orientale de la France et le méridien
situé à l'occident « de la région de bacaillaux » appelée
maintenant Terre-Neuve. Vers le centre de cette carte, à la
hauteur du 45° degré de latitude, est dessinée une rose des
vents. « Avec ce poura ton voir les runs des vens, et lesquels sont propres pour naviguer en quelque lieu de toutes
ces terres cy devant marquées. » Une échelle permet de
mesurer soit la distance qui sépare Terre-Neuve, « où la
pesche des mourues ce faict tant de ce pays de France que
des aultres pays », des diverses contrées de l'Europe occidentale, soit le nombre de lieues à parcourir pour se rendre
d'un port à un autre.

Plusieurs îles, ou groupes d'îles, figurent dans l'Océan.
Nous les énumérons avec leurs latitudes : les *Canaries* (de
26°5 à 28°), l'île *Saint-Anthoine* (vers 32°), l'île *Sainte-Anne*
(37°), les *Açores* (38°-40°), l'île de *Grâce* (40°), l'île *Maidas*
(46°) (1), l'île *Brasil* (54°), à l'ouest de l'Irlande, l'île *Sabra-*

-----

(1) Dans la carte du dieppois Desliens (1541), l'île *Maidas* est située

dam (Saint-Brandan) entre 59° et 60°, et enfin la région de Terre-Neuve.

Le tracé des côtes septentrionale et orientale de Terre-Neuve rappelle bien la cartographie dieppoise. Le Testu emprunte les délinéations à l'atlas du dieppois Vallard (1547) et à la mappemonde de Desceliers (1550) ; sa nomenclature est celle de cette carte de 1550.

La huitième carte (fol. IX v°), du 34° au 58° degré de latitude, comprend l'*Irlande*, l'*Ecosse*, l'*Angleterre*, la *France*, le *Portugal*, l'*Espagne*, la *Mer Méditerranée* et le nord de la *Mauritanie*. Le Testu y inscrit les noms des principales provinces de l'Espagne et de la France. Dans cette carte et dans les deux suivantes, nous relevons les noms de plusieurs ports normands : *Dieppe, Fécamp, Caux, Havre-de-Grâce, Rouen* et *Honfleur*.

La neuvième carte (fol. X v°) s'étend du 55° au 89° degré de latitude, et, selon les longitudes, du Labrador à la Moscovie. On y lit les noms de l'île de « *Thillé* et de present *Islan*, en laquelle les Flamenclz et Engloys font leurs pescheries de mourues ». Le Testu adopte ici l'opinion du moine Irlandais *Dicuil* qui, en 825, dans sa description du Monde (1), identifie l'Islande à l'*Ultima Thule* des anciens. Il explique ensuite pourquoi « les habitants d'icelle » sont pendant plusieurs mois consécutifs à voir ou à ne pas voir le soleil.

La dixième carte (fol. XI v°) comprend un espace limité entre le 49° et le 73° degré de latitude. Elle est bornée à l'Ouest par l'*Angleterre*, l'*Ecosse* et la *Mer Septentrionale*, au Nord par le *Groenland*, au Midi par la *Normandie*, la *Champagne*, la *Lorraine*, la *Bavaria* (Bavière), à l'Est par la *Prusie* (Prusse), la *Mer de Dennemarc* (sud de la Baltique), la *Suecia* (Suède) et la *Lappia* (Laponie).

La onzième carte (fol. XII v°) s'étend du 36° au 61° degré

à 47° et sur le premier méridien, et l'île *Brassille* à 51° ; puis dans une autre mappemonde dieppoise de Desceliers (1550), l'île *Maidas* est à 47° et l'île de *Grâce* à 42°.

(1) *De mensura orbis Terræ.*

de latitude. Limites : au Nord, le détroit, puis la *Mer de Dennemarc* ; à l'Ouest, la *Mer germanique* (mer du Nord), la *France* et l'est de l'*Espagne* ; au Midi, la *Méditerranée* et le nord de la *Barbarie* ; à l'Est, la *Sicile*, le sud de l'*Italie*, la *Mer Adriatique* et l'*Esclavonie*. Nous remarquons que, en Allemagne particulièrement, les villes ne sont pas toutes inscrites à leur vraie place. La Méditerranée est bien tracée, au moins dans la partie comprise entre Gibraltar et la Sicile.

Douzième carte (fol. xiii v°). — Latitude de 40° à 63°. — Au Nord, la *Mer de Dennemarc* ; à l'Ouest, la *Moravie*, *Venise* ; au Sud, la *Méditerranée*, l'*Italie*, la *Mer Adriatique*, la *Grèce*, la *Mer Egée* ; à l'Est, la *Mer Euxinne* (mer Noire), la *Russie rouge*.

Treizième carte (fol. xiv v°). — Latitude de 44° à 68°. — Au Nord, la *Russie* ; à l'Ouest, *Russie*, *Sarmatie*, *Rouge Russie*, *Dacie*, *Macédoine* ; au Sud, *Constantinople*, *Phrygie*, *Pontus*, *Galatia*, *Turcia*, *Cappadocie* ; à l'Est, *Colchis*, *Tartaria Magna*.

La *Mer Euxinne* et le *Palus Meotis* (mer d'Azov) semblent bien connues de Le Testu. La *Mer Blanche*, bien située, est présentée comme un lac (*albus lacus*) ; ce qui prouve, par comparaison avec les cartes précédentes, que Le Testu a consulté, pour composer son Atlas, plusieurs cartes à configurations non concordantes.

En somme, les parties septentrionales de l'Europe sont mal figurées. La raison principale de ces défectuosités vient de ce qu'au XVI° siècle les cartographes copiaient encore la *Géographie* de Ptolémée.

L'*Afrique* (carte quatorzième — carte vingt-et-unième). — Dans la description de l'Afrique, Le Testu suit la côte orientale du Midi au Septentrion.

L'*Asie* (carte vingt-deuxième — carte vingt-neuvième). — Le Testu parcourt l'Asie de l'Ouest à l'Est, et nous renseigne spécialement sur les habitants, les animaux et les productions du sol. Dans la vingt-deuxième carte, on remarque les provinces de *Habech* (nom arabe de l'Abyssinie),

Arabie pétrée, Arabie déserte, Arabie felix, Susiane, Perse, Carmana.

La vingt-troisième carte (fol. xxiiii v°) a pour limites : à l'Ouest, la *Méditerranée*, les îles de *Chypre* et de *Candie* ; au Midi, la *Mer Rouge* ; à l'Est, l'*Euphrate*. Les provinces inscrites sont l'*Assyrie*, la *Mésopotamie*, la *Chaldée*, la *Syrie*, l'*Arabie déserte*, l'*Arabie pétrée* et l'*Arabie heureuse*.

La vingt-quatrième carte (fol. xxv v°). Limites : A l'Ouest et au Midi, la *Méditerranée* ; au Nord, le *lac Meotis* (aujourd'hui mer d'Azov) ; à l'Est, partie de la *Mer Hyrcanienne* (mer Caspienne).

Provinces dépeintes : la *Galatie*, la *Pamphylie*, la *Lycaonie*, la *Cappadoce*, l'*Arménie*, puis la *Phrygie*.

La vingt-cinquième carte (fol. xxvi v°) s'étend du 6° degré de latitude australe au 41° de latitude boréale. Au Midi, la *Mer de l'Inde orientale* avec partie de la mer Rouge et la mer de Perse.

Provinces représentées : l'*Arabie heureuse*, la *Susiane*, la *Perse*, la *Carmanie*, la *Drangiane*, la *Gédrosie* et l'*Arie*.

Régions figurées dans la vingt-sixième carte : *Arie, Drangiane, Gédrosie, Guzzerat, Cambaye, Cartheul,* l'île *Ceylan.*

La vingt-septième carte (fol. xxviii v°) s'étend du 8° degré de latitude australe au 38° de latitude boréale ; c'est le Bengale *extra Gangem*. A l'Ouest, les monts *Imaüs*, l'*Inde intra Gangem*, l'île *Zellan* (Ceylan) ; au Nord, la *Tartarie* (partie septentrionale du Gange) ; à l'Est, le roi *Cham*, empereur de toute la Tartarie, les *Pigmées*, la *Chine*, la *Mer des Moluques* ; au Sud, la mer de l'*Inde orientale* et le *Sinus du Gange.*

La vingt-huitième carte (fol. xxix v°) est le Thibet et l'Inde orientale, du 15° au 62° degré de latitude boréale. A l'Ouest, *Camul*, le *Grand Cham*, la *Chine* ; au Nord, le *Grand Cham*, la vaste région de *Catay* ; à l'Est, l'*Inde orientale* ; au Midi, la *Mer de l'Inde orientale.*

La vingt-neuvième carte (fol. xxx v°) s'étend du 34° degré de latitude boréale au 13° de latitude australe. A l'Ouest, *Aureâ Chersonesus*, partie de la *Taprobane* ; au Sud, la *Petite Jave* ; au Nord, le *Sinus magnus* (mer de l'Inde orientale et des Moluques).

La Terre Australe (trentième carte — quarante-et-unième carte). — La Terre Australe est un énorme continent qui entoure le pôle antarctique à la manière d'une calotte sphérique dont les bords seraient irréguliers. Le Testu consacre douze cartes à cette vaste région. Il n'y a guère que les mappemondes normandes du XVIᵉ siècle qui attribuent des proportions aussi démesurées à une terre d'ailleurs fantaisiste.

La trentième carte (fol. XXXI vᵒ) s'étend du 12ᵉ au 61ᵉ degré de latitude. — Partie de la *Grande Jave*. — Au Nord, à la hauteur du 13ᵉ degré, l'île *Doalfer*, puis, un peu à droite, l'île de *Caudar* ou *Sandur*, « où se trouve des poissons de merveilleuse grandeur, n'ayans que ung œil au front ». A l'Est, l'île de *Manna* et l'île du *Sel* (31ᵉ lat.), la baie de *Nens* (vers 46ᵉ lat.), la rivière *Réalle* (vers 52ᵉ), et, à la partie la plus orientale de Java la Grande (vers 47ᵉ), le cap de *Frémoze*.

La trente-et-unième carte (fol. XXXII vᵒ), du 2ᵉ au 35ᵉ degré de latitude. — Au Nord, *Sumatra*, la *Petite Jave* et les *Moluques* ; à l'Ouest, la *Mer de l'Inde orientale* ; vers le Centre, la *Grande Jave*.

Cette carte ressemble bien, comme configuration et comme nomenclature, à la mappemonde Harleienne, au portulan de Nicolas Vallard (1547) et aux planisphères de Desceliers (1546, 1550 et 1553).

La trente-deuxième carte (fol. XXXIII vᵒ), latitude de 1ᵉ N. à 46ᵉ S. — A l'Ouest, *Mer de l'Inde orientale*, et une partie de *Zanzibar*, qui s'étend du 25ᵉ au 32ᵉ degré de latitude ; au Midi, l'île des *Griffons* ; à l'Est, partie de la *Grande Jave*, la *Petite Jave*, *Sumatra* ; au Nord, *la Mer de l'Inde orientale*.

La trente-quatrième carte (fol XXXV vᵒ). — Du 38ᵉ au 85ᵉ degré de latitude. — *Mer océane de l'Inde orientale*.

La trente-neuvième carte (fol. XL vᵒ). — Du 46ᵉ au 90ᵉ

degré de latitude. — Le cartographe ajoute au nord de la carte précédente le tracé du royaume de *Ginganton*.

La quarantième carte (fol. XLI v°). — Du 38° au 85° degré de latitude. — *Terre Australe* et île de *Magellan*. Au Sud, la *Terre Australe* ; au Nord, l'île de *Magellan* et la *Mer Pacifique* ; vers le Centre, la *Mer du Sud*.

La quarante-et-unième carte (fol. XLII v°). — Du 33° au 65° degré de latitude. — Au Sud, la *Terre Australe* ; à l'Est, l'île de *Magellan* et la *Mer du Sud* ; au Nord, l'île nommée la *Joncade*, et au Nord-Ouest les îles des *Loups Marins*.

La Joncade et les Loups Marins sont éloignés de l'île de Magellan d'une distance que nous évaluons entre 30 et 40 degrés de longitude.

L'Amérique (de la quarante-deuxième carte à la cinquante-sixième). — L'Amérique de Le Testu est intéressante à étudier, parce qu'elle résume les connaissances acquises sur le Nouveau-Monde, un demi-siècle après sa découverte. Bien que des régions soient encore peu connues, le cartographe attribue à l'ensemble des délinéations bien nettes. L'Orient est convenablement représenté. Malgré ses imperfections et quoique rétrograde sur certains points, l'œuvre de Le Testu est fort curieuse. C'est une bonne contribution à l'histoire de la géographie du Nouveau Monde en 1556.

On sait que les Normands fréquentaient, depuis le commencement du XVI° siècle et peut-être même antérieurement, les rivages du Nouveau Monde. Leurs courses sont rappelées, avec documents à l'appui, dans le remarquable ouvrage de M. de La Roncière (1). Les Normands sont partout ; mais bien souvent ils cachent leurs expéditions. Ne sait-on pas qu'ils étaient plus pirates que *découvreurs* ?

Les habitants. — Les indigènes du Nouveau Monde sont les moins civilisés de toute la terre. Le Testu les dépeint, du Nord au Sud, comme « sauvages n'ayans congnoissance de Dieu ». Dans la Neuve-Espagne et jusqu'au pays des Cannibales, il y a une certaine quantité d'habitants qui sont d'origine espagnole.

---

(1) *Histoire de la Marine française*, t. III.

Les animaux. — Le texte de Le Testu ne signale en Amérique que quelques espèces du règne animal. Les plus répandues sont les sangliers, les cerfs, les biches, les bœufs; tout au Nord de l'Amérique, des buffles et des ours.

Les productions du sol. — Le Testu s'étend peu longuement sur les productions du sol. Comme grains, la terre rapporte du millet, du manioc et une faible quantité de blé ; les fruits sont principalement des ananas et des naneaux. On recueille de l'or et du cuivre dans toute l'Amérique du Nord.

Détail des cartes de l'Amérique. — La quarante-deuxième carte (fol. XLIII v°) s'étend de 12° à 59° lat. S. et est limitée au Sud par le détroit de *Magellan* et la *Mer Océane*, au Sud-Ouest par le royaume de *Giganton*, et à l'Est par la *Mer Océane* et *La Plata*.

La quarante-troisième carte (de 1° à 37° lat. S.) représente les terres du *Brésil*, des *Cannibales* et du *Rio de la Plata*. Les contours sont exacts.

La quarante-quatrième carte (de 19° lat. N. à 28° lat. S.) permet de mesurer la distance du Brésil à la côte de Barbarie (Afrique). Au Sud-Ouest, partie du Brésil ; au Nord-Est, le *Sénéga*, la *rivière Grande*, la *rivière Gambie*, le *C. de Vert* ; au Nord, toutes les îles du Cap-Vert. Dans l'Océan, du Cap de Frie à l'équateur, plusieurs îles parmi lesquelles les îles *Martin Vaz*, *Sainte-Marie da Golfo*, *Alicaon*, *Fernando Noronha*, *Saint-Paul*.

La quarante-cinquième carte (de 12° lat. N. à 46° lat. S.) a pour limites, au Nord, les *Antilles* et *l'Océan atlantique* ; à l'Est, la côte du *Brésil* ; à l'Ouest et au Nord, le pays des *Cannibales*.

La quarante-sixième carte (34° lat. N. à 5° lat. S.) représente une partie de la terre du Pérou.

La quarante-septième carte (de 15° à 61° lat. S.) détaille la partie méridionale et occidentale du *Pérou*, et aussi le royaume de *Giganton*.

La quarante-huitième carte (de 26° à 73° lat. S.) figure le Sud du *Pérou*, l'île des *Grands Hommes*, le détroit de

Magellan, etc. La côte offre les mêmes imperfections que sur la carte précédente. Un peu au-dessus du détroit de Magellan, vers 49° lat. S. et à une distance d'environ 10° long. Occid., on lit : « R. ou Magaillan perdit deux crevelles (caravelles) » ; un peu plus haut, île des Grands Hommes. L'île de Magellan gît vers 44° lat. et à 25° long. O. de l'île des Grands Hommes.

La quarante-neuvième carte (de 10° à 43° lat. S.) a pour limites : au Nord, l'île des *Bancs*, la *Mer Pacifique* et le *Pérou* ; à l'Est, le *Pérou* ; au Sud, une partie de l'île de *Magellan* ; à l'Ouest et au Sud, l'île de la *Joncade*. La côte orientale est encore irrégulière.

La cinquantième carte (de 3° à 41° lat. N.) a au Nord la *Neuve-Espagne* et la *Floride*, à l'Est les *Antilles* (la *Tortuga* et la *Jamaïque*), au Sud la *Mer Pacifique*, l'île de *Sainte-Marie*, *Panama*, l'île des *Perles* et le Nord de la province de *Bocta* (Colombie), à l'Ouest l'*Océan Pacifique*, la mer et le territoire de la *Neuve-Espagne*.

Au Sud de la Neuve-Espagne, deux rivières sont indiquées seulement par leur embouchure : *riv. del Espiritu Santo, riv. de los Angelos*.

La Mer de la Neuve-Espagne et le Yucatan ressemblent bien au tracé de Desceliers (1550).

La cinquante-et-unième carte (de 13° à 51° lat. N.) figure la terre de la Floride. C'est une partie de la région de *Bacaillaux*, de la *Neuve-Espagne* et de la terre de *Nombre-de-Dios*. La Mer des Antilles baigne toutes ces côtes.

La Floride est trop large vers le Nord, et le long de la rive orientale la nomenclature est à moitié française.

La cinquante-deuxième carte (de 5° à 32° lat. N.) comprend au Sud et à l'Ouest l'Océan Pacifique, à l'Est le cap de *Grâce à Dieu* et la *Mer du Mexique*, vers le Centre *Saint-Jouen de la Vera Crux*, et, en suivant la côte à l'Est, la *riv. de Palmas*, le *C. Brandon*, la *riv. Pescador*, la *riv. del Espiritu Santo*. On aperçoit un indigène et un espagnol forgeant ensemble, et un nègre travaillant aux mines. La délinéation orientale correspond à celle de l'Harleienne. A l'Ouest, du

20° au 32° degré de latitude, on ne distingue ni golfe de Californie, ni Basse-Californie.

La cinquante-troisième carte (de 28° à 61° lat. N.) représente à l'Ouest la *Mer Pacifique* et l'*Archipel de Saint-Lazare* (archipel des Philippines mal placé), à l'Est le Nord de la Floride et la région située le long du méridien de la *Floride*, au Sud-Est la *Mer de l'Inde occidentale*.

La région tracée est la partie occidentale de la Neuve-Espagne, et Le Testu la décrit par imagination. Seule, la Californie était alors connue ; le reste, non. Un grand fleuve se dirige de l'Est à l'Ouest et traverse le lac *Coronis* ; il se jette à la mer vers 54° lat.

La cinquante-quatrième carte (de 24° à 70° lat. N.) a pour limites : au Sud, le territoire et la mer de la *Neuve-Espagne*, la *Floride*, la *Mer Océane* ; au Nord, les *Ipangres* (le Japon), la *Mer Pacifique*. On y distingue plus particulièrement le Nord de la Neuve-Espagne et de la Floride, région arrosée par le fleuve *Coronis*.

La cinquante-cinquième carte (de 29° à 69° lat. N.) représente la côte orientale de l'Amérique du Nord ; elle fixe l'état des connaissances acquises en France, vers 1555, sur Terre-Neuve et tout le pays environnant.

2° *Le planisphère de 1566.* — Cette magnifique carte en parchemin, non coloriée, est conservée aux archives du Ministère des Affaires étrangères à Paris. Elle a appartenu au géographe Robert de Vaugondy, qui en a laissé cette description aussi vague que succincte : « Les parallèles y sont curvilignes, et l'équateur représenté par deux courbes adossées » (1).

Le cartographe havrais, de son côté, présente son œuvre en ces termes : « Cette carte fut pourtraicte en toute perfection tant de latitude que de longitude par moy Guillaume Le Testu, Pilotte royal, natif de la Ville Françoyse de Grace, en faveur de noble et illustre personne Pierre de ...... s^r de la ...... du Pré et du Bouschet, cappitaine ●

---

(1) *Essai sur l'histoire de la Géographie*, 1755, in-12°, p. 149. — Nous étudierons cette projection.

ordinaire entretenu par le Roy en sa marine de Ponant, et fut achevée le 23° jour de may 1566 ».

Le nom et un des titres du destinataire ont été grattés. On a pu cependant les reconstituer ainsi : « Pierre de Coutes, s^r de La Chapelle, etc. » (1). On sait que François II avait envoyé cet officier à Brouage, le 22 mars 1560, pour noliser dix vaisseaux hollandais dont il voulait se servir pour l'armée navale organisée en Normandie (2).

Cette carte accuse sur l'Atlas de 1556 (3) certains progrès que nous signalons au passage. Le Testu rejette bien des légendes sur lesquelles il s'était arrêté avec complaisance dix ans plus tôt. Le trait est fin et délié. Pas de miniatures ; les enjolivements sont en grande partie supprimés, et les hommes bizarres, de même que les animaux fantastiques, ont à peu près disparu. Sur les mers apparaissent une douzaine de navires et seulement quelques monstres marins.

Entre la construction de l'Atlas et celle du Planisphère, la science géographique a peu avancé. Les découvertes se font rares, et rares aussi sont les travaux cartographiques. Nous n'avons guère à mentionner, pour cet espace de temps, que les œuvres de Diego Homem et de deux ou trois autres cartographes.

C'est l'époque des tentatives de colonisation de la Floride française par Ribaut et Laudonnière (4). C'est aussi l'époque de nombreuses navigations normandes en Guinée, à Terre-Neuve, au Brésil et ailleurs. Mais toutes ces expéditions n'accroissent pas le domaine de la géographie physique de notre globe.

Nous nous attachons de préférence, dans la description du Planisphère, aux détails qui en font mieux ressortir le caractère et la valeur.

(1) Communication de M^r Ch. de La Roncière.

(2) Extrait de la Chambre des Comptes. — Le P. Fournier, *Hydrographie*, 2ª édit., p. 250.

(3) Il est entendu que le mot *Atlas* se rapporte, dans les détails qui suivent, au Portulan de 1556.

(4) Ribaut fonde *Charlesfort* à l'entrée d'une rivière (1562) et Laudonnière construit le fort *Caroline* (1564).

Le premier méridien passe par les « Iles du cap de Verd, anciennement dictes Gorgones », et, observation importante, les longitudes sont marquées de cinq en cinq degrés. La nomenclature est moins dense, mais plus française que sur l'Atlas.

Dans la partie supérieure de la carte sont disposés plusieurs écussons : au milieu, les armes de France entourées de deux colonnes qui s'entrelacent vers leur sommet. La couronne royale les surmonte, et une banderole qui se développe le long de ces colonnes porte ces mots : *Pietate et Iusticia*. A gauche se voient l'écusson de l'amiral de France, Gaspard de Coligny, et, à droite, celui d'un ancien gouverneur du Havre, Charles de Moy, s^r de la Mailleraye, viceamiral de France.

Dans la partie inférieure sont : à gauche, les armes du destinataire, le s^r de La Chapelle, et, à droite, probablement celles de sa femme, puisque l'écu placé au centre réunit ces deux blasons.

La configuration de l'Europe septentrionale est vague : aucune trace par exemple de la Mer Blanche. Le Testu ignore certainement la région située à la hauteur de la *Norvaige*. Toutefois, les éléments d'information ne lui faisaient pas défaut pour offrir une topographie plus correcte du Nord de l'Europe. Peut-être, la Hanse était-elle alors pour nos compatriotes un obstacle à l'extension des découvertes maritimes vers le septentrion. Mais une carte assez exacte de la Scandinavie avait paru, en 1532, dans l'œuvre de J. Ziegler (1), et, en 1539, on avait publié à Venise la grande carte d'Olaüs Magnus en neuf feuilles, l'un des plus beaux monuments cartographiques au xvi° siècle (2). D'autre part, les nouveaux voyages entrepris vers le Nord de la Russie depuis 1556 auraient dû retenir l'attention d'un esprit aussi éveillé que Le Testu.

Après les explorations de Chancellor et de Burrough,

----

(1) *Opera varia*, Argentorati (Strasbourg), 1532, in-fol.

(2) Assez récemment retrouvée et publiée à Christiania en 1886. Cf. L. Gallois, *Les géographes allemands de la Renaissance*, Paris, 1890, in-8°; p. 196.

la dernière en 1556, des rapports commerciaux plus étroits existèrent entre l'Angleterre et la Russie septentrionale. Est-il vraisemblable que les Normands n'en aient eu aucune connaissance ?

Le Testu figure assez exactement la région orientale de l'Amérique du Sud, et la partie occidentale est moins imparfaite que sur l'Atlas.

Entre les deux hémisphères de sa carte, Le Testu a dessiné une sphère armillaire.

Notre Havrais connaît l'emplacement de *Panama* et de *Nombre de Dieux*, ville où six ans plus tard il devait périr sous les coups des Espagnols. A l'Ouest de la *Neufve Espaigne*, dans « la dernière partie de la mer de l'Inde orientale », on lit cette curieuse légende : « En l'an 1527 par le commandement de Lempereur Charles Dautriche fut envoyé troys navires partans du port de Civattancio pour descouvrir les Moluques dont estoit cappitaine don Alvaro Savedra, lequel trouva en sa navigation qu'il pouvoit avoir 1400 lieux du susdict port jusques audictes Moluques, là où luy et son equipaige demeurèrent par contrariété de temps Reserve 8 hommes qui furent prisonniers par les Portugoys a la malaca, lesquelz ont récité ce que dessus », Ces renseignements, recueillis par Le Testu, se rapportent à l'expédition que Cortez confia à Alvaro de Saavedra, qui l'avait accompagné au Mexique. Cet habile navigateur partit, au mois d'octobre 1526, de Jevatlancio (Mexique), atteignit Mindanao, puis les Moluques, où il rencontra les Portugais qui se refusèrent à croire qu'il venait directement de la Nouvelle-Espagne. L'ignorance en géographie était encore telle, que les Portugais ne comprenaient pas que les Espagnols en cinglant à l'Ouest et eux-mêmes en suivant une route absolument opposée se soient rejoints dans la région des Moluques. Saavedra mourut pendant le retour.

La nomenclature dans la *Regio de bacaillaus* est très clairsemée.

Guillaume **POSTEL**

Guillaume Postel naquit en 1505 ou en 1510 à Dolerie, diocèse d'Avranches (Basse-Normandie), et mourut à Paris le 6 septembre 1581. Cet homme, qui fut si célèbre comme philologue et surtout comme visionnaire, est fort peu connu comme cartographe. Il n'entre pas dans notre plan de raconter sa vie si mouvementée. Disons seulement qu'il parcourut la Grèce, l'Asie Mineure, la Syrie, et qu'il apprit les langues de ces pays. Le plus grand service que G. Postel rendit aux langues orientales fut de rapporter en Europe de précieux manuscrits, parmi lesquels nous devons citer des œuvres d'Aboulféda, de Saint-Jean Damascène, et un manuscrit qui fut utilisé pour l'édition du Nouveau Testament en langue syriaque (1).

En 1537, François Ier désigna Postel comme professeur royal de Mathématiques et de Langues orientales au *Collège de France*, nommé alors *Collège royal*.

G. Postel a beaucoup écrit et sur divers sujets. Il a laissé 57 ouvrages, parmi lesquels nous signalons seulement ceux qui traitent de cosmographie et de cartographie :

Description des Gaules, autrement dit la carte gallicane (2). Cette carte fut rééditée en 1570 sous le titre : *La vraye et entiere description du royaulme de France et ses confins avec l'adresse des chemins et distances aux villes inscriptes et provinces d'iceluy* (3).

De universitate seu cosmographia (4), ouvrage plusieurs fois réimprimé.

Mappemonde publiée en 1581 sous le titre : *Polo aptata*

---

(1) Vienne, 1555.

(2) Paris, 1553, in-folio.

(3) Biblioth. nat. de Paris, cartes géographiques, Pf. 210. — Paris, Guillaume POSTEL, cosmographe, 1570, 1 feuille de 0 m. 680 × 0 m. 540. — Cette carte a été de nouveau gravée à Tours par Bouguereau, mais n'est pas datée.

(4) Paris, 1563, 1 vol. in-4°.

nova charta universi, auth. Guil° Postello (1). Pour construire cette mappemonde, G. Postel fit usage d'une projection particulière sous l'aspect polaire. En 1772, Lambert la présenta comme projection zénithale. Elle fut étudiée avec plus de soin et de détails en 1799 par Antonio Cagnoli qui s'imagina l'avoir inventée et lui attribua son nom (2).

Selon d'Avezac (3), Postel introduisit le premier dans la cartographie ce genre de projection qu'on a nommée *projection zénithale équidistante* ; mais ce mérite revient plutôt à Mercator qui, en 1569, dans sa grande mappemonde à latitudes croissantes (4), employa cette projection pour représenter les régions polaires. Il en fit encore usage dans la carte de son célèbre Atlas intitulée : *Septentrionalium terrarum descriptio*, carte qui s'étend du pôle au parallèle de 60° latitude (5).

Jacques LE MOYNE, de MORGUES.

Jacques Le Moyne, parfois surnommé de Morgues, était dieppois d'origine (6). Il se distingua, dit Hakluyt (7),

---

(1) L'édition de 1621 est au Dépôt de la Marine à Paris.

(2) *Della più esatta costruzzione delle carte geografiche* (dans les *Memorie di Mathematica e Fisica della Società Italiana*, t. VII, Modène, 1799, in-4°, p. 658-664).

(3) *Coup d'œil historique sur la projection des cartes de Géographie*, 1863.

(4) Publiée à Duisbourg.

(5) Sur la vie et les œuvres de Guillaume Postel, on peut consulter : Thevet, *Histoire des hommes illustres*. — Desbillons, *Nouveaux Eclaircissements sur la vie et les ouvrages de Guillaume Postel*, Liège, 1771, in-8°. — Moreri, *Le grand dictionnaire*. — Sallengre, *Mémoires de littérature*, t. I et II. — G. Weill, *De Gulielmi Postelli vita et indole*, Paris, 1892, in-8°. — Emile Picot, *Revue des Bibliothèques*, 1899. — *Nouvelle biographie générale*, Paris, 1862, in-8°, t. XL, col. 879-885. — Ed. Frère, *Manuel du bibliographe normand*.

(6) Haag, *La France protestante*, Paris, 1856, in-8°, t. VI, p. 546. — Frère, *Manuel du bibliographe normand*, Rouen, 1858-1860, 2 vol. in-8. — Mme Oursel, *Biographie normande*, Rouen, 1886, in-8°.

(7) *Principall Navigations*, édition de 1600, t. III, p: 301.

comme peintre et comme mathématicien. Attaché en qualité de dessinateur à la seconde expédition des Français en Floride, sous la conduite de René de Laudonnière (1564), il fut chargé par Coligny de préparer une exacte description du pays, d'en dresser la carte et d'en dessiner toutes les curiosités. J. Le Moyne eut le bonheur d'échapper au massacre de la garnison du fort Caroline avec quatorze de ses compagnons, parmi lesquels se trouvaient Laudonnière (1) et Le Challeux (2), qui, avec Jean Ribaut (3) et Le Moyne, furent les historiens de ces malheureux événements. Ils cherchèrent un refuge le long du littoral et furent recueillis par deux bâtiments français, *Le Levrier* et *La Perle*, que Jean Ribaut avait laissés à l'ancre sous le commandement de son frère Jacques Ribaut. L'un des navires fut entraîné par les courants et par les vents dans le détroit de Saint-Georges et débarqua ses passagers à Swansea dans le pays de Galles au mois de novembre 1565.

Laudonnière, Le Moyne et Le Challeux descendirent donc en Angleterre, où ils racontèrent le désastre des Français et l'anéantissement de leur colonie en Floride. Le séjour prolongé de Le Moyne en Angleterre lui donna l'occasion de se lier avec le célèbre explorateur sir Walter Raleigh.

Le Moyne fit les dessins et la carte qui lui étaient demandés de la part du roi Charles IX, et en même temps il rédigea en français une courte relation de l'expédition ; mais il n'en publia rien de son vivant. Installé en Angleterre, il y mourut en 1587.

J. Le Moyne laissait en mourant des manuscrits que Théodore de Bry acheta à sa veuve ; c'étaient principalement le récit de l'expédition des Français en Floride, la

---

(1) *Histoire notable de la Floride située ès Indes Occidentales*, Paris, 1586, in-8°.

(2) *Deuxième voyage du dieppois Jean Ribaut à la Floride en 1565. Relation de N. Le Challeux* (de Dieppe). Publication de la Société rouennaise de Bibliophiles, éditée par G. Gravier, Rouen, 1872, in-8°.

(3) *Histoire de l'expédition française en Floride*, Londres, 1563.

carte du pays et quarante deux dessins se rapportant à l'histoire des Floridiens. De Bry fit traduire en latin la relation de Le Moyne, et l'inséra avec la carte et les quarante deux dessins dans le premier volume de ses Grands Voyages sous ce titre : « Brevis narratio eorum quæ in Florida Americæ provincia Gallis acciderunt, secunda in illam navigatione, duce Renato de Laudonnière classis præfecto. Anno MDLXIIII quæ est secunda pars Americæ additæ figuræ et incolarum eicones ibidem ad vivum expressæ : brevis item Declaratio Religionis, rituum, vivendique ratione ipsorum. Auctore Iacobo le Moyne, cui cognomen de Morgues, Laudonnierum in ea navigatione sequuto. Nunc primùm Gallico sermone a Theodoro de Bry Leodiense (1) in lucem edita : latio vero donata a C. C. A. (2). — Francofurti, 1591, in-folio ».

Chaque dessin, gravé par De Bry, est accompagné de quelques lignes de texte explicatif.

Dans sa Relation, Le Moyne donne un aperçu du caractère et du but de l'expédition. Il dit notamment que le roi alloua cent mille francs à Laudonnière pour ses frais de voyage et l'établit son procureur dans le nouveau pays. L'amiral de Coligny avait conseillé à Laudonnière d'emmener avec lui en Floride le plus possible d'artisans et d'ouvriers.

La carte de la Floride dressée par Le Moyne est ainsi intitulée : « Floridæ Americæ provinciæ recens et exactissima descriptio auctore Jacobo Le Moyne cui cognomen de Morgues, qui Laudonierum, altera Gallorum in eam Provinciam navigatione comitatus est, atque adhibitis aliquot militibus ob pericula, Regionis illius interiora et maritima diligentissime lustravit, et exactissime dimensus est, observata etiam singulorum fluminum inter se distantia ut ipsemet redux Carolo IX Galliarum regi demonstravit » (Description nouvelle et très fidèle de la Floride, province de

---

(1) *De Liège.*
(2) Carolo Clusio Atrebatensi.

l'Amérique, par Jacques Le Moyne, dit de Morgues, qui accompagna Laudonnière lors de la seconde navigation des Français vers cette province, et qui, à la tête de quelques soldats chargés de le défendre en cas de danger, parcourut avec grand soin et mesura très exactement l'intérieur et le littoral de cette région, indiquant la distance mutuelle des fleuves entre eux, comme il le prouva au roi Charles IX dès son retour en France).

Cette carte s'étend en latitude entre 19°20' à 36°, c'est-à-dire de 16 degrés 2/3, et, de l'Ouest à l'Est, de 23 degrés. Les longitudes n'y sont pas numérotées. Un degré de latitude y occupe 22 millim. 6, et un degré de longitude 18 millim. Cette différence entre les longueurs du degré de longitude et de latitude tient au mode de projection adopté par le cartographe. La carte mesure 36 centim. de hauteur sur 45 de largeur ; elle se prolonge de 4° au dessous du *Prom. floridæ*, et présente une configuration soignée de *Cuba insula*. Au bas et à droite se trouvent une échelle de lieues marines et une autre de lieues terrestres ; au haut, à droite les armoiries de France et à gauche les armoiries d'Espagne.

Jehan COSSIN (1570).

Jehan Cossin est l'auteur d'une très curieuse petite mappemonde, de 18 × 36 centim. (1), abstraction faite de la bordure qui, sur chaque côté, a une largeur de 30 millim. Elle est construite sur une projection sinusoïdale qu'on a attribuée à tort à Nicolas Sanson, d'Abbeville, et à l'anglais Flamsteed. Le mérite de cette découverte doit être revendiqué en faveur de J. Cossin. Nous aurons d'ailleurs l'occasion de faire une étude approfondie de cette projection. Sur

---

(1) H. HARRISSE, *Jean et Sébastien Cabot*, Paris, 1882, in-4°, p. 217. — *Recueil de portulans*, publié par Gabriel Marcel, Paris, 1886. — A. MILET, *Anciennes industries dieppoises*, Dieppe, 1904, p. 10, 16.

les rubans qui se déroulent aux quatre angles, on lit cette inscription : « Carte cosmografique ou universelle description du monde avec le vrai pourtraict des vens. Faict en Dieppe par Jehan Cossin, marinier, en l'an 1570 » (1).

Cette mappemonde offre comme dimensions et comme facture bien des traits de ressemblance avec celle de Desliens (1566). Ces deux cartes, très finement exécutées, diffèrent totalement des mappemondes du temps. Elles paraissent plutôt destinées à donner une idée générale du globe terrestre qu'à servir aux navigateurs. Une bonne carte marine ne peut se concevoir avec des proportions aussi restreintes et par suite avec un tracé de côtes aussi imparfait. Nous avons dans ces deux spécimens tout simplement de jolies cartes d'amateurs.

Jehan Cossin dressa encore d'autres cartes, mais elles ne nous sont pas parvenues. Nous relevons en effet ces curieux détails dans la *Bibliothèque de la Croix du Maine* (2) : « Jean Cossin ou Covsin, excellent faiseur de cartes marines, demeurant à Dieppe, l'an 1575. Il a escrit un livre remply de cartes marines, de rombes, et vents, etc., à l'exemple du théâtre d'Orthelius, lequel il espère bien tost faire imprimer. J'ay aprins cecy par les lettres que m'a rescrits Charles Michal savoisien en l'an susdit 1575 » (3).

Cartographe très expert, Jehan Cossin était en même temps pilote appointé. Un manuscrit français, donnant un état des officiers de la flotte du Ponant, le désigne en effet pendant les années 1586 et 1587 avec le titre officiel de *pilote entretenu* (4) et sa solde s'élevait à « la somme de trente-trois escus un tiers » (5).

---

(1) L'original a été offert, le 4 mai 1861, par M. de Varennes à la Bibliothèque Nationale de Paris, et une copie très fidèle existe au Musée de Dieppe.

(2) Première édition, Paris, 1584, in-fol., 218.

(3) Voir aussi Guiot, *Le Moreri des Normands*. Bibliothèque municipale de Rouen, ms. Y. 51 (2 vol.), t. II, p. 261.

(4) Bibliothèque Nationale, ms. français 4489, *Trésorerie et recette géneralle de la Marine du Ponent*, année 1587, (fol. XHI et fol. LIV v°).

(5) LE CORBEILLER, *la Question Jean Cousin*, p. 385.

Jehan Cossin est-il le *J. Cousin* qui fut professeur d'hy-drographie à Dieppe ? Est-ce le *Coussin* d'Asseline (1), « habile à construire des globes et des sphères » et qui transforma « un œuf d'autruche avec tant d'industrie et de justesse que cet ouvrage imitoit les mouvemens des Cieux »? Le *Cousin* de Guibert ? (2). Le *Cossin* que le P. Fournier (3) note comme ayant été le maître de Guillaume Le Vasseur ? Il est bien difficile de donner une réponse catégorique à tou-tes ces questions. On comptait à Dieppe plusieurs habitants portant les noms de *Jean Cousin*.

Jacques de VAU de CLAYE.

La vie de ce géographe nous échappe complètement. Les deux cartes marines qu'il a signées ne concernent qu'une région particulière du Brésil. L'une ne porte aucune date, mais semble construite vers 1579 ; la seconde est datée de 1579 et a été faite à Dieppe (4).

Ce J. de Vau appartenait, croyons-nous, à la religion protestante. Les registres des paroisses de Dieppe ne men-tionnent aucun habitant catholique de ce nom. Mais de quel village était-il originaire ? Nous connaissons la commune de *Clais* de trois cents habitants environ, qui, aujourd'hui, est comprise dans l'arrondissement de Neufchâtel (Seine-Inférieure), et qui au moyen âge était traversée par la voie romaine reliant Dieppe à Beauvais. Nous ne pensons pas que J. de Vau de Claye soit né en cet endroit. Selon nous,

---

(1) *Les Antiquités et Chroniques de la Ville de Dieppe*, Dieppe, 1874, t. II, p. 326.

(2) *Mémoires pour servir à l'histoire de la ville de Dieppe*, Dieppe, 1878, t. I, p. 349.

(3) *Hydrographie*, édit. 1643, Paris, in-fol., p. 647.

(4) Ces deux cartes proviennent de la Collection Gaignières (Biblio-thèque nationale.)

il est préférable de conserver l'orthographe *Claye*, nom qui convient à un bourg de la Brie (1). Le plus ancien recueil conservé à la mairie de Claye (2) ne nous a nullement éclairé.

L'une des cartes de J. de Vau est dédiée à Philippe Strozzi, seigneur d'Epernay. Ce Strozzi possédait des terres dans la Brie.

La carte, non datée, de J. de Vau est un portulan manuscrit, sur parchemin, de la fraction du Brésil où a été édifiée la ville de Rio-de-Janeiro, avec des indications précieuses pour la navigation. Elle mesure 66 × 51 cm. On lit sur une banderole au haut de la carte et au Nord : « Le vrai pourtraict de Geneure et du Cap de Frie. Iqz de Vau de Claye » (3). On ne remarque qu'une rose des vents ; elle est placée à l'Est du Cap de Frie. Les appellations sont bien françaises. La carte s'arrête, dans sa partie inférieure, au « Tropicque de Capricorne », et c'est le long de la ligne réprésentant ce tropique que sont marquées les « lieues de cheymyn ».

La carte datée de 1579 est encore un portulan manuscrit, sur parchemin, d'une partie de la côte du Brésil, entre l'Amazone et le Rio-San-Francisco (au-dessus de Bahia). Elle renseigne sur les routes à parcourir, sur les écueils à éviter et sur certains traits de mœurs des indigènes. Le long d'une banderole enroulée autour d'un compas ouvert, on lit : « Jacques de Vau de Claye ma faict en Dieppe l'an 1579 » (4).

---

(1) La plus grande partie de cette commune est sur la rive droite de la Beuvronne, petit affluent de la Marne, à 28 kilomètres de Paris, et sur la route de Paris à Metz par Meaux. Elle appartient au département de Seine-et-Marne.

(2) Archives de l'Etat-civil, GG, I, 1577-1674.

(3) L'original est à la Bibliothèque Nationale de Paris (L. VALLÉE, *Notice des documents exposés à la Section des cartes*, n° 239). Une bonne copie existe au Musée de Dieppe, et une reproduction réduite (40 × 25 centim.) dans l'ouvrage de HEULHARD (Villegagnon, p. 208-209).

(4) L'original est conservé à la Bibliothèque Nationale de Paris (Catalogue VALLÉE, n° 140) et le Musée de Dieppe en possède une copie.

Cette carte, qui mesure 59 × 44 centim., est graduée en longitude et en latitude, et s'étend de 0° à 13° 1/3 latitude Sud, et en longitude de 4° à 13°. Chaque degré sur l'échelle de lieues vaut 17 lieues 1/2. Nulle trace de méridiens et de parallèles. La carte est basée sur les roses des vents. On remarque en particulier une grande rose, puis trois roses au Sud, deux au Nord et plusieurs centres de roses à trente-deux rumbs.

Une main soutient une bannière sur laquelle est peint, entouré du collier de saint Michel, un écu d'azur à une fasce d'or chargée de trois croissants d'argent (1). Certainement J. de Vau de Claye a commis une erreur ; ces armoiries sont contraires aux lois héraldiques qui interdisent métal sur métal. Le cartographe a voulu sans aucun doute dessiner les armoiries de Philippe Strozzi : « d'or à la fasce de gueules chargée de trois croissans d'argent ».

Philippe Strozzi, seigneur d'Epernay, chevalier de l'ordre du roi, conseiller d'Etat, colonel général de l'Infanterie française, fut tué le 26 Juillet 1582 à la bataille des Açores.

Jacques de VAULX.

La famille De Vaulx était originaire de Pont-Audemer ou des environs, et possédait des propriétés à Saint-Martin-du-Faut près Blangy (Calvados), à Orbec et autres lieux circonvoisins. L'un des membres de cette famille, Robert Desvaulx, attiré sans doute par les nombreux privilèges accordés aux habitants de la nouvelle ville Françoise-de-Grace (le Havre), s'installa audit lieu et obtint plus tard du roi François Ier l'autorisation d'y construire « ung bastiment de cinq ou six cens livres » (2).

---

(1) Gabriel MARCEL.

(2) *Lettre donnée au Conseil du roy François, tenu à Evreux, dablée du 28e jour d'apvril 1540.* — Archives de la famille chez une des descendantes de Jacq. Devaulx, Mlle Angèle Le Masson, de Montivilliers.

Robert Desvaulx mourut à la fin de l'année 1569. L'un de ses fils Jacques, marié vers 1550 à Jeanne Vymont, fut capitaine de navire.

Jacques de Vaulx, le cinquième enfant issu de ce mariage, naquit, selon nous, entre 1555 et 1560. Il exerçait, comme Guillaume Le Testu, les fonctions de pilote royal quand il épousa le 30 Avril 1584 Françoise Plaimpel dans l'église Notre-Dame-du-Havre. Les de Vaulx étaient apparentés aux plus considérables familles de notre cité havraise (1).

En cette même année J. de Vaulx inscrit comme « cosmographe et pilote entretenu par le Roy en sa Marine » reçut du trésorier général de la Marine, Mathurin Le Beau, la somme de « 50 escus d'or soleil, à lui ordonnés par Mgr de Joyeuse ». C'était une mission que lui confiait l'amiral de France. Il l'envoyait, sur le navire commandé par le capitaine Pontpierre (2), explorer le fleuve des Amazones et rédiger par écrit « tant par carte que autrement » un Mémoire sur les moyens de commercer avec les pays arrosés par ce fleuve (3).

On s'est demandé si J. de Vaulx avait fait ce voyage. Les archives de la famille semblent répondre affirmativement à cette question. Nous trouvons, en effet, signée du 10 juin 1587 par le sieur de Pontpierre, une pièce dans laquelle il reconnaît avoir « quicté » de Vaulx « de tout ce qu'il luy avoit pu demander pour le voyage du Brezil », et le 23 Novembre suivant, un nommé Charles Audrien a reçu du sieur de Pontpierre, par l'entremise de De Vaulx, la somme de sept livres « pour les causes contenues en la quittance ».

____

(1) Dans les titres de famille nous trouvons le nom De Vaulx orthographié de diverses manières : Desvaulx, Deveaulx, De Vaulx. Mais cette différence d'orthographe n'a aucune importance.

(2) Ce capitaine, qui est connu pour avoir fait plusieurs voyages au Brésil, s'appelait Guillaume Le Héricy, seigneur de Pontpierre.

(3) E. Gosselin, *Documents pour servir à l'histoire de la Marine Normande et du Commerce Rouennais pendant les* xvi° *et* xvii° *siècles.* Rouen, 1876, in-8°, p. 167. Tabellionage, 20 novembre 1584.

En 1586 et 1587, Jacq. de Vaulx figurait parmi les « pilottes et maistres de navyres » qui touchaient annuellement « la somme de 33 escus un tiers » (1).

On pourrait croire que J. de Vaulx eut le pressentiment de sa mort prochaine. Nous trouvons en effet dans les Archives de la famille deux contrats sur parchemin datés du 1er Octobre 1596. Ces deux contrats, passés devant les tabellions de la ville Françoise-de-Grace, contiennent un accord et un partage de biens entre J. de Vaulx et son frère plus jeune, Pierre.

Jacques mourut quelques mois après, très probablement en Mai 1597, car le 3 Juin, Françoise Plaimpel, sa veuve, était « élue tutrice principale de ses enfants soubzages (mineurs) : Jacques, Françoise, Marie, Marguerite » (2).

Françoise Plaimpel se remaria le 20 Mai 1601 à Jacques le Neuf et mourut le 10 Octobre 1658. Elle fut inhumée le surlendemain à Notre-Dame du Havre.

Les deux frères, Jacques et Pierre, possédaient au Havre quelques immeubles qu'ils tenaient de la succession de leurs parents. Citons notamment « une place et maison assise sur la Grand'rue Saint-Michel (3), une place et maison assise sur le Marché et Place de Canniballes (4), et une maison et place dans la rue Françoyse » (5).

Quelques jours après le décès de J. de Vaulx, le 6 Juin 1597, Mᵉ Pierre d'Octelonde « lieutenant en l'Admirauté » autorisa la vente de « ung cart du navire nommé le Jacques ». Le sergent royal en l'amirauté, Grégoire Jouisse, procéda le 17 Juin suivant à la « vendue et adjudication dudit navire » (6).

---

(1) Biblioth. nat., ms. franç. 4489. *Tresorerie et Recepte generalle de la Marine du Ponent*, année 1587, folio XIII et folio LIV v°.

(2) Archives de la famille. *Ung acte en parchemin devant Allain Fleurigant, lieutenant général de Monsieur le Vicomte de Montivilliers.*

(3) Aujourd'hui rue de Paris.

(4) Maintenant Marché Notre-Dame.

(5) Actuellement rue de la Gaffe.

(6) Archives Le Masson.

OEuvres de J. de Vaulx. — En 1583, J. de Vaulx écrivit ses *Premières OEuvres* et l'année suivante il dessina une belle carte dont nous ne possédons que la moitié, le Nouveau Monde.

Ces travaux, qui placèrent J. de Vaulx au premier rang des hydrographes et des miniaturistes du xvi° siècle, ne sont pas les seuls exécutés par notre Havrais. Plusieurs sont certainement égarés. Après la mort de Robert Desert, gendre de J. de Vaulx comme ayant épousé sa fille Marguerite, on dressa le 16 Avril 1641 l'inventaire de son mobilier et dans la liste des objets inventoriés nous rencontrons « une carte marine collée sur du bois » (1). A la vente de ce mobilier qui eut lieu le 28 Juin suivant à la requête de François Mennessier et Louis Berry, avocats, gendres du feu Robert Desert, cette carte marine fut adjugée par Pierre Aubery, huissier royal, à un nommé Estur au prix de xxxi sols (2). Quel était l'auteur de cette carte ? A notre avis elle provenait de la succession de J. de Vaulx et elle avait été tracée soit par J. de Vaulx lui-même, soit peut-être par son frère Pierre. En tout cas, cette carte est perdue ; aucune mappemonde de Jacques ou de Pierre de Vaulx n'est, à notre connaissance, « collée sur du bois ».

La première en date des productions scientifiques de J. de Vaulx est un manuscrit de trente-et-un folios sur vélin, conservé à la Bibliothèque nationale de Paris (3). Ce manuscrit, qui provient de la bibliothèque de Colbert, a été incidemment signalé par l'historiographe de la Marine, A. Jal, dans son ouvrage intitulé *Documents inédits sur l'histoire de la Marine au xvi° siècle* (1842). Mais c'est M. Ernest Dumont, libraire à Paris, qui l'a fait connaître en 1879 par une série d'articles publiés, dans le journal l'*Arrondissement du Havre*, sous ce titre *Flâneries d'un bibliophile normand.*

---

(1) Archives Le Masson.

(2) *Ibidem.*

(3) Ms. franç. 150.

Nous allons donner de cet ouvrage une analyse très sommaire, analyse qui n'a pas encore été faite et qui montrera, mieux que toute affirmation, la valeur géographique et cartographique de cette œuvre havraise.

Au folio I est le frontispice : *Les premières euvres de Jacques de Vaulx pillote en la marine au Havre-de-Grace l'an* MDLXXXIII. Un sous-titre annonce « plusieurs demonstrances, reigles, pratiques, segrez et enseignementz, très necessaires pour bien et seurement naviguer par le Monde, tant en longitude que lattitude, en declarant seulement autant qu'il est besoing au marignier d'en sçavoir ». Comme texte biblique, J. de Vaulx cite les deux versets, 23 et 24, du psaume CVI (et non CVII) qu'il traduit ainsi : « Ceulx qui s'en vont sur la mer dedans navires, iceulx voyent les œuvres du Seigneur » (1).

Sur cette feuille on distingue au haut les armoiries du duc de Joyeuse, amiral de France ; puis, le long des marges, quatre miniatures qui représentent des navigateurs faisant des observations, soit avec l'astrolabe à la main et « l'hémisphère marine » à terre, soit avec le bâton de Jacob, soit avec la sphère armillaire, soit avec une carte marine qu'ils pointent et près de laquelle se trouvent un sablier et une sphère dont la moitié visible est une projection stéréographique sur l'horizon de Paris ou peut-être du Havre ; au centre, une fine peinture de deux galions et d'un troisième bâtiment.

Au-dessous de la date MDLXXXIII figure un ange tenant une banderole sur laquelle on lit : « Par l'ouvraige l'on peut congnoistre quel est l'ovrier », sentence qui aujourd'hui s'énonce ainsi : A l'œuvre, on reconnaît l'artisan.

Le folio II r° contient la dédicace : « A tres haut et tres puissant seigneur Monseigneur le duc de Joyeuse, pair et admiral de France, lieutenant général et gouverneur pour le Roy en Normandie ».

---

(1) *Qui descendunt mare in navibus* .... *ipsi viderunt opera* Domini.

J. de Vaulx « congnoissant la rudesse et incapacitté de son esprit », s'excuse tout d'abord de présenter à un amiral une telle œuvre ; mais il se confie à la bienveillance d'un protecteur qui s'est toujours montré « comme ung mecenat (Mécène) favorable » aux travailleurs. J. de Vaulx déclare que sans cette indulgence « les grandz et rigoureux examentz et les divers jugementz lui seroient pour tel œuvre aultant périlleux que les variables soufflements des ventz et la rigueur impétueuse des flotz à la petitte nacelle qui mal équippée se hazarderoit de singler en haulte mer ».

Il ne voulait pas, en effet, en lui faisant hommage d' « ung ouvraige tant mal forgé et polly comme est cestuy cy et venant de sy bas lieu » être jugé comme outrecuidant et téméraire. J. de Vaulx loue ensuite « la vertu et science tant humaine que dyvine » de l'amiral, et il le reconnaît comme « estant de long temps docte et experimenté aux mathematiques, mesmes en astrologie ». En lui adressant « ce petit labeur », il porte « une goutte d'eau en la mer ».

Bien des considérations arrêtaient J. de Vaulx dans son dessein, mais l'amiral avait déjà apprécié son talent puisqu'il avait « par cy-devant jetté son regard begnin et humain sur quelque petit traict de sa plume assez mal compassé ». Quel est cet écrit auquel J. de Vaulx fait ici allusion ? Nous l'ignorons. Ce livre avait sans doute aux yeux de l'amiral de Joyeuse une certaine importance et une certaine valeur, puisque peu après il chargeait J. de Vaulx « de rédiger par escript les préceptes et poinctz princippaux de l'art de la navigation ». C'est par esprit d'obéissance que notre compatriote a été « induict et incitté a dresser ce petit traicté » dans lequel il expose « le plus briefvement qu'il lui a esté possible les poinctz les plus necessaires ascavoir a celluy qui veut naviguer et faire voiage par mer aux regions lointaines ». Il s'excuse de nouveau d'avoir la hardiesse de lui dédier son travail, mais connaissant bien l' « humanité singullière » de l'amiral, il espère qu'il en supportera les imperfections et ne rejettera pas « ce petit labeur » qui ainsi « trouvera saufconduict soulz vostre nom et auctoritté qui lui servira de favorable deffence en tous lieux ». C'est un premier essai que J. de Vaulx offre à l'amiral en témoignant de la « révérence et obeissance » qu'il s'efforce de lui rendre. « Ce n'est, ajoute-t-il, que ung petit commencement attendant que doresnavant il puisse faire et dresser choses plus dignes d'être présentées » au duc de Joyeuse. D'ailleurs il se propose bien de lui « vouer toutes ses œuvres comme à son messenat (Mécène) et bienfaiteur ». J. de Vaulx a-t-il accompli cette promesse ? Nous ne le croyons pas, ou du moins nous ne connaissons de ses œuvres que celles peu nombreuses que nous allons signaler. La dédicace était datée du « Havre-de-Grace le premyer jour de May l'an MDLXXXIII ».

L'ouvrage de J. de Vaulx était un manuel destiné aux futurs pilotes hauturiers. Il est d'ailleurs facile de s'en convaincre par la simple énumération des principales questions traitées.

Le folio III r° débute par ces mots : « Ci commence ce livre par la figure et miroir du monde ».

J. de Vaulx reproduit la théorie des anciens sur la figure du monde. Il décrit plusieurs circonférences concentriques. Au centre est la terre, puis l'eau et le feu appartiennent à deux cercles l'un enveloppant l'autre. Viennent ensuite onze cercles sur lesquels sont marqués successivement du centre du monde à la périphérie extérieure : *la Lune, Mercure, Vénus,* le *Soleil, Mars, Jupiter, Saturne, Firmament, Cristalin, Premier mobile, Empir.*

Folio III v°. — « Figure de la pomme ou globe de la terre ». Un cercle représente le globe terrestre. Cette carte contient à gauche toute la partie orientale du Nouveau Monde, et à droite l'Europe, la Mer Rouge et l'Afrique ; au Sud, entre 60° latitude et le pôle, la *Terre Australle.* En somme, cette représentation est bien sommaire.

Tout autour du cercle de la terre J. de Vaulx a dessiné huit voyageurs, auprès desquels il a écrit les noms suivants : au pôle Nord *Pericii,* puis à droite, à 45° latitude boréale, *Hetheroscy* ; sur l'équateur *Emphisi,* à 45° latitude australe *Anthocsy*, au pôle Sud *Anthipode*, puis à gauche, à 45° latitude boréale *Periœsi*, sur l'équateur *Anthipode de son contraire*, à 45° latitude australe *Nostre anthipode*.

Folio ɪᴠ r°. — Figure des quatre éléments.

Folio ɪᴠ v°. — La « figure de la pratique de la sphère » n'est autre qu'une sphère armillaire.

Folios ɪᴠ v° et ᴠ. — J. de Vaulx donne toutes les définitions des lignes et cercles de la sphère.

Folio ᴠɪ. — La « figure théorique contemplative du Soleil » se compose principalement de trois cercles concentriques sur lesquels sont marqués, à partir du centre, les signes du zodiaque, les douze mois de l'année et les quatre saisons.

Au folio ᴠɪ v°, éclipses du soleil, puis théorie des vents, du tonnerre et de la neige ; au bas du feuillet, dessin de trois galions.

Folio ᴠɪɪ. — Schéma d'une carte basée sur la rose à trente-deux rumbs de vent. L'auteur trace d'abord une rose centrale, puis, le long d'une même circonférence et à égale distance les unes des autres, huit autres roses secondaires sur chacune desquelles il mène trente-deux rumbs. J. de Vaulx indique « la manière comme l'on doibt tirer et tracer les rumbz, demis rumbz et cartz de rumbz des ventz en lignes droictes », afin de trouver sur les cartes marines le gisement des terres les unes par rapport aux autres.

Folio ᴠɪɪ v°. — « Composition des cartes marines ». L'auteur indique le mode de construction des cartes et montre qu'un lieu, dont on connaît la latitude et la longitude, est déterminé par le croisement de deux lignes perpendiculaires qui sont le parallèle et le méridien dudit lieu.

Folio ᴠɪɪɪ r°. — J. de Vaulx expose une manière nouvelle de tracer en lignes circulaires les rumbs de vent sur les cartes marines.

Folio ᴠɪɪɪ v°. — Notre havrais présente quelques observations sur la navigation effectuée à l'aide des cartes marines dont les rumbs sont des lignes droites, et il y ajoute une figure « laquelle demonstre le dechet ou tumbe que ung navire peult faire en navigant de quelque part que ce soit ». On appelait *dechet* ou *tumbe* la quantité dont un navire, détourné de sa voie directe, était entraîné par la dérive, par un courant ou par quelque autre cause.

Folio ix. — Carte de l'hémisphère Nord prolongé jusqu'au trentième degré de latitude australe. C'est une projection polaire curieusement étendue de trente degrés au delà de l'équateur. Les méridiens sont des lignes droites et les parallèles des circonférences décrites du pôle comme centre.

L'hémisphère septentrional est assez exactement représenté. Dans la Malaisie on remarque au Sud de Sumatra *Java maior* et à l'Est de celle-ci *Java minor*, puis encore à l'Est la *Nouvelle Guynée* et au-dessous le commencement de la Terre australe, appelée ici *Beach*.

Folio x r°. — J. de Vaulx explique à l'aide d'une figure le moyen de construire un cadran qui permette de trouver : 1° l'heure qu'il est en un endroit quelconque d'après « la haulteur ou eslevation sollaire », et 2° l'heure du lever ou du coucher du soleil en chaque lieu.

Folios xi à xiv. — Tables de la déclinaison du soleil.

Folio xv r°. — Figure de l'astrolabe des marins. C'est un instrument qui se réduit à un cercle de hauteur suspendu par une boucle et muni d'une alidade avec deux pinnules de visée. Le zéro est à l'anneau de suspension et le 90° à la ligne horizontale ; au bas, il porte la date *1583*. L'auteur explique la théorie et la pratique de cet instrument.

Folio xv v°. — Deux hommes prennent, à l'aide de l'astrolabe, l'un la hauteur d'un astre, l'autre celle d'une tour.

Folio xvi r°. — Description et usage de l'*arbaleste marine*, ou *Baston de Jacob*. Au bas de ce feuillet, dessin de quatre navires dont deux galions.

Folio xvi v°. — Portrait d'un marinier prenant la hauteur d'une étoile avec le bâton de Jacob.

Folio xvii r°. — Description et usage d'un niveau pour savoir en tout temps quelle heure il sera pendant la nuit. C'est le *nocturlabe*. Au bas, deux navires.

Folio xvii v°. — J. de Vaulx enseigne la manière de déterminer : 1° la distance d'une étoile au pôle, 2° la hauteur du pôle à l'aide des étoiles fixes, 3° la hauteur du pôle antarctique.

Folio xviii r°. — 1° « Moyen de treuver la déclinaison quand le soleil est loing de l'équinoctial » ; 2° « Savoir treuver en tout temps quel jour l'on est dans chaque pays tant en mer qu'en terre ». Sur cette page, nous trouvons le dessin de quatre navires.

Folio xviii v°. — Seconde figure de l'astrolabe ordinaire, puis miniature dans laquelle on remarque quatre navires, voiles déployées, et plusieurs mariniers faisant des observations, soit à l'aide du bâton de Jacob, soit avec l'astrolabe.

Folios xix à xxi. — « Moyen de bien user de la longitude d'Est et Ouest ».

Folio xx r°. — Miniature où l'on voit deux navires, et trois personnages utilisant la boussole pour leurs recherches. L'un d'eux tient en main un astrolabe.

Folio xx v°. — Une observation faite avec la boussole montre que le pôle magnétique diffère du pôle terrestre.

Folio xxi r°. — Dessin de deux magnifiques navires (galions). Miniature représentant un personnage qui, placé au-dessus d'une table horizontale sur laquelle est tracée une rose des vents, dirige un bâton vers le soleil et calcule l'angle fait par ce bâton avec la ligne méridienne.

Au folio xxi v° on distingue le dessin d'une boussole, puis une « Table des lieues que vault chacun degré de longitude sellon chacun parallele ».

Folio xxii r°. — J. de Vaulx joint à cette table une figure explicative.

Folio xxii. — Construction « d'une hémisphère marine »

pour trouver à chaque heure du jour la latitude et même la longitude d'un lieu. Sa description et son usage sont accompagnés d'une table. C'est une sorte de demi-sphère armillaire.

Folio xxiii r°. — Peinture de huit navires ; les plus grands ont deux rangées de sabords.

Folio xxiii v°. — L'auteur résout les problèmes suivants : 1° Quelle est la distance d'un lieu à un autre, 2° la distance de plusieurs lieux entre eux, et 3° la largeur d'une rivière ?

Sur ce feuillet sont trois miniatures intéressantes qui se rapportent à des questions d'arpentage ou de topographie, comme par exemple la mesure sur le terrain d'une longueur non mesurable directement.

Folio xxiv r°. — Calcul du nombre d'or, de la nouvelle lune « avec table pour cognoistre le tout ». Figure « laquelle demonstre en quel signe et degré le solleil et la lune sont en chacun jour ». Cette peinture ingénieuse rappelle assez bien l'astrolabe plan équinoxial des anciens.

Folio xxiv v°. — « Brief discours de la lune ». Une figure explique les phases de la lune.

Folio xxv r°. — 1° Figure pour « cognoistre à quelle heure il sera pleine mer, basse eau ou my flo en quelque heure et lieu que ce soit » ; c'est une sorte d'astrolabe plan. 2° Carte représentant une partie de l'Europe occidentale ; le Nord est en bas. Il y a une échelle de lieues marines, mais ni longitudes, ni latitudes, ni lignes de rumbs. Le cartographe a tracé une portion du Portugal, une grande partie de la France, les Flandres, la Hollande, le Sud de l'Angleterre et de l'Irlande. Le long de toutes les côtes, la profondeur est indiquée en brasses. Nulle trace de fleuves ou de montagnes. On y voit quatre navires voguant toutes voiles dehors; deux navires ont quatre voiles et les autres trois ou deux. La nomenclature comprend dans la Haute-Normandie : « Tréport, Dieppe, Saint-Valleri, Fescamp, Cap d'Antifer, Havre-de-Grace, Caudebec, Roan, Quillebeuf, Roque, Honnefleur, Toucque ». C'est peut-être la première fois qu'on rencontre, sur une carte du XVIᵉ siècle, Havre-de-Grace, à la place de *Caux* et d'*Harfleu*.

Folio XXV vᵒ. — « Miroir pour voir a qui le solleil passe par-dessus la tête une fois ou deux fois l'an ». J. de Vaulx constate que le soleil passe deux fois par an au-dessus de la tête de ceux qui habitent entre les deux tropiques, et pour le prouver il décrit un cercle dans lequel il représente l'hémisphère Nord de la terre et le commencement de l'hémisphère Sud jusqu'au *Tropicque de Capricorne*. Le diamètre de ce cercle est de 20 centimètres environ. C'est une projection polaire avec méridien en lignes droites et parallèles circulaires. Sur cette carte, on lit au Brésil, non loin du Cap de Frye : *France antarticque*. Au-dessous de la *Nouvelle Guynée* et de la *Grande Jave*, on aperçoit le commencement de la Terre Australe.

Folio XXVI. — « Maniere de representer le globe terrestre par chacune moytié, démonstration d'iceluy ». L'auteur partage la terre en deux hémisphères. Chaque cercle a un diamètre de 20 centimètres et le contour extérieur de chacun d'eux porte cette désignation : « Ici est le cercle du méridien fixe ». C'est le grand cercle passant par l'île de Fer ; c'est aussi le premier méridien. J. de Vaulx emploie ici la projection stéréographique dans laquelle les méridiens et les parallèles sont curvilignes.

Au folio XXVI rᵒ sont tracés le Nouveau Monde et les mers environnantes. La côte occidentale de l'Amérique est assez mal dessinée, elle est tout à fait bombée entre le tropique du Capricorne et le détroit de *Magailan*. Dans l'Amérique du Nord, le Golfe de Californie est appelé *Mer Rouge* et cette mer s'étend à peu près du tropique du Cancer à 39° latitude boréale. Vers le Sud est figurée une énorme *Terre Australe* qui, du Sud de la *Nouvelle Guynée*, se prolonge vers le détroit de Magellan et est désignée par la dénomination de *Terre incogneue*. Au-dessous de ce continent austral est la *région des glaces*.

Vers le Nord, au-dessus et à l'Ouest de la *Terre de*

labeur se trouve la *Mer Glaciale*, et, plus près du pôle, l'*Habitation des Antiens*.

L'hémisphère du folio xxvi v° contient le reste du globe, c'est-à-dire l'Europe, l'Afrique et l'Asie. Tout au Nord, à l'Est du Groenland, une grande île porte l'inscription : « partie de l'interieure terre septentrionalle », puis à l'Est de cette île est l'*habitation des Antiens*.

En somme, ces deux cartes forment une mappemonde à deux hémisphères. Les passages du Nord-Ouest et du Nord-Est y sont bien tracés à travers la Mer Glaciale.

Folio xxvii r°. — Hémisphère projeté sur l'horizon de Paris. Le cercle de cet horizon a 20 centim. de diamètre. Le Brésil figure sous le nom de *France antarticque*, et entre l'Asie et l'Amérique, comme d'ailleurs sur les deux cartes précédentes, figure *le destroit de Anian*. La Norvège se termine à la hauteur de 74° latitude environ, et au delà on est dans la Mer Glaciale.

Folio xxvii v°. — L'autre hémisphère est tracé sur la même projection. C'est « l'autre moytié du globe terrestre » qui est « l'oposite de la précédente figure ».

La côte du Chili est défectueuse, parce que trop bombée. La *Terre Australe* est démesurément grande. Elle atteint, dans sa partie la plus éloignée du pôle, presque le Sud de la *Nouvelle Guynée*.

Folios xxviii v° et xxix r°. — « Carte marine navigable » ayant, abstraction faite d'une marge de 25 millim., 49 centim. de largeur et 32 de hauteur. Au Nord et à gauche, est une échelle de « lieues marynes », puis sur les mers sont dessinés quatre galions. Cette carte s'étend, du Nord au Sud, de 65° lat. boréale à 11° lat. australe, et, de l'Ouest à l'Est, du Yucatan à la mer Adriatique incluse. J. de Vaulx la présente ainsi : « Par ceste carte marine ensuyvante est demonstré plusieurs contreez, regions et portz maritymes d'une partye des terres de l'Europe, Africque et Americque, et sont chacun portz de mer situez desoulz les degrez de longitude et latitude que chacun endroit est loing de la ligne dyametralle (1) et de la ligne œquinoctialle, et par ce mesme moyen est demonstré le nombre des lieues que chacun endroit est distant l'un de l'aultre, mesmes aussi la trace ou chemin qu'il convyent tenir pour aller a droicte route d'un lieu en l'autre ».

Au folio xxx, J. de Vaulx encadre dans une délicate miniature les vers suivants :

> Le Monde, par poidz et mesure,
> Tout son comprins se mesure ;
> Par mesure, par nombre et poidz
> Tout est mouvé par contrepoidz.
> Par poidz, par mesure et par nombre
> Le tour de l'unyvers se nombre,
> Et n'y a rien en nulle part
> Qui ne retourne dont il part.
> Les Cielz tournants desus leurs deux poles fermes,
> Lune, Soleil et Astres différentz,
> Nous font sçavoir les temps, les ans et termes,
> Heures du jour et les mois différentz ;
> Et tous ses cors sont assis dans leurs rens
> Pour donner fruictz, challeur, vye et lumyère,
> Le tout affin de louer en tout temps
> L'Autheur de tout et la cause premyère.

L'illustration de ce folio xxx comprend surtout quatre miniatures représentant les diverses parties du monde. L'Europe est une femme couronnée tenant un sceptre d'une main et une croix de l'autre.

L'Asie est une femme richement vêtue avec une parure d'or dans les cheveux ; elle porte un vase duquel s'échappe la fumée d'un parfum asiatique.

L'Afrique est une négresse presque nue, tenant en main une branche d'arbre chargée de feuilles vertes et de fruits rouges.

L'Amérique est une femme toute nue, ayant une tête humaine dans une main et une flèche dans l'autre. Près

---

(1) Premier méridien.

d'elle on voit un hamac, puis la tête et la poitrine d'un être humain qui rôtissent au-dessus d'un foyer allumé.

L'ouvrage se termine par un beau dessin à la plume, artistement colorié, qui représente une vue à vol d'oiseau de la Ville du Havre de Grâce, prise de la mer et orientée le Nord en haut.

Au premier plan, en la « partie de la Mer Occeane », on voit Neptune, sur un dauphin, tenant l'écusson de l'Amiral de Joyeuse dans un manteau ducal ; sur le second plan, la ville entourée de murailles et défendue extérieurement par de larges fossés. Plus haut sont les armes de France avec la couronne royale et, à la partie supérieure, au milieu des marais d'Ingouville, on lit sur une élégante banderole : « Ici est le poultret de la Ville Françoise de Grace, auquel lieu a esté drésé ce present lyvre » (1).

Les différents types des jolis navires dessinés sur les cartes du manuscrit de J. de Vaulx sont reproduits dans ce plan du Havre.

Résumant notre appréciation sur les *Premières OEuvres* de J. de Vaulx, nous avouons volontiers que pour l'époque notre havrais était un savant et un miniaturiste de premier ordre. Le texte de son manuscrit révèle un marin très au courant de la théorie de la navigation. Mais c'était un géographe ordinaire. D'après nous, il s'est contenté de copier différents exemplaires qu'il avait entre les mains. Ses cartes, en effet, ne se ressemblent pas, et certaines sont plus défectueuses que d'autres. Nous avons constaté que bien des fois la nomenclature, le tracé et l'orthographe des noms d'un même pays variaient dans la cartographie de J. de Vaulx. Ses modèles n'étaient pas les meilleurs de l'époque, et son mérite personnel comme cartographe n'est peut-être pas considérable. En somme J. de Vaulx a voulu nous transmettre une bonne théorie de la science nautique, et il y a réussi.

---

(1) Un fac-similé de ce plan a été offert à la Bibliothèque municipale du Havre par M. Ernest Dumont, et A. G. Lemâle l'a reproduit dans *Le Havre d'autrefois*.

Il existe à la Bibliothèque nationale de Paris un second exemplaire des *Premières OEuvres* de J. de Vaulx (1). Il porte la date de 1584 et est dédié à « hault et puissant seigneur, Monseigneur de Riberpré, chevalier de l'ordre du roy, gentilhome ordinaire de sa chambre, conseiller de sa Majesté, lieutenant de cent homes d'armes, grand maistre enquesteur, général reformateur des eaues et forestz de France en Normandie, etc. ». Nicolas de Moy, seigneur de Veraines et de Riberpré, appartenait à la famille du maréchal Charles De Moy de la Meilleraye, vice-amiral de France.

J. de Vaulx renferme sa dédicace dans le sonnet suivant :

> C'est assès, Monseigneur, gouverné les forestz
> C'est assès demeuré avecques les driades
> Et vrayment c'est assès veu nouer les Nayades
> Areste toy un peu et reçoy ces pourtraictz,
> Figures, Instrumentz, Caractaires et traictz
> Tirez dedans ce lyvre, auquel si tu regardes,
> Je te prie mescuser, si fol je me hasardes
> De te les presenter ainsi tant imparfaictz
> T'asseurant, Monseigneur, que c'est pour te complaire
> Et tacher quand et quand par ce jeune exemplaire
> De donner un fanal au dispos marynier
> Pour navyguer sur l'eau de ceste masse ronde
> Et famer leur renom en traversant le monde
> Pousez par l'est et ouest, aquilon et auster.

Quelques différences insignifiantes existent entre les deux manuscrits 150 et 9175. Dans le second, les armoiries du seigneur de Riberpré remplacent celles du duc de Joyeuse du premier.

La *Terre Australe* n'est pas marquée sur la carte du folio III v°.

---

(1) Ms. français 9175, acheté le 25 floréal au VII pour la somme de 27 francs et envoyé au département des Mss. par deux membres de l'Institut, Buache et Rochon.

Au folio VII v°, l'auteur a ajouté une nomenclature.

Au folio XV, l'astrolabe des marins contient une *échelle altimètre* à douze divisions.

Au folio XV v° est ajoutée une demi-page sur la manière « de savoir treuver combien une tour ou arbre ou aultre chose auront de haulteur par le carré d'altimètre compris en l'astralabe cy devant figurée ».

Le folio XXIII du manuscrit 150 manque dans le manuscrit 9175 ; il a été perdu sans aucun doute.

A ces petites variantes près, les deux manuscrits sont identiques.

J. de Vaulx termine en engageant aimablement le lecteur à composer un livre meilleur que le sien. Pour lui, la pensée de rendre quelque service le dédommage amplement de ses fatigues :

> Amy lecteur, s'il advyent que tu treuves
> En ce traité, ou autre de mes œuvres,
> Chose qu'il soit mal escripte à ton gré,
> Amende le, et selon ton degré
> Efforce toy, si tu peux, de mieus faire,
> Car je n'ay pas entrepris satisfaire
> A un chacun. Quand a moy, il suffit
> Que mon labeur face quelque proffit.

On connaît encore une autre œuvre de J. de Vaulx, c'est une carte marine de 1584 que nous avons découverte à Trouville-sur-Mer en 1908 et signalée à la Direction de la Bibliothèque nationale qui l'a acquise en 1910. Cette carte, dressée sur beau parchemin, mesure environ 80 cm. de hauteur et 58 cm. de largeur. Elle représente l'Amérique et est graduée sur la rose de trente-deux vents. C'est une carte plate sur laquelle figurent six ou sept roses. Les côtes sont bien dessinées et chargées d'une nomenclature française. Elle se termine au Sud du Brésil un peu au-dessous de la rivière de Parana. Dans le Brésil un cartouche renferme l'inscription suivante : « Ceste carte a esté faicte par Jacques de Vaulx pilote entretenu pour le Roy en la Maryne, au Havre, 1584 ».

11

Au-dessus du fleuve des Amazones, deux lions soutiennent un blason surmonté d'une couronne. Ce sont les armoiries de l'Espagne. Même écu dans la région des *Neufves Espaignes*.

A la hauteur des Neuves Espagnes, mais tout à fait à l'Est, dans l'Océan, est dessiné un compas et autour des deux branches s'enlace un ruban sur lequel on lit : « Ici sont les mesures des lieues marines de quoi l'on peut mesurer le contenu de ceste carte ».

A la Nouvelle-France, les armes de la France avec écu couronné. Au-dessus, au mot Canada, est planté un drapeau vert chargé de trois fleurs de lis.

Aucun pavillon ne flotte sur le Brésil, parce que depuis 1580 ce pays était devenu province espagnole.

Nous remarquons une marge longeant le Nord, l'Ouest et le Sud de la carte. A l'Est, une simple ligne droite en marque la limite. Il est certain qu'à la partie orientale était annexée primitivement une autre carte. Nous en avons la preuve dans le tracé incomplet des roses et dans l'écriture inachevée des noms. L'autre partie de ces noms et de ces roses figurait sur la carte manquante. L'intérieur des terres n'est pas couvert d'ornements comme sur les cartes normandes antérieures.

M. Ch. de La Roncière (1) rapproche cette carte d'une entreprise combinée d'avance par Catherine de Médicis. Troïlus de Mesgouez, marquis de la Roche-Helgomarc'h (2), devait reprendre l'Amérique du Nord, et Philippe Strozzi, cousin de la reine, occuper « un pays que le roi et la reine ne voulaient point être nommés » ; c'était le Brésil. Malheureusement le plan de Catherine de Médicis échoua. Troïlus de Mesgouez fit naufrage au printemps de 1584 dès le début de son voyage (3), et de son côté Strozzi fut battu et tué à la bataille navale des Açores le 26 Juillet 1582 (4).

____

(1) Une carte française du Nouveau Monde (Extrait de la Bibliothèque de l'Ecole des Chartes, année 1910, p. 588-601).

(2) MICHELANT et RAMÉE, *Relation originale du voyage de Jacques Cartier.* Appendice, p. 8.

(3) HACKLUYT, *Discourse on Western planting*, p. 26.

(4) Ch. de LA RONCIÈRE, *Histoire de la Marine française* t. IV, p. 192.

§ II. — Cartographes dont les œuvres sont perdues.

Beaucoup de cartes normandes ont disparu, et le nom de quelques-uns seulement de leurs auteurs est arrivé jusqu'à nous. Ceux que nous allons citer ont occupé en leur temps un rang très honorable parmi les savants. Ce nous est un puissant motif pour faire revivre leur mémoire, parce que, s'il est impossible de présenter une analyse convenable de leur œuvre cartographique, on ne peut cependant douter qu'ils aient exercé une heureuse influence sur leurs contemporains.

Dans la seconde moitié du xv° siècle, deux Normands, Jehan Robert et Jehan Morel, furent chargés par Mgr le général de Savoie de « pourtraire la coste de Caux, depuis le Chief de Caux jusques à Tancarville et mesmes celle de Honnefleu, ensemble la riviere de Saine ». Le travail devait être exécuté avec grand soin, car on avait l'intention de le « porter devers le Roy » (1).

Le cours de la Seine fut donc tracé depuis Rouen jusqu'à son embouchure et ceux qui entreprirent cette œuvre visitèrent les deux rives du fleuve afin de les dépeindre plus exactement.

Jean de CLAMORGAN.

Ce Normand, très renommé à la fois comme navigateur, cartographe et dessinateur, naquit, en 1480, probablement à Saâne-Saint-Just (2). Il entra fort jeune dans la Marine ; quelques-uns disent vers 1515. Lui-même nous résume sa vie de marin dans une dédicace adressée au roi Charles IX. « Les affaires de la marine, esquelles j'ay

____

(1) Quittance de Guill. de Hannelles, escuier, donnée à *Hareflleu* le 9 janvier 1476 (v. s.), dans Fréville, *Mémoire sur le commerce maritime de Rouen*, Rouen, 1857, t. II, p. 377-378.

(2) Edouard Frère, *Manuel du bibliographe normand*, Rouen, 1858-1860, 2 vol. in-8°, t. I, p. 247. — Saâne-Saint-Just est aujourd'hui une commune de l'arrondissement de Dieppe.

employé mes jeunes ans pour le service des feux Rois, le grand Roy François, Henry vostre père et François vostre frère, sous lesquels j'ay soustenu d'honorables charges par mer, et d'icelles j'ay eu (avec l'aide de Dieu) bonne issue, pour leur service, l'espace de 45 ans qu'ay exercé l'estat et charge de la marine » (1).

Passionné pour *la chasse du loup*, J. de Clamorgan consacrait à cet exercice les instants libres qu'il avait à terre entre deux expéditions maritimes. Drouet fixe sa mort en l'année 1567 (2) et De La Germonière (3) entre le 20 Juillet 1566 et le 3 Septembre 1567 (4).

J. de Clamorgan était de race saxonne, et ses ancêtres avaient été des premiers, parmi les seigneurs anglais, à se rallier à Guillaume le Conquérant, lors de la conquête de l'Angleterre (1066). L'un d'eux, Thomas de Clamorgan, enrôlé parmi les « bannerois ou porte-guidons normands » avait accompagné le duc de Normandie, Robert Courte-Heuse, et Godefroy de Bouillon à la croisade de 1096 (5).

La famille de Clamorgan comptait donc parmi les plus anciennes et aussi parmi les plus illustres de la Normandie.

Aux xiii°, xiv° et xv° siècles, la descendance se perpétue. Thomas de Clamorgan, au xv° siècle, embrassa le parti des Anglais, et fut, en 1426, chargé par eux de surveiller *l'édifiement du Chastel de Harrefleu*. Il avait épousé, avant 1434, Catherine d'Argouges. En 1433, il s'était rendu à Carentan, avec le titre de vicomte de Valognes, pour y conférer avec l'abbé du Mont-Saint-Michel, le trésorier général de Normandie, le receveur général et le receveur du

---

(1) *La Chasse du Loup nécessaire à la maison rustique par Jean de Clamorgan*, réimprimée sur l'édition de 1583 avec une notice et des notes par Ernest Julien, Paris, 1881, in-12 de XXIII-124 pages, p. 6.

(2) Louis Drouet, *Recherches historiques sur le canton de Saint-Pierre-Eglise*, Cherbourg, 1893, in-8° de 500 pages, p. 80.

(3) *La triomphante victoire faite par les Français sur la mer*, Rouen, 1894, publiée par la Société des Bibliophiles normands.

(4) Bulletin de la Société de l'Histoire de Normandie, 1900, t. IX, p. 5.

(5) Drouet, *op. cit.*, p. 71. — *La Chasse du Loup*, Paris, 1881, in-12, p. V. — Gabriel du Moulin, *Histoire générale de Normandie*, Rouen, 1631, 1 vol. in-folio, au Catalogue des seigneurs normands qui allèrent à la conquête de Jérusalem en 1096.

domaine, sur « plusieurs grosses causes et matières segret-
tes, touchant le bien et prouffit du roy et de la chose publique » (1).

Thomas de Clamorgan possédait une partie du fief de
Saint-Pierre-Eglise (2), dans le Cotentin. Son fils aîné,
Enguerrand, épousa Agnès de Saâne, fille de Jean, sei-
gneur de Saâne (3), Tocqueville-en-Caux, Vicquemare et
Fresquiennes, et mourut en 1496 à l'âge de 75 ans (4).

Guillaume, l'un des fils d'Enguerrand, hérita de la seigneurie de Saâne et de celle de Saint-Pierre-Eglise, et fut
le père de Jean de Clamorgan, auquel nous consacrons
cette courte notice (5). Guillaume mourut avant 1505. Son
fils Jean hérita des terres et seigneuries paternelles. Il s'in-
téressait particulièrement à la prospérité de Saint-Pierre et,
au mois d'août 1517, il obtenait de François Ier, par lettres
patentes datées de Rouen, la création d'un marché à Saint-
Pierre. Cependant son domaine de Saâne-Saint-Just demeura sa résidence de prédilection.

Corsaire intrépide, capitaine d'un des galions du roi
sous François Ier, Jean de Clamorgan devint premier capitaine de la marine du Ponant. En 1518, il épousa sa cou-
sine, Antoinette Masquerel, fille d'un noble normand,
Antoine Masquerel, seigneur de Hermanville, Bailleul et
Imbleville, et de Jeanne de Dreux (6). De ce mariage naquirent plusieurs enfants. L'aîné, Jean, fut prêtre et protono-

---

(1) *Histoire de Carentan*, par L. de Pontaumont, Paris, 1863, 1 vol.
in-8°, p. 125.

(2) Aujourd'hui commune de l'arrondissement de Cherbourg (Manche).

(3) La seigneurie de Saâne, située à Saint-Just (arrondissement de
Dieppe), était un plein-fief de haubert, duquel relevaient trois fiefs et une
vavassorie : Reuville, quart de fief à Zénon de Héris, sieur de Rouelles ;
Pallecheul-Imbleval, demi-fief, sis à Martin-Eglise et Etran, qui appartenait à Guillaume de Roquigny ; Tocqueville, quart de fief, à Jean de
Saint-Ouen. La vavassorie se trouvait à Berville et Tocqueville ; elle
appartenait à Marie Le Prevost, dame de Berville-la-Rivière (Archives
départementales de la Seine-Inférieure, G. 3787).

(4) Drouet, *op. cit.*, p. 79.

(5) Le baron Jérôme Pichon, *Notice généalogique* sur Jean de
Clamorgan (*La Chasse du Loup*, éd. de 1866, Paris). — La Chesnaye-
Desbois, *Dictionnaire de la Noblesse*.

(6) Drouet, *op. cit.*, p. 81.

taire apostolique. Il hérita des seigneuries de Saâne et de Saint-Pierre-Eglise, et devint même curé de Saâne (1). Ce prêtre mourut, avant le 15 Juin 1573, victime « d'une vollerye et homicide » (2).

Jacques V, roi d'Ecosse, ayant perdu en 1537 sa femme, Madeleine de France, fille de François Iᵉʳ, demanda, quelques mois après, la main de la veuve de Louis d'Orléans, duc de Longueville, Marie de Lorraine, fille de Claude Iᵉʳ, duc de Guise. De ce mariage naquit Marie Stuart.

Le roi François Iᵉʳ chargea le vice-amiral Charles de Moy, seigneur de la Mailleraye, capitaine de Honfleur et du Havre de Grâce, et Claude de Montmorency, seigneur de Fosseulx, maître d'hôtel ordinaire du roi, d'armer au Havre trois grands bâtiments pour transporter en Ecosse la duchesse de Longueville. Les trois galéaces s'appelaient *La Réale*, *Le Saint-Jean* et *Le Saint-Pierre* (3). La duchesse monta sur la *Réale*, dont le commandement fut confié à Jean de Clamorgan (4). D'après un document publié par Jal (5), J. de Clamorgan avait reçu une indemnité de déplacement pour « estre venu de sa maison, distant dud. lieu du Havre de Grace de quinze lieues ». Il était donc alors dans sa propriété de Saâne.

Au retour de leur voyage en Ecosse, les galéaces rentrèrent au Havre de Grâce.

Mais un accident inexpliqué causa la perte de *La Réale* dans le port même du Havre. Vers le mois de décembre de l'an 1541, raconte Guillaume de Marceilles (6), un incendie

---

(1) Arch. dép. de la Seine-Inférieure, G. 2634. Quittances de noble homme Jean de CLAMORGAN, protonotaire du Saint-Siège, curé de Saâne. Années 1555 et 1556.

(2) Arch. dép. de la Seine-Inf., G. 3787. — A. HELLOT, *Chronique d'un bourgeois de Verneuil* (1415-1422), Rouen, 1883, in-8°, p. 8.

(3) *La Réale* avait à bord 190 hommes, *Le Saint-Jean* 163, et *Le Saint-Pierre* 140. *Le Saint-Jean* était commandé par Jehan d'Orgemont, et *Le Saint-Pierre* par Baptiste Auxilia.

(4) Bibl. nat. de Paris, mss. franç., 4574.

(5) Annales maritimes et coloniales, 1842, t. II, p. 22.

(6) *Mémoires de la fondation et origine de la ville Françoise de Grâce, composez par mestre Guillaume de Marceilles, conseiller du roy*

se déclara à bord, incendie si violent « qu'il ne fut possible
de l'exteindre ». La galéace, qui se trouvait alors à la
Pointe, c'est-à-dire à l'angle du Grand Quai et du Quai
Notre-Dame, fut complètement détruite.

En 1543, au mois d'octobre, J. de Clamorgan se rendit
de Rouen à Narbonne, « par l'advis et deliberation des
commissaires depputez à tenir la convention des estats tenus
a Rouen audit mois d'octobre », pour entretenir le roi
d' « aucuns affaires concernant le bien et conservation dudit
pays de Normandie, ensemble des subjects d'icellui et obtenir de lui plusieurs expéditions sur aucuns articles du
cahier des doléances et complaintes faites aux dits estats
affin de faire pourvoir et remedier ausdites affaires » (1).

J. de Clamorgan jouissait donc d'une grande considé-
ration et d'un grand crédit dans son pays pour être appelé
à représenter la noblesse de Caen aux Etats de Normandie.

Vers 1544, le capitaine Sennes, dit un document (2), se
rendant du Havre en Danemark avec trois galères rencontra une flotte espagnole de douze navires. Il les attaqua, en
coula deux et prit les dix autres qu'il ramena au Havre (3),
et à coup sûr, ajoute M. de La Germonière (4), les trois
galères conduites par J. de Clamorgan firent partie de la
flotte que l'amiral Claude d'Annebaut réunit en rade du
Havre pour l'expédition de 1545.

En 1548, nous trouvons J. de Clamorgan au Havre,
commissaire du roi pour, équiper trois vaisseaux et une
galère, construits près de Brest. Le fort tonnage de ces
bâtiments ne leur permettant pas de remonter la Seine jusqu'à Rouen, on les arma au Havre. Les trois navires se

---

et son premier procureur en la dicte ville. Manuscrit du XVI° siècle publié
pour la première fois en 1847 par Morlent, p. 30.

(1) Dom Le Noir, *La Normandie anciennement pays d'Etats*, Paris,
1790, in-8° de 262 pages, p. 193.

(2) Il s'agit certainement de J. de Clamorgan, sieur de Saâne ou
Sennes.

(3) *La triomphante victoire faite par les Français sur la mer*, précédée d'une Introduction par M. de la Germonière, Rouen, 1899, p. III.

(4) *Id., ibid.,* p. VIII.

nommaient le *Henry-le-Grand*, l'*Hermine* et le *Normand* (1).

A quelle expédition devaient-ils prendre part ? On l'ignore. Peut-être que ces bâtiments sont ceux qui quittèrent Le Havre le 11 Juillet 1549 sous la conduite du prieur de Capoue et qui luttèrent vaillamment contre l'armée anglaise (2).

En 1552, J. de Clamorgan ajoutait à son titre de seigneur de Saâne celui de seigneur de Braquemont. Du moins il est qualifié de seigneur de ces deux fiefs dans l'aveu qui lui fut rendu le 16 septembre 1552 pour le fief de Pallecheul-Imbleval par Guillaume de Roquigny (3).

En 1562, les Dieppois le chargèrent de la construction du fort du Pollet (4).

Il séjournait d'ordinaire à Saâne. Quoique ayant un fils prêtre, il embrassa avec ardeur les doctrines de Calvin et devint l'un des plus zélés partisans de la Réforme (5). Cependant J. de Clamorgan n'est pas cité dans l'*Histoire de la Réformation à Dieppe* par Guillaume et Jean Daval (6).

Entre temps, il fréquentait « les maisons des princes et des grands » (7).

Un de ses derniers descendants, Louis de Clamorgan, habite aujourd'hui Caen ou le château de l'Hermitage par Bayeux (8).

Les armes de Jean de Clamorgan étaient d'azur à l'aigle de sable, bec et serres d'or, et à la bordure de gueules.

Jean de Clamorgan hydrographe et cartographe. — J. de Clamorgan fut très habile hydrographe et cartogra-

---

(1) Gosselin, *Documents sur la Marine normande*, 1876, in-8°, Rouen, p. 54-55.

(2) A. Martin, *Histoire de la marine militaire au Havre*, Fécamp, 1899, in-8°, p. 12-14.

(3) Bulletin de la Société de l'Histoire de Normandie, 1900, t. IX, p. 4.

(4) *Une collation chez Madame de Clamorgan*, Caen, 1890, p. 23.

(5) Drouet, *op. cit.*, p. 82.

(6) Histoire publiée à Rouen par Em. Lesens, 2 vol. in-8°, 1878.

(7) *La Chasse du Loup*, Paris, 1881, p. 14 et 50.

(8) Montfault, *Recherches sur la noblesse de Normandie* (Ms. des Arch. départem. de l'Eure).

phe. François Ier, dit-il dans son épitre dédicatoire de la
Chasse du Loup, « receut de bon œil quelque chose du peu
de sçavoir qui est en moy, alors que je lui presentay une
Carte universelle en forme de livre ». Contrairement à ce
qui s'est fait jusque là, sa Carte renferme le plan figuratif
de toutes les parties du monde, où « estoyent les merres et
les terres assises en longitude et latitude », et il ajoute :
François Ier « commanda mondit livre estre mis en sa
librairie de Fontainebleau, là où il est pour le voir par vous,
quand il plaira à Vostre Majesté » (1).

Ce *livre* que François Ier logea dans la bibliothèque du
château de Fontainebleau était un ouvrage manuscrit in-
folio. Il formait donc un véritable atlas, ou recueil de cartes
géographiques et hydrographiques. Dans les XVIIe et XVIIIe
siècles, cette *Carte universelle* est désignée ainsi : « Cartes
géographiques de Jean de Clamorgan, au roy Fran-
çois Ier » (2) ; « Cosmographie ou Cartes géographiques et
hydrographiques, faites par Jean de Clamorgan, sieur de
Saane, capitaine d'un des galions du Roi dans la mer du
Ponant, et présentées au roi François Ier, avec les figures
des instruments, in-folio maximo » (3).

On ne sait ce qu'est devenu cet atlas. Il a disparu de la
Bibliothèque nationale à l'époque de la Révolution (4). Toutes les recherches entreprises pour le retrouver, en particulier par Léopold Delisle, ont été infructueuses ; et c'est bien
dommage, car nous posséderions peut-être dans ce portulan
normand le prototype des cartes dieppoises de Desliens,
Roze, Desceliers, Vallard, etc.

En outre, dans la même dédicace de la Chasse du
Loup, J. de Clamorgan annonçait son intention de compo-

---

(1) *La Chasse du Loup*, 1881, Dédicace au roi Charles IX, p. 5.

(2) *Philippi Labbei Biturici societatis Jesu presbyteri nova Bibliotheca manuscriptorum librorum...*, Parisiis Hénault, 1653, in-4°, p. 336.

(3) *Bibliotheca bibliothecarum manuscriptarum nova, autore Bernardo de Montfaucon*, Parisiis, Briasson, 1739, 2 vol. in-fol., t. II, p. 785,
n° 6885 (ancien fonds de la Bibliothèque du Roi).

(4) En 1645, il était porté sous la cote 58 des livres en grand format
dans l'inventaire des frères Dupuy, et en 1682 le catalogue de Clément
lui assigne la cote 6.815.

sér très prochainement un ouvrage sur « la manière de construire les grands navires, les armer et victuailler, dresser le combat par mer, faire les navigations lointaines par le Soleil, Lune et Estoiles fixes, autrement qu'on n'a accoustumé ». Voilà certes un beau programme sur la direction, la construction et l'équipement des navires, et en voici les heureuses conséquences pour la France : « Voyant le beau commencement que continuez de descouvrir la Nouvelle Terre Françoise (1), Canada, Ochélaga, et la Sagueve (2), sera baillé moyen plus aisé à tous de faire ladite navigation. Et là on verra se nourrir tant d'hommes en cest Estat pour vostre service qu'il n'y aura Royaume qui en ayt plus, ny si bons. Aussi, pour ce faire, avez toutes commodités, comme bois, fer, force victuailles de vins, farines, chairs et poissons, plus qu'en autres païs, et toutes choses à ce fort nécessaires... ».

Cet ouvrage a-t-il été écrit ? Nous ne le croyons pas. En tout cas, il importe de remarquer que J. de Clamorgan devait être un savant hydrographe, puisqu'il possédait des éléments pour simplifier les méthodes usitées alors dans la navigation au long cours, et, en bon patriote, il montrait que la Nouvelle-France pouvait devenir la plus riche de nos colonies.

J. de Clamorgan louvetier. — J. de Clamorgan peut être considéré comme le véritable fondateur de la louveterie française. Il avait dépassé la soixantaine et chassait encore le loup, quand il écrivit son traité de *La Chasse du Loup*. La première édition est de 1566 ; cette œuvre était imprimée à la suite de la *Maison rustique* de Charles Estienne (3). Une nouvelle édition parut en 1583. Nous avons consulté de préférence « La Chasse du Loup nécessaire à la maison rustique », par Jean de Clamorgan (4). On mentionne

____

(1) La Nouvelle France.

(2) Les contrées traversées par la rivière Saguenay.

(3) Paris, in-4°.

(4) Ouvrage dédié à Charles IX, et réimprimé sur l'édition de 1583 avec une notice et des notes par Ernest Julien, Paris, 1881, in-12, XXIII-124 pages.

encore une édition de 1866 (1) avec une introduction par d'Houdetot, une notice généalogique et bibliographique par le baron Pichon, et un essai sur les différentes éditions de la Maison rustique par Bouchard-Huzard.

La *Chasse du Loup* obtint un grand succès. Ce livre, qui eut plus de trente éditions, fut traduit en vers rimés allemands en 1582 et en langue italienne en 1583 (2).

Dans son ouvrage, J. de Clamorgan traite de la nature du loup, de la façon de dresser les chiens pour le chasser, et des remèdes qu'on peut tirer des différentes parties de son corps. A ce propos, il se fait trop facilement l'écho de préjugés populaires. Il déclare dans sa dédicace que, quand il était « moins empesché aux affaires de la marine », et avait « quelque relasche », il se livrait à la chasse du loup ; et, dans la suite de son livre, il constate (3) qu'il s'est « meslé de faire la guerre aux loups depuis cinquante ans ».

Jehan DENYS.

On attribue à un honfleurais, nommé Jehan Denys, une carte, datée et signée « Jehan Denys, 1506 », de l' « Embouchure du fleuve de Saint-Laurent sur une Ecorce de Bois envoiée de Canada ». C'est une bonne représentation de la Gaspésie, sur laquelle on remarque une échelle de latitude et une échelle de distances. La composition de cette carte pourrait la faire dater du commencement du xvii° siècle ; mais les légendes sont encore plus modernes (4). La nomenclature est celle qu'on rencontre sur des spécimens du xvii° siècle et du xviii° : « Partie de Isle Anticosty ditte de l'Assumption, partie du Fleuve de Canada dict de Saint-

---

(1) Paris, petit in-4°, tirée à 150 exemplaires.

(2) *La Caccia del luppo*, Turin, 1583, in-8°.

(3) Edition de 1881, p. 43.

(4) *Jean et Sébastien Cabot*, par H. HARRISSE, Paris, 1882, in-4°, p. 249-251.

Laurent, Monts Notre-Dame, R. Douce, Cap des Roziers, Gaspay, I. platte, Baye des Molues, Cap despoir, port Dameline, Paboc, port Daniel, cap a l'Anglois, R. de Saint-Sauveur, Miscou ». La baie des Chaleurs est dénommée *Baye de la Chaudière*.

Le P. Biard, jésuite, qui écrivait en 1614-1616, cite la carte de Denys. De même, Charlevoix en 1744 (1). Sulte croit aussi à l'existence de cette carte ; mais, à son avis, un bout de fleuve a été ajouté sur les copies qu'on en possède.

Le catalogue de la Bibliothèque du parlement d'Ottawa (2) mentionne une reproduction d'une « Carte de l'embouchure du Saint-Laurent faite et copiée sur une écorce de bois de bouleau, envoyée du Canada par Jehan Denys ; une feuille, 1508 ».

Cette carte, qui a la forme d'un carré de 25 cm. de côté, est encore signalée, avec une référence au t. III de Ramusio (3), dans l'œuvre du Dr J. G. Schea (4).

On a prétendu qu'un fac-similé en était conservé aux Archives du Ministère de la guerre à Paris. Il était, disait-on, enveloppé dans un morceau de satin et très soigneusement plié dans une boite. Mais, malgré toutes les recherches qui ont été effectuées dans différents dépôts d'Archives, on n'a pu retrouver ce précieux document.

Cette œuvre manuscrite de Jehan Denys est généralement classée comme apocryphe.

Il a cependant existé un Jehan Denys, qui, au commencement du xvie siècle, faisait des voyages de Honfleur à Terre-Neuve.

Ramusio rapporte en effet qu'une expédition au golfe de Saint-Laurent fut conduite en 1506 par Jehan Denys, accompagné du pilote rouennais Gamart. En 1539, le dieppois Pierre Crignon, appelé par Ramusio le « Gran capi-

----

(1) *Histoire de la nouvelle France*, p. 4.

(2) 1858, p. 1614.

(3) *Raccolta delle Navigationi et Viaggi, da M. Gio. Battista Ramusio*, Venise, 1554-1565, 3 vol. in-folio.

(4) *Charlevoix's History of New France*, t. I, p. 106.

tano francese », racontait le voyage accompli trente-trois
ans plus tôt par le capitaine Jehan Denys (1).

Il nous est difficile d'identifier le vrai cartographe
Jehan Denys. Divers registres de Confréries à Honfleur
mentionnent dès 1547 quelques personnages de ce nom. Et
par ailleurs nous savons que plusieurs Jehan Denys prirent
part à des expéditions maritimes (2).

Cependant si l'obscurité persiste sur les différentes
navigations de Jehan Denys, il y a certains faits acquis.
Outre son excursion authentique à Terre-Neuve vers 1506,
un excellent renseignement nous est fourni par un manuscrit de la Bibliothèque nationale de Paris, œuvre due sans
doute à un Rouennais et remontant à l'année 1545 (3). On y
lit cette phrase bien significative : « Soit faict memoire de
la mercque de mes basteaux et barques que je laisse en la
Terre Noeufve au havre de Jehan Denis dict Rongnoust :
premièrement, ilz y en a six qui sont tout au cul du sac, et
quattre aultres qui sont à une anse à main destre comme
on entre au destroict, la prochaine anse du cul de sac ; et
plus oultre je laisse une barcque et ung basteau à l'entrée
du destroict auprès, etc. ».

Il résulte de ce document qu'il existait sur les côtes de
Terre-Neuve un atterrage appelé « havre de Jehan Denys »
et connu aussi sous le nom de « Rongnoust », et que certains morutiers abandonnaient, entre deux saisons de pêche,
leurs bateaux et barques sur quelque point de la côte pour
n'avoir pas à les traîner après eux à chacun de leurs voyages.

Rongnoust est un endroit, situé au Sud-Est de Terre-
Neuve, où Cartier, en 1536, s'arrêta au retour de son
second voyage au Canada. Ce nom s'est perpétué jusqu'à
nous sous la forme anglaise altérée, *Renews*. Mais les Bas-

---

(1) *Sono circa 33 anni che un navilio d'Onfleur, del quale era Capitano Giovanni Dionisio, e il Pilotto Gamarto di Roano primamente
v'ando* (Ramusio, *Raccolta*, édit de 1556, t. III, p. 359).

(2) Charles Bréard, *Le vieux Honfleur et ses marins*, Rouen, 1897,
in-8°, p. 77-82.

(3) Ms. franç., 24269, fol. 55.

ques observent que l'origine de ce mot doit être cherchée dans leur langue. *Rongnoust, Rongnoze, Rogneuse* sont des appellations qui, d'après eux, dérivent de *Orrougne* ou *Urrugne*, dernière station française sur la frontière espagnole. L'atterrage de Jehan Denys aurait donc appartenu successivement ou simultanément aux Honfleurais et aux Basques.

Jan PARMENTIER, Raoul PARMENTIER et Pierre CRIGNON

Jan (1) *Parmentier* naquit à Dieppe en 1494, puisque, d'après Crignon, il avait 35 ans à l'époque de sa mort en 1529. Son frère, Raoul, était plus jeune de cinq ans (2). Nous avons fort peu de détails sur l'enfance et la jeunesse de Jan et Raoul Parmentier. Leur concitoyen et ami intime, Crignon, déclarait que Jan Parmentier, quoique ayant peu étudié dans sa jeunesse, possédait bien des connaissances sans travail et par une sorte d'intuition. « Combien qu'il n'ait pas beaucoup hanté les escolles, si toutes fois estoit-il cognoissant en plusieurs sciences que le Grand Precepteur et Maistre d'escolle, par grace infuse, lui avoit eslargi ».

Les deux frères, Jan et Raoul, devinrent « bourgeois et marchantz de la Ville de Dieppe » (3).

Tous deux s'adonnèrent à la navigation ; mais le plus célèbre fut sans contredit Jan (4). C'était un des plus distin-

---

(1) Nous respectons l'orthographe employée par PARMENTIER lui-même.

(2) Né en 1499 (Pierre MARGRY, *Les navigations françaises du xiv° au xvi° siècle*, Paris, 1867, in-8° de 443 p., p. 200).

(3) CRIGNON, *Plaincte sur le trespas de deffunctz Jean et Raoul Parmentier, capitaines de la Pensée et du Sacre*. Prologue.

(4) RAMUSIO, *Discorso d'un gran capitano di mare francesi del luogo di Dieppa* (*Raccolta*, t. III, Venetia). — ESTANCELIN, *Mémoire d'un grand navigateur de Dieppe*, traduit de RAMUSIO. — Pierre MARGRY, *Journal d'une navigation des dieppois dans les mers orientales sous François Ier* (1529-1530) (Société normande de Géographie, 1883). — SCHEFER, *Discours de la navigation de Jean et Raoul Parmentier*, 1883, Paris, gr. in-8°, d'après un texte différent de celui de MARGRY. — Eug. GUÉNIN, *Ango et ses pilotes*, Paris, 1901, in-8°, p. 112-144. — Eug. GUÉNIN, *La route de l'Inde*, Paris, 1903, in-4°, p. 136-153. — Ch. de LA RONCIÈRE, *Histoire de la marine française*, t. III.

gués parmi les pilotes d'Ango, lesquels pendant la première moitié du XVI° siècle parcoururent toutes les mers et furent les plus intrépides corsaires de l'époque. Assez instruits des choses de la navigation pour se diriger en haute mer, ils étaient audacieux jusqu'à la témérité.

Jan se maria en 1528 (1).

Son biographe, Pierre Crignon, ne tarit pas d'éloges sur Jan Parmentier. « Son gentil esprit, dit-il, estoit tous jours occupé à quelque œuvre de vertu », et plus tard en déplorant sa mort survenue si tôt il écrivait : « C'estoit un homme digne d'estre estimé de toutes gens sçavantz, et lequel, si les sœurs et déesses fatales lui eussent prolongé le fil de la vie (2), estoit pour faire honneur au païs par ses haultes entreprises et navigations » (3).

Crignon avait donc une très haute idée du mérite et de la valeur de son ami, qui d'ailleurs occupait un rang très honorable parmi les savants de son temps. « Il estoit, dit encore Crignon, bon cosmographe et geographe, et par luy ont esté composez des mappes mondes en globe et en plat, et des cartes marines sur lesquelles plusieurs ont navigué seurement » (4). Il est vraiment bien fâcheux que les œuvres cartographiques et géographiques de Jan Parmentier ne nous aient pas été conservées ! Ses planisphères, ses globes et ses cartes marines ont été précisément construits à une époque où les Normands couvraient les mers de leurs voiles. Et malheureusement nous ne possédons aucun spécimen de leur cartographie nautique avant 1541. Nous croyons volontiers à l'exactitude de ces cartes, puisqu'elles permettaient de « naviguer seurement ».

Comme son frère Jan, Raoul Parmentier était aussi « homme de bon esprit et profond en la science de astrologie et cosmographie » (5).

---

(1) *Le Discours de la Navigation de Jean et Raoul Parmentier*, publié par Ch. Schefer, Paris, 1883, in-8°, p. 140.

(2) Les Parques.

(3) CRIGNON, *Plaincte sur le trespas de deffunçtz Jean et Raoul Parmentier*. Prologue.

(4) E. GUÉNIN, *Ango et ses pilotes*, Paris, 1901, in-8°, p. 112.

(5) CRIGNON, *Plaincte sur le trespas* .... Prologue.

Nous n'ignorons pas que ces navigateurs dieppois savaient déterminer la latitude en mer par « l'élévation du soleil et autres corps célestes ». Les meilleurs pilotes parmi les Portugais, les Espagnols, les Catalans ou autres ne possédaient pas une science plus approfondie. Aussi l'astronomie est tellement familière à Jan Parmentier qu'elle déborde dans tous ses poèmes. Il saisit toujours avec une vive satisfaction l'occasion d'emprunter à cette science certaines comparaisons, certains exemples, ou même la démonstration de certaines vérités d'ordre religieux, scientifique ou moral. Il doutait si peu de lui-même et de ses connaissances que, après l'échec de Verrazano dans la recherche du passage qui devait conduire par le Nord au Cathay et aux Iles des épices, il s'était promis de reprendre l'entreprise à son corps défendant. « Il estoit bien deliberé, dit Crignon, luy retourné en France, d'aller chercher s'il y a ouverture au nord et descouvrir par là jusques au su ».

De 1520 à 1526, J. Parmentier conduisit, pour le compte d'Ango et de ses associés, des navires de Dieppe au Brésil, où le premier des Français il aurait abordé (1), à Terre-Neuve, aux Antilles, notamment à Saint-Domingue dont il a laissé une description intéressante et à la côte de Guinée (2).

Est-il bien certain que J. Parmentier soit le premier Français qui ait abordé au Brésil ? Nous ne le croyons pas. Outre l'expédition de Gonneville, qui était parti de Honfleur, nous aurons l'occasion de citer bien des voyages normands au Brésil dans le premier quart du xvi° siècle.

Cette opinion a été tout d'abord présentée par Crignon. « C'est le premier Françoys, écrit-il, qui a entrepris a estre pillote pour mener navires à la terre d'Amérique qu'on dict le Brésil... » (3), et d'autres auteurs se sont contentés de répéter son affirmation. Mais il est avéré que, malgré son désir d'être tout à fait véridique et malgré la haute valeur

---

(1) Jacques SAVARY, *Le Parfait Négociant*, Paris, 1721, t. I, p. 203.
(2) Eug. GUÉNIN, *Ango et ses pilotes*, Paris, 1901, p. 126.
(3) CRIGNON, *Plaincte sur le trespas*........ Prologue.

de J. Parmentier, son amitié aveugle Crignon et le porte à l'exagération.

On retrouve la pensée et même le texte de Crignon dans la phrase suivante, extraite d'un ouvrage de C. D. d'Héricault sur *Les poètes français* et publié en 1862 par un autre dieppois, Eugène Crépet : « Il fut le premier Français qui aborda au Brésil, le premier Français qui poussa jusqu'à l'île Sumatra, et il s'était promis de découvrir ce passage du Nord dont on a tant parlé depuis ».

C'est Parmentier lui-même qui nous renseigne sur la date de ses grands voyages : « Depuis six ans en ça en commençant soubz ton service, cosmographie m'a fait exercer sa pratique sur les grosses et lourdes fluctuations de la mer qui n'est doulceur ne plaisir » (1).

La plus célèbre expédition des frères Parmentier est celle de Sumatra (1529), où tous deux trouvèrent la mort. La relation de ce voyage aux Indes existe ; elle est due à la plume de Crignon (2).

Jan Parmentier n'était pas seulement un habile *conducteur de navires*, suivant l'expression du temps, c'était aussi un poète. Crignon le dit fort bien. « C'estoit une perle en rhetoryque françoyse et en bonnes inventions tant en rithme qu'en prose ». Il a composé « plusieurs bonnes et excellentes moralitez, farces et une grande quantité de sermons joyeux ».

Jan Parmentier concourut plusieurs fois au Puy de Dieppe et au Puy de Rouen (3), et fut un des lauréats en 1517, 1518 et 1520 (4). En 1527, aux Mitouries il mérita la

---

(1) *Hystoire catilinaire*. Dédicace à Jean Ango.

(2) Vitet dans son *Histoire de Dieppe*, p. 236, a publié des extraits de ce journal de bord. — Estancelin, *Recherches sur les navigateurs normands*, Paris, in-8°, 1832. — Schefer, *Le Discours de la navigation de Jean et Raoul Parmentier*, 1883, Paris, gr. in-8°.

(3) On appelait *Puy* une académie d'esprit dans le genre des jeux floraux, mais consacrée spécialement à chanter la Sainte Vierge. Le Puy de Dieppe, qui avait grand renom, remontait à l'année 1443 environ et était placé sous le vocable de l'*Assomption*. Les morceaux de poésie, qu'on réclamait des concurrents aux diverses récompenses, étaient un chant royal, une ballade, un rondeau et une épigramme latine. Le Puy de Rouen fut établi en 1486 en l'honneur de la Conception.

(4) Ballin, *Palinods* (Précis analytique des travaux de l'Académie de Rouen, année 1843, p. 48).

couronne du chant royal avec sa *Moralité à dix personnages*, qui fut très applaudie (1). Cette pièce « en l'honneur de
l'Assomption de la Saincte Vierge Marie » avait pour titre
« les Biens », c'est-à-dire le Bien, envisagé sous ses divers
aspects. Le poète lui prête un corps et une langue pour
célébrer l'Assomption (2). Cette Moralité, les Biens, a été
imprimée en 1531 par les soins de Crignon.

Pendant les traversées, Jan Parmentier traduisit « Hystoire Catilinaire, composée par Salluste, hystorien romain,
et translatée par forme d'interprétation d'un très bref et élé-
gant latin en nostre vulgaire françois, par Jan Parmentier,
bourgeois et marchant de la Ville de Dieppe » (3).

Étant en route pour Sumatra, il entreprit encore la traduction de Jugurtha, mais n'eut pas le temps de l'achever.
Il fut détourné de ce travail, qu'il se proposait de dédier au
roi, par le découragement qui saisit son équipage à la pensée de ses « ayses passées ». Pour lui donner « le cueur de
persister et s'efforcer à parfaire la dicte navigation », Parmentier montra la supériorité de l'homme dans la nature en
écrivant un « Traité en forme d'exhortation contenant les
merveilles de ce monde et la dignité de l'homme » (4).

Les œuvres littéraires de Jan Parmentier furent louées
par La Croix du Maine (5), Du Verdier (6) et l'abbé Goujet (7).

J. et R. Parmentier moururent pendant leur expédition

---

(1) *Précis analytique des travaux de l'Académie de Rouen*, 1834,
p. 240.

(2) ASSELINE, *Antiquités et Chroniques de la ville de Dieppe*, t. I,
p. 188, 224 et suiv. — Eug. GUÉNIN, *Ango et ses pilotes*, p. 113-121.

(3) Imprimé par Symon Duboys pour Jean Pierre de Tours ; ouvrage
in-4° de 56 feuillets qui parut en 1528 avec dédicace à Jean ANGO. C'est
le seul livre publié de son vivant par J. PARMENTIER.

(4) Ce traité a été publié par SCHEFER à la suite du *Discours de la
Navigation de J. et R. Parmentier*.

(5) *Bibliothèque du sieur de La Croix du Maine*, Paris, 1584, in-folio.
Ce répertoire est l'histoire abrégée, par ordre alphabétique des prénoms, des anciens écrivains français.

(6) *Bibliothèque*, Lyon, 1586, in-folio. Réimprimée avec La Croix du
Maine, 1772, 6 vol. in-4°.

(7) Abbé GOUJET, *Bibliothèque française ou Histoire littéraire de la
France*, Paris, 1740 et ann. suiv.; 18 vol. in-12, tome XI, p. 338.

à Sumatra, le premier le 3 Décembre 1529, et le second quelques jours seulement après son frère. Crignon composa à ce sujet un poème qu'il imprima avec les principales œuvres de l'aîné de ses amis (1), et qui était intitulé : « Plaincte sur le trespas de deffunctz Jean et Raoul Parmentier ». Il y transformait Jan, qui fut enterré dans un îlot proche de Ticou, port de Sumatra, en palmier, et Raoul, dont le corps fut jeté à la mer, en dauphin (2). Il formait aussi le vœu que ce parage fût désormais appelé la mer Parmentière (3).

Pierre Crignon, dit Madame Oursel (4), naquit et mourut à Dieppe (1464 ?-1540) (5).

Cultivant la science nautique et la poésie comme les frères Parmentier, P. Crignon fut plusieurs fois lauréat du Puy de la Conception de Rouen (1515, 1517, 1527) (6).

Il accompagna les Parmentier à Sumatra en 1529 et fut l'*astrologue*, c'est-à-dire l'astronome, du navire *La-Pensée*. Ce fut lui qui rédigea le journal de bord de cette expédition. Un autre récit de ce voyage est inséré dans le Recueil de Ramusio, et Crignon en est aussi l'auteur. Rentré à Dieppe après la mort de Jan et de Raoul Parmentier, il publia, avons-nous dit, les poésies de J. Parmentier et y ajouta la « Plaincte de Pierre Crignon sur le trespas de Jan et Raoul Parmentier » (7). Dans ce poème, Crignon plaint

---

(1) Une partie des écrits de Jean Parmentier a été éditée en 1531 par Pierre Crignon, à Alençon, chez maistre Simon du Bois.

(2) *Le Discours de la navigation de J. et R. Parmentier*. Edit. Ch. Schefer, p. 147 et 148.

(3) Abbé Tougard, *Les Trois siècles Palinodiques*, Rouen, 1898, 2 vol. in-8°.

(4) *Biographie normande*, au mot *Crignon*.

(5) Adrien Pasquier, Ms. de la Bibliothèque de Rouen, Y. 43.

(6) Georges Lebas, *Les Palinods et les Poètes dieppois*, Dieppe, 1904, 1 vol. in-8°, p. 61.

(7) Guiot, *Le Moreri des Normands*. — Guibert, *Mémoires biographiques et littéraires sur les hommes qui se sont fait remarquer dans le département de la Seine-Inférieure*, Rouen, 1812, 2 vol. in-8°. — Abbé Cochet, *Galerie dieppoise*, Dieppe, 1846-1851, 1 vol. in-8°.

Uranie la belle (1) et Polymnie (2) d'avoir perdu

> Deux des plus clercs qui soient en leur escolle
> Pour composer ballades, chants royaulx,
> Moralitez, comédies, rondeaulx,
> Astrolabes, sphères et mappemondes,
> Aussi cartes pour cognoistre le monde,
> Tant qu'ont acquis un perpetuel nom
> Faisant florir de Dieppe le renom
> Qui de long temps en triumphe prospère...

Nous ignorons si, à l'exemple de ses amis, Crignon fabriqua lui aussi des astrolabes, des globes, des planisphères et des cartes marines. Ce qui est certain, c'est que Crignon fut un savant cosmographe. Il écrivit en 1534 et dédia à l'amiral de France, Philippe de Chabot (3), un ouvrage ayant pour titre la *Perle de Cosmographie* ; mais ce travail paraît perdu. Delisle, au xviiie siècle (4), avait entre les mains le manuscrit de cet ouvrage qui n'a pas été imprimé et dans lequel était surtout étudiée la déclinaison de l'aimant. Dans cette *Perle de Cosmographie*, Crignon prétend avoir trouvé le fameux secret des longitudes. Il fit à Dieppe, le 2 mars 1534, une observation qu'il consigna dans son livre et qui semble la plus ancienne recherche, effectuée par un Français, de la déclinaison de l'aiguille aimantée. Le premier, il mentionna la ligne de direction, c'est-à-dire la ligne sur laquelle l'aiguille ne décline pas, et il en fit son premier méridien. Il faut savoir gré à Crignon d'avoir, avant bien d'autres, tenté la recherche de la longitude à l'aide des variations de l'aiguille aimantée. Cette méthode ne donna pas les résultats qu'on en attendait ; mais du moins elle indique la préoccupation chez nos Normands de donner au problème des longitudes une solution leur per-

---

(1) La muse de l'Astronomie.

(2) La muse de la poésie lyrique.

(3) L'amiral de Chabot possédait 15 cartes du xvie siècle, cartes françaises sans doute, mais maintenant égarées.

(4) Académie des Sciences, tome de 1712, p. 16-20.

mettant de déterminer le point en mer par un calcul direct et non par l'estime, comme on l'avait fait jusqu'ici.

Jean de SÉVILLE

Quoique portant un nom en apparence espagnol, Jean de Séville était probablement originaire de Normandie ; mais nous ignorons le lieu et la date de sa naissance. C'était un des savants du xvi° siècle, surnommé *Le Soucy* et étant à la fois « médecin, mathématicien, géographe et hydrographe du Roy ». Il est connu comme professeur des *bonnes lettres et sciences mathématiques* à Rouen : « Il a passé, dit-il dans la dédicace de l'un de ses ouvrages (1) au duc de Joyeuse, Amiral de France, Gouverneur pour le roi en Normandie (2), la plupart de son âge à instruire la jeunesse aux mathématiques principalement des costes marines et dressé les instruments mathématiques comme astrolabes et cartes servans à la navigation » (3).

Pierre Davity écrivant à Jean de Séville le traitait *d'astrologue normand* (4). Jean de Séville mourut vers 1600, si l'on en croit Adrien Pasquier (5).

§ III. — Cartes anonymes.

On signale d'abord une carte dressée au commencement du xvi° siècle et figurant dans l'inventaire de la bibliothèque

---

(1) *Le Compost manuel, calendrier et almanach perpétuel*, Rouen, 1586, 8 et 162 pages, in-4°.

(2) Ch. de Beaurepaire, *Recherches sur l'Instruction publique dans le diocèse de Rouen*, t. III, p. 210.

(3) Ch. de Beaurepaire, *Séjour de Henri III à Rouen*, 1870, in-4°, pour les Bibliophiles normands (notes p. 41 et suivantes). — Frère, *Manuel du Bibliographe normand*, t. II, p. 526.

(4) Abbé Goujet, *Bibliothèque française*, tome XV, p. 369.

(5) Bibliothèque de Rouen, manuscrit Y. 43. *Dictionnaire historique et critique des hommes illustres de la province de Normandie*, t. VIII, folio 343. — Frère, *Manuel du Bibliographe normand*, t. II, p. 526 et Mme Oursel, *Bibliographie normande*, au mot Séville.

du Château de Blois en 1518. C'était sans doute un portulan
qui décrivait le Nouveau Monde. « Dedans ung coffre carré
de boys de sapin, une mapemonde pour naviguer, faict en
maniere de livre, couvert de vert » (1).

Dans un inventaire plus récent, dressé quand la bibliothèque de François Ier fut transférée de Blois à Fontainebleau, nous lisons encore : « Livre ou sont contenus sept
tables de navigations en feuillets de boys et de cuir... Ung
sphre a globe de papier qui est tout rompu et effacé et les
mouements et roues toutes rompues » (2).

L'amiral de Chabot avait 15 cartes du xvie siècle.

Le 10 avril 1574, les quatre conseillers de ville à Dieppe
chargent le receveur Moyse Maynet de payer au menuisier
Joachim Delestre certains travaux qu'il a exécutés, en particulier « ung baton pour rouller une carte marine, u s. » (3).

Catherine de Médicis, morte en 1589, possédait sept
grandes mappemondes. Nous en mentionnons deux qui sont
les plus anciennes cartes authentiques du Canada, citées
après les découvertes de Cartier. « Une carte figurée à la
main de la description de la Nouvelle-France », puis « une
autre carte figurée à la main de la description des Terres
neufves et Canada ».

Ces documents cartographiques sont certainement français. Sont-ils tous normands ?

A Rouen, on éditait dans la première moitié du xvie siècle des almanachs à l'usage des marins, avec cartes et instructions sur la navigation (4).

M. Edward Luther Stevenson, dans son livre intitulé
Portolan charts (5), mentionne trois portulans français non

---

(1) Michelant, *Catalogue de la Bibliothèque de François Ier à Blois*,
Paris, 1863, in-8°, p. 43.

(2) Biblioth. nat., ms. 5600, art. 1734, 1759.

(3) Biblioth. nat., ms. franç. 26153, n° 2575.

(4) Lelewel, *Epilogue de la Géographie du moyen âge*, Bruxelles,
1857, p. 228. — La Bibliothèque d'Aremberg en possédait un de 1546.

(5) Un vol. in-4° avec cartes, New-York, 1911.

datés (1), mais très probablement dressés le premier au commencement et les deux autres dans la seconde moitié du xvi° siècle.

Le *premier portulan* se compose de trois cartes, mesurant chacune 37 × 57 cm. et pourvues d'une nomenclature française, espagnole et italienne. On y remarque des dessins à la plume variés et brillamment colorés. Elles sont construites sur la rose des vents et en outre possèdent une échelle de latitudes. La première de ces trois cartes figure la partie occidentale de l'Atlantique avec les côtes avoisinantes depuis la Hollande jusque près du Cap Vert. Le long du littoral, on lit les mots suivants : *Europe, Olanda, Irland, Iscotia, Inglaterr, France, Spagnia, Africa, Barbaria*. On y voit encore les Açores, Madère, les Canaries, et la Méditerranée jusqu'au Golfe de Gênes. Dans l'Atlantique et à l'Ouest de l'Espagne est l'inscription : « L'océan occidental », et tout près les armes de France surmontées de la couronne royale. En Espagne est peint l'écusson orné des deux aigles impériales. Les deux autres cartes sont moins importantes. L'une représente la Mer Egée avec les côtes qui la bordent et qui se nomment *Natolia, Candia, Morea, Grecia, Romania*. L'autre est un portulan de la Méditerranée avec les titres : *Europa, Asia, Africa, Barbaria*.

Le *deuxième portulan* forme un atlas de quatre cartes occupant chacune deux pages de 49 × 61 cm. On y remarque le nom du propriétaire : « Ex libris Luigi Arrigoni Mediolani », plusieurs roses des vents, de nombreux et beaux dessins d'ornementation, une échelle de milles, une nomenclature abondante et en partie française. C'est un curieux spécimen français de carte-portulan. La première carte est à grande échelle. Elle contient la Méditerranée occidentale et le littoral occidental de l'Afrique jusqu'au Cap Cantin. Les principaux noms inscrits sont : *Europe, Spagne, Gênes, Provence, Catalogne, Valence, Granade,*

---

(1) Ces cartes appartiennent à la *Hispanic Society of America*, de New-York, et figurent dans l'ouvrage de Mʳ STEVENSON sous les nᵒˢ X, XIX et XXII.

Andaluzie, P. Gal, Afrique, Tunis, Alger, Barbarie, Fex.
La deuxième carte renferme le centre de la Méditerranée et
la Mer Adriatique. Elle est limitée par les côtes de la
France méridionale, de Tunis, de Sicile, de Toscane,
d'Istrie et de la Grèce occidentale. Un beau cartouche contient les noms suivants : *Europe, Gênes, Venise, Italie,
Toscane, Istrie, Dalmatie, Tunis, Tripoli, Greece* et *Afri-
que.* Dans la troisième carte se trouve l'Est de la Méditerranée. Aux noms généraux d'*Europe, Asie* et *Afrique* sont
ajoutés ceux de *Greece, Troye, Natolie, Carmanie, Syrie.*
Au sommet du Golgotha sont figurées les trois croix du
Christ et des deux larrons. La quatrième carte retrace la
Méditerranée entière avec les rivages S.-O. de la Mer Noire,
le Nord de la Mer Rouge, l'Ouest de l'Espagne depuis le
Cap Finistère vers-le Sud, et l'Afrique occidentale jusqu'au
Cap Cantin. Cette carte réunit sur une seule feuille les
détails des cartes précédentes.

Le *troisième portulan* est un atlas de trois cartes de
40 × 58 cm. chacune, avec roses de huit vents, échelle de
milles, ornementation soignée. La première carte figure
l'Archipel grec, avec une partie des rivages de l'Asie
Mineure, la *Natolie*, l'*île de Candie*, la *Grèce*, la *Morea*, et
la côte de la *Romanie*. Chios et Rhodes sont parfaitement
reconnaissables. La deuxième carte représente toute la
Méditerranée, l'entrée de la Mer Noire, l'Ouest de l'Espagne et de l'Afrique jusqu'au Cap Cantin. On lit en grandes
lettres capitales les noms des pays : *Spagne, Europe, Asie,
Barbarie, Afrique.* La troisième carte est la précédente tracée sur une échelle un peu plus grande ; elle reproduit donc
une plus petite partie de territoire.

Cartes du Pérou. — Une première représentation du
Peru, dressée vers le milieu du XVI° siècle, ne porte ni date
ni nom de lieu. L'original est à la Bibliothèque nationale de
Paris (1). C'est une carte gravée s'étendant, en latitude, de
10° N. à 10° S., et, en longitude, de 290° à 300°. Elle ne

---

(1) Cartes géographiques, Bd IV.

contient donc qu'une partie du Pérou. Cette carte est deux fois plus haute que large (0 m. 28 × 0 m. 14), abstraction faite de la marge et de la partie extérieure qui renferme deux cartouches, où sont insérées deux inscriptions intéressant la région.

Le pavillon espagnol flotte dans la région septentrionale, et au Sud, entre 8° et 10° lat., figure la défaite d'Atabalipa vers l'Ouest de la carte.

Une autre carte du Pérou, non datée et non signée, est conservée au Dépôt des cartes de la Marine, à Paris, dans un recueil factice qui contient d'autres pièces curieuses. Cette carte mesure 81 × 67 centim. et s'étend, en latitude, de 13° N. à Quito (1° S.) et, en longitude, de 292° à 308° (de l'Ouest à l'Est), c'est-à-dire du Sud du lac de Nicaragua à 3° à l'Est de l'embouchure du fleuve de Sainte-Marthe. C'est là certainement une petite fraction du Pérou. En voici le titre complet : « Description de la première partie du Peru, partie du grand gouffre de la mer du Nort ». Deux cartouches sont placés au bas de la carte, l'un à droite et l'autre à gauche. Celui de gauche contient une longue légende sur « la grandeur et limites du Peru », et celui de droite une courte dissertation sur « les saisons et nature de la première partie du Peru ».

Remarquablement calligraphiée, cette carte a bien des traits de ressemblance avec celle signée du dieppois Le Vasseur. Nous n'avons pu découvrir la date exacte de sa construction. Les légendes très nombreuses sont empruntées à Pedro Cieza qui, en 1554, publia à Séville le commencement de son œuvre avec l'intitulé : « Description de la première partie du Peru » (1). Cette carte peut être considérée comme illustrant le texte de Pedro Cieza ; elle daterait donc de la seconde moitié du xvi° siècle, puisque Cieza explora cette partie de l'Amérique de 1534 à 1550.

Gabriel Marcel a reproduit cette carte, et y a ajouté un texte explicatif (2) dans lequel il résume la vie de Cieza,

---

(1) Nous avons consulté cet ouvrage, qui est en espagnol, à la Bibl. nat. de Paris, Ol. 760. A.

(2) Reproduction de cartes et de globes relatifs à la découverte de

historien et géographe impartial qui naquit vers 1519 et mourut vers 1560.

L'exemplaire de G. Marcel mesure 46 × 39 centimètres.

Prescott, faisant allusion à l'œuvre de Cieza de Léon dans le tome II de son Histoire de la conquête du Pérou, la vante en ces termes : « Sa Chronique du Pérou devrait plus justement s'appeler itinéraire ou mieux Géographie du Pérou. Elle donne une topographie détaillée du pays, à l'époque de la conquête, de ses provinces et villes tant Indiennes que Espagnoles, ses beaux rivages, ses forêts, ses vallées, sa chaîne interminable de montagnes à l'intérieur, avec beaucoup de particularités intéressantes sur les indigènes, leurs costumes, leurs mœurs, ruines de palais, etc... » ; puis il ajoute un peu plus loin : « Les distances qui séparent les lieux les uns des autres sont indiquées avec une suffisante précision, eu égard à la nature des obstacles qu'il avait à surmonter » (1). Cieza avait exploré cette partie de l'Amérique de 1534 à 1550. On conçoit donc, d'après cette brève analyse, toute l'importance et toute la valeur de la carte anonyme du Dépôt de la marine.

L'*Hakluyt Society* a publié, avec préface de Cl. Markham, la traduction anglaise de la *Description de la première partie du Peru*. Plus tard, D. Manuel Gonzalez de la Rosa en 1873, M. de la Espada en 1880 et Cl. Markham en 1883 ont mis au jour la deuxième partie de l'ouvrage de Cieza.

Le Globe de Rouen

Le globe terrestre, connu sous le nom de globe de Rouen ou de globe Lécuy, parce qu'il a été fait à Rouen et qu'il provient de l'abbé Lécuy, a été acheté le 26 mars 1861 à M. Maria pour la Bibliothèque nationale de Paris (2).

---

l'Amérique du xvi⁶ au xviiiᵉ siècle, Paris, 1894, pl. XXIII et XXIV ; texte, p. 78-81.

(1) *History of the conquest of Peru, with a preliminary view of the civilisation of the Incas*, New-York, 1847, 2 vol. in-8°.

(2) Léon Vallée, *Notice des Documents exposés à la Section des cartes*, Paris, 1912, n° 308.

C'est une sphère en cuivre, montée sur un pied de métal et gravée en creux. Elle fut trouvée à Lignières (Cher) et classée comme vieux cuivre dans la vente de la succession Lécuy (1).

Cette sphère, qui mesure 127 millim. de rayon ou 800 millim. de circonférence, a été faite à Rouen comme le démontre la légende suivante insérée dans un cartouche oval : « Nova et integra universi orbis descriptio, Rothomagi » (2). Au dessous de cette inscription, un espace libre était réservé au nom de l'auteur ; mais, à notre grand regret, cet espace n'a pas été rempli et ce globe est resté anonyme.

Les degrés de longitude et de latitude sont marqués. Le Nouveau Monde est large de 100 degrés, et l'océan Pacifique de 11 degrés seulement.

Le premier méridien passe par les Canaries.

Le globe de Rouen ne porte aucune date, et il est si difficile de préciser l'année de sa construction que les savants, qui ont étudié cette question, ne sont pas parvenus à des résultats concordants.

D'Avezac, sans d'ailleurs bien motiver son opinion, assigne une époque un peu antérieure à l'année 1524, date manifestement inexacte, puisqu'une légende du globe rapporte un fait accompli en 1539, la victoire gagnée sur l'Espagne par Nunez de Guzman le long de la côte occidentale de l'Amérique du Nord (3).

Eugène Chatel (4) rapproche le globe Lécuy de celui de Titon du Tillet (1587), et il trouve le premier *sans doute postérieur* au second à cause de l'inscription suivante gravée

---

(1) L'abbé Jean-Baptiste Lécuy, né en 1740, fut abbé général de l'Ordre des Prémontrés de 1780 à 1790. Après la Révolution, il devint vicaire général et chanoine de Notre-Dame de Paris, et mourut le 22 avril 1834.

(2) Un autre globe de la Bibliothèque nationale, connu sous le nom de *Globe doré*, porte cette même inscription : « Nova et integra universi orbis descriptio ». On la retrouve encore comme titre de la mappemonde bicordiforme d'Oronce Finé (1531).

(3) *Hispania major a Nuno Guzmano devicta anno* 1539.

(4) *Note sur un globe terrestre provenant de la succession de Titon du Tillet* (Mémoires lus à la Sorbonne de Paris en 1865, p. 161-170).

sur le bras de mer compris entre l'Asie et l'Amérique :
« Hoc loco seculi sumus recentiores hanc partem verius a
continente separantes ». Mais nous rappellerons que ce
texte a été copié sur la mappemonde de Tramezini, datée
de 1554.

Harrisse (1) admet à peu près la date proposée par
E. Chatel, mais pour d'autres motifs.

La côte occidentale de l'Amérique ne porte aucune
nomenclature au dessus du 40° degré de latit. N. On lit sim-
plément ces mots le long du rivage : « Hec littora nondum
cognita » (rives encore inconnues). Le savant américaniste
en conclut que la connaissance géographique de cette
région ne remonte pas au delà de 1542-1543, époque où
Domingo del Castillo aperçut la côte de la Californie.

Une autre légende retient l'attention de Harrisse. Au
passage N. O., par 66° lat. N., on lit ces mots : « fretum
arcticum per quod Lusitani in Orientem et ad Indos et
Moluccas navigare cognati (2) sunt » (détroit arctique par
lequel les Portugais tentèrent de pénétrer aux Indes orientales et aux Moluques). Est-ce une allusion aux tentatives
malheureuses des Cortereal ? Harrisse se demande si ce
texte ne se rapporte pas à un voyage fait dans ces parages
en 1574 et raconté par Richard Hakluyt (3). Une autre
légende semble justifier cette opinion. Immédiatement au
dessous du cercle arctique (Arcticus circulus), et le long de
la bande la plus septentrionale de l'Amérique, entre 280°
et 320° long., nous relevons ces mots : « Terra per Britannos inventa ». Les diverses expéditions anglaises, envoyées
de ce côté jusqu'en 1578, ne dépassèrent pas le 53° ou le
55° degré de latit. Nord : John Rut (1527), Hore (1536), John
Hawkins (1565), et puis Gilbert et Raleigh (1578).

Pour Harrisse, il ne peut être question que des voyages
de Martin Frobisher (1576-1578), et il en est d'autant plus

<hr>

(1) *The Discovery of North America*, Paris, 1892, in-4° de 804 p.,
p. 287.

(2) Pour *conati*.

(3) *Divers voyages*, 1582, in-4°, p. 7. de la réimpression faite à
Londres.

convaincu que précisément le tracé du détroit supposé est le même sur le globe Lécuy que sur la mappemonde qui retrace les courses de Frobisher (1).

Mais nous retrouvons la même topographie sur la mappemonde de Tramezini (1554) qui a servi de modèle au constructeur du globe de Rouen. Le texte seul, « Terra per Britannos inventa », a été ajouté sur le globe.

Gabriel Marcel (2) déclare que ce globe a été construit entre 1580 et 1600. Voici les raisons qu'il présente en faveur de son opinion. Le globe n'est pas antérieur aux voyages de Martin Frobisher (1576-1578) à cause de l'inscription : *Terra per Britannos inventa*. Par ailleurs, il n'est pas postérieur à 1615, date de la découverte du détroit de Le Maire. D'un autre côté, sur la côte occidentale du *Gronlandia*, est cette légende : « Qui populi ad quos Joânes Scovus Danus pervenit anno 1476 » (ce sont ces peuples que visita le danois Jean Scovus en l'an 1476). Il s'agit ici de Jean de Kolno ou Scolnus qui naquit en Pologne dans la première moitié du xv° siècle et qui, ayant pris du service dans la marine danoise, fut chargé par le roi Christian Ier de plusieurs voyages d'exploration.

Gomara (3) le premier a signalé cette expédition de Scolnus, et Wytfliet nous a transmis le récit de Gomara en 1597.

A notre avis, le globe de Rouen est une reproduction exacte, comme topographie et comme nomenclature, de la mappemonde de Tramezini (1554). Si nous remarquons bien que le mot *Lusitania*, qui figure le long du Portugal sur la mappemonde, est supprimé sur le globe, et est remplacé par le mot Galicia écrit sur toute la région portugaise

---

(1) George Beste. *A True Discourse of the late voyages of discoverie for the finding of a passage to Cathay by the North-Weast, under the conduct of M. Frobisher, Generall. With a particular card* ; London, 1578, in-4°.

(2) *Note sur une sphère terrestre en cuivre faite à Rouen à la fin du* xvi° *siècle* (Bull. de la Société normande de Géographie, 1891, p. 153-160).

(3) F. Lopez de Gomara, *Primera y segunda parte de la historia general de las Indias*, Saragosse, 1552, in-folio.

jusqu'au Cap Saint-Vincent, nous concluons que le globe remonte à une époque où le Portugal n'existait plus comme royaume distinct. Or c'est en 1580 que mourut le cardinal Henri et que Philippe II, roi d'Espagne, adjoignit à sa couronne celle du Portugal.

Cette constatation, qui n'a été faite par aucun auteur, a cependant une très grande importance. Elle nous démontre que la construction du globe Lécuy est postérieure à l'année 1580. Nous ne saurions préciser davantage.

Le cartouche contenant le titre du globe est placé dans la partie méridionale du Grand Océan. Au dessus de ce cartouche, Neptune est assis sur un char emporté par des chevaux marins. Il tient les rênes de la main gauche, et sa droite est armée du trident. Devant lui, deux hommes debout sur le même char sonnent de la trompe marine. Derrière, assis et les pieds traînant dans la mer, un individu souffle dans une énorme trompe. Au dessous de la peinture de Neptune et de son char, le graveur a tracé ce distique :

Imperium pelagi teneo sevumque tridentem,
Et cogo fluctus monstraque seva maris.

Je détiens l'empire de la mer grâce à mon terrible trident, et je maîtrise les flots ainsi que les redoutables monstres marins.

L'auteur a dénaturé bien des noms ; certainement il n'était pas géographe.

Comme sur toutes les cartes du xvi° siècle, les estuaires des fleuves sont d'une largeur telle qu'on les prendrait pour de vrais bras de mer.

Au Sud de Java, un personnage tenant en main un croissant est traîné par deux chevaux marins, et son passage est annoncé au son de la trompe.

De nombreux navires (caravelles et galères), dessinés dans le goût du xvi° siècle, sont disséminés dans les différentes mers du globe. Quelques bâtiments sont pourvus à la fois de rameurs et de voiles ; ceux-ci ont le plus fort tonnage.

L'auteur semble s'être inspiré surtout de documents espagnols. Nulle trace sensible de nomenclature portugaise; en tout cas, si elle existe, elle est bien altérée.

Il y a une grande séparation de 30 degrés de longitude à la hauteur du cercle arctique (*Arcticus circulus*), entre les rivages extrêmes de l'Asie orientale et les terres du Nouveau Monde.

Cette solution de continuité entre l'Asie et l'Amérique était encore en 1572 un problème, puisque Ortelius dit : « *On ne sait pas encore aujourd'hui, si l'Amérique se trouve environnée par la mer, ou bien si elle est rattachée à l'Asie par le Nord* » (1).

Certainement l'auteur du Globe Lécuy a copié la mappemonde anonyme dite de Tramezini (1554) (2). C'est un grand planisphère en quatre feuilles formant ensemble deux hémisphères circulaires de 0 m. 745 de diamètre, et gravés sur cuivre par Giulio Musi. La projection employée est celle dite globulaire à méridiens circulaires et à parallèles rectilignes et équidistants, c'est-à-dire conduits par des points d'égale division du méridien central. Le partage d'une mappemonde en deux hémisphères circulaires limités par un cercle méridien est dû au moine François. Mais nous en avons ici, croyons-nous, une première application sur une large échelle. Si nous exceptons une vignette d'Apian (3), elle est la première mappemonde construite sur la projection dite de Roger Bacon (4). Cette projection a encore été employée en 1561 par Ruscelli dans sa version italienne de la Géographie de Ptolémée (5), en 1562 par Joseph Molet dans son édition de Ptolémée (6), et surtout par le cordelier français André Thevet dans sa *Cosmographie univer-*

---

(1) *America weist man noch nit ob es ringweiss in Meer ligt, oder das es an das Nortisch End mit Asien vast ist.*

(2) Tramezini est le nom de l'éditeur vénitien.

(3) Nordenskiold, *Fac-simile Atlas*, fig. 58.

(4) *Id., ibid.*, p. 93-94.

(5) *La Geografia di Cl. Tolomeo nuovamente tradotta di greco in italiano da Girolamo Ruscelli*, Venezia, 1561.

(6) Editée à Venise.

selle (1). Pour honorer ce « cosmographe du Roi », Severt attribua le nom de Thevet aux mappemondes tracées suivant cette projection (2).

La mappemonde, dite de Tramezini, a été attribuée à tort soit à Gastaldi (3), soit à A. Thevet (4). Une mauvaise interprétation d'une note de d'Avezac (5) a induit en erreur les géographes (6).

Un exemplaire de la mappemonde de Tramezini est aux archives de la ville de Turin. Une plus belle reproduction se trouve dans « Remarkable maps of the XV, XVI and XVIIth centuries, reproduced in their original size. I. The Bodel Nyenhuis collection at Leyden (7) ». Nordenskiöld en a donné une petite réduction (8).

Il existe une ressemblance très frappante entre la mappemonde de Tramezini (1554) et le globe de Lécuy. Sauf que la nomenclature est plus abondante et moins défigurée sur la mappemonde que sur le globe, il y a identité de tracé et de nomenclature dans ces deux œuvres cartographiques.

Dans l'*Amérique du Nord*, même configuration des côtes septentrionale et occidentale, même Californie, et même Gronlandia. Pas de fleuve Saint-Laurent sur la mappemonde, et ignorance presque complète de Terre-Neuve : sur le globe, la configuration n'est guère meilleure.

Dans l'*Amérique du Sud*, même tracé des côtes Nord, Ouest, et Est, ainsi que des fleuves de l'Amazone et du Rio de la Plata.

Même côte occidentale en Europe.

---

(1) Paris, 1575.

(2) STEVERT, *De orbis catoptrici, seu mapparum mundi principiis, descriptione ac usu.* 2° édit. Paris, 1598. Cap. III. *De Thevelianæ mappæ descriptione.*

(3) *Remarkable maps of the XV, XVI and XVIIth centuries*, Amsterdam, 1894.

(4) H. HARRISSE, *Jean et Sébastien Cabot*, Paris, in-4°, 1882, p. 251.

(5) *Coup d'œil historique sur la projection des cartes* (Bull. de la Soc. de Géographie de Paris, 1863, p. 331.)

(6) Matteo FIORINI, *Le projezioni delle carte geografiche*, Bologna, 1881, p. 605.

(7) Amsterdam, 1894.

(8) *Periplus*, fig. 65 et 66.

Même tracé de la côte occidentale et orientale, de l'Afrique et de l'île de Madagascar. Les nomenclatures elles-mêmes sont très ressemblantes.

En *Asie*, mêmes représentations de la mer Rouge, de l'Indus, de l'Arabus, et des Indes.

La *Terre Australe* est un continent presque annulaire sur les deux exemplaires. Quelques noms seulement diffèrent.

En somme, le globe Lécuy, s'il se rapproche par certains côtés de plusieurs globes construits au xvi° siècle, s'écarte complètement des magnifiques planisphères normands de cette époque. Il leur est inférieur en tous points. A notre sens, un Rouennais, peut-être habile comme graveur, mais à coup sûr nullement géographe, a reproduit en globe la mappemonde italienne de 1554 et l'a bien dénaturée au moins dans la nomenclature. Il se serait inspiré de sources espagnoles, mais plus ou moins défectueuses. D'ailleurs, le constructeur est-il bien un Rouennais ? Ne serait-ce pas peut-être un des nombreux Espagnols établis alors à Rouen ?

§ IV. — PEINTRES ET MINIATURISTES FRANÇAIS.

Les Normands étaient très habiles dans l'art du dessin et de la peinture. Leurs œuvres que nous avons signalées, et plus spécialement celles de Roze, Vallard, Le Testu, Le Moyne de Morgues et J. de Vaulx, mirent en relief leur talent de miniaturistes et leur acquirent une telle réputation que de divers côtés on fit appel à leurs connaissances artistiques. Les Anglais notamment apprirent d'eux à faire le relèvement des côtes et assez fréquemment ils se les attachèrent en qualité de peintres de leurs expéditions.

Pendant le cours du xvi° siècle, plusieurs de nos compatriotes demandèrent un asile à l'Angleterre, et certainement les Anglais, les employant comme pilotes et comme carto-graphes, s'instruisirent à leur école.

Nous avons déjà cité le dieppois Jean Roze, auquel on peut adjoindre le honfleurais Secalart et le dieppois Ribaut.

Raulin Le Taillois, dit Secalart, est cet « homme fort entendu en son mestier » de pilote royal à Honfleur (1), qui après avoir séjourné quelque temps en Angleterre rentra en France sous les auspices du baron de la Garde en Janvier 1547 (2). On a prétendu qu'il avait collaboré à la *Cosmographie* de Jean Alfonse le Saintongeois ; mais M. Musset (3) a montré que Secalart avait sans motif valable accolé son nom à celui de Jean Alfonse dans le manuscrit de la *Cosmographie*.

Jean Ribaut est ce remarquable pilote qui, réfugié en Angleterre, y prit du service dans la marine, et entre temps donna à notre ambassadeur à Londres bien des détails sur les armements des Anglais. Il est surtout connu par ses deux expéditions en Floride (1560 et 1565).

Nous ne savons au juste quelle part d'influence Roze, Secalart et Ribaut exercèrent sur la cartographie anglaise.

Un peintre français qui s'appelait Nicolas (*a french painter named Nicholas*) traça les plans de tous les ports de la Grande-Bretagne (4) et prépara l'expédition de 1548 qui sous le commandement du français Durand de Villegagnon alla en Ecosse chercher Marie Stuart et la ramena en France. Selon M. Germain Lefèvre-Pontalis (5) et le Dr Hamy (6), ce Nicolas serait Nicolas de Nicolay d'Arfeuille (7). Mais ce prénom ne conviendrait-il pas avec

----

(1) Ch et P. Bréard, *Documents sur la marine normande*, Rouen, 1889, in-8°, p. 47-49.

(2) *Inventaire analytique des Archives du Ministère des Affaires étrangères. — Correspondance politique de Odet de Selve, ambassadeur de France en Angleterre (1546-1549)*, publiée par Germain Lefèvre-Pontalis, Paris, 1888, 1 vol. in-8°, p. 84, 86.

(3) *La Cosmographie avec l'espère et régime du soleil et du nord*, par Jean Fonteneau dit Alfonse de Saintonge, capitaine-pilote de François Ier, publiée et annotée par Georges Musset, Paris, 1904, 1 vol. in-8° de 600 pages.

(4) *Calendar of Stat. Pap.*, Edouard VI, p. 15.

(5) *Correspondance politique de Odet de Selve*, p. 117.

(6) *Etudes historiques et géographiques*, Paris, 1896, in-8°, p. 238.

(7) Né en 1517, et mort en 1583.

autant de vraisemblance aux dieppois Nicolas Desliens ou Nicolas Vallard ? Nicolas de Nicolay n'était-il pas encore bien jeune en 1548 pour avoir accompli toute l'œuvre qui lui est attribuée ?

Drake, dans son fameux voyage de circumnavigation du globe (1577-1580), était accompagné d'un peintre français dont nous ignorons le nom, et qui traça si fidèlement les côtes que « avec un pareil guide il est impossible de se perdre » (1). Ce peintre illustra et peut-être écrivit un remarquable in-folio qui est resté manuscrit et qui en 1911 a été acheté à la vente de la bibliothèque de Henry Huth par un libraire de Londres, nommé Quaritch, pour la somme de mille vingt livres (vingt-cinq mille cinq cents francs). L'ouvrage est intitulé : « Histoire Naturelle des Indes : contenant les Arbres, Plantes, Fruits, Animaux, Coquillages, Reptiles, Insectes, Oyseaux, etc., qui se trouvent dans les Indes ; représentés par les figures peintes en couleur naturelle ; comme aussi les différentes manières de vivre des Indiens ; savoir : la Chasse, la Pêche, etc., avec des explications historiques ».

Ce manuscrit date du xvi⁰ siècle, et contient, sur cent vingt et un feuillets, deux cents aquarelles se rapportant à l'histoire naturelle, aux mœurs et aux coutumes des indigènes du Pérou et d'autres parties de l'Amérique du Sud. Le titre que nous venons de transcrire est postérieur à la composition du livre ; il a été ajouté au xviii⁰ siècle. Quaritch, qui l'a bien étudié, l'attribue à un français qui accompagna Drake dans ses voyages aux mers du Sud et à la Floride. La carte du voyage de Drake fut tracée sans doute par ce peintre ; mais on ne sait ce qu'elle est devenue.

M. Ch. de La Roncière a retrouvé à la Bibliothèque nationale (2) une série de croquis maritimes pris du large, qui rappellent la route suivie par Drake lors de son dernier voyage en 1595-1596. Le peintre, qui leva ces profils côtiers, était-il français ? Nous le croirions assez volontiers.

---

(1) Ch. de La Roncière, *Un atlas inconnu de la dernière expédition de Drake* (Bull. de Géogr. hist. et descript., 1909, p. 397).

(2) Ms. anglais 51.

Ces dessins ont le mérite d'avoir été exécutés sous les yeux mêmes de Drake, dont le but était de gagner Panama et d'y soustraire les trésors apportés du Pérou (1). On voit le célèbre explorateur mouillant à *Fortaventure*, de là se rendant aux Antilles où sont reconnues successivement la *Martinique*, la *Dominique*, les *Saintes*, la *Guadeloupe*, *Monserrat*, *Redonda*, *Saint-Eustache*, *Saint-Christophe*, *Saba*, puis longeant vers le Sud *Curaçao*, les *Monjes*, l'entrée du Golfe de *Maracaïbo*, le cap de la *Vela*, *Nombre de Dios*, *Escudo de Veragua*, l'îlot de *Buena Ventura*, près de *Puerto Bello*. C'est en rade de ce port que mourut Drake le 28 Janvier 1596.

Champlain, au xviie siècle, rapporta de ses divers voyages bien des croquis que nous n'avons plus.

CHAPITRE III

Cartographes et Cartes du XVIIe siècle

Guillaume **LE VASSEUR**

Nous avons peu de renseignements biographiques sur
Guillaume Le Vasseur, et encore ne sont-ils pas concordants. Nous savons qu'il naquit à Dieppe dans la seconde
moitié du xvie siècle. Il y avait alors dans cette ville plusieurs familles du même nom, et bien des membres portaient le prénom de Guillaume, ou Guillelme. D'après le
P. Fournier, notre cartographe avait été simple ouvrier
dans sa jeunesse. Selon d'autres auteurs, il appartenait à
la bourgeoisie dieppoise. Quoiqu'il en soit, son fils, comme
nous l'établirons, était noble et sieur de Beauplan.

Voici en quels termes, le P. Fournier faisait, en 1643,
l'éloge de Le Vasseur (2) : « Cet homme, quoyque tisseran
en son bas aage, ayant eu quelque instruction d'un nommé
Cossin, homme fort ingénieux et qui avait une excellente
main, et veu les mémoires de certains prestres d'Arques,
bourg près de Diepe, qui estoient excellens géographes,

---

(1) Ch. de La Roncière, *op. cit.*

(2) *Hydrographie*, Paris, in-folio, p. 647.

dont l'un se nommait Des Celiers et l'autre Breton, a si bien
seu ménager ce peu de lumière qu'il a receu d'eux, qu'à
force d'esprit et de travail continu, il est arrivé à tel poinct
qu'il a esté admiré de plusieurs. Il est mort à Rouen depuis
peu d'années. »

Ce texte du P. Fournier nous fournit de précieuses
indications. G. Le Vasseur fut disciple de Cossin et s'inspira, dans son étude de la science nautique, des *Mémoires*
laissés par les hydrographes Desceliers et Breton. Ces prêtres avaient donc rédigé des notes, ou même écrit des
ouvrages qui ne nous sont pas parvenus.

Lelewel dans sa *Géographie du moyen âge* (1), qualifie
G. Le Vasseur « d'architecte, professeur de mathématiques,
ingénieur et pilote en la mer Océane ».

Un Guillaume Le Vasseur, vraisemblablement le nôtre,
signa un sonnet composé en l'honneur d'un médecin de
Dieppe, Théophile Gelée, qui venait de publier un volume
sur *L'Anatomie Française* (2).

> Lyncée le premier pénétra de ses yeux
> Ce que Pluton cachoit dans sa riche poitrine,
> Enseignant le moyen pour, d'une main rapine,
> Faire de son dommage un butin précieux.
>
> Gelée voit plus clair, car son œil curieux
> Dans les secrets cachots du corps humain chemine,
> Qu'il rend si transparents d'une façon divine
> Qu'il se fait admirer pour merveille des Cieux.
>
> Mais Lyncée tu es cause, avecques les richesses,
> De Guerres, de Malheurs, de Débats, de Détresses
> Et que beaucoup de gens peuplent les froids tombeaux.
>
> Toy, Gelée, au contraire empesches que la vie
> Ne nous soit d'Atropos pour son butin ravie
> Nous descouvrant les lieux où se cachent nos maux.

------

(1) Bruxelles, in-8°, 1852.
(2) La première édition (1623) renferme seule ce sonnet.

Dans un état du 25 octobre 1629 sont inscrits les noms de « vieux pilotes qui, après une longue expérience, feront les descriptions des côtes et hauteur des isles ». Six pilotes entretenus sont nommés dans cet état. 150 livres sont accordées à cinq d'entre eux. « Guillaume Le Vasseur, hydrographe » figure en tête de la liste et touche la somme plus élevée de 200 livres, sans doute parce que son habileté reconnue dans ce genre de travaux l'avait désigné comme chef de l'entreprise si délicate du relèvement des côtes et des îles (1).

G. Le Vasseur mourut, d'après le P. Fournier, à Rouen, quelques années avant 1643.

Ce « très docte mathématicien » a écrit un certain nombre de Mémoires importants qui sont restés manuscrits et se trouvent maintenant à la Bibliothèque nationale de Paris. La plupart de ces ouvrages ont été composés à l'usage des navigateurs.

1°. — Le premier que nous ayons à signaler est un *Traicté de l'arithmétique* (2). Ce manuscrit est incomplet. Il commence au folio iv sans aucun titre, et s'arrête brusquement au folio lxvii. L'auteur divise l'Arithmétique en deux parties : l'arithmétique simple se bornant à « la nature des nombres », et l'arithmétique composée « traitant des qualitez et comparaisons des nombres esgaux ou inesgaux ». Dans la première partie sont étudiées les quatre règles et l'extraction des racines carrées et cubiques, et, dans la seconde, les rapports, les proportions, et aussi les règles de trois simples et de trois composées.

Parlant de la géométrie, G. Le Vasseur la divise (3), « avec les bons autheurs qui l'enseignent par méthode », en trois parties : la *théorie*, c'est-à-dire les théorêmes « extraictz des élémens d'Euclide » ; la *fabricométrie*, qui « enseigne à manier le compas et la règle, parce que le

---

(1) Archives du Ministère de la Marine. — Personnel civil et militaire, états de solde.

(2) Bibl. nat., ms. franç. 19059.

(3) Bibl. nat., ms. franç. 19061.

mathématicien ne possède que ces deux instrumens là, tout
le reste estant mecanique » ; la *pratique de la géométrie*,
qui comprend la mesure des lignes, des plans, et des corps
solides.

G. Le Vasseur ne semble pas avoir écrit de commentaire
sur les Eléments d'Euclide. Les deux autres parties de la
géométrie sont l'objet d'une étude spéciale et assez détaillée.

2°. — Le *Traicté de fabricométrie* (1) a cent trente-cinq
feuillets. Nous en transcrivons seulement le titre : « Traicté
de fabricometrie, auquel est démonstré géométriquement à
construire toutes sortes de problèmes, la réduction, addition, multiplication, substraction, et division de toutes sortes de figures, tant plans que solides et homogènes que
hétérogènes, traicté admirable et contenant en soy tout le
suc des mathématiques. Tant de l'invention de M° Guillaume Le Vasseur très expérimenté mathématicien que de
ce qu'il en a recueilli des plus doctes et renommez Mathématiciens ».

3°. — *Traicté de la pratique de géométrie de M° Guillaume Le Vasseur, 1608* (2). L'auteur s'ingénie à résoudre
une foule de questions pratiques se rattachant à l'étude des
lignes, des plans, et des solides.

4°. — *Premier traicté de la mathématique* (3). Le Vasseur rappelle quelques notions sur les triangles rectilignes.
Il aborde ensuite l'étude de la sphère en général, et en particulier de la sphère céleste, puis du globe terrestre. Et
enfin il résout quelques questions pratiques d'astronomie
nautique, et d'arpentage.

Au folio XXII, trois propositions sur les triangles sont
formulées en latin. Est-ce que G. Le Vasseur avait fait
ses humanités ?

Le manuscrit mesure 32 1/2 × 23 centim. — La couverture seule est en parchemin.

---

(1) Bibl. nat., ms. franç. 19062.
(2) Bibl. nat., ms. franç. 19061 ; 77 feuillets.
(3) Bibl. nat., ms. franç. 19064 ;22 feuillets.

5°. — *Traicté des Sinus* (1). — Le livre ne commence qu'au folio iii, et l'auteur y donne les divisions de son traité : 1° « la diffinition de sinus de cercles plans et sphériques » ; 2° « les triangles plans », théorie et pratique ; 3° les triangles sphériques. Le développement théorique de ces trois parties absorbe quarante feuillets. Le reste comprend l'application des sinus à seize questions d'astronomie nautique.

6°. — *Traicté de la fabrique, practique et usage du compas de Proportion par M° Guillaume Le Vasseur, de Dieppe, très docte mathématicien, anno 1617* (2). Soixante feuillets, mesurant chacun 36 × 25 centimètres.

L'auteur définit d'abord le compas de proportion et ses diverses divisions. Puis il applique cet instrument à la solution de quelques problèmes sur les lignes droites, sur les divisions des cercles, sur les polygones et la mesure des angles, sur la recherche de la hauteur des astres, de leurs distances, et autres opérations astronomiques ; enfin sur « les mesures qui se peuvent faire par le compas de proportion ».

7°. — *Traicté des fortifications* (3). Dans ce Mémoire dont les cent quarante-huit pages sont remplies de figures très bien dessinées, l'auteur ne s'arrête point à « discourir des machines anctiques ny des fortifications qui leur estoient proportionnées ».

Voulant faire une étude plus pratique pour l'époque où il écrit, il parle surtout « du canon et de son effect, des tranchées, de la mine et de la bresche, par ce que sont les quatres principales parties avec lesquelles on force les villes ». Dans la seconde partie de son travail, il dit comment « fortiffier sur des angles saillans ou flanquans ».

8°. — Mais l'œuvre la plus considérable de G. Le Vasseur est, à notre avis, le *Traicté de la Géodrographie ou Art de naviguer* (4). Ce traité manuscrit forme un registre in-

---

(1) Bibl. nat., ms. franç. 19060 ; 57 feuillets.

(2) Bibl.nat., ms. franç. 19063.

(3) Bibl. nat., ms. franç. 19109.

(4) Bibl. nat., ms. franç. 19112.

folio de quatre-vingt-douze feuillets de papier, dont le soixante-dix-huitième est blanc. Ce mémoire, comme tous les précédents, fit partie de la bibliothèque de Séguier. Henri du Cambout, duc de Coislin, pair de France et évêque de Metz, légua la bibliothèque de Séguier à l'abbaye de Saint-Germain-des-Prés, dont la plupart des livres sont maintenant à la Bibliothèque nationale.

A côté de certains emprunts faits aux conceptions scientifiques de l'antiquité, G. Le Vasseur présente toute la théorie de la navigation, telle qu'elle était pratiquée à la fin du xvi° siècle.

Il développe, d'après ses vues personnelles, certains points obscurs, et, comme nous aurons l'occasion de le constater, il s'assimile bien les résultats acquis sur la construction des cartes marines. Il est fort regrettable que ce travail consciencieux et important n'ait pas été publié. Entre les *Premières OEuvres* de Jacques de Vaulx (1583) et la *Géodrographie* de G. Le Vasseur, la distance est considérable. G. Le Vasseur est plus complet, plus explicite et beaucoup mieux informé que J. de Vaulx.

L'œuvre cartographique de G. Le Vasseur est simple. Il ne nous reste de lui qu'une carte dressée sur vélin et mesurant 0 m. 75 × 1 m. 03. Le titre est réparti sur deux banderoles. Sur l'une, on lit : « A Dieppe, par Guillemme Le Vasseur, le 12 de Juillet », et sur l'autre : « Faict à Dieppe pour Ignas Paulmier, par G. Lev., 1601 ».

Ce portulan est au Dépôt des cartes du Ministère de la Marine, à Paris (1). Il représente l'Atlantique avec les côtes orientales de l'Amérique et les côtes occidentales de l'Europe et de l'Afrique, et s'étend d'un côté depuis l'Islande jusqu'au Cap de Bonne-Espérance, et de l'autre le long de l'Amérique entre 55° lat. N. et 37° lat. S. (2).

---

(1) Une bonne reproduction existe au Musée de Dieppe.

(2) Vte de Santarem, *Recherches sur la priorité*, etc..., p. 147. — Le P. Fournier, *Hydrographie*, 1643, p. 647. — H. Harrisse, *Jean et Sébastien Cabot*, p. 216. — Id., *Evolution cartographique de Terre-Neuve*, p. 292. — Lelewel, *Géographie du moyen âge*. — A. Milet, Anciennes industries dieppoises, p. 18.

Les degrés de longitude sont marqués sur l'équateur de 0° à 55° à l'Est, et de 0° à 90° à l'Ouest.

La nomenclature est relativement nombreuse, et l'intérieur des terres manque de détails.

Le zodiaque est figuré par plusieurs lignes parallèles menées au dessus et au dessous de l'équateur jusqu'à 23° 1/2 de lat. N. et S., et perpendiculairement à l'équateur. Les mois de l'année et les signes du zodiaque y sont marqués (*Aries* au 20 mars).

Selon Harrisse (1), Le Vasseur « s'est certainement inspiré d'une carte hollandaise du genre de celle de Dirck et de Bertius ». Elle est aussi, ajoute-t-il (2), « le plus ancien échantillon de la cartographie franco-terreneuvienne au xvii° siècle ».

Harrisse ne connaît pas, comme calligraphie cartographique, de cartes comparables à celle de Le Vasseur (3).

Nous admettons volontiers, comme lui, qu'elle soit « superbement calligraphiée ». Son écriture est en effet extrêmement fine, plus fine certainement que sur les autres cartes dieppoises. Cependant, ce portulan nous semble en général bien ordinaire. La nomenclature n'est guère française. La topographie ne paraît pas meilleure que celle des autres cartes de l'époque, et, somme toute, nous croyons qu'on en a exagéré la beauté.

C'est un travail très curieux, mais seulement par la finesse de l'écriture. Les lettres capitales sont médiocres.

La carte doit être incomplète. La marge existe au Nord, au Sud et à l'Ouest, mais non à l'Est du parchemin. Elle se prolongeait donc à l'Est et comprenait une partie complémentaire de 35 à 38 cm., embrassant la côte orientale de l'Afrique et l'Asie en tout ou en partie.

La carte s'arrête à l'ouest du golfe du Mexique. Elle contient cinq échelles.

---

(1) *Evolution cartographique de Terre-Neuve*, p. 292.

(2) *Id, ibid.*

(3) *Jean et Sébastien Cabot*, p. 216, note.

La côte Occidentale de l'Amérique du Nord n'existe pas, non plus que la côte Orientale de l'Afrique.

Au Brésil et à la Nouvelle-France, les armoiries de France : trois fleurs de lis (2 et 1) d'or sur champ d'azur. Sur Dieppe, un pavillon d'azur avec croix d'argent. En Angleterre, un pavillon d'argent avec croix de gueules. Le mot Portugal n'est pas accompagné d'armoiries comme les autres pays ; ce royaume était alors à l'Espagne.

Le premier méridien est à l'Ile de Fer, et c'est le seul qui soit tracé ; il porte la graduation des latitudes. Les degrés de latitude ne sont pas tous égaux ; ils augmentent de l'équateur au pôle. C'est une carte plate réduite, construite sur la rose des vents.

Le Vasseur inventa, dit-on, les cartes marines, appelées *cartes réduites*. Rapporter cette découverte à Le Vasseur, c'est, à notre avis, lui faire trop d'honneur. Les cartes réduites sont dues au hollandais Gérard Mercator ou à l'anglais Edward Wright. Le grand mérite de Le Vasseur est d'avoir tracé les premières cartes réduites françaises (1), et d'en avoir le premier enseigné l'emploi, vers 1630, à nos navigateurs. Toutefois ce ne fut pas la France qui tira le meilleur parti des cartes de Le Vasseur, si précieuses pour les voyages au long cours. Les Hollandais s'en firent les éditeurs. Imprimées sur vélin, elles furent distribuées « par toutes les costes de France et d'Angleterre à fort bon prix », et, ajoute le P. Fournier (2), « il n'y a, de présent, pilote entendu qui ne s'en fournisse ». Malgré les immenses avantages qu'offraient les nouvelles cartes, leur usage fut long à se généraliser. A la fin du xviiᵉ siècle on publiait encore des cartes plates pour représenter de vastes contrées.

Pierre de VAULX (1613)

Pierre de Vaulx, jeune frère de Jacques de Vaulx,

---

(1) Le P. Fournier, *Hydrographie*, liv. XIV, ch. IV.
(2) *Hydrographie*, p. 660.

entra comme lui dans la Marine. Il fut pilote royal au Havre et dressa aussi des cartes ; mais l'œuvre qui nous reste de lui, une carte de 1613, a beaucoup moins de valeur que les travaux de son frère Jacques.

Le 30 Novembre 1601, Pierre épousa à Notre-Dame du Havre Catherine Roussel. De ce mariage naquirent plusieurs enfants ; mais, une lacune existant dans les registres de Catholicité du Havre (entre Avril 1607 et Décembre 1613), nous n'avons connaissance que du baptême de deux de ses enfants : Guillaume baptisé le 15 Novembre 1615 et François le 8 Janvier 1617. Pierre de Vaulx mourut, mais nous ne savons en quel endroit (1), vers 1619, année où Catherine Roussel figure dans les archives de la famille comme tutrice de ses enfants mineurs.

La carte de P. de Vaulx est une carte plate à degrés de latitudes égaux, et construite sur des roses de trente-deux vents. Dans un cartouche placé au bas et à droite, on lit cette inscription : « Ceste carte a esté faicte au havre de grace par Pierre Devaulx, pilote géographe pour le roy, lan 1613 ». Elle est limitée, dans le sens des latitudes, entre 29° lat. S. et 60° lat. N., et, dans celui des longitudes, entre 16° à l'Est de Paris et le méridien de Mexico.

On y remarque trois échelles de lieues. Deux sont surmontées d'un compas, autour duquel s'enroule une banderole contenant cette légende : « Ici sont les mesures des lieux marinnes de quoy lon peult mesurer ceste presente carte ».

La carte est tracée sur une peau de parchemin, et cette peau est entière. Sur la tête de la bête figure la région orientale de la Barbarie. La carte mesure 97 × 64 centim., abstraction faite de la tête de l'animal, et elle est conservée à Paris au Dépôt des Cartes de la Marine.

Dans les *Neufves Espaignes*, au dessus des Amazones, nombreux dessins d'arbres, de montagnes et d'animaux. Sur la carte six navires sont représentés.

______

(1) Nous n'avons pas trouvé son acte de décès dans les registres paroissiaux du Havre.

A la Nouvelle France, au dessus de la *Coste de la Floride*, l'écusson de France surmonté de la couronne royale est soutenu par deux personnages ailés.

Les armes de l'Espagne sont, au dessus de la rivière des Amazones, aux *Neufves Espaignes* ; et au Brésil, figurent les armes de France couronnées et entourées d'un collier.

A côté des noms *Espagne, France, Angleterre, Ecosse, Irlande*, sont dessinées les armoiries de chacun de ces royaumes.

Dans la région orientale du Brésil est un écu montrant une forteresse (or et argent) sur champ de gueules. Ce sont les armes de Castille, que le cartographe a surmontées d'un heaume de chevalier.

Jean **DUPONT** (1625)

Jean Dupont enseigna à Dieppe « l'art de naviguer » (1) dans le premier quart du xvii° siècle. Nous ne possédons pas d'autres détails biographiques sur ce savant dieppois. Il est auteur de deux portulans datés de 1625, et conservés au Dépôt des Cartes de la Marine, à Paris.

Le premier est une carte marine de la Mer du Nord, et est limité au Septentrion par le *Gron de Land* et la *Terre verte* (Spitzberg), à l'Occident par l'*Irland* sous le *Gron de land* et l'Ouest de l'*Irlande*, au Sud par la *Gascongne*, à l'Orient par la *Finlande* et la *Livonie*. C'est une carte plate de forme carrée (60 cm. de côté), établie sur la rose des vents (quatorze roses) et dont les degrés de latitude sont égaux entre eux. Ces latitudes septentrionales s'étendent du 45° au 77° degré et chaque degré équivaut à 17 lieues 1/2.

Dans le sens des longitudes, lesquelles ne sont pas marquées, la carte se développe de l'Islande (dont elle

---

(1) ASSELINE, *op. cit.*

donne la partie orientale) à l'Est de la Mer Blanche (non nommée).

On y remarque deux échelles de lieues, au dessus desquelles est dessiné un compas et autour de chaque compas est enroulée une banderole recouverte d'une inscription. Sur la première (à l'angle inférieur de droite), on lit: « Faite par Jean Dupont de Diepe 1625 », et sur la seconde (à l'angle supérieur de gauche), « Plan à Monsieur le président de Lozon, 1625 ».

Le nombre 1625 est disposé ainsi :
$$\begin{cases} 1000 \\ 600 \\ 25 \end{cases}$$

Le deuxième portulan de J. Dupont est une carte manuscrite en deux feuilles sur vélin, conservée, comme la précédente, au Dépôt des Cartes de la Marine. Elle mesure 0 m. 80 × 1 m. 08, contient quatre échelles de lieues, plusieurs roses des vents, mais nulle trace des longitudes.

Les latitudes, à degrés égaux, s'étendent de 54° lat. N. à 34° lat. S., c'est-à-dire des Flandres au Cap de Bonne-Espérance ; et le degré est aussi de 17 lieues 1/2.

Bornée à l'Ouest par Cuba et la partie occidentale de la Floride et à l'Est par le méridien du Congo et du Cap de Bonne-Espérance, cette carte nous présente un portulan des côtes orientales de l'Amérique, ainsi que des côtes occidentales de l'Afrique et de l'Europe jusqu'aux Flandres (1). Sur une banderole on lit : « Par Jean Dupont, de Diepe, 1625 ». La nomenclature est succincte, et presque illisible.

Deux mots placés en pleine terre à Terre-Neuve — *prima invena* (2) — ont attiré l'attention des géographes. Plusieurs ayant vu là une indication de l'atterrage de Jean Cabot à Terre-Neuve en 1497, nous reviendrons sur ce sujet à propos de l'histoire cartographique de l'Amérique septentrionale.

---

(1) Vᵗᵒ de SANTAREM, *Recherches sur la priorité*... etc., p. 148. — A. MILET, *op. cit.*, p. 10-11, 19.

(2) *Invena* pour *Inventa*.

Comme le portulan qui précède, celui-ci est dédié au président de Lauson. Une banderole, enroulée autour d'un compas ouvert, porte en effet : « A M! le Président de Lozon, 1625 », et l'écusson est : « De gueules à trois serpents mordant leur queue d'or », armoiries inexactes.

Les vraies armes des Lauson (Poitou) sont, d'après d'Ozier (1) : « D'azur à trois serpents d'argent posés en rond deux et un, se mordant le bout de la queue ».

Jean de Lauson, ou Lauzon, sieur de Lirac, président au Grand Conseil, était né en 1584. La Compagnie de la Nouvelle-France, ou Compagnie des Cent Associés, avait son siège à Paris. Plus tard, elle laissa à un syndicat de marchands de Dieppe, Rouen et même Paris, sous la conduite du rouennais Jean Rosée, le soin des opérations commerciales et la gestion des finances de la Compagnie. Jean de Lauson fut le surintendant général de cette association particulière. Très connu en Normandie, on conçoit que Jean Dupont lui ait dédié ses deux cartes, faites peut-être sur les conseils et pour le compte de Lauson lui-même. Devenu gouverneur de la Nouvelle-France en 1651, Jean de Lauson vint mourir à Paris en 1666.

Dans les archives de Saint-Jacques de Dieppe, nous avons trouvé mention du décès, à la date du 4 Août 1633, d'un Jean Dupont qui était âgé de cinquante ans et veuf de Marie Pierre, et qui fut inhumé dans l'église même. Est-ce notre cartographe ?

Jean GUERARD

Jean Guerard, avant de transmettre aux marins dieppois ses connaissances nautiques et son expérience de la mer, navigua plusieurs années.

En 1596, il fit un voyage au Nord-Est du Brésil. Il était le « commandant général » de l'expédition qui se com-

---

(1) DE MAGNY, t. XIII.

posait du navire *Le Dauphin* et de la barque *Le Poste* (1).
Ce fut seulement le 27 août 1607 qu'il rendit compte de sa
campagne (2).

En 1603, J. Guerard arma de nouveaux bâtiments pour
une expédition à l'île de Maranhao (3), et, en 1612, La
Ravardière et François de Razilly le rencontrèrent en cette
même île (4).

Le P. Fournier attribue à Guerard la découverte de
l'inclinaison de l'aiguille aimantée. « Un Normand, dit-il, a
fait cognoistre au monde que l'aiguille touchée d'aymant
ne se tenoit horizontale, ains au contraire s'inclinait sous
l'horizon » (5).

Ailleurs, le même auteur (6) vante en Guerard un
« excellent hydrographe et bon observateur ». Dans le
papier journal de son dernier voyage, en 1639, Guerard
étudia la déclinaison de l'aimant. « Allant à la Mer Rouge »,
il constata entre le 27 Mars et le 9 avril, à quatorze lieues
du Cap de Bonne-Espérance, « un degré 30 minutes de
variation vers l'occident ». Pendant ce voyage, Guerard fit
de nombreuses observations qui sont en partie consignées
dans l'ouvrage du P. Fournier. Aux yeux de cet écrivain,
Guerard est « l'un des plus exacts observateurs qu'il ayt
connu, et qui estoit curieux d'avoir les meilleures boussoles, et les plus exactement divisées qu'on puisse avoir » (7).

J. Guerard enseigna pendant plusieurs années la
science nautique à ses jeunes concitoyens. Mais il ne semble
pas avoir abandonné la navigation pour l'enseignement.
Nous croyons plutôt qu'il consacrait aux matelots dieppois
les loisirs dont il jouissait entre ses diverses expéditions.

---

(1) E. GOSSELIN, *Documents pour servir à l'Histoire de la Marine
normande et du commerce rouennais pendant les* xvi° *et* xvii° *siècles,*
p. 148.

(2) Arrêt du Parlement de Normandie.

(3) Thomas LE FÈVRE du Grand Hamel, *Discours de la navigation,*
p. 188.

(4) De LA RONCIÈRE, *Histoire de la Marine française,* t. IV, p. 351.

(5) *Hydrographie,* Paris, in-folio, 1643, p. 555.

(6) *Ibid.,* p. 549.

(7) *Ibid.,* p. 544.

Guerard ne reçut-il pas, comme Desceliers, le pouvoir de délivrer des diplômes de pilotes à ceux de ses élèves qui étaient suffisamment instruits pour les mériter ? Henry, duc de Montmorency, amiral de France, dans une visite qu'il fit à Dieppe le 26 Juillet 1615, remit au capitaine Guerard une commission de professeur d'hydrographie et de commissaire examinateur des pilotes (1). « Guerard a été le premier de l'Europe qui a eu ce titre. Il fait d'autant plus d'honneur à sa mémoire qu'il étoit épuré de tout motif lucratif et qu'il n'avoit que la décoration d'être utile à ses concitoyens » (2). Cet éloge du mérite de Guerard nous paraît excessif. Le chroniqueur Desmarquets ignorait-il qu'un autre dieppois, P. Desceliers, avait été pourvu de la charge, ou du moins avait rempli les fonctions de commissaire examinateur des pilotes ? Et, en dehors de France, est-ce que Cabot et bien d'autres européens n'avaient pas aussi ce titre ?

Desmarquets prétend que Guerard adressa à l'amiral Coligny un Mémoire dans lequel il développait les principes du pilotage et prouvait que les Dieppois devaient à l'application de ces principes leurs découvertes et leurs succès maritimes. « Le gouvernement français, fait observer Desmarquets, ne se doutoit seulement pas qu'il pût y avoir une science qui apprît à connoître l'endroit où l'on étoit au milieu des mers les plus éloignées, aussi sûrement que l'on connoissoit celui où l'on étoit quand on voyageoit par terre » (3).

Coligny reconnut, dit notre Normand, l'utilité de la science nautique, mais les embarras des guerres civiles s'opposèrent à la diffusion de son enseignement en France.

Le chroniqueur confond sans doute ici Coligny, qui était mort en 1572, soit avec le duc de Montmorency qui fut amiral de France de 1612 à 1627, soit même avec le cardinal de Richelieu qui, en 1626, fut nommé grand maître, chef et surintendant de la navigation et du commerce de France.

---

(1) Asseline, op. cit., t. II, p. 179.

(2) Desmarquets, op. cit., t. II. p. 6.

(3) Desmarquets, op. cit., t. II, p. 4.

Nous ignorons ce qu'est devenu le Mémoire de Guerard sur l'hydrographie. Faut-il l'identifier avec un petit manuscrit sur parchemin qui figura en 1883 à l'Exposition de géographie organisée par la Société Académique de Brest, et qui était intitulé : « Traité de géodographie ou abrégé de l'art de naviguer, dédié à Armand, cardinal de Richelieu, etc., par Jean Guerard, de Dieppe. Ce 15 novembre 1626 » ? C'est une sorte de manuel à l'usage des marins. L'auteur l'a enrichi de figures et de petits instruments en parchemin servant à résoudre graphiquement les principaux problèmes de la navigation (1).

Nous n'avons pu réussir dans les démarches que nous avons tentées pour consulter ce précieux document qui, en 1883, appartenait à une dame Fleury, de Brest.

Un état de solde du 25 octobre 1629 (2) mentionne de « vieux pilotes qui, après une longue expérience, feront les descriptions des côtes et hauteur des isles ». Jean *Guerárt* y figure, avec un traitement de cent cinquante livres, dans la liste de six pilotes. Dans un autre état des dépenses faites en l'année 1635 pour la marine de Ponant, la somme de quatre cents livres est servie pour ses appointements à Jean Guerard, pilote entretenu en ladite marine (3). Qualifié *d'ingénieur et géographe* du roi, Guerard fut chargé par le Cardinal de Richelieu, suivant une ordonnance du 9 avril 1635, de tracer la carte du littoral de la France. Le lieu de sa mission, pour laquelle il reçut la gratification de cinq cents livres, nous est inconnu. On sait seulement qu'il devait « reconnoître les côtes de la mer » (4).

En quelle année mourut Guerard, on l'ignore. Le P. Fournier vantant le grand mérite de Guerard comme carto-

---

(1) Biblioth. de l'Ecole des Chartes, t. XLIV, 1883, p. 392.

(2) Archives du Ministère de la Marine. — Personnel civil et militaire, états de solde.

(3) Documents sur l'Histoire de France, Correspondance de Sourdis, t. III, p. 376.

(4) Documents sur l'Histoire de France. Correspondance de Sourdis. Etats au vrai de la recette et dépense faite par F. Leconte, trésorier général de la Marine de Ponant pour l'année 1635, t. III. p. 516.

graphe le cite dans son hydrographie de 1643 avec le qualificatif *feu*.

Guerard n'existait donc plus à cette date. Et comme trois ans plus tôt il étudiait en mer la variation de la boussole, il mourut certainement entre 1640 et 1643. La date de 1648, proposée par certains, est donc à rejeter.

Guibert raconte (1) qu'en 1648, deux navires dirigés par les deux fils de Jean Guerard, maître et professeur d'hydrographie à Dieppe, firent un heureux voyage aux Indes Orientales, et Asseline (2) ajoute que l'un de ses deux fils peignit en lettres d'or à la poupe de son bâtiment : *Dieu y pourvoira*, au lieu de la formule ordinaire : *Dieu conduira la...*

Doutait-on qu'il fût assez expérimenté pour entreprendre un si long voyage, ou bien appréhendait-on la rencontre des ennemis de la France ? Toujours est-il qu'étant revenu à bon port, il fit inscrire que *Dieu y avoit pourvu*.

Excellent pilote et maître de navigation, Jean Guerard fut encore un des plus habiles cartographes normands. « Feu Monsieur Guerard diepois, hydrographe de Sa Majesté, a fait les plus belles cartes et plus justes qui se soient vuës en ce siècle », écrivait le P. Fournier (3). Le nombre de ses travaux est considérable. Nous connaissons notamment ses cartes signées et datées de 1625, 1627 (deux cartes), 1628, 1631, 1633, et 1634.

Planisphère de 1625. — Cette mappemonde manuscrite sur vélin (50 × 73 centim) (4) porte comme inscription à son sommet : « Nouvelle description de tout le Monde ». A l'angle supérieur de gauche est un plan de la ville de Dieppe vue de la mer. Au-dessus et autour d'une sphère armillaire, on lit : « Carte faitte en Dieppe par Jean Guerard l'an 1625 ».

---

(1) *Mémoires pour servir à l'histoire de la ville de Dieppe*, 1878, p. 303 et suiv.

(2) *Op. cit.*, t. I, p. 268.

(3) *Hydrographie*, p. 648.

(4) Dépôt des Cartes de la Marine, à Paris.

Aux deux angles inférieurs, Guerard a transcrit une « Table contenant les quatre années de la déclinaison du soleil ».

Le méridien, passant, croyons-nous, par l'île de Fer, car les Canaries n'y sont pas représentées, divise cette mappemonde en deux parties égales.

C'est une carte plate à latitudes réduites, s'étendant de 83° lat. N. à 66° lat. S. Les parallèles y sont tracés de 5° en 5°, et deux échelles de latitudes réduites y sont dessinées.

Les longitudes, marquées sur l'équateur, sont orientales de 0° à 360°.

Construite sur la rose des vents, cette mappemonde laisse voir plusieurs roses. La rose centrale est au point d'intersection de l'équateur et du premier méridien.

On y remarque un écusson : « d'azur à trois serpens de sable, mordant leur queue ». Guerard, à l'exemple de J. Dupont, avait dédié cette œuvre au Président de Lauzon.

Cartes de 1627. — En l'année 1627, J. Guerard traça du littoral maritime de la France deux cartes à peu près identiques comme dimensions, comme tracé et comme nomenclature, avec les mêmes monstres marins s'ébattant sur les eaux, et les mêmes navires pavoisés des mêmes pavillons.

L'une a pour titre « Description hydrographique des costes, ports, havres et rades du roiaume de France » et renferme une foule de renseignements sur la côte française de Calais à Fontarabie ; l'autre, qui est aussi une « Description hydrographique de la France », indique la profondeur et la nature du fond de la mer dans les mêmes limites.

Ces deux cartes sont restées tout à fait inconnues, et nulle étude n'en a encore été publiée. Nous les avons découvertes au Dépôt des Cartes de la Marine à Paris. La première, « Carte faitte en Dieppe par Jean Guerard, 1627 », s'étend en latitude depuis le Nord de l'Espagne jusqu'à 53° lat., elle mesure 1 m. 35 × 0 m. 80, et est construite sur la rose des vents. Les latitudes y sont tracées, et on y remarque aussi une échelle de lieues. A l'Est et au Sud de cette carte, J. Guerard décrit, dans un texte détaillé, les « costes, ports, havres et rades du roiaume de France ». Ces lignes rédigées avec compétence forment une importante contribution à la géographie du littoral maritime de notre pays (1).

La nomenclature de la carte est à peu près celle du texte écrit. En somme, nous avons là un travail très soigné, et, quoique le parchemin soit usé et bien jauni, l'écriture est néanmoins très lisible.

La seconde carte, « Description hydrographique de la France », est en deux parties et mesure 1 m. 20 × 0 m. 80. Très correctement dessinée, elle se développe en latitude de 41° à 54°, et figure les côtes maritimes de la France avec celles du Sud de l'Angleterre et du Nord de l'Espagne. Elle est construite sur la rose des vents, sans aucune indication de longitudes. Dans le sens longitudinal, ses limites se déploient entre le méridien des îles *Sourlingues* et le méridien d'Ostende.

Le long du littoral, la nomenclature est assez dense. Mais la caractéristique de cette carte, c'est l'évaluation numérique en brasses de la profondeur de la mer tout le long de la côte française. Tous les points importants ont été repérés avec la plus grande exactitude.

Au milieu de l'Océan se remarque un grand écusson : « d'azur à trois serpents de sable mordant leur queue ». Ce sont précisément les armoiries du Président de Lauzon.

Sur la mer s'agitent des monstres marins, et particulièrement des dauphins. A la hauteur de l'embouchure de la Garonne, on voit un dauphin monté par un dieu marin.

Parmi les beaux navires, qui voguent sur la Manche et l'Océan Atlantique, plusieurs sont à signaler. Dans la baie de Seine, deux de ces bâtiments se canonnent mutuellement. Au sommet de leurs deux principaux mâts flottent sur l'un un pavillon, « croix blanche sur champ d'azur » (pavillon de France), et sur l'autre un pavillon aux trois

---

(1) Nous avons retrouvé à la Biblioth. nat. (ms. franç. 6416, fol. 199-206) ce même texte sous le titre : *Description hidrographique de la France de Calais à St-Jean-de-Luz*, en 1627.

couleurs, « bleu, blanc, rouge », disposées perpendiculairement à la hampe (pavillon hollandais ?).

Au sud du cap *Lésart*, trois navires sont entrés en lutte et s'accablent de coups de canon. Deux de ces bâtiments ont un pavillon français, « croix blanche sur champ d'azur », et le troisième, poussé entre les deux autres et presque cerné par eux, montre un pavillon « croix blanche sur champ de gueules ». Le cartographe ne s'est-il pas trompé, et n'a-t-il pas voulu représenter le pavillon anglais « croix de gueules sur champ d'argent » ? En cette année 1627, Charles Ier, roi d'Angleterre, était en guerre avec la France, et ce fut en vain que les Anglais attaquèrent l'île de Ré, à la hauteur de laquelle Guerard figure deux bâtiments se canonnant (1). L'un arbore le pavillon français, et l'autre le pavillon « croix blanche sur champ de gueules », que nous prenons pour un pavillon anglais dont on a échangé les couleurs. A moins toutefois que le cartographe ait voulu rappeler la lutte maritime de Louis XIII contre les protestants français.

Près de *Plemarc*, et à la hauteur d'*Arcanson* (Arcachon) sont dessinés des navires français.

Au bas de la carte est tracée une échelle de lieues, sur laquelle 17 lieues 1/2 valent un degré. Au-dessus de cette échelle, une sphère armillaire est surmontée d'un compas autour duquel s'enroule une banderole portant cette inscription : « Carte faitte en Dieppe par Jean Guerard, 1627 ». La sphère armillaire est entourée d'une nouvelle banderole, sur laquelle on lit ce vers latin : « Tempora navali fulgent rostrata corona », et sur l'Océan est une troisième banderole avec cette légende : « ergo maria invia Gallis ».

Que signifient ces citations latines? Le vers est emprunté à Virgile (2) et se traduit ainsi : « Son front brille ceint de la *couronne rostrale* ». Le poète fait allusion au triomphe d'Agrippa après la bataille navale d'Actium. Quel est donc

---

(1) Les Anglais furent battus et chassés de l'île de Ré, au mois de novembre 1627.

(2) Enéide, livre VIII, v. 684.

le Français qui en 1627 avait remporté sur mer une victoire comparable à celle qui, à Rome, méritait à son auteur la *couronne rostrale ?*

Et comment rapprocher cette citation de cette autre : « ergo maria invia Gallis », la route des mers est donc interdite aux Français ?

Les deux cartes de Guerard (1627) semblent avoir été dressées sur l'ordre du Cardinal Richelieu qui en cette année 1627 s'attaqua aux Protestants et à leurs alliés, les Anglais. Ces deux cartes se complètent l'une l'autre, et forment un excellent portulan du littoral de la France. On y voit des détails très circonstanciés sur les côtes, en même temps que sur les mouillages avoisinant le littoral et sur la profondeur de la mer exactement exprimée en brasses.

Au mois d'Octobre 1626, Richelieu avait été nommé Grand maître de la navigation, et le mois suivant il s'était approprié le beau programme du chevalier Isaac de Razilly. Si la carte date du commencement de l'année 1627, le vers de Virgile peut s'appliquer à Richelieu, à qui Guerard aurait flatteusement décerné par anticipation la couronne rostrale que les Romains n'accordaient qu'au navigateur ayant détruit une flotte ennemie. Si au contraire la carte a été préparée à la fin de l'année 1627, Guerard fait sans doute allusion à Claude de Razilly qui le 8 Octobre 1627 gagna à l'île de Ré une bataille sur les Protestants et les Anglais, et que, en souvenir de cet exploit, Louis XIII fit représenter par le peintre Claude Vignon sous les traits de Neptune entraîné sur les eaux par des monstres marins (1).

Carte de 1628. — L'ensemble des deux parties de cette carte, dont l'original est au Dépôt des cartes de la Marine à Paris, mesure 1 m. 18 × 0 m. 90.

On distingue deux échelles de lieues. L'une d'elles est surmontée d'un compas ouvert, entouré d'une banderole avec cette inscription : « Carte faitte en Dieppe par Jean Guerard l'an 1628 ».

----

(1) Ch. de LA RONCIÈRE, *Histoire de la Marine française,* t. IV, p. 506-533.

Construite sur la rose des vents et sur les latitudes, la carte de 1628 s'étend de 60° à 80° lat. N., et chaque degré vaut 17 lieues 1/2.

Au dos de la carte, nous avons lu cette indication : « Costes de Norvege jusqu'à la Nouvelle Zemle par Guerard, 1628 ».

Sur toute l'étendue de la carte, ces deux mots, « L'Océan septentrional », sont écrits en grandes lettres de 4 à 5 cm. de hauteur.

Dans la mer apparaissent deux monstres marins et deux navires avec pavillons français à deux de leurs mâts.

Au Nord de la Norvège sont représentés unis l'un à l'autre un homme et une femme, dont le corps se termine en queue de poisson. L'homme tenant à la main un trident, ces deux personnages sont donc Neptune et Amphitrite.

Carte de 1631. — Cette carte, si elle était complète, mesurerait 1 m. 58 × 1 m. 17. Le Dépôt des cartes de la Marine n'en possède que trois parties sur quatre. La portion manquante (80 × 47 centim.) occupait l'angle inférieur de gauche.

Sur un large ruban, on lit : « Carte faitte en Dieppe par Jean Guerard, 1631 ».

Nulle trace de roses des vents. La carte est basée sur les coordonnées géographiques, latitudes et longitudes. Les longitudes sont marquées sur l'équateur et s'étendent depuis l'extrémité du Golfe du Mexique jusqu'à 57° longitude orientale. Le premier méridien passe par l'île *Corve* des Açores. Les latitudes sont croissantes.

Nous ne remarquons aucune échelle.

Dans l'angle supérieur de droite, Guerard présente un tableau dans lequel sont inscrits les « Noms des Isles qui sont dedans la Mer Méditerranée ». Nous y comptons deux cent dix noms.

La carte totale a pour limites : au Nord, l'Irlande ; au Sud, le Cap de Bonne-Espérance ; à l'Ouest, les côtes orientales de l'Amérique ; et à l'Est, le littoral occidental de l'Europe et de l'Afrique.

Cette carte a pour but d'indiquer aux navigateurs les endroits où l'aiguille aimantée décline plus ou moins. Quelques exemples mettent ce point en évidence.

Au *Cap de Frie* est un cercle dans lequel on lit : « Leguille varie en ce lieu 13 degrés nord-est » ; à l'île de *Asancion* (long. 3° Est et lat. 20° 1/2 S.), « Leguille varie en ce lieu 12 degrés 15 minutes nord-est » ; à l'île la *Trinité* (long. 6° 2/3 Est et lat. 19° 1/2 S.), « Leguille varie en ce lieu 15 degrés nord-est » ; près du *Cap Saint-Augustin*, variation de 8 degrés 10 minutes nord-est ; à l'île *Fernande de Loronha*, ou *ysle a rat*, variation de 13 degrés 20 minutes nord-est ; à la *Rivière Pelé* (355° long. et 2° lat. S.), variation de 12°9' N.-E.; dans l'Océan, à l'île de l'*Ascension* (long. 22° 1/2 et lat. 12° S.), variation de 6°25' N.-E.; à l'île *Sainte-Hellaine* (long. 30° et lat. 16°1/2 S.), variation de 5°20' N.-E.; dans l'Océan (long. 28° et lat. 33° S.), variation de 8°18' N.-E.; à l'Ouest du Cap de Bonne-Espérance, « Leguille est fixe à 70 lieues » ; à la *Vermude*, variation de 10°3' N.-O. ; aux Açores, à l'île *Flours*, variation de 3° N.-E.; à l'île *Tierciere*, variation de 4°40' N.-E.; à l'île *Maidas* (long. 13° et lat. 17° 1/2 N.), variation de 5°15' N.-E.; à l'île *Brasil* (long. 16° et lat. 51° N.); au-dessous et à 2° lat., variation de 7°30' N.-E.; aux îles du *Cap Vert*, variation de 2°40' N.-E.; au *Cap Serlionne*, variation de 2° 1/2 N.-E.

Carte de 1633. — Portulan dont l'original est au Musée de Dieppe et n'a jamais été étudié. Composé de deux feuilles de parchemin réunies qui mesurent chacune 0 m.75 × 0 m.50, ce portulan se développe sur une largeur de 1 m. et une hauteur de 0 m. 75. Il reproduit les côtes de l'Amérique centrale depuis un ou deux degrés à l'Ouest de la *Mer Mexique* jusqu'à l'embouchure des Amazones, et s'étend en latitude de 1° lat. S. à 32° 1/2 lat. Nord.

Les degrés de latitude sont égaux. C'est une carte plate construite sur la rose des vents. La rose centrale est un peu au-dessous de l'île *Espagnolle* à 15° latitude Nord.

On y remarque trois échelles de lieues. L'une est tracée vers l'équateur, une seconde au Nord des petites Antilles entre 25° et 27° lat., et une troisième surmontée d'un compas et d'une banderole qui l'entoure, est logée dans la Mer du Sud. Il y a 17 lieues 1/2 au degré.

Au-dessus de la première échelle, une autre banderole, placée entre 1° et 4° lat. N. et enroulée autour d'un compas ouvert, porte cette inscription : « Carte faitte à Dieppe par Jean Guerard, 1633 ».

Au sommet oriental de la carte sont peintes les armoiries suivantes : « d'azur à la licorne d'argent passant sur une terrasse de sinople surmontée d'un heaume avec une licorne issant », accompagnées d'ornements en feuillages.

La nomenclature est mélangée d'Espagnol, de Portugais et de Français.

Beaucoup d'îles des Antilles ont leurs contours dorés et ornementés.

En mer, à la hauteur de 15° lat. N., et vers 105 à 110 lieues à l'Est de Saint-Dominique et la Martinique, est l'indication : *60 brasses.*

Planisphère de 1634. — Petite mappemonde, (0 m. 357 × 0 m. 48), portant le titre de « Carte universelle hydrographique faite par Jean Guerard, l'an 1634 », et conservée au Dépôt des Cartes du Ministère de la Marine à Paris. Elle s'étend de 69° lat. S., à 81° 1/4 lat. N.

Les méridiens sont des lignes parallèles équidistantes, et le premier méridien passant par l'une des Canaries divise la carte en deux parties égales. Les degrés de longitude sont égaux au premier degré de latitude à partir de l'équateur. Toutes les longitudes sont orientales, de 0° à 360° : de 0° à 180°, du premier méridien à la limite Est de la carte ; et de 180° à 360°, de la limite Ouest au premier méridien.

Les degrés de latitude croissent de l'équateur au pôle ; c'est donc une carte réduite.

Au haut de la carte et à gauche sont les armoiries du Cardinal de Richelieu : « trois chevrons de gueules sur champ d'argent ».

Guerard note, à droite de sa mappemonde, les climats

boréaux et les climats austraux, et, à gauche, les zones froide, tempérée et torride.

Au Nord de la Californie, représentée comme une île, nous lisons : « Grand Ocean descouvert l'an 1612 par henry hudson Anglois ; l'on croit qu'il y a passage de la au Japan »...

Une région s'étend à l'Ouest de la Californie et au Nord : c'est encore l'Amérique septentrionale, et plus près on lit : *Nouvelle Albion.*

Quelques gros poissons ; mais ni navires, ni armoiries de pays.

Dans le Pacifique à l'Ouest du Pérou : « Isles que pedro Fernandes de Quiros, et louis vaez de Torrès ont descouvertes ».

Guerard fait ici allusion à l'expédition entreprise en 1505-1506 par Pedro Fernandez de Queiros et Louis Vaez de Torrès pour découvrir le Continent austral. On sait que Queiros aborda à l'île du Saint-Esprit dans les Nouvelles Hébrides et que Torrès pénétra dans le détroit qui porte aujourd'hui son nom (1).

Au bas de son planisphère, Guerard a dessiné deux figures très curieuses qui permettaient alors de résoudre, mais très approximativement, quelques questions d'astronomie nautique.

La première, située à gauche de la carte, est empruntée aux meilleurs traités d'hydrographie de l'époque. Elle se compose essentiellement de plusieurs circonférences presque concentriques, sur lesquelles sont marqués successivement, en se dirigeant de l'extérieur vers le centre, les divers mois de l'année, puis les signes du zodiaque, dont la position est dépendante de celle des mois. A l'intérieur de ces circonférences sont tracés, d'un centre particulier, des arcs de cercle sur lesquels sont inscrits les 23° 1/2 de la

---

(1) Mémorial d'Arias, publié par Dalrymple en 1773 (*Historical Collection*) et traduit en anglais par Major, *Early Voyages to Terra Australis*, London, 1859, in-8°, p. 1-30. — *Historia del Descubrimiento de las regiones Australes*, écrite sous la dictée de Queiros et publiée par Zaragoza (t. 1, p. 192-375, et passim). — Torquemada, *Monarquia Indiana.*

déclinaison du soleil. Telle est dans ses parties les plus apparentes cette figure (1), à l'aide de laquelle on résoud plusieurs problèmes, et plus spécialement les suivants : Trouver pour chaque jour de l'année le signe du zodiaque et la déclinaison du soleil ; étant connue la déclinaison du soleil, trouver le signe du zodiaque et le quantième du mois (c'est ce qu'on appelait le jour perdu) ; sachant l'âge de la lune, trouver en quel signe du zodiaque elle se trouve.

Le second dessin, à droite, est très intéressant, parce qu'il résume toutes les notions générales sur la sphère. C'est une sphère armillaire pourvue des grands cercles : Horizon, Méridien, Equateur, Zodiaque avec l'Ecliptique et les deux Colures ; et des petits cercles : les deux tropiques et les deux cercles polaires.

A notre avis, cette carte est de dimensions trop restreintes pour avoir été de quelque utilité aux navigateurs. C'est sans doute une carte d'amateur. Elle est très soignée. Les peintures sont très délicates et très fines. C'est un véritable objet d'art ; mais comme topographie cette mappemonde n'est pas en progrès sur les autres travaux cartographiques de l'époque. A côté de découvertes importantes comme celles du Nord de l'Europe, par exemple « le refuge aux françois ou port Saint-Louis », nous trouvons à 51° lat. Nord l'île *Brasil*, à 48° lat. Nord l'île *Maidan* (toutes deux sur le premier méridien). L'île *Saint-Brandon* est à l'Est de Madagascar. Le Maragnen existe indépendamment du fleuve des Amazones, et il se réunit avec le Rio San Francisco au Rio de la Plata. Ce sont là des données fausses qui à cette époque étaient à peu près toutes rejetées.

Samuel CHAMPLAIN

Samuel Champlain n'était pas d'origine normande. Il était né vers 1567 à Brouage en Saintonge. Mais son his-

______

(1) Intitulée par plusieurs auteurs : « Figure de la déclinaison du soleil et son vray mouvement ».

toire est tellement liée à celle des Normands qu'elle en est inséparable (1).

Champlain n'a agi qu'avec le concours des Normands et ses expéditions sont vraiment normandes. C'est à Dieppe, à Honfleur, à Rouen et dans d'autres ports voisins qu'il a tiré toutes les ressources nécessaires à ses explorations : vaisseaux, pilotes, matelots, argent. Toutes les productions du sol qu'il exporta dans la Nouvelle-France provenaient de la Normandie et étaient fournies par les ports normands. Ses interprètes Marsolet, Marguerie, Hertel, Brulé, Nicolet, les trois Godefroy étaient normands, ou domiciliés en Normandie. C'est d'un havre normand et plus particulièrement de Honfleur (2) qu'il appareilla pour se rendre à la Nouvelle-France.

Dans l'intervalle de ses voyages, Champlain résidait certainement en Normandie. Plusieurs fois il est signalé, et le fait est assez vraisemblable, comme habitant de Dieppe ou même comme armateur dieppois. En tout cas, il demeurait à Dieppe en 1603, quand il s'embarqua avec de Pont-Gravé (3) pour le Canada (4).

En 1598, Champlain se mit momentanément au service de l'Espagne sous les ordres d'un de ses oncles. Il put ainsi visiter les Indes Occidentales comme capitaine d'un navire affrété pour le compte du Roi. Il fit le tour de la mer des Antilles, et, à travers la terre ferme, gagna même le Mexique et l'isthme de Panama. Il a écrit la relation de ce voyage qui dura deux ans (1599-1601), et ayant vu du haut des mon-

---

(1) Gabriel GRAVIER, *Vie de Samuel Champlain, fondateur de la Nouvelle France*, (1567-1635), Paris, 1 vol. in-8°, 1900. — Divers Mémoires de Benjamin SULTE dans les *Transactions of Roy. Soc. of Canada*. — Abbé FAILLON, *Histoire de la Colonie Française en Canada*, Montreal, 1866, 3 vol. in-8°. — Benj. SULTE, *Mélanges d'Histoire et de Littérature*, Ottawa, 1876, 1 vol. in-12.

(2) Honfleur, « havre ordinaire de nostre embarquement », dit Champlain.

(3) « Homme sage, habile, infatigable et d'une grande expérience » (Charlevoix, *Histoire et description générale de la Nouvelle France*, Paris, 1744, in-12, t. 1, p. 185).

(4) Ch. VASSELIN, *Récits historiques dieppois et normands*, Dieppe, 1905, in-8°, p. 134.

tagnes de l'isthme les deux océans, il conçut le projet d'un canal « par lequel on accourciroît le chemin de plus de 1500 lieues » (1). En utilisant une petite rivière qui coulait près de Porto Bello, il n'y aurait, disait-il, que quatre lieues de canal à creuser. A son retour en France, il remit un rapport détaillé sur la question au roi Henri IV, qui le pensionna et le nomma son Géographe. L'idée de Champlain pour le percement de l'isthme de Panama n'a été réalisée que de nos jours.

Au mois de Juin 1603, Champlain était à Tadoussac, où il prit contact avec les sauvages qui lui inspirèrent tant de sympathie et qu'il mania si habilement. Il rentra à Honfleur le 27 Octobre 1603, et porta ensuite à Henri IV le mémoire et la carte de son voyage.

De 1603 à 1633, Champlain traversa vingt-quatre fois l'Atlantique. Il était obligé de repasser très souvent en France pour appuyer et défendre les intérêts de son œuvre. Des concurrents jaloux travaillaient pendant son absence à faire abolir les lettres patentes que le roi lui avait octroyées, et pour leur tenir tête il dut bien des fois venir plaider lui-même sa cause auprès du Roi et de son Conseil.

L'œuvre de Champlain comme explorateur est très belle (2). Il découvrit la côte orientale de la Nouvelle-Ecosse et du Nouveau Brunswick. Il aperçut les îles Madeleines, mais non l'île du Prince Edward parce qu'il voguait trop au Nord de cette île.

Sur la rive gauche du Saint-Laurent, il connaissait le Saguenay et le Saint-Maurice, qui coulent dans la province de Québec. Des récits indiens le renseignèrent sur les territoires qu'il ne put visiter. Il s'avança jusqu'à la limite méridionale du bassin du Saint-Laurent, mais ne vit pas que ce grand fleuve sortait du Lac Ontario.

---

(1). *Brief discours des choses plus remarquables que Samuel Champlain de Brouage a reconnues aux Indes occidentales au voyage qu'il en a faict en icelles en Lannée mil Vc IIIIxx XIX, et en l'année mil VIc I comme en suit* (publié en 1859 par l'Hakluyt Society, et en 1870 par l'abbé Laverdière au 1er vol. des Œuvres de Champlain).

(2). Nous ne considérons dans cette étude Champlain que comme explorateur et comme cartographe.

A l'Ouest, Champlain atteignit le Lac Nipissing, la rivière French et la Baie Géorgienne. Il descendit jusqu'à la côte orientale du Lac Huron, la longea en partie et soupçonna la vaste étendue du Lac. Il entendit parler du Lac Supérieur, traversa à la rame le Lac Ontario, et pénétra dans la région septentrionale de l'Etat de New-York.

Champlain parcourut à pied bien des pays et les visita avec grande attention. Rien n'échappa à son esprit observateur. Les qualités et les productions naturelles du sol, les mœurs des différentes tribus, il nota et décrivit tout avec soin et avec détails. Sa mission était de fonder une colonie. Il se proposait aussi, nous le savons par lui-même, de trouver un chemin vers l'Ouest, ce fameux chemin qui devait conduire par le Nord de l'Amérique vers la Chine et qui avait été le rêve de tous les navigateurs et explorateurs du xvie siècle. Mais il n'eut pas la bonne fortune de découvrir ce passage si recherché depuis Cabot.

Champlain, le « père de la Nouvelle-France », mourut le 25 Décembre 1635, emporté par une paralysie rapide (1).

L'œuvre cartographique de Champlain lui est tellement personnelle qu'elle donne l'idée la plus exacte de ses explorations.

Champlain ne tenta pas, comme bien d'autres, de concilier l'ancienne cartographie des régions qu'il visitait avec les résultats de ses excursions. Rompant avec le passé, il négligea les idées reçues et n'admit que les connaissances nouvellement acquises. Ainsi le long de la côte orientale de l'Amérique du Nord, il abandonna complètement la nomenclature de Ribeiro, qui depuis près d'un siècle dominait dans la cartographie de ce pays, et même, au Nord de l'Etat appelé maintenant le Nouveau Brunswick, il n'utilisa pas la nomenclature de Cartier. Il ne retint que la *Baye de Chaleur*, et entre cette baie et l'île Saint-Jean (île du Prince Edward), il inscrivit cette légende le long du rivage : « Lauteur n'a point encore recognu sette coste » (2).

---

(1) *Relation des Jésuites*, 1636, p. 56.
(2) Carte de 1612.

Champlain ne loge sur ses cartes que ce qu'il a vu lui-même ou ce qu'il a appris de sources très autorisées. Il rejette les longues séries de noms purement fantaisistes, les dessins de monstres fictifs, tous les mythes de l'ancien monde tels que les batailles des pygmées et des grues peintes encore un demi-siècle auparavant sur les mappemondes de Desceliers. Son travail cartographique témoigne d'un vigoureux effort pour ne transmettre au public que la vérité absolue. Aussi sa cartographie constitue un type tout à fait à part, et de cette époque date la vraie configuration moderne dès pays que Champlain avait parcourus.

Champlain a tracé et même fait graver bien des cartes qui ne nous sont pas parvenues. Parlant des contrées qu'il avait découvertes « tant à l'Acadie que ès Etechemins et Almouchiquois », c'est-à-dire depuis 1604 jusqu'à l'automne de 1606, Champlain dit formellement : « Je fis la carte fort exactement de ce que je veis, que je fis graver en l'an 1604, qui depuis a esté mise en lumiere aux discours de mes premiers voyages » (1). Mais cette carte de Champlain ne pouvait être que celle de l'itinéraire qu'il avait suivi l'année précédente dans le Saint-Laurent en compagnie de Pont-Gravé.

En 1608, Champlain écrivait (2) : « Estant de retour en France après avoir séjourné trois ans au pays de la Nouvelle-France, je fus trouver le sieur de Mons, auquel je recitay les choses les plus singulieres que j'y eusse veues depuis son partement, et lui donnay la carte et plan des costes et ports les plus remarquables qui y soient ».

Nous n'avons plus la carte à laquelle Champlain fait ici allusion, mais nous possédons encore un certain nombre de plans dressés par lui-même ; ils se rattachent à la côte de l'Acadie et aux rives du Saint-Laurent. Comme dépendant de l'Acadie et de la contrée avoisinante, nous citons : *port de La haie* (La Hève), *por du Rossynol, port au mouton,*

---

(1) *OEuvres de Champlain*, publiées, sous le patronage de l'Université Laval, par l'abbé Laverdière, 6 vol. in-4°, Québec, 1870, t. V, p. 103.

(2) *Ibid.*, t. III, p. 135.

15

port royal, port des mines, R. Saint-Jehan, Isle de sainte Croix, Qui ni be guy, Chouacoit R., Port Saint-Louis, malle barre, le beau port, port fortune, combat contre les sauva-ves avec un dessin de la *barque du sieur de Poitrincourt.* Sur le Saint-Laurent nous distinguons le *port de Tadouac* (Tadoussac), *Quebec, abitation de Quebecq, Deffaite des Yroquois au Lac Champlain, Fort des Yroquois, le grand sault Saint-Louis.*

La première carte que nous possédions de Champlain porte la date de 1612. On signale toutefois trois cartes anté-rieures qui ont été tracées sous l'inspiration de Champlain. 1° La première se rencontre dans l'*Histoire de la Nouvelle-France*, de Lescarbot (1609) (1), ouvrage précieux quoique les matériaux semblent venir de seconde main. La carte, assez mal dressée, repose cependant sur des notions très probablement empruntées à Champlain. Lescarbot s'ingé-nie à faire entrer dans sa nomenclature les lieux découverts par Cartier ; mais ses efforts n'offrent qu'un intérêt secon-daire. Le seul avantage de cette carte, c'est qu'elle est le plus ancien spécimen cartographique du type Champlain.

2° La seconde carte n'est qu'une portion de tracé, attri-buée à Champlain et reproduisant la région de Sainte-Croix. Elle est datée de 1607 (2).

3° Enfin une carte anglaise anonyme de 1610 (3) donne une idée si nette des explorations de Champlain, figurées sur sa carte de 1612, qu'elle ne peut avoir été établie que d'après une esquisse fournie par Champlain lui-même.

Les *Voyages de Champlain* furent publiés en 1613 et c'est dans cet ouvrage que Champlain a inséré deux car-

---

(1) *Figure de la Terre Neuve, Grande Rivière de Canada, et côtes de l'Océan en la Nouvelle France.* Ian Swelinc fecit, I. Millot excudit, Marcus Lescarbot nunc primum delineavit, publicavit, donavit. Avec privilège du Roy. 42 × 18 centim. (Paris, Iean Millot, M. DC. IX ; id. dans l'édition de 1611).

(2) *Description des costes, ports, rades, illes de la Nouvelle France faict selon son vray méridien... Avec la déclinaison de lement... observé par le sieur de Champlain,* 1607. — Ms. sur vélin (545 × 370 millim.) de la Collection Harrisse.

(3) BROWN, *Genesis of the United States.*

les (1). La plus importante porte la date de 1612 (2), et l'autre, plus petite, de 1613 (3), attribue la forme d'une croix à la rivière Sainte-Croix. La nomenclature diffère sur ces deux cartes. Celle de 1612 (4) concorde d'autant plus exactement avec le récit des explorations de Champlain que la carte et la relation sont de la main même de l'explorateur.

Champlain (5) donne quelques détails sur « l'intelligence des deux cartes geograffiques de la Nouvelle-France ». Il s'excuse ensuite de ne les avoir pas parfaitement réussies, « d'autant que l'aage d'un homme ne pourroit suffire a recognoistre si exactement les choses qu'à la fin du temps il ne se trouvast quelque chose d'obmis ». Mais, si quelque voyageur « curieux et laborieux » veut bien faire ses remarques et les adapter à sa carte, « avec le temps on ne doutera d'aucunes choses de ces dits lieux ». Mais « pour le moins, ajoute-t-il, il me semble que j'ay fait mon devoir en ce que j'ay peu, où je n'ay oublié rien de ce que j'ay veu à mettre en madicte carte et donner une cognoissance particuliere au public, qui n'avoit jamais esté descripte, ny descouverte, si particulierement comme j'ay fait, bien que quelque autre par le passé en ayt escript, mais c'estoit bien peu de chose au respect de ce que nous avons descouvert depuis dix ans en ça ».

La carte de 1612 s'étend en latitude de 38° à 56°, et les degrés sont marqués sur une échelle dirigée N.-N.-E. On

---

(1) *Les Voyages du sieur de Champlain Xaintongeois, capitaine ordinaire pour le Roy en la marine. Divisez en deux livres...... Ensemble deux cartes géographiques : la première servant à la navigation dressée selon les compas qui nordestent, sur lesquels les mariniers navigent ; l'autre en son vray méridien, avec ses longitudes et latitudes. A Paris, chez Berjon, 1613.* — *Ces voyages forment le t. III des OEuvres de Champlain*, publiées par l'abbé Laverdière.

(2) *Carte géographique de la Nouvelle France faicte par le sieur de Champlain, Saintongeois cappitaine ordinaire pour le Roy en la Marine, faict len 1612. Daxid Pelletier fecit. 74 × 43 centim.*

(3) *Carte géographique de la Nouvelle France en son vray méridien. 34 × 25 centim.* — Les deux cartes de 1612 et 1613 se trouvent dans le t. III des *OEuvres de Champlain.*

(4) Carte « selon les compas qui nordestent, sur lesquels les mariniers navigent ».

(5) *OEuvres de Champlain*, t. III, p. 270-274.

aperçoit aussi une échelle de lieues au-dessous de laquelle est inscrite la date 1612. Plusieurs légendes apparaissent sur cette carte. A l'angle N.-O. : « I'ay faicte ceste carte pour plus de fasilité à la plus part qui naviguent en ses dicttes costes, dautant qui voyages sur des compas qui sont touchés pour l'emisephère d'asie, sur coy il navigue aus pais et, sy je lusse faicte comme la petite en la plus grand part, ne sen husse ceu servir pour n'avoir la connoissance des dicttes déclinaisons de l'aimant ». A l'angle N.-E. : « Notés que en cette presante carte le nordnordes sert pour le nor, et le ouois norois pour l'ouoist, sur coy lon s'aydera pour savoir les élevasion des degrez de latitude, comme s'y s'estoit le vray est et ouoist et nor et su, dautant que la dicte carte est fabriquée sur des boussoles de france qui nordeste ». Enfin, au bas de la carte, on lit : « observations d'aucunes declinaisons de l'aimant que j'ay biain observées : cap breton, 14°50' ; c. de la heve, 16°15' ; baye Sainte-Marie, 17°16' ; port royal, 17°8' ; Sainte croix, 17°32' ; R. de norenbergue, 18°40' ; Quinibequi, 19°12' ; Malle barre 18°40' ; en la grand R. Saint loran, 21°. Le tout observé par le s^r de Champlain, 1612 ».

Champlain figure vers Terre-Neuve les poissons qu'on y pêche : lou marin, gros chabos, molue, balaine, saumon, chien de mer, bar.

Cette carte est encore construite sur la rose des vents.

La carte de 1613 inscrit les latitudes de 40° à 65° et les longitudes de 289° à 337°. Un degré de latitude mesure 0 m. 0097 et un degré de longitude 0 m. 0074 (1).

En 1632, dans l'édition complète des OEuvres de Champlain, on inséra une carte excellente qui se distinguait de celle de 1612 par une meilleure topographie de la côte du Golfe Saint-Laurent et en même temps par une représentation moins imparfaite de la baie de Fundy (2). On remarque

---

(1) Gabriel GRAVIER (*Vie de Samuel Champlain*, Paris, 1900, in-4° de XXVI-373 p.) donne à la p. 40 la reproduction d'une carte datée de 1615. C'est une copie défectueuse et incomplète de la carte de 1613. La date 1615 est erronée. GRAVIER ne mentionne nullement les travaux cartographiques de Champlain.

(2) *Carte de la Nouvelle France, augmentée depuis la dernière, ser-*

sur cette carte une échelle de lieues, et au-dessous cette inscription : « faicte l'an 1632 par le sieur de Champlain ».
Elle mesure 864 × 513 millim., et s'étend en latitude, de 36°
à 63°, et en longitude orientale, de 283° à 337° dans sa partie méridionale et de 261° à 361° dans sa partie septentrionale. Il existe, avec les précédentes cartes de Champlain,
bien peu de différence comme tracé et comme nomenclature. Les armes royales de France sont placées au-dessus
de *La Nouvelle-France* vers le Labrador.

Nous ne devons pas considérer la carte de 1632 comme
l'unique fruit de l'expérience personnelle de Champlain,
mais plutôt comme une compilation préparée d'après ses
notes. Ainsi il indique à l'Ouest du Lac Huron des lacs
qu'il ne vit jamais et dont il ne connut l'existence que par
les récits des voyageurs et des missionnaires qui les visitèrent après l'achèvement de ses propres explorations.

Dans son « Traitté de la marine et du devoir d'un bon
marinier », Champlain insiste sur l'usage des cartes nautiques dans la marine. Ces cartes « sont necessaires à la
navigation, pour tous mariniers qui peuvent sçavoir le
moyen de les fabriquer pour s'en ayder, en figurant les
costes et autres choses cy dessus dictes, et la façon comme
l'on y doit procéder selon la Boussole des mariniers » (1).

Les cartes de Champlain, insérées dans ses Œuvres,
ne tardèrent pas à être connues des géographes et à exercer
une heureuse influence sur la cartographie. Si quelques-
uns restèrent encore fidèles aux anciens errements, un certain nombre, et non des moindres, adoptèrent le nouveau
type de cartes. Le prémier à mentionner est Jacobsen, dont
la carte (1621) n'est qu'une copie de celle de Champlain.
Puis viennent Hondius (après 1613) et Briggs (1625).

---

vant à la navigation faicte en son vray méridien par le s^r de Champlain,
capitaine pour le Roy en la Marine, lequel depuis l'an 1603 jusques en
l'année 1629 a descouvert plusieurs costes, terres, lacs, rivières et
Nations de sauvages, par cy devant incognues, comme il se voit en ses
relations qu'il a faict imprimer en 1632 où il se voit une marque (qui
indique les) habitations qu'ont faict les François.

(1) In-8° de 55 pages, p. 21-25.

En 1621, l'anglais William Alexander, comte de Stirling, obtint du roi d'Angleterre la concession en fief de toute l'Acadie sous le nom de *Nouvelle-Ecosse*. Il fit tracer en 1624, d'après le type Champlain, une carte de la région, mais à la nomenclature française il voulut substituer une nomenclature écossaise.

La plus importante des cartes dérivées de Champlain est celle de De Laet (1630). Elle tient à la fois de la carte de 1612 qui en forme la base, et de celle de 1632 pour la représentation du rivage septentrional de la Nouvelle-France.

Pierre BERTHELOT

Pierre Berthelot (1), fils de Pierre Berthelot, maître chirurgien puis capitaine de navire, et de Floride Morin, fille de Guillaume Morin, sieur de Chamelonde, fut baptisé le 12 Décembre 1600 en l'église Sainte-Catherine de Honfleur (2).

A l'âge de douze ans, il fit un voyage sur l'*Aigle*, navire de son père, qui à cette époque était devenu capitaine-armateur, et naviguait pour son compte.

Dans ses premières traversées, Pierre Berthelot visita Terre-Neuve, puis différents ports d'Angleterre, d'Espagne et d'Amérique.

A l'école de son père ou des pilotes du bord, il apprit par expérience tout ce qui concerne la conduite des vaisseaux. Il sut réparer les boussoles et fabriquer les instruments nautiques alors en usage. Après sa mort, les Carmes

---

(1) Né à Honfleur sur la place de la *Fontaine bouillante*, aujourd'hui place Hamelin. (Ch. BRÉARD, *Vieilles rues et vieilles maisons de Honfleur du xvᵉ siècle à nos jours*, Honfleur, 1900. p. 89).

(2) Le P. PHILIPPE de la Très-Sainte-Trinité, carme déchaussé, *Voyage d'Orient*, Lyon, 1652, in-8°, liv. 8, ch. 6, p. 435. — C'est la traduction française de l'*Itinerarium Orientale* du même P. PHILIPPE (Lyon, 1649, in-8°), faite par un carme nommé Pierre de Saint-André.

en conservaient religieusement quelques-uns qu'il avait construits lui-même (1).

En 1619, quoique bien jeune encore, P. Berthelot obtint de ses parents l'autorisation de prendre part à une entreprise confiée à la direction du rouennais Augustin de Beaulieu. Des marchands de Paris et de Rouen venaient de s'associer pour trafiquer aux Indes Orientales. Pierre fut inscrit au rôle de l'expédition comme aide-pilote sur l'*Espérance*.

Ce navire fut brûlé par les Hollandais à Jacatra (2), et ensuite Berthelot rejoignit de Beaulieu à Achem. Il resta à terre et, laissant son commandant revenir en France, il s'engagea comme pilote au service de marchands de Saint-Malo.

En 1622, il alla jusqu'à l'île Célèbes et « jusqu'au principal de ses ports qui est celuy de la ville de Macassa » (3).

Il se retira à Bantam dans les premiers mois de 1623. Pendant trois ans il fit des voyages à travers l'Archipel, conduisant, surtout de Bantam à Jacatra, les navires de la Compagnie des Indes. Pour vivre il avait dû se joindre aux Hollandais : il remplit chez eux l'office de pilote. Il ne les aimait guère ; mais n'étaient-ils pas alors les maîtres de toute la contrée ? Le dégoût que lui inspirait la perfidie des agents hollandais et l'ennui « du peu de gain qu'il faisait » (4) le rapprochèrent peu à peu des quelques Portugais qui vivaient dans ces îles et qui pratiquaient la religion catholique. En 1626, s'étant dégagé de tout lien avec la Compagnie des Indes, il vint à Malacca pour se mettre définitivement au service des Portugais. Il éprouvait, selon l'expression d'un de ses biographes, la « sainte nostalgie d'une plage chrétienne », et souhaitait d'aller y mener une vie répondant à ses aspirations religieuses. Il obtint des

---

(1) *Enchiridion chronologicum* du P. Eusèbe de Tous les Saints (Histoire abrégée de la Congrégation du Carmel d'Italie depuis sa fondation jusqu'en 1736).

(2) Aujourd'hui Batavia dans l'île de Java.

(3) Le P. Philippe, *Voyage d'Orient*, p. 440.

(4) *Id., ibid.*, p. 441.

autorités portugaises la permission de passer à Malacca, le dernier boulevard de leur puissance dans ces mers.

A Honfleur, on le croyait mort. Dans un acte du tabellionage d'Auge, daté du 26 Avril 1625, il était porté comme « décédé au voyage des Indes Orientales » (1).

Le 13 Janvier 1629, le pilote Berthelot fut envoyé à Goa par don Antoine Pinto de Fonseca, capitaine-général de Malacca ; il était muni de lettres qui le recommandaient tout particulièrement au vice-roi. Le capitaine-général réclamait une flotte pour aller secourir Malacca.

En Février 1629, époque où Berthelot débarquait à Goa, la situation des possessions portugaises, menacées par les compagnies commerciales, devenait de plus en plus critique.

Don Nuno Alvarez, gouverneur des Indes, rassembla une flotte ; Pierre en fut nommé premier pilote. A la tête de vingt-huit galères qu'il était chargé de mener au secours de Malacca, Berthelot quitta Goa le 22 Septembre 1629. Quand il arriva en vue du port, il en trouva la forteresse étroitement bloquée par les Atchinois que les Hollandais excitaient sous main, et dont l'armée navale se composait de plus de trois cents voiles et de trente galères royales.

Ce fut une campagne brillante. L'honneur de la victoire revint d'abord à l'habileté militaire et à la vaillance du général Nuno Alvarez ; mais l'expérience du jeune pilote Berthelot y avait bien contribué. Toutes les attaques des ennemis furent repoussées et ceux-ci, pris « en un bras de mer tres étroit », durent se rendre à discrétion (2).

Au printemps de 1630, dans le port de Jambi, deux vaisseaux hollandais furent capturés et la bravoure de Berthelot aida si bien à ce succès que le général lui promit l'habit de l'Ordre militaire du Christ, distinction très recherchée en Portugal.

Un autre jour, le pilote Berthelot attaqua et aborda un

---

(1) E. Guérin, *La route de l'Inde*, p. 251. — Ch. Bréand, *Le Vieux Honfleur et ses marins*, Rouen, 1897, in-8°, p. 44.

(2) Le P. Philippe, *Voyage d'Orient*, p. 488.

grand navire de guerre. Des premiers il se jeta sur le pont
de l'ennemi, parvint jusqu'au mât, y grimpa et, détachant
le pavillon, revint le déposer aux pieds du gouverneur. Pour
tant de courage, Nuno Alvarez Botelho anoblit, séance
tenante, le vaillant pilote et même il lui composa un blason :
une tour chargée d'un étendard. On ne pouvait mieux sanc-
tionner l'exploit que venait d'accomplir notre Normand.

Le nouveau vice-roi arrivé récemment de Lisbonne,
don Miguel de Noronha, comte de Linharès, pour se l'attacher, nomma Berthelot pilote-major et cosmographe du roi
de Portugal. Dès 1631, il remplit ses nouvelles fonctions
dans une expédition contre le roi de Mombaza, sur la côte
orientale d'Afrique. La ville fut prise. Un peu plus tard, il
y fut envoyé de nouveau pour ravitailler la place. Il fit
encore, vers le même lieu et dans les eaux de Madagascar,
des sondages pour renflouer des navires naufragés. Surtout il revisa la carte marine, en particulier dans les parages de Malacca et d'Atchin.

Le comte de Linharès parvenu au milieu de son second
triennal (1) songeait à rentrer en Europe et à y ramener
Pierre Berthelot pour lui faire accorder par la Cour la
récompense due à ses services, mais le 24 Décembre 1634,
Berthelot, se sentant un vif attrait pour la vie religieuse,
reçut l'habit de carme au couvent de Goa et prit en religion
le nom de *Denis de la Nativité*.

Deux ans plus tard, en 1636, les Hollandais poussèrent
leurs incursions jusque dans le port de Goa. Le vice-roi
réunit aussitôt ses forces navales et se prépara à leur donner
la chasse ; mais pour arriver plus facilement à la victoire,
il fallait confier la flotte à un pilote expert. Son habileté
reconnue, sa vaillance éprouvée, ses succès passés désignaient tout naturellement Pierre Berthelot pour cet office.
Le vice-roi le réclama. Berthelot obéit ; il se rendit à bord
du vaisseau-amiral et, sous la bure, y reprit simplement son
ancien poste. L'engagement dura trois jours ; il fut meur-

---

(1) Les vice-rois des Indes étaient nommés par le roi tous les trois
ans.

trier. Berthelot se prodigua au premier rang, il reconduisit heureusement la flotte au port, puis rejoignit son monastère.

En 1638 mourut le sultan d'Atchin. Son successeur étant précisément un ami des Portugais, le Conseil du vice-roi de Goa, pour conserver l'amitié des Atchinois, décida d'envoyer un ambassadeur complimenter le nouveau sultan. Don François de Soza de Castro fut désigné comme chef de cette ambassade. Il demanda au P. Denis de l'accompagner, parce que « dans ce voyage il désirait s'en servir comme d'un tres expert pilote et comme d'un truchement tres sçavant en la langue Malacque et en la Portugaise » (1).

Mais avant le départ, le P. Denis, qui n'était encore que diacre, reçut la prêtrise. Elle lui fut conférée le 24 Août 1638 par Mgr Alphonse Mendez, patriarche d'Ethiopie, S. J.

L'ambassadeur et son pilote partirent du port de Goa le 25 Septembre 1638 avec trois galères subtiles (2). Le pilote Berthelot eut à lutter contre les éléments. Enfin, la petite escadre sortit saine et sauve de plusieurs « tempêtes effroyables » (3), et le 25 Octobre, après un mois de traversée, elle atteignit les îles des Exilés, situées à deux lieues environ de la côte de Sumatra, au large d'Atchin.

Les agents de la Compagnie hollandaise, ayant appris par leurs espions le départ de la flottille, avaient présenté au nouveau sultan cette légation pacifique comme un attentat déguisé contre son autorité et contre sa religion. Ils en voyaient la preuve dans la présence, à bord, d'une troupe de soldats et de missionnaires, à la tête desquels Pierre Berthelot, l'ancien pilote-major et l'ennemi juré d'Atchin. En réalité, les Hollandais depuis longtemps se servaient des Atchinois pour saper la puissance portugaise.

Convaincu par ces insinuations, le sultan résolut de traiter les Européens, membres de l'ambassade, comme des prisonniers de guerre, c'est-à-dire de les réduire à une dure

----

(1) *Voyage d'Orient*, p. 498.

(2) *Ibid.*, p. 500.

(3) *Ibid.*; p. 500.

captivité et de leur donner à choisir entre l'apostasie et la mort.

Chacun des prisonniers fut donné comme esclave à quelque habitant d'Atchin.

Le P. Denis de la Nativité fut enfermé dans la plus infecte des prisons, « logette tres obscure et tres sale » (1) ; on lui mit aux pieds « des fers tres rudes et tres fascheux », et il passa ainsi plusieurs semaines dans cette « grotte puante et infecte » (2).

Le 29 Novembre 1638, après un mois de captivité, les prisonniers furent tirés de leurs cachots et menés au bord de la mer. Là, on leur donna lecture de l'édit par lequel étaient condamnés à mort tous ceux des Portugais qui n'embrasseraient pas sur le champ la religion musulmane. Le P. Denis et ses compagnons répondirent aux bourreaux qu'ils préféraient la mort à l'apostasie.

Un renégat, qui n'avait pas suivi l'exemple des autres chrétiens, se précipita sur le P. Denis un cimeterre à la main et « deschargea sur sa teste un revers si terrible que le coup traversa presque d'une oreille à l'autre » (3). Deux bourreaux s'élancèrent alors sur la victime et l'achevèrent à coups de poignard.

Le signalement du P. Denis de la Nativité nous a été laissé par son biographe, le P. Philippe de la Très-Sainte-Trinité, qui fut son supérieur au couvent de Goa et aussi son directeur de conscience. Voici en quels termes s'exprime le P. Philippe : « Il estoit de petite taille, mais corpulent ; il avoit le teint extrêmement blanc et delicat ; le visage rond, doux et riant ; les yeux vifs et agréables ; un front large, et à l'extremité duquel au dessus du nez, il y avoit deux petites cicatrices à la traverse. Il en avoit encore une autre au costé droit du menton, qui luy estoit demeurée des playes qu'il reçut en un Combat Naval, dans lequel, les boulets que lançoient les canons venans à percer les navires

____

(1) *Voyage d'Orient*, p. 504.

(2) *Ibid.*, p. 505-506.

(3) *Ibid.*, p. 515.

et les esclats à en rejaillir, ils blessoient cruellement ceux qu'ils atteignoient. Il avoit le nez aquilin ; mais de telle sorte qu'il n'estoit pas trop long ; la bouche tres-bien proportionnée, la barbe fort clair semée, et les jouës entierement dénuées de poil, lequel estoit esgalement blond au menton et sur la teste ; le col court, et les espaules larges ».

On connaît quatre portraits du P. Denis de la Nativité : d'abord celui qui est reproduit dans le *Voyage d'Orient* du P. Philippe (p. 455), puis un second que possédait à Rouen le couvent des Carmes et qui a appartenu depuis la Révolution au musée de peinture de cette ville ; un troisième que Ch. Bréard (1) dit se trouver dans un couvent d'Italie près de Plaisance, et un quatrième conservé à Honfleur par les descendants de la famille Berthelot et que Fr. Courboin, attaché aux Estampes de la Bibliothèque nationale, a gravé à l'eau forte.

Le nom du P. Denis de la Nativité est resté en vénération à Honfleur et dans toute la Normandie. Les marins, surtout ceux qui naviguaient dans la dangereuse mer des Indes. invoquaient le saint pilote pour en obtenir une heureuse traversée. Le P. Philippe (2) raconte « huit miracles dont Dieu honora » son fidèle serviteur après son martyre.

La cause de béatification du P. Denis, qui avait été déclaré Vénérable peu de temps après sa mort, fut introduite en Cour de Rome, et le 10 Juin 1900, dans la basilique de Saint-Pierre de Rome, eut lieu la cérémonie de la béatification. Depuis ce jour, Pierre Berthelot est honoré sous le titre de « Bienheureux P. Denis de la Nativité » (3).

---

(1) *Le Vieux Honfleur et ses marins*, p. 48.

(2) *Voyage d'Orient*, p. 517-522.

(3) Pour cette notice sur Pierre Berthelot, nous avons consulté, outre les ouvrages ci-dessus mentionnés : *Abrégé de la Vie, du Martyre et des Miracles du V. P. Denis de la Nativité, natif d'Honfleur, religieux de l'Ordre de Notre-Dame du Mont-Carmel en la réforme de Sainte-Thérèse dans le couvent de Goa aux Indes Orientales, augmenté de quelques lumières que l'Auteur a découvertes en son voyage qu'il a fait à Honfleur après la fête de Tous les Saints, l'an 1681* (Au Havre de Grâce, chez la veuve de Guillaume Gruchel, 1733, in-12 de 16 pages). — Ch. BRÉARD, *Bull. de la Société normande de Géographie*, 1888. — ID., *Vieilles Rues et vieilles Maisons de Honfleur*, Honfleur, 1900, 1 vo'. in-12 de 350 p. —

OEuvres de Pierre Berthelot. — Lès œuvres connues de Pierre Berthelot se trouvent dans deux manuscrits conservés, l'un à la Bibliothèque nationale de Paris (1), l'autre au British Museum (2).

Le manuscrit de Paris (3) est intitulé : « Bref traité ou épilogue de tous les vice-rois qui ont gouverné l'Etat des Indes, des faits heureux qui se sont passés sous leur administration, des flottes de navires et de galions qui sont venus du royaume de Portugal audit Etat, et de ce qu'il advint de particulier à quelques-uns d'entre eux dans leurs voyages. Fait par Pedro Barreto de Rezende (4), secrétaire du seigneur comte de Linharès, en l'année 1635 » (5).

Cet ouvrage est un récit historique et topographique des Établissements portugais aux Indes Orientales. Le texte est tout entier de Barreto (6). Dans la première partie, qui comprend soixante-treize folios, sont insérés quarante-quatre portraits en pied des gouverneurs avec une notice spéciale pour chacun d'eux. La dernière notice est consacrée à D. Miguel de Noronha, comte de Linharès, nommé en 1629 et rentré en Portugal en 1635.

R. P. Thomas de Jésus, *Les bienheureux Denis de la Nativité et Rédempt de la Croix*, Paris, 1900, in-12 de 211 p. — R. P. Spiridion de Marie Immaculée. *Vita dei beati martiri P. Dionisio della nativita et F. Redento della Croce* (ouvrage italien imprimé à Milan en 1900). — R. P. Henri de la Sainte Famille, *Leven van den Zaligen vader Dionysius a Nativitate* (Ypres et Amsterdam, 1900, in-8°, 186 p.)

(1) Ms. portugais, 1 (422 feuillets de 420 millim. sur 275).

(2) Ms. Sloane 197.

(3) Une copie du ms. de Paris existe à la Bibliothèque nationale de Lisbonne.

(4) Nommé en 1629 secrétaire du gouverneur de l'Etat des Indes. Il revint en Portugal quelques années après et mourut à Lisbonne en 1651.

(5) *Breve tratado ou epilogo de todos os visorreys que tem havido no estado da India, successos que tiverao no tempo de seus governos, armadas de navios e galeoes, que do reyno de Portugal forão ao dito estado, et do que succedeo em particular a alguas d'ellas nas viagens que fizerão. Feito por Pedro Barreto de Rezende, secretario do senhor conde de Linhares, no anno de 1635.*

(6) Sur cette œuvre de Rezende, consulter Barbosa Machado, *Bibliotheca lusitana*, t. III, p. 563. — Da Silva, *Diccionario bibliographico portuguez*, t. VI, p. 396. — *The Commentaries of the great Afonso Dalboquerque*, publié par Walter de Gray Birch pour la *Hakluyt Society*, Londres, 1875, t. I, p. VII et suivantes.

La seconde partie (fol. 75 à fol. 421) renferme les plans, avec texte explicatif, des forteresses de l'Inde Orientale (1).

Le manuscrit de Londres a un titre plus développé encore que celui de Paris : « Livre d'Etat des Indes Orientales, divisé en trois parties. La première contient tous les portraits des vice-rois qui gérèrent ledit Etat jusqu'en l'année 1634, et aussi le résumé historique de leur administration. Dans la seconde sont les plans des forteresses qui s'étendent du Cap de Bonne-Espérance à Chaul, avec une longue description des avantages généraux et particuliers qu'on peut tirer de chacune d'elles. La troisième contient, avec une description spéciale, les plans de toutes les forteresses qui s'élèvent entre Goa et la Chine ; on y a ajouté les plans des forteresses qui, bien que ne dépendant pas de l'Etat, méritent une mention en raison de leur curiosité.

Fait par le capitaine Pedro Barreto de Rezende, chevalier, profès de l'Ordre de Saint-Benoît de Avis, originaire de Pavia, année 1646 » (2).

Ce manuscrit a 416 folios. Outre les portraits et les dessins renfermés déjà dans le manuscrit de Paris, on y distingue plusieurs cartes marines très bien tracées à l'encre et signées toutes de Pierre Berthelot. Comment ces cartes, datées de 1635, se trouvent-elles glissées dans un manuscrit de 1646 ? Aurions-nous là une copie, et non l'original des cartes de Berthelot ? Ce manuscrit, de même que celui de 1635, est écrit en langue portugaise, chaque folio mesurant 41 × 29 centimètres.

Pour avoir une idée exacte du talent de Pierre Berthe-

---

(1) Descripçoès das fortalezas da India Oriental.

(2) *Livro do Estada da India oriental, repartito in tres partes. A primiera contem todos os retratos dos Visorreis, que tem avido no dito Estado athe o anno de 1634, con descripçois de seus governos ; a Segunda parte as plantas da fortalezas que ha' do Cabo do Boa Esperança athe a fortaleza de Chaul, e com large descripçao de tudo ho que ha em cada hua das dittas fortalezas, rendimento e gusto que tem, e tudo o mais que lhe toca ; a terçeira contem as plantas de todas as fortalezas que ha de Goa athe a China, com descripçaõ da mesma forma, e vaõ juntamente plantas de fortalezas que naõ saõ de estado, que por estar em nas mesmas costas se puzeraõ por curiosilade. Feito pello capitaõ P° Barretto de Resende cavalleiro professo da ordem de saõ Bento de Avis, natural de Pavia : anno de 1646.*

lot comme miniaturiste et comme cartographe, nous ne
pouvons mieux faire que d'en appeler au témoignage du
R. P. Philippe. Berthelot, dit-il, « avoit une tres particuliere addresse a desseigner des figures dont je garde quelques unes que j'ay en tres grande veneration ; il travailloit
aussi tres parfaitement les cartes marines, qui estoient fort
estimées de tout le monde ; de sorte que lors qu'il estoit
novice, le comte de Lingares estant sur le point de s'en
retourner en Portugal, me conjura tres instamment de luy
commander d'en achever, et d'en peindre une plus au large
comme il l'avoit corrigée ; ayant dessein de l'offrir à sa
Majesté Catholique, comme un présent tres precieux et tres
considérable, à quoy il employa environ un mois » (1).

Nous avons donc à envisager dans l'œuvre de Berthelot ses *figures* et ses *cartes marines*. Par figures, il faut
entendre très probablement les plans coloriés des forteresses des Indes (2).

Ferdinand Denis présume en effet que les plans des
citadelles sont dus à Berthelot : « Les peintures de ce
livre (3), écrivait-il le 12 Janvier 1846 au comte A.
Raczynski (4), sont naïves et accentuées, mais elles sont
incorrectes. Malheureusement, je n'ai pas trouvé un seul
nom d'artiste dans tout l'ouvrage que j'ai soigneusement
examiné. Quelque étrange que paraisse au premier abord
cette opinion, je suis persuadé qu'un moine français nommé
Denis Berthelot, de Honfleur, fut, en partie du moins, l'auteur des plans si remarquables dont ce livre est orné ». Si
Berthelot n'est pas l'auteur des portraits des gouverneurs
des Indes, il semble bien qu'on doive lui attribuer les plans

---

(1) *Voyage d'Orient*, p. 456.

(2) Raczinski, Dictionnaire historico artistique de Portugal, Paris,
1847, in-8° de 306 pages. — Vicomte de SANTAREM, *Notice sur quelques
manuscrits remarquables par leurs caractères et par les ornements dont
ils sont embellis, qui se trouvent en Portugal*. — *Nouvelle Biographie
générale*, t. XIII, col. 638. — Francisque MICHEL, *Les Portugais en
France, les Français en Portugal*, Paris, 1882, in-8° de 285 p., p. 189.

(3) Il fait allusion au ms. de Paris.

(4) *Les Arts en Portugal*, Paris, 1846, in-8°, p. 207.

des soixante-dix forteresses indiennes, intercalés dans l'ouvrage de Barreto (1).

Les portraits sont médiocres. L'artiste a adopté un type
de Portugais qu'il varie peu et chez lequel les yeux et la
barbe surtout sont défectueux.

Les dessins des forteresses paraissent soignés. Ils sont
riches en couleurs. Il y a cependant un peu de fantaisie dans
le tracé. C'est une perspective, une vue d'ensemble, une
œuvre d'art si l'on veut, mais sans rigueur mathématique.
Faute d'échelle, les dimensions nous échappent complètement. P. Berthelot a-t-il visité lui-même toutes les citadelles
qu'il dépeint ? Non sans doute ; il est toutefois permis de
croire qu'en illustrant les descriptions de Barreto, il n'a pas
seulement produit une œuvre artistique d'après des données
étrangères, mais qu'il s'est inspiré aussi de ses connaissances personnelles. Les peintures sont trop variées et trop
détaillées pour qu'il en puisse être autrement.

Suivons dans l'énumération de ses plans l'ordre adopté
par Berthelot lui-même. Il débute par la côte orientale de
l'Afrique et nous montre en face de Madagascar la forteresse de *Sofala*, le *Rio da Cuama* et la forteresse de *Mozambique*, puis celle de *Mombaça* au Nord de Zanzibar. Passant ensuite à la côte orientale de l'Arabie, depuis le cap
Ras el Had jusqu'au détroit d'Ormuz, il y dépeint avec détail
les forteresses de *Curiate*, *Mascate*, *Matara*, *Sibo*, *Borca*,
Soar, *Quelba*, *Corfaçaô*, *Libedia*, *Mada*, *Doba*, *Ormus*. Le
long du golfe Persique, il ne représente que l'île de *Barem*.
Parvenu au *Sinde* (Indus), il dessine le cours de ce fleuve.
Poursuivant vers l'Est, il s'arrête à *Nagana*, puis à la ville
et à la forteresse de *Dio* (Diu).

Du Golfe de Cambaye au cap Comorin, il décrit avec
complaisance une vingtaine de places fortes. On sent qu'il
a parcouru ces régions. Ce sont : *Surrate*, *Damaô*, *S. Gens*
(Danu), *Carapor*, *Sirgâo*, *Manora* (fort d'Agaçaim), *la Serra
de Asserim*, *Baçaim*, *Mombaim*, *Chaul*, *Bardès*, *Goa*, *Onor*,

----

(1) Ch. de La Roncière, *Les Routes de l'Inde*. Revue des Questions
historiques, 1er juillet 1904, p. 202.

*Cambolim, Barçalor, Mangalor, Cananor, Cunhale, Caran-
ganor, Cochin, Coulaô.*

Sur la côte de Coromandel, entre 10° et 15° latitude
nord : *Negapataô, Meliopor* (ville où, dit-on, se trouve le
tombeau de Saint-Thomas), *Paleacate.*

Redescendant vers le Sud, Berthelot rencontre l'île de
Manar au Nord de *Ceilaô* (Ceylan). Cette dernière île possède un certain nombre de forts à l'Ouest de son territoire ;
ce sont, en longeant la côte du Nord au Sud : *Iafanapataô,
Caleture, Negumbo, Columbo,* puis *Guale* (pointe de Galle ?).

Berthelot se rend de Ceylan aux *Maldives,* puis à la forteresse de *Malacca* et à l'île de *Naos.* De là il arrive à Sumatra, où se trouve la forteresse d'*Atchin* (Achem), puis à Java
où il nous fait voir la *Jacatara antiga* et la *Jacatara moderna*
(Batavia). De Batavia, Berthelot gagne le groupe des *Moluques,* les îles d'*Amboine,* la forteresse de *Solor,* celle d'*En-
deminor,* puis la ville de Machao (Macau), l'île *Formose* (au
Nord-Est de Machao), et enfin l'île de *Manille* (Luçon) qui
contient une nomenclature de trente noms environ.

A l'intérieur des forteresses, on remarque des églises
ou chapelles, dédiées le plus souvent à la Sainte Vierge, à
Saint Paul et à Saint François, et auprès de ces sanctuaires
Berthelot place toujours un calvaire.

Berthelot indique les mouillages par une ancre, et en
plusieurs endroits la profondeur de la mer est notée en
brasses près des îles.

Comme cartographe, Berthelot est un des plus célèbres de son époque par l'exactitude de ses tracés. Aussi ses
cartes étaient alors les plus sûres. Le P. Philippe (1) dit
qu'il « corrigea, augmenta et illustra la commune carte
marine ». Et pour atteindre ce but, il « rasa toutes les costes de ces Mers (mers orientales) pour y sonder la profondeur de l'eau, et remarquer avec de petites anchres les
endroits où les vaisseaux pouvoient se tenir en seurté, et
descouvrant par des courses continuelles, qu'il faisoit à ce
dessein, les divers golfes de l'Océan ». Berthelot, dit-il ail-

______

(1) *Voyage d'Orient,* p. 439 et 480.

leurs, voyagea principalement vers Malacca, « sur la mer du Midy dont il ne sonda pas seulement la profondeur, mais en descouvrit plusieurs ports et quelques seins qui n'estoient pas encore connus ».

Nous ne possédons pas toutes les cartes marines dressées par Berthelot. Celle qui est mentionnée comme la plus grande, sinon comme la plus remarquable, est perdue. Elle avait été confectionnée à la requête du vice-roi des Indes, Linharès, qui à son retour en Europe se proposait de présenter au roi d'Espagne un rapport sur tous les points coloniaux qui dépendaient du gouvernement de Goa. Berthelot, alors novice au couvent des Carmes, s'était mis à l'œuvre et en un mois il était parvenu à rassembler sur une grande feuille les détails des diverses cartes marines qu'il avait dessinées jusque-là.

Ces cartes particulières se trouvent à Londres, au British Museum, dans le manuscrit Sloane 197. On en compte neuf qui sont très soignées et très travaillées. Elles portent toutes la signature de Berthelot et la date de 1635.

En voici la liste :

Première carte (fol. 77 v°-78 r°). — Le cap de Bonne-Espérance et la région avoisinante sur la côte S.-E. de l'Afrique.

Deuxième carte (fol. 93-94). — Carte d'une partie de la côte S.-E. de l'Afrique avec le Canal de Mozambique et l'île de Madagascar.

Troisième carte (fol. 111-112). — Carte d'une partie de la côte orientale de l'Afrique, s'étendant de *Monbaza* vers 4° lat. S. jusqu'à 15° lat. N.

Quatrième carte (fol. 153-154). — L'Arabie et la côte méridionale de l'Asie jusqu'à *R. de Casameta*.

Les cartes précédentes portent toutes la légende suivante : « Petrus Berthelot primum cosmographicum Indianorum imperium faciebat. Anno Domini 1635 ».

Cinquième carte (fol. 163-164) intitulée : « Descripçao potographica (1) en que se ve os verdadeiros sitios, arima-

____

(1) Pour *topographica*.

coies et halturas das costas costando Diu, enceada de Cam-
baya, India, Ceilan et Charamandel, co as sundas, fondo,
surgiduras, entradas dos ditos portos reformaçao e nova
enmenda de Pedro Berthelot piloto et cosmographo mor da
India, etc... 1635 » (Description topographique des vraies
positions et hauteurs des côtes de Diu, de l'anse de Cam-
baya, de l'Inde, de Ceilan et de Charamandel, avec les sondes, fonds, mouillages, entrées desdits ports — revue et
nouvellement corrigée par Pierre Berthelot, pilote et cosmographe de l'Inde, etc... 1635).

Sixième carte (fol. 379-380) s'étendant de 2° lat. S. à
24° lat. N. — « Descripçao... da costa de Gerzellin, Bengalla, Aracao, Pegu, Tanacri, Achem, Malaca et Siam costando sunda, entradas et saidas dos ditos portos da reformaçao e nova emenda de Pedro Berthelot piloto et cosmo-
graffo mor da India, etc... 1635 » (Description... des côtes
de Gerzellin, Bengalla, Aracao, Pegu, Tanacri, Achem,
Malaca et Siam, avec les sondes, les entrées et sorties desdits ports. Revue et de nouveau corrigée par Pierre Berthelot, pilote et cosmographe major de l'Inde, etc... 1635).

Septième carte (fol. 389-390). — « Descripçao hidrographica mostrando os verdadeiros sitios, halturas et arima-
coies das costas et ilhas de Tanaçari, Malaca, Patane, Siam,
Bambodia, et Champa, Sumatra, Java major, parte de Borneo..., de Pedro Berthelot... feia en Goa no anno de 1635 ».
(Description hydrographique, hauteurs des côtes et îles de
Tanaçari, Malaca, Patane, Siam, Bambodia, et Champa,
Sumatra, Java major, partie de Borneo avec leurs ports,
îles, baies et canaux adjacents, les fonds, sondes, et la
manière de les naviguer... Par P. Berthelot... Fait à Goa
en l'année 1635).

Huitième carte (fol. 399-400) s'étendant de 14° lat. S.
à 15° lat. N. — « Descripçao hidrographica dos verdadeiros
sitios das ilhas de Java, Solor, Amboena, Banda, Molucas,
Mindanao, partes das Philippinas et parte de Borneo co
seus canaes et estritos co a maneira de os navigar da reformaçao et nova... 1635 ». (Description hydrographique des

vraies situations des îles de Java, Solor, Amboena, Banda, Moluques, Mindanao, partie des Philippines et partie de Borneo, avec leurs canaux et détroits, et la manière de les naviguer. Revue, etc... 1635).

Neuvième carte (fol. 404-405). — « Verdadeira descripçao das costas de Guanci et China cô as ilhas de Luçon, ilha Formosa, parte de Jappan et Coray da reformaçao et... 1635 ». (Vraie description des côtes de Guanci et Chine avec les îles de Luçon, Formose, partie de Jappan et Coray. Revue... 1635).

En somme, Berthelot décrit toute la côte orientale de l'Afrique depuis le Cap de Bonne-Espérance, toute l'Asie maritime, et l'Archipel asiatique jusqu'au Japon, et il dépeint les principales places situées le long de tous ces rivages.

Jean CAUDERON ou CAUDRON

Jean Cauderon ou Caudron, dieppois de naissance, fut « prestre et compagnon des estudes » de Guillaume Denys, professeur royal d'hydrographie à Dieppe. Ardent patriote. il voulut travailler, dans la mesure de ses moyens, à conserver à sa ville natale son bon renom. Dans ce but, il étudia la science nautique sous la direction d'habiles capitaines, afin de pouvoir à son tour enseigner cette science. On raconte que le disciple surpassa ses maîtres.

Il y avait, selon Desmarquets, « au moins 20 ans » que Cauderon dépensait son talent d'hydrographe au service des jeunes marins, lorsque des navigateurs lui représentèrent la défectuosité des cartes des côtes de France et d'Espagne. « Au lieu de maintenir son école et composer des livres en sa maison », il se détermina à entreprendre à ses frais un long voyage pour rectifier ces cartes. En réformant et perfectionnant les anciennes cartes marines, il se proposait de fournir à ses concitoyens toute facilité pour naviguer plus sûrement dans ces parages. Il visita d'abord et examina les côtes de Guyenne, de Poitou et de Bretagne. Traité avec les plus grands égards par le gouverneur de la Bretagne, M. de la Mailleraye, qui le tenait « pour un habile mathématicien et un excellent maistre en l'art de naviguer », Cauderon accepta de monter à bord de *La Duchesse*, l'un des vaisseaux que ce gouverneur équipait pour un voyage aux Indes. Au dire de Desmarquets (1), Cauderon devait tout simplement explorer les côtes d'Espagne et avait reçu, dans ce dessein, de M. de la Mailleraye, des lettres de recommandation pour les commandants des principaux ports de ce royaume.

Mais il n'alla pas loin. Parti de la Rochelle le 29 Octobre 1655 (2), Cauderon se noya le 2 Novembre suivant. Le journal de bord de Laroche Saint-André, capitaine de *La Duchesse*, relate l'accident et contient cet éloge du défunt : c'était « un très honeste homme de prestre, habile en l'art de naviguer » (3). Un récit plus détaillé de la mort de Cauderon, récit absolument conforme au rapport du commandant Laroche Saint-André, nous a été laissé par un des passagers, le missionnaire Dufour, dans une lettre qu'il écrivit de Madagascar, le 15 Juillet 1656, à son supérieur, M. Vincent (Saint Vincent-de-Paul).

La mer était ce jour-là très houleuse. Emporté par une forte rafale, dit Dufour (4), « un bon prêtre nommé Couderon, natif de Dieppe, embarqué dans la *Duchesse*, tomba de la poulaine à la mer, et quoique en même temps on fît tout ce qui se peut faire pour sauver un homme en pareille rencontre, ce fut en vain, et on ne sut jamais le garantir. Chacun le regretta et pria Dieu de bon cœur pour son âme. C'était un des plus savants hommes en la théorie de l'art de la marine, et il s'appliquait entièrement à cela ».

Dufour, qui voyait dans Cauderon uniquement l'homme

---

(1) *Mémoires chronologiques*, t. II, p. 6.

(2) « Nous levâmes l'ancre de la rade de Saint-Martin, près La Rochelle, le 29 octobre 1655 ».

(3) Archives nationales. — Fonds de la Marine.

(4) *Mémoires de la Congrégation de la Mission*, Paris, 1867, t. IX, p. 257.

de Dieu et non l'homme de science, s'étonnait en sa présence, quelques jours auparavant, « qu'un prêtre comme lui s'adonnât à des exercices si peu proportionnés à sa profession ». Cauderon lui avait très modestement répondu « qu'il le faisait avec intention de donner gloire à Dieu, en servant le public, et que son père spirituel consentait qu'il continuât dans cette vocation » (1).

Cauderon avait gravé lui-même « sur cuivre des nouvelles cartes, en y corrigeant les erreurs des anciennes », et il fut aidé dans son travail « par l'assistance des plus habiles marins » des côtes françaises (2). Après sa mort, son frère cadet se rendit à La Rochelle pour y recueillir « les effets qu'il y avait laissés et entre autres ses planches en cuivre » (3). Les Rochellois l'engagèrent à rester parmi eux et se l'attachèrent comme maître de pilotage.

Aucun des travaux cartographiques de Jean Cauderon ne nous a été conservé. Venant cependant après Jean Guerard qui, en 1627 avait dressé avec tant de soin une carte du littoral maritime de la France, nous nous demandons quelles améliorations J. Cauderon put bien apporter à cette carte. Il voulait sans doute propager parmi les marins, à l'aide de la gravure, la carte de Guerard, revue et corrigée sur quelques points, et restée jusqu'alors inédite.

La famille Cauderon était connue et répandue à Dieppe. Nous avons relevé, par exemple, sur les registres de baptême de l'Eglise Saint-Jacques la naissance, le 27 Novembre 1638, de Marguerite Cauderon, fille de Michel et de Marguerite Leclerc, et celle, en Avril 1639, de Guillaume Cauderon, fils de Pierre et de Catherine François.

Guillaume LE VASSEUR de BEAUPLAN

Guillaume Le Vasseur de Beauplan, très probablement

---

(1) *Ibid.*, p. 258.

(2) Biblioth. municip. de Rouen. — Ms. d'Adrien Pasquier, t. III, fol. 85.

(3) *Id., ibid.*

fils de l'hydrographe et du cartographe dieppois Guillaume
Le Vasseur, naquit à Dieppe, à la fin du xvie siècle. Nous
ne possédons aucuns détails sur sa jeunesse. Il est signalé
pour la première fois en 1616, comme lieutenant pour
Concini à Pont-de-l'Arche (1). Du moins, il est vraisemblable qu'il s'agit de notre normand dans un passage d'une
lettre de Séguier La Verrière au sieur de Nerestang. Le
maréchal d'Ancre, revenant de Rouen, « a laissé, écrit-on,
trois cens hommes dans le Pont de Larche et le sieur de
Beauplant, qui a esté son escuyer et son lieutenant, dans
la place ».

Mais d'où vient ce titre nobiliaire *de Beauplan*, qui ne
fut pas porté par son père ?

Dans les Archives de la Vicomté de Pont-Audemer, il
est fait mention de Ysaïe de Vivefay, escuyer, sieur de
Beauplan, qui vivait en 1625. Les mêmes archives citent
en 1668 un autre Vivefay qui n'est plus sieur de Beauplan,
mais sieur de La Salle. Il est donc présumable que le titre
de noblesse de Guillaume Le Vasseur lui sera parvenu par
acquisition ou par son mariage (2).

Entre temps Guillaume Le Vasseur étudia la science
nautique et même entreprit quelques voyages au long cours,
notamment aux Indes (3). Mais ses préférences allaient alors
au métier des armes. Il continua sa carrière militaire en
Pologne et y resta au service des rois Sigismond et Ladis-
las, de 1632 à 1648, avec le titre « de premier capitaine de
l'artillerie et d'ingénieur du Roy » (4). Pendant ce temps,
il prit part aux campagnes de l'Ukraine sous le général
Koniecpolski. Le lieu de sa résidence ordinaire était Bar (5).
Il fonda en Pologne plus de cinquante solobodes ou bourgs.

En 1634 et 1635, il établit « un quarré royal à Onaze

---

(1) LALANNE, *Dictionnaire historique de la France.*

(2) Le prince Auguste GALITZIN. *Description de l'Ukranie*, par le
Chevalier de Beauplan, 1861, XV-205 pages.

(3) *Description de l'Ukranie*, publiée par Galitzin, p. 153.

(4) *Ibid.*, p. 180.

(5) *Ibid.*, p. 37.

Sauram ou Konespol Nowe », dernière habitation des Polonais du côté d'Oczakow (1). En 1635, il construisit le fort de Kudak, puis un château à Kremierczow, du côté de la Moscovie. En 1646, il bâtit une citadelle à Novogorod.

Il leva beaucoup de plans et dressa une carte générale de la Pologne et plusieurs cartes particulières de la partie méridionale, qui furent gravées d'abord en 1648 par Guillaume Hondius, résidant alors à Dantzig.

A l'avènement de Jean-Casimir, en 1648, il rentra en France, s'installa à Rouen, et y rédigea une *Description de l'Ukranie*. Il dédia cette œuvre au roi Jean-Casimir, fils et frère des deux rois de Pologne, sous lesquels il avait servi. Il y ajouta une seconde édition de ses cartes, éditées par Calloué à Rouen (2).

Il en adressa un exemplaire à l'astronome Jean Hevelius (3), avec une lettre datée de Rouen le 8 Août 1651. Cette lettre autographe du sieur de Beauplan est conservée à la Bibliothèque de l'Observatoire de Paris, dans la correspondance de Hevelius. Nous ne connaissons pas d'autre manuscrit de notre normand.

La première édition de l'Ukranie (1650) fut tirée seulement à cent exemplaires ; elle n'était pas destinée à la vente.

La seconde édition (1660) est plus étendue et plus correcte (4). « Si ce que je vous ay présenté, dit l'auteur en terminant, n'est à vostre goust, vous excuserez facilement mon peu de disposition à escrire plus poliement que j'ay

---

(1) *Ibid.*, p. 58.

(2) Ses cartes originales d'Ukraine et de Podolie, d'abord publiées par Hondius en 1650, en 10 feuilles, ont été réduites et rééditées par Sanson chez Mariette (1665), et puis à Amsterdam par plusieurs cartographes, Blaeuw, Dankertz, Jansson, Waesberg, Valk et Schenk, Mortier.

(3) Né à Dantzig en 1611, et mort en 1687. Astronome connu par plusieurs travaux remarquables : *Selenographia sive Lunæ descriptio* (1647) ; *Cométographie*, dédiée à Louis XIV en 1668 ; une *Machine céleste* (1673 et 1679).

(4) *Description d'Ukranie, qui sont plusieurs provinces du royaume de Pologne. Contenuës depuis les confins de la Moscovie, jusques aux limites de la Transylvanie. Ensemble, leurs mœurs, façons de vivre et de faire la guerre, par le sieur de Beauplan*. A Rouen, chez Jacques Calloué, 1660, petit in-4°, 112 pages et 6 liminaires avec une carte d'Ukranie et quelques figures.

estimé indecent à un cavalier qui a employé toute sa vie à faire remuer la terre, fondre des canons et péter le salpestre ».

« Ce livre, que l'on paye au poids de l'or, quand on a le bonheur de le trouver ne dut pas son succès aux agrémens du style, mais à la nouveauté des observations et à la naïveté de l'auteur... La partie géographique de son livre est très soignée, et il peint les mœurs de ces sauvages Européens avec une bonhomie et des détails intéressans, qui n'annoncent pas l'homme qui a voulu voir, mais qui a vu et bien vu » (1).

La description de l'Ukraine a été plusieurs fois réimprimée, notamment en 1861 par le prince Galitzin, et traduite en anglais, en allemand, en latin et en russe.

Entre temps, le sieur de Beauplan fut appelé à Dieppe pour y commander en l'absence du sieur du Plessis Bellière qui était gouverneur de la ville, et qui était allé servir le roi en son armée. Le sieur de Beauplan, qui s'appelait aussi à cette époque le sieur des Rocques, fit lire, « en l'assemblée de la ville », le 23 Octobre 1650, « ses lettres de provision à la charge de sergeant major en la ville et fort du Pollet », lettres signées du roi au mois de mai précédent. En 1651, le sieur des Rocques remplaçait encore le sieur du Plessis Bellière absent (2).

En cette même année 1651, le sieur de Beauplan publia chez Jacques Calloué, à Rouen, un *Traité de la sphère et de ses parties* (3) qu'il fit suivre de la *Sphère plate universelle* (4). En 1662, il fit paraître à Rouen des « Tables des

---

(1) Guiot, *Le Moreri des Normands*, Biblioth. de Rouen, ms. Y.51, t. 1, p. 43.

(2) Guillaume et Jean Daval, *Histoire de la Réformation à Dieppe*, t. II, p. 171-173.

(3) *Traicté de la sphère et de ses parties où sont déclarez les noms et offices des cercles, tant grands que petits, et leur signification et utilité* (in-4° de 174 p. sans le titre et 4 p. d'avant-propos).

(4) *L'usage de la sphère plate universelle avec son explication, œuvre agréable aux curieux, profitable aux doctes, nécessaire aux navigateurs, et où se trouvent facilement expliquées plusieurs belles et rares propositions* (in-4° de 65 p.). La *sphère plate* fut réimprimée au Havre de Grâce, chez Jacques Gruchet, en 1673, 51 p. in-4°.

déclinaisons du soleil pour les quatre années selon les ordinaires, dressées pour l'an 1660 » (1).

Non seulement le sieur de Beauplan se distingua comme savant hydrographe par ses œuvres sur la Sphère, mais il fut encore un habile cartographe.

Il dressa la carte du duché de Normandie en cinq feuilles, Paris, 1653, in-folio (2). Quelques années après, il publia, vers 1660, la même carte générale de Normandie en douze feuilles. L'échelle est à 0 m. 0215 pour une lieue. Dans sa dédicace au roi, il indiqua qu'il avait tracé cette carte pour se divertir de la fatigue de ses longs voyages. « Jean Toustain fecit. Rouen » (3).

La même carte, réduction de la précédente, parut en 1667, en deux feuilles in-folio. « La *Grande carte* de la Normandie, levée par Le Vasseur de Beauplan et dédiée au Roi en 1667, offre un détail circonstancié de ce gouvernement » (4).

Le sieur de Beauplan est, dit-on, le premier qui ait publié une carte de Normandie sur une grande échelle. Ce serait la première carte à peu près exacte. Gabriel Marcel dit seulement qu'elle « n'est pas sans mérite ». Et cependant on connaît une carte de la province de Normandie, due à Jan Jolivet et datée de 1545, qui pour l'époque est bien remarquable et qui est aussi à une grande échelle (1 m. 37 × 0 m. 92).

Le Vasseur de Beauplan a dressé également un plan du port de Carthagène et des côtes voisines. C'est une feuille de vélin, mesurant 67 × 45 cm. et tracée au lavis à l'encre de Chine (5). Elle contient de nombreux chiffres de sondes et indique trois ancrages. Au-dessous de la signature de

---

(1) Un volume in-4°.

(2) Biblioth. du P. LELONG, I, 1702. — FRÈRE, *Manuel du bibliographe normand*.

(3) Cette seule carte existe à la Bibliothèque nationale.

(4) Rob. de VAUGONDY. *Essai sur l'histoire de la Geographie*, Paris, 1755, in-12, 422 p. sans l'Avertissement et les Tables.

(5) Biblioth. nat., Ge. D. 3446.

l'auteur, on lit la date 1650 ; mais cette date, marquée d'une encre différente, a été ajoutée après coup.

Comment le sieur de Beauplan devint-il seigneur des Rocques, à Villequier ?

En 1650, le 26 Juillet, le sieur de Beauplan échangea avec Antoine le Forestier la moitié d'une maison sise à Dieppe, rue Saint-Jean, qu'il tenait de la succession de son père, contre le fief de la Roche ou des Roques, situé à Ville- quier (1). Mais déjà, dès le 27 Avril précédent, il avait acquis du même le Forestier le manoir des Rocques avec les terres qui en dépendaient. Domicilié alors à Rouen, rue de la Vicomté, chez le sieur Boivin, marchand, il avait passé l'acte d'acquisition chez le notaire de Saint-Gervais- lès-Rouen.

Vingt ans plus tard, en 1670, Beauplan, qualifié « ingé- nieur ordinaire du Roy » bailla moyennant cinq cents livres, à Pierre Vacquerie, 35 acres de terre avec maison, le tout situé à Villequier.

Il semble que le sieur de Beauplan fut marié deux fois, d'abord à Marie Duguel (2), puis à Elisabeth Boivin (3). Lors de la révocation de l'Edit de Nantes, le sieur de Beau- plan était huguenot. Dans la « liste des protestants qui ont été persécutés à la Révocation de l'Edit de Nantes et dans les années qui l'ont précédée et suivie », on trouve la men- tion suivante : « Guillaume Levasseur, sieur de Beauplan et des Rocques, rue du Vieux-Palais, marié à Elisabeth Boi- vin, sa sœur, trois enfants, deux servantes, deux laquais (garnisaires : un capitaine, un maréchal des logis) ont abjuré » (4).

---

(1) Aujourd'hui la *Maison Blanche*.

(2) Guill. et Jean DAVAL, *Histoire de la Réformation à Dieppe*, t. II, p. 217, note.

(3) Morte à Villequier au commencement de 1711.

(4) *La Révocation de l'Edit de Nantes à Rouen*, par Jean BIANQUIS et Em. LESENS, Rouen, 1885, 1 vol. in-8°, p. 59. — Des cavaliers furent logés à partir du 2 novembre 1685 chez les Réformés. Leur régiment était com- mandé par le marquis de Choiseul-Beaupré, qui avait douze capitaines sous ses ordres. Il y avait alors à Rouen 2.500 religionnaires. Beaucoup d'entre eux abjurèrent, au point que le 8 novembre, il n'y avait plus que 627 réformés non convertis.

Or l'édit de Nantes fut révoqué en 1685, le 18 octobre, et vingt jours après, le 8 Novembre, les Archives de l'église de Villequier enregistraient que « damoiselle Elisabeth Boivin, vesve de feu Guillaume Le Vasseur, seigneur des Rocques, ingénieur de sa Majesté » avait fait abjuration du protestantisme dans l'église dudit lieu.

Est-ce que G. Le Vasseur mourut entre le 18 Octobre et le 8 Novembre 1685 ? La chose paraît assez vraisemblable.

C'est à tort que certains auteurs fixent sa mort à l'année 1670.

Ses armes étaient de sinople à trois grappes de raisin d'or 2 et 1 (1).

____

(1) D'Hozier, Armorial de 1696, R. 1131, Biblioth. nat.

LIVRE II

CHAPITRE I

L'Europe maritime

L'Europe maritime ne retient pas tout entière notre attention. La région méditerranéenne était très bien figurée sur le portulan normal, et les Normands n'ont introduit dans son tracé aucun changement notable.

Sur le littoral de l'Atlantique, les puissances maritimes telles que l'Espagne, le Portugal, l'Angleterre et les Pays-Bas possédaient des navigateurs assez expérimentés pour explorer avec soin leurs rivages, et des cartographes assez habiles pour en dessiner exactement les contours. Ces pays ne doivent aucun progrès cartographique aux Normands.

Nous n'avons donc qu'à examiner l'influence des Normands sur la représentation graphique des côtes occidentales de la France et sur la découverte de la partie septentrionale de l'Europe.

§ I. — LES CÔTES OCCIDENTALES DE LA FRANCE.

Nous n'avons pas à détailler ici les progrès réalisés dans la cartographie de tout le littoral de la France ; les limites de notre travail nous obligent à nous restreindre à la seule étude de la Normandie.

Les côtes de notre pays ont été reproduites, soit d'après Ptolémée, soit d'après les portulans du moyen âge, soit d'après un mélange de ces deux modèles. Et parmi toutes ces cartes, certaines sont purement continentales ; d'autres, à l'exemple des portulans, se rapprochent sensiblement des cartes marines ; on en rencontre enfin qui sont à la fois continentales et nautiques.

Avant de nous arrêter aux cartes marines de la France, qui présentent pour nous le plus d'intérêt, nous allons mentionner d'abord les cartes continentales.

**

LES CARTES CONTINENTALES.

Les premières représentations de la France sont des images bien informes, qui certainement ne rendaient aucun service à la navigation.

Ce sont plutôt des itinéraires reliant entre elles les principales villes, mais offrant parfois une topographie bien inexacte.

La Gaule de Ptolémée est si grossière qu'elle ne peut indiquer avec quelque approximation les accidents de la côte.

Jusqu'à la fin du moyen âge, nul progrès ne se manifeste dans la cartographie de la France, qui dans la plupart des mappemondes est inscrite sous le nom de *Francia*.

Ainsi dans la mappemonde d'Albi (viii⁰ siècle), notre pays ne forme avec l'Espagne qu'une péninsule et il est séparé de l'Italie par deux lignes courbes qui figurent les Alpes.

Dans la mappemonde de Leipsig (xi⁰ siècle), les Pyrénées sont à l'Est de la France, et la Normandie à l'Est de la Bretagne.

La Normandie apparaît sous le nom de *Normania* dans les mappemondes de Turin (xii⁰ siècle), de Mathieu Pâris (xiii⁰ siècle), de Ranulphus (xiv⁰ siècle), dans celle du Chronicon (1320), de Sanuto (1321), et la Bretagne (*Britania*) est toujours à l'extrémité la plus occidentale de la France.

La conquête de l'Angleterre par les ducs de Normandie avait contribué à la prospérité de certains ports normands, tels que Cherbourg, Barfleur, La Hougue, Caen, Honfleur, Pont-Audemer, Rouen, Caudebec, Harfleur, Fécamp, Dieppe. Les côtes normandes et ces ports furent bien fréquentés. A cette époque, c'est-à-dire à la fin du xn^e siècle, Rouen avait avec les puissances étrangères, telles que l'Angleterre, la Flandre, l'Allemagne, et les pays du Nord, à peu près le monopole du commerce des vins français, contre lesquels ce port échangeait avec l'Angleterre des laines et des métaux ; avec le Danemark, la Norvège et l'Ecosse, des bois, des fourrures de martre et des faucons de Norvège ; avec l'Allemagne, des métaux bruts, et avec la Zélande du poisson séché.

Les navires de 500 à 600 tonneaux, les plus considérables de l'époque, remontaient la Seine jusqu'à Rouen (1). Les privilèges accordés à cette ville par Henri II d'Angleterre furent confirmés (1207) par Philippe-Auguste après la conquête de la Normandie (2) ; mais dès lors les Rouennais ne purent trafiquer dans les ports anglais. Toutefois, à cause d'une plus grande liberté de la navigation en Seine, ils écoulèrent aisément dans l'intérieur du pays les produits recueillis ou amenés en Normandie. Malgré cette prospérité du commerce normand, la science cartographique ne fit guère de progrès, de sorte que, au commencement du xve siècle, on ne connaissait encore que deux types de documents cartographiques : la carte de Ptolémée et le portulan du moyen âge bien plus précis dans le tracé des côtes.

On publiait, depuis sa traduction latine faite par Angelo en 1410, la *Géographie* de Ptolémée. Aux vingt-sept cartes grecques des divers tirages étaient ajoutées des cartes modernes, parmi lesquelles une de France. Dans l'édition

---

(1) Fréville, *Commerce maritime de Rouen*, Rouen, 1857, 2 vol in-8°. — H. Pigeonneau, *Histoire du commerce de la France*, Paris, 1885, t. I, p. 158-159.

(2) *Ordonnances des Rois de France*, t. II, p. 413.

de 1427, le cardinal français Guillaume Fillastre inséra une carte de sa patrie, mais les contours étaient si imparfaits qu'elle n'avait aucun intérêt pratique. C'était un objet plus curieux qu'utile.

Dans la seconde moitié du xv° siècle existait en Italie une carte de France, dénommée *carte moderne* (moderna orbis facies). Sa construction reposait sur celle des portulans avec addition de renseignements provenant de sources françaises. Cette carte était peut-être celle introduite par Berlinghieri dans son poème géographique en vers (1).

Un moine, Don Nicolas d'Allemagne, dans l'édition de Ptolémée de 1482 (2) eut la malencontreuse idée de superposer, dans le tracé d'une carte de France qu'il y ajouta, les données ptoléméennes à celles des portulans. De ce mélange résulta un type de carte fort incorrect, qui fit plutôt reculer qu'avancer la science cartographique. Don Nicolas a mal interprété la « carte moderne de France » dont il s'est inspiré. Son tracé ressemble fort à celui de Ptolémée, et la *carte moderne* ne lui sert que comme adaptation du type ptoléméen au modèle qu'il veut créer. Cette France n'est encore qu'une ébauche assez informe.

Quelques années après, Waldseemuller, représentant de l'Ecole alsacienne, mit au jour une œuvre qui était bien supérieure à celle de Don Nicolas (3) ; mais les copies qui en furent faites sont défectueuses. Waldseemuller ne reproduit ni la France de Ptolémée, ni la France des portulans ; son tracé est meilleur. Pour l'intérieur du pays, l'auteur a eu recours aux itinéraires connus alors. Il s'est appuyé plus sur l'expérience que sur la tradition, et il a façonné une carte qui est celle de Don Nicolas bien rectifiée.

Mentionnons un cosmographe français, Louis Boulengier d'Albi, connu comme contrefacteur de la *Cosmogra-*

---

(1) *Geographia di Francesco Berlinghieri Fiorentino...* Florence, Nicolo Tedesco, sans date. Cette carte se trouve encore dans l'édition de Ptolémée de Bernard de Sylva (1511) et dans Nordenskiold, *Fac-simile Atlas*, p. 13.

(2) Ulm, 1482. — Seconde édition en 1486.

(3) *Géographie* de Ptolémée, Strasbourg, 1513 ; réimprimée plusieurs fois jusqu'en 1541.

phiœ introductio, que Waldseemuller publia en 1507. Il imprima à Lyon le 6 Août 1535 *La description de la quarte gallicane*. Cet ouvrage est perdu.

La carte de France de Oronce Finé, « Totius Galliæ descriptio », a un tracé du littoral bien ressemblant à celui de Waldseemuller, et par malheur les provinces maritimes, telles que la Bretagne, la Normandie et la Provence, y sont plus imparfaitement tracées que les autres régions. M. L. Gallois en a découvert à Bâle (1) un exemplaire daté de 1538 (2). On en signale cependant une plus ancienne éditée à Paris en 1525.

En Normandie, le *Chief de Caux*, *Fescan* et *Diepe* sont sur le même parallèle. Le Cotentin est bien trop large. De Ouistreham à Montebourg, la route est bien trop courte et mal tracée. Du C. de la Hague au Mont-Saint-Michel, la côte gît N.-N.-E. et la distance comprise entre ces deux endroits est trop faible.

La nomenclature est peu chargée. Citons *Heu* (Eu, près du Tréport), *Diepe*, *Fescan*, *Chief de Caux*, *Harfleu*, *Cau-debec*, *Roan*, *la Boulle*, *Honfleu*, *Touque*, *Saint-Salveur*, *Estrehan*, *Quarentan*, *la Hogue*, *Montebourg*, *Barfleu*, *Cherbourg*, *C. de la Hague*, *Porbail*, *Granville*, le *Mont Saint-Michel* (3).

Jean Jolivet. — Plusieurs cartes portent la signature de Jan Jolivet ou Jollivet.

Une première carte, qui a été gravée vers 1560 (4) et est conservée à la Bibliothèque nationale de Paris (5), a pour titre : *Galliæ regni potentiss. nova descriptio. Ioanne Ioliveto auctore* (6). Le tracé, pour ce qui concerne la Normandie, est inférieur à celui de Finé. Jolivet indique le

---

(1) Bibliothèque de l'Université.

(2) L. GALLOIS, *Les origines de la carte de France* (Bull. de Géogr. hist. et descript., 1891, p. 18-34).

(3) L. GALLOIS, *De Orontio Finœo*, Paris, 1890, in-8°. — *Id.*, *Les géographes allemands*, Paris, 1890, in-8°.

(4) Reproduite par ORTELIUS dans son *Theatrum orbis terrarum.*

(5) Géogr., C. 1975.

(6) Une feuille de 0 m 510 × 0 m 350, s. l. n. d. — Léon VALLÉE, *Notice des documents exposés à la section des cartes*, Paris, 1912, in-8°, n° 218.

Havre de Grâce ; Finé, non. Comme sur la carte de Finé, Bordeaux est mal placée, et la topographie de la Normandie et de la Bretagne est trop négligée.

Une seconde carte, datée celle-là de 1570, porte comme légende : *Vraie description des Gaules, avec les confins d'Allemaigne, et Italye. Joannes Jolivet inventor* (1). Un degré de longitude mesure sur cette carte 37 millim., et un degré de latitude 48 millim. Tout autour de la marge on lit cette inscription : « La terre et le contenu d'icelle appartient a leternel, ausy le monde et ceux qui y habitent » (Ps. 24). C'est la traduction du premier verset du psaume xxiii et non xxiv : « Domini est terra et plenitudo ejus, orbis terrarum et universi qui habitant in eo ».

La côte normande est identique sur ces deux cartes ; elles ont les mêmes imperfections, donc le même auteur. Ainsi la presqu'île du Cotentin est bien trop large et très mal tracée à l'Ouest et à l'Est. Le cours de la Seine est à peu près une ligne droite, depuis son embouchure jusqu'à Poissy. Le Havre de Grâce est à une latitude bien plus élevée que Harfleur, puis Dieppe, qui se trouve au N.-E.1/4 E. du Havre est orienté E. 1/4 S.-E. Fécamp, Saint-Valery, Dieppe et le Tréport sont donc à une latitude inférieure à celle du Havre ; ce qui est tout à fait erroné.

Les deux cartes sont peut-être deux éditions différentes d'un même prototype. C'est peut-être ce que signifie cette mention de l'œuvre de J. Jolivet : « Une carte générale de la France, qui, imprimée à Paris en 1560 et 1565, fut réimprimée à Anvers par Ortelius en 1570, 1598 et 1603 ».

Des œuvres cartographiques du bas-normand *Guillaume Postel*, nous n'avons retrouvé que sa carte de France de 1570. Elle est à la Bibliothèque nationale de Paris (2). C'est une feuille mesurant 680 × 540 millim. Sur cette carte, un degré de longitude occupe 30 millim., et un degré de latitude 39. Un cartouche, placé au haut et à droite, contient

---

(1) A Paris, par Marc du Chesne, rue Fromentel, a l'Estoile d'or, 1570. Une feuille de 0 ᵐ 850 × 0 ᵐ 550. (Biblioth. nat., Géogr., Inv. gén. 1035 bis). — Léon Vallée, *op. cit.*, n° 135.

(2) Géogr., Pf. 210.

une dédicace, datée du 31 Octobre 1570, « au tres chrestien roy de France Charles IX ». Dans cette épitre, l'auteur expose les motifs qui l'ont poussé à entreprendre ce travail. « Puisqu'aux labeurs des hommes il y a tousiours quelque chose a redire, et que leurs ouvrages se ressentent coustumierement de l'imperfection de leurs ouvriers, il faut que nous estimions ceux la estre bien heureux qui ont eu de Dieu ceste grace et ceste gentillesse d'esprit de faire les choses moins imparfaictes ». La carte de France a été faite et refaite plusieurs fois par de « gentilz et doctes personnages », tels que Finé, Jolivet et le vénitien Forlani ; mais leur œuvre laisse encore à désirer. Pour ce motif, Postel après avoir consulté plusieurs savants « tant françois que estrangers » s'est attaché à « l'aprocher le plus pres de sa consummation ». Et il avoue bien ingénument s'être si bien acquitté de sa tâche « qu'il ne se trouvera en icelle carte quelque peu ou point de fautes : ayant retrenché toutes celles qui se trouvoyent es descriptions precedentes ». Malgré toute sa bonne volonté et tous ses efforts, Postel est loin d'avoir atteint la perfection annoncée. Sa carte contient encore bien des inexactitudes. Toutefois, comme sur les portulans, Bordeaux est à sa vraie place, et le Cotentin est presque bien tracé. *Fécan* et *Dieppe* sont à la même latitude. Bref, l'œuvre de Postel n'était pas définitive, comme le croyait son auteur.

En 1594, parut le « Théâtre français où sont comprises les cartes générales et particulières de la France » ; c'est le premier Atlas national. Il était dédié à Henri IV. On y retrouve les cartes de la France de Jolivet et de Postel.

Au xvi⁰ siècle, des géographes étrangers ont travaillé à améliorer la carte de France. Citons notamment l'allemand Sébastien Munster qui, en 1550, a joint à sa *Cosmographia* une carte de France marquant un progrès réel dans la forme générale, l'italien Forlani qui a reproduit surtout Finé, l'anversois Ortelius qui dans son *Theatrum orbis terrarum* (1570) suivit plutôt Jolivet, et le flamand Gérard Mercator, éditeur des *Galliæ tabulæ geographicæ* (1).

____

(1) Première édition en 1585.

Dans la première moitié du xvii° siècle, quelques œuvres françaises seulement sont à signaler.

En 1613 parut une œuvre posthume de François de la Guillotière ; c'était une carte de France en neuf feuilles, mesurant chacune 52 cm. long. × 39 cm. haut. Nous avons consulté à Paris (1) l'édition de 1632 : « *Charte de la France*, à Paris, chez la veusve Jean le Clerc, rue Sainct Jean de Latran, à la Salemandre Royale ». Sur cette carte est imprimé un *Avis au Lecteur*, où nous puisons d'utiles renseignements. A la mort de la Guillotière, sa carte avait été recueillie par Pithou, et c'est seulement après la mort de ce dernier qu'on songea à la graver et à la publier. La description des Gaules est « la plus ample et la plus accomplie de toutes celles qui ont esté veües par cy-devant », et l'auteur, « homme laborieux et excellent en cet Art, a certifié par son testament y avoir travaillé vingt-cinq ans et plus ». En outre, cette carte « a esté corrigée, reveüe et reformée sur les derniers memoires dudit deffunct de la Guillotière ».

Certainement cette carte est meilleure que celle de Jolivet. Sans doute la Bretagne est encore trop amincie ; mais, somme toute, les péninsules de la Bretagne et du Cotentin, présentent leur forme presque définitive. Le littoral français est encore trop incliné à l'Ouest et au Sud.

Nous ignorons de quelle province française la Guillotière était originaire. Il était venu du Berry, dit Drapeyron (2). Nous le croirions volontiers normand. Il est cité par Adrien Pasquier (3) parmi les célébrités normandes.

Cet excellent cosmographe mourut à Paris, pendant le mois d'Octobre 1594, « pauvre des biens de ce monde et partant mesprisé nonobstant son bel esprit ». Il fut inhumé au cimetière de la Sainte-Chapelle. Par testament, il avait laissé ses cartes à « M° Pierre Pithou, advocat en la Cour » (4).

---

(1) Biblioth. nat., Géogr. Bf. 11.

(2) Revue de Géographie, *L'Image de la France*, 1889, p. 11.

(3) Biblioth. municip. de Rouen, ms. Y.43, t. V, fol. 299 v°. *Dictionnaire historique et critique des hommes illustres de la province de Normandie*, 1818-1819, 9 vol. mss. in-4°.

(4) *Journal du règne de Henri IV, roi de France et de Navarre*, par

La carte de France de la Guillotière fut si appréciée que bien souvent elle servit de modèle aux cartographes. Ainsi en 1645 parut une « *Carte générale de la France,* reveue et augmentée sur celle de la Guillottière et les plus récentes, et embellie de la conference des noms et peuples anciens tirés des meilleurs autheurs de l'antiquité, avec les armes et blasons de touttes les provinces de ce grand royaulme et postes et traverse de France, mis en lumière par Nic. Berey enlumineur de la Reyne, Paris, 1645 ». C'est une grande et belle carte de 1 m. 585 de largeur sur 1 m. 165 de hauteur (1).

Mentionnons encore les « Cartes générales et particulières de toutes les costes de France, tant de la mer océane que méditerranée, par le sieur Tassin géographe ordinaire de Sa Majesté » (2), et « Galliæ antiquæ descriptio geographica, autore Nicolao Sanson Abbavillæo, anno 1627 » (3).

Toutes les cartes qui précèdent reproduisent le même défaut dans la topographie, c'est l'excessive largeur de la France entre l'Océan Atlantique et le Rhin, donc de l'Ouest à l'Est. L'œuvre de Ptolémée péchait déjà par cet excès. Et puis on ne savait pas alors déterminer exactement les positions des lieux en longitude et en latitude. On s'en tenait encore aux anciens itinéraires romains qui sillonnaient le pays dans toutes les directions. Mais une fausse interprétation de la longueur du mille romain produisit l'erreur générale qui affecte toutes les productions géographiques du xvi° et du xvii° siècle, malgré le réel talent des cartographes (4).

Pierre de l'Etoile, grand audiencier en la Chancellerie de Paris, 1736. — A l'année 1594.

(1) Biblioth. nat., Géogr. Bf. 11.

(2) Paris, 1634, avec privilège du Roy. — Ce privilège est signé du 15 novembre 1631.

(3) Carte de 1 m 10 × 1 m 045. Biblioth. nat., Géogr. Bf. 11.

(4) Fréret, *Mém. sur la comparaison des mesures des itinéraires romains avec celles qui ont été prises géométriquement par MM. Cassini dans une partie de la France,* 1739 (Recueil de l'Acad. des Inscriptions, t. XIV).

⁂

Les Cartes marines

Au XIIe siècle, le géographe arabe Edrisi, dans son ouvrage rédigé en 1153 à la demande de Roger, roi de Sicile, et intitulée *Courses lointaines d'un curieux pour explorer les merveilles du monde*, cite « Dieppe, ville et port où l'on construit des navires et d'où partent des expéditions maritimes » (1).

Aux XIIIe, XIVe *et* XVe siècles, les principaux ports normands sont figurés sur plusieurs cartes et mentionnés dans des routiers. La situation et les distances mutuelles de ces ports y sont fixées avec une précision convenable.

Au XIIIe siècle, on peut citer la carte dite pisane, dressée vers l'an 1275 (2). Le cartographe connaît peu le littoral occidental de la France. Les contours sont très défectueux. Ainsi pour ce qui concerne la Normandie et la région avoisinante, la côte se dirige à peu près en ligne droite du Cotentin au Boulonais, et la nomenclature assez restreinte y est confuse. Du Sud au Nord, on lit successivement : *Baspau* (Batz), *Dieppa* (Dieppe), *Nermendia* (Normandie), *Chiusan* (Wissant) placé au Sud de Saint-Valery au lieu d'être au Nord, *Sco gellaby* (Saint-Valery), *Gravalingue* (Gravelines) au Sud de Boulogne, *Sca maria de bulogna* (Boulogne-sur-Mer).

Il y a donc beaucoup d'arbitraire dans le tracé et la nomenclature des côtes françaises, et il est certain que le cartographe ne les avait ni visitées, ni représentées d'après d'exactes informations (3).

Nous ne connaissons que peu de cartes ou de routiers qui aient mentionné de façon assez correcte les ports normands. Citons notamment : au XIVe siècle, *Pierre Vesconte* dans les 20 premières années, *Marino Sanuto* sur son portulan de 1321, *Dulcert* sur sa carte de 1339, *Tammar*

---

(1) Edrisi, traduction Jaubert, t. I, p. 360-361.

(2) Biblioth. nat. de Paris, Géogr. C. 1634.

(3) Dr Hamy, *Etudes historiques et géographiques*, Paris, 1896, in-8°; p. 8 et suiv.

Luxoro en son Atlas, l'atlas maritime médicéen de 1351, la carte catalane de 1375 (1), *Pinelli* dans son Atlas ; au xv⁰ siècle, *Giroldis* sur sa carte de 1426, *Andrea Bianco* en son Atlas de 1436, *Pietro de Versi* en son portulan de 1444, *Bartolomeo Pareto* en sa carte de 1455, le portulan *Maglia-becchi* XIII, 88, le portulan de la Bibliothèque royale de Parme, *Graliosus* et *Andreas Benincasa* sur leurs cartes (1461-1490), le portulan *Rizo* (1490) (2).

Certains de ces portulans sont assez détaillés et assez précis, par exemple ceux de Pietro de Versi, de Maglia-becchi et de Rizo.

Pietro de Versi fixe assez exactement l'orientation de la ligne qui joint deux ports et la distance de l'un à l'autre. Dans sa description de la Normandie, le C. de la Hague est éloigné de 20 lieues et au S.-S.-O. de l'île de Wight ; Barfleur et Beachy Head gisent N. E.-S. O. et sont distants de 32 lieues ; Barfleur et le C. d'Antifer sont sur le même parallèle à 18 lieues l'un de l'autre ; Barfleur est à 18 lieues et au O. N. O. de la Seine ; le chef de Caux et le C. de Torquay (Angleterre) sont S. E.-N. O. et à 32 lieues ; Anti-fer est à 30 lieues et au S. E. de Sainte-Hélène ; Beachy Head et Dieppe sont un peu au Levant de S. E.-N. O. ; Antifer et Beachy Head sont sur le même méridien à 25 lieues ; la Fosse de Cayeux-sur-Mer est à 21 lieues et à E. S. E. de Beachy Head ; Dieppe et la Fosse de Cayeux gisent N. E.-S. O. et à une distance de 12 lieues ; Les Cas-quets et Portland sont à 15 lieues sur le même méridien ; Les Casquets et Aurigny gisent E. S. E.-O. N. O. à 4 lieues de distance (3).

Portulan *Parma-Magliabecchi* (4). — De *Diepa* (Dieppe) à *Frescham* (Fécamp), la direction est O. 1/4 S.-O. (au lieu

____

(1) Cette carte, et son prototype, la carte de Dulcert, sont autant continentales que marines.

(2) Tous les renseignements utiles sur les précédentes cartes se trouvent dans l'ouvrage de Konrad Kretschmer, *Die italienischen Por-tolane des Mittelalters*, Berlin, 1909, in-4°, p. 109-207.

(3) Konrad Kretschmer, *Die italienischen Portolane des Mittelalters*, p. 246-267.

(4) Konrad Kretschmer, *op. cit.*, p. 268-358.

de O.-S.-O.) et la distance est de 50 milles. De Frescham à Antifer, O.-E., à 12 milles. *De Cavo dantifer* (Cap d'Antifer) au *Chauo di Chaus* (Chef de Caux), S.-S.-O., 16 milles. Le chef de Caux est un cap élevé (C. de la Hève) utile aux navigateurs ; la falaise est blanche et un banc (l'Eclat) se trouve près de ce cap. Du Chef de Caux à *Boccha* (La Hougue ?), il y a 64 milles à l'Ouest (1). De Boccha à *Barafret* (Barfleur), N. 1/4 N.-O., 16 milles. On reconnaît Boccha à une falaise, au bas de laquelle vers l'Est est une église avec tour ; près de là est le port. De Barfleur à Dellagha (C. de la Hague), O. 1/4 S.-O. (pour O. 1/4 N.-O.), 30 milles; une falaise haute, longue et noire indique ce cap (1).

Portulan *Rizo*. — Si on veut relâcher dans le port de Dieppe, on a de pleine mer *onze pas* (3) d'eau et en basse mer six au moins. De *Drepa* (Dieppe) à *Frestan* (Fécamp) l'orientation est O. 1/4 S.-O. et la distance est de 44 milles. De Fécamp au *Chauo de Ansifer* (C. d'Antifer), E.-O. (4), 20 milles. Antifer et le *Chauo de Chaors* (Chef de Caux), N.-S. (5) et 16 milles. Du Chef de Caux au *Chauo de lopia* (l'Eure ?), N.-S. (6) et 10 milles. Du Chauo de lopia à la ville de Ziraflor (Harfleur), E.-O. (7), 10 milles. La ville de Harfleur est à un des caps de l'embouchure de la Seine dans la partie septentrionale, et ce fleuve baigne *Roam* (Rouen) et Paris. Sur l'autre rive est *Anflor* (Honfleur). De *Baraflor* (Harfleur) (8) à Honfleur, N.-S. (9), 10 milles. De Harfleur à *Gofar* (banc d'Amfard), O.-S.-O., 15 milles. De Gofar à *Tocha* (Touques) et à la ville de *Canet* (Cabourg), il y a des bancs qui gisent O.-S.-O., 15 milles. De *Baraflet* (Barfleur) à Dieppe, E. 1/4 N.-E., 130 milles. De

---

(1) Ces deux endroits ne sont pas à la même latitude.

(2) Konrad Kretschmer, *op. cit.*, p. 420-552.

(3) Le *passo* italien était la division de la ligne de sonde, qui représentait à peu près ce qu'on France on appelle la *brasse*. A Venise, le pas équivalait à 5 pieds.

(4) Orientation inexacte.

(5) *Id.*

(6) Pour O.-N.-O.

(7) Pour E.-N.-E.

(8) Harfleur semble désigné sous les deux noms, *Ziraflor* et *Baraflor*.

(9) Pour N.-N.-O.

Barfleur à l'embouchure de la Seine, E.-S.-E., 80 milles.
De Barfleur à *Chascheta* (les Casquets), O.-N.-O., 60 milles.
De Barfleur à la ville de *Zeriborg* (Cherbourg), O.-E. (1),
15 milles. Cherbourg est à la fois une ville et un bon port
de mer. A marée basse, il y a un banc qui découvre ; à la
pleine mer, il y a quatre *pas* d'eau. Le chenal a six pas de
basse mer et dix de haute mer. De Cherbourg au *Chauo de
Gordlaga* (C. de la Hague), E.-O., 15 milles.

Les trois portulans auxquels nous venons d'emprunter
quelques éléments sont, pour l'époque, d'une exactitude
surprenante. L'orientation est généralement la vraie, et les
distances exprimées soit en milles, soit en lieues marines,
concordent assez bien. On a là des preuves de voyages
accomplis et de mesures effectuées par des pilotes compétents. Au xvie siècle, les Normands eux-mêmes n'auront
qu'à parfaire cette description du littoral de leur province.

Certains détails nouveaux nous sont fournis par une
peinture fidèle des côtes normandes, élaborée au xve siècle
par *Pierre Garcie, dit Ferrande*, qui habitait à Saint-Gilles-
sur-Vie (2). Ce maître de cabotage vendéen composa en
1483 le *Grand Routier, Pilotage et Encrage de mer*, et,
jusqu'à l'année 1520 où il le publia à Poitiers, ne cessa de
le revoir et de le compléter. De nombreuses éditions se
succédèrent rapidement. Dix-huit parurent à Rouen. Ce
livre fut donc très répandu en Normandie. Formé de cent
feuillets sans chiffres ni réclames, il est accompagné de
gravures sur bois qui sont très grossières.

Garcie-Ferrande a écrit en outre un petit *Routier de la
mer*, ouvrage anonyme qui a été imprimé à Rouen entre
1502 et 1510 et qui n'est qu'une ébauche du *Grand Routier* (3).

L'auteur signale dans son œuvre les accidents de mer
qui menacent le marin à l'approche des ports les plus

----

(1) Pour E.-N.-E.

(2) Aujourd'hui chef-lieu de canton du département de la Vendée.

(3) A. Pawlowski, *Les plus anciens hydrographes français (XVe-XVIe
siècle). — Pierre Garcie dit Ferrande et ses imitateurs* (Bull. de Géographie hist. et descript., 1900).

considérables. Il ne s'arrête pas à décrire tout le littoral ;
il se contente des points principaux. Il donne des indications
pratiques pour entrer dans les ports ou en sortir, et désigne
dans ce cas les endroits ou les édifices que le pilote doit
tenir à sa droite ou à sa gauche. En particulier, il présente
bien des détails curieux et intéressants sur la navigation à
l'embouchure de la Seine.

Moins complète que celle de Garcie-Ferrande, mais
aussi précise, est la description de la côte normande par
Jean Fonteneau, dit Alfonse de Saintonge (1). Cet écrivain
ne s'est pas inspiré de Garcie-Ferrande pour composer sa
Cosmographie, dont le manuscrit est daté de 1544. Nous
bornant seulement à la province de Normandie, nous parcourons avec Alfonse la côte depuis *Pont Orsson* jusqu'au
Ratz Blanchart. L'orientation et les endroits périlleux sont
signalés non moins dans cette région que tout le long de
la Basse-Normandie. Alfonse ne suit pas Garcie-Ferrande
dans sa description détaillée de l'embouchure de la Seine ;
il dit seulement que « la dicte rivière de Senne, à son
entrée, est fort dangereuse de bans et baptures et de grandz
courantz d'eaue », et il fait l'éloge de « la ville de Honnefleu qui est fort renommée par toutes les parties du
monde ». Elle est située « par les 50° moins 10 min. ». La
ville « Françoise de Grace (2) est par les 50° de la haulteur
du polle arctique », et « son havre est bon ». Alfonse donne
fort peu de renseignements sur la côte comprise entre le
Ché de Caux, près du Havre, et le Tréport, limite septentrionale de la Normandie (3).

Le normand, et peut-être dieppois, *Jehan Mallart* s'est
inspiré de l'œuvre de Alfonse, dont il a mis en vers un des
travaux géographiques, intitulé les *Voyages aventureux*. La
description poétique de J. Mallart étant dédiée à François Ier lequel mourut en 1547, on doit admettre avec

---

(1) *La Cosmographie avec l'espère et régime du soleil et du nord,*
par *Jean Fonteneau, dit Alfonse de Saintonge, capitaine-pilote de Fran-
çois-Ier*, publiée et annotée par Georges Musset, Paris, 1904, un vol.
in-8° de 600 p., p. 160-163.

(2) Le Havre.

(3) La *Cosmographie*, édit. Musset, p. 161-163.

certains savants (1) que Mallart a composé son ouvrage au plus tard en l'année 1546. Mais si l'on accepte cette date, Mallart aurait donc eu entre les mains le manuscrit des *Voyages aventureux*, avant même sa publication. La rédaction de ces *Voyages aventureux*, faite à Honfleur et par un Honfleurais *Maugis Vumenot*, *marchant*, doit remonter aux environs de l'année 1536 (2), et par ailleurs on ne connaît pas d'édition des *Voyages aventureux* antérieure à 1559. Pour mieux faire ressortir la parfaite ressemblance entre la prose de Alfonse et les vers de Mallart, Mr Musset (3) a mis en parallèle deux passages de ces auteurs. De leur comparaison résulte la preuve manifeste de l'emprunt fait par Mallart.

Nous savons par H. Harrisse (4) que maistre Jehan Mallart ou Maillard était « poete royal et escrivain et souverain conducteur des eaues, sources et fontaines » dès l'an 1530. Peut-être était-il libraire à Rouen (5).

La Bibliothèque nationale de Paris possède trois manuscrits de l'ouvrage de Mallart (6). Il y a dans l'un d'eux, le ms. 13371, une lacune qui correspond aux folios XVIII-XXXVI du ms. 1382 (7).

Le titre de ces manuscrits est celui-ci : « Premier livre de la description de tous les portz de mer de lunivers, avecques summaire mention des conditions differentes des peuples et adresse pour le rung des ventz propres à naviguer ». Mais le sujet annoncé n'est pas complètement traité par Mallart. Celui-ci parcourt la côte de l'Europe occidentale depuis Cadix jusqu'à la Norvège, fait connaître l'Angleterre (8), décrit le littoral oriental de l'Amérique où il

---

(1) H. Harrisse, *Jean et Sébastien Cabot*, p. 155, 224-226. — Biggar, *The early trading companies of New France*, Toronto, 1901, 1 vol. in-8°. — etc.

(2) La *Cosmographie* de Jean Fonteneau, édit. Musset, Introd. p. XXI.

(3) La *Cosmographie*, p. 43.

(4) *Jean et Sébastien Cabot*, p. 222-227.

(5) Édouard Frère, *De l'Imprimerie et de la Librairie à Rouen*, p. 42.

(6) Mss. franç. 1382, 13371 et 25375.

(7) Le ms. 1382 mesure 28 × 19 cm. et a 51 feuillets.

(8) Ms. 1382, fol. XXVII-XXXVI.

passe en revue le Labrador, Terre-Neuve, les Antilles, le pays des Cannibales, le Pérou, le Brésil, et s'arrête au détroit de Magellan. La description de Mallart répond donc uniquement aux côtes orientales et occidentales de l'Océan Atlantique, sauf l'Afrique. La partie intéressant le littoral normand se trouve aux fol. xxiii à xxv. Nous avouons que pour ce passage Mallart a bien peu emprunté à Alfonse (1).

Mallart part du Mont-Saint-Michel, passe rapidement le long de la côte occidentale du Cotentin, nommant l'abbaye de Granville et les îles anglo-normandes. « Passé le cap de la Hague, dit-il, la coste tourne au suest et dure ceste rotte jusques au port et rivière de Caen ». De Caen à la Seine, il y a environ 18 lieues. « La Seyne est dangereuse en y faisant entrée ». Il nomme le *Rattier*, banc situé au Nord de Villerville. Sur les rives de la Seine, il rencontre *Paris*, puis *Rouen*. Il continue, et mentionne *Le Havre neuf*, le *Chef de Caux*, puis longe la région cauchoise où gisent Fécamp, Saint-Valery, Dieppe. « Par de là Dieppe, a dix mil, Normendie deffaut et entre icy la Picardye ».

Jolivet. — Sous le nom de *Jan Jolivet* figure une carte spéciale de la Normandie, qui est absolument remarquable par son exécution et par son exactitude. Elle a été acquise en 1897 par la Bibliothèque nationale, et porte la date de 1545 un peu à gauche du cartouche destiné à la dédicace. C'est un manuscrit sur vélin mesurant 1 m. 370 × 0 m. 920 et intitulé : « La carte generalle du pays de Normandie par M. Jan Jolivet pbre » (2).

L'auteur de ce modèle parfait de 1545 ne peut être celui des cartes continentales de France de 1560 (?) et de 1570, qui montrent un tracé si incorrect de la Normandie. D'ailleurs, si le nom et le prénom du dessinateur sont identiques sur les trois cartes, la signature complète est fort différente. Les deux cartes de la Gaule exécutées par le même géographe portent, à la suite de son nom, les qualificatifs *auctor* sur l'une et *inventor* sur l'autre. Ces deux mots expriment

---

(1) Nous reproduisons dans l'Appendice I le texte de Alfonse et celui de Mallart.

(2) Bibl. nat., Géogr., A. 79.

la même idée. Celle de 1545 ajoute le titre personnel de *l'auteur*, M. Jan Jolivet *pbre* (Maistre Jan Jolivet presbtre). Or tous les travaux cartographiques, que nous connaissons comme effectués par des prêtres, portent clairement la désignation *presbtre*. Les cartes de la Gaule ne sont donc pas dues à un prêtre, et on aurait tort, à notre avis, de les attribuer au Jan Jolivet de 1545.

La biographie de ces deux cartographes homonymes nous échappe. Le Jolivet de 1560 (?) et de 1570 est peut-être celui que la *Nouvelle biographie générale* mentionne comme géographe de François Ier et qui dressa en six planches une carte du Berry, malheureusement perdue, qui fut publiée en 1545 avec une dédicace à Marguerite de Navarre. Celui-là serait peut-être berrichon (1).

Quel est le pays d'origine du prêtre Jan Jolivet ? nous n'avons pu le découvrir. Nous le croirions volontiers normand, car il nous semble qu'il faut avoir habité longtemps un pays pour en figurer une première description aussi complète.

Où Jolivet a-t-il puisé ses renseignements ? Nous ne connaissons aucune carte antérieure qu'il ait pu consulter avec grand profit. Sa carte est à la fois continentale et nautique. Elle a été simplement signalée, dès son entrée à la Bibliothèque nationale, par Gabriel Marcel dans une « Note sur quelques acquisitions récentes de la section des cartes et collections géographiques de la Bibliothèque nationale » (2), et la Société normande de Géographie l'a reproduite dans le format 1 m. 10 × 0 m. 70 (3). Elle est dédiée au Dauphin, fils de François Ier, le futur Henri II. Le cartouche, dessiné à l'angle inférieur de droite, ne contient aucune légende. L'espace réservé à la dédicace est blanc. Ce cartouche, style renaissance, est très ornementé. On y a peint les instruments astronomiques et nautiques utilisés alors :

---

(1) Gabriel MARCEL, *Une carte de Picardie inconnue et le géographe Jean Jolivet* (Bull. de Géogr. hist. et descript., Paris, in-8°, 1902, p. 176-183).

(2) Extraits des Comptes-rendus de la Soc. de Géogr. de Paris, 1897, p. 12.

(3) Bull. de l'année 1900, p. 140.

le compas, la règle, l'équerre, l'astrolabe astronomique, le quart de cercle et le bâton de Jacob avec lesquels on mesurait les hauteurs, diverses formes de cadrans solaires, une sphère terrestre et une sphère céleste supportées chacune par un satyre au corps velu, aux pieds de bouc et aux deux cornes fixées au sommet de la tête. En deux endroits est la devise : « Moyns et paix ».

Les latitudes et les longitudes sont marquées en dixièmes de degré sur le bord de la carte à gauche et le long de la carte au sommet.

La nomenclature est très abondante, puisqu'elle contient les noms de presque tous les villages, ou plutôt des paroisses existant en Normandie. Chaque nom de lieu est inscrit près de l'église. Le littoral est, comme l'on pense bien, tout couvert de noms, dont l'orthographe est celle du temps.

Les contours sont si précis que depuis près de quatre siècles ils n'ont subi que des modifications secondaires. On sait que le long des falaises de Caux le flot ronge en moyenne 33 mètres de rivage par siècle. Le recul de la falaise depuis Jolivet n'est donc que de 120 m. environ, et certainement l'action destructrice de la mer s'est fait bien plus sentir sur les promontoires que dans les baies.

Pour Jolivet, la partie de la Manche, comprise entre la Normandie et l'Angleterre, est « La Mer Normanique ».

Des armoiries sont dessinées au haut de la carte. Au milieu sont les armes royales ; au coin supérieur à droite, les armes de la Normandie (de gueules à deux léopards d'or), et à celui de gauche l'écu du Dauphin.

Dans la baie de Seine, entre le pays de Caux et le Cotentin, Jolivet a dessiné une vingtaine de grands navires ; ce sont des galères, et surtout de grands et beaux galions. Le cartographe a voulu représenter la flotte de l'amiral d'Annebaut et du baron de la Garde.

Le baron de la Garde, surintendant des forces navales, amena en 1545 l'escadre du Levant en Normandie. Son but était d'envahir l'Angleterre, et Le Havre était le lieu de rassemblement de la flotte d'invasion. Il y avait dans la rade, dit le chroniqueur havrais Guillaume de Marceilles, tant de bâtiments de toute dimension que « la mer en fut couverte jusqu'à plus d'une lieue » (1). La flotte comprenait en effet trente-six fortes caraques (2), cent-cinquante gros vaisseaux ronds et soixante flibots (3). Malheureusement, le vaisseau amiral le *Philippe*, magnifique *carracon* de 1200 tonneaux et de cent pièces d'artillerie, qui avait été construit au Havre, brûla au moment d'appareiller (12 Juillet 1545). Le combat naval entre John Dudley, lord Lisle et l'amiral d'Annebaut fut livré à Portsmouth quelques jours plus tard (19 Juillet) (4).

La bordure, très soignée comme dessin, est un motif renaissance. Le long de cette bordure sont inscrits les noms des huit principaux vents : au haut de la carte et en se dirigeant de l'Ouest à l'Est, on trouve *Circius* (qui correspond au N.-N.-O.), puis *Boreas* (Nord) ; à l'Ouest, *Corus* (N.-O.) et *Africus* (S.-O.) ; à l'Est, *Hellespontius* (Est ?), *Vulturnus* (S.-S.-E.) ; au Midi, *Libonotus* (S.-S.-O.), *Mydy*, *Auster*, *Notus* (ces trois noms marquant le Sud), *Euroauster* (S.-S.-E.).

Des animaux, symboliques selon nous, ont été disposés sur toute la bordure. Nous avons, en deux ou trois endroits, reconnu la salamandre de François Iᵉʳ et des armes de la Ville du Havre.

Nous ne pouvons songer à donner même un aperçu de la position et de la nomenclature de toutes les localités inscrites sur la carte si détaillée de Jolivet. Nous nous bornons à l'examen de la côte normande depuis le Tréport jusqu'au Mont-Saint-Michel (5).

Du Tréport à Dieppe, on rencontre les villages du *Tré-*

---

(1) *Mémoires de la fondation et origine de la ville Françoise de Grâce*, publiés et annotés par J. Morlent, Le Havre, 1847, 1 vol. in-4°.

(2) Larges galères.

(3) Navires dont la charge ne dépassait pas 100 tonneaux.

(4) Gosselin, *Documents relatifs à la marine normande*, Rouen, in-8°. — Borély, *Histoire de la Ville du Havre*, Le Havre, 1880-1881, 5 vol. in-8°, t. II, p. 222 et suiv. — Ch. de La Roncière, *Histoire de la marine française*, t. III, p. 409-431.

(5) Jolivet marque toutes les rivières, mais n'en nomme aucune.

port (1), de *Flocque* (Floques), *Criel* (2), *Tocqueville*, *Panlly* (Penly) (3), *Briville* (Brunville), *Bruneval* (Berneval), *Belleville*, *Bragmont* (Bracquemont). Jolivet oriente la côte N.-N.-E. de Dieppe à Tocqueville et E.-N.-E. de Tocqueville au Tréport ; en réalité, elle gît N.-E. 1/4 E. de Dieppe au Tréport.

De Dieppe à Fécamp. — *Dieppe* (4), *Pourville* (5), *Quiévremont* (Caprimont ; aujourd'hui Sainte-Marguerite-sur-Mer), *Quiberville* (située sur un promontoire), la Saâne (rivière qui coule entre Quiberville et Sainte-Marguerite-sur-Mer) ; puis viennent *Saint-Aubin* (sur-mer), *Espieville* (Epineville ; aujourd'hui hameau de Sotteville-sur-Mer), *Socteville* (Sotteville-sur-Mer), *Veules* (6), *Saint-Valleri*, *Saint-Severin* (pour Saint-Sylvain), *Conteville* (dépendant maintenant de Paluel), *Paluel*, *Malleville* (placée par erreur à l'embouchure de la Durdent), *Veulettes* (trop en pointé), *Auberville*, *Martin aux bineaux* (Saint-Martin-aux-Buneaux), *Assetot* (Sasselot-le-Mauconduit), *les Dalles* (7), *S.-P.-Port*

---

(1) La rivière qui vient d'Eu et a son embouchure au Tréport est la *Bresle*, qui y forme un port assez protégé contre la mer. C'est vers le xie siècle que l'histoire commence à signaler le Tréport. Il est le seul abri ouvert sur la côte entre Dieppe et Boulogne ; mais la profondeur de l'entrée est insuffisante, et cette entrée est obstruée par le galet. Le Tréport tire principalement son importance de la pêche, à laquelle sont employés de 60 à 70 bateaux. Il est à 30 kilom. de Dieppe.

(2) *Criel*, à 21 kilom. de Dieppe, est située dans la vallée de l'Yères, dont l'embouchure est à 2 kilom. du village.

(3) *Penly* est à 8 kilom. de Criel et à 15 kilom. de Dieppe.

(4) Au xie siècle, il existait un bourg et un port du nom de Dieppe (Ed. Le Corbeiller, *Notes dieppoises*, p. 8). Le port est désigné sous le nom de *Diepa* sur les cartes ou portulans de Vesconte, Dulcert, Tammar Luxoro, de 1375 (carte catalane), de Pinelli, Giroldis, Pietro de Versi, Magliabecchi XIII, 88, Parma, Rizo. Benincasa l'appelle *Depa*.

(5) *Pourville*, aujourd'hui hameau dépendant de la commune de Hautot-sur-mer, à 4 kilom. de Dieppe. La petite rivière qui se jette à la mer près de Pourville est la *Scie*.

(6) Bourg situé entre deux falaises dans une petite vallée baignée par un joli ruisseau dont les *cressonnières* sont célèbres. Ce petit cours d'eau naît et se jette à la mer sur le territoire de la même commune.

(7) Les *Petites-Dalles*, hameau de pêcheurs dépendant de Saint-Martin-aux-Buneaux ; les *Grandes-Dalles* petit hameau rattaché à Sasselot.

(Saint-Pierre-en-Port est trop en pointe) (1), *Fécamp* (2).

La côte de Fécamp à Saint-Valery n'a pas le tracé d'aujourd'hui : De Saint-Pierre-en-Port aux Dalles, la direction est O.-E. ; des Dalles à Veulettes, elle est N.-N.-E. au lieu de N.-E. 1/4 E., et ensuite, de Veulettes à Malleville, la côte redescend un peu vers l'E.-S.-E. De Saint-Valery à Quiberville, le rivage est E.-N.-E. au lieu de E. 1/4 N.-E., et, de Quiberville à Dieppe, il est N. 1/4 N.-E.

De Fécamp au Havre. — Une falaise s'élève sur la rive droite de la rivière de Fécamp, et à son sommet est érigée la chapelle *Notre-Dame. Saint-Clair* (village réuni à *Bourdeaulx*), *Estretot* (Etretat) (3), *Berneval* (Bruneval). De Bruneval à Etretat, la côte est droite ; ce qui est inexact, puisque entre deux se trouve le Cap d'Antifer, lequel d'ailleurs n'est ni tracé, ni nommé par Jolivet.

Du Havre à Bruneval, la côte est un peu découpée : aujourd'hui elle est à peu près droite.

Cauville, Haucleville (Octeville), *Bléville.* Un bois est figuré entre Bléville et Octeville.

Depuis le C. de la Hève jusqu'à Cauville, la falaise est trop échancrée.

Le *Chef de Caux* correspond au Cap de la Hève, dont la base est sans cesse sapée par les flots. Il offre de belles falaises de plus de 100 mètres d'élévation où l'on découvre de nombreux débris fossiles. Les cartographes l'ont désigné sous divers noms : *Cauo di Chaus* sur les portulans Magliabecchi, Parma, et Pietro de Versi ; *Chain,* dans un autre passage du portulan de Pietro de Versi ; *Ca de caur,* sur la carte catalane ; *Ce de Caus,* sur les cartes de Dulcert et de Giroldis ; *C. de Canus,* sur la carte de Benincasa ; *C. de*

---

(1) « Vieille paroisse de pêcheurs jadis placée dans le vallon voisin. La mer a mangé une partie du vallon et englouti les habitations ; les tempêtes ont détruit le petit port, les barques et les matelots » (Abbé Cochet, *Les Églises de l'arrondissement d'Yvetot,* Paris, 1852, t. II, p. 219).

(2) Port très connu au moyen âge, mais diversement orthographié par les géographes du temps. Dulcert et l'auteur de la carte catalane l'appellent *Fecanp* ; Tammar Luxoro, *Felecap* ; Vesconte, *Fecam* ; le portulan Parma, *Frescham* ; le portulan Rizo, *Frestan,* et le portulan Magliabecchi, *Festam.*

(3) Abbé Cochet, *Etretat,* 1869, 1 vol. in-8° de 163 p.

Caus, chez Vesconte ; *Chauo de Chaors*, sur le portulan Rizo. Dans les archives normandes du XVIe siècle, ce Cap s'appelle indifféremment *Quief de Caux, Chief de Caux, Cap de Caux, Grouing de Caux.*

Autrefois, le Cap de la Hève s'avançait plus loin dans la mer. Les vagues et le courant rongèrent la pointe, la reculèrent et découvrirent ainsi le rivage de Sainte-Adresse (1). La mer semble avoir enlevé le territoire d'une paroisse et d'un petit port, connus sous le nom de Saint-Denis-Chef-de-Caux.

Pierre d'Avity écrivait : « Le cap ou promontoire de Caux, avec un bourg qui porte le même nom, a sur son bord un fanal nommé communément le *Foyer de guerre*, et la pointe du Cap est surnommée le *Heurt d'Aine* » (2).

La côte du Havre au Chef de Caux est bien tracée par Jolivet.

En 1522, une partie des terrains sur lesquels est bâti Le Havre s'appelait vulgairement les *Maretz* et *Pastures* d'Ingouville (3). Avant le creusement du port, tout cet emplacement était en *perreys* (4) et en *criques* (5). Il y avait en certains endroits de l'herbe que les habitants de Graville faisaient paître par leurs moutons, lesquels étaient souvent surpris et noyés par la mer. Jolivet y montre, en 1545, une église et une agglomération de maisons, et il appelle Le Havre *La Françoyse*, mot qu'il écrit en gros caractères et place en Seine entre Le Havre et Harfleur.

L'église de *Lheure* (l'Eure), dédiée solennellement le 22 Avril 1269 par l'archevêque de Rouen, Eudes Rigaud (6),

---

(1) Alphonse MARTIN, *Histoire du Chef-de-Caux et de Sainte-Adresse*, 1881, in-8° de 248 p. — G. LENNIER, *L'Estuaire de la Seine*, Le Havre, 1885, 2 vol. in-4° et un Atlas.

(2) *Le monde ou la description générale de ses quatre parties*, Paris, 1637, 4 vol. in-folio.

(3) Stéphano de MERVAL, *Documents relatifs à la fondation du Havre*, Rouen, 1875, in-8°, p. 238.

(4) *Perré*, revêtement en pierre sèche qu'on établit sur les talus des berges pour empêcher les eaux de les dégrader.

(5) Petites baies qui peuvent servir d'abris aux marins.

(6) *Neustria pia*, Fiscamnum, p. 216.

est juste entre *Graville* et *Engouville* (Ingouville), tandis qu'en réalité elle se trouve plus au Sud. L'Eure est un ancien port, appelé *Loira* par Vesconte et Benincasa, *Loyra* par Dulcert, et *Oyra* par l'auteur de la carte catalane.

De *Lheure* à *Arfleu* (Harfleur) qui est sur le bord du rivage, la côte décrit un arc de cercle qui passe au pied de Graville. C'est qu'en effet toute la partie actuelle, comprise entre l'Eure et l'embouchure de la Lézarde, a été formée par les apports successifs de débris provenant des éboulements du C. de la Hève et des falaises de Caux. A mesure que les atterrissements se sont produits et ont comblé les ports de la baie, tels que l'Eure et Harfleur, la pointe du Hoc s'est avancée vers l'Est.

Harfleur s'appelait *Ariflor* sur le portulan Parma, *Aliflor* sur le portulan Magliabecchi, *Ariflor* sur la carte de Benincasa, et *Ziraflor* sur le portulan Rizo.

Jolivet n'indique nullement la pointe du Hoc.

Le long de la Seine. — Entre *Tanquerville* (Tancarville) et *Caudebec*, la courbe du fleuve n'est pas assez accentuée vers *Etelan*. *Ducler* (Duclair) et *Saint-George* (A. H.) (1) sont reliés par une rive qui est rectiligne au lieu d'être curviligne.

Rouen est le *Roam* de Tammar Luxoro, de Giroldis et de la carte catalane ; le *Roan* de Pinelli ; le *Ruam* de Dulcert.

Sur la rive gauche de la Seine, la pointe de *Quillebeuf* est très exactement placée. Cet ancien port, devenu une station importante de pilotes, était connu avant le xvi⁰ siècle : on l'appelait *Chiribey* (carte catalane), *Chiriboy* (Dulcert), *Chiribei* (Benincasa), *Ciriburg* (Tammar Luxoro, Pinelli). *Giriburg* (Giroldis), *Quiriborg* (Vesconte).

Bien des villages qui, en 1545, étaient sur le bord de la Seine, comme *Orcher*, *Vatteville* et autres, s'en sont trouvés éloignés avec le temps par suite du dépôt de terrains d'alluvion. De plus, les travaux d'endiguement de la

---

(1) *A. H.* sont deux lettres qui désignent une abbaye d'hommes. A Saint-Georges-de-Boscherville, les religieux étaient des Bénédictins.

Seine au xix° siècle ont singulièrement contribué à rétrécir le lit du fleuve.

De Honfleur à la Dives. — Parcourons la côte méridionale de la baie de Seine en commençant à l'embouchure de la Morelle, cours d'eau qui se jette dans la Seine à *Saint-Saulveur*, aujourd'hui la rivière Saint-Sauveur. Un peu au Sud est placée *Chichemaville*, sans doute Crémanville, ancienne paroisse réunie à Ablon et qui au moyen âge possédait un port nommé Crémanfleur.

Honfleu (Honfleur), pourvue de plusieurs églises, était autrefois nommée *Onefro* (Dulcert), *Onefror* (carte catalane, Benincasa), *Onelor* (Tammar Luxoro), *Onefflor* (Vesconte), *Onellor* (Giroldis).

Vasouy, Pannedepie, Cricquebeuf, Villerville, Trouville placée un peu à droite de l'embouchure de la Touques, puis *Touques*, alors lieu et port important comme l'indiquent son nom écrit en gros caractères et aussi ses deux églises paroissiales. Ce port, aujourd'hui déchu, aurait été fondé vers 807 pour la défense de la côte et surtout de la vallée de la Touques. Tout près de là est le château de Bonneville, l'une des résidences préférées de Guillaume le Conquérant. Ses anciens noms : *Toca* (Tammar Luxoro, Dulcert, carte catalane, Pinelli), *Tocam* (Vesconte), *Tocha* (Benincasa, Rizo), *Tocas* (Giroldis).

De l'autre côté de la Touques, *Deauville, Saint-Arnoult* un peu au Sud-Ouest, *Benarville* (Bénerville), *Villars* (Villers-sur-mer), ancienne station militaire pendant l'occupation romaine, puis pauvre village de pêcheurs. Cette localité devait exister sous les rois Mérovingiens, car on y a trouvé des médailles d'or frappées à l'effigie de ces rois. Rizo dans son portulan l'appelle *Villa*.

Un peu au Sud de Villers, *S. Colombe*, puis *Auberville, Besvarre*, c'est-à-dire Beuzeval, dont l'église a été transportée au hameau de Houlgate, et enfin *Saint-Saulveur de Dive* et *Périers* (en Auge).

Dives, ancienne station romaine, existait en 945 sous le nom de Varaville et des navires y abordaient. Au moyen âge, le port de Dives avait une certaine importance ; c'est là que Guillaume le Conquérant s'embarqua pour aller conquérir l'Angleterre.

Aujourd'hui la côte est presque droite de la Dives à la Touques ; Jolivet la représente un peu bombée vers Villers. De la Touques à Villerville, le rivage est orienté, d'après Jolivet, presque N.-N.-E. au lieu de N.-E., et, de Penne-depie à Honfleur, O.-E. au lieu de E.-N.-E.

De la Dives à Isigny. — *Cabourg*, *Mareville* (Merville) et le *Buisson* aujourd'hui réuni à Merville. L'estuaire de l'Orne, qui depuis le xvi° siècle s'est bien modifié, est très large et s'étend du Buisson à Ouistreham. Ce fut Vauban qui, dans la seconde moitié du xvii° siècle, canalisa le cours inférieur de l'Orne.

Non loin sur l'Orne est *Sallenelles*.

Entre l'Orne et la Seulles, *Estrahan* (Ouistreham) anciennement connu sous le nom de *Ostran* (carte catalane), *Ostram* (Dulcert), *Eschan* (Benincasa) et *Cestam* (Vesconte), puis *Colleville*, près du rivage alors qu'il en est éloigné de 2 km., *Hermanville* presque sur le rivage, et au Sud-Ouest *Ligô* (Lion). Par suite d'une erreur déjà constatée deux ou trois fois sur la carte de Jolivet, Hermanville et Lion ont été substituées l'une à l'autre. On distingue à la suite la *Delivrande* (Douvres-la-Délivrande), *Langronne* (Langrune) qui rappelle l'anéantissement de la flotte de Philippe II, *Bernières*.

De la *Seulles* à *Port en Bessin* sont inscrites successivement *Courneulle* (Courseulles), *Craix* (Graie), *Groix* (Sainte-Croix-sur-Mer), *Vé* (Ver), *Annelles* (Asnelles), *Saint-Cosme* (Saint-Côme de Fresné), *Romanche* (Arromanches), *Tracy* (sur-mer), *Manvieux*, *Fontenailles*, *Marigny* et *Port en Bessin*. A l'histoire de ce port est lié le souvenir de la conquête de l'Angleterre, car Eudes, frère de Guillaume, y fit construire quarante navires destinés à transporter les Normands en Angleterre.

Près de l'embouchure souterraine et sous-marine de l'Aure supérieure et de la Drôme, sont *Hupin* (Huppain) sur le rivage et, à l'Ouest, Villiers-sur-Port, village aujourd'hui réuni à Huppain. Ces deux communes ne sont pas sur le bord de la mer, mais à environ 2 kilomètres.

Sainte-Honorine (des Perthes), *Colleville* (sur-mer), *Saint-Laurent*, *Asnières*, *Anglesqueville*, *Saint-Pierre-du-Mont*, *Lestanville*, aujourd'hui rattachée à *Grandcamp*, *Maisy* un peu retirée dans les terres, *Jeufosse* (Geffosse), et *Fontenay* ne faisant aujourd'hui qu'une commune avec Geffosse. Les initiales A. H., qui accompagnent le nom de Fontenay, semblent rappeler qu'en cet endroit existait une abbaye d'hommes ; mais Jolivet s'est trompé. L'abbaye, à laquelle il fait allusion, se trouvait à Fontenay au Sud de Caen et non à Fontenay sur le Vé. Non loin de là on rencontre *S. Clément* (sur le Vé) à l'entrée de la *baie des Veys*, où l'Aure, l'Aurelle, la Vire, la Taute et la Douve débouchent dans la mer ; puis *Ysigny* (Isigny) qui est reliée à la mer par l'Aure et la Vire.

Le tracé de Jolivet de la Dives à Isigny est peu exact. La côte ressemble à une demi-ellipse dont la courbure est tournée vers la terre et dont le grand axe serait la ligne droite joignant Isigny à l'embouchure de la Dives. Le long de cette côte, on remarque quelques promontoires sur lesquels sont assis les villages de Craix, Manvieulx, Port en Bessin, Colleville, S. P. du Mont et Grandcamp. En réalité, de la Dives à Grandcamp, le rivage est presque O. 1/4 N.-O. ; il est un peu bombé de l'Orne à Asnelles, un peu E.-O. pendant quelques kilomètres à la suite, et O. 1/4 N.-O. de Port en Bessin à Grandcamp.

Le Cotentin. — Tout le littoral du Cotentin est chargé d'une abondante nomenclature qui, à quelques exceptions près, est celle d'aujourd'hui. Jolivet semble avoir moins bien connu dans tous ses détails cette région que le reste de la Normandie. Nous mentionnons les principales paroisses du littoral.

Sur la *côte orientale*, en allant du Sud au Nord, nous rencontrons : *Brucheville, Saint-Saulveur-du-Mont* (maintenant Sainte-Marie-du-Mont), *Verreville* (Saint-Germain-de-

Varreville), *Foucauville* (Foucarville), *Ravenoville, Quinci-ville* (Quinéville), *Englacqville, Haumeville* (Aumeville-Les-tre), *Greville* (Crasville), *Marsalines* (Morsalines), *Saint-Wast La Hogue* (Saint-Vaast de la Hougue), *Quethehc* (Quettehou) située au pied d'une colline que domine une belle église, *La pernelle, Les Pignes de Sayre, Aulneville* (Anneville en Saire) qui en réalité est placée entre Réville et Monfarville, *Reyville* (Réville), *Montfarville*.

Jolivet trace trop en ligne droite la côte orientale du Cotentin. De Saint-Vaast à Saint-Sauveur-du-Mont, le rivage est d'une concavité assez prononcée. Les îles *Saint-Marcouf*, placées à la hauteur de Saint-Vaast, sont trop au Nord.

Côte septentrionale : Barfleu (Barfleur) dont le nom est inscrit sur plusieurs portulans du xv° siècle : *Barafret* et *Uoraflet* (portulan Parma), *Barafrette* (Pietro de Versi), *Barrafiet* (Magliabecchi), *Baiaflet* (Tammar Luxoro), *Baiafret* (Benincasa).

Gasteville (Gatteville), *Goberville* (Gouberville), *Neyville* (Néville), *Le Val de Kere* (en rade), *Vrayville* (Vrasville), *Restoville* (Retoville, à l'Est et non à l'Ouest de Vrasville), *Coqville* (Cosqueville), *Fermeville* (Fermanville), *Berteville* (Bretteville), *Thoulaville* (Tourlaville), *Cherebourg* (Cherbourg) connu depuis longtemps sous les divers noms : *Cheriborg* (Dulcert, la carte catalane, Benincasa), *Cīriburg* (Tammar Luxoro), *Chiriburg* (Giroldis), *Ceriborg* (Vesconte), *Ciriborg* (Pinelli), *Zeriborg* ou *Ziraborg* (portulan Rizo).

Lille pelé (I. Pelée), *Hayneville* (Henneville), *Querqueville, Naqville* (Nacqueville), *Sarville* (Urville), *Graville* (Gréville), *Thomonville* (Omonville la Rogue), *Digulleville, Saint-Martin* (anse), *Saint-Germain-des-Vaulx, Andorville* (Anderville), *Hacqueville* (Herqueville).

Le Nord du Cotentin est bien trop large, et le C. de la Hague n'est pas assez allongé.

Côte occidentale (du Nord au Sud) : *Syoville* (Siouville), *Flamanville, Rosay* (le Rosel), *Surteinville* (Surtainville),

Saint-Paul, Baubigny, Berneville (Barneville, près de Carteret), *Saint-Jan de la rivière, Saint-George* (Saint-Georges
de la rivière), *Portbas* (Portbail), *Danneville* (Denneville).
Saint-Remy (des Landes), *Sureville* (Surville), *Bretteville*
(sur Ay), *Saint-Germain* (sur Ay), *Lessey A. H.* (Lessay,
abbaye de Bénédictins), *Créances, Pyrou* (Pirou), *Ieufosse*
(Geffosses), *Haouneville* (Anneville), *Montsurvent, Gouville,
Bleville* (Blainville), *Agon, Regnoville* (Régnéville), *Haulte-
ville* (sur-mer), *Annoville, Lingreville, Sainte-Marguerite,
Brehan* (Bréhal), *Bréville, Donville, Yquelon, Grantville*
(Granville), *Saint-Pair, Buisson* (Bouillon), *Saint-Michel*
(des Loups), *Champeaulx, St Ian le Thomas, Thumbe He-
lene* (le rocher de Tombelaine), *Le Mont Saint-Michel*. Les
îles Chaussey figurent sous le nom de *Brezey* ; Jersey est
trop au Sud.

Du C. de la Hague à Barneville, le tracé est inexact. Il
est bon de Barneville à Lessay. Deux pointes s'avancent
trop en mer ; sur l'une est le village d'Agon et sur l'autre
Granville.

La ville de Pontorson, la dernière du littoral de la Normandie, eut une certaine importance au moyen âge. C'était
aussi un petit port sur le Couesnon, rivière maintenant
canalisée qui marque la limite de la Normandie et de la
Bretagne.

Les planisphères de *Desliens, Desceliers* et autres normands accordent trop peu d'espace à la Normandie pour
que nous nous formions une idée bien nette de la configuration de cette province. Généralement, le Cotentin y est
trop large, la Seine y est mal tracée, et la côte du Havre à
Fécamp est trop Nord-Sud, et celle de Fécamp à Dieppe
trop Ouest-Est.

Le Desliens de 1541 est bien imparfait. Nous y distinguons quelques noms, tels que le *C. de la Hague, Caen,
Honfleu, Rouen, Dieppe, Tresport.*

La mappemonde Harleienne et les cartes de Desceliers
(1546 et 1550) ont une orientation peu correcte. Ainsi, du

Cap d'Antifer au Tréport, le littoral est à peu près Ouest-Est au lieu d'être E.-N.-E.

Sur l'Harleienne, nous lisons : *La Hoga* (C. de la Hague), *Barfleu, Caen, Toucq, Rouen, Caudebec, C. de Caux, Fescan, Dieppe, Tresport*, etc.; et, sur la mappemonde de Desceliers (1550), *Cherig* (Cherbourg), *Hacg, Caen, Touque, Havre neû* (Le Havre), *Fescan, Dieppe, Tresport*.

Le planisphère de *Le Testu* (1566) ne porte que deux noms le long de la côte de la Haute-Normandie ; ce sont *Rouen* et *Caux* (le Chef de Caux).

François de la Guillotière. — Pierre de l'Etoile, dans son *Journal du règne de Henri IV*, déclare qu'il possède « une carte singuliere de la Normandie faite par lui (la Guillotière) sur les lieux et escrite si bien de sa main, qu'il ne se peut rien voir de plus délicat ni de plus délié, laquelle je garde comme une pièce rare, que j'achettai durant la Ligue à bon marché, et venoit du cabinet de feu Monsieur, auquel ledit la Guillotière l'avait donnée ».

Un écrivain rouennais, ayant entendu faire un grand éloge de cette carte manuscrite de la Normandie, s'enquit de son sort par la voie de la presse. Nous n'avons pu découvrir si la question posée, le 27 Décembre 1788, aux lecteurs du *Journal de Rouen* avait reçu une réponse satisfaisante.

Cette carte, sans doute très curieuse, ne nous est pas parvenue ; elle était antérieure à 1594, date de la mort de son auteur.

Dans la petite notice biographique que nous avons consacrée à J. Guerard (1), nous avons signalé les deux cartes de 1627, lesquelles se complètent l'une l'autre et forment un excellent portulan de la côte occidentale de la France. Ce qui distingue ce portulan des autres cartes marines de l'époque, c'est que Guerard marque les sondes et détaille la composition du fond de la mer sur tout le littoral qu'il dépeint. Les sondes varient, le long des côtes, entre dix et soixante brasses, les plus petits nombres correspon-

______

(1) Voir liv. I, ch. III.

dant naturellement aux endroits les plus proches des côtes.
A 51° 1/2 lat. N., on trouve un « fonds vaseux », à 51° « caillouin comme veche » ; vers le Cap Lesart, « fonds delie taché de noir, côste de sourlingue » un peu au Sud cependant ; au-dessous du Cap Lesart, « fonds vermeillet pieces de coquilles epeces » ; vers le centre du passage entre Ouessant et le Cap Lesart, « fonds curé le parmy du chenal » ; un peu au Sud et près des côtes depuis le Nord de Ouessant jusque vers Saint-Malo, « grande coquille pourrie dedans, caillouin comme febves blanc noir » ; vers Ouessant, « fonds vermeillet comme terceul coquail et pointes fonds de Ouessant » ; un peu au-dessous d'Ouessant, « gros gravier vermeil caillouin et barbe » ; à la hauteur de *Plemarc*, « gros fonds grande coquille coquail et pointe coups au plomb » ; à la hauteur de la Loire, « fonds plus doux, vase a terre » ; un peu au-dessus de l'*Ysle dieu*, « gros sable, corail à terre » ; un peu au-dessous de la même île, « sable delie vase plus a terre ».

Au bord de la « Manche Saint-George », les sondes croissent de dix à soixante brasses, à partir des côtes jusqu'à la plaine mer. Dans la baie de Seine, entre la rivière de l'Orne et Dieppe, les sondes sont, près de la côte, de dix à quatorze brasses, et, à quelques milles au large, de vingt à vingt-cinq. Au-dessus du Cotentin, les sondes s'échelonnent de quarante à soixante-cinq brasses en se dirigeant vers le méridien des Sorlingues.

Du Havre à Rouen la Seine est trop large, et de Quillebeuf à Rouen les sinuosités du fleuve ne sont pas assez prononcées. Le Cap de la Hève et le Cap d'Antifer se terminent en pointe. Quoique cette pointe soit maintenant moins allongée par suite des éboulements qui viennent de temps en temps entamer les parties les plus saillantes des falaises, il nous semble néanmoins que Guerard en a un peu exagéré la longueur. Les ports de Fécamp et de Dieppe présentent des ouvertures bien trop spacieuses.

A quelles sources Guerard puisa-t-il les éléments de sa belle carte maritime de la France ? Nous pensons qu'il visita lui-même une partie des régions qu'il décrit et que pour le reste il s'aida des épures exécutées par les pilotes normands dans leurs voyages le long du littoral de la France.

Le texte inscrit sur la carte de Guerard est très important et très instructif. Il indique les différents endroits de la côte qui peuvent servir aux navigateurs comme ports ou comme abris, et les distances qui séparent entre eux deux points voisins. Tout le long du littoral, il note avec soin les descentes pratiquées dans les falaises pour permettre aux pêcheurs de gagner le bord de la mer, et les grèves où ils peuvent échouer leurs barques de pêche. Le texte concernant la Normandie est reproduit dans l'Appendice II.

Nous relevons dans le tableau suivant la nomenclature de la côte normande :

Mers	Etretat	Ste Marie
Tresport	Antifer (8)	Les illeaux de S. Maclou
Criel	Brunevalet	Queneville
Pailly	La Hève	Hoiaux de la hougue
Vassonville (1)	Le Chef de Caux	Chau de Herneville
Berneval-le-Petit (2)	Le Havre de Grace	Berfleu
Belleville (sur mer)	Honnefleur	La pointe (12)
Cité de Lime (3)	Villers ville	Cap blevy (13)
Puis (4)	La pointe des gars	Cherbourg
Dieppe	Toucques	Lille plé
Pourville	Villers	Emonville
Ailly (5)	Dives	Ance S. Germain (14)
La Saene riv.	Estrehen	Pointe du ras (15)
Le Val de Dun (6)	Caens (9)	Gros heurt de la grande ance
St Aubin	Colleville	Carteret
Les Gables	Lengrongne	Port bas (16)
Veulles	Bernières	S. Germain (sur Ay)
Ste Sette (7)	Terre de nelle	La haie du puis
St Vallery	Ste Norine (10)	Le pirou
Veullettes	Bessin	Fernanville
Les Dalles	Villers	Les beoufs (17)
S. Pierre de port	Grandcamp	La breque à l'eau (18)
Les Eschelles	Le Ver	Pointe de Granville
Fécamp	Essigny	Granville
Yport	Carenten (11)	Pontorson

(1) Aujourd'hui hameau dépendant de la commune de Saint-Martin-en-Campagne.

(2) Hameau rattaché maintenant à Berneval-le-Grand.

(3) Certains auteurs affirment que la *Cité de Limes* était un camp

G. Le Vasseur de Beauplan. — Nous avons rappelé, dans notre notice sur Le Vasseur de Beauplan, qu'il était l'auteur d'une carte du duché de Normandie, éditée pour la première fois en 1653 à Paris (cinq feuilles in-folio) et ensuite à Rouen en 1660 (douze feuilles in-fol. à la Biblioth. nationale). Une réduction de cette dernière (deux feuilles in-fol.) parut en 1667.

C'est la carte de la Bibliothèque nationale que nous avons examinée. Nous n'y avons pas aperçu de date. Chacune des douze feuilles mesure 42 × 54 cm. Les longitudes et les latitudes y sont marquées en dixièmes de degré ; chacun de ces dixièmes vaut 58 millim. sur l'échelle des longitudes, et 88 millim. sur celle des latitudes. Cinq navires y sont représentés.

---

installé sans doute par les Romains ; de là son nom actuel de *Camp de César*. Suivant d'autres, elle fut le siège d'un établissement fondé par Charlemagne. Mais il est plus probable que le vaste emplacement de la cité de Limes était un de ces *oppida*, où se réfugiaient les nations gallo-belges quand elles fuyaient devant l'énnemi (Féret, *La Cité de Limes*).

(4) Hameau de *Puy*, ancien village dominé au N.-E. par la falaise qui porte les vestiges de la Cité de Limes.

(5) Il n'y a plus de port d'Ailly, mais un phare de ce nom qui a été construit en 1775 sur le *Cap des Roches* à 93 m. d'altitude.

(6) C'est la vallée de la petite rivière, le Dun, dont l'embouchure est à Saint-Aubin-sur-mer.

(7) Petite descente qui se trouve entre Saint-Valery et Veulettes, et non entre Saint-Valery et Veules..

(8) Le Cap d'Antifer est un énorme promontoire de roches blanches, haut de 110 m. *Cavo d'Antifer* (portulans Parma, Magliabecchi et Pietro de Versi), *Ansifer* (portulan Rizo).

(9) *Caen*, nommé autrefois *Cam* (Vesconte, Dulcert, carte catalane, Giroldis, Pinelli), *Cham* (Benincasa, Rizo), *Can* (A. Bianco).

(10) *Sainte-Honorine des Perthes* est à l'ouest de Port-en-Bessin, et non à l'Est.

(11) *Carentan*, petit port au milieu de vastes prairies marécageuses arrosées par la Taute canalisée, par le canal de la Taute à la Sèves, et par celui du Plessis.

(12) Pointe du Raz-de-Gatteville, ou pointe de Barfleur.

(13) Cap Lévi.

(14) C'est l'Anse Saint-Martin.

(15) Raz Blanchard, appelé autrefois *Ras Branziar* (Pietro de Versi), *Raso del Blancel* (portulan Parma).

(16) Portbail.

(17) Chaussée des bœufs, en mer.

(18) Bricqueville-sur-mer (?).

Ce document, intitulé *Carte generalle de Normandie par Guillaume Le Vasseur Sr de Beauplan, ingenieur ordinaire du Roy*, est dédié à Louis XIV. Le Vasseur l'a tracé pour se « divertir de la fatigue » de ses longs voyages, et aussi pour « servir d'ornement à un Royaume qui sans contredit passe aujourd'huy pour le plus celebre de tout l'univers ». Cependant l'auteur avoue qu'il lui « auroit esté plus honorable de repasser les mers et d'aller dans les Indes ». Je vous aurais, écrit-il au Roi, « ébauché un fidelle racourcy de ces vastes pays que la gloire de vos armes et l'esclat de vostre nom vous ont acquis ». Mais, ajoute-t-il, « j'aurois perdu mon temps, et tenté en vain d'en chercher les limittes en des lieux où vos victoires n'en voudroient pas donner ». Il prie donc Sa Majesté d'agréer « ce petit effect » de son zèle.

Cette dédicace est imprimée à l'intérieur d'une guirlande qui porte à son sommet les armes de France et de Navarre, entourées des colliers de Saint-Michel et du Saint-Esprit, et surmontées de la couronne royale.

Une princesse, assise sur un char traîné par les deux léopards de Normandie, tient en main une banderole sur laquelle on lit : *Explication des marques. Ces marques* sont des signes particuliers qui fournissent les indications suivantes : « plan de ville ; bourg où il y a marché ; jours de marché ; village considérable sur les grands chemins où sont plusieurs hostelleries, où on trouve selliers, maréchaulx, charons, etc.; paroisse ou village commun ; hameau; chateau où il y a pont levis ; maison de seigneur et de gentilhomme ; metairie ; hostellerie notable sur les grands chemins où on peut repaitre et loger commodement ; falaise ou precipice ; cours de riviere ; ancrage et rade ; bancs en mer et en la terre marests, roches qui sont sous l'eau et qui se descouvrent ; roches qui ne se couvrent point d'eau ; abbaye d'hommes ; abbaye de filles ; chapelle ; riviere ; pont, grenier a sel ; chambre a sel ». D'après cette énumération, la carte de Le Vasseur serait autant continentale que marine.

Sur la première feuille sont gravées les armoiries des

principales villes normandes, *Rouen, Caudebec, Esvreux, Gisors, Caen, Coutance, Alençon* ; puis diverses échelles de lieues, telles que « lieues françoises, lieues royales, lieues marines et d'Espagne, lieues d'Allemagne, mil d'Italie, mil d'Angleterre ».

Les bancs de l'embouchure de la Seine et de la rade du Havre y sont figurés : Amfard, le Ratier, les Ratelets, l'Eclat, etc. La partie de la Normandie, qui correspond au littoral actuel de la Seine-Inférieure, est exactement tracée et nommée, surtout vers Le Havre où nous remarquons la pointe du *Hoc,* la *Petite Heure,* la *Grand'Heure,* le *Havre de grace, Ingouville, Sainte-Adresse,* le *Foyer de guerre, La Heve* ou *Chef de Caux,* etc.

§ II. — L'Europe septentrionale

1° *La carte de l'Europe septentrionale avant le xvi° siècle*

Les Européens et le Nord de l'Europe. — A la fin du moyen âge, on ne possédait encore que des notions bien confuses sur la géographie de la mer Baltique, de la péninsule Scandinave, de la Russie, des régions polaires, et du passage au Nord-Est vers la Chine.

Les informations antérieures au xiv° siècle sont rares et très vagues. Il est certain cependant que Pythéas, célèbre voyageur grec issu de la colonie des Phocéens qui fondèrent Massilia, navigua au iv° siècle avant notre ère dans le Nord de l'Europe, et qu'il visita peut-être le Danemark et une partie de la Baltique (1).

Les Romains fréquentèrent aussi le Sud de cette mer et s'avancèrent au moins jusqu'à l'embouchure de la Vistule : c'est dans ces parages qu'ils recueillaient l'ambre (2). Ils

---

(1) *Pytheœ Massiliensis fragmenta.* A. Arvedson, Upsal, 1824.

(2) E. C. Werlauff, *Contribution à l'histoire du commerce de l'ambre dans le Nord* (Mémoires de la Société des Sciences de Copenhague, t. V, 1836, p. 314, en danois).

ajoutèrent peu aux connaissances léguées par les voyageurs grecs.

Pline est le premier qui mentionne la Scandinavie : mais il la considère, et on la considérera longtemps après lui, comme une île aux dimensions inconnues. Il appelle *Sinus Codanus* le bras de mer qui sépare la Chersonèse Cimbrique (1) de la Scandinavie. Mais au delà de ce détroit, sa science manque de précision et même d'exactitude. La limite septentrionale de la géographie de Pline est l'île *Nérigon*, peut-être la Norvège moderne.

Tacite nomme une région maritime habitée par les *Sviones* ; c'est sous cette dénomination que les Suédois furent désignés jusqu'au moyen âge. La *Mare Suebicum* n'est autre que la Baltique.

Au ii° siècle de notre ère, Ptolémée puisa sa description de l'Europe à des sources antérieures à Pline ; il ignore en effet l'existence des Sviones et de l'île de Nérigon. D'après ce géographe, la Scandinavie est une île qui ouvre un passage à la navigation vers l'Est à partir de la Chersonèse Cimbrique et de l'île de Scandia (2). Il connaissait la Baltique orientale.

Au vi° siècle, l'historien byzantin Procope consigna dans ses œuvres de précieuses indications sur la Scandinavie, qu'il appelle Thule et qu'il prend pour une île (3).

Au viii° siècle, l'historien latin Paul Diacre connaît l'île de Scandinavie et les Finnois (4).

Nous n'avons pas à rappeler les invasions des Normands en Neustrie. Ces Scandinaves ne nous renseignèrent pas sur la topographie de leur pays, et on continua à figurer la Norvège comme une île (5).

---

(1) Aujourd'hui le Jutland.

(2) De Humboldt, *Exam. crit.*, II, 265.

(3) E. C. Werlauff, *Essai d'éclaircissement et d'explication des informations données par Procope sur les pays du Nord* (Mémoires de l'Académie des Sc. de Copenhague, t. VII, 1845, en danois).

(4) J. Steenstrup, *Danmarks Riges Historie*, t. I, p. 214.

(5) *Insula Scantia, quæ Northevega dicitur* (Généalogie des Ducs, datant du xii° siècle).

Une courte relation des voyages accomplis dans la seconde moitié du IXe siècle par deux célèbres explorateurs, le danois Wulfstan et le norvégien Other, ou Ottar, nous a été conservée par le roi d'Angleterre, Alfred le Grand, dans sa version du livre de Paul Orose (*De miseria mundi*, ch. I) (1).

Wulfstan ne dépassa pas les côtes orientales de la Baltique.

Other, norvégien de noble race, habitait à l'occident du Halogaland, ou Helgeland, région considérée comme la plus septentrionale de la Norvège (entre 65° et 66° de latitude). Voguant le long des rivages, il atteignit en quelques jours l'extrème limite du pays au Nord. Là, il reconnut que la côte tournait vers l'Orient. Il la suivit pendant quatre jours, puis la vit s'incliner vers le Sud. Faisant voile dans cette direction, il arriva au bout de cinq jours au pays des Bjarmes (Russie), sur le bord oriental de la mer Blanche.

Other connaissait aussi la Baltique et les contrées riveraines, telles que la Scanie, la Blékinge, et les pays des Angles, des Saxons et des Vendès.

Au commencement du Xe siècle, Other s'établit en Normandie entre l'Andelle et l'Epte, deux affluents de la Seine. Il y fit souche, selon Gobineau (2), et ses descendants devinrent les seigneurs de Gournay, de Gaillefontaine et de La Ferté-Saint-Samson, au pays de Bray (3).

La cartographie de l'Europe septentrionale. — 1° *Antérieurement au XVe siècle*. Les cartes du Nord de l'Europe sont, jusqu'au XIVe siècle, bien rudimentaires et bien défectueuses. Les cartographes font des croquis fantaisistes ou plutôt reproduisent un type déjà existant. Il est vrai que les

---

(1) BOSWORTH, *A description of Europe and the voyages of Otther and Wullstan written in anglo-saxon for King Alfred the Great*, Londres, 1855. — NORDENSKIÖLD, *Voyage de la Véga*, 1883, Paris, t. I, p. 44-47. — NANSEN, *Nord i Taakeheimen*, p. 130-141.

(2) *Histoire d'Ottar Jarl, pirate norvégien, et de sa descendance*, 1879, Paris, 1 vol. in-12.

(3) Aujourd'hui arrondissement de Neufchâtel (Seine-Inférieure).

voyageurs et les géographes ne leur fournissent aucunes données satisfaisantes.

Les Arabes possédaient, dès le commencement du XII° siècle, une nomenclature assez étendue des pays du Nord ; mais leur science est insuffisante, et parfois fausse. Au XIII° siècle cependant, la carte mogrebine, d'origine arabe, contient d'utiles renseignements sur les régions du Nord. C'est à cette carte que les Catalans empruntèrent un certain nombre de leurs tracés et une abondante nomenclature (1).

Plus tard, le vénitien Marino Sanuto voyagea dans la région du Nord, comme il le raconte lui-même dans l'ouvrage qu'il présenta au pape Jean XXII, le 24 Septembre 1321, et qui fut publié en 1611 (2).

Vers la même époque parut la mappemonde de l'italien Giovanni di Carignano (avant 1344), puis le portulan médicéen de 1351, grand atlas anonyme composé de huit cartes doubles sur parchemin (3). Mais toutes ces cartes sont encore bien imparfaites.

Ce n'est pas aux Italiens, c'est aux Catalans qu'il faut demander un tracé cartographique plus soigné de la mer Baltique et des pays environnants, et une représentation moins incorrecte de la péninsule Scandinave. Ce progrès, qui remonte à la première moitié du XIV° siècle, est l'œuvre des Catalans ; ce sont eux, dit le Dr Hamy (4), qui créèrent alors le prototype de la carte de l'Europe septentrionale. Les plus célèbres de leurs travaux sont la carte de Dulcert (1339), l'Atlas catalan de 1375 et la mappemonde d'Andrea Bianco (1436). La forme des côtes et la figure des lacs et des îles y sont déterminées par une série de petits arcs de cercle, tracés sans grand souci de l'exactitude. On y découvre

---

(1) Amat de S. Filippo et Uzielli, *Studi biografici e bibliografici sulla storia della geografia in Italia,* Roma, 1882, t. II, p. 229. — Th. Fischer, *Sammlung mittelalterlicher Welt-und Seekarten italienischen Ursprungs und aus italienischen Bibliotheken und Archiven,* Venedig, 1886, p. 226.

(2) *Liber secretorum fidelium crucis super Terræ sanctæ recuperatione et conservatione (Orientalis Historiæ,* t. II. Hanoviæ, 1611, in-fol.).

(3) Bibliothèque Laurentienne de Florence.

(4) *Etudes historiques et géographiques,* Paris, 1896, in-8°, p. 4-5.

facilement des points de ressemblance avec les cartes arabes.

Les Scandinaves, après la conquête de la Neustrie, entretinrent longtemps encore des rapports affectueux avec les Normands de Normandie. En même temps, des missionnaires s'en allaient évangéliser le Danemark et même la Norvège, et plusieurs monastères scandinaves relevaient d'ordres religieux français. De plus, au xii° siècle, l'architecture française dota d'ornements nouveaux l'architecture norvégienne et suédoise ; et, au xiii° siècle, entre la France et la Norvège furent établies des relations diplomatiques qui aboutirent à un pacte d'amitié conclu en 1295 entre Philippe le Bel et Eric, roi de Norvège.

Tous ces avantages ne profitèrent pas à la science géographique de ces régions. L'Europe méridionale ne connut le Nord que par l'intermédiaire des Hanséates (1). Les comptoirs de ces trafiquants s'étendaient de Lisbonne à Bergen (Norvège), au fond de la Baltique, à Novgorod et parfois à Moscou et à Smolensk (Russie). Les ports flamands de la Hanse étaient des escales entre le Sud et le Nord de l'Europe (2). Les marchands de Lubeck et de Hambourg servaient d'intermédiaires entre les négociants flamands et ceux du Nord et des rives de la Baltique. Cependant certains armateurs traitaient parfois directement avec Gotland, Stralsund, Rostock, Danzig, Riga, etc.

Les mariniers du Sud (pilotes catalans, normands, etc.), en apportant des marchandises dans les Flandres, et particulièrement à Bruges, y recueillaient des informations sur les pays et les mers du Nord (3), et consignaient ces rensei-

---

(1) Hartmeyer, *Der Weinhandel im Gebiete der Hansa*, Iéna, 1905. — Winckler, *Die Deutsche Hanse in Russland*, Berlin, 1886. — J. Oehler, *Die Beziehungen Deutschlands zu Danmark von der Kölner Confederation bis zum Tode Karls IV*, Halle, 1894. — Zimmern, *The Hansa towns*, Londres, 1889. — *La question de la Baltique* (*Le Correspondant* du 25 juillet 1908, p. 243 et suiv.)

(2) Ernest de Fréville, *Mémoire sur le commerce maritime de Rouen depuis les temps les plus reculés jusqu'à la fin du* xvi° *siècle*, Rouen, 1857, t. I, p. 40.

(3) Finot, *Etude sur les relations commerciales entre la Flandre et la France au moyen âge*, 1894.

gnements, les uns vrais, les autres fantaisistes, sur leurs épures. C'est ainsi que la partie septentrionale de leurs portulans n'est pas tracée d'après des observations directes, mais d'après ces récits. Aussi toutes ces cartes se ressemblent, et leurs traits communs sont d'autant plus apparents qu'ils se rencontrent précisément sur lés mêmes parties défectueuses de ces cartes. Il semble donc que tous les portulans du Nord sont des dérivés d'un même prototype, dont l'auteur était un scandinave ou un étranger ayant visité la Scandinavie.

2° *Cartes du Nord annexées aux manuscrits de Ptolémée.* — L'œuvre géographique de Ptolémée était assez répandue chez les Byzantins et en Sicile dès l'époque d'Edrisi (1150). Elle n'exerça toutefois de réelle influence sur la géographie occidentale qu'au commencement du xv° siècle, quand elle fut traduite du grec en latin (1). La première version latine eut pour auteur un moine, Jacques Angelo, qui la dédia au pape Alexandre V nouvellement élu (1409). A partir de ce moment, de nombreuses copies en circulèrent à travers l'Europe, et pendant trois quarts de siècle, on étudia Ptolémée dans ces manuscrits. Mais chaque géographe, en apportant sa contribution à l'œuvre ptoléméenne, l'amplifia à l'aide de ses connaissances personnelles, et les vingt-sept cartes, dessinées d'après le texte de Ptolémée, s'accrurent de nouvelles cartes figurant les régions inconnues au géographe alexandrin. Au nombre de ces additions, il faut distinguer la configuration de l'Europe septentrionale.

Ptolémée était déjà connu en France, au xiv° siècle, par les travaux du célèbre normand, Nicolas Oresme, doyen du Chapitre de la Cathédrale de Rouen, puis évêque de Lisieux (2).

Le Cardinal Pierre d'Ailly, qui avait été grand chantre du Chapitre de Rouen, prit connaissance, dès 1410, de la

---

(1) Nous avons déjà (p. 20-23) fait allusion à la Renaissance ptoléméenne.

(2) Mort en 1382.

récente traduction de Ptolémée et la signala aussi dans ses œuvres.

Un autre Cardinal français, Guillaume Fillastre, s'étant fait adresser une copie de cette traduction, l'annota et l'augmenta d'une seconde partie (1). Puis, pour mieux adapter la Géographie de Ptolémée à la science de son temps, il chargea un danois, Claudius Clavus (appelé quelquefois Claudius Cymbricus), qui connaissait très bien les régions du Nord, d'en dresser la carte. Faite en Italie d'après des sources nordiques, cette carte fut insérée en 1427 dans un petit manuscrit latin de la Géographie de Ptolémée. C'est la plus ancienne représentation des pays scandinaves qui soit signée et datée (2). Aux vingt-sept cartes ptoléméennes latinisées, Claudius Clavus ajouta une nouvelle carte des régions du Nord avec un texte explicatif (3).

La carte du Nord de Cl. Clavus est la première carte *non ptoléméenne* qui porte une division en degrés de longitude et de latitude, et dont les coordonnées soient marquées en degrés et minutes, et non, suivant l'ancien système de Ptolémée, en degrés et parties de degrés. Ainsi avec beaucoup de raison Clavus inscrit par exemple 2°30' au lieu de 2° 1/2.

Quelques-unes des latitudes semblent calculées d'après la longueur du jour au solstice d'été, et les longitudes sont simplement *estimées*. Cent trente-trois villes ou îles de la Scandinavie, de l'Islande et du Groenland sont ainsi situées d'après leurs coordonnées géographiques.

---

(1) Raym. Thomassy, *Les papes géographes et la cartographie du Vatican* (Nouvelles Annales de Voyages, 1852, Paris, in-8°, p. 68).

(2) Elle est maintenant à la Bibliothèque municipale de Nancy dans un ms. format petit in-4° de 214 feuillets et intitulé *Cl. Ptolomœi Cosmographia*, et elle a été décrite par Jean Blau dans les *Mémoires de la Société Royale de Nancy*, 1835, p. LIII et Supplément, p. 67.

(3) Raym. Thomassy, *Guillaume Fillastre considéré comme géographe* (Bulletin de la Société de Géographie de Paris, 1842, tome XVII, p. 144-155). — G. Waitz, *Des Claudius Clavus Beschreibung des Skandinavischen Nordens* (Nordalbingische Studien, I, Kiel, 1844, p. 175). — A. E. Nordenskiold, *Om bröderna Zenos resor och de aldsta Kartor öfver Norden*, Stockholm, 1883. — Edv. Erslev, *Jylland*, Kjöbenhavn, 1886, p. 118.

A l'examen de certaines-légendes on pourrait croire.
que quelques détails de la carte ont été empruntés à un
original datant du xiii° siècle.

Cette carte est pourvue d'une double graduation, et elle
est peut-être le premier exemple de cartes ainsi divisées.
D'après Nordenskiöld (1), cette particularité provient de
l'emploi, pour le tracé, de deux cartes originales et différentes. Nous ne partageons pas l'opinion de Nordenskiöld,
s'il entend parler de deux cartes quelconques à échelles non
concordantes. La pensée de ce savant peut s'interpréter de
la façon suivante. L'une des graduations est empruntée à
une carte plate, dans laquelle les parallèles et les méridiens
forment un réseau de parallélogrammes ; c'est la projection
équidistante de Marin de Tyr. La seconde graduation est
celle qu'on utilisait dans la construction des portulans à la
fin du moyen âge et qui était basée sur les rumbs de vent.
Or, à propos de cette dernière projection, nous avons
énoncé ailleurs (2) que, après avoir calculé à l'estime la distance entre deux ports quelconques, si on cherche les azimuts de chacun de ces ports et si on marque les résultats
sur une carte plate, on obtient la projection des cartes réduites de Mercator, projection bien différente de celle de Marin
de Tyr. On conçoit donc pourquoi les deux graduations de
la carte de Cl. Clavus ne coïncident pas, et pourquoi plusieurs cartographes du xv° siècle, impuissants à expliquer
la cause de cette dissemblance, inscrivirent sur leurs cartes
des échelles correspondant aux deux projections (3).

Nordenskiöld (4) présente un tableau où il met en
regard les latitudes de plusieurs endroits de la Baltique et
de la Scandinavie, indiquées sur les deux échelles de latitudes. Il est curieux de remarquer que la moyenne entre

____

(1) *Fac-simile Atlas*, Stockholm, 1889, in-fol., p. 53.

(2) A. ANTHIAUME, *Les Cartes géographiques et principalement les
Cartes marines dans l'Antiquité et au moyen âge.*

(3) A. BREUSING, *La tolcta 'de marteloio und die loxodromischen
Karten* (*Zeitschrift für wissenschaftliche Geographie*, II, Lahr, 1881,
p. 195. — Eugen GELCICH, *Columbus-Studien* (*Zeitschrift der Gesellschaft
für Erdkunde zu Berlin*, Bd. 22, 1887, p. 378.

(4) *Fac-simile Atlas*, p. 55.

les deux graduations répond assez bien aux vraies latitudes.

L'œuvre de Cl. Clavus ne fut connue, semble-t-il, que longtemps après en France et en Allemagne.

A la suite de Cl. Clavus, des cartographes transcrivirent et amplifièrent en même temps la traduction latine de Ptolémée. Peu d'exemplaires de ces copies nous sont parvenus.

Vers la fin du xve siècle, c'est aux géographes allemands qu'il faut demander des détails exacts sur les pays Scandinaves. L'un d'eux, dom Nicolas d'Allemagne (Dom. Nicolaus Germanus), reproduisit vers 1470 la carte des régions du Nord de l'Europe, mais en modifiant la projection de cette carte (1).

Les cartes de Dom Nicolas et leurs imitations sont dès dérivés d'un même prototype. L'identité des légendes suffirait seule à le démontrer. Sans doute quelques différences se remarquent dans certains tracés, par exemple dans celui du Groenland. Les copies manuscrites ou les éditions de Ptolémée antérieures à 1550, à quelques exceptions près, représentent le Groenland au Nord de la Scandinavie, et les éditions publiées après 1560 le figurent à sa vraie place à l'Ouest de la Scandinavie. La fausse position du Groenland provient d'un fait qui était alors inconnu, la déviation de l'aiguille aimantée. Dans ces parages, cette déviation est considérable. Ainsi par exemple au cap Farewell la déclinaison magnétique était, en 1538, de 16° à l'Ouest, et à Good Hope elle atteignait 30° Ouest. L'erreur dans la situation cartographique du Groenland ne date que de l'époque où la boussole fut introduite à bord des navires, et elle persista tant que les navigateurs confondirent le pôle magnétique avec le pôle géographique.

La carte de Dom Nicolas existait en Italie, mais construite sur la projection équidistante de Marin. On en con-

---

(1) RAIDEL, *Commentatio critico-litteraria de Claudii Ptolemœi geographia*, Nuremberg, 1737. — HEEREN, *Commentatio de fontibus geographicorum Ptolemœi*, Gœttingue, 1827. — L. GALLOIS, *Les géographes allemands de la Renaissance*, Paris, 1890, chap. II.

naît deux spécimens ; l'un (1) est ajouté à un manuscrit
latin de la Géographie de Ptolémée (Jacobo Angelo interprete) et le Groenland y semble bien placé, l'autre dressé
entre 1480 et 1485 est joint à un Atlas latin de Ptolémée
conservé à la Bibliothèque royale de Bruxelles (2).

Parmi les cartes les plus anciennes tracées sur la projection de Dom Nicolas, signalons celle de 1470 environ
qui est annexée à un manuscrit latin de Ptolémée et se
trouve à la bibliothèque Zamoiski à Varsovie (3). Elle est
dédiée au pape Paul II. par Dom Nicolas lui-même. La
carte VII (nouvelle carte des contrées du Nord) est très semblable à celle du manuscrit de Bruxelles. La nomenclature
cependant en diffère un peu à cause de certains noms de
lieux, ou omis, ou ajoutés, ou dénaturés. Cette carte de la
bibliothèque Zamoiski, à l'exception des régions du Danemark et de la Scania, ne se rapproche nullement de celle
de Cl. Clavus ni par la nomenclature, ni par la description
ajoutée au texte de Ptolémée. Il s'ensuit que les deux cartes
de Cl. Clavus et de la bibliothèque Zamoiski ne sont pas
dérivées du même prototype et que par conséquent au
xvᵉ siècle existaient différentes représentations de la Scandinavie, du Groenland et de l'Islande.

Citons encore : 1° une carte semblable à celle de la
bibliothèque Zamoiski, tracée comme elle au xvᵉ siècle sur
la projection de Dom Nicolas et intercalée dans un manuscrit latin de la Géographie de Ptolémée (4) ; 2° une autre
carte analogue, pourvue de quelques légendes importantes,
laquelle a été découverte dans l'ouvrage de Cristoforo Buondelmonte (*Descriptio Cicladum aliarumque insularum*).

En somme, toutes ces cartes sont des reproductions
d'un même modèle, qui semble remonter au commencement

---

(1) Bibliothèque nationale de Florence.

(2) Carte de l'Europe publiée par Ch. Ruelens dans *Les monuments
de la géographie des Bibliothèques de Belgique*, Bruxelles, 1887.

(3) Décrite par Nordenskiold, *Facsimile Atlas*, p. 55, et reproduite
en vraie grandeur, pl. XXX.

(4) Bibliothèque Laurentienne, à Florence. — Reproduite par Nordenskiold (*Periplus*, Stockholm, 1897, in-fol., fig. XXXIV).

du XIVe ou peut-être à la fin du XIIIe siècle (1) ; le temps y apporta des modifications, mais peu importantes. Les délinéations sont puisées à des sources nordiques, soit écrites, soit figurées. La graduation et la division en climats rappellent le système et l'influence de Ptolémée, et certaines régions, à l'exception de la Scandinavie, ont des tracés ptoléméens. L'examen de plusieurs particularités nous incline à croire que l'auteur du prototype ne connaissait pas les portulans du moyen âge.

3° *Cartes du Nord dans l'œuvre imprimée de Ptolémée.* — Les copies de l'œuvre ptoléméenne, retouchées successivement par des gens plus ou moins ignorants et incompétents, altérèrent à la longue le texte du maître. On comprit bien vite le grand avantage qu'il y aurait à confier à l'imprimerie des reproductions authentiques du texte et des cartes (2).

Arnold Buckinck grava sur cuivre en 1478, et Dom Nicolas sur bois en 1482, les vingt-sept cartes ptoléméennes. Ces planches parurent, celles de Buckinck dans l'édition de la Cosmographie de Ptolémée de 1478 à Rome, celles de Dom Nicolas à Ulm en 1482 (3). Cette édition de 1482 contenait trente-deux cartes, dont cinq nouvelles ; texte et cartes furent réimprimés à Ulm en 1486.

Pendant une période de cinquante ans, toutes les éditions de Ptolémée dérivèrent d'un prototype, dont la carte de la bibliothèque Zamoiski était la copie, sinon l'original. Ainsi la nomenclature de l'Islande et du Groenland dans la carte du Nord (4) est, abstraction faite des erreurs des copistes, presque identique à celle de ces deux pays dans l'Atlas de la bibliothèque Zamoiski.

La carte imprimée de 1482 constitua le modèle unique

---

(1) Nordenskiold, *Periplus*, p. 89.

(2) Henri Ferrand, *De l'influence des idées modernes sur les éditions de Ptolémée*, Grenoble, 1905, p. 5-12.

(3) *Ptolemœi Cosmographia latine reddita à Jac. Angelo, curam mapparum gerente Nicolao Donis Germano*, Ulm, 1482.

(4) Éditions de 1482 et de 1486.

sur lequel fut reproduite l'Europe septentrionale ; cette carte paraît être d'origine scandinave.

Les vingt-sept cartes ptoléméennes, dues au burin d'Arnold Buckinck, furent revues et augmentées en 1507 de six cartes complémentaires, et l'année suivante (1508) une nouvelle édition y intercala une carte du Nouveau Monde, gravée sur cuivre, œuvre de Jean Ruysch (1). La carte du Nord était très curieuse à cause du tracé extraordinaire de la région environnant le pôle. Le bassin polaire était rempli de grandes îles fantastiques, et cependant ce tracé du bassin polaire fut plus tard approuvé de Mercator et de quelques-uns de ses successeurs. Dès lors, on adopta cette représentation imaginaire des régions voisines du pôle.

En 1513, puis en 1520, parut à Strasbourg une édition préparée par le savant Martin Waldseemüller (alias Hylacomylus) et par son ami Ringmann (Philesius) (2). Le nombre de cartes augmenta ; outre les vingt-sept cartes habituelles, vingt cartes modernes apparaissent. Celle qui se rapporte aux régions du Nord semble imitée de la carte de la bibliothèque Zamoiski.

En 1525, Pirckeymer mit au jour une nouvelle traduction de Ptolémée, plus exacte et pourvue de cinquante cartes.

En 1532, le théologien bavarois Jacobus Ziegler proposa un nouveau type de mappemonde, que Nordenskiöld a reproduite dans son *Fac simile Atlas* (fig. XXXI). Quoique peu habile cartographe, Ziegler se montre bien informé et bien documenté. Sa nomenclature contient des noms qui figurent pour la première fois sur une carte (3). Ses principaux renseignements, il les tenait des évêques de Nidaros

---

(1) *Universalior cogniti orbis tabula ex recentibus confecta observationibus.*

(2) L. GALLOIS, *Améric Vespuce et les géographes de Saint-Dié* (Bulletin trimestriel de la Société de Géographie de l'Est, 1er trimestre 1900).

(3) Jacobus ZIEGLER, *Quæ intus continentur : Syria ad Ptolomaici operis rationem, Palestina iisdem auctoribus, Arabia Petra, OEgyptus, Schondia, tradita ab auctoribus qui in ejus operis prologo memorantur, Holmiæ civitalis regiæ, Sueliæ, etc.*, Strasbourg, 1532.

(Trondhjem), Upsal et Vesteras qu'il avait rencontrés et
interrogés à Rome. Trondhjem était le point de départ d'expéditions de commerce et de piraterie qui allaient, soit par
terre, soit par mer, jusqu'au pays des Biarmes (au Nord-
Est de la Russie d'Europe) (1).

En 1540, Sébastien Munster publia à Bâle une Géographie de Ptolémée avec quarante-huit cartes. Il s'était inspiré de la traduction de Pirckeymer. Quatre ans plus tard,
Munster exposa et développa ses connaissances géographiques dans un ouvrage remarquable intitulé *Cosmographie
universelle.*

En 1548, parut à Venise la première édition de Ptolémée en langue italienne. Les cartes, au nombre de soixante,
étaient l'œuvre de l'illustre Giacomo Gastaldi.

L'évêque suédois Olaüs Magnus est l'auteur d'une
grande carte marine intitulée : *Carta marina et descriptio
septentrionalium terrarum,* etc., qui fut imprimée à Venise
en l'an 1539 sur neuf grandes feuilles in-folio, lesquelles
rapprochées les unes des autres offrent un développement
de 1 m. 70 × 1 m. 25 (2). Cette carte était alors sans égale
par ses dimensions et par les détails géographiques et ethno-
graphiques dont elle était remplie. Le Dr Oscar Brunner a
publié à une échelle très réduite, avec un texte explicatif,
le seul exemplaire que nous en connaissons et qui se trouve
à la bibliothèque de Munich (3).

Il ne faut pas confondre cette belle mappemonde
d'Olaüs Magnus avec les cartes disséminées dans les diverses éditions de sa curieuse relation des pays du Nord. Cet
ouvrage, fondamental pour l'histoire de ces régions, date
de 1555 et porte le titre suivant : *Historia de gentibus septentrionalibus, earumque diversis statibus, conditionibus,
motibus et superstitionibus* (4).

---

(1) Nordenskiold, *Voyage de la Véga,* t. I, p. 48-49.

(2) Olaüs Magnus, *Auslegung und Verklerung der neuen Mappen von
dem altem Gœttenreich,* Venedig, 1539.

(3) *Die ächte Karte des Olaus Magnus vom Jahre* 1539, in *Christiania
Videnskabs-Selkabs Forhandlinger,* 1886.

(4) L'édition de cet ouvrage (Bâle, 1567) reproduit la mappemonde

L'œuvre d'Olaüs Magnus a été mise en lumière par Karl Ahlenius (1).

La carte si discutée des Zeni (2) est une copie de celle de la bibliothèque Zamoiski.

⁎⁎

LES CARTES NORMANDES AU XVI° ET DANS LA PREMIÈRE MOITIÉ DU XVII° SIÈCLE.

Les cartes normandes où figurent l'Europe septentrionale sont nombreuses ; ce sont : le portulan de Nicolas Desliens (1541) et sa petite mappemonde de 1566, la carte Harleienne, l'atlas de J. Roze (1542), les trois planisphères de Desceliers (1546, 1550 et 1553), l'atlas de Vallard (1547), le portulan (1556) et le planisphère (1566) de G. Le Testu, la petite mappemonde de J. Cossin (1570), l'atlas de J. de Vaulx (1583-1584), le portulan de la Mer du Nord de Jean Dupont (1625), les trois cartes de J. Guerard (1625, 1628 et 1634), et le portulan du Nord de l'Ecosse, de la Norvège et de la côte occidentale du Spitsberg, qui en 1895 appartenait à Mʳ C. G. Cash, d'Edimbourg.

Pour plus de clarté, nous étudions successivement la cartographie normande de la Mer Baltique, de la Scandinavie, du Groenland, de la Russie et de la Mer Blanche.

La Baltique. — Il est probable que les Normands de Normandie ne voyagèrent guère dans le Nord de l'Europe. Leur cartographie n'est donc qu'empruntée. A quelles sources ont-ils puisé leurs tracés de la Baltique, de la Scandinavie, du Groenland, de la Russie et de la mer Blanche ? Il est assez facile de s'en rendre compte en consultant les cartes de ces divers pays, antérieures au XVI° siècle.

---

d'Olaüs MAGNUS. Celle de Rome (1595) contient une carte qui diffère un peu de celle de 1539.

(1) *Olaus Magnus och hans framställning af Nordens geografi*, Upsala, 1895.

(2) Venise, 1558.

Au xi° siècle, le chanoine Adam de Brême rédigea une description des contrées du Nord de l'Europe d'après ses propres observations et d'après les renseignements recueillis de la bouche des missionnaires ayant évangélisé ces régions. Il dépeint assez exactement les rivages méridionaux de la Baltique (1).

Cette mer s'étend démesurément de l'Ouest à l'Est dans les cartes édrisiennes.

A partir du xii° siècle, les notions sur la Baltique se précisent chez les Danois et chez les Suédois, et par suite chez les peuples voisins.

Albert le Grand (1193-1280), commentant l'ouvrage d'Aristote sur le Ciel et le Monde, a décrit la Baltique comme un grand golfe ou sinus entouré de terres. C'est là un fait important, si toutefois il est bien certain que ce savant ait eu le premier des notions très exactes sur cette mer intérieure et sur les contrées qui la limitent (2).

Au xiii° siècle, la Baltique était assez bien connue des navigateurs du Nord, mais les marins du Midi n'en soupçonnaient guère les profondeurs et, en voulant les dessiner, ils aggravaient leurs erreurs. L'île d'Oesel (Oxilia) marquait le point extrême de leurs connaissances. Le golfe de Bothnie n'était pas encore découvert, et un fleuve, nommé *Nu*, remplaçait le golfe de Finlande. Les marins du Nord, au contraire, possédaient un portulan, daté de 1270 (3), qui s'étendait jusqu'à l'île de Portkaland (Purkal) sur la côte de Nyland en Finlande et jusqu'à Revel (Revelburgh) en Livonie. Dans ce portulan, le golfe de Finlande est nommé *mare estonum* (4).

---

(1) *Adam's von Bremen Hamburger Kirchengeschichte*, éditée par Wattenbach, 1888. — Aug. Bernard, *De Adamo Bremensi*, 1895. — Steenstrup, *Danmarks Riges Historie*, t. I, p. 446-458. — Lonborg, *Adam de Brême et sa description des terres et des peuples de l'Europe septentrionale*, Upsal, 1897, en suédois.

(2) *Histoire littéraire de la France*, Paris, Firmin-Didot, 1838, t. XIX, p. 377-378.

(3) Dr Hamy, *Études historiques et géographiques*, Paris, 1896, p. 65.

(4) J. Langebek et P. Fr. Suhm, *Scriptores Rerum Danicarum medii œvi*, t. V (Navigatio ex Dania per mare Balticum ad Estoniam), p. 622, 624.

Au xɪvᵉ siècle, époque des portulans, les Espagnols en général et les Catalans en particulier prolongent l'œcumène de Ptolémée au Nord de l'Europe, et tracent la Baltique et les contrées riveraines plus correctement qu'on ne l'a encore fait. Les meilleures représentations catalanes des régions du Nord sont celles qu'a indiquées le Dʳ Hamy : la carte de Dulcert (1339), la fameuse carte catalane (1375) et celle de Andrea Bianco (1436). Les cartographes du temps ignorent tous le golfe de Bothnie.

On connaît de l'année 1320 une mappemonde (1) qui reproduit la conception ptoléméenne en faisant communiquer la Baltique avec la mer Glaciale. C'était aussi la pensée de certains géographes qui prétendaient que la mer Noire, la mer Caspienne, la Baltique et la mer Blanche communiquaient entre elles (2).

La carte de Marino Sanuto (1321) est aussi bien instructive. Ce savant, au lieu de laisser la Baltique ouverte vers le fond, la ferme ou à peu près, et donne assez exactement la nomenclature des contrées qu'elle baigne. Cependant il emprunte la délinéation des cartes édrisiennes en allongeant démesurément la Baltique dans le sens de l'Ouest à l'Est. Le Dʳ Hamy présente une esquisse de deux cartes sanutines, celles de Paris et de Bruxelles, qui sont un peu différentes l'une de l'autre (3).

Dans une mappemonde du xvᵉ siècle (4), la Baltique est dénommée *Mare Prusie*, et l'imperfection des contours prouve manifestement que le cartographe ignorait la forme de cette mer. Elle s'élargit en effet vers le golfe de Finlande au lieu de se rétrécir, et elle n'offre aucune trace du golfe de Bothnie.

---

(1) Bibl. nat. de Paris. Ms. intitulé *Chronicon ad annum MCCCXX.*

(2) *Mémoire dans lequel on examine l'opinion de plusieurs auteurs anciens et modernes qui soutiennent que les mers Noire, Caspienne, Baltique et Blanche ont anciennement communiqué ensemble* (Mémoires de l'ancienne Académie de Bruxelles, t. III, p. 385).

(3) *Etudes histor. et géogr.*, Paris, 1896, p. 20 et 21.

(4) Musée du Cardinal Borgia. — Reproduite dans l'Atlas du Vᵗᵉ de Santarem.

Dans la mappemonde de La Salle (xv° siècle), la Baltique se réduit à un fleuve courant dans le sens des parallèles terrestres. Au Nord de ce fleuve est la Norvège (Norwe-
gia), laquelle correspond à la Suède, à la Finlande, et même
à une partie de l'Asie septentrionale (1).

Dans la carte de Leardo, la Norvège, la Suède et la
Hollande paraissent confondues.

Dans une mappemonde de 1417 (2), la Baltique est un
grand golfe tracé, de l'Ouest à l'Est, au septentrion de Ger-
mania. Le golfe de Finlande se confond avec la Baltique,
et, comme dans toutes les cartes du temps, la Bothnie fait
complètement défaut.

Sur la mappemonde de A. Bianco (1436), les côtes de
la Baltique sont beaucoup mieux tracées que sur les cartes
antérieures. A l'entrée de la Baltique est une petite île, puis
presque au fond, une autre nommée l'île de Rugen (3). Au
centre de sa partie orientale, il y a une grande île, Gotland,
dans laquelle on compte 90 paroisses (yᵃ Codladie in qua
sunt nonaginta parochie) (4). En 1436, dit Nordenskiöld (5),
la Baltique s'étendait encore et surtout à l'Est et à l'Ouest.

C'est seulement en 1539 que la carte d'Olaüs Magnus
donna la vraie forme de la Baltique avec les golfes de Finlande et de Riga. La carte de 1555 du même auteur (6)
atteste un nouveau progrès sur la précédente : exacte
situation de la Baltique et du golfe de Bothnie, mais direction fautive du golfe de Finlande, qui est N.-N.-E.

Les Normands, au xvi° siècle, se rapprochèrent lentement, dans leur tracés cartographiques, de la vraie forme
et de la vraie direction de la Baltique. Délaissant les nombreuses cartes imitées de celle d'Edrisi, comme la carte de

---

(1) SANTAREM, *Essai sur la cosmographie et la cartographie au moyen
âge*, t. III, passim.

(2) Donnée à la Bibliothèque de Reims par le cardinal Guillaume
Fillastre.

(3) SANTAREM, *ibid.*, III, 397.

(4) Légende de la carte de A. BIANCO (1436).

(5) *Fac-simile Atlas*, p. 52.

(6) *Historia de gentibus septentrionalibus*, Romœ, 1555, 1 vol. in-folio.

Fréducci d'Ancône (1497), où la Baltique s'étend de l'Ouest
à l'Est, ils adoptèrent un modèle moins fantaisiste.

Les uns s'inspirèrent de la cartographie de Dom
Nicolas, de Martin Behaim (1492) et peut-être, plus volon-
tiers encore, de la mappemonde anonyme (1489) du British
Museum, sur laquelle la Baltique (Mare Germanicum) est
située N.-E. et forme à son extrémité septentrionale une
mer dirigée de l'Ouest à l'Est et nommée Mare Goticum.
Tels sont J. Roze (1542), l'auteur de la carte Harleienne,
Desceliers (1546 et 1550) et Le Testu (1556).

Un second groupe de Normands utilisa des données
apparemment meilleures. Elles provenaient sans doute des
relations de voyages accomplis dans la Baltique. Aussi le
tracé est plus correct, mais chez certains il est encore bien
imparfait. Mentionnons Desliens (1541 et 1566), Desceliers
(1553), Le Testu (1566), Jehan Cossin (1570), J. de Vaulx
(1583) et J. Dupont (1625).

Dans les cartes de la première série, la Baltique a la
direction N.-E. 1/4 E. Le golfe de Finlande occupe tout le
Nord de la Baltique. Le golfe de Bothnie est à une latitude
inférieure à celle du golfe de Finlande et se développe de
l'Est à l'Ouest. La principale des îles figurées dans la
Baltique est l'île Gotland, aux dimensions excessives.

Dans l'Atlas de J. Roze (1542), la mer Baltique est
nommée *The sey of allemaine* et la nomenclature est
écossaise, par exemple *Gol Lamda* pour Gothland.

Dans la mappemonde Harleienne, la Baltique s'appelle
Mer d'alimaigne, l'île principale *Gotlanda*, le golfe de Finlande *Mer ruthénique* et le golfe de Bothnie *Mer de Bodda*.

Dans les deux planisphères de Desceliers (1546 et 1550)
on retrouve la *Mer ruthénique* et la *Mer de Bodda*, puis la
grande île Gotlande tout à l'Est de la Baltique, appelée ici
Mer germanique.

G. Le Testu (1556), dans la neuvième carte (fol. X v°)
et dans la dixième (fol. XI v°) de sa *Cosmographie universelle*, donne à la Baltique le nom de *Mer de Dennemarc*.
Son tracé est à peu près celui des cartes précédentes, mais

avec des latitudes trop élevées, puisqu'il étend la Baltique du 56° au 72° degré de latitude. Dans la douzième carte (fol. XIII v°), l'île *Gotland* a sa situation et ses dimensions inexactes ; elle est trop portée à l'Est et aussi au Nord, puisqu'elle est à 62° de latitude au lieu de 57° 1/2. Au fol. XV v°, outre l'île Gotland, on remarque les îles *Oxillia* tout à l'Est, *Alland*, *Nervia*, puis le nom de *Sinus guionicus et sueticus* donné à un golfe qui semble correspondre au golfe de Finlande. La *Selande* est à l'entrée de la Baltique.

Voici enfin quelques remarques sur les autres cartes normandes :

Sur la mappemonde de Nicolas Desliens (1541), la Baltique a la direction N.-E. 1/4 N. avec une petite échancrure à droite vers le Sud (c'est peut-être le golfe de Riga), et une autre à gauche vers l'O.-N.-O. (c'est peut-être une vague idée du golfe de Bothnie), et alors le golfe de Finlande serait sur le prolongement de la mer Baltique.

Desceliers en 1553 n'emprunte pas son tracé de la Baltique à ses planisphères de 1546 et de 1550. Il se rapproche du Desliens de 1541, mais sans l'imiter servilement. Ainsi, un peu au Nord de l'île Gothland, la Baltique se divise en deux branches à peu près d'égale longueur ; l'une prend la direction N.-N.-E. et l'autre la direction N.-E. Ce sont les golfes de Bothnie et de Finlande, moins imparfaitement tracés que sur les cartes antérieures.

N^as Desliens (1566). — La Baltique se dirige à peu près du Sud au Nord, et on y remarque au Sud l'archipel danois et au Nord *Gotland*. Le golfe de Finlande est à peine indiqué par un léger enfoncement, et la portion de mer qu'on pourrait prendre pour le golfe de Bothnie est plus large que la Baltique elle-même. En somme, le tracé de 1566 n'est guère en progrès sur celui de 1541.

G. Le Testu (1566). — Les rivages de la Baltique commencent à se bien dessiner ; ils sont mieux tracés que sur l'Atlas de 1556. Ainsi on distingue nettement les golfes de

Bothnie et de Finlande, dont les directions sont N.O.-S.E. et N.N.E.-S.S.O.

Jehan Cossin (1570). — En tenant compte de la petitesse de la carte et des déformations dues à la projection sinusoïdale, on constate que le Jutland s'allonge trop du Sud au Nord. L'entrée de la Baltique est trop large. Les golfes de Bothnie et de Finlande sont bien orientés, mais leur longueur est excessive ; plusieurs îles sont trop vastes. En somme, la Baltique nous paraît mieux tracée que sur les cartes précédentes.

Jacq. de Vaulx (1583) (1). — La Baltique, non nommée, est mal figurée.

J. Dupont (1625). — Le golfe de Bothnie est trop étroit et sa direction tend trop vers le N.-N.-O.

La Scandinavie. — Au Nord de la Chersonèse Cimbrique et à l'entrée de la mer Baltique, Ptolémée figurait quatre îles qu'il appelait *Insulæ Scandiæ quatuor*. La carte ptoléméenne s'étendait jusqu'au 64° degré de latitude, un degré au-dessus de *Thyle*. A partir de la Chersonèse Cimbrique et des îles de *Scandia*, on pouvait longer les côtes vers l'Est et naviguer jusqu'à la mer Glaciale (2). La Scandinavie était donc considérée comme une île. Cette erreur persista pendant plusieurs siècles.

Au ix° siècle, le norvégien Other gagna le Nord de la Scandinavie par mer, la contourna et s'avança jusqu'à la mer Blanche.

Vers le milieu du xi° siècle, Adam de Brême déclarait, contrairement aux géographes antérieurs, que la Scanie n'était pas une île, mais une presqu'île, et il ajoutait que la Suède (Sueonia) et la Norvège (Nordvegia) étaient encore très peu connues. Il mentionnait la ville de Wig au Sud de la Norvège, et dans le Nord Trondemnis (Trondhjem). Selon

---

(1) Bibl. nat., mss. franç. 150, fol. XXIX.

(2) De Humboldt, *Exam. crit.*, II, 265.

lui, les navigateurs ne fréquentaient guère ces parages, parce qu'ils étaient pleins d'écueils (1).

C'est seulement au xii° siècle que la configuration de la Scandinavie apparut sur des cartes.

Les principales subdivisions de la Scandinavie étaient la Suède et la Norvège ; mais on connaissait si peu ces régions au commencement du xii° siècle ! Les Arabes eux-mêmes étaient si mal renseignés sur la topographie des lieux qu'ils plaçaient la Suède (Svada) et le Finmark au Sud de la Baltique et que la Norvège (Norbeza) formait une grande île au Nord. Ils possédaient cependant une assez abondante nomenclature de l'Europe septentrionale (2).

La Suède porta différents noms au moyen âge : *Dacia uber Gothia* (3), *Suebi* (pour Suevi) (4), *Suecia* (5), *Suevia* au xiv° siècle (6). Dans la mappemonde de Ranulphus, elle est inscrite au N.-E. et séparée de la Norvège ; elle figure comme une île, mais plus grande et plus étendue du N.-O. au S.-E. que la Norvège. Dans la mappemonde Borgia (xv° siècle), la Suède est dénommée *Gothia Magna* (la grande Gothie).

La Norvège, dans la mappemonde de Ranulphus, est représentée comme une île presque carrée. La forme de cette île appartient à la géographie des anciens. La Norvège, écrit le cartographe, est vaste, froide et peuplée de pirates (7). Sans aucun doute, il fait allusion aux Normands du ix° siècle.

Dans la mappemonde du *Chronicon* (1320), au Nord du Danemark, deux grandes îles représentent la Suède et la Norvège.

Ce sont les Catalans qui tentèrent d'appliquer une plus

---

(1) L. Delavaud, *Les Français dans le Nord* (Société normande de Géographie, 1910, 4° trim., p. 283).

(2) *Edrisi*, trad. Jaubert, t. II, p. 427 et suiv.

(3) Paul Orose, *Historiarum adversûs paganos libri VII*, I, 2.

(4) Mappemonde de Turin, xii° siècle.

(5) Mappemonde de Mathieu Pâris, XIII° siècle.

(6) Mappemondes de Ranulphus et de Sanuto.

(7) *Nortwegia lata et frigida et pirata sunt.*

exacte délinéation à la Suède et à la Norvège. Sur leurs portulans (1), ils attribuèrent à la Scandinavie, comme à la Baltique, sa plus grande largeur dans le sens de l'Ouest à l'Est. Le vénitien A. Bianco de son côté introduisit dans son œuvre une nomenclature qu'on pourrait identifier avec celle de localités connues. Des contours grossiers indiquent les montagnes de Norvège et certaines légendes prouvent que le cartographe a parcouru lui-même les côtes qu'il dépeint. Il place la Norvège (Norvega) à l'extrémité occidentale de la Scandinavie. Tout l'immense pays situé au Nord et à l'Est de la Norvège jusqu'au delà du Tanaïs porte le nom de *Rosia* (Russie) et est situé vers le méridien de la mer Caspienne.

En jetant les regards sur le portulan médicéen (1351) (2), on voit que le cartographe italien y agrandit démesurément la Scandinavie, et la Norvège (Norvega), qui prend l'aspect d'un vaste promontoire dirigé de l'Est à l'Ouest, s'allonge tellement vers l'Ouest que son extrémité atteint à peu près le méridien de la côte occidentale de l'Irlande. La nomenclature est peu étendue. Le long de la Norvège on lit *breges* (Bergen) et *tardola* (Trondhjem). *Slade* (Ystad) et *cebenas* (Scanor ?) sont des îles. Sur la côte suédoise, on aperçoit *Cuxia* (Vexiö) et au loin dans l'Est *c. scarsa* (Scara). L'île Gothland est confondue avec la Seeland danoise sous le nom de *Solanda* (3). Ce portulan italien est bien inférieur à celui de Dulcert.

Les cartes sanutines, dont le Dr Hamy a publié une reproduction (4), sont bien imparfaites. Celle de la Bibliothèque nationale de Paris (ms. latin 4939) montre la Scandinavie divisée en plusieurs îles. Tout au Nord, à la hauteur du pays des Caréliens, un long promontoire mince et

---

(1) DULCERT (1339) ; Carte catalane (1375).

(2) Carte V de l'Atlas de la Bibliothèque laurentienne de Florence. Atlas étudié par le comte BALDELLI BONI (*Storia del Milione*). FISCHER, en 1881, en a publié une reproduction photographique dans la Collection Ongania.

(3) Dr HAMY, *op. cit.*, p. 91.

(4) Dr HAMY, *op. cit.*, p. 20 et 21.

aigu s'avance vers l'Ouest. La nomenclature est très clairsemée.

La carte sanutine de Bruxelles (ms. 9405), moins an-
cienne que la précédente, est aussi moins incorrecte. La
Scandinavie est une vaste presqu'île, rattachée au continent
par le côté septentrional (pays des Caréliens, *infideles
Kareli,* vers l'Est), et se compose de la Suède, du pays des
Goths, de la Schonie et de la Norvège. L'extrémité de la
Norvège, dit le cartographe, est inhabitable par l'excessive
rigueur du froid (1).

La carte de la bibliothèque Zamoiski présente la Scandinavie comme une île. Un détroit resserré qui s'étend de
l'Ouest à l'Est dans le voisinage du cercle polaire relie la
mer du Nord à la Baltique.

La mappemonde de Ruysch (1508) attribue une forme
fantastique à la Scandinavie et un tracé extraordinaire à la
région circumpolaire, tracé qui néanmoins reçut plus tard
l'approbation même de Mercator.

Ziegler (1532) dessine la Norvège plus exactement que
n'avaient fait ses prédécesseurs ; mais, comme eux, il l'unit
à tort au Groenland. Sur sa carte, le point Nord de la
péninsule scandinave est placé à sa vraie latitude, et à l'Est
de ce point sont marqués *Stappen et Wardhus castrum ;*
mais ici la terre se courbe d'abord vers le Nord, puis vers
l'Ouest du Groenland. Certains noms de lieux apparaissent
pour la première fois : Aland, Pajana (Pevnthe), Korsholm,
Abo, etc. (2).

Olaüs Magnus propose un meilleur tracé des terres que
Ziegler, mais il se trompe sur la valeur des coordonnées
géographiques des lieux. Nous n'avons étudié la carte de
ce savant que dans son *Historia de Gentibus septentrionalibus* (3), et, comme cette carte est dépourvue d'échelle des
latitudes, il nous a été impossible d'établir la vérité entre
les trois affirmations discordantes qui suivent :

---

(1) *Extrema Norvegiæ inhabitabilis nimio frigore.*

(2) La partie du livre de Ziegler qui concerne la Scandinavie est
reproduite dans le *Geografiska* sektionens Tidskrift, Stockholm, 1878, t. I.

(3) Romæ, 1555, 1 vol. in-folio.

Selon Nordenskiöld (1), le point Nord de la Scandinavie s'étend au pôle d'après la graduation placée au bord gauche de la carte, et à 2° 1/2 au delà d'après la graduation du bord droit.

Olaüs Magnus, dit M. L. Delavaud (2), a fixé au 84° degré de latitude l'extrémité septentrionale de la Norvège.

Et un troisième auteur prétend que les limites de la Scandinavie vers le Nord ont été, pour la première fois, assez exactement indiquées sur la carte d'Olaüs Magnus.

Olaüs Magnus ayant personnellement parcouru la côte N.-O. de la Norvège, son erreur, quelle qu'elle soit, provient donc de son ignorance de la géographie mathématique.

Notons que le nom de *North Cape* se rencontre pour la première fois (3) sur l'atlas de Lucas Waghenaer (1584) (4).

Les cartes normandes de la Scandinavie se classent, comme celles de la Baltique, en deux groupes. Le premier, dérivant d'un même prototype, comprend la mappemonde dite harleienne, et les cartes de Roze (1542), de Desceliers (1546 et 1550) et de G. Le Testu (1556). Dans la seconde section entrent les autres cartes, lesquelles sont plus ou moins exactement dessinées selon que le cartographe est plus ou moins bien informé. On remarque que, dans toutes les cartes normandes, la Scandinavie est étirée dans le sens des parallèles terrestres et aplatie du Nord au Sud ; c'est une réminiscence de la cartographie ptoléméenne du xv° siècle, dont la carte de Buondelmonte (5) nous offre un exemple.

Voici quelle est la forme générale des cartes du premier groupe. A la hauteur de la mer de Bodda, un peu au-dessus, la côte occidentale de la Scandinavie présente un golfe assez profond, et, à partir de cet endroit, le littoral se dirige O.-N.-O.

(1) *Periplus*, p. 96.

(2) L. DELAVAUD, *Les Français dans le Nord* (Société normande de Géographie, 1911, 1er trimestre, p. 41).

(3) NORDENSKIOLD, *Periplus*, p. 96.

(4) *Spieghel der Zeevaert*, Leyde, 1584, pl. I.

(5) Bibliothèque Laurentienne de Florence.

Au Nord de la Scandinavie existe, sans solution de continuité, un vaste continent qui porte le nom de *Groullande* (Desceliers et Mappemonde harleienne).

Dans les cartes de J. Roze et de G. Le Testu, au contraire, un grand golfe, qui s'étend de l'Ouest à l'Est, sépare la Scandinavie du Groenland et la jonction entre ces deux régions a lieu vers la Russie. C'est la Scandinavie de Dom Nicolas (1482), de l'anonyme de 1489, de Martin Behaim (1492), de la carte du Dr Hamy (1502), etc., en observant toutefois que dans les cartes normandes la Norvège s'allonge beaucoup moins vers l'Ouest.

J. Roze, quoique dieppois, persiste à maintenir dans son œuvre une nomenclature écossaise. Sa carte (1) ne se déploie pas trop vers le Nord, l'une des deux échelles de latitudes s'arrêtant à 66° et l'autre à 71°. Mais sur la mappemonde qui termine son *Booke of Hydrography* (2), la Suède et la Norvège sont jointes par un isthme à un continent qui fait suite à la Russie et elles sont nommées *Norroway* et *Suedin*.

Sur l'harleienne et les Desceliers de 1546 et 1550 figure au Nord la *Groullande*. La carte de 1546, au-dessus de la mer de Bodda, contient le mot *Fillapellant* ; c'est la *Final-lappelanth* de la carte de Buondelmonte (3). Celle de 1550 marque la *Corelia* entre les provinces de *Finland* et de *Groullande*.

G. Le Testu (1556) offre dans son Atlas deux tracés (ix° et x° cartes) de la Scandinavie. Le long golfe qui sépare la Scandinavie du Groenland, il le nomme *Corelie fretum*. Parlant de la Scandinavie dans son texte explicatif, il déclare (fol. xi) que « les abitans d'icelle sont aucunes foys quatre ou cinq moys qu'ils ne voient poinct le soleil », et, sur la carte (fol. xi v°) comme dans le texte (fol. xii), Le Testu énumère, en allant du Sud au Nord, les provinces de

---

(1) Fol. XIX v° et XX r°.

(2) Fol. XXIX v°.

(3) Ms. de Ptolémée (xv° siècle) à la Bibliothèque laurentienne de Florence.

Gothia, Scania, Dacia, Norovegue, Suecia, Boddia, Lappia occid., Finemarc, Laponie (?), *Corelia.*

Les autres cartes normandes ne se rattachent à aucun modèle particulier. Les plus anciennes, de 1541 à 1570, restent encore bien défectueuses. Il ne semble pas que leurs auteurs aient eu connaissance des cartes d'Olaüs Magnus (1539 et 1555) et de celles de Sébastien Munster, publiées à partir de 1540. L'édition de 1556, que nous avons consultée (1), contient une bonne représentation de la Scandinavie, quoique trop développée en largeur. Munster a bien amélioré, depuis 1540, le tracé et la nomenclature de cette région. Le long de la Nordwegien, on lit *Stafanger* et *Trondheim* ; aucun nom sur les côtes de la *Sweden*. Les golfes de Botnie et de Finlande sont bien orientés, mais un peu trop longs. Au Nord de la *Sweden*, on aperçoit le château de *Warthaus* (2).

Les cartes normandes de cette époque sont inférieures à celles d'Olaüs Magnus et de Séb. Munster.

Sur la carte de Nicolas Desliens (1541), la partie occidentale de la Norvège (*Noroègue*) est à peu près tracée jusqu'au cercle polaire. La Suède (*Suedre*) est bien large. Au Nord de la Baltique se trouve la *Bodia*, et, au Nord de la Bodia, la *Corellia*. C'est à cette province que se terminent la Suède et la Norvège. Vers le 69° degré de latitude, on remarque un golfe étroit et très profond, et au-dessus de ce golfe, entre 70° et 73° de latitude, le cartographe a inscrit les noms suivants, en allant de l'Ouest à l'Est : *Stotobach, Groullanda, Stallebab.*

La mappemonde de Descéliers (1553) est complètement différente des autres cartes du même savant. Le grand golfe situé au Nord de la Corélie existe et sépare la *Suece* (Suède) du *Groullant* et de la *Terre septentrionale*. La Suece est placée au Nord de la Scandinavie et occupe autant de degrés

---

(1) Séb. Munster, *De la Cosmographie universelle*, Bâle, 1556, 2ᵉ édit. de la traduction française, in-fol., p. 992.

(2) L. Gallois, *Les Géographes allemands de la Renaissance*, Paris, 1890, in-8°, p. 190-236.

de longitude que de latitude. Le tracé du littoral est plus défectueux que celui de Desliens (1541).

Desliens (1566). — La Scandinavie est plus large au Nord qu'au Sud, et les côtes occidentale et orientale sont en droite ligne du Sud au Nord. La *Norvège* est située au-dessous de la *Suece*. La *Corellia* est à la hauteur de l'échancrure constatée à l'Ouest sur la carte harleienne et sur celles de Desceliers (1546 et 1550).

Le Testu (1566) inscrit, au-dessus de la *Norvaige*, la *Lapia*, la *Finmarchia*, la *Corelia*. Il y a un progrès réel sur les cartes précédentes; mais les contours sont encore vagues.

Jehan Cossin (1570). — La *Noroege* et la *Suède* sont bien situées, mais la partie méridionale de la Suède est bien morcelée et forme comme deux presqu'îles minces et allongées, puis des écueils longent toute la côte Ouest de la Norvège. En somme, le tracé est bon, bien meilleur même que sur la carte de J. de Vaulx (1583) (1), où les contours laissent encore bien à désirer.

Dans la seconde moitié du xvi° siècle, la cartographie se perfectionne notablement en Europe. Ce progrès est dû en grande partie aux savants travaux des flamands Mercator, Ortelius et autres. Au xvii° siècle, la Scandinavie est bien connue. Aussi est-elle nettement tracée sur les cartes des dieppois Dupont et Guerard.

Dupont (1625) inscrit une très nombreuse nomenclature le long de la Suède et de la Norvège.

Guerard (1625). — La Norvège et la Suède sont exactement dessinées, et la pointe de la Norvège (le cap Nord) est bien à sa vraie place (71° latit.).

Guerard en 1628 dessine avec plus de soin encore la Scandinavie. A l'un des angles inférieurs de sa carte est figurée à part l'île Vardö. « Icy est représenté l'isle de Vuardoux ». Le dessin mesure 7 cm. 5 × 6 cm. 5. Entre l'île et le continent norvégien sont indiquées des sondes variant entre cinq et quinze brasses.

Au Nord de la Norvège apparaissent sur les eaux Nep-

____

(1) Bibl. Nat., ms. franç. 150, fol. XXIX.

tune et Amphitrite ; tous deux ont une queue de poisson et
Neptune tient son trident entre les mains.

Le Groenland. — Les anciens affirmaient qu'au delà de
l'*Ultima Thule* il n'y avait plus ni terre, ni mer, ni air, mais
une concrétion de ces divers éléments. La terre, la mer et
l'air étaient tenus en suspension et ne permettaient ni marche, ni navigation.

Cependant au ix° siècle Erik-Randa découvrit à l'Ouest
du pays des Scandinaves une terre nouvelle qu'il nomma
Grönland (terre verte).

La bande occidentale de cette terre était peuplée, au
xii° siècle, de Scandinaves, jusqu'à la latitude de 72° 50'.

Les Scaldes chantaient les braves qui affrontaient la
redoutable tempête pour aller pêcher à Guipar, « d'où
l'étoile polaire était visible à midi ».

En réalité, le Groenland, situé au N.-O. de la Scandinavie, appartient à l'Amérique et non à l'Europe ; mais,
comme nous en avons déjà fait la remarque, bien des cartographes trompés par la variation de l'aiguille aimantée
logèrent le Groenland au Nord de la Scandinavie.

Dès le xiii° siècle, on croyait le pays des Biarmes (Russie) uni au Groenland. Il est très probable que les navigateurs ont été portés à joindre la Biarmie au Groenland,
parce que, ayant rencontré le bord de la banquise dans ces
régions, ils ont présumé que ces glaces longeaient un littoral. Le danois Claudius Clavus exécuta sa carte d'après
cette tradition, et dès lors on s'explique pourquoi les rois
de Danemark ont réclamé la souveraineté de ces terres septentrionales pendant tout le temps que persista l'idée de
cette jonction (1). Nordenskiöld était persuadé que les terres, appelées *Englovelant, Englonelant, Engronelant* sur
les cartes de la fin du xv° et du commencement du xvi° siècle, répondaient bien au Groenland.

Il y a des géographes qui ont prétendu que Claudius

---

(1) G. Isachsen, *La découverte du Spitsberg par les Normands* (*La
Géographie*, 1907, p. 431).

Clavus avait voulu désigner le Spitsberg sous le nom de Groenland (Engromeland) (1).

D'autres historiens de la géographie, et en particulier Japetus Steenstrup (2), ont rattaché à l'Europe septentrionale toutes ces terres qui, à leur avis, représenteraient tout simplement la Laponie sauvage (*Wildt Lappland*). Le Groenland ne serait donc que le Nord de la Laponie. Un des meilleurs arguments de ceux qui ont émis cette opinion, c'est que la plupart des cartes de l'époque que nous étudions indiquent à l'Ouest de l'*Englonelant* (3) une grande île, l'Islande, dénommée indifféremment Islande, Thule ou Tile, etc.

Au xvi° siècle, le vrai Groenland était inscrit sur les cartes sous le nom de Labrador (4).

Le Groenland est signalé pour la première fois dans une mappemonde de 1417 (5). En effet, sur une péninsule très avancée dans la mer, au Nord de l'Europe, on lit *Grinlandia*, selon Baldelli.

Le cardinal Guillaume Fillastre en 1427 (6), puis Dom Nicolas adaptèrent Ptolémée aux connaissances de leur temps et donnèrent place au Groenland dans leurs cartes (7). Claudius Clavus, dans sa légende, écrit que le Groenland est dans la direction de l'île de Tile, mais plus à l'Est (8). Le Groenland (Engromeland) est donc placé au-dessus de la Scandinavie. Nous avons constaté que l'original de la carte de Cl. Clavus, et de ses imitations plus ou moins fidèles,

---

(1) E. Erslev, Nye *oplysninger om Brödrene Zenis Reiser*, Copenhague, 1885, p. 10. — G. Isachsen, *La découverte du Spitsberg par les Normands* (*La Géographie*, 1907).

(2) Congrès international des Américanistes, 5° Sess., Copenhague, p. 150, 180.

(3) Carte du Dr Hamy, 1502.

(4) Pour l'histoire du Groenland, on peut consulter : Torfeus, *Groenland Antiquitates*. — Anderson, *Description du Groenland*. — Crantz, *Histoire du Groenland*.

(5) Bibliothèque du palais Pitti, à Florence.

(6) Ms. à la Biblioth. municip. de Nancy.

(7) Joseph Fisher, *The discoveries of the Norsemen, in America with special relation to their early cartographical Representation, translated from the German by Basil H. Soulsby*, London, 1903, in-8°, p. 73.

(8) *Grolandia que est versus insulam Tyle magis ad orientem.*

remonte à la fin du xiii° ou au commencement du xiv° siècle.
Le tracé très régulier du Groenland prouve qu'il y avait à
cette époque de très fréquentes communications entre ce
pays et la Scandinavie. Les colonies du Groenland n'avaient
donc pas encore commencé à dépérir.

Dans la mappemonde de la bibliothèque Zamoiski, le
Groenland est placé non pas au Nord de la Norvège, mais
à l'Ouest entre les latitudes de 62° 1/2 et 71°. La forme principale du Groenland est étonnamment correcte et approche
très près de sa vraie configuration. Sur la côte N.-O. du
Groenland sont insérées deux légendes qui correspondent
trop exactement à la nature du pays pour n'être pas basées
sur des observations prises sur les lieux mêmes ; comme,
par exemple, « la mer gèle fréquemment », « dernière limite
de la terre habitable », « impossible de naviguer au delà » (1).

Dans la mappemonde de A. Bianco (1436), la terre et
les îles sont pourvues d'inscriptions à l'Ouest de la Norvège (2). Tout cela témoigne que le Groenland et l'Islande
étaient vaguement connus des mariniers dont les rapports
servirent à dresser cette carte.

Sur la carte de Ziegler (1532), le Groenland est relié à
la Norvège aux environs de Vardöhus.

Le tracé du Groenland sur la carte d'Olaüs Magnus est
bien inférieur à celui des cartes que nous venons de citer. Au
temps de cet éminent évêque suédois, les communications
entre le Groenland et la péninsule scandinave n'étaient pas
très actives. Le Groenland n'était-il pas alors un peu oublié ?
On l'a prétendu du moins. Et cependant un bref du pape
Alexandre VI, daté de 1492 (3), rappelle que, pendant quatre-vingts ans le Groenland ayant été privé de prêtres et le
peuple étant retombé dans la superstition de ses ancêtres,
fr. Mathias a été nommé au siège épiscopal de Saint-Nicolas de Gardar par son prédécesseur Innocent VIII et que

____

(1) *Mare quod frequenter congelatur. — Ultimus terminus terræ habi-
tabilis. — Non licet ultrà ire.*

(2) *Y:a Rovercha, Solckfis, Stilanda.*

(3) Dr Lucas Jelic, *L'Evangélisation de l'Amérique avant Christophe
Colomb*, Paris, 1891, in-8°, pièce.

ses bulles vont être expédiées au nouvel évêque gracieusement et sans dépens. Donc, en supposant que les anciennes
expéditions n'aient pas été reprises au Groenland, il est certain que le souvenir de ce pays ne s'était point perdu,
comme on l'avait cru longtemps (1).

Au Nord de l'Islande, les Zeni placent une grande
péninsule qui, par sa configuration, ressemble au Groenland, mais qui à l'Est s'unit à la Norvège. La jonction n'est
formée que par une ligne vague, et la légende « mare et
terre incognite » dénote bien que cette région est mal
connue. Cependant la relation des Zeni (2) dit positivement
que Nicolo Zeno, parti de l'Islande au Nord, trouva une
terre qu'il appelle sur sa carte *Engroniland* et dans le texte
Engroneland et *Grolandia*.

La configuration du Groenland dans les cartes normandes permet de les diviser en trois groupes : les unes sont
basées sur les cartes du xvᵉ et du xvlᵉ siècle que nous venons
de mentionner et où un long golfe, s'étendant de l'Ouest à
l'Est, sépare la Corelia du Groenland (3). D'autres suppri-
ment complètement ce golfe (4), et enfin une troisième caté-
gorie (de 1566 à 1634) tend à rapprocher de plus en plus le
Groenland de sa vraie situation (5).

Pour Nicolas Desliens (1541), la *Groullanda* est une
très longue et très étroite presqu'île, large de 3° à 4° de latitude, située à la hauteur du 71° degré environ, et dirigée de
l'Ouest à l'Est, comme le golfe au-dessus duquel elle est
tracée. Elle se rattache au continent vers *Comosgora* en
Russie. La ligne qui définit la partie septentrionale de la
Groullanda est assez vague.

Desceliers en 1553 reproduit à peu près la délinéation
de Desliens (1541) ; mais, à l'Est du Groulland et à la même

---

(1) Société de Géographie de Paris. Comptes-rendus des Séances,
1893, p. 16-17.

(2) Venise, 1558.

(3) Desliens (1541). — Desceliers (1553). — G. Le Testu (1556).

(4) La carte harleienne. — Desceliers (1546 et 1550).

(5) Desliens et G. Le Testu (1566). — J. Cossin (1570). — J. Dupont et
J. Guerard (1625).

latitude, il marque la *Terre septentrionale*, et, au-dessus du tracé de cette terre, la *Mer glaciale*.

G. Le Testu (1556) trace de l'Est à l'Ouest, vers le 74° degré de latitude, un long golfe qu'il appelle *Corelie fretum* et qui sépare la Norvège du *Groullant* ou *Terre septentrionale*. Mais le Groullant ne forme plus un isthme étroit, comme sur les cartes de Desliens (1541) et de Desceliers (1553). C'est un continent qui se prolonge jusqu'au pôle. A l'extrémité orientale du Corelie fretum se trouve le *Sinus Granduicus*.

Dans les cartes harleienne et de Desceliers (1546 et 1550), le Groullande est un continent rattaché totalement à la Scandinavie et remplissant toute la partie septentrionale de la carte. Les délinéations sont vagues et prouvent que les cartographes sont en présence d'une région qui leur est inconnue.

Desliens (1566). — La Corelia est vers le 75° degré de latitude, et au-dessus d'une échancrure, qui rappelle sans doute le Corelie fretum et se trouve à 75° latit., dans une sorte d'isthme, nous lisons *Groulland* à 77° latit. Au delà du 80° degré il n'y a pas de continent, seule l'inscription suivante : « Mer septentrionale incongneue ».

G. Le Testu (1566). — Au-dessus de la *Norvaige* sont la *Lapia*, la *Finmarchia*, la *Corelia*. Le Groenland n'est plus marqué à cet endroit ; le cartographe le figure au Nord de l'*Islam* (Islande) et de la *Norvaige*, et entre ces deux pays.

J. Cossin (1570). — Au pôle et autour du pôle, le *Grondelan inconu* est entièrement isolé, et même placé à une assez grande distance du continent européen.

J. Dupont (1625). — Le *Groenland* est simplement nommé et sa pointe Sud est au-dessus de l'Islande, à la distance de 1° 1/2 de latitude.

Dans les deux cartes suivantes de J. Guerard, le Groenland est enfin indiqué à sa vraie place. Sur la carte de 1625, la *Terre de Groenland* est au-dessus et à l'ouest de *Ysland*. Le *Destroict de David* se dirige du Sud au Nord et sépare le Groenland du Labrador. Sur celle de 1634, le *Groen-*

lande, sans aucune nomenclature, est à l'Ouest et au Nord de l'*Islant* ; mais l'Islande est située à une latitude trop éle-.vée.

La Russie et la Mer Blanche. — Deux voies maritimes se présentaient aux Français pour gagner la Russie : la voie de la mer Baltique, et la voie du Nord par la Norvège et la mer Blanche. Les Normands parcoururent ces deux routes, mais d'abord celle de la Baltique.

1° Navigation de la Baltique. — Pour pénétrer en Russie par la Baltique, tout navigateur devait être muni d'une double autorisation, celle du tzar et celle du roi de Danemark. Les Danois gardant l'entrée de la Baltique, les Français ne pouvaient trafiquer avec les Russes et les Danois qu'à la condition d'entretenir de bonnes relations avec les Etats de la Russie ou Moscovie, et du Danemark. Ce fut par l'entremise du roi de Danemark que les Français, au début du xvi° siècle, s'abouchèrent avec le souverain moscovite (1).

La Russie ne dominait pas alors sur les bords de la Baltique, où les deux ports les plus importants étaient ceux de Reval et de Narva ; mais les Hanséates, qui s'érigeaient en maîtres de la navigation dans cette mer, en refusaient l'accès aux étrangers.

Cependant, dans la première partie du xvi° siècle, les Hanséates acceptèrent d'intervenir entre les Français et les villes de la Baltique. Aussi, en reconnaissance des services rendus à son commerce, le gouvernement français renouvela plusieurs fois, de 1542 à 1576, les privilèges accordés aux villes hanséatiques, notamment à Lubeck et à Danzig, et ces privilèges furent publiés à Paris, à Rouen et à Dieppe (2). Les navires des Hanséates venaient en France chercher du sel et des vins.

La prospérité excite l'envie. Les Français furent des premiers à le prouver à leurs contemporains de la seconde moitié du xvi° siècle. D'ailleurs ils fréquentaient déjà la Bal-

---

(1) L. Delavaud. *Les Français dans le Nord* (Société normande de Géographie, 1er trim. 1911, p. 35).

(2) Holbaum et Keussen, *Kölner Inventar*, t. I, p. 335. — Arthur Agats, *Der Hansische Baienhandel*, 1906, p. 106.

tique, surtout les Dieppois qui commerçaient avec le port de Narva. Mais les Suédois, au mépris de leur alliance avec la France, contrariaient les entreprises des Français. Notre ambassadeur à Copenhague, Danzay, eut maintes fois à intervenir pour réprimer les malversations des Suédois. En 1564, il fit indemniser par le roi de Suède un marchand de Dieppe qu'on avait empêché d'entrer à Narva (1). Et cependant une Société s'était formée à Dieppe pour trafiquer avec ce port. En 1573, même réclamation fut renouvelée au roi Jean III (2) en faveur de Jacques Le Prieur, marchand de Dieppe. En 1571 et 1573, plusieurs bâtiments de Dieppe, de Rouen et de Fécamp furent signalés à Copenhague comme se dirigeant vers Narva ou comme revenant de ce port (3). Les Suédois néanmoins continuaient à poursuivre nos bâtiments. De 1575 à 1581, ils en pillèrent un certain nombre, et, selon la remarque de Danzay (4), tous les navires attaqués étaient de Dieppe.

Malgré les dangers qui les menaçaient, les Normands ne cessèrent d'exercer un commerce qui leur était très lucratif. Ils exportaient du sel en grande quantité, et importaient des cuirs, du suif, du lin, du chanvre, de la cire, etc.

Lassés à la fin par les nombreux obstacles que leur présentait la navigation de la Baltique, les Normands songèrent à atteindre la Russie en côtoyant la Norvège et la mer Blanche.

2° Navigation par le nord de la Norvège. — Au déclin du xv° siècle, l'ambassadeur David Kock, ayant pour interprète Gregory Istoma, résolut d'aller de Moscou à Trondjhem (Norvège) par la mer Blanche. C'était prendre la route la plus longue, mais la plus sûre, parce qu'alors la Suède et la Russie étaient en guerre l'une contre l'autre et qu'un sou-

---

(1) Alfred RICHARD, *Un diplomate français du* xvi° *siècle : Charles de Danzay*, Poitiers, 1910, p. 79.

(2) C. BRICKA, *Indberetninger fra Charles de Danzay til det franske hof om forholdene i norden*, 1567-1573, Copenhague, 1901, p. 174 et 208.

(3) Ern. de FRÉVILLE. *Mémoire sur le commerce maritime de Rouen*, 1857, t. I, p. 359. — C. BRICKA, *op. cit.*, p. 195, 197.

(4) *Correspondance de Charles Dantzai, Stockholm*, 1824 (25 mars 1581), p. 139.

lèvement venait d'éclater en Suède contre le Danemark. Le trajet de Moscou à l'embouchure de la Dwina se fit par la voie ordinaire. Partis ensuite de la Dwina avec quatre bateaux, les voyageurs longèrent les côtes en gardant la terre à bâbord et la peine mer à tribord. Ils doublèrent la péninsule de Kola, virent le Nez Sacré (cap Sacré) et arrivèrent à Vardö (Varthus). Puis, pour éviter le cap Nord et diminuer ainsi la longueur du trajet, Istoma fit traîner ses bateaux à travers les terres (1), et il reprit la mer jusqu'à Trondjhem.

Ce voyage, qui démontra la possibilité de passer des côtes de la Norvège à la mer Blanche, ne fut connu qu'un demi-siècle plus tard par la relation qu'en publia Herberstein en 1549.

Sigismond Herberstein était allé deux fois en Russie, en 1517 et en 1525, comme ambassadeur de l'empereur d'Allemagne. Il visita en détail le pays et en écrivit une description qui eut un grand succès, à en juger seulement par les nombreuses éditions et traductions des *Rerum Moscovitarum commentarii*. C'est dans ce livre (2) que l'auteur inséra le récit du voyage des envoyés de Vasili IV, David Kock et Gregory Istoma. Herberstein révéla la Russie au public et fit connaître les deux routes maritimes y conduisant, l'une par la Baltique, l'autre par l'Océan glacial.

Les Français ne pouvaient parvenir en Russie par la mer Blanche qu'à la condition d'obtenir préalablement la liberté de la navigation dans les mers de l'Europe septentrionale. Les encouragements et la protection de l'ambassadeur Danzay contribuèrent puissamment à stimuler leur

---

(1) AHLENIUS, *La Géographie et la Cartographie de la Scandinavie pendant la deuxième moitié du* XVI° *siècle* (en suédois), UPSAL, 1900. — NORDENSKIOLD, *Voyage de la Véga*, 1, 51-52. — UEBERSBERGER, *Oesterreich und Russland seit der Ende des XV Jahrhunderts.* Vienne, 1906, t. 1, p. 56. — RUGE, *Geschichte des Zeitalters der Entdeckungen*, Berlin, 1881, p. 521.

(2) La première édition (1549) était accompagnée de trois plans et d'une carte importante pour la géographie de la Russie. Les principales éditions sont celles de Bâle (1556), d'Anvers (1557), de Bâle (1571), de Francfort (1600), et les traductions en allemand de Vienne (1557-1618), de Bâle (1563), de Francfort (1579). L'édition italienne de 1558 contient une précieuse carte de Giacomo Gastaldi.

ardeur. Le voyage par le Nord est facile, disait-il dès 1571, et il peut s'effectuer sans danger en quatre ou cinq semaines. Si les Dieppois, ajoutait-il en 1581, ne peuvent continuer leur trafic avec la Russie « par cette mer d'Allemagne » (la Baltique), qu'ils atteignent les marchés russes « du côté du Nord, à Saint-Nicolas, comme font ordinairement les Anglais et quelques autres nations ». D'ailleurs Narva n'appartenant plus à la Moscovie, le tzar ne pourra que favorablement accueillir les étrangers quand ils aborderont en Russie par le Nord.

Mais les peuples, qui fréquentaient déjà ces parages, se montraient peu empressés à y accueillir les Français. Les Anglais surtout dominaient dans ces mers et voulaient en interdire l'entrée aux étrangers. Pour trafiquer librement dans le Nord, les Anglais payaient par navire une redevance de seize thalers au capitaine du château de Vardöhus. Le roi de Danemark, auquel appartenait ce château, se prétendait en effet « seul sieur de toute la mer du Septentrion ». Ce droit de souveraineté qu'il s'arrogeait sur les mers voisines de son royaume semblait bien abusif de la part du monarque danois (1). Aussi les Anglais répliquèrent qu'à la rigueur ils étaient bien libres de passer en Russie en voguant à une grande distance des terres danoises, quarante lieues au moins. De fait, le roi de Danemark craignait que, la navigation de la Baltique étant abandonnée, il n'eût plus de droits de douane à percevoir à l'entrée du Sund.

Notre ambassadeur Danzay entama à ce sujet des pourparlers avec le roi de Danemark et obtint de lui qu'une taxe raisonnable fût prélevée au profit des Danois sur les bâtiments dieppois qui navigueraient le long des côtes de la Norvège. On remettrait un passeport danois à ceux qui acquitteraient ce péage. Les Français de leur côté avaient à produire « congé et lettres de reconnaissance » du duc de Joyeuse, amiral de France. C'est ainsi que le dieppois

---

(1) J. A. FREDERICIA, dans la *Revue historique* (*Historisk Tidskrift*) danoise, 4° série, t. III, p. 1-20.

Etienne Vatier, par obéissance à ce nouveau réglement, se présenta à Elseneur devant les autorités danoises et obtint, moyennant « deux portugaises » (c'est-à-dire 32 thalers), un sauf-conduit pour trafiquer en Norvège et en Russie.

Les Anglais, en remettant une « portugaise » au capitaine de Vardöhus (1), étaient désormais autorisés à naviguer vers l'Est (2).

Les succès des Anglais et les projets des Français inquiétèrent vivement les Suédois qui en 1583 tentèrent, mais en vain, une démarche auprès du tzar pour lui faire rapporter le décret qui favorisait le trafic à Saint-Nicolas par le Nord. Cette voie du Nord offrant plus de sécurité que celle de la Baltique, le développement du commerce avec la Russie ne pouvait donc s'étendre que de ce côté. Aussi les exactions des Danois amenèrent-elles cette observation du roi de France: « Il n'est point raisonnable, écrivait Henri III à Danzay le 20 octobre 1583, que le roi de Danemark fasse son profit de la mer qui est ou doit être commune et libre à chacun » (3).

Cependant vers le même temps une Compagnie se constitua en France pour le commerce du Nord sous la direction de Jacques Parent, de Paris. En 1586, cette Compagnie expédia dans le Nord un navire dont le pilote était Jehan Sauvage, de Dieppe. Ce savant pilote rédigea avec soin le Journal de bord, qui devint un Routier précieux pour la région comprise entre le Nord de la Norvège et le Sud de la mer Blanche. Ce routier fut entre les mains des cartographes normands un instrument très sûr pour la construction de leurs cartes du Nord. Aussi, à partir de ce premier voyage des Français dans la mer glaciale, la cartographie normande de ces régions fut plus soignée et plus exacte. Nous analysons très sommairement cet important document (4).

(1) Vardöhus était la forteresse de Vardö, bâtie en 1310.

(2) L. Delavaud, *Les Français dans le Nord* (société normande de Géographie, 1er trim. 1911, p. 73).

(3) Biblioth. nat., ms. franç. 3304, fol. 27.

(4) *Relation du voyage en Russie fait par Jehan Sauvage de Dieppe,*

Il faut partir à la fin du mois de mai, ou à la mi-juin au plus tard, et gouverner droit au cap Nord, qui est à 71° 1/2 de latitude. Avant d'atteindre ce cap, on aperçoit à douze lieues du continent norvégien de nombreuses îles couvertes de neige. Du cap Nord, Sauvage courut au S.-E. jusqu'à Vardöhus ; la distance est de 28 lieues. Il mit à l'ancre à huit brasses d'eau, et ensuite Germain Collade et Nicolas du Renel, que Sauvage appelle Colas et du Nenel, allèrent à terre demander au capitaine du château congé pour se rendre à Saint-Nicolas. Grande fut la surprise du capitaine qui déclara n'avoir jamais vu de Français dans ces parages. Il leur refusa d'abord un congé, « n'ayant nulle commission » de leur en remettre. Mais à l'aide de présents, dit Sauvage, et moyennant environ 250 dalles (1), il se laissa fléchir.

Cette partie de la relation de Sauvage est fausse. La vérité est tout autre, et la voici (2). Collade et du Renel essayèrent de passer en Moscovie, sans bourse délier, en présentant un faux passeport au capitaine de Vardöhus. Danzay avait obtenu pour les Français l'autorisation de pêcher et de trafiquer dans le Nord. Ceux-ci n'étaient tenus qu'à se munir d'un passeport signé de l'amiral, duc de Joyeuse, et d'acquitter une taxe de deux portugaises au capitaine du château de Vardöhus. Le faux passeport lésait donc les droits du roi de Danemark. Par respect et par amitié pour l'ambassadeur Danzay, avec lequel il était dans les meilleurs termes, ledit capitaine laissa passer les Français, mais après leur avoir réclamé « quatre cents livres ou deux cents thalers ». Son intention était de signaler à son souverain la fraude des Français et de retenir sur les quatre cents livres versées l'indemnité que voudrait bien

---

en l'an 1586 (*Chronique de Nestor*, t. I, p. 385-395. Traduction en français par Louis Paris, 2 vol. in-8°, Paris, 1834). — Louis Lacour, *Mémoire du voiage en Russie fait en 1586 par Jehan Sauvage*, Paris, 1855, petit in-8° de 28 p. — L. Delavaud, *Les Français dans le Nord* (Société normande de Géographie, 1er trim. 1911, p. 77-83).

(1) *Risdale ou rixdale*, monnaie usitée en Suède, en Hollande et en Allemagne, et valant, suivant les pays, de 3 à 6 francs.

(2) L. Delavaud, *op. cit.*, p. 83-84.

exiger le roi de Danemark. Mais, grâce à l'heureuse intervention de Danzay, le grand Trésorier de Danemark manda au capitaine de Vardöhus de ne prélever sur les Français, à leur retour de la mer Blanche, aucune somme d'argent (1).

En quittant Vardöhus, Sauvage avait mis le cap au S.-E. pour gagner la rivière de Cola. Il décrit avec détails la route qui mène de Vardöhus au cap Gratys, où commence la mer Blanche. Il donne ensuite tous les renseignements nécessaires pour atteindre Saint-Nicolas. Il cite plusieurs noms de villes ou de rivières. Retenons seulement la rivière Divine (la Dwina), la ville de Colmagrot (Kholmogory) et enfin Saint-Michel-Archange (Arkhangel) où il arriva le 28 Juin. Les Français y restèrent deux mois environ et virent, pendant ce temps, sortir de la rivière plus de deux cent-cinquante grandes gabares, toutes chargées de seigle, de sel, de suif, de cires, de lins et d'autres marchandises.

Il faut, dit Sauvage en terminant, quitter ces régions avant l'équinoxe d'automne, car vers cette époque la mer gèle en une nuit (2).

Les résultats de ce premier voyage des Français dans le Nord furent excellents pour notre commerce. Nicolas du Renel et Guillaume de la Bistrate, agents et représentants de Jacques Parent et Cⁱᵉ, obtinrent, sous le nom de « Traité de commerce entre le tzar et les marchands parisiens » (23 mars 1587), une sorte d'ordonnance ou de lettre-patente en leur faveur. Ils étaient autorisés avec les autres associés de Parent à trafiquer à Novgorod, Pskoff, Kholmogory, Arkhangel, Vologda, Jaroslaf et même Moscou, en payant la moitié des droits imposés aux autres étrangers (3).

---

(1) Lettre de Danzay au duc de Joyeuse, 18 août 1586.

(2) *La route et la saison qu'il faut prendre pour faire le voyage de Saint Nicolas, païs de Russie, par le nordh, par moy, Jean Sauvage, de Diepe, le XXᵉ oct. 1586* (Bibl. nat., ms. franc. 704, fol. 89, et 15453, fol. 213). Les relations de L. Paris et de L. Lacour sont empruntées à ces mss.

(3) H. Omont, *Traité de commerce entre le Tzar et les marchands parisiens* (Bulletin de la Société de l'Histoire de Paris et de l'Ile de France, 1884). — Alfred Rambaud, *Recueil des Instructions données aux Ambassadeurs et Ministres de France en Russie*, 1890, t. I, p. 10 et suiv.

Malgré ces faveurs, dont bénéficièrent les Français, il ne semble pas qu'ils aient entrepris de fréquentes expéditions en Russie, et même, à partir de 1595, il est rarement question d'eux.

Au xvi° siècle, la cartographie de la Russie était encore bien rudimentaire (1).

Les villes les plus connues étaient riveraines, ou à peu près, de la Baltique. Les anciens portulans du xiv° siècle, à partir de celui de Dulcert (1339), mentionnent principalement Novgorod, Riga et Revel qu'ils appellent *Ungardia, Riga* et *Rivallia*. Revel, chef-lieu de l'Esthonie sur le golfe de Finlande, appartenait au xvi° siècle à l'Ordre teutonique. Riga, capitale de la Livonie, était, dans la seconde moitié du xvi° siècle, sous la domination de la Pologne. Novgorod entretenait des relations commerciales avec toute la Russie septentrionale ; cette ville est fréquemment citée dans la *Chronique dite de Nestor* (2). Les Gotlandais trafiquaient avec ces villes et avec quelques autres encore.

Parmi les anciennes cartes de la Russie, ayant un intérêt historique, signalons d'abord la carte du génois Battista Agnese (1525), qui fut dressée pour accompagner un opuscule de Paul Jove intitulé : *De legatione Basilii Magni, Principis Moscoviæ, ad Clementem VI Pontificem maximum* (3).

Anthonius Wied, de Danzig, dessina en 1542 (4) une carte de la Russie jusqu'à la mer Blanche. Elle était basée sur des observations réelles, mais fautives. Si l'on s'en rapporte, dit Nordenskiöld (5), à une longue légende placée à gauche de la carte, celle-ci fut publiée en 1555 (6).

---

(1) Sur la cartographie de la Russie, il faut consulter les divers ouvrages, publiés à Hambourg de 1884 à 1907 par le Dr Heinrich Michow, et aussi Nicolas de Kaulbars, *Aperçu des travaux géographiques en Russie*, (Soc. imp. russe de Géogr., Saint-Petersbourg, 1889).

(2) Traduite sur le texte slavon-russe avec introduction et commentaire critique par Louis Léger, Paris, 1884, 1 vol. in-8°.

(3) Une copie manuscrite de cette carte se trouve à la Bibliothèque de Saint Marc à Venise. Elle a été publiée par Fischer en 1881.

(4) L. Delavaud, *op. cit.*, p. 44.

(5) *Periplus*, p. 96.

(6) L'original est perdu ; il ne reste qu'une copie gravée sur cuivre par Hogensberg en 1570.

Sébastien Munster prit pour guides de sa description de la Russie d'abord le petit traité de Mathias de Michow (1), puis celui de P. Jove, qui en est comme le complément. Il emprunta à Anthonius Wied le tracé de la Russie et s'inspira, dans les éditions de sa *Cosmographie universelle*, postérieures à 1549, de l'œuvre de Sigismond Herberstein. L'édition de Bâle (1556) contient (p. 1091) une carte de la *Moschovie* gravée sur bois et bien imparfaite. La Norvège s'y prolonge jusqu'à la mer Blanche. Le Nord de la mer Caspienne est à une latitude peu inférieure à celle du Sud de la Suède. Comme fleuves, nous remarquons l'*Obi*, puis la *Dwina* qui se jette dans le golfe de Finlande, et, comme villes, *Kalmahori* (*Kholmogory*) placée sur l'affluent d'une rivière qui rejoint la mer à l'Est de la mer Blanche, *Soloski* (Solowets), etc.

Herberstein décrivit aussi la Russie jusqu'à l'Obi. Sa première carte de 1549 est plus exacte que celle de Munster de 1556. Ainsi la Dwina se jette dans la *Mare glaciale* (la mer Blanche) et sur son cours sont indiquées les villes de Solovoka (Solowets), Pinega, Kholmogory, etc. Les cartes qui accompagnèrent les éditions successives du livre de Herberstein montrent qu'on ne possédait encore à cette époque qu'une idée peu précise de la configuration générale de la Russie. Ce pays y est tellement aplati du Nord au Sud que la mer Blanche et le Palus Méotide semblent confondre leurs eaux, et cependant entre ces deux mers il y a une distance de 2.000 kilomètres au moins.

Sur sa grande carte d'Europe de 1554, Gérard Mercator marqua la mer Blanche et le monastère de *Solowitski* ; mais le cartographe ne connaît guère la Moscovie d'Herberstein et il ignore les voyages au N.-E. entrepris par les Anglais en 1553.

Somme toute, les cartes du Nord de la Russie faites avant le dernier quart du xvie siècle, d'après les renseignements ou les dires des anciens auteurs, n'ont qu'une faible valeur géographique. Il n'y a donc pas lieu de s'étonner si

(1) *Tractatus de duabus Sarmatiis Asianâ et Europœâ et de contentis in iis*, Cracovie, 1517, brochure de 24 p. in-4°.

les cartographes normands du xvi° siècle tracent très imparfaitement, ou même négligent, comme Desliens, Roze et Desceliers, de représenter sur leurs mappemondes les régions septentrionales de la Russie. Nicolas Desliens (1541) place seulement, à l'Est de l'Europe, *Comosgora*.

Il est vrai que la côte européenne de l'Océan arctique, du cap Nord à la Nouvelle Zemble, ne fut complètement connue, qu'après les expéditions anglaises et hollandaises de Willoughby à Barentz (1553-1596), et après le voyage du dieppois J. Sauvage (1586).

Notons cependant que G. Le Testu (1556), dans sa treizième carte (fol. xv) dont la latitude s'étend de 44° à 68° figure la mer Blanche à sa place, mais comme un lac (*albus lacus*). Olaüs Magnus avait indiqué aussi le *Lacus albus*, mais il l'avait situé tout près du golfe de Botnie et un peu à l'Est. Les cartographes copiaient encore Ptolémée en le corrigeant faiblement. Le Testu mentionne, en Russie, les provinces de *Russie, Novogardie, Plescovie, Moscovie, Sarmatie, Rouge Russie.*

La petite mappemonde de Jehan Cossin (1570) représente le Nord de la Russie à peu près exactement jusqu'à la mer Blanche. Cette mer est un très long golfe au fond duquel se trouve Saint-Nicolas. A l'Est de cette région, la ligne des côtes devient fantaisiste.

Au xvii° siècle, les cartes normandes sont meilleures comme tracé et ont une nombreuse nomenclature. Ainsi, du Cap Nord à l'entrée de la mer Blanche, nous lisons vingt-neuf noms de lieux sur la carte du dieppois J. Dupont (1625). Le long du littoral de la mer Blanche et sur la côte orientale de la Russie, la proportion des noms est la même ; nous en relevons trente-six.

La nomenclature de Guerard (1628) est encore plus abondante que celle de Dupont et elle se continue jusqu'au détroit de Nassau. Ces deux nomenclatures diffèrent, à quelques noms près ; elles n'ont donc pas été puisées à la même source. La carte de Guerard est très soignée et faite pour des navigateurs. A l'angle inférieur de droite, il figure séparément deux points importants de la région, l'île de *Kildyn* et la *Rivière d'Archange*. C'est à Kilduin (1), sur la côte de la Laponie russe, que mouillaient souvent les bâtiments à destination de la mer Blanche, et c'est par Arkhangel (Saint-Michel-Archange) que se faisait alors le trafic entre l'Europe occidentale et la Russie. Le premier dessin (6 cm. × 8 cm.) porte cette inscription : « Ici a esté représenté l'isle de Kildyn » ; à l'Est de cette île on remarque la « maison de lope » et au Sud sur le continent « La pinacr ». Le deuxième dessin (9 cm. × 27 cm. 5) est la « Représentation de la rivière darchange depuis lembouchure iusques à la ville St-Michel ». A l'embouchure sont dessinés Saint-Nicolas et l'île « nofuiseni », et à « la ville de St-Michel d'archange » on lit : « Riviere qui va à Colmogro » (2). Les sondes de cette rivière sont indiquées : à l'embouchure, la profondeur est de deux à trois brasses ; à l'entrée, de deux brasses, et, sur le cours de la rivière, de trois à six brasses.

A l'angle supérieur de gauche, plusieurs dessins : 1° La « demonstration de Suetenos et des ysles » mesure 14 cm. × 8 cm. Sur le cours d'une petite rivière, cette inscription : « cest icy le lieu ou lon faict la pesche du saumon ». Plusieurs écueils sont marqués. Dans la rivière, la sonde donne trois à cinq brasses de profondeur, et à l'embouchure, auprès de quatre îles, la profondeur est de sept, dix et vingt brasses.

2° « Lombasco » avec un sondage de quatre, cinq, six et dix brasses, pris le long de la côte, et l'indication de plusieurs dangers.

3° « Icy est représenté la riviere de Kol avecques les ysles et dangers jusques devant la ville de Kol. » (3). Le dessin

---

(1) Un dessin et une description détaillée de l'île Kilduin se trouvent dans l'ouvrage de Linschot : *Voyagie, ofte Schip Vaert, van Jan Huyghen, van Linschoten, van by Noorden om langes Noorwegen de Noortcaep, Laplant, Vinland, Ruslandt... tot voorby de revier Oby, Francker*, 1601.

(2) *Colmogro* ou *Kholmogori* est une ville bâtie sur un île de la Dwina, à 12 lieues Sud-Est d'Arkhangel.

(3) *Kola*, capitale de la Laponie moscovite, à l'embouchure de la rivière de Kola.

(0 m. 265 × 0 m. 240) indique les sondes et les endroits dangereux.

A l'angle inférieur de gauche, « Representation du cap Kegro (1) et de Ious » (6 cm. × 11 cm.) avec l'emplacement de deux écueils.

A l'Est de la Norvège et à 66° de latitude, nous remarquons un navire avec le pavillon français à l'extrémité de deux mâts : croix d'argent sur champ d'azur. Non loin de là (62° lat.), un monstre marin.

Au-dessus de la mer Blanche, l'inscription *Murmanskoy More* ; c'est la Mer mourmane (2). Entre la mer Blanche et le détroit de Nassau, la *Mer de Petzorke* (3). A la suite du détroit de Nassau et sur le continent de la Russie, nous lisons « rivière d'Oby », puis à droite les provinces de Baida, Molgomzaja, et au Sud Samoieda. Au centre de la partie orientale de la carte, le mot « Russie » et, plus à l'Est, « Partie de Tartarie ».

Jean Guerard (1634). Près du *Nort Cap* et à l'Est de *Vuardhuis* figure Y. S^r *hugo vuilloughbes*, nom que nous n'avons rencontré sur aucune carte normande antérieure. Cette île de Hugh Willoughby rappelle l'endroit où, en 1553, le grand explorateur jeta l'ancre, hiverna, et trouva la mort avec tout son équipage (4).

*
* *

3°. LES RÉGIONS POLAIRES ET LE PASSAGE DU NORD-EST

Au XVIe siècle, les expéditions maritimes étaient à la fois commerciales et militaires. Tout bâtiment de commerce

---

(1) Kegor, aujourd'hui baie de Vaid près de la pointe Kekowski et du cap Nametski, est une petite baie. Stephen Burrough y mouilla le 30 juin 1557.

(2) La côte *mourmane* est la portion de la côte de la Laponie russe qui s'étend de la frontière norvégienne à Sviatoï Noss ou Cap Sacré, et la Mer mourmane baigne cette côte.

(3) C'est la partie de l'Océan glacial qui longe la terre de *Petzora*.

(4) NORDENSKIOLD (*Voyage de la Véga*, I, 59, note) croit que la *Terre de Willoughby* est l'île Kolgujev.

devait être armé en guerre, parce qu'à tout instant il pouvait avoir à se défendre contre les pirates, en admettant toutefois qu'il ne fût pas déjà lui-même un écumeur de mer.

Le Portugal et l'Espagne avaient alors la prépondérance sur les mers et ces deux puissances fermaient à tous les étrangers les routes commerciales des Indes et de la Chine, dont elles s'attribuaient le monopole. Pour atteindre l'Océan Pacifique et trafiquer en liberté au pays des épices, au Cathay, en Chine, aux Indes, au Japon, aux Moluques, il fallait découvrir une voie non encore parcourue. On conçoit que ce projet ait soulevé l'enthousiasme des peuples maritimes de l'Europe occidentale, parce que, si le succès couronnait leurs efforts, leur commerce en deviendrait exceptionnellement prospère.

On délaissa donc l'idée d'aller de l'Europe aux Indes Orientales par le cap de Bonne-Espérance et par l'Amérique du Sud, et on se décida à chercher une route par le Nord.

Si le passage par « l'aisseuil septentrional » de la terre était réalisable pour gagner le Cathay, on n'aurait plus à franchir « la ceinture ardente » (1) de la terre et à doubler l'un des deux caps du Sud-Ouest ou du Sud-Est ; en outre, il y aurait une grande économie de temps, puisque la distance de la France au Cathay serait très réduite ; enfin on n'aurait plus à redouter les corsaires espagnols et portugais.

Pour les habitants des côtes de l'Europe occidentale, la route par le Nord-Est semblait plus praticable et plus courte que la route du Nord-Ouest ; elle fut tentée par les Normands, les Anglais, les Hollandais.

Ajoutant foi à de vieilles légendes, qui racontaient que des Indiens, entraînés autrefois par des tempêtes au Nord de l'Asie, étaient parvenus jusqu'en Europe, certains géographes prétendaient qu'il existait des communications faciles entre la mer de Chine et l'Océan Atlantique. Et cependant si l'on examine les meilleures cartes du temps, comme

____

(1) RABELAIS, *Gargantua et Pantagruel*, liv. IV. — Eug. GUÉNIN, *La Route de l'Inde*, Paris, 1903, in-4°. p. 26.

celles de Dom Nicolas (1482), de Ziegler (1532) et autres, on est étrangement surpris qu'avec des notions aussi vagues et aussi problématiques on ait osé se lancer à la recherche d'un passage par le Nord-Est.

Au commencement du xvıᵉ siècle, de nombreux marchands et banquiers italiens installés en France avaient obtenu de la faveur royale des situations honorables, de vrais postes de confiance (1). On les rencontrait surtout en Normandie comme ingénieurs, artistes, navigateurs, etc. A Rouen, on connaissait la Compagnie des banquiers formée par Vincent Santini et Nicolas Colardi (2), les banquiers et armateurs Ruccellaï ; à Dieppe, c'étaient les Toscanelli qui se livraient au commerce maritime, et les marins d'Ango parmi lesquels nous remarquons tout particulièrement Jean et Jérôme Verazzano, gentilshommes florentins. Les Italiens étaient tout heureux d'aider les Français à atteindre les Indes par une autre voie que celle de leurs rivaux, les Portugais. Aussi Jean Verazzano, en se mettant au service de François Iᵉʳ, lui promit bien de découvrir des pays inconnus aux Portugais.

Au mois de Juin 1523, quatre navires appareillèrent avec des équipages normands sous la conduite de Jean Verazzano. Ce célèbre navigateur tenta-t-il le passage du Nord-Est au delà de la Norvège et de la Russie ? Quelques auteurs le croient (3). Cependant dans le rapport qu'il rédigea pour François Iᵉʳ dès son retour à Dieppe (8 Juillet 1524), Jean Verazzano ne précise pas l'endroit où il est parvenu dans la région septentrionale de l'Europe. Il dit que « vers le Nord, en dépassant 66°, la côte continue en retournant vers l'Orient et arrive jusqu'à 70° ». Et il mentionne aussi « les confins de la Norvège, qui sont situés à 71 degrés ». Cette affirmation exacte indique bien que Verazzano gagna au moins l'extrémité septentrionale de la Nor-

---

(1) Emile Picot, *Les Italiens en France au xvıᵉ siècle*, 1902.

(2) E. Gosselin, *Documents authentiques et inédits pour servir à l'histoire de la marine normande*, Rouen, 1876, p. 94.

(3) Ch. de La Roncière, *Histoire de la marine française*, t. III, p. 258-264. — L. Delavaud, *op. cit.*, p. 39-40.

vège ; mais elle ne contient rien de plus. Sans doute, Verazzano faisant allusion au Nouveau Monde soupçonne que cette terre « pourrait aussi se joindre à l'Europe par la Norvège et la Russie ». C'est là une simple hypothèse à laquelle, pas plus que Verazzano, nous ne devons attacher une bien grande importance. Nous pensons donc que Verazzano avait l'intention de chercher le passage du Nord-Est, mais que, arrivé au Cap Nord, il fut écarté de son chemin par la tempête ou par la banquise, puis obligé de virer de bord et de changer la direction qu'il s'était primitivement proposé de suivre (1).

J. Verazzano n'a laissé aucune carte où figure sa tentative vers le Nord-Est.

Un an après le voyage de Verazzano, Paul Jove affirmait que la Moscovie était entourée au Nord par un immense Océan et qu'en côtoyant les régions septentrionales on arrivait en Chine. Aucune terre ne paraissait intercepter la route. « Ce qui est certain, écrivait P. Jove, c'est que la Divulma se dirige vers le Sud en entraînant des eaux abondantes, que la mer y est très large, de sorte que l'on peut aller jusqu'au Cathay pourvu qu'on tienne le rivage à sa droite, car les côtes du Cathay, situées à l'Extrême-Orient, tombent sous le parallèle de Thracie » (2). Ces renseignements, Jove les tenait d'un ambassadeur que le grand duc de Russie avait député au pape Clément VII (3).

En 1527, c'était un anglais, Robert Thorne, ayant longtemps résidé à Séville, qui engageait fortement ses compatriotes à explorer les régions polaires. Il déclarait au roi Henri VIII qu'après avoir gouverné droit au pôle on pouvait mettre le cap à l'Est, puis longer le pays des Tartares

---

(1) La lettre de Verazzano à François I⁰ʳ (8 juillet 1524) était rédigée en français. On ne possède de cette lettre que deux traductions italiennes. Pierre Margry en a reproduit une dans *Les navigations françaises et la révolution maritime du XIV⁰ au XVI⁰ siècle*, Paris, 1867, 1 vol. in-12, p. 211 note.

(2) Discours de Moucheron (6 avril 1595) prononcé à Middelbourg devant les députés des Etats de Hollande et de Zélande (Cᵗᵒ de Moucheron, *Notes sur ma famille*, Rome, 1 vol. in-4°, p. 100).

(3) *Pauli Jovii Opera omnia*, Bâle, 1578, 3⁰ partie, p. 88.

et atteindre la Chine, Malacca, les Indes occidentales,
etc. (1).

L'évêque suédois, Olaüs Magnus, rencontra en Italie
l'historien espagnol Gomara, qu'il entretint de la possibilité
de passer en Chine par le Nord-Est. « Du temps de l'empereur Frédéric Barberousse, affirme Gomara, un vaisseau
chinois au milieu d'une grande tempête est arrivé de ce pays
par la région du Nord à Lubeck où il a pu décharger les
marchandises qu'il avait à bord » (2). Dans son *Historia
general de las Indias* (3), Gomara admit l'existence du passage par le Nord-Est, et, comme son livre fut traduit en
français par Fumée en 1569 et ensuite bien des fois réimprimé, son opinion se propagea rapidement et compta de
nombreux partisans.

Le roi de Suède, Gustave Vasa, avait songé lui aussi,
en 1554, à faire explorer les régions du Nord-Est, et il avait
chargé de cette entreprise un émigré français qui s'appelait
Hubert Languet. L'expédition eut lieu, mais, quand Languet écrivit son rapport en 1576, on s'aperçut qu'il avait
tout simplement visité la Finlande et la Laponie (4).

Les Anglais. Les tentatives faites par les Anglais pour
chercher le passage du Nord-Est sont bien connues. Nous
n'avons qu'à les résumer très brièvement.

Sous l'inspiration de Sébastien Cabot, grand pilote
d'Angleterre, une *Compagnie de marchands aventuriers* (5)
*pour la découverte des contrées, états, îles et villes incon-
nues* se constitua à Londres en 1553, et elle équipa trois
navires dont les capitaines avaient pour mission de découvrir par le Nord-Est un passage vers le Cathay. Cette Com-

---

(1) Richard HAKLUYT, *The principal navigations, Voiages and Discoveries of the English nation*, etc., London, 1589, p. 250.

(2) Discours de MOUCHERON, *op. cit.*, p. 100.

(3) Publiée à Anvers en 1554.

(4) Ce rapport n'a été publié qu'en 1644. — H. CHEVREUL, *Études sur
le xvi⁰ siècle, H. Languet*, (1852). — A WADDINGTON, *De Huberti Langueti
vita* (1888).

(5) *Companie of the marchants adventurers for the discoverie of
regions, dominions, islands and places unknowen.*

pagnie est plus généralement désignée sous le nom de *Moscovy Company*.

Le chevalier Hugh Willoughby et Richard Chancellor furent spécialement chargés d'exécuter l'entreprise (1). Leur voyage commença dans les conditions les plus favorables. Les navires qu'ils montaient atteignirent ensemble la Moscovie par Vardö ; mais, s'étant séparés, Willoughby s'égara et arriva sur les côtes de la Laponie russe. Son navire jeta l'ancre dans un havre excellent à l'embouchure du fleuve Arzina sur la côte de Kola (2), à quelques lieues à l'orient de Kegor. La rigueur de la saison l'arrêta et l'obligea à passer l'hiver dans ce mouillage qui devait lui être si fatal. Il périt en effet, avec tout l'équipage de son navire, de froid et de faim sur cette portion stérile et déserte des côtes de la Laponie.

Richard Chancellor fut plus heureux dans son voyage. Continuant sa course, « il navigua si loin vers cette portion inconnue du monde, qu'il arriva enfin dans un endroit où la nuit n'existait pas, mais où une lumière continuelle et l'éclat d'un soleil sans nuage frappaient sans relâche une vaste et puissante mer ». Enfin il pénétra dans une grande baie, et, le 24 Août 1553, il relâcha à l'embouchure de la Dwina. De là, il se rendit à la cour du tzar à Moscou avec une lettre d'Edouard VI. Il y reçut une large hospitalité et, par son habile intervention, il amena entre la Russie et l'Angleterre une entente très profitable au commerce de ces deux Etats. Au printemps suivant, il rentra en Angleterre, mais après avoir été, pendant son retour, assailli et pillé par les Hollandais (3).

Le véritable but de l'expédition, c'est-à-dire la découverte au Nord-Est d'un passage vers les Indes, n'était pas

---

(1) J. Tolstoi, *The first forty years of intercourse between England and Russia*, 1553-1593, publié en russe et en anglais, Saint-Pétersbourg, 1875. — Jurien de la Gravière, *Les marins du xve et du xvie siècle*, Paris, 1879. t. I, p. 235-321. — Cf. aussi les ouvrages de Ruge, Nordenskiöld, Ahlenius, etc.

(2) Rivière située par 68°21' lat. et 36°7' de long. orientale du méridien de Paris.

(3) Purchas, *Pilgrimage*, t. III, p. 250.

atteint. Cependant l'établissement de relations commerciales avec un vaste empire procura aux Anglais des avantages imprévus sans doute, mais réels.

Chancellor fut bientôt appelé à reprendre la route de la Russie. Il reçut l'ordre de ne pas s'attacher uniquement à l'extension du trafic, mais surtout « d'apprendre, quoi qu'il dût en coûter, comment les hommes pourraient soit par terre, soit par mer, passer de la Russie au Cathay (1). Ce second voyage eut une issue bien triste. Chancellor alla jusqu'à Vardö, et, obligé de rebrousser chemin, il fit naufrage et périt, le 20 Novembre 1556, près d'Aberdeen sur la côte orientale de l'Ecosse (2).

La Compagnie moscovite des marchands de Londres avait déjà confié une nouvelle expédition à Stephen Burrough. Celui-ci était parti de Gravesend au mois de Mai 1556 (3). Après avoir doublé le cap Nord, il gagna Kola, visita le pays des Samoyèdes, l'embouchure de la Petchora, l'île et le détroit de Vaigatch, puis le détroit de Kara. Ne pouvant passer outre, il se décida à revenir en arrière. Il alla à Colmogor où il hiverna avec l'intention de poursuivre l'année suivante sa route vers l'Obi ; mais l'hiver passé il ne put mettre son projet à exécution et il rentra en Angleterre (4).

L'insuccès de ces expéditions au Nord-Est de l'Europe n'encourageait guère les Anglais à les continuer. Aussi attendirent-ils quelques années avant de les reprendre.

Une tentative, encore infructueuse, fut renouvelée par

---

(1) Desborough Cooley, *Histoire générale des Voyages*, Paris, 1840, t. II, p. 140.

(2) Hakluyt, *op. cit.*, p. 259, 265, 270. — Purchas, *op. cit.*, III, 211. — Fr. von Adelung, *Kritisch-literärische Uebersicht der Reisenden in Russland*, Saint-Pétersbourg, 1846, p. 200.

(3) Hakluyt, *op. cit.*, p. 311. La table des matières indique le voyage de Burrough sous cette rubrique : *The Voyage of Steven Burrough towarde the river Ob, intending the discoverie of the northeast passage. An.* 1556.

(4) Stephen Burrough fit le premier figurer sur une carte (1558) le nom du Cap Nord (L. Delavaud, *op. cit.*, p. 46). Il prétendit, dans sa relation, avoir donné lui-même le nom de Cap Nord à la pointe extrême de l'Europe, lors de son premier voyage avec Chancellor.

la Moscovy Company qui, en 1568, envoya Bassendine, Woodcocke et Browne au détroit de Kara avec mission de s'avancer à l'Est au delà de l'Obi.

Douze ans plus tard (1580), la Compagnie arma deux navires dont elle confia le commandement à Arthur Pet et Charles Jackman. Ces deux navigateurs doublèrent ensemble le cap Nord ; puis, arrivés à la côte de Kola, ils se séparèrent. Pet gagna la mer de Kara et s'avança probablement jusqu'à l'embouchure de la rivière de Kara. Il y fut rejoint par Jackman. Mais les glaces menaçant de disloquer les deux navires, ils prirent le parti de rétrograder. Pendant le retour, ils s'éloignèrent l'un de l'autre. Jackman se perdit corps et biens du côté de l'Islande et Pet put regagner l'Angleterre.

Pet et Jackman furent les premiers européens occidentaux qui aient pénétré dans la mer de Kara et qui aient tenté de naviguer à travers les glaces.

Les Hollandais virent avec satisfaction les Anglais renoncer à la découverte du passage du Nord-Est et s'empressèrent d'organiser des expéditions de ce côté. En se lançant dans les mers glaciales, ils avaient en outre l'idée d'entraver le commerce des Anglais dans la région septentrionale de l'Europe.

Dès 1565, un bruxellois, Olivier Brunel, était allé à Kola et y avait travaillé au développement des relations commerciales entre la Flandre et le Nord de la Russie. Il s'était rendu ensuite à Kolmogor, et avait navigué dans l'Océan Glacial et le golfe de l'Obi. Depuis, il s'était ingénié à ouvrir la mer Blanche aux Hollandais et à installer une factorerie néerlandaise qui fut construite sur l'emplacement où s'élève Arkhangel. A l'époque des voyages de Pet et Jackman, Brunel s'occupait de préparer une expédition russe au Nord-Est ; mais, se souvenant qu'il était flamand, il revint exciter les Hollandais à tenter le fameux passage vers la Chine et le Japon (1).

---

(1) S. Muller, *Geschiedenis der Noordsche Compagnie*, Utrecht, 1874, p. 26.

On dit que les relations de la maison Moucheron avec la Moscovie furent établies par Olivier Brunel à la suite des voyages qu'il avait faits dans le Nord (1).

Deux français, réfugiés en Zélande, Balthasar et Melchior de Moucheron, furent les promoteurs d'expéditions qui eurent dans le monde un grand retentissement.

Balthasar et Melchior de Moucheron étaient nés, l'un à Middelbourg vers 1550, l'autre à Anvers en 1556. Leur père, Pierre de Moucheron, baron de Boulay-Moucheron, Corbu et Limière, né en Normandie à Boissy-le-Sec près de Verneuil au Perche (2), avait dû s'expatrier et se retirer en Hollande pour avoir embrassé avec passion les idées de la Réforme.

Balthasar de Moucheron, après avoir voyagé dans sa jeunesse et visité les côtes d'Afrique, peut-être même les Indes, alla rejoindre son père à Anvers. Il se livra au métier des armes et, malgré les succès qu'il y obtint, il quitta bientôt l'armée, émigra en Zélande quelques années plus tard et devint l'un des plus grands armateurs de Middelbourg. Pendant plusieurs années, il entretint un service de transports maritimes entre Middelbourg et Arkhangel. En 1591, il transporta son comptoir à Veere. Dès lors, il n'aspira plus qu'à se lancer dans des entreprises aventureuses.

Son frère Melchior, qui avait été d'abord son associé, s'était fait nommer consul de France à Moscou. Il servait ainsi à la fois les intérêts de la France et ceux de son frère Balthasar. Fixé sur les bords de la Dwina près du cloître Saint-Michel, le long de la mer Blanche, il fonda en 1584 une ville nommée d'abord Novvo-Cholmogorie, puis Arkhangel (3).

Melchior était à Moscou le représentant de plusieurs

____

(1) WAUWERMANS, *Histoire de l'Ecole cartographique belge et anversoire du* XVIe *siècle*, Bruxelles, Institut national de Géographie, 1895, t. II, p. 338.

(2) Aujourd'hui département de l'Eure.

(3) J. H. de STOPPELAER, *Balthasar de Moucheron*, La Haye, 1901.

marchands français, sans doute de Parent et Cie. En 1589, établi à Moscou et lié par des engagements avec le tzar, il ne put revenir en France que sur l'intervention de Henri IV lui-même (1). Il faisait en Russie les affaires de plusieurs maisons de commerce de Normandie, notamment du Havre et de Caen. Henri IV prenait tant d'intérêt aux affaires des marchands français en Russie qu'en 1595 il recommanda par lettre Melchior de Moucheron au tzar (2).

Melchior se retira plus tard en Hollande et mourut à Amsterdam en 1613.

Olivier Brunel, à son retour d'un voyage au Nord, avait affirmé à Balthasar de Moucheron que les obstacles signalés par Burrough n'étaient pas insurmontables et que la route vers la Chine pouvait être aisément poursuivie au delà. Ces indications, jointes aux renseignements communiqués par son frère Melchior et aux encouragements du géographe Plancius, poussèrent Balthasar de Moucheron à organiser en Zélande une Société dans le but d'explorer la voie maritime du Nord-Est. En 1593, il soumit son projet à Maurice d'Orange et au grand Pensionnaire, Olden Barnevelt. Il demandait « la permission d'aller chercher par le Nord un passage au roiaume de Cathay et de la Chine » (3). Cette requête lui fut facilement accordée.

Balthasar de Moucheron prit donc l'initiative des campagnes qui ont rendu célèbre le nom de Barentz, et même il couvrit de ses deniers une partie des frais de l'armement. Les autres instigateurs de l'entreprise étaient Jacques Walt, trésorier des Etats de Hollande, et Christophe Roelt, pensionnaire desdits Etats.

Trois expéditions se succédèrent de 1594 à 1596. Leurs résultats intéressent l'histoire de la cartographie normande au commencement du xviiie siècle (4).

---

(1) Lettres missives de Henri IV, 1589, t. III.

(2) Lettres missives de Henri IV, t. IV, 332.

(3) Abbé Prévost, *Histoire des Voyages*, t. XV, p. 103.

(4) La relation des trois voyages de Barentz se trouve en hollandais, en latin et en français dans un ouvrage de Gerrit de Veer (Amsterdam,

Premier voyage (1594). — La Société fait équiper trois vaisseaux sous la conduite de l'amiral Cornelison, qui avait sous ses ordres le célèbre pilote Guillaume Barentz. L'escadre part du Texel, double le cap Nord et entre dans la mer Blanche. De là, Barentz va explorer la côte occidentale de la Nouvelle Zemble jusqu'à 77°55' de latitude, redescend au Sud vers Vaigatch, et revient ensuite en Hollande.

Pendant ce temps, Cornelison reconnaît le détroit de Nassau ou de Vaigatch (1). L'un de ses deux interprètes était François de la Dale, marchand hollandais ayant habité la Russie et neveu de Balthasar de Moucheron. Le bâtiment entre dans la mer de Kara ou « Océan de la Tartarie septentrionale » comme l'appelaient les Hollandais, et poursuit jusqu'à la rivière de Kara (2). La direction, Sud-Est, de la mer de Kara et le mauvais dessin des cartes de l'époque firent croire à Cornelison qu'il était sur la route du Cathay, et il revint aussitôt en Hollande annoncer cette bonne nouvelle. Des marins-russes, rencontrés près de la Petchora, venaient en effet de déclarer à François de la Dale que « une fois le détroit de Vaigatch passé, on se trouverait devant le grand Océan Pacifique qui est partout navigable (3).

Second voyage (1595). — Cette expédition comptait sept bâtiments sous la direction de Barentz. Le géographe P. Plancius l'accompagnait pour tracer la route qui devait conduire à la Chine. Barentz arrive au détroit de Vaigatch, puis mouille près de Staten-Eiland. Les glaces, les neiges et les brumes l'obligent à rebrousser chemin. Il avait trouvé la mer ouverte devant lui jusqu'à l'Obi et le Jénissei.

1598). L'édition française a pour titre : *Vraye Description de Trois Voyages des Mer tres admirables faicts... par les navires d'Hollande et Zélande au Nord... vers les Royaumes de China et Catay, etc.*

(1) Hugues de LINSCHOT, *Voyagie, ofte Schip Vaert, van Jan Huyghen van Linscholen, van by Noorden om langes Noorwegen de Noortcaep, Laplant, Vinland, Ruslandt., tot voorby de revier Oby*, Franeker, 1601.

(2) « Ceste descouverte (de l'entrée de la mer de Tartarie) se fit par l'advis de Balthazar MOUCHERON » (Palma CAYET, *Chronologie novennaire*, dans la Collection Michaud et Poujoulat, 1re série, t. XII, p. 630, col. 2, et p. 631).

(3) Discours de Balthasar de MOUCHERON, *op. cit.*, p. 101.

Troisième voyage (1596-1597). — A la suite de l'insuccès du dernier voyage, les Etats Généraux de Hollande refusèrent d'allouer les fonds nécessaires à une ñouvelle expédition ; mais ils promirent une forte prime à quiconque attein-
drait la Chine par le Nord de l'Asie. Des négociants armè-
rent deux bâtiments ; Barentz et Heemskerk commandaient
l'un et Jan Cornelisz Rijp l'autre. Barentz gouverna droit
au Nord, découvrit l'île Beeren-Eiland (île des Ours), puis
le Spitsberg et atteignit le 80° degré de latitude. Ne pouvant avancer au Nord du Spitsberg, la petite escadre revint
en arrière (1) et retourna à l'île des Ours. Là les deux navires se séparèrent, Rijp voulant examiner la côte orientale
du Spitsberg (2) et Barentz espérant trouver le passage
à l'Est par une latitude moins élevée. Barentz cingla vers
la Nouvelle Zemble et parvint au 77° degré ; mais, obligé de
redescendre le long du littoral, il hiverna sur les rives du
Havre des Glaces (73°50').

Ce troisième voyage, où Barentz trouva la mort pendant le retour, eut pour résultat la découverte ou la reconnaissance de l'île des Ours, du Spitsberg et de la Nouvelle
Zemble (3).

Le nom de Moucheron fut donné à un cap situé au Sud-
Ouest de l'île de Vaigatch, à l'extrémité d'une assez longue
presqu'île.

Nous avons rencontré ce nom notamment sur une
carte de Linschot (*Moucherons hoeck*) et sur une autre

---

(1) PONTANUS, *Rerum et urbis Amstelodamensium Historia*, Amsterdam, 1611. Le tracé de la côte fait par Barentz et l'indication de sa route
sont reproduits dans cet ouvrage.

(2) Cl. MARKHAM, *Journal of the R. Geographical Society*, 1873. —
MULLER, *Geschiedenis der Noordsche Compagnie*.

(3) DE STOPPELAER, *op. cit.* — Sir Martin CONWAY, *No mans Land, a
History of Spitzberg from its discovery in 1596 to the beginning of the
Scientific exploration of the country*, Cambridge, 1906. — NORDENSKIOLD,
Voyage de la Véga. I, 205-217. — AHLENIUS, *op. cit.*, p. 85 et suiv. —
HUGUES de LINSCHOT, *op. cit.* — *Histoire des Découvertes et Voyages faits
dans le Nord*, trad. Broussonet, Paris, 1788. — René WAULTRIN, *La ques-
tion de la souveraineté des terres arctiques*, 1908 (Revue du Droit inter-
national public).

carte de l'*Histoire des Voyages* de l'abbé Prévost (*Cap Moucheron* (1).

« La relation, qu'ils (ceux qui revinrent en Hollande après la mort de Barentz) firent de leur voyage, a fait connaître à toute l'Europe que c'étoit une témérité de vouloir entreprendre le voyage d'Orient par l'Océan septentrional, et qu'il n'y avoit aucune espérance d'y pouvoir jamais réussir » (2).

Déçus dans leurs espérances, les Hollandais renoncèrent pour un temps à réaliser le plan rêvé, et résolurent de reprendre la route que Magellan avait ouverte aux Espagnols (3).

En 1598, naviguant vers le cap de Bonne-Espérance, Balthasar de Moucheron tenta une descente près de l'île du Prince. Il enleva cette île et l'île d'Annobon aux Portugais (4). Les Hollandais lui offrirent la souveraineté de l'île Annobon ; mais le climat meurtrier et d'autres inconvénients encore la lui firent abandonner, et elle retomba bientôt en la possession de ses anciens seigneurs et maîtres, les Portugais.

En 1600, faisant route aux Grandes Indes, Balthasar de Moucheron fut jeté par la violence du courant dans le golfe de Guinée sur un groupe de trois petites îles, près du grand Corisco et dans la même baye, à l'Est-Nord-Est. Les Hollandais les appelèrent *Isles Moucheronnes* (5). Deux autres îles, situées sur cette côte occidentale de l'Afrique, furent dénommées, l'une *île du Boulay* (fief de la famille Moucheron), et l'autre *île Elisabeth* en l'honneur de la femme de l'illustre explorateur.

Balthasar de Moucheron fit de nombreuses expéditions dans toutes les parties du monde, mais surtout en Extrême-

---

(1) T. XV, p. 104.

(2) *Histoire universelle de De Thou*, Londres, 1734, in-4°, t. XIII, ch. CXVII, p. 71.

(3) Abbé Prévost. *op. cit.*, X, 331.

(4) Grotius, *Histoire des troubles des Pays-Bas.*

(5) Abbé Prévost. *op. cit.*, IV, 454.

Orient et ses navires battaient pavillon à la croix de Bourgogne sur champ de sinople (1).

Un sang français circulait dans les veines de cet armateur de noble race. Aussi se montra-t-il heureux le jour où il entrevit la possibilité de servir la France. Il fit à Henri IV de fermes propositions pour livrer aux ports français le commerce des Indes (2). A cette nouvelle, grande émotion parmi les gouverneurs zélandais de la Compagnie des Indes, lesquels défendirent à Balthasar de Moucheron de se rendre à la cour de France où le mandait Henri IV. Déjà le roi de France avait songé, en 1602, à réclamer les bons offices de cet homme si dévoué à ses intérêts (3).

Balthasar de Moucheron ne tint aucun compte de cette interdiction, et se rendit en France. Disgracié pour cette désobéissance, il n'eut plus le droit de rentrer en Hollande. Sa maison de commerce sombra par suite de son exil, et il vécut en France sans ressources et sans appui. « Abreuvé d'injustices, dit Mʳ de La Roncière (4) Balthasar de Moucheron revint, en 1609, au berceau familial, au manoir du Boulay, près de Verneuil ». Le comte de Moucheron (5) constate avec raison que Balthasar était en France en 1609. Le 6 Mai de cette même année, il avait été autorisé à équiper avec les Dieppois une escadre pour le Cap Negro en Afrique (6). Mais les Etats généraux de Hollande, informés que Moucheron, Le Maire et autres projetaient de fonder une Compagnie des Indes françaises (7) s'opposèrent de toutes leurs forces à la réalisation de leur plan (8).

Sous prétexte d'avoir été maltraités par Moucheron à leur départ de Dieppe, les Hollandais qui étaient à bord se

---

(1) J. de Jonge, *De opkomst van het nederlandsch gezag in Oost-Indie*, trad. de Soët.

(2) J. de Jonge, *op. cit.*

(3) Lettres du 3 juin 1602 aux Etats Généraux.

(4) *Journal des Savants*, 1907, p. 103.

(5) *Notes sur ma famille*, p. 67.

(6) Le P. Fournier, *Hydrographie*, 2⁰ édit., p. 255.

(7) J. de Jonge. *op. cit.*

(8) De Stoppelaer, *Balthasar de Moucheron*, p. 23.

mutinèrent à la hauteur du Cap de Bonne-Espérance et massacrèrent sans pitié les matelots dieppois (1).

Le nom de Moucheron figure en 1610 dans un acte officiel, et de Stoppelaer le fait mourir vers 1630. En réalité, on ignore la date de sa mort.

Balthasar de Moucheron fut un des fondateurs de la fortune des Pays-Bas. Bien des écrivains ont non seulement reconnu l'influence prépondérante qu'il a exercée dans le monde commercial de son temps, ils l'ont même proclamé « le grand instigateur et l'âme des voyages au Nord ». Il portait « écartelé au 1 et 4 d'argent à une fleur de lys d'azur partie et séparée, et un croissant de gueules dans l'intervalle en abîme, à la bordure engrêlée de sable, qui est de Boulay-Moucheron ; au 2 et 3 d'argent au chevron de gueules accompagné de 3 gerbes d'or, qui est de Gerbier » (2).

A partir de 1607, les Anglais recommencèrent leurs courses vers les régions polaires. Mais les difficultés rencontrées par les navigateurs dans la mer de Kara avaient été telles que, désespérant de trouver par là le chemin de la Chine, ils prirent le parti de s'engager par une voie plus septentrionale et de chercher un passage directement à travers le pôle nord. Des négociants de Londres choisirent, comme plus apte à remplir ce dessein, Henry Hudson, marin tout plein d'habileté et de hardiesse.

En 1607, Hudson s'éleva au Nord du Spitsberg jusqu'à 81° et marqua sur la carte *Whale Bay* et *Hakluyt Headland* (3). L'année suivante, il débarqua à Karmakul-Bay et en plusieurs autres endroits de la Nouvelle Zemble, mais ne put dépasser le Nord de cette terre, comme le lui ordonnaient ses instructions (4).

Les Anglais renoncèrent désormais à passer en Chine

---

(1) Ch. de LA RONCIÈRE, *Histoire de la marine française*, t. IV, p. 287.

(2) Sa mère s'appelait Isabeau de Gerbier.

(3) Dr HAMY. *Etudes historiques et géographiques*, Paris, 1896, p. 316.

(4) Voyage relaté dans Purchas, *op. cit.*, t. III, p. 574. — Une excellente collection de documents sur la vie et les voyages d'Hudson se trouve dans l'ouvrage de G. M. Asher, *Henry Hudson the Navigator*, London, 1860.

par le Nord-Est et préférèrent se livrer à la pêche de la
baleine le long des côtes du Spitsberg. Un des capitaines
de la Moscovy Company, Thomas Edge, fit plusieurs voyages dans le Nord et y pêcha la baleine avec l'aide de quelques marins de la Biscaye. Il explora en même temps *Che-
rie Island*, le *Horne Sound, Foreland, Sir Thomas Smith's
Bay*.

Vers la même époque (1608), les Hollandais reprenant
confiance se disposèrent à retourner dans les régions polaires, mais leur expédition devait se faire au nom du roi de
France sous la raison commerciale d'un armateur d'Amsterdam, Isaac Le Maire. Mandé par le président Jeannin,
alors ambassadeur de France à Amsterdam, Le Maire vint
le voir, mais dans le plus grand secret, parce que, si les
agents de la Compagnie des Indes se doutaient de son atta-
chement à la France, ils le tiendraient pour suspect. Depuis
plusieurs années, Le Maire avait offert ses services au roi
« comme affectionné à la France ». Il était né à Tournay,
« les habitans de laquelle, disait-il, ont tous la fleur de lys
dans le cœur ». Le Maire demanda deux ans pour préparer
une expédition. Il fallait en effet ce temps pour bâtir des navires, former une Compagnie et prendre toutes les dispositions nécessaires. Son intention était de n'enrôler que quelques pilotes et quelques matelots hollandais, parce qu'il leur
préférait des français comme « étant accoutumés auxdits
voyages » (1).

Quelques mois plus tard, Le Maire consulta sur la
situation du passage Nord-Est le géographe Plancius et un
pilote anglais qui avait pris part à deux expéditions envoyées
à cette découverte. La conclusion de l'entretien fut que le
passage existait et qu'on avait tout espoir de le franchir. Le
succès n'est pas absolument certain ; toutefois en tentant la
fortune, on n'engage pas une somme d'argent trop considé-

______

(1) *Nouvelle Collection de Mémoires pour servir à l'Histoire de
France*, par Michaud et Poujoulat, Paris, 1836-1838, in-8° (*Négociations
du président Jeannin*. Lettre du président Jeannin à M. de Villeroy, 14
mars 1608, p. 301-304).

rable. Mais avant tout Le Maire réclame le secret sur ses négociations (1).

Le roi se montra très favorable à la recherche projetée, et accepta volontiers qu'elle fût entreprise même en son nom (2). « Je suis content, écrivait-il à Jeannin (3), de la faire tenter et même d'y engager mon nom » si on le juge nécessaire.

A la requête d'Isaac Le Maire, le roi envoya le 28 Mars 1609 une feuille de pouvoirs pour le commandant de l'expédition. En cas de succès, vingt-cinq mille livres de récompense étaient accordées au capitaine du navire. Il était autorisé à prélever sur cette somme une double solde pour les mariniers et les soldats, s'ils faisaient « difficulté de se hasarder au destroit ». Henri IV terminait ainsi : « Finallement je veux bien qu'ils arborent ma bannière et donnent mon nom au dict destroict s'ils le descouvrent » (4).

L'expédition fut préparée à la hâte. Deux Mémoires intéressants et inédits (5) nous renseignent sur l'armement du navire devant participer à la découverte du passage Nord-Est. Ce sont d'abord un rapport rédigé par un délégué du président Jeannin auprès du frère de Isaac Le Maire, puis un « Mémoire en gros de l'équipement du vaisseau qu'on doibt dresser dès maintenant pour trouver le passage par le Nort vers le Cathay, Chine, Japan, Molucques, etc. » écrit de la main même du frère d'Isaac.

Le vaisseau acheté à cet effet a « cinquante laste (6) faisants 120 tonneaux » et « couste environ cinq mille cinq cent florins ». C'est un des meilleurs voiliers « qu'on scauroit trouver ès provinces unies ». Mais pour le rendre capa-

<hr>

(1) *Id.*, *ibid.*, lettre du 25 janvier 1609, p. 552-554.

(2) *Id.*, *ibid.*, lettre du 25 février 1609, p. 579.

(3) *Id.*, *ibid.*, lettre du 28 février 1609, p. 580.

(4) Collection de Documents inédits sur l'Histoire de France. *Recueil des lettres missives de Henri IV*, publié par Berger de Xivrey, Paris, 1843, t. VII, p. 690-691.

(5) Ces deux manuscrits appartiennent à la collection de Mr Ernest Dumont, libraire à Paris.

(6) Poids de 2.000 kilos ou 2 tonnes, en général. Ici le last est de 2,4 tonnes.

ble de « supporter et surmonter le chocq de la glace et des vagues qui sont en ceste mer fort impetueuses et vehementes », il est armé « d'une escore ou pelure de boys de chesne espesse de quatre doitz ». On y ajoute « une bonne grande chaloupe », une barque, « un esquif » pour mettre souvent en mer et « costoier les costes pour la descouverte des pays », puis « triples voiles, cables en abondance, sept à huit ancres, et autres matériaux necessaires pour un si perilleux voiage ». Ce navire est avitaillé pour un an et demi, afin de pousser au besoin « jusques à la Chine, Japon, Molucques, etc. », et de revenir par « l'Inde et le cap de bonne Esperance » dans le cas où le retour par le Nord deviendrait impossible. L'équipage comprend de vingt-deux à vingt-quatre hommes, auxquels on paiera, « selon la coustume de ce pais », deux mois d'avance. « Six à huit pièces de canon de compétente grandeur » suffisent pour, « si la nécessité le requiert, repousser l'effort des ennemis qui le voudroyent attaquer, soit corsaires chinois, portugais, hollandais, ou qui que ce soit ».

Les hommes de l'équipage, « gents resoluz et determinez » qui exposeront leur vie « en mille dangers et les yeux bandez », demanderont sans doute des gages élevés. Aux deux dernières entreprises tentées, cinq hommes seulement revinrent sur soixante. Pour leur retirer toute occasion de murmurer et « leur bailler plus de courage de hasarder leur vie », ils se verront « pourveuz de toutes choses necessaires ».

Un pilote anglais a accepté de diriger l'expédition, mais avec un bâtiment de 50 tonneaux et un équipage de dix à douze hommes. Pour son salaire, il réclame 600 florins, et, s'il périt, 400 florins seront servis à sa veuve. D'ailleurs son intention n'est pas d'aller jusqu'au Cathay, mais seulement de rechercher le passage qui y mène, et l'ayant trouvé de faire voile jusqu'à 60° lat. pour revenir ensuite « sans passer plus outre ». Messieurs de la Compagnie ont rejeté ses offres.

L'équipement complet du vaisseau coûte au moins 15.000 florins « pour ne pas faire les choses à demy ». Et aussi, « pour donner preuves infaillibles et suffisantes qu'on a descouvert led. pais », on emporte des denrées et marchandises pour les troquer, échanger ou vendre « a autres de ced. pais » et les rapporter « par deça ».

Le frère de Isaac Le Maire, qui est l'auteur de ce Mémoire, déclare qu'on « mesnagera les deniers du Roy », et qu'en tout on agira « à la gloire du Roy et utilité du royaume de France ».

Le départ de l'expédition eut lieu le 5 Mai 1609. Le commandant avait eu soin de prendre « patente de M. le prince Maurice pour la sureté de son voyage, sans que personne ait su qu'il y fût envoyé par autre que par ledit Le Maire ». Mais, si l'entreprise réussit, il devra revenir droit en France et non en Hollande. Et Jeannin ajoute dans sa lettre du 8 mai 1609 à M. de Villeroy : « Je peux vous assurer que personne ne sait que le voyage de ce capitaine soit au nom du Roi, dont je vous avertis afin qu'on le tienne secret de même vers vous » (1).

Le chef de l'expédition n'était pas nommé dans la correspondance échangée entre la France et Jeannin. Nous savons par ailleurs qu'il était de La Haye et s'appelait Kerckoven.

La Compagnie du pôle arctique, qui venait de se créer à Paris, comptait bien sur un succès (2). De beaux projets furent formés pour l'occupation du fameux détroit ; mais, hélas ! l'entreprise échoua. Le secret de Le Maire se trouva découvert, et l'Angleterre fut près de se fâcher.

Le résultat de toutes ces tentatives fut tout autre que celui qu'on en attendait. On avait cherché en vain un détroit pour passer en Chine ; mais la présence de nombreux cétacés dans les mers du Nord provoqua une industrie nouvelle, celle de la pêche de la baleine, et les Normands s'y occupèrent tellement que, quelques années plus tard, le grand commerce des huiles de baleine avait son siège au Havre (3).

---

(1) *Négociations du président Jeannin.* p. 638.

(2) Ch. de La Roncière, *Journal des Savants*, 1907, p. 104, et *Histoire de la marine française*, IV, 280-281.

(3) Un certain nombre de navires baleiniers de Bayonne allaient

Cependant on croyait encore et toujours à l'existence du passage du Nord-Est et à la possibilité de le franchir. Ainsi, en 1618, fut publié à Anvers un Mémoire qui contenait la critique des trois voyages entrepris, de 1594 à 1596, par les navigateurs hollandais et zélandais. On signalait d'abord leurs erreurs, puis on indiquait la prétendue route qui menait directement en Chine.

L'auteur de ce Mémoire était un gentilhomme génois, Benedetto Scotto, qui, ayant navigué pendant un certain nombre d'années, avait expérimenté combien l'art de la navigation « est veritablement imparfaict et incertain sans la cognoissance des longitudes, desquelles en fin Dieu a beny son labeur » ; mais quel est ce nouveau mode de calcul des longitudes qu'il convient de « mettre et faire mettre en pratique » ? Il ne le dit pas clairement (1).

On peut, déclare-t-il, « passer de l'Occident en l'Orient par la voye du Septentrion, sans estre empesché par les difficultez que les Hollandois et Zellandois y trouvèrent en costoyant la terre ». Il rappelle d'abord les expéditions de 1594 à 1596, et énumère les fautes commises par ceux qui les dirigèrent. Ils ont erré dans la supputation des jours ; le 24 Janvier ils se croyaient au 10 Février. Ils ont erré dans l'observation de la déclinaison du compas. Ils ont erré aussi dans le calcul des latitudes. Mais ils ont erré surtout en côtoyant la terre. Il est démontré en effet qu'il se forme plus de glace auprès de la terre qu'en pleine mer. Le long du rivage la profondeur d'eau est moins considérable, et l'eau douce qui vient des rivières se congèle plus facilement. Or plus on est éloigné de la terre, plus la mer est profonde et

---

aussi à Dieppe. Quelques-uns remontaient la Seine et déchargeaient à Rouen. Mais c'est Le Havre qui fut longtemps le grand marché des huiles de baleine. Sous Richelieu, Le Havre équipait, d'après Borély (III, 40), six gros navires pour la pêche de la baleine.

(1) *Discours d'une navigation* pour passer, avec la cognoissance des longitudes, par le septentrion d'Occident en Orient, et aller au Iapon, à la Chyne, et aux Molucques d'une seule course qui ne contient que 450 lieues de mer incogneue, abregeant par ce moyen la navigation ordinaire de 3.000 lieues et plus, surmontant aussi les difficultez qu'eurent les hollandois et zellandois ès années 1594, 1595 et 1596, costoyant la terre en la recherche de ce passage (Atti della Società Ligure di storia patria, Genova, 1867, in-8°, t. V, p. 319-339).

par conséquent plus l'eau est chaude au fond. C'est la loi des contraires, « comme on voit par experience ès caves qui sont chaudes en hyver et froides en esté ». Il n'y a donc pas en pleine mer de froid aussi grand que près du rivage, ni donc de glaçons assez considérables pour obstruer le passage. D'ailleurs la grande agitation, à laquelle la mer est soumise à distance du littoral, l'empêche de se congeler. Les endroits parcourus par les marins depuis cinquante ans sont précisément ceux où les vents poussent et amoncellent les glaces, et par suite il est téméraire de songer à atteindre l'Est en passant par le Sud de la Nouvelle Zemble. Au contraire, ils ne furent nullement incommodés quand ils allèrent en *Neulandia* (Spitsberg). Et enfin les vents sont moins variables en pleine mer que le long des côtes.

Après ces observations, Benedetto Scotto propose une route bien plus sûre et bien plus courte. Il faut se lancer en pleine mer ; les vents y sont favorables et la route se fait en droite ligne et sans inconvénients dus au froid ou aux glaces. Le vulgaire croit que plus on approche du pôle, plus on ressent l'âpreté et la rigueur du froid. Cela est faux, dit-il, et il le prouve par trois raisons qu'il emprunte à Plancius (1).

Voici donc la voie la plus praticable pour gagner l'Est : on gouverne droit sur l'île de Neulandia jusqu'à 80° de latitude et 35° de longitude (2), puis on met le cap au Nord-Est jusqu'à 85° de lat. et 135° de long. Est, et enfin on court au Sud-Est jusqu'à 60° de lat. et 180° de long. Est. « La plus proche terre, ajoute-t-il, qui sera descouverte sera la partie occidentale de la Nouvelle France, dicte Canada ». L'endroit atteint d'après ces indications est à 35° long. Ouest du détroit de Behring, lequel est à la lat. de 66° et non de 60°. Ce point d'arrivée se trouve à l'intérieur de la Sibérie et au Nord de la mer d'Okhotsk. L'erreur de Scotto est donc manifeste.

---

(1) *Négociations du président Jeannin*, p. 552-554.

(2) Le premier méridien passe par les Açores.

Il attribue au Canada une largeur maxima de 800 lieues, et estime qu'au lieu de 4590 lieues faites par les Portugais pour passer en Chine, le parcours se trouve en définitive réduit à « 450 lieues de mer incogneue ». Ainsi ce voyage pourra aisément s'effectuer en vingt-cinq ou trente jours, et pendant tout ce temps on n'aura pas de nuit si l'on prend soin de quitter la Neulandia vers la fin de mai. A cette date, la bonne saison dure encore trois mois ; c'est plus de temps qu'il n'en faut pour franchir le passage. Et puis, par le calcul des longitudes que préconise Scotto, on pourra, sans crainte de se perdre, dévier à droite ou à gauche.

L'opinion de B. Scotto était, depuis près de vingt ans, celle de Plancius et des meilleurs géographes. Entraînés par les indications de ces savants, plusieurs navigateurs, parmi lesquels nous comptons des Normands, projetèrent d'aller encore à la découverte dans la mer septentrionale et de se frayer, à travers une mer peu chargée de glaces, une route vers la Chine.

Les Français. — Au xvi° siècle, les cartographes normands n'avaient aucune notion précise sur les mers polaires. Aussi se sont-ils bien gardés de les figurer. L'espace libre de leurs cartes était comblé avec des inscriptions de ce genre : *Mer septentrionale incongneue, Region incongneue, Mer glaciale.* Aucune trace d'îles.

En 1583, Jacques de Vaulx (1) commence à représenter le passage du Nord-Est à travers la Mer glaciale.

Au xvii° siècle, les mers polaires ont été parcourues dans quelques-unes de leurs parties, et les résultats nouveaux sont consignés sur les cartes du temps. C'est le Spitsberg et la Nouvelle Zemble qui retiennent de plus en plus l'attention des navigateurs.

Nous avons signalé la découverte du Spitsberg (appelé parfois Groenland, Terre verte, etc.) faite en 1596 par le pilote Barentz, puis l'heureuse issue des voyages d'Hudson et de Thomas Edge (2).

---

(1) Biblioth. nationale, ms. franç. 150, fol. XXVI v°.

(2) Sur l'histoire du Spitsberg, on peut consulter : Martin CONWAY,

A partir de 1612, les marins surviennent nombreux pour se disputer l'exploitation des richesses des mers glaciales. Les Basques sont les plus anciens pêcheurs sur les côtes du Spitsberg ; ils affirment leurs droits sur ce pays et le nom de *Baie des Franchoys* (aujourd'hui Belsund) sur la carte de Hessel Gerritz (1613) montre bien que nos compatriotes s'étaient aventurés sous ces latitudes. Les Anglais y veulent monopoliser la pêche, et, prenant solennellement possession du pays en 1613, ils l'appellent *Terre du roi Jacques*. Les navires hollandais de la *Noordsche Compagnie* tiennent tête, à partir de 1614, à ceux de la Moscovy Company. A l'exemple des Hollandais et des Basques, les Flamands arrivant à leur tour sont mal accueillis par les Anglais. Néanmoins Christian IV de Danemark réclame la souveraineté du Spitsberg et le nomme *Christianberg*.

En 1615, le *Saint-Jehan l'Evangéliste*, navire de cent tonneaux commandé par Pierre Du Val et appartenant à plusieurs bourgeois de Dieppe, parmi lesquels Abraham Duquesne, fut capturé au large d'Andenœs (Lofoten) pour avoir chassé la baleine sur la côte septentrionale de Norvège. Les harponneurs, qui étaient à bord, étaient des Basques.

En 1619, un traité de partage fut conclu entre les Anglais, les Hollandais et les Danois, qui, fatigués de se faire la guerre, se distribuèrent les côtes du Spitsberg. Les Anglais prirent le Sud et aussi la baie de la Madeleine, Bell Sund et l'île du prince Charles (1). Les Hollandais se

---

Early dutch and english voyages to Spitsbergen in the seventeenth century, London, the HACKLUYT Society, 1904, in-8°. — Martin CONWAY, *No man's land : a history of spitzbergen from its discovery in 1596*. Cambridge, 1906, in-8°, p. 166. — Ch. de LA RONCIÈRE, *Les Routes de l'Inde* (Revue des Questions historiques, 1er juillet 1904). — René WAULTRIN, *Question de la souveraineté des terres arctiques* (Revue générale de Droit international public, 1908). — Ch. de LA RONCIÈRE, *La France arctique ou les Baleiniers basques au Spitsberg* (Revue du Bearn et des pays basques, février et mars 1905), et *Histoire de la Marine française*, t. IV. — Arnold ROESTAD, *Le Spitsberg dans l'histoire diplomatique* (*La Géographie*, 1er et 2e sem., 1912).

(1) Nommée ainsi en l'honneur de celui qui devait être le roi Charles Ier.

réservèrent l'île qui reçut le nom d'Amsterdam, et les Danois se contentèrent de Laage-Eyland (aujourd'hui l'île Danoise). Aux marins hanséates on abandonna la baie de Hambourg, petit mouillage au Sud de la baie de la Madeleine, et aux autres pêcheurs on n'accorda que la partie la plus septentrionale, où le nom de Cap de Biscaye révèle la présence des Basques dans ces parages.

En 1621, fut constituée la « Royale et générale Compagnie du commerce pour les voyages de long cours ès Indes occidentales, la pesche du corail en Barbarie et celle des baleines » (1). Cette Compagnie organisa plusieurs expéditions françaises.

Les principales cartes du Spitsberg, antérieures à 1625, portent les dates de 1601, 1612, 1613 et 1614.

La carte de 1601 donne le tracé du Spitsberg (appelé ici *Das Newe Lant*) d'après les voyages de Barentz. Elle est reproduite dans la troisième partie de l'Inde orientale des *Petits voyages* des De Bry, publiée en 1601 (2). La nomenclature y est très sommaire : *In wijck, Keerwijck, Gebroeken Landt* (3), *Vogels Eck* (4), *Veere Ins.* (5).

La carte de 1612 est de Johan Daniell, de Londres. Elle a servi de modèle à la carte suivante de Hessel (1613).

La carte de 1613 est insérée dans un ouvrage dont l'auteur est Hessel Gerritz d'Amsterdam (6). Elle est chargée

---

(1) *Mercure français*, 1621, p. 800.

(2) *Delineatio cartæ trium navigationum per Batavos ad Septentrionalem plagam, autore Wilhelmo Bernardo Amstelredamo expertissimo Pilota.*

(3) C'est la portion de la côte, couverte d'îles, d'îlots et de roches, qui est située au nord de Forland.

(4) Pointe des Oiseaux.

(5) Ile des Ours.

(6) *Histoire du pays nommé Spitsberghe. Monstrant comment qu'il est trouvée, son naturel et ses animauls, avecques La triste racompte des maux, que noz pecheurs, tant Basques que Flamans, ont eu a souffrir des Anglois, en l'esté passée, l'An de grace* 1613. Escrit par H. G. A. (Hessel GERRITZ Amsterdamois). En Amsterdam, a l'ensiegne du carte nautiqz. MDCXIII, petit in-4° de 30 p. avec carte et pl.

d'une vingtaine de noms d'origine anglaise, à l'exception de deux qui sont hollandais (Schoonhaven et Behouden haven). La nomenclature qu'on pourrait extraire du texte est un peu différente. Le tracé ne s'étend guère au delà de la baie des Anglais, aucun hollandais n'ayant dépassé ce golfe.

La carte de 1614 est signée de Carl Joris, cartographe à Enchuysen (1). Sur ce parchemin carré de 46 centim. de côté sont représentés la Norvège, le Finmarck, le Cap Nord, le Laplandt, la Moscovie, la mer Blanche, le détroit de Nassau, la Nouvelle Zemble, le Spitsbérg. C'est une projection polaire ; les parallèles sont des arcs de cercle décrits du pôle comme centre. Le tracé du Spitsberg est complet sur toute la portion occidentale, et la nomenclature est hollandaise excepté le nom *Sr Tomas Smeets Bay*.

Nous connaissons trois cartes portant la date de 1625 : 1° La carte des dix voyages de Thomas Edge publiée seulement en 1625 par Purchas (2). On la retrouve dans certains exemplaires de la relation de Edward Pellham (3).

2° J. Dupont (1625) tracé le Spitsberg (appelé Terre verte), mais sans nomenclature. Cette terre s'étend à partir du méridien du Havre situé à l'Est de la mer Blanche, c'est-à-dire dépasse 40° en longitude. Très étroite dans sa partie occidentale, elle a à son extrémité orientale une largeur de 7° de latitude. Elle se prolonge au delà de 77° 1/2, limite septentrionale de là carte. Le Spitsberg de J. Dupont est donc très incorrect.

3° Sur la carte de J. Guerard (1625), le Spitsberg (ou *Terre de Nieuwelandt*) commence à 74° de latitude et se continue au delà des limites de la carte. Entre le Nord de la Norvège (vers 70°) et le Sud du Spitsberg (vers 74°) est marqué un grand passage pour aller en Asie, et au pas-

---

(1) Elle est manuscrite et se trouve à Paris au Dépôt des cartes et plans de la Marine, où nous l'avons examinée.

(2) *Pilgrimage.*

(3) *Gods Power and Providence shewed in the miraculous Preservation and Deliverance of eight Englishmen.* London, 1631, gr. in-8°.

sage est figurée l'île *Matesin* (1). La nomenclature du Spitsberg est empruntée à la carte de 1601 (2), à l'exception de
Grooten inwijck qui est le fiord du *Prince Charles*. Voici
les cinq noms que nous y lisons : *In wijck, Grooten inwijck,
Vogel hoeck, Keer wijck, Gebroechen lant.* Cette nomenclature et le tracé du Spitsberg sont inférieurs à ceux de
Joris.

De 1625 à 1628, J. Guerard recueillit des détails plus
exacts et plus nombreux sur le Spitsberg. Il les consigna
sur sa carte de 1628, en empruntant toutefois une partie de
ses délinéations et de sa nomenclature aux cartes hollandaises, et principalement à celle de Joris dont il reproduit
en même temps les qualités et les imperfections. Il était certainement moins bien fixé sur les voyages des Anglais que
sur ceux des Hollandais.

Le Spitsberg, qu'il appelle *Nievland*, s'étend depuis le
76° degré de latitude jusqu'au sommet de la carte. Il le place
au-dessus du Cap Nord et un peu à l'Ouest. Sur toute la
partie septentrionale court cette inscription en grandes capitales de 4 à 5 centim. de hauteur : « L'Océan septentrional ».

L'île *Marsiin* (Terre des Etats) est située à 75° de lat.
et à peu près au Nord de l'entrée de la mer Blanche.

Voici la nomenclature de cette carte, du Nord au Sud :

B. des monniers	C. noir	R. de Kloeck
Baie aux oiseaux	Baye aux Anglais	R. de Michel Rinders
Baie de Hollande	Haure de iansen	R. Serdam
B. ferer	Haure de demeure	Beauhavre
Pt Madelaine	Pt de glace	Pt de Horne
Pt des gars	Haure vert	Lookuyt
Pointe aux oiseaux	Haure de Wuillem Muyen	Destroict de Iean Suatre

Les trois premiers noms sont inscrits au Nord du Spitsberg : la *b. des monniers*, vers le cap de Biscaye ; la *Baie
aux oiseaux*, et la *Baie de Hollande* (la Hollantsche Bay de
Joris et la moderne Baie des Hollandais). La *B. des mon-*

---

(1) L'île *Marsin* de Joris, la *Terre des Etats* d'aujourd'hui.
(2) *Petits Voyages* des De Bry.

niers est une baie que les Hollandais en 1614 nommèrent *Monier bay* en l'honneur de Antoine Monier, commissaire général de leur flotte. Cette baie Monier est inscrite sur presque toutes les cartes hollandaises depuis Goos (1620). Un ou deux géographes l'appellent par erreur *Rao bay*. Pour Joris, c'est la *S. Laurens bay*.

Sur la côte occidentale se présentent successivement : *B. ferer*. C'est le *Fairhaven*, ainsi nommé par Poole en 1610, et marqué sur les cartes de Daniell (1612), Joris (1614), Goos 1620), Vrolicq (1634). Excellent mouillage situé dans un chenal dont la largeur n'a pas 2 kilomètres.

P^t madelaine, ou Mari. mag. bay de Joris, est connu sous le nom de Baie de la Madeleine. C'est un des meilleurs mouillages du Spitsberg. Sa profondeur est de 11 kilom., et sa largeur de 7 km. 1/2 à l'embouchure.

P^t des gars. C'est la baie des Basques, où Vrolicq envoyé par les Havrais opéra en 1632.

La *Pointe aux oiseaux* et le *Cap Noir* (Black point de Hessel) sont situés le long de l'île du Prince Charles, non nommée.

Baye aux anglois. C'est la Baye des Angloys de Hessel.

Haure de iansen. C'est le S. Ians haven ou Baye St Jean des cartes du xviiie siècle.

Haure de demeure. C'est le Behouden haven, ou Port asseuré, de Hessel.

P^t de glace répond à Ice sound, p. des glaces, baye glacée des cartes des xviie et xviiie siècles.

Haure vert. C'est le Grenarbor, Grin harbor, Grenharbor, Groenharbor de Hessel. Excellent mouillage connu sous le nom de Green Harbour ou Baie verte.

Haure de Wuillem Muyen. C'est le Lowsound ou Louwsond de Hessel. Wilhelm van Muyden était un capitaine hollandais qui vint, en 1612, chasser le morse jusqu'à l'île des Ours et, en 1613, pêcher la baleine au Spitsberg.

R. de Kloeck est l'*Inwyck* (petite baie) de Barentz en 1596, le Belsound de Daniell (1612); le Belsond ou la Baye des Franchoys de Hessel, un des fiords les plus importants du Spitsberg, où pêchaient les Basques de St Jean de Luz.

R. de Michel Rinders. Aujourd'hui Baie Van Keulen.

R. Serdam (ou Sardam). Ce nom, Sardam, est celui d'une ville.

Beauhavre. C'est le Schoonhaven, *bonne havre*, beau port de Hessel, devenu la Baie de la Recherche. Le nom de Schoonhaven a été imposé par Muyden.

Port de Horne. C'est le Horn-Sound (ou baie de la corne) découvert en 1610 par l'anglais Jonas Poole. Il figure, différemment orthographié, sur les cartes de Daniell, de Hessel et de Joris. C'est un golfe profond de 11 kilom.

Lookuyt. C'est le Cap du Sud ou point Look-out des Anglais. Hessel l'inscrit sous ces différents noms : point Loockhoute, locqhoute, pointe du Su.

Destroict de Iean Suatre. Guérard transforme ici en Jean Suatre le nom du détroit de Jean Wybe, que parfois les anciens Hollandais appelaient *Wybe Jans Water*.

Il y a certains noms de lieux qu'on est surpris de ne pas rencontrer sur la carte de J. Guerard. Les uns figurent sur la carte de Daniell (1612) comme Lowsondness, d'autres sur la carte de Hessel (1613) comme *Moscovit mont, Belpoint, Osborne Inlet, Fair forland* ; d'autres encore sur la carte de Joris (1614) comme Sr Tomas Smets Bay (1). En outre, Hudson avait fait connaître en 1608 le cap Hackluyt et la Baie des Baleines (Whale Bay) vers 81° de latit., et, quelques années après, le capitaine Thomas Edge avait ajouté encore à ces découvertes.

Toutes ces dénominations étant anglaises, il semble que Guerard ait ignoré les expéditions des Anglais dans le Nord. Peut-être voudra-t-on croire qu'il les connaissait, mais qu'il a simulé l'ignorance par dédain pour les ennemis des navigateurs français au Spitsberg.

En l'année même où J. Guerard dressait sa carte (1628), un Mémoire sur le commerce de France en Russie était adressé à Richelieu, qui depuis deux ans remplaçait Geor-

---

(1) Thomas SMITH fut un des promoteurs des expéditions anglaises vers le Nord-Est.

ges de Villars comme gouverneur du Havre. Des négociations entamées entre les deux Etats aboutirent à un traité de commerce, qui fut conclu le 12 Novembre 1629. Précisément à cette époque la Moscovy Company cessait ses opérations. Certains armateurs s'empressèrent d'en saisir la succession et de reprendre des voyages soit en Russie par le Nord de la Norvège, soit dans les mers polaires et même jusqu'en Asie (1).

C'est vers ce temps qu'eut lieu, dit-on, l'entreprise d'un havrais nommé Nicolas Toustain du Castillon.

Le capitaine Giron assurait que les Hollandais avaient découvert le passage du Nord-Est, mais qu'ils gardaient avec soin le silence sur cette heureuse expédition. Il avait rencontré, ajoutait-il, aux Moluques en 1621 le vaisseau néerlandais *La Foy* qui était venu par cette route nouvelle (2). Cette affirmation avait fortement intrigué Nicolas Toustain du Castillon, dit M. de la Roncière (3), et il chercha lui aussi à gagner par le pôle les mers Orientales (4).

Nicolas Toustain, sieur du Castillon, était bourgeois de la ville de Grâce (Le Havre) (5) et l'un des conseillers au gouvernement de lad. ville (6). Il avait acquis le Castillon, fief dont il portait le nom, à Saint-Vigor de Vimonville (7) ; puis en 1620 la Pinchonnière (8), terre relevant de Graville (9), et la Marguerite. Ces deux derniers domaines étaient situés à Saint-Jouin (10).

---

(1) RAMBAUD, *Recueil des instructions données aux ambassadeurs et ministres de France*, etc., *Russie*, Paris, 1890, t. I, p. 23.

(2) Le P. FOURNIER, *Hydrographie*, Paris, 1667, in-fol., p. 177.

(3) Journal des Savants février 1907. *Les premières explorations aux pôles*, p. 105.

(4) Les recherches que nous avons effectuées dans bien des dépôts d'Archives nous ont insuffisamment renseigné sur ce voyage et sur celui qui l'entreprit.

(5) Tabellionage du Havre, reg. n° 188, 9 mai 1629.

(6) *Ibid.*, septembre 1634.

(7) Aujourd'hui St-Vigor-d'Ymonville, arrondissement du Havre.

(8) Vendue par Louis de Beaunay.

(9) Archives départementales de la Seine-Inférieure. C. 1650.

(10) Aujourd'hui St-Jouin-sur-Mer, canton de Criquetot-l'Esneval (Seine-Inférieure).

Ce notable havrais armait des navires pour la navigation au long cours. L'un de ses bâtiments fut « deprédé » en
1629 en revenant de la pêche à la morue (1). Peut-être lui-
même ne dédaignait-il point les voyages en lointains pays.
Le 17 Novembre 1629, il se présente devant le tabellion et
passe procuration à sa femme, Blanche Roze, pour gérer
ses biens en son absence ; mais « n'a pu led. Sr du Castillon signer à ces présentes à cauze de l'infirmité qu'il a
signantement à la main dextre » (2). S'il prépare une expédition, il n'en indique ni le lieu ni le but. Son nom disparaît
pour un temps des registres du tabellionage. Le 3 Septembre 1630, nous rencontrons un acte dans lequel figurent les
noms de Blanche Roze, « procuratrice », et de ses enfants.
Il s'agit d'un *racquit*. Nulle mention n'est faite de Nicolas
Toustain du Castillon ; il est donc encore absent (3) .

Nicolas Toustain dut rentrer au Havre vers cette époque. L'acte dressé chez Jean Frecquet, notaire, le 24 Décembre 1631 (4) pour le règlement de la succession de « feu
noble homme Nicolas Toustain, vivant sieur du Castillon »,
porte que Blanche Roze sollicite « la jouissance, sa vie
durant, de la maison et tourmentz d'icelle, assize en cested.
ville où led. feu Sr du Castillon seroict décédé, avec le nombre de deux mille livres tournois de rente ou uzufruit par
an ». Elle demande que ses enfants lui servent cette rente
« à commencer dès le jour et terme de Sainct Michel 1630,
qui est trois à quatre mois en précedent le decedz dud. feu
Sr du Castillon ».

C'est « François Toustain, s^r Du Busc, conseiller du
Roy, lieutenant civil et criminel en lad. ville de Grace » qui
est le « fils aisné et principal héritier de feu noble homme
Nicolas Toustain, sieur du Chastillon » (5). L'acte stipule
qu'il gardera « le tottal et continence de la maison ou led.

---

(1) Tabellionage du Havre, reg. 188, fol. 156 v°.
(2) *Ibid.,* fol. 192.
(3) *Ibid.,* reg. 192.
(4) *Ibid.,* reg. 193.
(5) Acte rédigé en septembre 1634.

feu S^r leur père faisoit sa demeure et en laquelle il seroict décédé », mais qu'il en laissera à sa mère l'usage viager.

Il ressort de cet acte que Nicolas Toustain du Castillon mourut chez lui au Havre trois ou quatre mois après la Saint-Michel 1630. La date de son décès doit donc être fixée vers le mois de Janvier 1631. Malheureusement, les registres de catholicité du Havre n'existent pas pour cette année.

S'il est vrai que Nicolas Toustain entreprit une expédition dans les régions arctiques, il n'est pas moins certain qu'il en revint. L'acte de partage de ses biens témoigne qu'il rentra au Havre et qu'il y mourut presque aussitôt. Ce fait était resté ignoré.

Mais ici deux remarques s'imposent. Nicolas Toustain du Castillon s'absente au commencement de l'hiver. Est-ce pour naviguer au Nord ? Non, là saison s'y oppose. De plus, pour mener à bonne fin une tentative difficile et périlleuse comme l'est une expédition dans les mers septentrionales, il faut un tempérament et une vigueur physique à toute épreuve. Or en 1634, c'est-à-dire quatre ans après le prétendu voyage de Nicolas Toustain, nous trouvons l'une de ses petites-filles, Blanche Toustain, mariée à un conseiller du Parlement de Normandie (1). C'était donc un vieillard quand il prit la route du pôle, puisqu'il était peut-être bisaïeul, ou, tout au moins, avait une petite-fille en âge d'être mariée.

L'historien havrais Borély, ne nomme pas le navigateur qui s'étant associé à quelques pilotes havrais et hollandais tenta de découvrir le passage du Nord-Est pour arriver aux Indes par le détroit de Behring. Il dit, mais nous n'avons pu contrôler son affirmation, que c'était « un fils de Toustain du Castillon lequel devait un peu plus tard se distinguer au service de l'Etat » (2). Ce fils, dont il ne donne pas le prénom, était tout pénétré des idées de Plancius sur la navigabilité des mers polaires au delà du 80°

---

(1) Tabellionage du Havre, septembre 1634.

(2) *Histoire de la Ville du Havre et de son ancien gouvernement*, Le Havre, 1880-1881, t. III, p. 22.

degré de latitude. Mais quel est celui des fils de Nicolas Toustain qui était capable de se jeter dans une entreprise aussi hardie ?

Nicolas Toustain avait quatre fils : 1° L'aîné, François Toustain, s^r Du Busc, était, nous l'avons dit, conseiller du Roi et lieutenant civil et criminel au siège de la ville de Grâce. Il remplit toujours sa charge « avec une grande équité et suffisance » et mourut dans l'exercice de ses fonctions (1). A la mort de son père, il hérita du Castillon. Il rend en effet aveu du Castillon en 1633, et, quelques mois après, il figure avec le double titre de « S^r Du Busc et du Chastillon » (2). Son décès est mentionné dans un acte du mois de Septembre 1634, et en mourant il laissait comme « seule fille et héritière » Blanche Toustain, épouse de Jacques Cornier, sieur Duval, conseiller du roy en son parlement de Normandie.

2° Guillaume Toustain, Sr de Drumare, fut capitaine « pour le roy en la marine ». Il se distingua dans les armées navales et parvint au grade de *chef d'escadre*. Il reçut du Roi les éloges les plus flatteurs pour son habileté et sa vaillance (3).

3° Georges Toustain fut aussi un marin distingué. Il était « capitaine entretenu pour le roi en la marine », et mourut avant son père.

4° Nicolas Toustain, Sr de la Marguerite, était, quand mourut son père, « bailly vicontal au marquizat et haute justice de Graville » (4). Il fut échevin du Havre « avec l'approbation universelle des habitants ». Il hérita du Castillon à la mort de son frère aîné, puis fut anobli le 10 Juin 1654 pour avoir « rempli avec distinction et dans des temps difficiles les fonctions de capitaine quartenier, de receveur des deniers communs, etc. » (5). Il est encore mentionné en 1662

---

(1) Borély, *ibid.*, t. II, p. 512.

(2) Tabellionage du Havre, septembre 1634, et reg. 202 (5 octobre et 7 décembre 1633).

(3) Borély, *ibid.*, t. II. p. 512.

(4) Tabellionage du Havre, reg. 193.

(5) Archives départementales de la Seine-Inférieure, G. 8326.

comme trésorier-comptable à l'Eglise Notre-Dame du Havre (1), et, en 1681, comme présentant Charles Toustain à la chapelle de Saint-Thomas du Castillon (2). En 1707, son fils Charles est Sr de la Marguerite et du Castillon, vicomte du Havre (3).

Les Toustain du Castillon portaient : d'azur à deux lions affrontés d'or, armés et lampassés de gueules.

Des quatre fils de Nicolas Toustain, trois au plus ont pu naviguer, Georges, Guillaume et Nicolas. Georges, sur lequel on ne possède aucune note biographique, est peut-être mort quelques mois ou même quelques semaines avant son père, et son décès n'étant pas mentionné dans les Archives du Havre serait-il survenu en mer ou sur quelque plage du Nord ? Nicolas reçut en 1634, à la mort de son frère aîné, le titre de Sr du Castillon et put dès lors signer Nicolas Toustain du Castillon. Ses fonctions l'ayant toujours retenu au Havre, il est peu probable qu'il ait navigué. Si donc ce n'est pas le père, Nicolas Toustain, qui vers 1629 visita les régions du Nord, ce fut sans doute Guillaume, le futur chef d'escadre (4). Cette hypothèse concorde bien avec l'indication donnée par Borély.

Les deux cartes du Spitsberg, qu'il nous reste à examiner, sont celle de J. Guerard (1634) et une autre non signée et non datée, mais certainement d'origine dieppoise.

Sur la carte de Guerard, le Spitsberg, qui s'étend du 76° au 81° degré de latitude, est dénommé *Terre verte*, et, comme unique nomenclature le cartographe a placé cette inscription à l'un des ports de la côte occidentale : « Le refuge aux François ou port St Louis ». Entre la Terre verte et la Norvège apparaît la Mer Glaciale avec *Ysle marsin* (Terre des Etats) et *ysle Tucere* (probablement l'île des Ours).

---

(1) Archives de la ville du Havre, Registre des délibérations et causes, 1652-1659.

(2) Arch. départ., G. 2062.

(3) En 1731, le Castillon appartenait à Pierre Couradin. Les Toustain avaient vendu leur fief.

(4) Archives municipales du Havre, reg. n° 6.

La seconde carte est anonyme. Elle appartenait en 1894 à Mr C. G. Cash (1), d'Edimbourg, et a été étudiée par le Dr Hamy (2), Martin Conway (3) et Ch. Rabot (4). Cette carte, au centre de laquelle on remarque un écusson fleurdelisé, est intitulée *France artique* et non Spitsberg (5). Guerard, dans sa « Carte universelle hydrographique » de 1634 (6), offre une copie incorrecte de cette représentation du Spitsberg. Cette carte pourrait porter la date de 1628-1631, d'après le Dr Hamy ; selon d'autres savants, elle est de 1634 (7). Si elle n'est pas l'œuvre de Vrolicq lui-même, elle serait due à un cartographe du Havre, ville qui était le centre des opérations de Vrolicq. Elle figure le Nord de l'Atlantique et une partie de l'Océan glacial, puis le Nord de l'Ecosse, la côte de Norvège, une fraction du Spitsberg et de l'île de Jan Mayen. La nomenclature y est toute française. Jan Mayen, découverte en 1611, y est désignée sous le nom de *Y. de Richelieu*, ou *Y. de pic*, et voici la liste des quatorze noms inscrits sur cette carte :

B. diric	Ferhaure	Longnessont
B. au monnier	Port Louis ou Refuge françois	Belsont
Vausgues baie	Y. de Forlan	Hornesont
B. des holandois	B. aux anglois	Première pointe
P. St Pierre	B. des panoles	

La *B. Diric* est la *Broad bay* de Fotherby (1614).

Vausgues baie est la baie des oiseaux.

B. des holandois est la Baie des Hollandais.

P. St Pierre, non donné par le cartographe à la *Copen-*

(1) Cumely Bank Road, 46, Edinburg.

(2) *Etudes historiques et géographiques*, Paris, 1896, p. 309-332.

(3) *No man's Land*, Cambridge, 1906, in-8°.

(4) Arnold Roestad, *Le Spitsberg dans l'histoire diplomatique* (*La Géographie*, 2e semestre, p. 69-70, note).

(5) Elle est reproduite par le Dr Hamy (*op. cit.*, pl. X) et par Martin Conway (*op. cit.*, p. 332).

(6) Dépôt des cartes de la marine, à Paris.

(7) Conway. *No Man's Land*, p. 171, 342.

hagen baie des Danois et à la *Robesbaie* des Hollandais.
Appelé aussi *Baye de Richelieu* (1).

Ferhaure, Fair haven, beau port.

Port Louis ou Refuge françois, petite baie des Basques
où Jean Vrolicq installa le séchoir principal de ses pêche-
ries avec des fourneaux pour la préparation de l'huile des
baleines. Ce port devait être l'unique asile des Français sur
la côte, puisque la carte de J. Guerard (1634) ne contient
que cette mention : « Le refuge aux François ou port Saint
Louis ». Le nom de Port Louis fut donné en l'honneur du
roi de France, Louis XIII.

B. aux anglois. C'est la Baie des Anglais déjà rencon-
trée chez Guerard (1628).

B. des panoles. Ce mot *panole* est castillan et signifie
magasin aux vivres. N'est-il pas dû au basque Vrolicq ? Il
correspond au Behouden haven de Hessel et au Havre de
demeure de J. Guerard (1628).

Longnessont est le Lowsondness de Daniell et de Hessel.

Belsont, nom déjà rencontré chez Daniell, Hessel et
Joris sous la forme Belsound.

Hornesont est le port de Horne de Guerard (1628).

Première pointe, dénomination attribuée au Look-out
ou Cap du Sud.

On cherche en vain dans cette nomenclature les noms
de Baie de la Madeleine, de Pointe aux oiseaux, de Cap
noir, de B. St Jean, de Ice Sound ou port des glaces, de
Lowsound, de B. de la Recherche (Schoonhaven) et de
détroit de Jean Wybe, tous noms présentés par Guerard
en 1628. Bien d'autres endroits connus n'y figurent pas.
Mais par contre on y lit des mots nouveaux : Port louis ou
Refuge françois, Port St-Pierre, Première pointe pour C.
du Sud, B. des panoles pour Havre de demeure.

Cette carte ne met pas en lumière, comme le croyait le

---

(1) *Actum en mer, aux navires, environ la Robbe baye (autrement dit
Copenhagen bay, baie de Richelieu, ou Port-Saint-Pierre) le 13 juillet.*
Biblioth. nat., ms. franç. 17329, fol. 324.

Dr Hamy (1), les résultats acquis par l'expédition de Toustain de Castillon ; elle répond plutôt aux voyages de Vrolicq lui-même. Celui-ci la dressa ou la fit dresser pour soutenir ses réclamations contre la *Noordsche Compagnie*, à laquelle il prétendait faire croire qu'il était le *découvreur* de ces terres. C'était le moyen qu'il imaginait pour disposer en faveur de ses prétentions Richelieu et les représentants du roi de France.

Mais S. Muller dans son Histoire de la Compagnie du Nord met tout au point (2). En racontant les démêlés que Vrolicq eut avec les Hollandais, l'auteur cite l'*Isle de Richelieu*, le *Port St-Pierre*, le *Refuge François*, et déclare que ces noms inscrits sur la carte ont été attribués à ces localités par Vrolicq lui-même. Il signale ailleurs (3) divers documents se rapportant à sa nomenclature. Mais un témoignage plus décisif vient fortifier notre opinion. C'est une citation relevée par S. Muller (4) dans un Mémoire adressé par la Compagnie du Nord (Noordsche Compagnie) aux Etats-Généraux sur ses démêlés avec Vrolicq en 1632 et 1633 :

« Le dit Jan Vrolicq auroit de rechef practiqué un autre moijen pour faire et donner nouveaux troubles, esmotions et fascheries à ceux de ladite Compagnie flamande, s'addressant encores en la mesme année 1629 à son Altesse le Duc et Cardinal de Richelieu, Luij donnant cauteleusement à entendre avoir esté le premier qui auroit en l'an 1612 trouvé l'Isle de Pico, qu'il nomme l'Isle de Richelieu ».

« Fust enjoinct à ceux de la Compagnie du Nord de n'incommoder plus au futur ledit Vrolicq et consorts, ou ne luij donner aucun destourbier en la Pesche de Spitzberguen en la plage dicte Robbenbaije qu'il nomme Saint-Pierre ».

---

(1) *Op. cit.*, p. 323 et suiv.

(2) *Geschiedenis der Noordsche Compagnie*, Utrecht, 1874, 1 vol. in-8° de 435 p. avec carte, p. 290, 294. 299.

(3) *Op. cit.*, p. 427.

(4) *Ibid.*, p. 408.

Et enfin Vrolicq lui-même, dans un rapport remis en 1633 aux Etats-Généraux, mentionne le « Refuge François ». Voilà donc trois noms portés sur la carte, dus à Vrolicq : Isle de Richelieu, St-Pierre, Refuge François.

La carte de Mr Cash est donc l'œuvre de Vrolicq (1) ou d'un des Normands qui l'accompagnaient.

Jean Vrolicq, qui était de Saint-Jean-de-Luz, fréquentait le Spitsberg depuis 1618 et il avait même formé un certain nombre de Danois à la pêche de la baleine. Pendant plusieurs années, des marins de Saint-Jean-de-Luz, de Cibourre, du Havre et de Dieppe s'engagèrent comme harponneurs à bord de navires danois et norvégiens qui allaient pêcher la baleine. Le 3 Juillet 1629, Vrolicq prit un congé de navigation pour les mers arctiques au Nord de 60° lat. Richelieu lui accorda cette autorisation à l'exclusion de tout sujet français. Cet aventurier n'en resta pas moins au service du pilote Johan Braem, de Copenhague, pour lequel il conduisit de 1629 à 1631 deux vaisseaux au Nord-Ouest du Spitsberg (2). Il pêcha la baleine à l'île danoise (3), et de la Copenhagen Bay il fit le port Saint-Pierre.

En 1632, son monopole lui fut renouvelé pour six ans ; les baleiniers français ne pouvaient pêcher la baleine au Spitsberg qu'au delà de six lieues marines de l'endroit où Vrolicq était établi. Vrolicq créa pour la pêche de la baleine une Compagnie dont le siège fut à Rouen et au Havre. Mais, précisément en cette année 1632, les Hollandais l'expulsèrent du Spitsberg (4).

En 1633, les affaires de Vrolicq n'étaient guère brillantes. Les Danois lui refusèrent de pêcher dans leur voisi-

---

(1) Arnold ROESTAD. *op. cit.*, p. 69, note de Ch. RABOT.

(2) *Recueil de diverses pièces recouvrées en Hollande et ailleurs, par lesquelles il appert très clairement que les François ont droit de chasser et pescher les baleines ès pays du Nord, et par conséquent que ceux de la Compagnie du Nord, establie en Hollande et Zelande ont à tort et par force et violence ès années 1632 et 1633 empesché ladite chasse et pesche au général Vrolicq, commandant les flottes du Havre de Grace*, 1634, in-4° (Bibl. nat., ms. franç. 17329, fol. 308).

(3) Longue de plus de 9 kilom. et large de 4 kilom. 1/2.

(4) S. MULLER, *op. cit.*

nage au Spitsberg, et les Hollandais le forcèrent à abandonner Robbebay (son Port Saint-Pierre) et à s'installer à son Refuge françois.

En 1637, on rencontre encore des bourgeois du Havre, de Rouen et peut-être de Dieppe au Spitsberg ; mais, à partir de cette année, les Français n'eurent plus à terre d'établissements fixes, et furent contraints de pêcher en pleine mer et de préparer eux-mêmes leurs huiles à bord.

Pendant plusieurs années encore, des navires basques, bretons et normands continuèrent à poursuivre les baleines dans les eaux du Spitsberg et en diverses parties de l'Océan glacial.

L'histoire cartographique du Spitsberg est plus importante que celle de la Nouvelle Zemble, parce que cette dernière contrée fut beaucoup moins fréquentée que le Spitsberg.

Stephen Burrough toucha le premier en 1556 les côtes de la Nouvelle Zemble et fit le tour de l'île de Vaigatch. Barentz découvrit plus tard une grande partie de la côte occidentale de la Nouvelle Zemble, et c'est un précis de ses découvertes que nous présentent les cartes normandes. Les plus instructives de ces cartes sont celles du dieppois J. Guerard, datées de 1625, 1628 et 1634.

Ce cartographe ne connaît que la côte occidentale de l'île. Aussi se garde-t-il bien de donner une représentation imaginaire de la côte orientale ; il préfère ne pas la tracer. Sur la carte de 1625, la Nouvelle Zemble se développe entre 69° et 76° 1/2 de latitude, et, sur les deux autres, entre 70° et 78°.

1625. — La Nouvelle Zemble a la forme d'un arc de cercle ouvert vers l'Ouest. A l'orient de cette île se trouve l' « Océan tartarique », puis le *C. Tabin* à 72° lat. et 150° long. Est, et enfin le *Destroict danian* (1), qui sépare l'Asie de l'Amérique, à 65° lat. et 173° long. Est (2).

---

(1) Le détroit d'Anian semble être le détroit de Behring.

(2) Paris se trouvait à 27° de long. Est du premier méridien.

La carte de 1634 (Nova Zemla) présente aussi l'*Océan tartarique* à l'Est de la Nouvelle Zemble, puis le *Destroict Danian* vers 175° long. Est.

Nous donnons ci-après la nomenclature des cartes de 1625 et 1628, en regard l'une de l'autre :

Guerard (1625)	*Guerard* (1628)
Rivière derenge	Ysles dorenge
	Teste de flesingue
Ysoech	Coin de glace
Beer	
	Terre plaine de nege
	Baie Ste Anne
Trofhoech	Cap de troost
C. Nassau	C. de Nassau
	Tloege vorlant
Berefort	Berefoort
Ylles de Guillaume	Y. de Guillaume
Cap Suart	Le cap noir
Ylles de ladmiral	Ysles de ladmirauté
Plantie	Baie de Dieppe
Lomsbay	Longsbay
Grotebay	
	Trois montagnes
Langenes	Langenes
	C. des estats
Deerst hoerck	
	Trois montagnes
Cans hoerck	
	Le premier cap
Suarte	Ylle noire
Costimsart	Costinsarck
Cruis hoech	C. de la Croix
	Schanshoeck
	Baie St Laurens
	Trois maisons
Mel haven	Ancel haven
Yilles	Deux ysles
Waigats	
Destroit de Nassau	Destroict de Nassau

L'*ysle dorenge* (île d'Orange) se trouve tout au Nord à 80° lat.

Teste de flesingue. C'est non loin de ce cap que Barentz

et ses matelots hivernèrent en 1596. Ce cap est situé au Nord-Est de la Nouvelle Zemble.

Ysoech, ou le cap des glaces, est à la pointe la plus septentrionale de la Nouvelle Zemble (77°).

Beer est le cap des Ours.

Cap de troost ou troest.

Cap de nassau par 76° 1/2.

Berefort. Le havre de l'île Guillaume est appelé rade de Berenfort.

Y. de Guillaume, par 75° 55'.

Le cap noir (Swarthoeck) par 75° 29' est à 8 lieues au delà de l'île Guillaume.

Baie de Dieppe. Nous ignorons par qui et à quelle date le nom de Dieppe a été attribué à cette baie.

Plantie est le cap de Plancio.

Lomsbay, ou baie de Loms. Les loms étaient des oiseaux d'apparence lourde.

Langenes est une pointe de terre assez basse, mais fort longue.

Deerst hoerck est le Cap Ersten.

Cans hoerck est le Cap de Cant.

Ylle noire par 71° 45'.

Costimsart, île où avait abordé Olivier Brunel. C'est le Kostin Schar d'aujourd'hui.

C. de la croix, petite pointe, où Barentz trouva une croix, à trois lieues de l'île Costimsart.

Schanshoeck. Cap St Laurent ou le cinquième cap.

Baie St Laurens, par 70° 3/4.

Trois maisons. Quelques matelots de Barentz trouvèrent, non loin du rivage, une croix et trois maisons bâties en bois à la manière du Nord. Quelques douves abandonnées leur apprirent qu'il y avait sur cette côte une pêcherie de saumon.

Ancel haven, mel haven, port de la farine (?).

Deux ysles. Deux petites îles, dont l'une située à une lieue de terre fut nommée Ste Claire.

Waigats ; c'est l'île de Vaigatch.

Destroict de Nassau, ou détroit de Vaigatch.

Ces lieux furent en grande partie découverts et dénommés par Barentz, lors de son premier voyage à la Nouvelle Zemble en 1594. Au retour du troisième voyage (1597), ses marins revirent presque tous ces endroits.

La nomenclature de la carte de 1625 est presque entièrement hollandaise ; celle de 1628 est surtout française, ou plutôt c'est la précédente qu'on a francisée. On voit d'ailleurs, en comparant ces deux nomenclatures, combien elles se ressemblent.

CHAPITRE II

L'Afrique

---

§ I. — LA CARTOGRAPHIE DE L'AFRIQUE ANTÉRIEUREMENT

AUX DÉCOUVERTES PORTUGAISES

Les Grecs ne connaissaient que les pays situés au Nord de l'Afrique et désignés par eux sous le nom de Libye (1). Le mot *Afrique* fut imposé par les Romains (2) ; Afer, selon l'historien Josèphe, était petit fils d'Abraham, et, d'après les Latins, il était fils d'Hercule Libyen (3).

Dans le système géographique des Anciens, l'Afrique se terminait au Nord de l'équateur. Au temps des Grecs, la côte orientale, après le cap des Aromates (cap Guardafui), tendait toujours à l'Ouest (4). Eratosthène, Hipparque et Strabon, par exemple, ignorant qu'au delà de ce cap le rivage s'infléchit au Sud-Ouest, prolongeaient à l'Est le littoral africain, et, comme leur tracé de l'Asie descendait trop vers le Sud, ils pouvaient croire que la Mer Erythrée

---

(1) HÉRODOTE, *Histoire*, livre IV, 45.

(2) DE SANTAREM, *Essai sur l'histoire de la Cosmographie et de la Cartographie au moyen âge*, 3 vol. in-8°, Paris, 1849-1852, t. II, p. 34.

(3) DE SANTAREM, *op. cit.*, t. II, p. 105.

(4) *Id., ibid.*, I, 233.

(Océan Indien) était une mer fermée, au Sud de laquelle gisait une terre australe inconnue. Cependant, sur les mappemondes du moyen âge, l'Océan Indien n'apparaît pas absolument transformé en une mer intérieure.

De même, en prolongeant vers le Sud la ligne des côtes qui relie l'Atlas au cap Bojador, on fermait facilement au Sud l'Océan Atlantique.

Quelle était la limite méridionale de l'Afrique? Les Anciens ne possédaient que des notions bien vagues sur cette question. Diverses théories ont été professées par les principaux écrivains de l'Antiquité et du moyen âge, postérieurs à l'historien grec Hécatée de Milet (vi° siècle avant notre ère) (1).

Hérodote, au v° siècle, termine l'Afrique par une ligne se dirigeant à peu près de l'Ouest à l'Est et tracée environ à la latitude de l'embouchure de la Mer Rouge. Eratosthène (200 ans av. J.-C.) compare le continent africain à un quadrilatère irrégulier, dont les quatre côtés étaient le bord de la Méditerranée, le Nil, la côte occidentale (plus oblique que chez Hérodote), et la partie méridionale qui s'arrêtait en deçà de l'équateur, mais un peu plus au Sud que celle d'Hérodote. La limite méridionale constituait le plus grand côté, et la rive occidentale le plus petit. Au-dessous était l'Océan éthiopien (2). Polybe (3), au ii° siècle avant J.-C., avoue bien simplement son ignorance de l'extension réelle de l'Afrique dans la direction du Sud.

Que penser des voyages d'exploration entrepris par Hannon, par les Phéniciens de Néchao, par Eudoxe de Cyzique? A coup sûr, ces expéditions n'entamèrent en rien les convictions des savants de l'époque. Sans doute que les résultats acquis manquèrent d'une précision suffisante pour situer à la satisfaction générale les confins

____

(1) KLAUSEN, *Hecatæi Milesii fragmenta et Tabula geographica*, Berlin, 1831.

(2) STRABON, *Géographie*, livre XVII. — SANTAREM. *op. cit.*, III, 209.

(3) *Histoire générale de son temps*, III, 38, 1.

méridionaux de l'Afrique. Aussi voit-on la plupart des géographes continuer à placer ces confins au Nord de l'équateur. Tels sont par exemple Cléanthe (1), Cratès (2), Strabon (3), Méla (4), Macrobe (5). Strabon trace une côte fictive au Sud de l'Afrique entre le Cap Bojador et la côte du Zanguebar. Pour Pomponius Mela, la Méditerranée est une mer ouverte à l'Ouest et à l'Est, l'Afrique est une île et il n'existe pas de Mer Rouge.

Néanmoins Marin de Tyr, puis Ptolémée, se basant sur des observations directes, ou sur des relations de voyages, ou sur quelque méthode de calcul, fixèrent les limites de l'Afrique entre 15° et 20° latitude australe et établirent que la côte africaine se prolongeait bien plus au Sud que ne le croyaient leurs devanciers (6). A l'Est, Marin de Tyr et Ptolémée, sachant bien par les navigateurs grecs, Diogène, Théophile et Dioscore (7), que la côte, du cap Rhapton (8) au cap Prasum (9), s'infléchit à l'E.S.E. (10), crurent que le littoral oriental se dirigeait vers l'Asie et aboutissait à l'Inde. Les pilotes de l'antiquité avaient donc franchi l'équateur et pénétré dans l'hémisphère austral par la côte orientale de l'Afrique. S'ils ne dépassèrent pas à l'Est le Zanguebar, il semble bien qu'à l'Ouest ils ignorèrent la région située au delà du golfe de Guinée (11).

Au vi° siècle de notre ère, Priscien donne à l'Afrique une forme se rapprochant de celle d'un triangle isocèle,

---

(1) Cf. Geminus, *Isagoge*, ch. XIII, dans l'*Uranologion* de Petau, p. 53.

(2) *Id., ibid.*

(3) *Géographie*, I, 2, 24 ; I, 2, 27 ; II, 1, 13 ; II, 5, 7 ; II, 5, 33 et 34 ; XVII, 3, 1.

(4) *De Situ orbis*, I, 4.

(5) *In Somn. Scip.*, II, 9.

(6) Ptolémée, *Géographie*, I, 9.

(7) Ptolémée, *op. cit.*, I, 9 et 14.

(8) Lat. australe 8° 25' (Ptolémée, *op. cit.*, IV, 7 et 8). — Vivien de Saint-Martin. *Nord de l'Afrique*, p. 311.

(9) Ptolémée, *op. cit.*, IV, 8. Lat. australe, 15°.

(10) Ptolémée, *op. cit.*, I, 17.

(11) A. Rainaud, *Le continent austral*, Paris, 1893, in-8°, p. 86-89.

dont le sommet est au détroit de Gibraltar et la base à la côte orientale. Au Midi, il place les Gétules et les Garamantes (1).

Orose (v° siècle), Isidore de Séville (vii° s.), Raban Maur (ix° s.), Sacro Bosco (xiii° s.) (2), Ranulphus Hydgen (xiv° s.) (3), Nicolas Oresme (xiv° s.) terminent l'Afrique en deçà de l'équateur.

Le cosmographe Raban Maur met les Garamantes au Midi et la Tingitanie à l'extrémité occidentale vers le Sud (4).

Au x° siècle, la mappemonde de la Bibliothèque Cottonienne figure l'Afrique comme un continent très rétréci du Nord au Sud et très large de l'Ouest à l'Est. La plus grande étendue du Nord au Sud est de 11 degrés au plus et la partie orientale rejoint l'extrémité orientale de l'Asie (5).

Un auteur du xi° siècle, Hermann (6), arrête l'Afrique occidentale au pays des Maures.

Au xii° siècle, les cartographes n'étaient pas plus avancés qu'Eratosthène dont ils admettaient les théories ; ils semblaient donc ignorer les limites méridionales données par Ptolémée. Ainsi le chroniqueur Othon de Frise, frère de l'empereur d'Allemagne Conrad III, termine l'Afrique à l'Ouest en deçà du cap Bojador, et à l'Est vers le 12° degré de latitude boréale, latitude où Eratosthène et Strabon plaçaient la limite de la terre habitable (7).

Dans les mappemondes de Lambertus (xii° siècle), conservées à Gand, La Haye et Paris, l'Afrique est renfermée en deçà du tropique du Cancer. A l'Ouest figure une chaîne de montagnes à sept sommets ; ce sont les *septem montes*

---

(1) SANTAREM, *op. cit.*, I, 16.
(2) *Id., ibid.*, I, 79.
(3) *Id., ibid.*, I, 145.
(4) *Id., ibid.*, I. 41.
(5) *Id., ibid.*, I, 67.
(6) *Id., ibid.*, I, 54.
(7) *Id., ibid.*, I, 63.

rencontrées sur d'autres cartes du temps. Au Midi, un bras de mer relie l'Océan Atlantique à l'Océan oriental'(1).

La mappemonde de Guidonis (xii° siècle) (2) représente l'Afrique comme un continent très allongé de l'Ouest à l'Est, et très étroit du Nord au Sud, puisqu'il aboutit au tropique du Cancer.

La mappemonde d'Hereford (3) ressemble beaucoup aux cartes de l'époque et plus particulièrement à celles de Lambertus.

Roger Bacon (xiii° s.), malgré toute sa science, place les confins de la terre habitable à Méroé (Assouan) (4).

Jourdain de Séverac, au xiv° siècle, termine encore l'Afrique en deçà de l'équateur (5).

On voit donc qu'à l'exception de la côte septentrionale la terre d'Afrique demeura, pendant le moyen âge, une terre inconnue et encore mystérieuse. Les cartes qui nous sont parvenues ont des contours fantaisistes, ou bien ce sont des copies de modèles antiques. Les récits légendaires des géographes ont fortement contribué à accroître la confusion et l'ignorance qui y dominent.

Les Arabes eux-mêmes ne firent pas connaître l'Afrique mieux que leurs devanciers. Dans leurs voyages, ils ne semblent pas avoir dépassé à l'Ouest la côte du Sénégal et à l'Est celle de Sofala. Les Anciens avaient déjà atteint ces parages (6).

Selon les premiers Arabes, les navigateurs ne pouvaient tenter la route de l'hémisphère (ou Océan) austral. « Sous l'équateur l'eau de la mer est épaisse, parce que la chaleur du jour enlève les parties les plus subtiles du

---

(1) Santarem, *op. cit.*, II, 159, 174, 180, 190.

(2) *Id., ibid.*, II, 225-228.

(3) *Id. ibid.*, t. II, p. 380 et suiv.

(4) *Opus majus*, Lib. II. « Meroe est terminus superior notæ habitationis secundum Plinium ».

(5) Sa *Relation* a été publiée dans le t. IV des Mémoires de la Société de Géographie de Paris, p. 55 et suiv.

(6) A. Rainaud, *Le Continent austral*, Paris, 1893, 1 vol. in-8°, p. 95-107.

liquide, ce qui empêche les poissons et les autres animaux d'y vivre... Nul n'a ouï dire que jamais personne ait navigué dans ces parages et en ait franchi les limites » (1). En outre, les marins redoutaient l'obscurité profonde des mers lointaines de l'Occident. Les géographes arabes, Maçoudi, Al Bâteny, Al Istakhri, déclarent que tous les vaisseaux ne peuvent naviguer dans la mer environnante, appelée « Mer Ténébreuse » (2). Edrisi, puis Ibn al Ouardi, ajoutent que « personne ne sait ce qui existe au delà de la mer Ténébreuse » (3), et Aboul-féda, au xiv° siècle, se contente de rapporter ces paroles. L'Afrique d'Edrisi est presque semi-circulaire ; elle est entourée par le fleuve Océan et se prolonge au delà de la Mer Rouge jusqu'aux limites orientales de la carte. Ibn al Ouardi est en progrès sur Edrisi ; son Afrique est mieux dessinée, mais elle s'étend encore trop à l'Est. Au Sud est la *mare tenebrosum*.

Sur la côte occidentale d'Afrique, les Arabes étaient fixés en deçà des Canaries (4). A l'Est ils s'avancèrent jusqu'à Sofala (20° lat. australe). « La partie extrême que visitent les personnes qui naviguent sur la grande mer (du Midi), du côté de l'Orient, c'est Sofala dans le pays des Zendj. Les navigateurs ne dépassent pas cette limite » (5).

Dans la première moitié du xiv° siècle, sur le portulan de Dulcert par exemple (1339), les côtes du continent africain sont dessinées jusqu'au cap Bojador.

Vers cette époque, il y avait des cartes qui prolongeaient au delà du cap Bojador le tracé et la nomenclature de la côte occidentale de l'Afrique, comme le portulan médi-

---

(1) Albyrouny, *Traité des Eres*, ms. cité par Reinaud, *Introduction*, p. CCXXIV.

(2) Maçoudi, *Prairies d'Or*, ch. XII, traduct. franç., I, 257-258. — Al Bâteny, cité par Reinaud, *Introduction*, p. CCLXXXVI. — Al Istakhri, *ibid.*, p. CCCXV.

(3) *Edrisi*, trad. Jaubert, II, p. 2-3. — Ibn al Ouardi, *Notices et Extraits des mss. de la Biblioth. nation.*, t. II (1789), p. 48.

(4) Ibn Saïd cité par De Santarem, *Recherches sur la priorité de la découverte des pays situés sur la côte occidentale d'Afrique, au delà du cap Bojador*, 1 vol. in-8° de CXIV-336 pages, Paris, 1842, p. XLVI-XLVII.

(5) Albyrouny, cité par Aboul Féda, trad. Reinaud, I, p. 15.

céen de 1351 (1). La forme assez exacte dans les contours
généraux de l'Afrique occidentale permet de croire qu'elle
est le résultat d'observations directes, communiquées par
des navigateurs qui avaient été poussés de ce côté (2). On
peut en conclure qu'avant 1351 la côte occidentale de l'Afrique avait été visitée jusqu'à une certaine distance au Sud de
l'équateur.

La carte de Pizigani (1367) (3) et la carte catalane (1375)
se terminent toutes deux au cap Vert.

La carte de Mecia de Viladestes (1413) s'étend plus au
Sud que celle de 1375. Au-dessous du fleuve de l'or le dessinateur a tracé un autre fleuve, nommé *Flumen gelica*, qui
correspond à la Gambie, et en outre, sur un parallèle situé
un peu au Sud du fleuve de l'or, il a figuré deux îles du cap
Vert.

Sur la mappemonde de Fillastre (1417) (4), l'Afrique
se termine à l'Ethiopie, au Sud de laquelle l'auteur inscrit
la *terra incognita* de Ptolémée.

Avant les expéditions du prince Henri le Navigateur,
au xv° siècle, les plus importantes des Açores, les îles du
groupe de Madère et les Canaries étaient dessinées et dénommées comme sur les cartes modernes. En ce temps là,
on fréquentait très peu le littoral africain, parce que le long
des côtes du Maroc il n'y avait aucun débouché pour les
navires des chrétiens. Le pays était inhospitalier et le commerce y eût été peu sûr et peu lucratif. Les richesses de
l'Orient affluant vers l'extrémité orientale de la Méditerranée, c'est de ce côté qu'un trafic avantageux attirait les
navigateurs.

Le prince Henri, de Portugal (5), envoyait tous les ans

---

(1) Atlas de 8 cartes, à la Biblioth. Laurentienne de Florence. —
Uzielli, *Mappamondi*, p. 55-57 ; Fischer, *Sammlung mittelalterlichen Welt
und Seekarten*, 1886, p. 127-147. — De Santarem et Ongania ont publié des
fac-similés de la carte d'Afrique.

(2) Nordenskiold, *Periplus*, Stockholm, 1897.

(3) L'atlas de Pizigani (1367) a été reproduit dans le recueil de
Jomard et dans celui de Santarem. Tout au Sud on lit *finis Gozole*.

(4) Santarem, *op. cit.*, I, 252.

(5) Major, *The life of prince Henry of Portugal*, London, 1668. Cet

des bâtiments sur la côte africaine au delà du cap Noun,
mais aucun ne se hasardait à franchir le cap Bojador (1). Il
lança enfin, avec Gil Eanez, ses compatriotes dans la voie
des grandes découvertes maritimes. Mais ce ne furent ni le
périple de l'Afrique, ni la route des Indes, ni le commerce
des épices qui le jetèrent principalement dans d'aventureuses expéditions. Préoccupé du péril musulman, le prince
Henri chercha des alliés pour combattre les infidèles (2).
Ayant entendu parler du Prêtre-Jean, roi très chrétien, qui
sans doute résidait en Ethiopie et dont la domination s'étendait sur des régions éloignées de l'Orient, il résolut d'atteindre par l'Ouest de l'Afrique ce mystérieux et puissant personnage, qui devait l'aider à propager la religion chrétienne
parmi les tribus encore païennes (3). Les actes mêmes du
prince Henri (4) et aussi la bulle du pape Nicolas V (8 Janvier 1454) (5) attestent nettement que l'infant Henri voulait
se mettre en relation avec « le peuple de l'Inde qui passe
pour honorer le Christ » (6), afin de le « porter à s'allier aux
Chrétiens contre les Sarrasins et autres ennemis de la
Foi » (7).

Et, de fait, les Portugais, au cours de leurs expéditions, travaillèrent fort à répandre la foi chrétienne. Partout où ils fondèrent un établissement, ils édifièrent immédiatement une église ou une chapelle et chargèrent des missionnaires de convertir les indigènes.

---

ouvrage, orné de gravures, portraits et cartes a été analysé par Codine
dans le Bulletin de la Soc. de Géogr. de Paris, 1873, t. II.

(1) AZURARA, *Chronica do descobrimento e conquista de Guiné escrita
por mandado de el rei D. Affonso V soba direcção scientifica e segundo
as instrucçōes do illustre infante D. Henrique pelo chronista Gomes
Eannes de Azurara*, publiée par le vicomte da Carreira d'après le ms.
original de la Biblioth. nat. de Paris, 1841, in-8°, Paris, XXV-474 p. ; ch.
VIII, p. 53.

(2) AZURARA. *ibid.*, ch. VII, p. 46-47.

(3) *Id., ibid.*

(4) *Id., ibid.*

(5) Reproduite par E. Guénin, *Ango et ses pilotes*, Paris, 1901, 1 vol.
in-8°, p. 175-182.

(6) *Indos qui christi nomen colere dicuntur.*

(7) *Illos in Christianorum auxilium adversus Saracenos et alios hujus-
modi Fidei hostes commovere.*

§ II. — Les découvertes portugaises et la cartographie de l'Afrique au XV° et au commencement du XVI° siècle

La connaissance de l'Afrique, au delà du Cap Bojador et au Sud de l'entrée de la Mer Rouge, était si incomplète et si confuse avant le prince Henri que ses navigateurs ont bien le droit de revendiquer le mérite de la découverte des pays qu'ils visitèrent.

Gil Eanez double aisément (1) le Cap Bojador en 1433 ou 1434 (2).

En 1434, Affonso Gonçalves Baldaya et Gil Eanez découvrent cinquante lieues, selon Azurara, ou trente lieues, d'après Barros, au delà du cap Bojador. Le point d'arrivée, selon Barros, est le Rio dos Ruivos.

En 1435, Affonso Gonçalves Baldaya et Gil Eanez dépassent, à la limite même du tropique, l'estuaire d'un fleuve, qui en 1442 fut nommé Rio de Ouro par Antonio Gonçalves (3), et découvrent la côte jusqu'à Pedra da Gallé.

C'est la mappemonde de Gabriel Valsequa de Mallorca (1439) (4), qui indique les premières explorations des Portugais. A cette date, les navigateurs ont parcouru cent soixante-dix lieues le long de la côte au Sud du cap Bojador, et semblent s'être arrêtés au port appelé par eux da Gallé (5).

Les Portugais continuent leurs courses en avant.

En 1441, c'est Nuno Tristam qui découvre le Cap Blanc et reconnaît l'entrée septentrionale du golfe d'Arguin.

C'est encore Nuno Tristam qui, en 1443, explore plusieurs des îles de la baie d'Arguin, qui, en 1444, aperçoit

---

(1) Barros, *Asia de Joam de Barros*, édit. de 1778, Décad. I, liv. I, ch. IV. p. 41.

(2) Azurara, ch. IX, p. 57-59.

(3) Azurara, *op. cit.*, ch. X, p. 64-65.

(4) Cette carte de 1439 a été copiée par Tastu en 1837 (comptes rendus de l'Académie des Sciences, 1837, t. V, p. 547. — *Ibid.*, t. IX, p. 241). — Comptes rendus des Séances de la Société de Géographie de Paris, 1892, p. 407-410. — Une réduction de cette carte est à la Bibl. Nat. de Paris (Cf. L. Vallée, Notice des documents exposés à la section des cartes, Paris, 1912, p. 14, n°. 33).

(5) Azurara, *op. cit.*, p. 61; 64 et 65.

l'estuaire du Sénégal et atteint le Cap Vert, point le plus occidental de l'Afrique, et qui, en 1445, arrive à l'embouchure du Rio Grande.

En cette année 1445, Dinis Dias, selon Barros, ou Dinis Fernandez, d'après Azurara, parvenu au Sénégal, pays des nègres, y remarque une végétation si verdoyante qu'il donne le nom de Cap Vert au promontoire le plus important de la région (1).

En 1445 encore, c'est Alvaro Fernandez qui poursuit sa marche au delà du Cap Vert, relâche à l'île Palma (plus tard nommée Gorée), et s'avance jusqu'au Cap dos Mastos (2).

En 1446, Nuno Tristam dépasse ce Cap dos Mastos et meurt à la suite d'un combat livré dans le rio (aujourd'hui le rio de Nuno). Alvaro Fernandez franchit le Cap dos Mastos, puis le rio Tabite et atteint une pointe sablonneuse près de Sierra Leone.

La carte d'Andrea Bianco (1448) limitée au Cabo roso, près du Cap Vert, retrace les voyages des navigateurs du prince Henri, et principalement ceux de Dinis Dias (3).

La Chronique d'Azurara fournit de précieux renseignements sur les premières explorations des Portugais. Malheureusement, elle prend fin à l'année 1448, et à partir de cette époque les indications, recueillies dans certains ouvrages, sont moins sûres et moins complètes.

En 1455, Luiz de Cadamosto (4), vénitien au service du prince Henri, part de Lagos le 22 Mars pour aller explorer la côte africaine. Après plusieurs relâches, il reconnaît le Cap Blanc, pénètre dans le golfe d'Arguin,

---

(1) Azurara, *op. cit.*, ch. LX, p. 278.

(2) Le nom de *Mastos* vient des nombreux arbres desséchés trouvés en ce pays et ressemblant de loin à une forêt de mâts. Le Cap dos Mastos est aujourd'hui la pointe Gambarou, entre le cap Naze et Portudal.

(3) La carte de 1448 fut dressée à Londres. A. Bianco était alors *Comite di galia*.

(4) La *Relation* de Cadamosto fut publiée pour la première fois en italien à Vicence en 1507, puis traduite en latin avec ce titre : *Itinerarium Portugalensium e Lusitania in Indiam et inde in Occidentem et demum ad Aquilonem ex vernaculo sermone in latinum traductum, interprete*

mouille dans un endroit appelé les Palmiers de Budomel (1) et arrive au Cap Vert. Dans ces parages il rencontre Antonio Usodimare, gentilhomme génois, également navigateur du prince Henri, et tous deux voyagent de concert. Ils atteignent l'île Gorée, puis le fleuve des Barbacins, « large d'un tir d'arbalète » et situé à 60 milles du Cap Vert, et enfin la Gambie.

Cadamosto et Usodimare reprennent la mer l'année suivante (1456). Dans cette seconde expédition, ils s'avancent jusqu'à l'archipel des Bissagots et reconnaissent les îles du Cap Vert, Cadamosto donne aux deux îles, où il a relâché, les noms de Boavista et Santiago.

Fra Mauro signe en 1459 un planisphère qu'il a préparé par ordre de Alphonse V, roi de Portugal, et dans lequel il a inséré les dernières découvertes faites en Guinée. Placée vers le Sud-Ouest de l'Afrique, une légende nous rappelle que ce sont les Portugais qui dans ces régions ont imposé des noms aux rivières, baies, pointes et havres, puis qu'ils ont dressé de nouvelles cartes, dont quelques-unes ont passé par les mains de Fra Mauro lui-même (2). A l'extrémité méridionale de l'Afrique est le nom Diab, accompagné d'une légende. Le cartographe raconte qu'en 1420 une jonque indienne avait été entraînée par la tempête jusque dans l'Atlantique et qu'elle était arrivée à ce point (Zoncho). Il rapporte encore qu'une personne digne de foi lui a affirmé que, poussée « per rabia de fortuna de traversa », elle avait navigué de l'Inde au delà de Sofala vers le Sud-Ouest, au milieu de la côte occidentale de l'Afrique (3). Cette côte occidentale est tracée en arc de cercle, dont le centre serait en Arabie, et nombre d'îles gisent vers le Sud et le Sud-Est de l'Afrique.

Archangelo Madrignano (Mediolani, 1508, 1 vol. in-folio). — Cette Relation se trouve aussi dans le *Novus orbis* de Grynœus, Bâle, 1532, in-folio.

(1) Connu aussi sous le nom de *Spedegar* (entre le Sénégal et le Cap Vert).

(2) ZURLA, *Il mappamondo di Fra Mauro camaldolese descritto ed illustrato*, Venezia, 1806, p. 62.

(3) ZURLA, *op. cit.*, p. 62.

En 1462-1463, les portugais Pedro de Cintra (1) et Suero da Costa s'élancèrent à la découverte au delà de Sierra Leone ; ils atteignirent le Cap Mesurado, et poussèrent même jusqu'au « Bocage de Sainte-Marie » à 16 milles au delà du Cap Mesurado.

Vers cette époque mourut l'infant don Henri. Ses navigateurs avaient découvert toute la côte comprise entre le Cap Bojador et Sierra Leone.

Au retour de son voyage, P. de Cintra rapporta à Cadamosto les divers incidents de l'expédition et le mit au courant des découvertes faites à partir du Rio Grande, c'est-à-dire depuis le point extrême atteint par Cadamosto. Les résultats nouveaux prirent place dans le récit que Cadamosto écrivit de l'exploration de P. de Cintra.

Gr. Benincasa eut sans doute sous la main des indications provenant directement de Cadamosto, car, à l'exception de la langue, les nomenclatures de Cadamosto et de Benincasa concordent absolument, comme il est aisé de s'en rendre compte sur le tableau suivant qui ne signale que les lieux découverts par P. de Cintra.

Récit de Cadamosto	*Carte de Benincasa*
Rio di Besegue	Rio de Besegue
Capo di Verga	Cabo da Verga
Capo di Sagres	Cabo de Sagres
Rio di San Vicenzo	Rio de San-Vicente
Rio Verde	Rio Verde
Capo Liedo	Cabo Ledo
Isole le Salvezze	Ilhas dos Salvagens
	Serra Leoa
Fiume rosso	Rio Vermelho
Capo rosso	Cabo Vermelho
Isola rossa	Ilha Vermelha
Rio di Santa Maria della nave	Rio de Santa-Maria das Neves
Isola di scanni	Ilha dos Bancos
Capo di Santa Anna	Cabo da Santa-Anna
Fiume delle palme	Rio das palmas
Rio de fiumi	Rio dos furnos
Capo di Monte	Cabo do Monte
Capo Cortese	Cabo Mesurado, ou Cortès
Bosco di Santa Maria	Avoredo de Santa-Maria

(1) Les découvertes de Pedro de Cintra se trouvent consignées sur la carte de Graciosus Benincasa (1471).

Vers le Sud, la carté de Gr. Benincasa (1471) (1) s'étend jusqu'au *Rio de Palmeri*. Mais comme cette mappemonde contient une plus grande quantité de noms que la Relation de Cadamosto, il en résulte que le cartographe a certainement consulté d'autres sources d'information (2).

Continuant leurs explorations à la suite de P. de Cintra, les Portugais atteignirent la ligne équatoriale en 1470 ou 1471.

Si l'on en croit l'historien portugais Antonio Galvao (3), l'île de Saint-Thomas aurait été découverte en 1470 et l'île d'Annobon le 1ᵉʳ Janvier 1471 (Anno Bono, bonne année). Ce fut aussi en 1471 que les Portugais touchèrent au Cap Lopez et que l'un d'eux, Ruy de Sequeira, reconnut le Cap Sainte-Catherine (1° 51' lat. australe) (4). Encore, en cette année 1471, João de Santarem et Pedro de Escalona dépassèrent le Gabon, et atteignirent l'estuaire de l'Ogoué, fleuve qui se jette dans la baie Nazareth près du Cap Lopez.

Le point extrême atteint en Afrique sous le règne d'Affonso V (1438-1481) fut le Cap Sainte-Catherine. Une croix de bois plantée, suivant l'usage, par le découvreur, Ruy de Sequeira, indiqua la prise de possession. Sous Jean II, successeur d'Affonso V, ces croix furent remplacées par des *padrons* en pierre, ou colonnes commémoratives au sommet desquelles s'élevait une croix aussi en pierre. On les dressait aux endroits les plus apparents de la région visitée ou même dans son voisinage (5).

Après 1471 (carte de Benincasa), les Portugais poursuivirent l'exploration de la côte occidentale de l'Afrique. Ils découvrirent successivement le Golfe de Guinée, le

---

(1) Atlas de SANTAREM, et NORDENSKIOLD, *Periplus*. — L'original de la mappemonde de Benincasa se trouve à Rome dans un portulan de la Bibliothèque Vaticane.

(2) Le récit de Cadamosto nous a été transmis par RAMUSIO.

(3) *Tratado dos descobrimentos antigos e modernos feitos até a Era de 1550*, Lisboa, 1731. Ce traité a été traduit en anglais par le vice-amiral Béthune pour l'Hakluyt Society, n° XXX, 1862, p. 66.

(4) MAJOR, *The life of prince Henry*, p. 328-329.

(5) J. CODINE, *Padrons ou colonnes commémoratives des découvertes portugaises* (Bulletin de la Soc. de Géogr. de Paris, 1869, t. II, p. 455-487).

royaume de Bénin, les îles de Fernando Po, Corisco, Annobon, Saint-Thomé et Principe, et construisirent le château de la Mine.

Les principaux découvreurs de cette époque furent Diogo Cam et Barthelemi Dias.

Les voyages de Diogo Cam se placent entre 1482 et 1486. Il explora la côte africaine depuis le Zaïre jusqu'au 22° degré de latitude australe. Malheureusement, les diverses relations de ses découvertes sont confuses et même contradictoires, au point que l'époque et l'itinéraire des voyages sont assez difficiles à établir.

L. Cordeiro (1) fixe à l'année *1482* la date de la découverte du Congo par D. Cam. Ne serait-il pas plus exact de lire *1484* ?

Dans ses voyages, D. Cam planta plusieurs padrons : le padron Saint-George au Cap Padram (6° 6' lat. australe) près du Zaïre, le padron Saint-Augustin (vers 13° lat. austr.) au Cap Sainte-Marie, et trois autres au Cap Negro (par 15° 40' lat. austr.), au Cap Ruy Pires près du Cap Frio, et au moderne Cap Cross (inscrit sous le nom de promontoire San-Bartholomeo).

Plusieurs œuvres cartographiques exposent les résultats des découvertes dues à Diogo Cam et à Barthelemi Dias. Ce sont l'atlas de Cristoforo Seligo (1489), la carte de Henricus Martellus (1489) (2) et le globe de Martin Behaim (1492) (3).

L'Atlas de Cristoforo Seligo contient plusieurs cartes de la côte occidentale de l'Afrique. L'une s'étend du détroit de Gibraltar au Cap Vert, une autre se prolonge un peu plus au Sud, une troisième présente la côte entre le Cap

---

(1) Bol. Soc. Geogr. de Lisbonne, 1892, p. 90-163. Article de L. Cordeiro sur Diogo Cam.

(2) Publiée par Santarem dans son Atlas et par J. G. Kohl dans *Zeitschrift für Erdkunde*, de Berlin, 1856.

(3) DE MURR, *Histoire diplomatique du chevalier Martin Behaim*, traduit de l'allemand par JANSEN, Strasbourg, 1802. — L. GALLOIS, *Les Géographes allemands de la Renaissance*, Paris, 1890, 1. vol. in-8°, p. 25-37.

Rosso et l'équateur, et la quatrième descend jusqu'au 13°
degré de latitude australe (1).

Une carte plus importante et plus détaillée est celle
qui fut dressé à Rome par Henricus Martellus Germanus
probablement vers ce même temps (1489). L'original se
trouve au British Museum dans un manuscrit ayant pour
titre : « Insularium illustratum Henrici Martelli Germani ».
On doit au même cartographe des mappemondes, qui sont
conservées à la Bibliothèque nationale de Florence. Nordenskiöld expose la carte du British Museum dans son
Periplus (fig. 54) d'après une belle reproduction coloriée
qui est insérée dans un ouvrage de D. José de Lacerda (2).
Les voyages de B. Dias sont figurés sur cette carte, de
même que sur le globe de Martin Behaim (3).

Barthelemi Dias quitta Lisbonne en août 1486 et n'y
revint qu'en Décembre 1487 ; il allait à la recherche du
fameux Prêtre-Jean. Il relâcha à Angra pequena (26° 37'
latit. austr.) et, cinquante lieues plus loin, au Cap Voltas,
d'où il s'éloigna le 30 Novembre 1486. Entraîné au large
par la tourmente, il fut pendant treize jours le jouet des
flots qui le poussèrent au delà du Cap des Tempêtes. Quand
le calme fut rétabli, Dias se dirigea à l'Est, puis au Nord,
et atteignit bientôt sur la côte orientale la baie dos Vaquei-
ros (Flesh Bay). De cette baie il gagna celle de San Braz
(Saint-Blaise), puis jeta l'ancre à l'îlot da Cruz dans la baie
d'Algoa (4). De là, on sait qu'il parvint au Cap, qu'il appela
Lopo Infante (5), à 25 lieues de l'île de la Croix, puis
vira de bord pour rentrer dans sa patrie. Pendant ce
voyage de retour, il aperçut le Cap des Tempêtes, auquel

---

(1) De Santarem, *Recherches sur la priorité de la découverte des pays
situés sur la côte occidentale d'Afrique, au delà du Cap Bojador*, p. 117
et 297.

(2) *Exame das Viegens do Doutor Livingstone*, Lisboa, 1867.

(3) Martin Behaim avait accompagné Diogo Cam dans ses explorations le long de la côte occidentale d'Afrique.

(4) Appelée depuis *Alagoa, Bay* ou *Port Elisabeth*.

(5) C'est aujourd'hui le Cap Breede. Joam Infante, capitaine de la
deuxième caravelle, étant arrivé le premier à l'embouchure du Rio
Infante, lui laissa son nom.

le roi de Portugal, Jean II, donna le nom de Bonne-Espérance (1).

En 1497, Vasco de Gama doubla ce Cap de Bonne-Espérance, découvrit la baie qui porte le nom de Santa Helena et explora l'Angra de San Braz avec plus de soin que ne l'avait fait B. Dias. Au total, il reconnut la côte orientale de l'Afrique depuis le rio Infante jusqu'à Mélinde.

Pendant que B. Dias poursuivait ses recherches et ses découvertes, deux gentilshommes portugais, Alfonso de Païva et Pedro de Covilham s'en allaient, sur l'ordre du roi Jean II, vers les Indes occidentales par une voie plus directe, vers le royaume du Prêtre-Jean. Ils quittèrent ensemble le Portugal en 1487 par la Méditerranée ; arrivés à Aden, ils se séparèrent, Païva pour gagner l'Abyssinie et Covilham pour se rendre dans l'Inde où il visita Cananor, Calicut et Goa ; de là, il revint à Sofala sur la côte d'Afrique, et fit route vers Aden et le Caire. Païva était mort pendant son expédition.

Ce fut Vasco de Gama qui eut la gloire de relier l'itinéraire de Dias à celui de Covilham. Parti le 8 Juillet 1497, le célèbre découvreur longea toute l'Afrique occidentale, arriva au Rio Infante, limite extrême des découvertes de Dias, aperçut une terre qu'il appela Natal, parce que ce jour-là (22 Décembre) la fête de Noël était proche, mouilla à l'île de Mozambique, gagna Mombaza, et enfin Mélinde où on lui fournit un pilote pour le conduire à Calicut, la ville du Zamorin.

Désormais, tout le littoral de l'Afrique était connu, et la route des Indes ouverte aux navigateurs.

Les Portugais dressèrent des cartes de leurs découvertes en Afrique, et ces cartes circulèrent rapidement au delà du Portugal. Mentionnons seulement les plus connues et les plus remarquables.

1500. — La mappemonde de Juan de la Cosa, pilote de Christophe Colomb (2), est construite sur la rose des vents.

---

(1) L'historien portugais Jean de BARROS (*Da Asia*) relate le voyage de Dias.

(2) Grand Atlas de SANTAREM.

L'Afrique s'y dessine bien et se rapproche de sa vraie forme. Le Golfe de Guinée est peut-être trop profond, et le Sud de l'Afrique est certainement trop large. On y remarque une nomenclature portugaise, diverses roses des vents, plusieurs portraits de rois, quelques pavillons, et, sur les mers, des caravelles portugaises.

1502. — Mappemonde (1) exécutée par Alberto Cantino sur l'ordre du représentant du duc de Ferrare à la cour de Portugal.

1502.— Portulan de Canerio, mesurant 2 m.25 × 1 m.15, construit sur la rose des vents, non daté mais remontant très probablement à l'année 1502. C'est le premier exemple d'une carte montrant une échelle de latitudes ; les longitudes n'y figurent pas encore. L'Afrique possède sa forme véritable avec une très riche nomenclature. Le long de la côte, du Cap Lopez à Mélinde, le cartographe a disposé des padrons (padroes) aux principaux endroits découverts par les marins portugais (2).

1502. — Portulan ayant appartenu au Dr Hamy, œuvre vraiment portugaise avec de nombreuses légendes originales le long de l'Afrique, et deux lignes équatoriales (l'une à l'Ouest et l'autre à l'Est) séparées par une distance de quatre degrés environ de latitude (3).

Parmi les cartes reproduisant l'Afrique entière, mentionnons encore la planche III de l'Atlas de Kunstmann (4).

Ruysch (1508). — C'est la première mappemonde gravée (5) ; elle se trouve dans la belle édition de Ptolémée (6). La projection imaginée par le cartographe modifie singulièrement la forme du tracé, comparativement aux autres

---

(1) Conservée au palais ducal de Modène.

(2) Codine, *Padrons ou colonnes commémoratives*, Bull. de la Soc. de Géogr. de Paris, 1869, t. XVIII, p. 455. — *Id.*, *Découverte de la côte d'Afrique (1484-1488)*, *ibid.*, 1876, t. XI, p. 53 et suiv.

(3) Le Dr Hamy, *Études historiques et géographiques*, Paris, 1896, in-8°. *Notice sur une mappemonde portugaise anonyme de 1502*, p. 131-143.

(4) *Atlas zur Entdeckungs-Geschichte Amerikas*, Munich, 1859.

(5) Nordenskiold, *Fac simile Atlas*, pl. XXXII.

(6) Rome, 1508.

cartes du temps qui presque toutes sont des cartes plates. En tenant compte de la déformation apparente due à ce mode de projection, les côtes de l'Afrique méridionale s'écartent peu de leur vraie configuration. La défectueuse graduation de la Méditerranée a pour résultat fâcheux d'allonger démesurément la partie septentrionale de l'Afrique.

Ptolémée de 1513 (1). — Deux cartes d'Afrique (2), gravées sur bois, sont insérées dans cette édition de Ptolémée (3). Les légendes nombreuses proviennent de sources portugaises. La nomenclature très fournie des côtes orientales et occidentales renferme près de trois cents noms, empruntés aux relations d'Azurara, Cadamosto, Barros et autres.

1527. — Carte espagnole à la Bibliothèque de Weimar (4). La nomenclature est toute portugaise.

1529. — Diego Ribeiro. Mappemonde conservée à la Bibliothèque de Weimar (5). Le tracé est bon, peut-être un peu trop large dans la portion de l'Afrique comprise entre le Golfe de Guinée et le Cap de Bonne-Espérance. Suez est trop éloigné de la Méditerranée.

1550. — Diego Gutierres, cosmographe espagnol, termine la côte occidentale de l'Afrique au Cap das Palmas et la nomenclature est portugaise (6).

Citons enfin les cartes de André Homem (1550), de Gastaldi (7) (1564), de Jean Martines (8) (1567) et de Ortelius (9) (1570).

§ III. — Les Normands en Afrique et leurs Cartes.

1° *Les Normands en Afrique.* — Le but des Normands

---

(1) Atlas de Santarem. — Nordenskiold, *Fac simile Atlas*, fig. 8 et 9. Reproduction à une échelle très réduite.

(2) *Duæ particulares tabulæ ex chartis Portugalensium sumptæ.*

(3) Argentinæ, 1513.

(4) Atlas de Santarem, pl. XIV.

(5) *Ibid.*, pl. XV.

(6) Carte sur parchemin dressée à Séville.

(7) Publiée à Venise.

(8) Atlas fait à Messine.

(9) *Theatrum orbis terrarum.*

dans leurs excursions à la côte africaine était tout autre que celui des navigateurs du prince Henri. Nos compatriotes ne songeaient qu'au trafic, tandis que les Portugais allaient à la recherche des Infidèles pour les convertir, sinon pour les combattre.

Nous avons l'intime conviction que les Normands naviguèrent très tôt vers l'Afrique, mais que, pour éviter la concurrence étrangère, ils gardèrent jalousement le secret de tous leurs itinéraires. Cet esprit de défiance et d'égoïsme a ainsi dérobé à la postérité la connaissance de bon nombre de leurs voyages. Les titres qui attesteraient la priorité de leurs grandes entreprises n'existent pas, et on en est réduit sur ce point à de simples conjectures. Par exemple, les navigations dieppoises sur les côtes d'Afrique au xiv° siècle ont été exposées, puis soutenues ou combattues avec bonne foi. Elles ont même été présentées à l'Académie royale de Lisbonne comme probables par le savant Antonio Ribeiro dos Santos (1). Cependant les documents contemporains faisant défaut, on a le droit de contester l'authenticité des récits favorables aux expéditions dieppoises en Guinée. Au reste, l'étude impartiale de cette question a amené le très savant auteur de l'*Histoire de la marine française* (2) à formuler son avis dans cette loyale conclusion : *cruelle énigme !*

On a signalé à ce propos une lettre écrite « au boys de Vincennes, 1ᵉʳ Juillet 1371 », dans laquelle Charles V ordonne de payer une somme de sept cents francs d'or à Jacques de Pencoedic (3). « Nous envoyons, dit le roi, nostre amé et feal chevalier Jacques de Pencoedit devers nostre très cher et très amé cousin le roy de ... pour certaines choses qui grandement touchent nostre honneur et le proffit de noz subgiez et de nostre royaume » (4). Une quittance de

____

(1) D'Avezac, *Nouvelles annales des voyages*, 1845, t. IV, p. 25.

(2) Ch. de La Roncière, t. II.

(3) Lecoy de La Marche, *Relations de la France avec Majorque*, t. II, p. 395.

(4) *Mandements et Actes divers de Charles V* (1364-1380), recueillis par Léopold Delisle, Paris, 1874, in-4°, p. 405-406.

J. de Pencoedic, jointe à ce mandement et signée le 24 Juillet 1371, portait ces mots « devers le roy de Gosel... ». On a cru à tort qu'il s'agissait de la région africaine, correspondante aux côtes de la Guinée et désignée sous le nom de Gozola sur les portulans de l'époque et principalement sur la carte catalane de 1375 (1). La lacune existant sur l'original du mandement royal doit être ainsi remplie : « le roy de *Gastelle* », c'est-à-dire de Castille (2). Nous n'avons donc pas là, comme le pensait Gaffarel, un sérieux témoignage en faveur des établissements normands en Guinée au xiv° siècle (3). En tout cas, il est certain qu'en ce temps-là les Normands étaient les marins les plus compétents de l'Europe en science nautique (4).

Mais si l'existence de leurs excursions au xiv° siècle peut être mise en doute, la réalité de celles de Jean de Béthencourt, pendant les premières années du xv° siècle, ne constitue pas une *cruelle énigme*, puisque la Chronique de notre illustre compatriote, rédigée par ses aumôniers Pierre Bontier et Jehan Leverrier, est d'une incontestable authenticité (5).

En 1402, Béthencourt qui était originaire des environs de Dieppe quitta la Normandie avec le dessein arrêté d'aller conquérir les Canaries. Fait très rare chez les Normands, il s'avançait vers ces îles non plus pour pirater ou trafiquer, mais pour convertir les insulaires à la foi chrétienne (6). C'est aussi ce qu'écrivait Bergeron : « Messire Jean de Béthencourt, conquesteur des Canaries, le premier

(1) Bibliothèque de Charles V.

(2) Léopold DELISLE, Actes et Mandements de Charles V, n° 791.

(3) *Conquête de l'Afrique*, Paris, gr. in-8°, 1892, p. 79.

(4) A. ANTHIAUME, *La Science nautique des Normands du x° au xviii° siècle* (Congrès du Millénaire de la Normandie, Rouen, 1912, t. II, p. 502-506). — A. ANTHIAUME et J. SOTTAS, *L'Astrolabe-quadrant du Musée des Antiquités de Rouen. Recherches sur les connaissances mathématiques, astronomiques et nautiques au moyen âge*, Paris, G. THOMAS, 1910, 1 vol. in-8°.

(5) Gabriel GRAVIER, *Le Canarien*, publié par la Société de l'Histoire de Normandie, Rouen, 1 vol. in-8°.

(6) Ch. de LA RONCIÈRE, *Histoire de la marine française*, t. II, p. 112 et suiv.

que l'on sache, a, nouvel Argonaute françois, d'un courage
pieux et magnanime tenté le Grand Océan non pour y chercher des trésors comme la plus part des autres, mais pour
planter la foi chrestienne dans ces isles que l'on n'avoit
jusqu'alors attaquées que pour butiner (1) ».

Notre Normand connaissait donc bien la situation de
l'archipel des Canaries. Sans doute, d'autres découvreurs
l'avaient précédé dans ces parages. Mais bien souvent
c'étaient des tempêtes et des naufrages qui avaient jeté leurs
vaisseaux sur ces plages. Béthencourt avait un navire et
des mariniers français, et, comme interprète, un « canare »
qu'il amenait de France (2). Il se rendit de Cadix aux Canaries par la haute mer, comme le déclare expressément sa
Chronique.

Des Canaries, Béthencourt gagna la côte africaine.
« Et mêmement se partit M. de Béthencourt et vint par deçà
en un bateau, avec quinze compagnons dedans, d'une des
îles nommée Erbanie (3) et s'en alla au cap de Bojador, qui
est situé au royaume de Guinée (4) ». Et au chapitre suivant de sa Chronique (5), Béthencourt indique en lieues
françaises la distance du cap de Bojador au fleuve de l'Or.
Ce voyage lui paraît si peu compliqué qu'il se contente
d'ajouter cette réflexion : « Pour y aller d'ici, nous n'en
tenons pas grand compte ». Ainsi cette navigation, qui plus
tard illustra Gil Eannez et commença la gloire des Portugais, était considérée par nos compatriotes comme ordinaire et dépourvue de toute difficulté.

Nous ne possédons que fort peu de renseignements
sur les navigations des Normands aux côtes d'Afrique pendant tout le cours du xv⁰ siècle.

---

(1) Pierre BERGERON, géographe français, né vers 1580. et mort en
1637, publia en 1629 son étude *De la navigation et des voyages modernes*,
et, en 1630, une *Histoire de la découverte des Canaries*.

(2) *Conquête des Canaries*, ch. XII, XXI, XXX. — D'AVEZAC, Bulletin
de la Société de Géographie de Paris, 1846, p. 170-177. — Ch. de LA
RONCIÈRE, *Histoire de la marine française*, t. II.

(3) Fortaventure.

(4) *Conquête des Canaries*, ch. LVII.

(5) *Ibid.*, ch. LVIII.

Le Nord de l'Afrique occidentale a été très fréquenté par nos nationaux, surtout à partir de la découverte de l'Amérique. Outre leurs affaires commerciales qui les appelaient en Afrique, il leur était indispensable, pour gagner le Brésil, de côtoyer cette région jusque vers les îles du Cap Vert. C'est vers le tropique du Cancer que les Normands rencontraient le vent d'Est et le courant Sud-équatorial qui les conduisaient de la Guinée au Brésil (1). Pour le retour, ils mettaient le cap au Nord jusqu'à la hauteur de la Floride et même au-dessus, où ils rencontraient les vents et le courant qui les ramenaient en Europe.

Les navires normands, qui allaient commercer au Brésil, relâchaient d'abord sur la côte occidentale d'Afrique, et généralement les congés ou passeports remis aux capitaines leur laissaient la faculté de trafiquer aussi bien en Afrique qu'en Amérique.

A la fin du xve siècle, les Français fréquentaient la côte occidentale de l'Afrique jusqu'à la Guinée, et les Sénégalais parlaient notre langue. Eustache de la Fosse (2) dit qu'un Français rapporta du Cap Vert et de l'archipel de ce nom un lexique de conversation usuelle. Les commerçants normands, et surtout les Rouennais, avaient des factoreries importantes sur les côtes d'Afrique. Leurs rapports officiels avec le Maroc semblent remonter au règne de François Ier. Il est certain toutefois qu'en l'année 1533 le roi de France demanda par lettre au sultan de Fez de prendre sous sa protection les marchands de Rouen qui visitaient ses ports. Pierre de Piton, ancien colonel d'aventuriers franco-gascons (3), fut chargé par le roi d'une

---

(1) Ainsi, de nos jours encore, la meilleure route à prendre pour un navire à voiles, qui va au Cap de Bonne-Espérance ou au détroit de Magellan, est celle qui passe à une petite distance, orientale ou occidentale, des îles du Cap Vert, coupe l'équateur entre 27° et 30° long. Ouest de Paris suivant les saisons, et arrive à une centaine de lieues du Cap Frio, d'où le navire se dirige vers le Cap Horn ou vers le Cap de Bonne-Espérance.

(2) *Revue hispanique*, Paris, 1897, in-8°. *Voyage à la côte occidentale d'Afrique, en Portugal et en Espagne* (1479-1480).

(3) De La Roncière, *op. cit.*, t. III, p. 288.

ambassade au Maroc. Il appareilla de Honfleur sur une galéasse normande, le *Saint-Pierre* (1). Après diverses aventures et de longs pourparlers, Pierre de Piton obtint de l'empereur du Maroc, pour les navires normands, la libre navigation sur les côtes du Maghreb. Profitant des bonnes dispositions des Marocains, nos compatriotes équipèrent de nombreux bâtiments qu'ils envoyèrent dans leurs parages (2).

En même temps ils s'établissaient sur d'autres points de la côte. Ils avaient des escales au Cap Vert, au Rio Sestos, à Mouré, à Cormentin, et entamaient des négociations commerciales avec les principaux chefs de la Guinée supérieure. Malgré les patentes répétées qui interdisaient toutes navigations aux possessions portugaises d'Afrique (1537-1539), bien des navires normands parcouraient la Côte de Malaguette et la Côte de l'Or (1556-1558) (3), et nos armateurs avaient des comptoirs qui s'échelonnaient jusque près du Niger.

Au Maroc, on cultivait la canne à sucre. Les Rouennais y expédièrent le navire *Le Samson* (1570) pour troquer « des marchandises de toiles blanches » contre un « party de sucres blanc et moyen jusqu'à la somme de 80.000 ducats ». L'écrivain espagnol Marmol (4) dit que la canne à sucre était alors très cultivée dans le Sous, et que dès le xiii° siècle, d'après Léon l'Africain, le sucre du Maroc était très apprécié et figurait dans la liste des marchandises vendues dans les Flandres et à Venise (5).

Au 1er Octobre 1570, plusieurs marchands de Rouen, Barthélemy Hallé, Alonce et Adrien Le Seigneur, Bona-

---

(1) Henry de CASTRIES, dans ses *Sources inédites de l'histoire du Maroc*, a publié la relation de Pierre de Piton.

(2) HACKLUYT. *The principall Navigations, wiages and discoveries of the English nation, made by sea and over land*. London, 1598-1600, in-folio.

(3) Ch. de LA RONCIÈRE, *op. cit.*, t. IV, p. 76 et suiv.

(4) *Description de l'Afrique et Histoire des guerres entre les Infidèles et les Chrétiens*. Edition espagnole, 1667.

(5) G. DUBOSC, *Journal de Rouen*, 8 septembre 1907.

venture de Cramant, Eustache Trevache, etc., s'associèrent
entre eux « pour faire la traicte et trafficq des marchandises au pays de Barbarye, à Safi, à Sainte-Croix-du-Cap-
de-Guer, à Marrakech et aux terres de Taroudant (1) ».
Parmi ces associés, les uns commandaient l'expédition,
d'autres résidaient au Maroc, et les derniers restaient à
Rouen pour préparer l'armement des navires.

A cette époque et longtemps après, les différents ports
de la Haute-Normandie expédiaient assez fréquemment des
navires aux Etats Barbaresques (2), et les guerres de religion ne ralentirent guère ce mouvement. Au delà des ports
sénégalais, les Français s'avançaient jusque dans le
royaume de Budomel, par exemple à la baie de Bersegui-
che, excellent mouillage pour nos bâtiments et refuge assuré
pour nos nationaux. Une île toute proche servait d'entrepôt
aux Français ; c'était un lieu d'escale pour tous ceux qui
se rendaient à Sierra Leone, à la Côte de Malaguette, au
Brésil (3). Beaucoup de nègres du pays parlaient très bien
le français.

La Compagnie rouennaise exportait annuellement des
cuirs de bœuf, de buffle, de gazelle, de dancoy (4), puis de
l'ivoire, de la cire, de la gomme, de l'ambre, du musc et
de l'or ; et en échange les Normands cédaient diverses
marchandises de leur pays (5).

---

(1) Archives de la Seine-Inférieure. — Comte Henry de Castries, *Les
sources inédites de l'histoire du Maroc de 1530 à 1845*, t. I, p. 303.

(2) E. Gosselin, *Documents authentiques et inédits pour servir à
l'histoire de la marine normande et du commerce rouennais pendant les
xvie et xviie siècles*, Rouen, 1876, in-8°. — Ch. de Beaurepaire, *La marine
normande sur la côte de Guinée et particulièrement près du Castel de la
Mine* (Bull. de la Soc. de l'Histoire de Normandie, 1887-1890). — Ch. et
P. Bréard, *Documents relatifs à la marine normande et à ses armements
aux xvie et xviie siècles*, Rouen, 1889, in-8° p. 144-157. Les registres du
tabellionage de Honfleur ne signalent pas d'actes d'armement avant 1574 ;
ensuite ils sont assez nombreux.

(3) Ern. de Fréville, *Mémoire sur le commerce maritime de Rouen
depuis les temps les plus reculés jusqu'à la fin du xvie siècle*, Rouen,
1857, 2 vol. in-8°.

(4) Animal appelé encore *anta*, mot portugais qui signifiait *élan* ou
tapir.

(5) *Nouvelles annales des voyages*, Paris, 1842, t. II, p. 91.

Mais d'année en année, les Français voyaient avec peine leur commerce péricliter. L'hostilité des Portugais arrêtait leurs progrès constants, et la concurrence s'efforçait d'anéantir leurs transactions commerciales. Par ailleurs, les Portugais traitaient nos nationaux avec la dernière rigueur ; l'histoire du capitaine Bontemps, du Havre, en est un bien cruel exemple (1).

Plus tard, en 1588, les marchands de Londres et d'Exeter s'associèrent pour nous supplanter au Maroc et en Sénégambie. La Compagnie rouennaise, par l'intervention d'Adrien Le Seigneur, tenta, mais en vain, en 1595 de rétablir des relations avec la Guinée.

Vers cette époque, les Normands cessèrent d'être marchands pour devenir corsaires, et, par exemple en l'année 1594, deux navires de Honfleur pillèrent, près du Cap Vert, un bâtiment anglais et lui ravirent quatre-vingts quintaux d'ivoire (2).

En 1609, le normand Balthasar de Moucheron équipa une petite escadre pour aller se fixer en Afrique au Cap Negro ; mais sa tentative échoua tristement.

Les escales habituelles des navires normands étaient Gorée, Rufisque, le Cap Vert, et aussi Tagrin, où en 1611, d'après Gosselin (3), un capitaine havrais, du nom de Pierre Lecomte, opérait à bord du *Saint-Jacques* un chargement de bois rouge et d'ébène.

Les Normands, en 1612, sous la conduite du chevalier de Briqueville et de Augustin de Beaulieu, essayèrent de fonder un établissement sur les rives de la Gambie ; mais, soit en Gambie, soit à Tagrin, leurs efforts ne donnèrent aucun résultat (4).

En ce temps et principalement de 1620 à 1630 (5), les

---

(1) Ch. de La Roncière, *op. cit.*, t. IV, p. 82.

(2) Bibl. nat. de Paris, ms. franç. 15980, fol. 91. — Ch. de La Roncière, *op. cit.*, t. IV, p. 97.

(3) *Op. cit.*, p. 152.

(4) Thévenot. Collection des Voyages. *Mémoire du voyage aux Indes orientales du général Beaulieu.*

(5) Registres du tabellionage du Havre.

« Turcs et Infidelles » croisaient sur les côtes d'Angleterre ou de Bretagne et capturaient, pour les piller, les navires normands qu'ils rencontraient, surtout ceux qui rentraient de Terre-Neuve avec leur provision de morues (1). Pendant les années 1625-1627, bien des navires havrais furent ainsi « prins et desprédés en mer » et leurs équipages emmenés en captivité. Les pirates, attachés pour la plupart au port de Salé (Barbarie), enlevèrent en une seule campagne quarante bateaux du Havre (2). Parfois ils abandonnaient en mer « au gré des ventz et marées » les bâtiments après avoir saisi la cargaison et embarqué tous les matelots comme otages. C'est ce qu'ils firent notamment en 1625 pour le navire *L'Espérance*, de soixante-dix tonneaux ou environ (3).

En plusieurs circonstances, les Turcs se débarrassèrent des navires en les cédant à des marins étrangers. Ainsi, en 1626, *Le Phénix*, navire d'environ soixante tonneaux, « que montoit et conduisoit année présente Jacques Douchin, de Vatteville », fut baillé à des Hollandais par un capitaine de navire turc. *Le Phénix*, qui appartenait au père de J. Douchin, faisait des voyages à Terre-Neuve depuis une douzaine d'années. Ce bâtiment était maintenant dans le port de Flessingue (4).

Mentionnons quelques-uns des havrais, détenus en Barbarie par les Turcs.

En 1622, le navire commandé par le capitaine Ricquemen « fut pris et abordé à la hauteur du Cap St Vincent par cinq navires turcz esquipez en guerre » ; capitaine et matelots furent conduits à *Dargiz* en Barbarie (5).

En 1624, Girard Vaullart et Jacques Tasserye, l'un

---

(1) Le R. P. Dan, *Histoire de Barbarie et de ses corsaires, des royaumes et des villes d'Alger, de Tunis, de Salé et de Tripoly*, Paris, 1649.

(2) G. Fagniez, *Le P. Joseph et Richelieu (1577-1638)*, Paris, 1894, in-8°, t. I, p. 373.

(3) Tabellionage du Havre, reg. 179, acte du 12 janvier 1626.

(4) *Ibid.*, acte du 18 juin 1626.

(5) *Ibid.*, acte du 22 février 1627.

maître et l'autre pilote du navire *Le Mercure*, furent menés à Salé avec tous leurs matelots (1).

Jehan Herault et Pierre Primois (2), tous deux du *mestier de la mer*, étaient en 1624 détenus dans la ville *Dargrez* (3).

Marin Champaigne, du mestier de la mer, avait été « captif et esclave en la ville Dargiz, coste de Barbarie » (4).

La plupart de nos Havrais furent surtout attaqués par l'ennemi turc sur la route de Terre-Neuve. Ainsi Jacques Varembault, maître du navire *Le Henry*, de quatre-vingts tonneaux, fut capturé « au partir de la coste d'Angleterre », où il venait de charger le sel nécessaire pour aller pêcher la morue à Terre-Neuve. Tout l'équipage, moins cinq hommes, fut emmené captif (5).

Deux navires, *Le Saint-Jehan* de soixante-dix tonneaux et *La Sainte-Anne* de quatre-vingts tonneaux furent saisis le même jour, 17 août 1625, par « le travers des sept isles proches de Grenezay » (6) ; ils revenaient de pêcher la morue à Terre-Neuve. Equipage et cargaison furent la proie des Turcs. *La Sainte-Anne* avait pour maître Jacques Lejeune, et sur *Le Saint-Jehan* étaient montés Guillemme Fleurigant, maître et conducteur, Jacques Le Gendre, pilote, Guillemme Duprey, contre-maître, Pierre Dumaine et Jacques Cognet, compagnons-matelots... Tous furent retenus prisonniers des Turcs (7).

En 1625, Pierre Dumouchel, maître du navire le *Don de Dieu*, de cent tonneaux, à son retour de Terre-Neuve, se vit dépossédé de tout, « navire, marchandises et équipage » (8).

Au mois de Décembre 1625, le bâtiment *L'Espérance*

---

(1) Tabellionage du Havre, reg. 175, acte du 31 janvier 1625.

(2) *Ibid.*, reg. 176, acte du 9 avril 1625.

(3) *Dargrez* ou *Dargiz*, n'est-ce pas le nom arabe mal orthographié de la ville d'Alger ?

(4) *Ibid.*, acte du 1er avril 1627.

(5) *Ibid.*, acte du 3 juin 1625.

(6) Guernesey.

(7) Tabellionage du Havre, acte du 22 août 1625.

(8) *Ibid.*, acte du 10 janvier 1626.

fut arrêté « après son partement » du Havre, « lorsqu'il singloit pour aller à Brouage prendre le sel qui lui convenait pour le voyage des terres neuves, pesches des morues » (1).

Jacques Barbé, maître de navire, fut « de dessus le banc des terres neuves où il faisoit pesche des morues » dirigé comme esclave à Salé (2).

Torturés, mutilés, les captifs subissaient les pires traitements. Plusieurs mouraient à la peine. En 1622, un havrais Guillaume Seminel, « affligé de malladye de contagion » à Dargiz en Barbarie, avait été emporté par le terrible mal après de longues et cruelles souffrances.

On savait tous ces détails en Normandie ; aussi les familles de ces otages se mettaient promptement en quête de fournir aux pirates la rançon nécessaire pour la délivrance de ces infortunés. On sait que deux Ordres religieux avaient été institués dès le premier quart du XIIIᵉ siècle pour la rédemption des captifs ; c'étaient les religieux de la Merci, et les Trinitaires, appelés communément les Mathurins. Mais généralement nos Normands payaient leur rançon de leurs propres deniers. La somme à acquitter était variable, sans doute d'après la situation sociale des captifs. Ainsi, au mois de septembre 1624, Jehan Herault et Pierre Primois versèrent chacun 800 livres pour leur rachat. Le 30 mars 1626, la femme de Jacques Langevin, maître de navire, fut autorisée « à aliéner de son bien jusques à la somme de quinze cents livres pour rethirer et rachester » son mari (3). En septembre 1627, des parents de captifs à « Marrocque ou aultres lieux de Barbarie » s'occupaient au Havre de recueillir l'argent nécessaire à leur rachat. On promettait deux cents livres pour Jean Courbault et Jean Marie, trois cents livres pour Thomas Mascrier et Jacques Fidelin, de trois cents à quatre cents livres pour Jehan Sye, et quatre cents livres pour Guillaume Varin.

---

(1) Tabellionage du Havre, reg. 179, acte du 12 janvier 1626.

(2) *Ibid.*, acte du 18 juin 1626.

(3) *Ibid.*, acte du 30 mars 1626.

Quand Richelieu fut devenu grand maître, chef et surintendant général de la navigation et du commerce en France, il partagea l'Afrique occidentale entre diverses Compagnies depuis Salé jusqu'au Congo (1633-1635). La société des marins de Rouen et de Dieppe (Rosée et C\ie) obtint, le 24 Juin 1633, le monopole du trafic pendant dix ans au Sénégal, au Cap Vert et en Gambie (1). Notre commerce était en effet bien menacé au Sénégal. On se rappelle les combats du dieppois Bontemps (1629) dans cette région (2). Cependant avec Emery de Caen (1634) les Normands parvinrent à s'y établir.

En Guinée, la même Compagnie rouennaise et dieppoise avait fondé en 1626 un comptoir à Petit-Dieppe. En somme, cette Compagnie déploya, de 1626 à 1664, une grande activité et fit de gros bénéfices. Elle nommait elle-même les directeurs de ses diverses factoreries et prenait à sa charge les frais de ses expéditions.

2° *Les cartes normandes de l'Afrique.* — La longueur de l'Afrique, du Nord au Sud, était assez exactement fixée au commencement du xvi\e siècle. Du Cap Spartel au Cap de Bonne-Espérance, la différence en latitude variait très peu sur les cartes ; elle ne dépassait pas un ou deux degrés. Il n'en était pas de même de la largeur de l'Afrique, de l'Ouest à l'Est, dans la partie voisine de la Méditerranée. Cette largeur était calculée d'après la distance comprise entre le Cap Spartel et Suez, distance bien déterminée soit en stades depuis Scylax, soit en milles marins depuis l'établissement du portulan normal. Toutefois, par suite d'une estime défectueuse de certaines parties du globe, cet intervalle, exprimé en degrés de longitude, avait une valeur tout à fait fausse. Ainsi, de 38° 29' (distance réelle), il s'élevait sur les cartes à 50 et même 52 degrés. Cette erreur, introduite avec la graduation du portulan normal, se transmit aux représentations des pays nouvellement découverts, et

---

(1) Le P. Fournier, *Hydrographie*, 2\e édition, p. 268.

(2) Ch. de La Roncière, *op. cit.*, t. IV, p. 700.

nous la retrouvons dans les premières mappemondes normandes du xvi° siècle. La partie de l'Afrique, située sur l'équateur et au-dessus, est donc en général trop prolongée vers l'Est.

En 1541, date de la première mappemonde de Desliens, les Normands connaissaient l'Afrique par leurs propres voyages, par les cartes portugaises et par les nombreuses éditions de la *Géographie* de Ptolémée. Ces éditions se succédèrent rapidement à partir du xvi° siècle, et se perfectionnèrent par les additions faites aux cartes existantes au fur et à mesure des nouvelles découvertes (1).

Mais la richesse des détails des cartes normandes répond-elle bien à la réalité ? Il semble que la distribution arbitraire des données recueillies au moyen âge, et depuis, ait déterminé sur leurs mappemondes une confusion plutôt qu'un progrès.

D'une part on était peu sûr des indications reçues, et d'autre part le culte voué à Ptolémée empêchait de rectifier ses erreurs. Dans le centre et le Sud de l'Afrique, une grande quantité de lacs, de rivières, de noms, remplit tout l'espace libre des cartes. Il y a là une profusion de connaissances plus ou moins invraisemblables. En se rappelant bien que, pour décrire l'Afrique, les cartographes n'avaient au xvi° siècle que les relations des voyageurs qui jamais ne s'éloignaient des côtes, il ne reste qu'un pourtour chargé d'une nomenclature provenant de documents nautiques, et une notion vague de l'intérieur du continent (2). Il y a donc place à la fantaisie dans la cartographie de l'Afrique au xvi° siècle.

Les Normands ont emprunté le tracé de l'Afrique à des cartes plus anciennes. Ainsi le portulan de Desliens (1541) présente une très grande resemblance avec la mappemonde

---

(1) Henri FERRAND, *De l'influence des idées modernes sur les éditions de Ptolémée*, Grenoble, 1905, in-8°.

(2) CORDEIRO, *L'hydrographie africaine au* xvi° *siècle*, Lisbonne, 1878, in-8°. — A. J. WANTERS, *L'Afrique centrale en 1522* (Bull. de la Société belge de Géographie, 1879).

portugaise de 1502, décrite par le Dr Hamy (1). Les cartes normandes sont des copies d'originaux portugais ; mais, en essayant de franciser certains noms, nos compatriotes les ont altérés.

A l'époque des premières cartes dieppoises connues, les contours des côtes africaines étaient tracés régulièrement par la plupart des cartographes. Les Normands n'ayant qu'à reproduire des types antérieurs, l'Afrique est la partie de leur œuvre cartographique la moins personnelle et par conséquent la moins instructive pour nous. L'intérêt de la question réside simplement dans la constatation des emprunts qu'ils ont faits aux Portugais (2).

Parmi les Normands, ce sont principalement Desceliers, dans les légendes de sa mappemonde de 1550, et Le Testu, dans un Atlas de 1556, qui nous fournissent les plus exacts renseignements sur les habitants, les animaux et les productions du sol de l'Afrique.

Les habitants. — Les Africains, au dire de Desceliers, furent d'abord des nomades qui vivaient « bestiallement d'herbes et fruictz d'arbres jusques au temps d'Hercules », mais celui-ci « leur feist petites maisons du boys des navires dont ilz passerent en Libye ». Généralement, ajoute Le Testu, les Africains sont attachés à la religion musulmane, excepté dans le royaume de Mélinde et la région avoisinante, que gouverne le fameux prêtre Jean. Dans ce pays, poursuit notre havrais, « ils croient en Dieu », ce qui veut dire qu'ils sont chrétiens.

A Gibraltar, en Barbarie et en Mauritanie, les Maures sont blancs. Sur les montagnes et dans le reste de l'Afrique, ils sont noirs. Les Nègres se nourrissent de riz, de millet, de légumes et de fruits, quelquefois de la chair de bœuf ou de chèvre. Du côté de l'Ethiopie vivent des hommes extraordinaires.

------

(1) *Etudes historiques et geographiques*, Paris, 1 vol. in-8°, 1896, p. 131-144.

(2) DE SANTAREM, *Recherches sur la priorité de la découverte des pays situés sur la côte occidentale d'Afrique, au delà du Cap Bojador*, 1 vol. in-8° de CXIV-336 pages, Paris, 1842.

« La partye plus prochaine de Leuroppe, dit Desceliers, est la plus habitée, plus fertille et meilleure ; mais la
plus grande partye est deserté a raison des sablons ».

Les animaux. — Dans ces régions vivent des « bestes
cruelles » (Desceliers), et ces bêtes sont « lyons, elefans,
cameaux, leopardz, vaces, dromadares, buffles, singes,
camaleopardz, rinoceros, panthères, asnes cornus ». Il y a
encore d'autres animaux, mais Le Testu ne cite que leur
nom en latin ; ce sont : « Rhises, hyenas, histrices (1),
thoas (2), ciconias, pigardos et austruces ». Les diverses
sortes de serpents sont « dragons, cocodrilles, basilicz,
aspicz, cerastas et aultres ».

Le Testu précise davantage. Selon lui, toute la côte
occidentale de l'Afrique est peuplée d'éléphants, de chameaux, de bœufs, de lions, d'onces, de chèvres et de serpents. Il mentionne une couleuvre qui mesure « de 600 à
700 piez de long, ainsy que tesmoigne Emeric de Vespuce,
florentin, en sa cosmographie du nouveau monde, laquelle
couleuvre menge les bœufz et chievres ». Au Nord-Ouest se
rencontrent des chevaux, des moutons et des sangliers ;
vers la Guinée, des léopards et des rhinocéros, et, vers les
sources du Nil, des basilics et des crocodiles.

Les productions du sol. — Selon Le Testu, la terre
d'Afrique, en longeant du Nord au Sud la côte occidentale,
produit en abondance du blé et de l'orge, des raisins, des
dattes, des grenades, des amandes et d'autres fruits, puis
du millet, de la maniguette, du poivre et du riz. Au Centre
et à l'Est, on recueille le gingembre, le bois de santal, plusieurs sortes d'épices, et aussi une grande quantité d'or à
Sofala, Mozambique et Mélinde.

Desceliers affirme que « en ce pays y a vignes si
grosses que deux hommes ne pourroient totalement em-
brasser le tronc », et dont « les raisins ont une couldée de
long ».

------

(1) Porcs-épics.

(2) Chacals.

Le Nil. — D'après Ptolémée, le Nil se formait de deux branches issues du *Palus orientalis* et du *Palus occidentalis*, deux lacs que le célèbre géographe plaçait presque sous la même latitude et à plusieurs degrés au-dessous de l'équateur. Une troisième branche, venant de l'Est, sortait d'un lac plus petit. En 1154, Edrisi traçait le Nil d'après la conception de Ptolémée. Cependant avec le temps ces données ptoléméennes s'obscurcirent et les sources du Nil furent placées au hasard par les célèbres cartographes Fra Mauro (1457-1459), Martin Behaim (1492), Juan de la Cosa (1500), Diego Ribeiro (1529), Sebastien Munster (1544). Au xvi⁶ siècle, on avait perdu le souvenir du bras principal du fleuve, le Bahr-el-Abiad (1).

Desliens (1541). — Les *montz de la lune* sont figurés ; c'est de là que sort le Nil.

La mappemonde harleienne. — Les sources du Nil sont toujours aux *Monts de la lune*, au-dessous desquels on remarque « les arbres de la lune ».

Desceliers, en 1546, 1550 et 1553, reproduit le tracé de Desliens et de l'Harleienne.

Le Testu (1556) (2) dit que le Nil « prent sa source aux mons de la Lune ». Cette source n'est pas unique. Le Testu en dessine plusieurs au pied des Monts de la Lune, et ces différentes sources remontant vers le Nord traversent les deux lacs figurés depuis Ptolémée, continuent ensuite leur route et se réunissent en une seule branche vers Méroé. Les détails de la carte ne sont pas assez nets pour que nous puissions juger si le cours du Nil est mieux dépeint par Le Testu que par ses devanciers.

Le Testu (1566). — Les sources du Nil restent hypothétiquement placées aux « mons de la Lune ».

Desliens (1566). — Le Nil prend sa source dans les Monts de la Lune, et offre une largeur démesurée.

Les autres cartes normandes présentent des reproduc-

---

(1) Scontia dans son ouvrage, *De natura et incremento Nili libri duo* (1617), cite l'opinion de 244 auteurs sur la théorie du cours du Nil.

(2) Carte XX⁰, fol. 21 v°.

tions plus ou moins défectueuses des mappemondes antérieures.

Description et nomenclature de l'Afrique. — La mappemonde de *Desliens* (1541) possède sur les deux côtes occidentale et orientale de l'Afrique une nomenclature abondante.

Au Sud-Ouest de l'Afrique est la « mer Australle » vers 40° lat. S.

L'Isle des geantz est un peu au Nord de la Terre Australe, entre 34° et 40° lat., au Sud-Est de Madagascar ; c'est le *Zanzibar* de la mappemonde harleienne et de Desceliers (portulans de 1546, 1550 et 1553).

Le long des rivages africains sont dessinés quelques pavillons, dont la nationalité indique le peuple occupant le point où ils sont fixés. Au détroit de Gibraltar, à *Cieute*, le pavillon portugais ; en *Barbarie*, l'espagnol ; à *R. de Senega*, le français fleurdelisé ; au *Bénin* et au-dessous de la Guinée vers le *R. de Corisco*, le portugais ; sur la côte orientale de l'Afrique, au Nord de Madagascar, le portugais ; en Marmarique et en Egypte, divers pavillons ornés du croissant.

La mappemonde harleienne. — En Guinée, on remarque des nègres armés de flèches, puis des éléphants, des arbres ; au-dessous et un peu à droite de l'embouchure de la Mer Rouge, « la terre du presbstre Jhan » ; près des sources du Nil, trois hommes à lèvres pendantes, puis des éléphants ; en Ethiopie, des nègres et des chameaux ; au Sud de l'Afrique et à l'intérieur, une grande croix dressée sur un piédestal à quatre gradins. C'est le seul exemple de *padrons* que nous ayons rencontré sur les cartes normandes.

Desceliers (1546). — Plusieurs rois assis sur leur trône, en particulier le *prebstre Jhan ;* un sauvage monté sur un éléphant. Des hommes bizarres : en Libye, un individu couché sur le dos et s'abritant à l'ombre de son large pied ; près de Méroé, un autre debout, la partie antérieure de son corps étant celle d'un être humain et la partie postérieure

celle d'un animal ; ailleurs, c'est un homme sans tête.
Divers animaux : chameaux, lions, panthères, licornes ;
vers le Sud de l'Afrique, des singes. Une galère française
vogue près de Gibraltar.

Desceliers (1550). — Carte semblable à la précédente.
La partie de l'Afrique située au-dessous de l'équateur est
plus large, et les côtes orientale et occidentale sont moins
précises dans la mappemonde harleienne que dans Desceliers (1546 et 1550).

Desceliers (1553). — Même délinéation que sur la carte
de 1546 ; des rois siégeant devant quelques-uns de leurs
sujets ; divers animaux ; drapeaux portugais disséminés le
long des côtes.

Nomenclature des premières cartes normandes (1). —
Nous faisons commencer la nomenclature de l'Afrique au
Cap Bojador, parce que c'est à partir de ce point que furent
entreprises au xv⁰ siècle les découvertes portugaises, et
nous la terminons généralement au Cap de Bonne-Espérance (2).

Les principales sources, où les Normands, de 1541 à
1550, ont puisé leur nomenclature, sont :

(1/) Une carte marine de 1444.

(2/) La Chonique d'*Azurara*, écrivain portugais (3).
Son histoire de la découverte et de la conquête de la Guinée
est la plus ancienne description, faite par un européen, des
pays situés au midi du cap Bojador. Le manuscrit est daté
de 1453, mais le récit des voyages s'arrête à l'année 1448 (4).

(3/) *Cadamosto*, vénitien, fit un premier voyage aux
rivières de Sanaga ou Sénégal, de Gambra ou Gambia, et
de Rio Grande, puis un second à la même côte d'Afrique et

---

(1). Nous présentons dans l'Appendice III le tableau de la nomenclature des différentes cartes normandes.

(2) Bien des détails concernant cette nomenclature ont déjà été consignés dans la partie historique qui précède : nous ne nous répéterons pas.

(3) *Chronica do descobrimento e conquista de Guiné*, publiée par
Da Carreira, Paris, 1841, in-8°, XXV-474 p.

(4) *Nouvelles annales des voyages*, septembre 1841. Analyse de
l'ouvrage d'Azurara par Ternaux-Compans. — Ferd. DENIS, *Nouvelle
biographie générale*, t. III, au mot Azurara.

aux îles du Cap Vert. La relation de ces deux voyages a été publiée à Vicence en 1507, et on la retrouve dans les collections de Ramusio (1) et de Grynœus (2).

(4/) *Piedro de Cintra*, gentilhomme portugais, était un capitaine qui, en 1462, partit avec deux caravelles et visita la côte de Sierra Leone. Ce voyage a été écrit par Cadamosto (3).

(5/) La carte de Gr. Benincasa (1471) (4).

(6/) Le portulan du cosmographe vénitien, Cristoforo Seligo (1489) (5).

(7/) La mappemonde de 1489 (6).

(8/) Le globe de Martin Behaim (1492) (7).

(9/) La mappemonde de Juan de la Cosa (8) (1500), dressée au port de Santa-Maria d'Andalousie (9).

(10/) Nicolas de Canerio (1502), portulan portugais (10).

(11/) Carte portugaise du Dr Hamy (1502) (11).

(12/) La carte de Weimar (1527) (12).

John Roze (1542). — L'Afrique est détaillée dans les cartes III-VII de l'Atlas, et l'ensemble de la nomenclature provient d'un prototype portugais.

La carte IV s'étend de 1° lat. N. à 44° lat. S., et repré-

---

(1) Edit. 1613, t. I, p. 96-118 ; édit. 1550, p. 104-124.

(2) *Novus Orbis*, édit. in-fol., 1532, p. 1-78 ; édit. 1555, p. 1-75.

(3) RAMUSIO, *op. cit.*, édit. 1613, t. I, p. 110 ; édit. 1550, p. 120 ; édit. 1554, p. 119. — GRYNOEUS, *op. cit.*, édit. 1555, p. 36.

(4) *Gratiosus Benincasa anconitanus composuit veneciis anno domini* 1471.

(5) Conservé à Venise.

(6) Au Musée britannique.

(7) Détails sur ce globe dans F. W. Ghillany, *Geschichte des Seefahrers Ritter Martin Behaim*, Nuremberg, 1853. — H. HARRISSE, *The Discovery of North America*, Paris et Londres, 1892, p. 390. — NORDENSKIOLD, *Facsimile Atlas*, p. 71-74.

(8) Navigateur au service de l'Espagne.

(9) Au Musée naval de Madrid.

(10) Publié en 1890 par L. Gallois (Bull. de la Soc. de Géographie de Lyon, 1890, p. 97-119).

(11) *Etudes historiques et géographiques*, Paris, 1896, p. 131-144.

(12) Carte anonyme espagnole conservée dans la collection du grand duc de Saxe-Weimar.

sente le Sud de l'Afrique et la côte Sud-Est avec Madagascar. Les dénominations les plus apparentes sont : la *Côte d'Ethiopie*, *Madagascar* et le *Cap de Bonne-Espérance*.

On rencontre une grande quantité d'îles, dont quelques-unes ne semblent pas à leur vraie place, par exemple vers le N.-E. de Madagascar une grande île dorée portant le nom de *Agnalla* ; une autre, nommée *Abrelhoge*, teintée en bleu avec des taches d'or et à demi entourée de croix noires qui indiquent des récifs ; et une troisième rouge appelée *l : dô almirante don Vasco*.

A l'intérieur de l'Afrique, — des nègres en jupes courtes ; certains sont barbus et d'autres vêtus de manteaux faits de peaux de bêtes. — Des animaux assez semblables à des vaches, un éléphant avec des défenses sortant de la mâchoire inférieure, et une sorte de lion héraldique. — Beaucoup d'arbres entiers et de têtards, et une masse de rochers représentant sans doute une caverne.

La carte V°, comprise entre 6° lat. N. et 39° lat. S., montre encore le Sud de l'Afrique, et en outre la côte occidentale en remontant au delà de St Thomé. Les principales contrées sont : la *Côte de Manicongo*, les *Iles de St Thomé*, puis l'*Ile de Ste Ellaine* (Ste Hélène). Les habitants ressemblent à ceux de la carte précédente. Très au large du Sud-Ouest sont des îles vagues, sans nom.

La VI° carte, se développant entre 36° lat. N. et 9° lat. S., offre le prolongement de la côte occidentale au delà des Canaries. Signalons, comme régions plus importantes, les *Isles de S. Thome*, la *Côte de Guinée*, la *Côte de Jaloffe*, l'*Ethiopie*, la *Côte de Barbarie*, les *Isles du Cap Vert*, les *Iles des Canaries*, la *Grande mer océanique*.

Les habitants sont des nègres armés d'arcs et de flèches. Il y a aussi des gens à cheveux noirs, vêtus de tuniques sans taille descendant jusqu'aux genoux, et chargés d'arcs ou de javelots.

On remarque des huttes grossièrement bâties, un éléphant avec défenses à la mâchoire inférieure, un lion, un chameau à petite bosse, devant laquelle siège une personne à cheveux frisés et habillée de blanc, tandis que derrière se tient un nègre nu.

La VIIe carte figure l'Afrique septentrionale. Les contours généraux des côtes méditerranéennes sont assez précis. En Afrique, près du détroit de Gibraltar, deux édifices semblables à des temples, et un troisième dans la région de Tunis. Plus près de l'Egypte, deux cavaliers, dont l'un en robe bleue avec carquois et flèches au dos et, sur la tête, un chapeau en forme de ruche, et l'autre en brun avec une sorte de turban comme coiffure.

En remontant un peu le Nil, un château-fort. Beaucoup d'arbres croissent dans toute la région.

Le tracé de l'Afrique sur la mappemonde qui termine le livre de Roze est excellent et bien supérieur aux représentations africaines des cartes particulières de l'Atlas.

Nicolas Vallard (1547) reproduit l'Afrique par portions dans les cartes IV, V, VI et VII de son Atlas, et, comme dans l'œuvre de Roze, la nomenclature est certainement d'origine portugaise.

G. Le Testu (1556) détaille le continent africain de la XIVe à la XXIe carte. La nomenclature est en grande partie portugaise, mais avec quelques noms altérés.

La XIVe carte (fol. 15 v°) embrasse dans son pourtour l'*Espagne*, le détroit de *Gibraltar*, la *Barbarie*, la *Mauritanie Tingitane*, la *Libye intérieure*, la *Numidia Nova*, la *Méditerranée*, la *Sardaigne* et la *Corse*. L'auteur y insère les noms d'une quarantaine de villes, le cours de quelques fleuves et la forme de quelques montagnes.

La XVe carte (fol. 16 v°) comprend la partie de l'Afrique située à l'Est de la carte précédente, et particulièrement la *Libye intérieure* et l'*Egypte*.

La XVIe carte (fol. 17 v°) s'étend du 40° au 14° degré de latitude boréale, c'est-à-dire du détroit de Gibraltar au Cap Vert. Le tracé est exact. On y remarque surtout le *Maroc*, la *Barbarie*, le *Sénégal*, l'*Ethiopie*, qui limite la partie méridionale de la carte, puis plusieurs roses des vents et des « échelles de mesure ». L'auteur n'a pas oublié de figurer les Canaries et les îles du Cap Vert.

Des nègres nus, munis de flèches et de boucliers, bataillent entre eux.

La XVII⁰ carte (fol. 18 v°) marque, en allant de l'Ouest à l'Est, les pays suivants : la *Guinée*, l'*Ethiopie*, le royaume de *Mellic*, le royaume d'*Orguene*. Hommes et animaux bizarres.

La XVIII⁰ carte (fol. 19 v°), magnifiquement enluminée, s'étend du cap des *Palmes*, situé à l'extrémité N.-O. du golfe de Guinée, au Cap de *Bonne-Espérance*. Parmi les meilleures peintures, il faut signaler l'étendard royal portugais, avec la sphère armillaire, de Emmanuel qui régna de 1495 à 1521, puis le château de St *Georges da Mina* flanqué de sept bastions et surmonté d'un énorme pavillon portugais.

La XIX⁰ carte (fol. 20 v°) représente la région méridionale de l'Afrique. Elle s'étend depuis le Sud de l'Ethiopie, vers les sources du Nil, jusqu'au 40° degré de latitude australe, c'est-à-dire 4 ou 5 degrés au midi du cap de Bonne-Espérance. Vers le centre, le cartographe a placé cette inscription : « Hactenus Africa veteribus ignota permansit » (limite de la terre d'Afrique connue des Anciens), et, un peu au-dessous, cette autre : « Africe pars veteribus ignota » (région inconnue aux Anciens).

La XX⁰ et la XXI⁰ cartes reproduisent la partie orientale de l'Afrique avec les îles qui l'avoisinent.

La XX⁰ (fol. 21 v°) est dessinée entre 29° lat. S. et 4° lat. N. ; c'est une partie de la XIX⁰ carte développée vers la mer de l'Inde orientale. Cette contrée est arrosée par le Nil.

Au royaume de Mélinde (fol. 23 v°) est figuré le « prestre Jehan », coiffé d'une tiare et tenant en main un sceptre terminé par une croix papale à trois traverses horizontales. Ce sceptre sert de hampe à un pavillon formé d'une croix d'or sur champ d'azur.

Dans la mer de l'Inde orientale (fol. 26 v°), le cartographe a placé cette inscription : « Illes que acheva l'admiral decouvrir la deuxiesme foys ». Ces îles, situées entre 4° et 5° lat. S., sont sans doute les Amirantes, reconnues par Gama en 1502.

Pour l'époque, la côte orientale de l'Afrique est convenablement tracée.

Nous n'avons pas d'observation particulière à présenter sur la nomenclature de l'Afrique occidentale, extraite des cartes XVII° et XVIII° de Le Testu. Tous les noms se rencontrent sur les cartes normandes antérieures, à l'exception des trois suivants : *C. de Catherine, Aldea de Cuboz* et *Samcol*. Le C. de Catherine est un peu au-dessous du C. rouge ; c'est le *Estrezo de Catherine* de Juan de la Cosa (1500), de Nicolas de Canerio (1502) et de l'édition de Ptolémée (1513). Aldea de cuboz, près de Villa longa, à mi-chemin entre le C. des trois pointes et la riv. des Camarons, correspond à l'*Aldea de la cabra* de Juan de la Cosa. Samcol est situé un peu au Sud de Angola.

G. Le Testu (1566). — La nomenclature sur la côte occidentale de l'Afrique est peu nombreuse, comparée à celle de la XVIII° carte de l'Atlas du même cartographe, et une partie des appellations est française. Les deux noms, *C. de combles* et *Lury*, ne figurent sur aucune des précédentes mappemondes.

Desliens (1566). — La nomenclature très restreinte de ce planisphère ne renferme aucun renseignement nouveau : *C. Cantin* (1), *R. lore, C. blanc, C. ver, Castel de myne* (2), *Comaron* (3), *Manicongue, Amgotta, C. Negre, Praia, Terra de S* Thomas, C. de bonne espérance, C. des aguilles*.

Jehan Cossin (1570). — Nous lisons sur cette petite carte quelques noms : le *Nil, Egypte, Tripoli, Barbarie, Moritanie, Senegal, Guiné, la Mine, Benin, C. de bonne esperance*. Au Centre, *OEteopie* ; à l'Ouest, les îles *Canaries, Y. de Cap de Verd, Ascension, Helcine, S. Thomé* ; et à l'Est, *I. S* Lorens* (Madagascar).

---

(1) Avec pavillon portugais.
(2) *Id.*
(3) *Id.*

Le Globe de Rouen. — L'Afrique est bien représentée ; c'est le modèle de toutes les cartes du xvi° siècle. Notons cependant que le Sénégal et le Niger n'ont aucune communication avec le Nil. Le Niger prend sa source dans le pays des Garamantes et se réunit au Sénégal. Le Nil a une branche en Abyssinie et deux autres qui viennent de lacs (paludes Nili) situés au pied des Monts de la Lune (Montes Lunæ).

La nomenclature n'offre aucun point de ressemblance avec celles qui précèdent, et nous ne pouvons affirmer, de façon certaine, de quelle source elle dérive.

L'Atlas de *J. de Vaulx* (1583) contient plusieurs cartes superbement coloriées, où sont dessinées les côtes africaines. La nomenclature est portugaise, quoique un peu altérée par une défectueuse traduction française.

G. Le Vasseur (1601). — Certains noms sont défigurés. Presque tous empruntés aux cartes précédentes, ils sont mi-français et mi-portugais. Le pavillon portugais flotte à *R. Gambie*, à *G. de lionne* (Sierra-leone) et sur *Sᵗ George da Mina*. Sur cette carte, on remarque le mot *Rufisque* pour *Rio Fresco*, nom donné par les Portugais (1).

Pierre de Vaulx (1613). — Dans la Barbarie, le cartographe a surtout représenté des montagnes, des arbres, des animaux (trois éléphants avec les défenses sortant de la mâchoire inférieure, un lion, etc.). Le *Chasteau de Minne*, dans la Guinée, est dessiné avec soin. Les noms, du reste très nombreux, sont portugais, à l'exception de quelques-uns que De Vaulx a francisés.

Dupont (1625). — Provinces marquées : *Barbarie, Maroque, Ser Lionne, Biafra, Congo.* Pavillon portugais à *La Minne.* Les noms sont d'origine portugaise. Quelques-uns sont nouveaux vers le Cap de Bonne-Espérance : *Aux ours marins, Praie Sᵗ Nicoullas, Montmorency.*

Guerard (1631). — Parmi les noms qu'on rencontre pour la première fois, il faut citer celui de *Petit-Dieppe*, vers 5° 1/2 lat. N., tout près du Rio dos Cestos. La

(1) La HARPE, *Histoire générale des Voyages*, t. II, p. 50.

nomenclature est encore portugaise, ou au moins traduite partiellement du portugais en français (1) ; elle est plus nettement calligraphiée que sur les autres cartes.

En 1631, il y avait cinq ans qu'avait été fondée, en Guinée, la factorerie de la Compagnie des marchands de Dieppe et de Rouen.

Guerard (1634). — Cette mappemonde, à faibles dimensions (0 m. 357 × 0 m. 48), est très soignée comme tracé et comme peintures. L'Afrique y est très exactement dessinée ; mais la nomenclature se réduit nécessairement aux principaux endroits de la côte occidentale.

Berthelot (1635) ne figure dans ses cartes que la côte orientale de l'Afrique depuis 4° lat. S. jusqu'à 15° lat. N. La principale province inscrite le long du littoral est *Magadaxo* (Magadoxo). Puis viennent le *C. de Goardafui* (C. Guardafui) et *Portas dameca* (golfe d'Aden). Vers 2° lat. S. sont plusieurs îles dénommées *As 7 Irmans* (2), et à 3° lat. S., au lieu de 20°, *Do Masquarinhas* (les Marcareignes).

§ IV. — MADAGASCAR

1° *Découverte de Madagascar*. — Les connaissances géographiques des Grecs et des Romains ne s'étendaient pas jusqu'à l'île de Madagascar.

Le géographe grec Strabon n'avait aucune idée de la côte orientale de l'Afrique au Sud du Cap Guardafui. Marin de Tyr, le premier, signala l'île *Ménuthias*, dont Arrien inséra la description dans son *Périple de la mer Erythrée* (3).

Ptolémée connut peut-être l'île de Madagascar sous

---

(1) Dépôt des cartes et plans, à Paris. — Reproduction dans le grand Atlas du Vte de SANTAREM (pl. XXI et XXII).

(2) *Irman*, en portugais, signifie *sœur*.

(3) Ce périple se trouve dans l'ouvrage de Karl MULLER, *Geographi græci minores*, édit. greco-lat. de Firmin Didot. — A. GRANDIDIER, *Histoire physique, naturelle et politique de Madagascar*, t. I, *Histoire de la Géographie*, Paris, in-4°, 1885, p. 2-11.

le nom de Menuthias. Du moins, il semble nettement ressortir des diverses opinions émises au sujet de l'identifica-
tion de plusieurs îles situées dans ces parages (1) que son
île Menuthias correspond à Madagascar. Toutefois, d'après
Gabriel Gravier (2), ce nom de Menuthias pouvait aussi
bien s'appliquer à l'île Zanzibar qu'à Madagascar.

Les Romains, à l'exemple des Grecs, ne recueillirent
que de vagues notions sur une certaine île, à laquelle Pline
attribua le nom de *Cerné*. « On n'en connaît, disait-il, ni
la grandeur, ni la distance au continent » (3). Etait-ce
Madagascar ?

Pomponius Mela, Macrobe et plusieurs autres écrivains latins n'en savaient pas davantage sur la grande île
africaine.

Les Chinois, s'il faut en croire l'arabe Edrisi, visitèrent
Madagascar longtemps avant l'ère chrétienne.

Les Arabes y abordèrent de leur côté, et même y fondèrent des établissements à une époque assez reculée du
moyen âge. Le géographe Maçoudi, qui a traversé Madagascar en 916 (4), place cette île dans la mer de Zendj vers
une région appelée par les navigateurs « Pays de Dja-
founa ». Selon Reinaud, Malte Brun, Dulaurier, G. Gravier,
etc..., Madagascar serait l'île de Kanbalou ; mais A. Grandidier (5) a prouvé que Kanbalou était l'une des Comores.
Maçoudi indique Sofala comme le terme de la navigation
d'Oman et de Siraf dans la mer de Zendj (6). En résumé,
Maçoudi n'a de Madagascar qu'une connaissance bien sommaire.

Edrisi (7), sur son planisphère de 1153, a le premier

---

(1) GRANDIDIER, *op. cit.*, p. 1-11.

(2) Société normande de Géographie, Bulletin de 1893, p. 189-190.

(3) *Hist. Natur.*, lib. VI, cap. XXXVI, § 1, 2.

(4) *Les Prairies d'or*, I, ch. X, p. 233. Le texte et la traduction française de cet ouvrage de Maçoudi ont été publiés par Barbier de Meynard
et Pavet de Courteille, Paris, 1861, 3 vol.

(5) *Op. cit.*, p. 12-13.

(6) *Les Prairies d'or*, ch. XXXIII, trad. franç., III, 6.

(7) *Géographie d'Edrisi*, édit. de la Soc. de Géogr. de Paris, trad.
Joubert.

tenté le tracé de Madagascar sous le nom de *Chezbeza* (selon Grandidier), ou de *Cherboua* (selon Gravier). Il lui suppose 1.200 milles de circonférence : ce qui correspond à la moitié environ du périmètre de Madagascar (1).

Les Arabes désignaient sous le nom de Comr ou Djezaïr el-Comr les archipels voisins de l'île de Madagascar, et cette île est désignée sous le nom de *El-Komr* (Comore) par Yaqoût (1200) (2), Bakoui (3) et la plupart des auteurs arabes.

Vers 1274, Ibn Saïd décrivit l'île de Comr (Madagascar) et, selon J. Codine (4), il fixa d'une façon très approchée sa position, son orientation et ses dimensions.

Les cartographes européens ont copié Edrisi jusqu'à la fin du XVᵉ siècle. Les quelques variantes qu'ils y ont ajoutées sont de faible importance : elles ne modifient que très peu le tracé de Madagascar. Les rares corrections tentées par certains sont malheureuses, parce qu'elles gâtent l'œuvre d'Edrisi, déjà si informe.

Signalons plus particulièrement quelques descriptions ou tracés de Madagascar. Sur la mappemonde de *Richard de Haldingham*, peinte en l'an 1300 dans la cathédrale de Hereford, cette île paraît représentée sous le nom de *Malichu* (5). G. Gravier (6) assimile plus volontiers Malichu à Zanzibar.

En 1459, *Fra Mauro* dans son planisphère place au Sud-Est de l'île Diab, qui termine son Afrique, une multitude d'îles parmi lesquelles nous remarquons *Migido* (Mogdicho) vers la côte de *Xengibar*, puis au Sud de *Chancibar*, située en face de Xengibar, il indique trois îles qui ne peuvent être que les Comores. En face de Sofala, il trace

---

(1) GRANDIDIER, *op. cit.*, Atlas.

(2) Dans son *Modjem el-boldân*.

(3) Dans son *Exposition de ce qu'il y a de plus remarquable*, 1403.

(4) *Mémoire géographique sur la mer des Indes*, Paris, 1868, p. 112-131.

(5) D'AVEZAC, *Note sur la mappemonde historiée de la cathédrale de Hereford*, Paris, 1862.

(6) *Op. cit.*, p. 257, 259.

Mahal, qu'il identifie bien avec la Malichu de Haldingham et par conséquent, selon toute probabilité, avec Madagascar (1).

Le célèbre voyageur vénitien, *Marco Polo*, est le seul écrivain du moyen âge qui mentionne (en 1298) un pays nommé Madagascar. Il avait navigué des embouchures de l'Indus au golfe Persique, et les marins arabes lui avaient transmis bien des renseignements sur la mer des Indes, et sur la grande île africaine. Mais ce n'était pas l'actuelle Madagascar. Ce nom, qu'il écrivait indifféremment *Madeigascar* ou *Mogelasio*, est une simple corruption du mot *Mogdicho* ou *Magadicho*, pays auquel se rapporte sa description et qui est situé sur la côte Est de l'Afrique, un peu au Nord de l'équateur. Mogdicho fut, pendant tout le moyen âge, le port le plus fréquenté de la côte orientale de l'Afrique.

Nous devons signaler ici l'opinion contraire de Yule qui prétend que Marco Polo parle réellement de Magadascar et non du port de Mogdicho (2).

Dans sa Relation (3), Marco Polo nomme Madagascar avant Zanzibar et immédiatement après Socotora. Plusieurs cartographes, à commencer par Martin Behaim, copistes plus ou moins conscients de Marco Polo, se crurent obligés de renverser la position relative des îles de Magadascar et de Zanzibar, et de figurer Zanzibar au Sud-Est de Madagascar. Les cartographes normands ont reproduit cette inexactitude.

Sur son globe dressé à Nuremberg en 1492, M. Behaim interprétant mal le récit de Marco Polo dessina une île du nom de Madagascar en plein Océan Indien et sous le tropique même du Capricorne, et, au Sud de cette île, une seconde qu'il appela *Zanziber*. Ces deux îles étaient imaginaires comme bien d'autres. Certains auteurs arabes comp-

---

(1) Zurla, *Il mappamondo di fra Mauro, camaldolese, descritto ed illustrato*, Venezia, 1806.

(2) *The book of Ser M. Polo*, 1903, I, p. 414, note 1.

(3) Chap. CXCI.

taient 12.700 îles habitées dans l'Océan Indien ! Ptolémée n'en citait que 1.400.

Toutes les notions recueillies depuis l'antiquité sur Madagascar étaient trop vagues pour entraîner les navigateurs vers ces régions. Les données sur cette île, sur son emplacement, son étendue et ses habitants étaient si peu précises et si incertaines que les géographes s'en désintéressaient complètement. Leur attention ne fut attirée sur Madagascar qu'après l'an 1500. Un marin portugais, Pedralvarez Cabral, apporta en effet à Lisbonne vers le milieu de 1501 la nouvelle de la découverte, faite l'année précédente, d'une grande terre située en face de la côte du Mozambique. L'auteur de cette découverte était l'un de ses capitaines, nommé Diogo Diaz.

Ce ne sont donc pas Ruy Pereira et Tristan d'Acunha qui reconnurent les premiers, en 1506, la côte Ouest de Madagascar.

Vers la même époque, une flotte portugaise sous la conduite de Fernan Suarez fut, en revenant des Indes vers Lisbonne, jetée par la tempête sur la côte orientale de Madagascar (1).

Après la découverte de Diogo Diaz, un grand nombre de cartographes se sont mépris sur la vraie île de Madagascar en l'identifiant avec celle du même nom de M. Behaim ; d'autres, croyant peut-être à l'existence de deux îles du même nom, ont tracé sur leurs cartes à la fois la nouvelle île et celle de Behaim (2).

Les premières cartes qui donnent une idée à peu près exacte de Madagascar au point de vue de la configuration des côtes sont deux portulans de Reinel (de Paris et de Munich) et la carte de Diego Ribeiro (1529).

----

(1) Antonio GALVAO, *Tratado dos Descobrimentos antigos e modernos*, Lisboa, 1561, in-4°, p. 40. — MARTINEZ de la PUENTE, *Compendio de las historias de los Descobrimentos de la India oriental y Sus Islas*, Madrid, 1681, in-8°, p. 155.

(2) GRANDIDIER, *op. cit.*, p. 36-39.

Le portulan de Paris (1), non daté, remonté à 1516 environ.

La carte, dite de Munich, a été par erreur attribuée pendant longtemps à Salvat de Pilestrina (1511) cartographe italien établi à Majorque, mais le Dr Hamy (2) a démontré qu'elle était de Reinel et qu'elle avait été dressée vers 1517 (3).

Les deux portulans de Reinel offrent des noms qui ne se retrouvent pas ailleurs et qui démontrent qu'ils dérivent d'un même prototype. Toutefois ces noms sont mieux transcrits dans le premier que dans le second.

La mappemonde de Ribeiro (1529) (4) présente bien des analogies avec les cartes de Reinel, mais le tracé est dans certains endroits moins exact et la nomenclature est moins riche ou moins précise.

2° *Les navigateurs normands à Madagascar et leur cartographie.*

Les Normands à Madagascar. — Au commencement du xvi° siècle, les Français n'osaient pas encore s'aventurer dans les mers de l'Inde orientale : les Portugais en gardaient jalousement l'entrée. Seuls les corsaires de notre pays tentèrent cette route, et parmi eux il nous faut citer Pierre de Mondragon qui, en 1508, s'empara dans le canal de Mozambique d'un des vaisseaux de la flotte de Tristan da Cunha (5). Emu des prises que Mondragon faisait sur ses sujets, le roi de Portugal donna des instructions pour essayer de reprendre les navires saisis par ce corsaire (6).

---

(1) Atlas de quatre feuilles représentant le monde connu, sauf l'Afrique (Biblioth. nat., Section des cartes géographiques, DD. 683).

(2) *Etudes historiques et géographiques*, Paris, 1896, p. 145 et suiv.

(3) Cette carte est à la Biblioth. du Ministère royal de la Guerre, à Munich ; mais une des quatre feuilles qui la composaient fait défaut. Un bon fac-similé, dû à Otto Progel, existe à la Biblioth. nationale de Paris (Section des cartes géographiques, n° 1020).

(4) Ribeiro était professeur de Cosmographie à la *Casa de Contratacion* de Séville.

(5) De La Roncière, *Histoire de la Marine française*, t. III, p. 137.

(6) Instructions du roi de Portugal D. Manuel à João Serrão pour s'emparer des navires capturés par Mondragon, 14 décembre 1508 (*Alguns documentos do archivo nacional da Torre do Tombo*, Lisboa, 1892, in-folio, p. 206).

Le roi d'Espagne qui lui aussi avait à se plaindre des déprédations commises par Mondragon lança plusieurs bâtiments à sa poursuite (1).

Quelques années plus tard, le grand historien portugais Barros (2) signale, en 1527, dans la mer des Indes, la présence de trois vaisseaux de Dieppe, lesquels dirigés par des pilotes portugais avaient abordé l'un à Madagascar, où il avait reçu bon accueil, l'autre à Sumatra et le troisième à Diu. Parmi ces trois bâtiments figurait la *Marie de Bon Secours*, de Rouen, appelée aussi le *Grand Anglais*. Barros ne mentionne que des navires vus par ses compatriotes (3), mais bien d'autres voyages clandestins furent entrepris par les Normands. Ceux-ci ayant échappé à l'active surveillance des Portugais, aucun document ne rappelle leur souvenir.

La première expédition, dont nous possédions une relation authentique, est celle des dieppois Jean et Raoul Parmentier. Montés sur les deux navires la *Pensée* et le *Sacre*, ils appareillèrent de Dieppe le 28 mars 1529. Leur traversée fut assez heureuse jusqu'au Cap de Bonne-Espérance (4). Le 24 Juillet (5), Jean Parmentier, qui était le chef de l'expédition, aperçut la côte Occidentale de « l'isle de Madagascar à quatre ou cinq lieuës ». Il s'en approcha et le 26 il envoya à terre les deux petits bateaux du *Sacre* et de la *Pensée*. Le 28, Jacques l'Ecossais et Bréant, le contre-maître du *Sacre* « tous deux vaillans, gens bien délibérez » (6) auxquels s'adjoignit un nommé Vasse, débarquèrent sur le rivage ; mais attirés dans un bois par les indigènes, ils y furent massacrés presque sous les yeux de leurs compagnons. J. Parmentier appela Cap de la Trahison le lieu où

---

(1) Cédules de Ferdinand le Catholique, 29 décembre 1508 et 5 février 1509 (F. Duro, *Armada española*, t. I, p. 59, 399).

(2) *Asie*, 4° Décade, liv. V, ch VI, p. 296, Edition de Madrid, 1615.

(3) Pierre Margry, *Les navigations françaises et la Révolution maritime du xiv° au xvi° siècle*, Paris, 1867, p. 184 et suiv.

(4) *Le Discours de la navigation de Jean et Raoul Parmentier de Dieppe*, publié par Ch. Schefer, Paris, 1883, in-8°.

(5) *Ibid.*, p. 31.

(6) *Ibid.*, p. 33.

27

ses « gens furent tuez » et qui est situé entre la Monambolo et la Tsiribihina vers 19° 4' lat. S. (1).

Le 31 Juillet, Parmentier quitta cet endroit inhospitalier et fit voile au O.-N.-O. dans le canal de Mozambique. Il y côtoya plusieurs bancs n'ayant que de quatre à huit brasses de profondeur et répandus le long et à quelque distance de la rive. Puis il aperçut quelques îles. Le premier Août, il atteignit (vers 18° 30' lat. S.) les sept îles Barren ou Stériles qu'il appela îles de Crainte « à cause des craintes qu'elles lui donnèrent ». La vue des hauts fonds qui les avoisinaient lui faisait en effet redouter quelque catastrophe. C'est maintenant le pays de Mailaka ou d'Antsantsa. Convaincu qu'il venait de découvrir de nouvelles régions, J. Parmentier imposa un nom à chacune de ces îles, il les appela l'*Isle Majeure* (2), l'*Enchaînée*, la *Boquillone*, l'*Utile*, *Saint-Pierre*, l'*Andouille* « à cause qu'elle est longuette et grosse » (3), et l'*Aventurée*. Ces îles, situées au Sud du banc Pracel, sont petites, basses et couvertes de broussailles. Elles sont connues aujourd'hui sous les noms d'îles Dalrymple, Hosburgh, Beaufort, Flinders, Woody et Smyths.

Le 3 Août, la mer à l'entour étant « grosse et fascheuse » fut surnommée la mer *Sans Raison* (4).

Toutes ces appellations nouvelles, imaginées par Parmentier, furent sans doute marquées sur quelque carte, mais nous n'en avons rencontré aucune, soit dieppoise, soit havraise, qui les ait conservées. La nomenclature de Parmentier ne fut pas admise même par ses compatriotes. C'est là un fait assez rare qu'il importait de signaler, et qui semblerait prouver que ces îles étaient connues et dénommées dès avant le voyage de Parmentier (5).

---

(1) Ménabé indépendant.

(2) La plus rapprochée de la terre ferme.

(3) *Le Discours de la navigation de J. et R. Parmentier de Dieppe*, p. 40.

(4) *Ibid.*, p. 41.

(5) Ramusio, *Delle navigationi et viaggi*. « *Discorso d'un gran capitano di mare francesi del luogo di Dieppa sopra le navigationi fatta alla terra nuova dell' Indie occidentali, chiamata la nuova Francia, da gradi 40 fino a gradi 47, sotto il polo artico, et sopra la terra del Brasil, Guinez, Isola di San Lorenzo, et quella di Summatra fino alle quali hanno navigato le Caravelle, et navi Francese* ». Venetia, 1606, fol. 358 E. — L. Estancelin,

Les cartes normandes de Madagascar. — La cartographie normande s'appuie sur les planisphères du géographe italien Cantino (1502), et des portugais Pedro Reinel (vers 1517) et Diego Ribeiro (1529). Mais avec le temps nos compatriotes corrigèrent et complétèrent le tracé de Madagascar, et parvinrent à façonner un spécimen qui ne subit de modifications ou d'améliorations qu'au xviiiᵉ siècle sous l'heureuse influence du havrais D'Après de Mannevillette, réputé le plus grand hydrographe de son siècle. Sa carte de 1753 est encore informe. Celle de 1776, qui est bien meilleure, accuse un progrès très notable dans la position géographique et le contour des côtes. Seul, le tracé du Nord et du Sud laisse à désirer comme exactitude.

Les meilleures reproductions de Madagascar aux xviᵉ et xviiᵉ siècles s'inspirent, à quelques exceptions près, des cartes normandes ou de leur prototype. Les autres représentations leur sont généralement inférieures.

Dans la mappemonde de *Desliens* (1541), l'« Isle de Madagascar ou Sainct Laurens » est assez semblable, comme tracé, à celle de Ribeiro.

L'*Harleienne*, très ressemblante à la carte de Reinel (1517), est cependant meilleure. Le cartographe l'a très heureusement modifiée en ajoutant au tracé de Reinel un dessin assez exact de l'île Sainte-Marie et de la baie d'Antongil.

Roze (1542). — Comme sur toutes les mappemondes normandes, la partie septentrionale de Madagascar, située au-dessus de la Terre de St-André (*S. âto* chez Roze), est tout entière trop infléchie vers l'Est. Comparée à la carte de Reinel, la côte occidentale de Roze est plus exactement dessinée au-dessus de la Terre de *S. âto*, à partir du *p. de S. iago*, et elle lui est semblable au-dessous. Roze est inférieur à Reinel dans la configuration de la partie méridionale de l'île.

<hr>

Recherches sur les voyages et découvertes des navigateurs normands (Journal du voyage de Jean Parmentier, de Dieppe, à l'île de Sumatra, en l'année 1529), Paris, p. 240 et suiv. — Pierre MARGRY, *Journal d'une navigation des Dieppois dans Les mers Orientales sous François Iᵉʳ, 1529-1530* (Bull. de la Société norm. de Géogr., t. V, p. 168, 233 et 311).

La portion orientale est meilleure que sur la carte de Reinel, mais elle est toujours trop inclinée vers l'Est. La baie d'Antongil, à peine soupçonnée par Reinel, est figurée par Roze ·; et, au-dessus de la baie, nous rencontrons les mêmes imperfections que chez Reinel. L'île Ste-Marie se présente avec des proportions trop grandes.

A l'intérieur du pays, le cartographe a peint avec art des sauvages massacrant trois étrangers. Sans aucun doute, il s'agit des trois marins de l'expédition de Parmentier qui furent traîtreusement mis à mort par les indigènes.

Desceliers (1546). — « Madagascar ou S. Laurens ». Comparée à la mappemonde de Reinel, la carte de Desceliers est plus large, elle s'infléchit un peu moins au N.-E. et est moins allongée que les cartes précédentes à sa pointe septentrionale. C'est plutôt une reproduction fidèle de Desliens (1541), sauf que le cap Ste-Marie, au Sud, est plus pointu chez Desceliers que chez Desliens.

Les contours sont remarquablement exacts pour l'époque. Cependant le cap Est ou Ngontsy est déformé, puis dans la représentation de la baie d'Antongil et de son îlot Manrose, ou Nossy Mauyabé, l'îlot est trop grand et la baie est trop petite et trop ouverte vers l'Est. Les dimensions de l'île Ste-Marie sont trop vastes. La partie N.-E., au-dessus de la baie d'Antongil, est en arc de cercle concave vers l'Est, tracé quelque peu fantaisiste. Vers le S.-E., la région où se trouve Anaboulo est un peu trop échancrée, comme sur les mappemondes de Maggiolo (1527) et de Verrazano (1529).

La côte Occidentale, de la Terre de St-Anthoine au port de St-Jacques, est toute droite, à l'exception de l'enfoncement où se trouve le port Capado.

La nomenclature de Madagascar est francisée.

L'île Jean de Nova y occupe la même place que sur la carte de Pedro Reinel. Les îles Comores y figurent aussi, comme sur cette dernière, au nombre d'une dizaine, mais elles y sont un peu plus rassemblées.

Entre l'île Jean de Nova et Madagascar, il y a non plus

un îlot, mais deux qui portent le nom de Grâce ; et dans l'Est on voit d'abord les îles de Ste Appolline et de Domigo, sous le nom de Mascarenhas, puis à 1500 milles plus loin la grande île des Géants, appelée Zanzibar sur d'autres cartes.

Desceliers (1550). — « Madagascar ou St Laurens ». Madagascar a la même forme que sur la mappemonde précédente ; sa partie centrale est trop large.

Tout près de cette grande île, Desceliers a transcrit les deux légendes suivantes sur Madagascar et sur Zanzibar ; toutes deux sont extraites de Marco Polo :

« *Madagascar* est une isle nommée entre les plus grandes et les plus riches du monde. Les habitans tiennent la loy de Mahumet et n'ont qu'un Roy, mais quatre anciens pour gouverner le pays. Il y a plus d'elephantz que en aultre region, dont y a grande trafique diverse, mengent chair de cameaux, desquelz y a multitude infinie près de ceste isle. En la mer sont prins grandz poissons desquelz l'ambre gris et jaulne est cueilly, et dedans la mer on tire le courail blanc en grand nombre. L'espisserye de ceste isle est gingembre en grand nombre. Les bestes sont lyons, leopardz, cerfz, saillans, chievres et aultres especes de bestes a nous incongneues ».

« *Zanzibar* est une isle grande dont les habitans sont ydolatres, grands et tres fortz, noirs et nudz fors leurs parties. Cheveulx crespes, grande bouche et le nez esslevé. Grandes oreilles et yeulx horribles, fort difformes, vivans de laict, fourmage, chair, rys et dattes. Ils n'ont vin, mais font bruvage de sucre et aultres especes. Bataillent avec elephantz et cameaux. Les bestes sont lyons, leopardz et aultres bestes ».

Desceliers (1553). — « Madagascar ou Saint Laurent ». Le tracé, comme celui de 1550, est d'une correction que les cartographes n'atteindront pas de bien longtemps. Mais la réduction photographique du Musée de Dieppe, quoique plus grande que celle de la Bibliothèque nationale de Paris, est à trop petite échelle pour qu'on puisse en étudier avec soin les détails et en donner toute la nomenclature, qui n'est certainement pas moins abondante que sur les autres mappemondes de Desceliers.

G. *Le Testu* (1556). — « L'île de Saint Laurent, ou Madagascar ». Ce portulan contient deux cartes de Madagascar, qui diffèrent un peu l'une de l'autre. Les contours sont bien exacts, à l'exception de la partie septentrionale qui est peut-être trop rejetée à l'Est.

La vingtième carte (folio xxi v°) reproduit aussi fidèlement que possible la configuration de la carte de Pedro Reinel. Le Testu s'est seulement contenté d'en franciser la nomenclature. D'ailleurs cette nomenclature francisée existait déjà dans le Desceliers de 1546, et elle était encore la traduction de la nomenclature du planisphère de Diego Ribeiro (1529). Cette carte diffère peu de l'Harleienne. Mais les baies sont mieux indiquées, et sous ce rapport il y a progrès sur l'Harleienne. Cette carte a plus de ressemblance que la suivante avec la carte de Reinel.

La vingt-et-unième carte (folio xxii v°) a la même étendue que la précédente, mais elle s'allonge davantage à l'Est. Elle est bornée au Nord par la terre de Mélinde et à l'Ouest par l'île de Madagascar. Ce nouveau tracé de Madagascar ne concorde pas tout à fait avec celui de la vingtième carte. Il se rapproche davantage de celui de Desceliers (1546), à ces remarques près : meilleur tracé de la côte Occidentale, de la terre de St-Anthoine au port de St Jacques ; orientation plus exacte de la baie d'Antongil, et dimensions de l'île Ste-Marie mieux établies (longueur plus grande et largeur moindre). La partie méridionale est à peu près conforme à celle de Reinel (1517).

Cette seconde représentation de Madagascar ne possède aucune nomenclature sur le dessin reproduit par A. Grandidier.

Sur cette carte sont indiquées plusieurs îles. Le Testu appelle *Zanzibar* l'*Isle des Geantz* des deux Desliens (1541 et 1566).

Ce cartographe observe qu'à l'aide de l'échelle annexée

à la carte, on mesure la distance de la terre ferme à chacune de ces îles. Les rumbs de vent ont pour but d'indiquer
la direction à suivre « pour aller d'ille en ille ».

Le Testu (planisphère de 1566). — Le contour de l'île
« Sainct-Lorens anciennement dicté Madagascar » ne ressemble à aucun des deux spécimens présentés sur le portulan de 1556. Le Testu paraît s'être inspiré de l'atlas de
Diego Homem (1558) (1), ou du moins parmi les nombreuses
configurations de Madagascar au xvi⁰ siècle, Le Testu se
rapproche manifestement du prototype de Diego Homem,
principalement pour la partie orientale. Le tracé des parties
septentrionale et occidentale offre moins d'intérêt. Le Testu
figure, comme Homem, sur la côte orientale, vers le milieu,
un immense enfoncement, pouvant mesurer environ 300 km.
de long sur 60 km. de large, et fermé du côté de l'Est par
trois îles assez spacieuses. La carte de Andreas Homo
(1559) (2), très ressemblante à celle de Homem pour les
contours de Madagascar, porte aussi la même entaille.

Le Testu place l'île imaginaire de Zanzibar à 20° lat. S.
et à 105° long E., et, de même que sur son portulan, il y fait
loger des « oueseaulx de miraculeuse grandeur ».

Desliens (1566). « St-Laurens ».

Cossin (1570). « I. St Lorens ».

Le tracé de ces deux planisphères est trop petit pour
qu'on puisse le comparer avec celui des autres cartes normandes.

Le Globe de Rouen. — « Madagascar, D. Laurêtii
insula ». Ce globe a un tracé bien rudimentaire. Il a quelque
analogie avec la carte de Tramezini (1554), mais il lui est
assurément inférieur.

La nomenclature est très restreinte. Sur la côte occidentale, trois noms seulement, *Terra S. Andre*, *C. S. Iago*, *P.
S. Iusto* ; et pas un sur la côte orientale.

A l'Est de Madagascar, le sphérographe a figuré quel-

_____

(1) Atlas de huit feuilles de 1 m. 25 × 1 m. 10.

(2) Portulan conservé aux Archives du Ministère des Affaires étrangères, à Paris, 0 m. 61 × 0 m. 76.

ques îles, l'île Nazareth et l'île João de Lisboa, qu'il dénomme *Laboa*. Il donne aux Mascareignes le nom de Zanzibar ; et au Sud une grande île est appelée *S. Clare*.

A l'Ouest on rencontre des expressions empruntées
principalement à Ptolémée, comme par exemple : *Raptum
prom.* près de *Quilloa*, et *Prassum promô.* à côté d'Andoxa
(pour Angola). Les caps Raptum et Prasum sont placés par
7° et 15° lat. S., comme sur la carte de Karl Muller (1).
L'île *Zanziber* occupe la place de l'île Zanzibar.

Vers le Nord, nulle indication des Comores.

Berthelot (1635). — « Sao Lourenço » (2).

Le tracé est plus conforme à celui de Reinel qu'à tout
autre normand ou étranger. Il est seulement à remarquer
que, comme Reinel, Berthelot donne une configuration
défectueuse de la baie d'Antongil, si toutefois un enfoncement tourné vers l'Est correspond à cette baie. Mais, à
l'encontre de Reinel, Berthelot représente l'île Ste-Marie,
et ajoute à sa carte une échelle des latitudes. L'échancrure,
la dernière au N.-O., a des dimensions très considérables,
plus considérables que sur n'importe quelle autre carte ;
elle s'étend entre 12° 1/2 et 14° lat. S.

Si l'on excepte la région N.-E., à partir et au-dessus
de la baie d'Antongil dont la direction est presque N.-S.,
la carte de Berthelot ressemble bien aux cartes de l'italien
Lazaro Luiz (1563), du portugais Vaz Dourado (1571) et du
flamand Gysbert (1599). Mais Luiz, Vaz Dourado et Gysbert ont copié Reinel qu'ils ont un peu modifié. Ils ont
introduit la baie d'Antongil et l'île Ste-Marie, et ont transformé la partie N.-E. qu'ils ont tracée en arc de cercle
convexe vers l'Est.

Selon A. Grandidier (3), cette carte de Berthelot est une

---

(1) *Geographi grœci minores*, Tab. XII.

(2) Carte d'une partie de la côte S.-E. de l'Afrique avec le canal de
Mozambique et l'île de Madagascar, sur laquelle figure l'inscription :
« Petrus Berthelot primum cosmographicum Indianorum imperium faciebat. Anno Domini 1635 » (Brit. Museum, Mss. Sloane 197, fol. 94). Rappelons que cette carte carrée de 0 m. 30 de côté se trouve dans le « Livro
do Estado do India Oriental..... feito pello Capitao Pedro Barreto de
Bezende. Anno 1646 ».

(3) *Op. cit.*, p. 42:

des premières, sinon la première, qui ait été dressée à l'usage des marins.

Parmi les cartes verrazaniennes, il convient de signaler la carte de Maggiolo (1527) et celle de Verrazano (1529).

Le planisphère de Maggiolo mesure 1 m. 72 × 0 m. 60, et inscrit *Isola S. Laurentii* ; celui de Verrazano, aux dimensions plus considérables (2 m. 64 × 1 m. 32), porte *Insula Sancti Laurentii.*

La forme de Madagascar sur la carte de Maggiolo est défectueuse et sur la carte de Verrazano la baie d'Antongil a son entrée tournée vers le N.-E.

La position de Madagascar sur les deux cartes est relativement exacte.

Remarques sur la nomenclature normande de Madagascar (1)

Côte Occidentale. — Cada ou Çada. Ce nom est celui du principal port où atterrit Tristan da Cunha lors de son voyage en 1506. Le cartographe Ruysch donne, en 1508, à Madagascar le nom *Camaroçada*, nom composé de Comore et de Çada ou Sada. Ruysch était donc au courant de l'expédition des Portugais en 1506. D'anciennes chroniques portugaises (2) placent Sada au Nord de Lulangane dans la baie de Mahajamba, et en font le chef-lieu de la province d'Anoroutsangana. Outre Roze, plusieurs cartographes citent Çada, notamment Gastaldi en 1567, et Dupré Eberard en 1667 sous le nom de Assada.

Cady, mentionné déjà par Tristan da Cunha en 1506, trouve sa place dans les cartes de Reinel et de Roze. Aujourd'hui c'est la ville de Langany dans la baie de Mahajamba.

I. de buqui. C'est sous le nom de Bouki que les Arabes de la côte d'Afrique désignaient Madagascar. Cette île de *Buqui* ou de *Bugi* est aujourd'hui Nosy Manja de la baie de Mahajamba. C'est en cet endroit que les portugais et les

---

(1) Voir l'Appendice IV.

(2) *Comentarios do Alboquerque, Faria e Souza, Castanheda,* etc. (A. GRANDIDIER, *op. cit.*, p. 38.)

hollandais ont relâché pour la première fois. On signale l'île Bugi sur les cartes hollandaises de Houtman (1595) et de Gysbert (1599), et sur la carte française de Cauche (1651).

Le nom *de S. Marie*, donné par Desliens (1541), nous semble une mauvaise lecture pour *Dona Maria*.

Le *C. de Saint André* des cartes normandes, déjà inscrit sur la carte de Reinel de Munich, est aujourd'hui la pointe d'Ambararata à l'extrémité Occidentale de la baie de Mahajamba.

Le golfe de *Donâ maria da Cunha* est maintenant la baie de Boina, où débouche la riv. Mahamba. Ce golfe a porté des noms très variés, excepté chez les Normands qui lui ont tous conservé la dénomination que lui avait donnée Reinel. Il fut successivement appelé *Bahia formosa* par Ruy Pereira Coutinho (10 août 1506), *baie de la Conception* par Tristan da Cunha (8 Décembre 1506), *Barda* par Gastaldi (1567), *Mazalagem nova* par le P. Luiz Mariano (1613), etc. Ces noms sont bien différents de celui de *Donà m*ª *da Cunha*.

La *Terre de S*ᵗ *Antoine* est mal désignée sur la carte de Desliens, sur l'Harleienne et sur la carte de Berthelot.

Coste de pracel, *Baxos de pracel*, noms portugais qui signifient bas fonds (baixos) et écueils (parcel). Ce sont des rochers avoisinant les îles Stériles et persistant sous différents noms jusqu'au xıxᵒ siècle. Antérieurement à la carte de Berthelot, on les rencontre encore sous les formes suivantes : *Baxeras de Pracel* (Cabot, 1544), *Bareire* (pour Baixos) (Sanuto, 1588), *îles Aprilochio*, *les sept îles de Corpo de Deus* (P. Luiz Mariano, 1613).

Les Portugais ont donné le nom de *Rio Pracel*, ou rivière des écueils, à une rivière débouchant vis-à-vis des îles Stériles.

Le *Port capado*, nom inséré pour la première fois sur une carte par Desliens et reproduit par Desceliers, est le cap et port de la Trahison de J. Parmentier. C'est aussi le *Rio del Rey* de Tramezini (1554), et le *Sadia* du P. Luiz Mariano (1613).

Terra delgada. Au commencement du xvıᵉ siècle les

Portugais donnèrent au Ménabé le nom de *Terra do Gado* (ou pays du bétail).

La *Terre de St Vincent* est l'île de St Vincent. Elle changea de nom au XVIIIᵉ siècle, et devint soit l'île aux Crabes (Crabb island) de Thornton (1703), soit l'Eerste Eyland de Van Keulen (1753). De nos jours, c'est la Nosy (1) Andriamitaroka.

Le *P. de St Vincent* de Desceliers, comme la *pta de S.-Cincinte* de Berthelot, est maintenant Morombé sur la côte S.-O.

Le *P° de S. Agostinho* de Berthelot est aujourd'hui la pointe méridionale de la baie d'Androka. On trouve encore le *Port St Augustin* sur la carte du P. Luiz Mariano (1613).

La Baie de St Augustin figure pour la première fois sur la carte de C. de Houtman (1595) ; on la rencontre ensuite sur la carte de Berthelot (B. de S. Agostinho) et sur celle de Van Keulen (baay S. Joan ou St Augustin, 1753).

Le C. S.-Just est maintenant la pointe Fenambosy sur la côte S.-O. de Madagascar. Ce cap a reçu divers noms ; il est appelé Stᵉ Justine par Gastaldi (1567), Saint-Juste par Florenz de Langren (1595) et St-Julien par Cauche (1651).

Côte méridionale. — Le C. Stᵉ-Marie est le cap Salido de Mercator (1569) et le cap St Sébastien de Thornton (1703).

Turobaya, aujourd'hui le Mamelon du fort Dauphin, a été découvert le 10 Août 1508 par Diogo Lopez de Sequeira. Outre les différentes orthographes de ce nom sur les cartes normandes, ce fort est encore signalé sous d'autres appellations : Turanbaya (Cabot, 1544), Turolua (Homem, 1558), Turunbaia (Mercator, 1569), Coutarambaia (Sanuto, 1588), Tonabaio (Gysbert, 1599), Tonobaia (Florenz de Langren, 1595). Ces mots dérivent de Toulou-Baya.

Les noms Tarohay, Turubana, Torunba, etc... semblent désigner la rivière de *Turobaya*.

Les mots dantepera, damtypera, antepara indiquent ce qu'on appelle aujourd'hui la pointe d'Itaperina.

____

(1) *Nosy* ou *Nosi* signifie île.

Il n'y a que la carte de Reinel (Munich) qui mentionne les *montes san Romão*.

Côte Orientale. — L'île Sainte-Claire qui figure dans la cartographie normande est la principale des îles Sainte-Claire.

La Baie de Ste Luce (Santa Luzia) semble avoir été découverte, en 1509, sous le nom de Santa Clara par Diogo Lopez de Sequeira.

Iavibola (ville et rivière) est représentée depuis Reinel (Paris) jusqu'à la fin du xvie siècle sur les cartes normandes, mais avec une orthographe un peu différente, depuis *c. aboulo* de Reinel jusqu'à *emsibambo* de Le Testu. Les cartes étrangères l'orthographiaient encore plus mal : *Babanto* (Cabot, 1544), *Alaboula* (Gastaldi, 1567), *Balonga* (Mercator, 1569), *Babuneum* (Sanuto, 1588), etc.

Manantena, rivière venant de la vallée d'Ambolo, est différemment nommée par les cartographes normands, de *manatêgo* (Reinel, Paris) à *Manatangea* (Berthelot).

Manayba, aujourd'hui Mananivo (rivière et village), assez bien inscrite par les Normands, est défigurée par les étrangers comme par exemple Manuapa (Tramezini, 1554), Manatha (Mercator, 1569), Manaloa (Ortelius, 1570), Manba (Gysbert, 1599), Maiba (Cauche, 1651).

Manampatrana est une rivière appelée par les Normands manapata, manapeta ou manapate. Les étrangers l'ont successivement désignée sous les noms de Impetunao (Tramezini), Manipara (Homem), Marapata (Mercator, 1569), Manapan (Gysbert, 1599), port aux Galions (Cauche, 1651).

Matitanana est une rivière dont l'embouchure a été découverte en 1506 par Ruy Pereira. Elle est appelée ordinairement Matatana ou Tanana. Le nom de Matatana lui fut attribué par Joao Gomez d'Abreu (1507) et par Diogo Lopez de Sequeira (1508). Les normands ont peu modifié cette appellation. Gastaldi (1567) l'appelle Macatapa, et Hondius (1607) Manatana.

Mananjara est une rivière dont le nom a été moins altéré par les Normands que par les étrangers. Ainsi on la trouve chez ceux-ci sous les dénominations suivantes : Mamagrura (Cabot, 1544), Manayara (Tramezini, 1554), Manijara (Homem, 1558), Nanasara (Mercator, 1569), Mamaidra portus (Sanuto, 1588), Mananiara (Hondius, 1607).

Sakaleony est une ville nommée Sacaléon en 1768 par le Ch[er] Grenier. Antérieurement elle avait porté chez les Normands les noms de Mamaulo, manaluzo, moluco, etc. Diversement transcrite aussi par Tramezini (Mamazulli), par Homem (Miainalufo), par Gastaldi (Mamaula), par Hondius (Amafufo) et par Sanson en 1655 (Mamato).

C'est à tort que les cartographes ont situé cette ville au Sud de la Sahasaka, tandis qu'en réalité elle est au Nord.

La rivière *Sahasaka* porte chez les Normands des noms qui ressemblent plus ou moins au *Cacacanbo* de Reinel. Chez les étrangers, le nom n'est pas moins bizarre : c'est Ratabulo (Cabot), Çasamba monte (Mercator, 1569), Çaçabumbum (Sanuto, 1588), Çançabo (Gysbert, 1599), Le Bout du Bout (Cauche, 1651).

Arcos est le nom primitif de l'embouchure de l'Iharoka. Assez bien orthographié sur les cartes normandes, ce mot devient Arais chez Cabot, et Avibahé chez Flacourt (1656).

L'île Sainte-Marie est indiquée pour la première fois par Desliens, et elle figure dans les cartes de Desceliers sous le nom de *Sainte-Claire*. La carte la plus ancienne de l'île Ste Marie et de la côte voisine, à une certaine échelle, est due à Flacourt, qui l'a insérée dans son *Histoire de Madagascar* en 1658 ; mais elle est très grossière.

Le nom de *Baie d'Amtonio Gonçalvez*, qu'on observe pour la première fois sur la carte de Reinel (Paris, 1516), est dû à Pedreanes, pilote français au service du Portugal, lequel quitta Lisbonne le 11 Juin 1514 pour aller à Madagascar installer une factorerie. Cette baie est la baie d'Antongil des cartes postérieures, et elle correspond à la *Baie de Tanzo Calriez* de Desceliers (1546), à *Gonçalvas* de Le Testu, et à la *Baye de Antogid* de Berthelot.

On la retrouve encore au xvie siècle sous la dénomination de *Baie d'Antâo Gonçalves* (Vaz Dourado, 1571), *Sancti*

Antonii sinus (Sanuto, 1588), *Golfe de Tangil* (Houtman, 1595) et enfin d'*Antongil* (Gysbert, 1599).

Au Nord de la baie d'Antongil, on rencontre Alagoa serrada ou la lagune fermée. Sur les cartes normandes, elle est encore inscrite sous les noms de *b. serado* (Desliens), *lago serado* (Harleienne), *o lago serado* (Roze), et sur les cartes étrangères du xvi° siècle elle est nommée *aiguade d'Antongelz* (Cabot), ou *aiguade de Joao Gillz* (Homem, 1558), *Lagancarada* (Gastaldi, 1567), ou enfin *aiguade d'Antonio* (Mercator, 1569).

Le cap *de marco* ou *de moro* des Normands est aujourd'hui la pointe d'Antsirakosy ; c'est aussi le cap Reroz de Cabot, le Cap Mayo de Mercator, le Cap des Cocos de Sanuto (1588) et le Cap Boamaro de Florenz de Langren (1595).

La baie de Vohémar, tracée pour la première fois par Reinel, renferme un port et une rivière. Le port, inscrit sous le nom de *maro* par Desliens et sous celui de *maaro* par Desceliers (1546 et 1550), a été nommé successivement Boamaro par Gysbert (1599), Amarago par Cauche (1651), Boamarage par Sanson (1655), et Vohemaro par Flacourt (1656). Sur la carte du commandant Bigeault (1833), ce port est dénommé Anilambato ou Ambavarano.

La rivière *R. de bamaro* (Reinel) ou *Bemaro* (Le Teslu) a été ainsi appelée par Pedreanes lors de son expédition en 1514.

L'actuelle Nosy Angontsy était appelée par les Normands siapore ou siaparo. Elle était encore désignée par d'autres noms : Nosi Ampero (Homem, 1558), Ciampera (Mercator, 1569) et Ciampero (Thevet, 1586).

Le *port de St Sébastien*, figuré par Reinel et par les cartographes normands, fut découvert le 20 Janvier 1509 par Diego Lopez de Sequeira. Ce nom semble s'appliquer à la fois à la baie de Diego Soarez, et à celle d'Antomboka. Cependant nous croyons que le nom Diego Soarez, qui sur la carte de Berthelot est nettement séparé de *P° de S. Sébastiao*, convient plutôt à la petite anse qui est située immédiatement au Nord et que ferment vers l'Est les deux îlots de Diego et de Soarez. Selon A. Grandidier (1), la Baie de Diego Soarez, qui depuis le commencement du xvi siècle était marquée sur les cartes de Reinel, de Ribeiro, de Desceliers et d'autres normands, de Homem, Berteli, Mercator, et Sanuto sous le nom de *Port St Sébastien*, fut pour la première fois mentionnée sous ce nom par Berthelot (1635).

Par ce mot *C. Lampar*, Le Testu n'a-t-il pas eu l'intention de marquer le *Cap del Ambar*, ou Cap d'Ambre ? Et alors ce ne serait pas sur la mappemonde de Mercator (1569) qu'apparaîtrait pour la première fois le nom *Cap del Ambar*. Sans doute, Le Testu le défigure. Dénommé *Cap de Natal*, en 1506, par Tristan da Cunha, ce cap a encore été appelé *Cap de St Sébastien* par un certain nombre de cartographes du xviⁿ siècle.

---

(1) *Op. cit.*, p. 83.

CHAPITRE III

L'Asie, la route des Indes orientales, l'Archipel asiatique et le Japon

---

§ I. — La route des Indes orientales et l'Asie

1° *Voyageurs et cartographes antérieurs aux Normands.*

La route des Indes orientales fut activement recherchée par les Normands au XVI° siècle. Ils voulaient se frayer une voie à travers les mers du globe vers l'Inde dont les merveilles légendaires excitaient leur convoitise. Ango et ses pilotes n'eurent d'autre but que d'aller commercer aux fameuses Iles des épices, et ils essayèrent de les atteindre par le Cap de Bonne-Espérance. Obligés de cacher très soigneusement leurs entreprises maritimes vers les régions asiatiques, ils ne rédigeaient pas de journaux de bord, ou du moins aucun rapport de mer, daté du premier quart du XVI° siècle, ne nous est parvenu. Dans les Archives des ports normands on ne rencontre aucune carte annexée aux procès-verbaux des prises faites au XVI° siècle par nos compatriotes.

Il y avait grand péril pour eux à se hasarder sur la route des Indes. Les Portugais, qui l'avaient découverte, en fermaient l'accès aux étrangers ; et il faut bien se rappeler que le monde était alors partagé entre les Portugais et les Espagnols.

Les Portugais avaient édicté des lois sévères contre tout explorateur qui tenterait de pénétrer dans les eaux qu'ils fréquentaient, et particulièrement du côté des Iles aux épices. Non seulement ils refusaient de vendre des cartes à l'extérieur, mais ils punissaient de mort quiconque en aurait cédé une qui indiquât la route de Calicut (1). Cette interdiction s'appliquait, selon nous, aux cartes nautiques détaillées, et non aux atlas ou aux cartes d'amateurs à faibles dimensions. En outre, la cour de Lisbonne entretenait, dans la plupart des ports français, des agents chargés d'y exercer une surveillance permanente. Avant le départ des navires, ces agents prenaient connaissance de leurs contrats d'affrètement et s'opposaient, le cas échéant, aux expéditions préparées pour des pays où les Portugais s'arrogeaient le monopole commercial, comme au Brésil, sur les côtes africaines et aux Indes orientales. Ils recouraient parfois à la voie diplomatique pour mettre obstacle aux entreprises normandes. Mais nos compatriotes se jouèrent plus d'une fois des Portugais, et tel capitaine qui, d'après son congé, devait par exemple se rendre en Guinée, annonçait en haute mer à son équipage qu'il voguait vers les Indes orientales.

Les limites du monde, pour les géographes grecs, ne s'étendaient guère au delà de l'Asie persane, de l'Inde jusqu'au Gange, et de la Taprobane (Ceylan) (2).

Jusqu'à la fin du moyen âge, si l'on excepte la Table

---

(1) F. A. de Varnhagen, *Historia geral de Brazil*, 1854. — R. H. Major, *The life of Prince Henry of Portugal*, in-8°, 1868. — De Humboldt, *Histoire de la Géographie du Nouveau Continent*, t. IV, p. 70.

(2) D'Anville, *Sur les limites du monde connu des Anciens au delà du Gange* (Mém. de l'Acad. des Inscriptions et Belles-Lettres, t. XXXII, p. 604). — Bonamy, *Réflexions générales sur les cartes géographiques des Anciens et sur les erreurs que les historiens d'Alexandre le Grand ont occasionnées dans la Géographie* (Mém. de l'Acad. des Inscr. et Belles-Lettres, t. XXV, Hist., p. 40).

de Peutinger et les cartes appelées *rouelles* (1), on distingue trois modes de représentation cartographique des parties méridionales et orientales de l'Asie, car notre présente étude embrasse principalement ces régions asiatiques.

Il y a d'abord les cartes ptoléméennes, dont la construction avait pour base les connaissances acquises soit à l'époque des expéditions militaires d'Alexandre, soit plus tard à travers le commerce égypto-indien.

On sait que, Ptolémée n'ayant construit qu'un globe terrestre (2), nous ne possédons pas sa mappemonde originale. La carte, dite de Ptolémée, est l'œuvre de ses commentateurs. Elle a pour limites au Nord le parallèle de 63°, celui de l'*Ultima Thule*; à l'Ouest, le premier méridien, fixé aux Canaries ; à l'Est, le méridien de 180°, celui de *Thines*; au Sud, le parallèle de 20°, mais le point le plus méridional est le promontoire *Prasum* (15° 30' lat. Sud). En partant de l'Indus pour se diriger vers l'Est on y remarque dans l'Inde la direction O.-E. de la côte de Malabar, l'orientation à peu près exacte de la côte de Coromandel, et le prolongement, au-dessous de l'équateur, de la très grande île appelée Taprobane (Ceylan). L'Indochine est encore assez irrégulière, quoique moins mal tracée que l'Inde. A l'Est apparaît le Sinus Magnus, dont la côte orientale, d'après Ptolémée, descendait vers le Sud jusque vers 20° lat. S., puis, longeant le parallèle de ce point, allait rejoindre l'Afrique. L'Océan indien était donc fermé (3).

En second lieu se présente le type des cartes arabes. Les Arabes améliorèrent très peu la cartographie de l'Est et du Sud-Est de l'Asie. Ils n'étaient pas cartographes, et il serait bien difficile d'établir leur part d'influence dans le développement de l'art de dresser des cartes au moyen âge. Leur meilleure œuvre cartographique semble être la repré-

---

(1) Exquisses en forme de roues où les trois parties du monde étaient inscrites dans un cercle entouré par l'Océan.

(2) H. Schlichter, *Ptolemy's Topography of Eastern Equatorial Africa* (Geogr. Journ., London, 1891, p. 521).

(3) Le livre du vénitien Marco Polo a servi à compléter cette carte.

sentation du monde par Edrisi (1). Or cette carte n'est qu'une reproduction de celle de Ptolémée, à laquelle les Arabes ont fait quelques additions, où l'on croit distinguer vaguement les îles Ceylan, Sumatra, Java et quelques autres, mais placées arbitrairement dans l'Océan indien. Reinaud (2) et Quatremère ont relevé les imperfections de la carte d'Edrisi pour les contrées orientales.

Aboul-féda, le prince de Hamat, composa en 1321 un traité dans lequel il exposait le système presque entier des doctrines géographiques des peuples de l'Orient au moyen âge. Dans le passage des *Prolégomènes* où il décrit la mer de Chine, il rapproche de l'équateur toute l'Inde et la presqu'île de Malacca, et trace en ligne droite, de l'Ouest à l'Est, les contours de ces deux vastes régions. Ici il s'inspire certainement de Ptolémée.

Les Arabes acceptèrent généralement un Océan indien fermé. Néanmoins, quelques-uns, comme Maçoudi (3) et Albyrouny (4), admettaient une communication entre toutes les mers.

En somme, les Arabes ne perfectionnèrent pas la carte de Ptolémée dans la région de l'Inde (5).

Enfin le troisième modèle de cartes est celui qui s'appuie sur les connaissances géographiques rapportées par les voyageurs vers la fin du moyen âge. Ces intrépides marcheurs avaient recueilli des renseignements plus ou moins définis sur la Chine, sur la péninsule de l'Inde orientale et les îles qui l'entourent, sur Taprobane.

Le rabbin *Benjamin de Tudèle*, allant à l'aventure pour visiter les communautés éparses (1159-1173), communiqua

---

(1) *Tabula rotunda Rogeriana ab Edrisio servata* (1154).

(2) *Introduction à la Géographie d'Aboul-féda*, Paris, 1848, in-4°.

(3) Maçoudi (X° siècle), *Les Prairies d'Or*, traduction française de Barbier de Meynard.

(4) Albyrouny écrivit en 1030. Traduction d'Albyrouny dans Reinaud, *Relation des voyages faits par les Arabes et les Persans dans l'Inde et à la Chine*, Paris, 1845, in-16°.

(5) Abbé Anthiaume, *Les cartes géographiques et principalement les cartes marines dans l'antiquité et au moyen âge* (Bull. de géogr. historique et descriptive, 1912, p. 384-387).

le premier des notions précises sur l'Inde où les Juifs de Cochin formaient déjà une puissante colonie. Les italiens *Ascelin* (1), de *Plan Carpin* (2), le flamand *Guillaume de Rubruck* (3), ambassadeurs du pape Innocent IV et de Saint Louis, pénétrèrent jusque dans les steppes des Khalkas et firent connaître par les récits de leurs voyages ces régions jusqu'alors ignorées du monde occidental.

Puis *Marco Polo*, le plus célèbre voyageur du moyen âge, visita les mystérieuses contrées de l'Extrême-Orient (1271-1295). Cet infatigable explorateur sillonna en tous sens le plateau central asiatique, la Chine, l'Indochine, Sumatra, Ceylan, les Indes (4). Ses informations étaient très exactes, mais d'abord elles parurent suspectes à ses contemporains.

Les géographes du XIV⁰ siècle et les voyageurs, parmi lesquels on comptait plusieurs missionnaires allant évangéliser les Indiens, ajoutèrent peu de vérités et beaucoup de fables aux notions recueillies par Marco Polo. Citons notamment : *Jean de Monte-Corvino* (1292-1305) (5), *Odoric de Pordenone* (1316-1330) (6), *Jourdain de Séverac*

---

(1) Une relation incomplète de son voyage se trouve insérée dans le *Miroir historique* de Vincent de Beauvais (ch. XXXI). Son œuvre a été traduite du latin en français par Pierre Bergeron, dans son recueil des *Voyages en Tartarie*.

(2) La meilleure édition de la Relation écrite par Plan Carpin semblait être celle de D'Avezac (*Recueil de voyages et Mémoires de la Société de géographie de Paris*, 1838). Une traduction anglaise de Plan Carpin et Rubruck a été donnée pour l' Hakluyt Society par W. W. Rockhill en 1900, et le premier texte exact par C. R. Beazley, également pour l'Hakluyt Society, 1904.

(3) Hakluyt a le premier publié un sommaire de la Relation de Rubruck. Purchas a donné dans son *Recueil* une traduction anglaise de l'œuvre entière, et la Société de Géographie de Paris l'a insérée dans son *Recueil de voyages et Mémoires* (t. IV, Paris, 1839, in-4°). Voir la note 2, *supra*.

(4) *Bull. de la Soc. de Géogr. de Paris*, janvier 1833 : *Notice sur la relation originale de Marc-Pol*, par P. Paris. — G. PAUTHIER, *Le Livre de Marco Polo*, d'après trois manuscrits inédits de la Biblioth. nationale, avec commentaire, glossaires, etc., 2 vol. in-4°, Didot, 1865. — *The Book of Ser Marco Polo*, Yule-Cordier, Lond., 1903, 2 vol. in-8°.

(5) Envoyé en Tartarie par le pape, il parvint jusqu'à Pékin en 1295.

(6) Parcourut l'Asie, depuis 1318, des côtes de la Mer Noire à la Chine. — *Les Voyages en Asie au XIV⁰ siècle du bienheureux frère Odoric de Pordenone*, par Henri Cordier, Paris, 1892.

(1328) (1), *Pegoletti* (1335) (2), *Jean de Marignolli* (1347-1349), *Jean de Mandeville* (3), *Ruy Gonzales de Clavijo* (4), le noble vénitien *Nicolo Conti* (1419-1440), le russe *Athanase Nikitin* (1468-1474) (5). *Geronimo Adorno* et *da Santo Stefano* visitèrent, à la fin du xvᵉ siècle, le delta de l'Iraouaddy, Malacca et Sumatra (6).

Les relations de tous ces voyageurs n'exercèrent qu'une bien faible influence sur les cosmographes et les cartographes du temps. La connaissance de l'Asie fut communiquée aux Occidentaux principalement par Marco Polo. Au début on refusa tout crédit à son *Livre* qu'on regardait comme un tissu de contes et de légendes ; mais peu à peu on revint sur ces préventions et on tira parti de ses informations si précises.

Avant les découvertes des Portugais, l'Asie était considérée égale en grandeur à l'Europe et à l'Afrique réunies. Les régions au delà du Gange étaient mal connues des Européens encore au commencement du xvᵉ siècle. Ce fleuve était le terme où s'arrêtait la science géographique de plusieurs cosmographes du moyen âge. L'Inde était alors orientée d'une manière défectueuse. Elle se dirigeait droit à l'Est, après le Golfe de Bengale. Les cartographes se rapprochaient ainsi du système antique, d'après lequel

---

(1) Voyagea dans l'Inde en 1322.

(2) Voyagea en Asie, en 1335, et écrivit un itinéraire d'Azof à la Chine (*Divisamenti di paesi e di misure e usanze di varie parti del Mundo*) qui n'est qu'une simple indication de la route à prendre pour aller avec des marchandises d'Azof à la Chine et pour en revenir.

(3) La plus grande partie des récits de Mandeville est empruntée à d'autres voyageurs. *Cf. The Buke of John Mandevill, by George F.* Warner, Westminster, 1889, gr. in-4°. — *Jean de Mandeville*, par Henri Cordier, Leide, 1891, in-8°.

(4) Envoyé en 1403 par le roi de Castille, Henri III, en ambassade à Samarcande auprès de Tamerlan, Khan des Mongols. Sa relation fut publiée en 1582, à Séville, sous le titre : *Historia del gran Tamerlan e itinerario y enarracion del viage y relacion de la ambajada que Ruy Gonzales de Clavijo le hizo.*

(5) Parcourut la partie méridionale de l'Inde.

(6) Valentin Fernandez fit paraître à Lisbonne, en 1502, la première édition portugaise de leurs récits de voyages.

la côte de l'Asie était censée remonter au Nord après l'embouchure du Gange, et retourner ensuite à l'Occident jusqu'à la mer Caspienne (1). Antérieurement au xive siècle, les cartes en général ne prolongeaient pas l'Asie au delà du Gange, et les terres , qu'elles signalaient à l'Est des limites des campagnes d'Alexandre, étaient indistinctement appelées *Indes*. Ce nom vague couvrait l'ignorance des cartographes relativement à ces pays, et montrait que l'Asie orientale leur était moins familière qu'à Ptolémée.

Notons maintenant les principales cartes ou mappemondes, qui offrent une meilleure représentation des Indes, *avant* et *après* les voyages de Vasco de Gama.

1° *Avant Gama*. — La mappemonde du vénitien *Marino Sanuto*, dressée entre 1306 et 1321, montre l'Inde se terminant en pointe dans sa partie méridionale, puis le Golfe de Bengale formant l'extrême limite de l'Asie (*finis Indie*) (2).

Le *Portulan médicéen de Florence*, de 1351 (3), représente assez grossièrement l'Inde avec sa forme triangulaire (4).

L'*Atlas catalan* (1375) dérive directement du portulan

---

(1) Mémoires de l'Académie des Inscriptions et Belles-Lettres, tome XLIX. Mém. de Gossellin.

(2) Ce planisphère a été reproduit par J. Bongars (*Gesta Dei per Francos*, Hanoviœ, 1611), par Lelewel et par Santarem dans leur Atlas, par Vivien de Saint-Martin (atlas joint à sa *Géographie*, pl. VI), et par Nordenskiöld (*Fac-simile Atlas*, fig. 28). — Sur Sanuto, on peut encore consulter : Uzielli et Amat, *Studi biografici e bibliografici sulla storia della Geografia in Italia*, Rome, 1882 (*Societa geografica Italiana*), t. II, p. 51. — H. Simonsfeld, *Studien zu marino Sanuto dem Aelteren*, dans *Neues Archiv der Gesellsch. für ältere deutsche Geschichtskunde*, vol. VII, Hannover, 1881-1882, p. 43 et suiv. — Konrad Kretschmer, Die *italienischen Portolane des Mittelalters*, Berlin, 1909, p. 237-246. — Zurla dans sa *Dissertation sur les anciennes cartes construites par les Vénitiens*. — Pullé Fr. Lor. *La cartografia antica dell' India. Studi italiani di filologia italiana*, Firenze, 1905, p. 90. — Abbé Anthiaume. Bull. de Géogr. histor. et descript., 1912, p. 397-398.

(3) Bibliothèque Laurentienne.

(4) Jean Dénucé, *Les origines de la cartographie portugaise et les cartes des Reinel*, Gand, 1908, in-8°, p. 9. — Abbé Anthiaume, *op. cit.*, p. 401-402.

médicéen pour la partie occidentale de l'Asie (1). Bien des détails sur l'Asie centrale et orientale ont été empruntés à Marco Polo, comme l'a démontré Mʳ H. Cordier (2). L'Indochine et la péninsule de Malacca sont reproduites pour la première fois d'une façon satisfaisante. Le cartographe a dessiné les contours de l'Asie et toutes les îles de la mer des Indes ; mais la forme et la situation de ces îles sont inexactes. Elles rappellent seulement qu'à cette époque un grand nombre d'îles avaient été reconnues dans ces parages, depuis la Taprobane jusqu'à Zipangu (3).

Le planisphère de *Fra Mauro* (1459) retrace, de façon erronée, l'Asie entre la Mer Rouge et le Gange. Les îles de Ceylan et Sumatra sont assez bien placées l'une par rapport à l'autre. L'Inde forme plusieurs presqu'îles vers le Sud. Ce qui surtout caractérise cette carte, c'est la confusion du Gange avec l'Indus. Le tracé de *Zimpangu* et de *Java major* à l'extrémité orientale du planisphère prouve bien que le cartographe était au courant des découvertes de Marco Polo et de Marino Sanuto.

Remarquons en passant que, contrairement à l'opinion reçue, Marco Polo a été aux Portugais d'un meilleur secours que Fra Mauro pour leurs expéditions dans l'Inde (4).

La *Mappemonde anonyme génoise de 1447* (5) est de forme elliptique (grand axe = 0 m. 82 ; petit axe = 0 m. 455). Ce planisphère établit, d'après Mʳ Dénucé (6), la transition entre Ptolémée, la carte catalane et les mappemondes portugaises plus récentes. Les délinéations sont en partie empruntées au portulan original. Sur le côté gauche, on

---

(1) Th. Fischer, *Sammlung mittelalterlicher Welt und Seekarten italienischen Ursprungs und aus italienischen Bibliotheken und Archiven*, Venedig, Ongania, 1886, in-8°, p. 95.

(2) *L'Extrême Orient dans l'Atlas catalan de Charles V, roi de France* (Bull. de Géogr. hist. et descript., Paris, 1895).

(3) Abbé Anthiaume, *op. cit.* p. 403 et suiv.

(4) Abbé Anthiaume, *op. cit.*, p. 416.

(5) Bibliothèque nationale de Florence.

(6) *Op. cit.*, p. 10.

lit : *Hec est vera cosmographorum cum marino accommo-
data terra, quorumdam frivolis narrationibus rejectis,
1447* (1). L'auteur a donc voulu allier la conception des
anciens cosmographes avec le tracé des portulans. Il représente deux grandes îles au Sud d'India et de Bengalia :
Xilana (Ceylan) et *Taprobana major* (Sumatra). L'Indus et
le Gange débouchent dans leur golfe respectif. L'Indochine et le Cathay sont exactement tracés, malgré quelques
imperfections. Le cartographe termine le monde aux Moluques, Banda et Sanday.

Signalons encore la mappemonde de Giovanni Leardo
(1452) et celle de Buondelmonte (2).

Le portugais Pero de Covilham, en 1487, traversa
l'Océan indien et aborda à Calicut, Cananor et Goa. Son
expédition donna de l'Inde une connaissance supérieure
à celle transmise par Ptolémée (3).

En 1492, le globe de Martin Behaim, globe en partie
d'origine portugaise dont l'apparition exerça une grande
influence sur les idées cosmographiques du temps (4),
éclaircit par ses légendes certaines observations consignées
dans l'œuvre de Marco Polo, dont il présente les découvertes telles qu'on les concevait en Occident.

Basé aussi sur Marco Polo et sur le globe de Behaim
est le globe de Laon (1493 ?) décrit par d'Avezac (5). Toutefois de notables différences dans le tracé de l'Océan indien
et de l'Asie orientale prouvent que le graveur de ce globe
a utilisé d'autres sources d'informations.

Vint ensuite la glorieuse entreprise de Vasco de Gama,
qui doubla le Cap de Bonne-Espérance et jeta l'ancre devant

---

(1) Lelewel, *Epilogue de la Géographie du moyen âge*, p. 167-184. —
Reproduit par Ongania (X).

(2) Dénucé, *op. cit.*, p. 11.

(3) Barros, *Da Asia, Decad.*, I, 3, 5.

(4) L. Gallois. *Les Géographes allemands de la Renaissance*, Paris,
Leroux, 1 vol. in-8°, 1890, p. 36-37. — Abbé Anthiaume, *op. cit.*, p. 419.

(5) *Sur un globe terrestre trouvé à Laon, antérieur à la découverte
de l'Amérique* (Bull. de la Soc. de Géogr. de Paris, 1860, t. II. p. 398-
424). — Nordenskiold, *Fac-simile Atlas*, p. 74 et fig. 41.

Calicut le 20 Mai 1498. Nous savons péremptoirement que, dès l'année suivante (1499), les Portugais avaient des données certaines sur toute l'Asie méridionale et « sur l'intérieur des terres et de la Tartarie jusqu'à la grande mer (le Pacifique) » (1).

2° *Après Gama*. — On distingue deux sortes de cartes : les unes sont de vraies cartes marines établies sur les découvertes récentes ; les autres restent fidèles à la tradition ptoléméenne.

Groupe des cartes basées sur des portulans européens et indigènes.

1502. — La mappemonde de *Canerio* est copiée sur un prototype portugais. L'auteur trace l'Asie d'après les explorateurs les plus connus alors. Il la sépare du Nouveau Monde, et dépeint l'Inde, l'Indochine et les rives du Pacifique d'après des sources indigènes. Le *Magnus Sinus*, grand golfe de Chine de Ptolémée, n'existe plus ; c'est l'Océan, et par suite la côte chinoise n'est plus rattachée à l'Amérique.

1502. — *Cantino* admet encore le Magnus Sinus. Toutefois il présente de nombreux caractères de ressemblance avec Canerio, dont les contours sont plus corrects et les latitudes moins éloignées de leur véritable valeur.

1508. — Ruysch a utilisé, pour la confection de sa mappemonde, à la fois le globe de Martin Behaim et des modèles portugais. Elle est intitulée : « Universalior cogniti orbis tabula ex recentibus confecta observationibus » (2). Les découvertes portugaises y figurent jusqu'en 1507. On y trouve même le nom de *Malacha*, comme sur la mappemonde du Dr Hamy (1502), puis l'île « Taprobana alias Zoilon », c'est-à-dire Sumatra. Ruysch conserve le Magnus Sinus et la troisième grande presqu'île imaginaire de Behaim. Le Groenland et Terre-Neuve sont reliés à la Chine.

(1) Lettre de D. Manuel au cardinal Protecteur, 28 août 1499, dans *Vasco de Gama. Journal of the first voyage, translated by R. Ravenstein*, London, 1898, in-8°, p. 115.

(2) Carte gravée sur cuivre pour l'édition de Ptolémée, Romæ, 1508.

1513. — *La Tabula moderna Indiæ* (1) est, selon Mr L. Gallois, l'œuvre du fribourgeois Martin Waldseemüller (2). Cette carte est établie d'après des informations venant directement des Portugais. Comme sur la mappemonde de Ruysch, l'Inde forme une péninsule sur les bords de laquelle on lit *Andegiba*, *Calliqut*, *Cananor*, *Cochim*.

Cette nomenclature était bien connue depuis le premier voyage de Gama. Sur la péninsule orientale, et à 8° lat. S., se trouve le nom de *Mallaqua*. La région située à l'Est de Malacca est ignorée du cartographe. L'Inde et l'Indochine sont bien mieux tracées que sur beaucoup d'autres cartes du temps.

1516. — La *Carta marina* de Waldseemüller est en progrès sur la précédente. Les contours de l'Inde sont encore meilleurs. Les îles de la Sonde et les Moluques semblent assez exactement indiquées. La côte orientale de l'Asie est moins bien figurée, et la Chine n'est que partiellement tracée.

Cartes des Reinel. — On retrouve l'influence de la géographie ptoléméenne dans le tracé du Magnus Sinus (atlas de Paris, 1516) avec de nombreux navires portugais et des pavillons de la même nation disséminés sur les îles et sur la terre ferme. Dans le portulan de Munich (1517), le Magnus Sinus est largement ouvert au Nord ; plus de trace, ou peu s'en faut, du type ptoléméen.

Les cartes des Reinel sont tout à fait portugaises. Leur tracé de l'Océan indien est emprunté à la fois à la *Géographie* de Ptolémée et aux portulans portugais et indigènes (3). En général, chez les Reinel les terres avec nomenclature dérivent de cartes marines portugaises, et les côtes vagues proviennent de sources indigènes.

---

(1) Edition de Ptolémée, Argentinœ, 1513.

(2) *Les géographes allemands de la Renaissance*, Paris, 1890, in-8°, p. 64.

(3) J. Dénucé, *Les origines de la cartographie portugaise et les cartes des Reinel*, Gand, 1908, in-8°, p. 112-127.

Les Reinel placent les Moluques et une grande quantité d'îles dans le Magnus Sinus. Ils ne reconnaissent que l'*India extra Gangem*, qui comprend l'Asie orientale au delà du Gange, et se partage en divers royaumes musulmans. Cependant, en coupant la carte à Cattigara, ils omettent l'extrémité orientale de l'Asie.

1529. — Sur la mappemonde de *Diego Ribeiro*, les contours de l'Inde et du S.-E. de l'Asie émanent uniquement de sources portugaises.

Groupe de cartes continuant la Géographie de Ptolémée.

Bien des cartographes célèbres ignorent même la forme de la péninsule indienne si souvent explorée et décrite depuis Alexandre Le Grand.

1500. — La mappemonde de J. de la Cosa montre que l'auteur est peu renseigné sur les découvertes portugaises. Aucune péninsule n'apparaît dans l'Inde. Le littoral entre l'Indus et le Gange est une ligne droite continue. A l'embouchure de l'Indus, une inscription rappelle que cette terre a été découverte par don Manuel, roi de Portugal (*Tierra descubierta por el Rey don Manuel Rey de Portugal*). Taprobane est une grande île triangulaire située au Sud de cette région.

La mappemonde de Hamy (1502) a été dessinée après le premier voyage de Gama. Sur la côte de l'Inde, on rencontre les noms de Colochuti (Calicut), Ormuz, Malacca qui pourtant ne fut aperçue qu'en 1511 par un bâtiment portugais. Entre l'Indus et le Gange est un promontoire qu'une large baie divise en deux parties, et c'est dans cette baie qu'est figurée la grande île Taprobane avec sa nomenclature presque exclusivement ptoléméenne. L'Asie n'a aucun point de jonction au Nord ou à l'Est avec le Nouveau-Monde (1). Le tracé de l'Extrême-Orient est bien celui de Behaim-Ptolémée.

---

(1) Dr Hamy, *Etudes historiques et géographiques*, Paris, 1896, in-8°, p. 131-144.

Selon P. Amat di S. Filippo, l'auteur est un italien ayant eu sous les yeux des modèles portugais (1).

1510. — Le globe Lenox (2) reproduit d'après Ptolémée la côte méridionale de l'Asie. Toutefois le nom de Calicut, qu'on relève près de l'Indus, rappelle les voyages portugais.

1511. — La Carte de Bernard Sylvano d'Eboli est tracée à la fois d'après les documents ptoléméens et portugais.

1522. — La *Tabula moderna Indiæ orientalis*, et la *Tabula superioris Indiæ et Tartariæ majoris* (3) dérivent presque exclusivement de Ptolémée et de Marco Polo (4). Il ne semble pas qu'elles doivent être attribuées à Waldseemüller, parce qu'elles sont trop discordantes avec ses œuvres précédentes qui dérivent de modèles portugais (5).

Pierre Apian dressa en 1530 une belle mappemonde en forme de cœur (6). On y aperçoit une ligne pointillée avec cette inscription : « Hac via Portugalenses navigant ad Callicutum ». Les contours du Sud et de l'Est de l'Asie ont été empruntés à Ptolémée et à Marco Polo.

En 1538, Mercator (7) termine l'Asie à l'Est du golfe persique. La partie méridionale projette vers le Sud trois larges promontoires, dont le plus petit est dénommé l'Inde.

En 1542, Alonzo de Santa Cruz trace la côte, comprise entre le cap Comorin et l'embouchure du Gange, presque dans la direction O.-E.

Mais inutile de poursuivre plus longuement l'énumération de défectueuses représentations de l'Inde.

---

(1) *Recenti ritrovamenti di Carte nautiche in Parigi, in Londra e in Firenze* (Bull. Soc. Geogr. Ital., Roma, 1888, p. 276).

(2) B. F. de Costa. *Le globe Lenox de 1511*, traduit de l'anglais par Gabriel Gravier, Rouen, 1880, in-8° de 26 pages.

(3) Nordenskiold, *Fac-simile atlas*, fig. 62 et 63, et p. 21. — Id., *Periplus*, p. 153.

(4) Edition de Ptolémée de 1522.

(5) L. Gallois, *Bull. de la Soc. de Géogr. de Lyon*, 1890, p. 119. — J. Dénucé, *op. cit.*, p. 18-19.

(6) British museum.

(7) *Fac-simile atlas*, pl. XLIII.

Est-ce que ces imperfections proviennent de l'ignorance des cartographes ? Nous ne le croyons pas. Elles ont plutôt leur source dans la répugnance éprouvée par des savants à s'écarter de la doctrine ptoléméenne. Les voyageurs au moyen âge, comme le remarque De Humboldt, n'attribuaient de réelle importance à leurs découvertes qu'autant qu'elles avaient été entrevues ou seulement soupçonnées dans l'antiquité. Malgré les progrès de la science géographique, on s'en tenait quand même à la tradition. Il est vrai que le secret gardé pár les Portugais sur leurs expéditions était de nature à laisser les peuples dans l'ignorance.

Selon Nordenskiöld (1), la vraie réforme dans la cartographie du Sud et de l'Est de l'Asie doit être attribuée au piémontais Giacomo Gastaldi, qui signa la plupart de ses œuvres à Venise.

2°. — *Les voyageurs et cartographes normands.*

Les voyageurs. — Les géographes chinois, Li-Ping et Siu, rapportent (2) qu'un navire français aborda en Chine en 1517, exactement une année après les Portugais, et que notre artillerie parut à l'Empereur tellement supérieure à celle de ses sujets qu'il demanda à nos marins de lui abandonner quelques canons pour les employer comme modèles dans ses fonderies chinoises. Ces Français étaient-ils de Normandie ? Il y a tout lieu de le croire.

Les Normands allèrent certainement dans l'Océan indien en l'année 1527. C'est leur première expédition bien connue dans ces régions. Elle fut entreprise par le grand armateur dieppois, Jean Ango, qui équipa une petite flottille de trois bâtiments « pour faire le voiage des espiceryes aux Indes ».

---

(1) *Periplus*, p. 54-56 et pl. XLVI.

(2) Documents signalés par G. Pauthier, *Le Livre de Marco Polo*, Paris, 1865, 2 vol. in-4°.

Toutefois l'expédition n'eut pas le plein succès qu'on en attendait. Des trois navires d'Ango, un seul atteignit l'Inde. Son port d'attache était Rouen, et il s'appelait *Marie-de-Bon-Secours*. Ce vaisseau, que Barros qualifie de dieppois (1), fut rencontré dans les mers des Indes. Les obscurités, qui enveloppent le récit de Barros, furent dissipées par les travaux de M^r de La Roncière (2). La *Marie-de-Bon-Secours* s'appelait aussi le *Grand-Anglais*, et ce serait le premier navire français qui doublant le Cap de Bonne-Espérance aurait atteint Diu sur la côte de Cambaye.

Ce qui semble démontrer que les Normands connaissaient alors la route des Indes orientales, et s'y rendaient clandestinement, c'est que Ango, en 1529, trouva facilement à Rouen un matelot français, très versé dans la langue malaye et pouvant servir d'interprète dans une expédition aux Moluques, ou Iles des épices. Ce français, qui se nommait Jean Masson, accompagna les frères Jean et Raoul Parmentier dans leur voyage à Sumatra.

Voulant « passer oultre les fins d'Asie », un pilote d'Ango, Jean Parmentier, projeta de « mener et conduire à l'aide de Dieu, par la cognoissance des latitudes et l'élévation du soleil et autres corps célestes, deux navires dudict Dieppe, dont le plus grand était la *Pensée* du port de deux cens tonneaux, et le moindre, le *Sacre*, du port de six vingts ». Jean Parmentier commanda la *Pensée*, et son frère Raoul le *Sacre* ; Pierre Crignon (3) et Pierre Maucler furent les astrologues des deux navires.

Jean Parmentier pensait aller au delà de Calicut et du Cap Comorin jusqu'au centre des conquêtes portugaises, donc jusqu'aux Moluques.

Les Portugais, avons-nous dit, s'arrogeant le monopole de la navigation aux Indes voyaient de très mauvais

---

(1) *Quarta decada da Asia.*

(2) *Histoire de la Marine française,* t. III, p. 267-274.

(3) Pierre Crignon édita en 1531 une partie des œuvres de J. Parmentier à Alençon chez maître Simon du Bois.

œil les Français s'enquérir de la route des Moluques et du commerce des épices.

Pour sauver les apparences et surtout pour utiliser son bon vouloir, J. Parmentier emmena avec lui un portugais. Malgré la sévère interdiction portée contre l'exportation de toute carte marine qui indiquait la route de Calicut, notre Dieppois était parvenu à se pourvoir à la fois d'une carte et d'un Portugais pour l'expliquer.

La *Pensée* et le *Sacre* appareillèrent de Dieppe le jour de Pâques, 28 Mars 1529. Ces bâtiments longèrent la côte occidentale de l'Afrique, et arrivèrent le 23 Juin à la hauteur du Cap de Bonne-Espérance. Jusque-là, le beau temps les avait favorisés.

Le jeudi, 1er Juillet, dans les parages du fameux *Cap des Tempêtes*, survint une grande tourmente. « Croy, dit Crignon avec humeur, que le dieu Eolus accompagné de Favonius (1) et d'Affricus Libo (2) faisoient ou célébroient les noces de luy et de Thétis, fort delibérez de bien faire danser... Et mesme nostre nef et nous tous dedans dansions d'une haute sorte » (3).

Le 24 Juillet, nos Dieppois apercevaient à 4 ou 5 lieues de distance « l'isle St Laurent, dicte Madagascar ».

Heureuse à ses débuts, la navigation devint de plus en plus pénible. Aux difficultés de la route s'ajoutèrent des maladies, et en particulier le scorbut, qui décimèrent l'équipage, puis, sur la côte occidentale de Madagascar, le massacre par les indigènes de plusieurs matelots qui étaient descendus à terre.

Le 8 Août, ils reconnurent l'île Mayotte et le lendemain ils approchèrent d'une île qui ne peut être que l'île d'Anjouan.

Mais les esprits étaient assombris et inquiets. Aussi,

---

(1) Vent d'Ouest.

(2) Vent de Surouest.

(3) *Le Discours de la Navigation de Jean et Raoul Parmentier, de Dieppe*, publié par Ch. Schefer, Paris, 1883, 1 vol. in-4° de XXIX-202 pages, p. 28.

pour les ranimer, J. Parmentier composa un poème sur les « Merveilles de Dieu » et la « Dignité de l'Homme ». Il y glorifiait en bons vers la vie du marin.

La mort cependant continuait ses ravages. Chaque défunt était « enseveli à la mode marinière ». Et, ajoute Crignon, « Dieu en ait l'âme » (1).

Les Portugais fréquentaient la côte orientale de l'Afrique qu'ils longeaient pour gagner Calicut et Goa. Parmentier, pour éviter leur dangereuse rencontre, mit le cap un peu plus à l'Est et suivit ainsi une direction qui le conduisit à l'archipel des Maldives.

Le 20 Septembre il arriva en vue d'une de ces îles et mouilla devant elle. Les cartes normandes la désignent sous le nom de *petite Molucque* (2).

Le 20 Octobre, un des mariniers vit terre. On était, vers la côte occidentale de Sumatra, à l'île Plate-Verte (3) de la carte dieppoise du voyage de Parmentier insérée par Ramusio dans le t. III de son Recueil (4). Le lendemain, ils se trouvèrent tout près de trois ou quatre îles (5), et pénétrèrent « entre deux isles fort couvertes de grands bois ». Ce passage où s'engagèrent les deux navires de Parmentier était entre l'île de La Marguerite (6) et celle de Plate-Verte.

Le 24 Octobre, les deux Parmentier et Crignon abordèrent à « l'isle Parmentière (7) qui estoit fort bien plantée de bois, et si y avoit au bord de la mer une fontaine d'eau douce fort claire et excellemment bonne » (8).

Après une traversée contrariée par des calmes, ils arrivèrent enfin le 29 Octobre en vue de la côte occidentale

------

(1) *Le Discours de la Navigation de Jean et Raoul Parmentier*, p. 45.

(2) *Atoll Pouwa Moloku*, île située à un demi degré au-dessous de l'équateur. Certains cosmographes du xvi° siècle donnent le nom de Moluques aux Maldives.

(3) Aujourd'hui *Poulo Nyas*.

(4) *Raccolta delle navigationi et viaggi*, 1550-1559, Venise, 3 vol.

(5) C'est le groupe des îles Batoc.

(6) Aujourd'hui *Tanah Massa*.

(7) Aujourd'hui *Poulo Pini*.

(8) *Le Discours de la Navigation*, etc., p. 58.

de Sumatra. Deux jours après, ils mouillèrent devant
Ticou, puis le 3 Novembre descendirent au port de Ticou
et y demeurèrent plusieurs jours. Le séjour à Ticou fut un
malheur pour l'entreprise et pour ses chefs. Les officiers
du radjah empêchèrent, par leur mauvaise foi et leur cupi-
dité, toute transaction commerciale avec nos compatriotes
qui quittèrent la résidence de Ticou le 27 Novembre. Quelques jours après, le 3 Décembre, survenait la mort du chef
de l'expédition, Jean Parmentier. Ce fâcheux événement
anéantissait les espérances qu'on avait conçues en France
de nouer des relations avec l'archipel indien. Le jour même
des obsèques de Jean Parmentier qui furent célébrées, dit
Crignon, « au mieux que nous sceumes faire » dans l'un
des trois îlots situés devant Ticou, on leva l'ancre et on
alla chercher « bonne aventure au long de la coste à la
bande du su ».

Raoul Parmentier, à la hauteur d'Indapour, trépassa
lui aussi. Rien ne retenant dans ces parages les survivants
de l'expédition, « le samedy vingt-deuxiesme jour de Janvier, nous deradasmes, dit Crignon, et fismes voile au ouest
surouest pour retourner en nostre pays » (1). Dans son
voyage de retour, la *Pensée* découvrit l'île Sainte-Hélène
et en ramena à Dieppe six Indiens qui y avaient été aban-
donnés par les Portugais.

Jean Parmentier est « le premier françoys qui a descouvert les Indes jusques à l'isle de Taprobane ; sy mort
ne l'eust prevenu, il eust esté jusques aux Moluques » (2).
Et même n'avait-il pas formé le projet de pousser jusqu'en
Chine ?

Le voyage de Parmentier était pour le Portugal la première menace à son monopole de la navigation. Les Portugais avaient beau lutter pour le maintien de leurs droits
en Orient, les Français n'en continuaient pas moins à chercher la route des Moluques et le commerce des épices.

---

(1) *Le Discours de la Navigation*, etc., p. 83.
(2) Prologue du livre de Crignon, 1531.

En France, l'insuccès de l'entreprise des frères Parmentier ne fit pas perdre courage. François Ier et Ango persévérant dans leurs projets, engagèrent, dès 1531, à leur service le pilote principal de Magellan, l'italien Leone Pancaldo. Mais avertis par leurs espions dispersés en France, les Portugais mirent tout en œuvre pour entraver l'expédition qui se préparait à Rouen.

Pancaldo fut si bien circonvenu qu'il promit de ne jamais accepter d'emploi auprès d'aucune puissance (1).

Toutefois, quelques années plus tard, les cartographes normands étaient assez bien renseignés sur ces régions pour tracer les remarquables mappemondes qui s'échelonnent du dieppois Nicolas Desliens (1541) au havrais Jacques de Vaulx (1583).

Vers cette dernière date, on songea à reprendre le chemin des Moluques. Un plan d'expédition fut soumis au roi Henri III par Du Plessis-Mornay (2). Mais les guerres de Religion et de la Ligue ne permirent pas de le réaliser. Nos compatriotes cependant continuèrent à visiter les régions orientales. Ainsi, en 1597, le navire *Hollandia* d'Amsterdam, revenant d'Orient, rencontra vers le Cap de Bonne-Espérance, à la latitude de 22° 50', « des Français allant aux Indes » (3). Toujours désireux de participer au commerce des Indes, les Français entreprirent en effet bien des excursions de ce côté ; mais les armateurs et les capitaines en gardaient pour eux le secret, et elles nous sont restées ignorées.

Sous Henri IV, deux navires cuirassés (4) qui appartenaient à une Compagnie privée composée de marchands de Saint-Malo, de Laval et de Vitré, quittèrent Saint-Malo le 18 Mai 1601 « pour commencer le voyage de l'Inde orien-

---

(1) Peragallo, *Leone Pancaldo*, Lisbonne, 1895.

(2) Mémoires de Du Plessis-Mornay. Discours au roi Henri III (24 avril 1584).

(3) Valentin, *Oud en Nieuw Oost Indië* (anciennes et nouvelles Indes orientales), Dordrecht, 1724, t. I, p. 129.

(4) Ch. de La Roncière, *Cuirassés français et japonais il y a trois siècles*. Le Correspondant, 10 mars 1904, p. 927.

tale ». C'étaient le *Croissant* de 400 tonnes et le *Corbin* de 200 tonnes. Le *Corbin* se perdit en 1602 sur les roches des Maldives. Le *Croissant* parvint jusqu'à Achem ou Atchin, à la pointe N.-O. de Sumatra, où il fit un chargement de poivre et d'épices. Mais pendant son retour, faisant eau de toutes parts, il fut abandonné à la hauteur d'Angra, dans l'île Terceire aux Açores. « Il coula de lui-même à fond », dit Martin de Vitré, vers la fin de mai 1603 (1).

La tentative avait complètement échoué. Cet insuccès ne découragea pas nos nationaux, et certainement d'autres navires allèrent dans les années suivantes aux îles de la Sonde.

On se rappelle les efforts accomplis par le normand Balthasar de Moucheron pour atteindre les Moluques par le Nord (2).

Au mois de Février 1507, le comte de Choisy arma à Dinan cinq navires qui devaient gagner les Moluques par le Cap de Bonne-Espérance, puis traverser l'Océan Pacifique et rentrer en France par le détroit de Magellan. La commission, accordée au Comte de Choisy, était signée de Charles de Montmorency, amiral de France et de Bretagne. On ignore si ce voyage eut lieu (3).

Henri IV voulait que la France possédât « une Compagnie des Indes pour lutter avec celle qui commençait à faire la fortune de la Hollande » (4).

Une grande concurrence commerciale existait alors entre les Hollandais et les Français. Les Hollandais entravaient le plus possible nos expéditions au pays des épices, et au besoin ils prenaient et pillaient nos navires.

---

(1) *Description du premier voyage faict aux Indes orientales par les François*, par François MARTIN de VITRÉ, Paris, 1609. — *Discours du voyage des Français aux Indes orientales, depuis 1601 jusqu'en 1611*, par François PYRARD de Laval, Paris, 1611, in-8ᵃ. — Eug. GUÉNIN, *La route de l'Inde*, Paris, 1903, in-4°, p. 214.

(2) Voir ci-dessus, livre II, ch. I. § II.

(3) Eug. GUÉNIN, *La route de l'Inde*, Paris, 1903, in-4°, p. 229-234.

(4) CASTONNET des FOSSES, *L'Inde française avant Dupleix*, Paris, 1887, p. 37.

Les Archives du Parlement de Normandie nous renseignent sur la déprédation faite par les Flamands du navire *La Madeleine*, qui avait pour capitaine Jacques Le Lièvre, originaire de Honfleur (1).

Ce J. Le Lièvre, fils de Guillaume Le Lièvre et de Marie Clouet, avait épousé Antoinette Bougard et était père de quatre enfants. Il avait fait plusieurs voyages à la côte d'Afrique et au Brésil, soit en 1606 comme commandant *La Perle*, soit en 1611 et en 1613 comme capitaine de la *Bonne-Aventure* (2). En 1616, les Hollandais voulant s'opposer au passage d'un de nos navires aux Indes envoyèrent les *Armoiries de Zélande*, grand vaisseau armé en guerre, à la hauteur du Cap Vert pour s'emparer des bâtiments français qu'ils rencontreraient, et c'est dans cette poursuite qu'ils saisirent et déprédèrent *La Madeleine* revenant d'un voyage à Java et Sumatra (3).

D'après une des dépositions recueillies par l'Amirauté de Honfleur le 18 Juin 1617 (4), le capitaine Le Lièvre eut les jambes emportées par un boulet et fut ensuite jeté à la mer. Son équipage subit un traitement plus dur encore (5). Le capitaine hollandais apprenant qu'ils étaient tous de Honfleur leur avait dit : « Je vous ferai tous pendre, puisque vous êtes de là ». L'animosité des Hollandais, les habitants de Honfleur la devaient à leur réputation, bien justifiée d'ailleurs, d'excellents marins et aussi de hardis pirates.

En 1616, la Compagnie des Indes orientales, formée surtout de parisiens et de rouennais et reconstituée sous le nom de « flotte de Montmorency » équipa et expédia vers Java deux navires, le *Montmorency* et la *Marguerite*, qui partirent de Dieppe. Le premier était sous les ordres du

---

(1) Eug. GUÉNIN, *La route de l'Inde*, Paris, 1903, in-4°, p. 244-247.

(2) Charles BRÉARD, *Le vieux Honfleur et ses marins*, Rouen, 1897, in-8°, p. 200-201.

(3) SAVARY, *Le parfait Négociant*, t. I, liv. II, p. 115-125.

(4) Eug. GUÉNIN, *La fin d'un corsaire honfleurais, le capitaine Lelièvre*, Paris, in-8°.

(5) Ch. de LA RONCIÈRE, *Histoire de la Marine française*, Paris, t. IV, 1910, p. 292.

sieur de Nets, capitaine entretenu en la marine royale et flamand d'origine ; le second avait pour commandant A. de Beaulieu.

Augustin de Beaulieu était né à Rouen en l'année 1589. C'était un digne émule des grands navigateurs, qui firent la gloire de la Normandie au XVIᵉ siècle, et en particulier des fameux pilotes d'Ango.

En 1612, de Beaulieu à la tête d'une patache avait accompagné sur les côtes d'Afrique le chevalier de Briqueville, navigateur normand qui voulait établir une colonie française à la rivière de Gambie. Mais, y étant arrivés dans l'arrière-saison, la maladie avait fait périr presque tous leurs gens. Cette tentative avait donc échoué.

A son arrivée à Bantam (île de Java), en 1617, Beaulieu y trouva des Français. Les Hollandais établis dans cette ville firent aux arrivants un très mauvais accueil et, comme les équipages du sieur de Nets et de Beaulieu étaient en grande partie néerlandais, ceux-ci reçurent l'ordre d'abandonner le service à bord des navires français. Le commandant de Nets se trouva par suite dans le plus grand embarras et il dut vendre son plus petit bâtiment à un roi de Java. De Beaulieu passa alors avec ses mariniers à bord du vaisseau de De Nets. Nos compatriotes réussirent néanmoins dans leurs transactions commerciales et, malgré la perte d'un navire, l'expédition revint avec un plein chargement.

Ce premier résultat étant plutôt encourageant, la Compagnie prépara en 1619 une nouvelle expédition sous les ordres de A. de Beaulieu, nommé général d'une flottille composée de deux navires et d'une patache. Ces bâtiments étaient le *Montmorency* (1) armé à Dieppe, l'*Espérance* (2) et l'*Ermitage* (3) équipés à Honfleur. Le cartographe honfleurais Pierre Berthelot était à bord de l'*Espérance* comme aide-pilote ; il n'avait que dix-neuf ans.

---

(1) Navire de 450 tonneaux, 126 hommes et 22 canons.
(2) 400 tonneaux, 117 hommes et 22 canons.
(3) Aviso de 75 tonneaux, 30 hommes et 8 canons.

Cette escadrille appareilla du port de Honfleur le 2 Octobre 1619 (1). Le 17 Octobre, elle passa à Madère, le 23 Novembre à Sierra-Leone, et le 15 Février 1620 elle mouilla à l'ancrage ordinaire de la baie de la Table.

De Beaulieu gagna la côte de Coromandel, et expédia en avant, à Bantam et à Jacatra, le commandant en second, Robert Gravé (2), en le priant instamment de « vivre paisiblement pour avoir l'honneur de cette entreprise et le profit de Messieurs de la Compagnie, autant qu'en recommandation de leur honneur propre. »

De Beaulieu toucha à la côte de Malabar, au Cap Comorin, arriva en vue de Ticou et s'arrêta devant Achem. Il descendit à terre et fut fort bien accueilli par le roi et les seigneurs du pays. Mais les Hollandais, nombreux dans ce port, lui firent tout le mal possible ; ils l'attaquèrent et incendièrent un de ses bâtiments.

Après bien des difficultés, de Beaulieu parvint à compléter son chargement, puis fit voile vers la France. Il débarqua au Havre le 1ᵉʳ Décembre 1622, après trente-huit mois d'absence, avec soixante-quinze hommes seulement (3).

Le mauvais vouloir des Hollandais ne permettait pas aux Français de s'établir pacifiquement aux Indes.

---

(1) Ch. et P. Bréard. *Documents relatifs à la marine normande*, Rouen, in-8°, p. 219.

(2) Fils de Du Pont-Gravé, le compagnon de Champlain au Canada.

(3) Thévenot. *Mémoires du voyage aux Indes orientales du général Beaulieu, dressés par luy mesme*, Paris, 1664, in-fol. de 128 pages dans *Relations de divers voyages curieux qui n'ont point esté publiées, ou qui ont esté traduites d'Hacluyt, de Purchas et d'autres voyageurs*. — Le même ouvragé traduit en hollandais sous le titre : *Description de la calamiteuse navigation des Français, etc., sous M. le Général Beaulieu*, Amsterdam, 1669. — Jean Le Tellier, pilote hydrographe. *Routier ou Journal du Voyage des Indes Orientales, dressé à la manière des mariniers*, inséré par Thévenot à la suite de la Relation de Beaulieu. — Le *voyage faict aux Indes orientales par Jean Le Tellier, natif de Dieppe, réduit par lui en tables pour enseigner à trouver la variation de l'aymant*, 1649, in-4° de 27 pages. Le pilote Le Tellier avait été embarqué sur le *Montmorency*. — Gabriel Gravier, Bull. de la Soc. normande de Géographie, année 1894. — Eug. Guénin, *La route de l'Inde*, au chap. : *Un navigateur rouennais, Augustin de Beaulieu*. — Ch. de La Roncière, *Hist. de la mar. franç.*, t. IV, p. 296-306.

De Beaulieu entra bientôt dans la marine royale. Richelieu lui confia le gouvernement de l'île de Ré pendant les guerres de religion, et il commanda un bâtiment de guerre de 500 tonneaux, la *Sainte-Geneviève*, avec lequel il aida le comte d'Harcourt à faire le siège des îles Sainte-Marguerite et Saint-Honorat. Après la prise de ces îles, il fit encore une expédition en Sardaigne, puis revint à Toulon où il tomba malade et mourut de la fièvre au mois de septembre 1637.

Les cartographes. — Les Normands ont *décrit* et *tracé* les côtes de l'Asie.

Description de l'Asie. — L'Asie, dit le cartographe dieppois Desceliers dans une des légendes de sa mappemonde de 1550, est « une des troys parties de la terre, selon les anciens ». Elle est divisée en plusieurs régions portant divers noms et d'inégale étendue. Ce qu'on appelle Asie « est tellement grand qu'il contient plus que les deulx aultres parties, cest assavoyr Leuroppe et Lafrique ensemble ». La partie méridionale est « asses experimentée et principallement par les navigacions des portugoys, lesquelz de present y habitent en plusieurs Lieux ». C'est une terre fertille ; le ciel y est tempéré, et pour ce motif elle est «habitée de toutes sortes d'animaulx ». Les « gentz » y sont de « diverses meurs et coustumes », et les « fruictz » y sont variés.

Les animaux qui peuplent la plus grande partie de l'Asie sont des bœufs, des moutons et des chèvres, « lesquelles portent fine laine de quoy on faict les camelotz fins », puis des gazelles, des chameaux, beaucoup d'éléphants.

Asie Occidentale. — Les Turcs, dit Le Testu (1556), habitent en grande partie dans les provinces de Habech (Abyssinie), de l'Arabie et de la Perse. Les Arabes vivent dans les montagnes. Dans cette région et en Carmanie, Drangiane, Gédrosie et Arie, presque tous les habitants sont « maures musulmans ». Les Arabes, dit Desceliers (1550), « vivent de diverses meurs et condicions, portent longs cheveulx. Leurs femmes sont communes ; leurs villes sans murailles ».

En Arabie, dit Desceliers (1550), « y a minières d'or et d'argent, force espisseryes ». Ce pays, dit de son côté Le Testu (1556), fournit de l'encens en abondance, et la terre, quoique labourable et fertile, rapporte peu de blé. En quelques endroits de la Terre Sainte et de l'Arabie, le sol produit du blé, de l'orge, des raisins, des dattes et d'autres fruits. Entre la Méditerranée, le Palus Meotis et la mer Caspienne croissent le blé, l'orge et une sorte de grain appelé l'*Harcomaur* par les Arabes. Les arbres sont principalement des poiriers, des pommiers, des dattiers, des amandiers et des vignes. En Perse et dans les provinces environnantes, on récolte du riz, du millet et autres grains, peu de blé et beaucoup de laque et d'encens.

En Albanie, il y a de grands chiens « lesquelz tuent les lions, éléphans et ours ». Des chevaux se rencontrent dans toute l'Asie Occidentale.

La Géorgie est « tributaire au Cam », c'est-à-dire qu'elle est soumise au Grand Khan de Tartarie. Les Géorgiens sont de « beaulx hommes » qui sont « chrestiens à la manière des Grecz », chasseurs et guerriers très adroits. Le pays est d'accès difficile, parce qu'il s'étend « entre la mer et les montagnes ». On y remarque plusieurs villes où l'on fabrique « force draps de soye ». Un lac nommé « Mer de Caspie ou Hircanie » est alimenté par les « eaues des montaignes ». Son circuit est de 300 lieues environ, et il est distant « de douze journées loing de toutes aultres mers. » On n'y pêche de poisson que pendant le Carême.

Vers la Perse, entre les provinces de la *Sarmatia d'Asie*, la *Georgia* et la *Cumania*, Desceliers dessine des Amazones à cheval et la lance à la main, et tout à côté il écrit : « Amasones second ptholemee » (c'est-à-dire Amazones secundum Ptolemœum). La légende explicative contient de curieux renseignements. Il y a, dit le cartographe, « choz digne de memoire et estre desclarée, cest assavoir femmes estranges et barbares moult expertes a la guerre nommées Amazones et sont en nombre plus de deux cent mille ». Absolument séparées et éloignées de leurs maris, elles ne reçoivent leur visite que « une foys lan tant seulement pour avoyr lignie ». Quand elles mettent au monde un fils, elles le nourrissent pendant six mois, puis le rendent à son père. Si c'est une fille, « elles la retiennent et nourrissent pour exercer le faict des armes ».

Asie Méridionale. — Dans l'Inde cisgangétique, dit Le Testu, les indigènes s'adonnent au commerce. Ils adorent la Lune et les vaches. Dans l'Inde transgangétique, ils sont en partie idolâtres et en partie « mores et mahométiques ». Dans les deux Indes, ils se nourrissent de légumes, de millet, de riz et d'autres grains.

L'Inde *intra Gangem* produit de la laque et de l'encens, et l'Inde *extra Gangem* beaucoup de poivres et d'épices aromatiques. Dans la province de Ciamba, des perles précieuses se trouvent au fond des fleuves et des lacs, et, dans la région voisine, la noix de muscade, l'ébène noir et le bois d'aloës.

L'île *Seilan* (Ceylan), située à « cinq degrés de latitude par la bande du Nord », est réputée l'une des meilleures îles du monde. Elle est « tres bonne touchant l'espisserye et principalement canelle », et abonde en pierres précieuses, telles que rubis, saphirs, topazes, améthystes et autres. Le roi est très riche. Les insulaires sont idolâtres ; ils se nourrissent de « laict de rys », et s'abreuvent de « vin de palme ». Nullement habitués à combattre, ils soudoient, quand besoin est, des guerriers et principalement des Sarrasins.

La cité de *Pego* (Pegu, dans la Birmanie anglaise) est « closse de murailles et y a belles maisons ». Le roi est le prince le plus riche de tout l'Orient ; il reçoit annuellement de ses sujets « dix foys cent mille escus ». La population est idolâtre ; elle cultive le froment et possède « roseaux gros comme ung tonneau ». Elle fait commerce de rubis, diamants, émeraudes et aussi de musc.

Au pays de *Angama* (1) il y a des sauvages qui sont idolâtres, anthropophages et vivant à la manière des bêtes. Ils sont difformes « ayans la teste, dentz, yeulz quasi comme chiens ». Leur commerce consiste en échange de « espices aromatiques ». Ils ont l'habitude d'acheter les vieillards et « aprez leur trespas. les mengent, disans estre une choze plus honneste les menger que les laisser menger aux vers ».

Melasque (Malacca ?) est une ville dont le roi et les habitants pratiquent la religion musulmane. Ils portent de longs cheveux et sont de couleur « quasi de cendre ». Leur trafic n'est qu'un échange de bois aromatiques, comme le sandal. Ils ont des mines d' « estain ». Les animaux du pays sont les éléphants, les chevaux, les moutons, les léopards, les buffles, les paons et de « très bons papegaulx » (2).

Asie Orientale. — En Chine, dit Desceliers (1550), « y a quatre Roys », et « au bas d'une haulte montaigne on trouve Rubys ; et à un grand fleuve y a hiacinthes, saphirs, topasses et aultres ; clou de giroffle et canelle ».

Vers le centre de la Chine se trouve Berezingal « principalle ville du royaume de Narsinga ». Cette ville, « située au pied d'une montaigne, est close de trois murailles ». C'est « ung des bons pays du monde ». Les. habitants sont idolâtres, habiles à tirer de l'arc. La région fournit des chevaux, des dromadaires, des éléphants, et « toutes sortes de bonnes marchandises ».

Parlant de la ville de Quinsay (3), capitale de la province de Mangy (Chine méridionale), Desceliers rapporte, d'après le témoignage de Marco. Polo, que c'est la plus grande ville du monde, ayant environ cinquante lieues de circuit. Elle renferme « douze mille pontz de pierre si

----

(1) Il s'agit sans doute ici de l'île *Angana* qui est située en face de la Côte N.-O. de Sumatra et que les légendes malaises qualifiaient île des Femmes (Yule. *The book of Ser M. Polo*, 1903, t. II, p. 406).

(2) Perroquets.

(3) Aujourd'hui Hangtcheou.

haults que les navires peuvent passer par dessoulz avec leurs mastz levés ». Il assimile cette ville à Venise, comme « pays aquatique ». A l'intérieur des murailles de la ville, gît un lac de quinze lieues de circonférence, et en son centre sont « deux petites isles dens lesquelles y a deulx fortz chasteaux ». Le roi de Quinsay « a vingt salles painctes et magnifiques », d'égales dimensions. Chacune de ces salles peut contenir dix mille personnes. Le chiffre de la population s'élève à six cent mille âmes. Les habitants sont idolâtres et se nourrissent de la chair de chevaux ou de chiens. Ils sont tributaires du Khan. Il n'y a qu'une seule église de chrétiens.

Asie Centrale. — Vers les monts Imaüs (1), les hommes sont à l'état sauvage, vivent avec les bêtes et ont la plante des pieds « tournée à rebours ». Aux sources du Gange et aux monts Riphées, il y en a de plus extraordinaires encore. Dans le Thibet, les uns sont chrétiens, les autres idolâtres. Dans la province de Balor (Belour), les indigènes sont sauvages et « chevauchent les cerfs ».

Du côté du Thibet « entour la ville de Trilingum, cité royalle, ce disent estre les coqz barbus ». Dans cette région les corbeaux et papegaulx sont blancs.

Selon Marco Polo, le grand Khan de Tartarie est le plus puissant de tous les empereurs, tant chrétiens que Sarrasins. Le Khan possède un pré dans lequel il nourrit dix mille juments, dont le lait alimente sa maison et ses domestiques.

Les Tartares passent leur vie dans les champs. Ils choisissent les plaines les plus fertiles et y installent une habitation provisoire. Tout ce qu'ils possèdent, ils le placent sur de petites charrettes qu'ils emportent avec eux dans leurs courses nomades. Maniant les armes avec beaucoup d'adresse, les hommes passent leur temps à chasser. Tous les travaux matériels reviennent aux femmes et chaque homme a autant de femmes qu'il en peut nourrir. Ils man-

____

(1) Les monts Imaüs répondent aux monts Belour.

gent toutes sortes de viandes, excepté la chair humaine, et s'abreuvent du lait des juments qu'ils élèvent en très grand nombre. Les Tartares sont idolâtres.

Asie Septentrionale. — Desceliers affirme, d'après le vénitien Marco Polo, que vers le pôle arctique il existe une région « appellée régio de tenebres », parce que les habitants demeurent « comme demy an sans veoir le soleil », et que parfois ils jouissent seulement de « quelque petite clarté comme l'aube du jour ». Le pays est « montueux et plain de palludz et estangz ». Les gens sont « beaulx et corpulentz », mais ils mènent une vie « comme bestes », et sont « sans meurs, ne sollicitude daulcune civilité ». Les animaux de la région polaire sont « martres, zibelines, renards noirs, ours blancs fort grands, bœufs, ânes, chameaux et autres, dont les peaux sont livrées aux étrangers en échange de marchandises ».

Tracé de l'Asie. — Les premières cartes dieppoises du milieu du xive siècle donnent aux côtes de l'Asie un tracé presque identique. Quelques remarques seulement sont à présenter à ce sujet.

Sur la mappemonde Harleienne, le fleuve Indus suit une direction Nord-Sud ; il est moins irrégulièrement tracé sur les autres cartes. Sur toutes ces mappemondes, la Côte Occidentale de l'Inde, qui devrait être N.-N.-O. est trop N.-S. ; le golfe de Cambaye y est indiqué. La *Petite Moluque* du dieppois Parmentier, dans les Maldives, se trouve placée également sur les cartes normandes.

La Côte Orientale de l'Inde est assez exacte, et l'île Ceylan est généralement dessinée à sa vraie place.

Dans le golfe du Bengale, le delta du Gange est figuré excepté sur la mappemonde Harleienne. Le tracé du Gange est N.-S. chez Desliens (1541). En suivant la Côte Occidentale de l'Indo-Chine on n'aperçoit ni le Delta de l'Iraouaddy, ni le Golfe de Martaban. La ligne côtière est à peu près droite sur la mappemonde Harleienne, très ondulée sur la mappemonde de Desliens (1541), et peu accidentée sur les planisphères de Desceliers.

A partir de la presqu'île de Malacca, le *Golfe de Siam* dont la forme est défectueuse, parce que trop resserré, a les mêmes contours sur toutes les cartes. Le *Golfe du Tonkin* est indiqué par une assez grande échancrure, mais les rives manquent de précision dans le dessin, surtout sur l'Harleienne. L'île de Haï-Nan est omise.

Un enfoncement presque circulaire se remarque à la hauteur de la *Mer Jaune* et du *Golfe de Petchili*, excepté sur l'Harleienne, et prouve que cette région, de même que les deux golfes précédents, avait été découverte, mais était encore mal connue ou mal explorée.

Au Nord de la mer Jaune, les contours de l'Asie sont identiques sur les cartes normandes ; la ligne des côtes remonte vers le Nord, puis vers le Nord-Ouest, et enfin vers l'Est où elle rejoint la côte septentrionale de la Russie d'Europe. L'Est et le Nord de l'Asie sont inconnus aux Normands. L'Asie est séparée de l'Amérique sur leurs cartes.

Desliens (1541). — Les légendes sont peu nombreuses sur cette carte.

« Amazones » au-dessus de la mer d'Hircanie ou Caspie, « Juïz enclos » au Nord de l'Asie et au-dessus de Tartarie la Grande, « Region inconneue » sur le bord septentrional de l'Asie, « Region tempérée » tout à l'Est.

La mer Rouge, appelée encore *Golfe arabique* et *sinus arabicus*, à son extrémité septentrionale à sept degrés environ de la Méditerranée. Son tracé est droit. La même forme lui est attribuée sur la mappemonde Harleienne et sur celles de Desceliers.

Le pavillon portugais flotte sur les bords du Golfe Persique et divers pavillons chargés du croissant se remarquent en Arabie et dans les Indes.

Harleienne. — Entre le Tigre et l'Euphrate est dessinée une belle et très haute tour avec cette inscription : « La tour babel ». Le Kathay est figuré par une vaste ville fortifiée.

Au Nord des Moluques est représenté un grand et beau navire.

Le tracé de la mer Caspienne, ou mer d'Hircanie, est le même sur l'Harléienne et sur les mappemondes de Desceliers (1546 et 1550).

Roze (1542). — La III° et la VII° cartes de l'Atlas de Roze dépeignent l'Asie Occidentale. Sur la troisième carte, qui s'étend de 32° lat. N. à 13° lat. S., les principales régions représentées sont la *Mer Rouge* (1), l'*Arabie*, le *Golfe Persique*, la *Perse*, la *Mer de Perse*, l'*Inde*, l'*Archipel de Callicut*.

Cet archipel de Callicut correspond à l'ensemble des Laquedives et des Maldives.

Les indigènes sont nègres. A l'Est de la Mer Rouge ils portent des étoffes autour des reins, et à l'Ouest des jupes tombant jusqu'aux genoux.

Les arbres y sont nombreux. On distingue deux palmiers, l'un, situé entre la Mer Rouge et le Golfe Persique, porte des fruits et son tronc est entouré d'une petite plate-forme circulaire. On remarque aussi des têtards (troncs coupés), puis trois temples et deux monuments carrés en briques ressemblant à des fours ou à des autels. Près des temples, certaines petites constructions pourraient bien être des tombes.

En Palestine (VII° carte) est un cavalier en bleu et aussi un château fort ou temple, représentant peut-être Jérusalem, et plus à l'intérieur une colline qui est peut-être le Mont des Oliviers ou bien le Golgotha.

A l'Est de l'Asie Mineure sont deux cavaliers : l'un en robe bleue galonnée d'or, portant un chapeau blanc à bords rouges, et un en chapeau conique de la même couleur. Vers le centre de l'Asie Mineure, on remarque deux hommes : l'un en robe bleue avec chapeau conique rouge et l'autre en robe grenat avec une sorte de turban ; celui-ci porte une épée recourbée, suspendue à un baudrier noir

---

(1) La forme de la Mer Rouge est assez exacte. Le long de cette Mer, on voit beaucoup de petites roches ou îles, rouges et bleues ; l'une d'elles qui est bleue et plus grande que les autres gît à un tiers environ de l'extrémité orientale.

brodé d'or. Même étoffe et mêmes ornements se retrouvent sur le fourreau qui est fixé au baudrier.

Desceliers (1546). — La configuration méridionale et orientale de l'Asie est celle de l'Harleienne.

Au Nord et vers l'Est de l'Asie, on rencontre des hommes extraordinaires : hommes à longues oreilles, hommes à lèvres pendantes jusqu'au ventre, hommes avec visage sur la poitrine (front, yeux, nez, bouche) ou avec têtes de chien ou de sanglier. On voit encore un homme montant un cerf, un autre avec un corps de quadrupède, ou encore des sauvages luttant avec des grues, puis divers animaux.

Au Kathay est représenté « le grand cam ».

Desceliers (1550) peint au Nord de l'Asie, près de la Mer glaciale, des « homes monstrueux » et des ours. Il figure le passage de la Mer Rouge. On voit les Egyptiens poursuivre les Hébreux et se noyer. Leur pavilllon est un croissant sur un champ dont nous ne distinguons pas la couleur. Les Hébreux, qui ont passé la Mer Rouge, se mettent en route vers le désert.

Desceliers (1553) représente comme en 1550 des hommes imaginaires vers le Nord de l'Asie : l'un s'abritant du soleil à l'ombre de ses grands pieds, un autre à oreilles longues tombant à terre, un troisième avec le visage au milieu de la poitrine, le dernier avec une tête de chien, puis divers animaux.

Dans le Cathay, on voit des soldats armés, et dans les Indes des pavillons portugais.

G. *Le Testu* (1556). — La *Mer Rouge* dont l'axe devrait être rectiligne depuis le détroit de Bab-el-Mandeb jusqu'à l'isthme de Suez, s'infléchit vers le Sud dans le dernier tiers de sa longueur, et dans cette partie-là un petit trait indique le passage des Hébreux. La *Mer de Perse* (golfe persique) est bien représentée (fol. XXIII v°).

On aperçoit le mont Sinaï, le Jourdain, la ville de Sodome en flammes, puis les Egyptiens et leur pharaon qui, à la poursuite des Hébreux, se noient dans la Mer Rouge, tandis que, sur l'autre rive, les Hébreux se dirigent tranquillement vers l'Arabie déserte. La mer Rouge, coloriée en rouge, a le même aspect bizarre que sur la carte précédente (fol. XXIV v°).

Au folio XXV v° est la *Phrygie* « où fut jadis située et assise la grant cité et ville de Troye maintenant ruinée et démollie ». Au Nord-Est de la mer Euxinne, on voit les « coullonnes de Allexandre » au nombre de deux.

Au folio XXVII v°, l'Inde cisgangétique s'étend du 42° degré de latitude boréale au 5° de latitude australe... Au Nord de l'Indus, cette légende : « Hec sunt deserta que centum vix diebus peragrari possunt » (désert qu'on ne peut traverser en moins de cent jours). La description de l'Indus est celle d'Arrien ; ce fleuve sort des monts Paropamise à la latitude boréale de vingt-neuf degrés et descend presque en ligne droite jusqu'à son embouchure. C'est un tracé inexact.

En somme, l'Inde *intra Gangem* est assez bien figurée.

Les bouches du Gange et du Brahmapoutre sont assez correctement indiquées.

Au delà de Ceylan, la côte indienne se détourne vers le Nord, et le Golfe de Bengale se dessine avec précision.

Au Nord de la Chine est la vaste région de *Catay* (1).

Le grand Cham, empereur de toute l'Inde Orientale et Méridionale, habite la province de Mangy (Chine méridionale), fort riche en or et pierreries, dont la capitale Quinsay (aujourd'hui Hang-Tchéou) est réputée la plus grande ville du monde « ayant au meilleu delle ung lacq, sur lequel y a douze centz ponts en circuit ». Ce renseignement est emprunté par Le Testu à Marco Polo, lequel affirme que cette ville est bâtie sur l'eau et environnée d'eau, et que pour cette raison il y a de nombreux ponts pour aller par la cité. Marco Polo ajoute même qu'il y a « douze mille ponts de pierre, si hauts que par dessous passerait bien un grand navire » (2).

------

(1) Chine septentrionale dont la capitale était Cambaluc, aujourd'hui Pékin.

(2) *Livre des Diversitez et Merveilles du Monde*, chap. XXXII.

Le Testu en 1566 trace plus correctement la Mer Rouge que dans l'Atlas de 1556. Cependant, elle n'est pas encore la vraie coupure rectiligne qui sépare l'Afrique du plateau d'Arabie. Rien d'important à noter dans les Indes.

Desliens (1566) conserve à la Mer Rouge partout la même largeur. Il l'infléchit un peu dans sa partie septentrionale, beaucoup moins cependant que ne l'avait fait Le Testu dix ans plus tôt.

La nomenclature des côtes asiatiques sur cette petite carte est assez détaillée. Parcourant ce littoral depuis le Nord-Est de l'Asie jusqu'à la Mer Rouge, nous rencontrons les endroits suivants : *Tartarie la Grande, Cathay, Can de Tartarie, Cariam, Quinsey cité, Zailon, C. Long, Zailam, Moabac province, Mangi province, C. Grand, Trincon, C. de Volte, C. Taihade ;* entre le fleuve Gange et l'Indus, *Ogama, Pencora, Chila, Callicut, roy. de Narsinga ;* à l'Ouest de l'Indus, *Cuscada, C. de St Jacques, Royaume de Dio, Bassa, Angiana, Persse, Parthe, Tartarie de Torques-tem, Bactriana, Mer d'Hircanie, Tartarie casana ;* entre la Mer de Perse et la Mer Rouge, *C. de Rucelgate, C. Sartag, Arabie heureuse, Arabie pierreuse, Arabie déserte, Babi-lone, Chaldée, le fl. Tigre, Mède, Assirye, Hircanie, Armé-nie, Asie la petite, Mer pontique.*

Le pavillon portugais est planté au Nord de Taprobane, au Gange, à Pencora, à Cuscada, près de la *Mer de persse,* à l'entrée de la Mer Rouge.

Au Nord de l'Asie, entre Tartarie la Grande et la Corel-lia, on lit : *region incongneue.*

Cossin (1570) trace la Mer Rouge, puis les Arabies dont la nomenclature est à peu près illisible. Il inscrit encore la *Mer de hyrcanie,* la *Perce,* l'*Asie maior,* la *province de Tartarie. Calicut* est marquée à sa place dans une région dénommée *Indes.* Au-dessus de Taprobane sont les *Indes de Ganges,* et, au Nord de ces Indes, la *Coste de la Chai-gne* (Chine). Au Nord-Ouest de la Chine est la *Mandaornie.*

Jacques de Vaulx (1583) (1) donne un bon tracé de la

---

(1) Biblioth. nat., ms. franç. 150.

Mer Rouge, et sur la *Mer Indicque* montre trois navires et un monstre marin (1). Entre l'Asie et l'Amérique, il figure le *détroit d'Anian*, et tout près le *royaume d'Anian* (2).

Le globe de Rouen. — Les contours de l'Asie sont à peine exacts depuis le Golfe persique jusqu'à la presqu'île de Malacca ; mais au-delà ils sont tout à fait erronés.

La nomenclature est assez réduite. Depuis *Ormus* jusqu'à *Malacca*, nous lisons seulement : *Duilcin reg.*, *Cuzural reg.*, *Sinus cuzeral*, *Indus f.*, *Gambaia regio*, *sinus Canticolpus*, *Goa*, *Insule de Maladiva*, *Maca*, *Cananor*, *Calicut*, *Colchin*, *C. Comeri*, *Seilam*, *Sinus Gangeticus* ; puis *Malacca*, *olim aurea Chersonesus*. A l'Ouest de *Samatra*, et au-dessus de l'équateur, *insula de auro*.

Le Golfe du Tonkin est étranglé. En Cochinchine et au Tonkin, on rencontre le *Pago*, l'*Ava regnum*, la *Queilla regio*. A partir des îles Formose, la côté chinoise s'infléchit et s'appelle *Tertia vel orientalior India*, *Ciamba regio*, et *Lequii populi*. En somme, la topographie de l'Asie est fort peu connue de l'auteur.

Au-dessus de la Corée, la côte prend la direction Nord-Est et est séparée de l'Amérique par un grand détroit au milieu duquel se trouve l'île *Cipango*. Au Sud de cette île est l'*Occanus orientalis*, sur lequel vogue une galère bien dessinée, et tout près nous relevons cette légende : « Hoc loco secuti sumus recentiores hanc partem verius a continente separantes » (Ici nous avons suivi les auteurs plus récents qui avec raison séparent cette région du continent).

Dans la première moitié du xvii° siècle, deux cartographes normands ont dessiné le littoral asiatique ; ce sont Guerard (1625 et 1634) et Berthelot (1635).

Nous n'avons aucune remarque importante à présenter sur la topographie de l'Asie, telle que l'expose Guerard.

L'œuvre de Berthelot est au contraire d'un intérêt capital. Le groupement de cinq cartes particulières, insé-

---

(1) Biblioth. nat., ms. franç. 150, fol. XXVII.

(2) *Ibid.*, fol. XXVI.

rées dans un manuscrit du British Museum (1), forme un portulan très précis et très détaillé de la côte méridionale et orientale de l'Asie. Ces cartes qui contiennent de nombreux renseignements à l'usage des navigateurs sont construites sur la rose de trente-deux vents.

Dans un autre ouvrage, Berthelot avait tracé les plans coloriés des forteresses des Indes ; nous les avons énumérés dans sa biographie (2).

Berthelot, disons-nous, décrit le littoral asiatique par fractions. La carte du fol. 153-154 (3) s'étend de 11° à 31° lat. N., et renferme la partie de la Mer Rouge (*Mar Roxo*) située au-dessous du Tropique du Cancer (*Tropicus Cancri*), l'Arabie, le Golfe persique (*Mar persiqua*), la Perse (*Parsia*), la côte d'Ormus, Goadel, Passaum ; elle se termine à l'Est par la *R. de Casamela*, non loin de l'Indus. Sur l'échelle de 100 lieues qui est au Nord-Est de la carte, nous avons calculé qu'un degré équivaut à 17 l. 1/2. La nomenclature est très dense. Le long des côtes nous avons compté cent dix noms, et nous avons reconnu qu'ils ont été empruntés pour la plupart à la carte des Indes de Fernâo Vaz Dourado (1571) (4).

Une seconde carte (5) de Berthelot décrit la côte indienne depuis le voisinage de l'Indus jusque vers 17° lat. N., un peu au-dessus de Masulipatan, sur la côte occidentale du Golfe de Bengale. Le cours de l'Indus y est mal dessiné. Les États qu'on y observe sont les suivants : à l'Ouest, la province de *Guzarate* à la hauteur du *Tropicus Cancri*, *Diu*, *Caxanagana* au fond du G. de *Cambaye*, la côte de *Cuncan* (Konkan) et celle de Malabar avec mention de *Cochin ;* à l'Est, *Charamandel* (côte de Coromandel), *Badnagar* où se trouve le port de *Masulipatan*, et, un peu

---

(1) Sloane, ms. 197.

(2) Voir ci-dessus, liv. I, ch. III.

(3) Brit. Mus., Sloane, ms. 197.

(4) British Museum. — Kunstmann, *Atlas zur Entdeckunggeschichte Americas*, etc., pl. X.

(5) Sloane, ms. 197, fol. 164.

au Nord, *Patava ;* au Sud le *P. de Comori* (C. Comorin) près duquel une ancre indique un bon mouillage, l'île *Ceilan* (Ceylan) avec sa capitale *Colomba* (Colombo) et le *P. de Galle* (pointe de Galle) ; au Sud-Ouest, une partie des Maldives (*Insullæ Maldivæ pars*), dont voici les principales d'après Berthelot, en allant du Nord au Sud : *Baxos de Pedro, Catilena, Maliqua, Docubile, Sandel, Guelha, Timor, Pinaca, Camdralho, Ganfar, Maladiva.* Plusieurs de ces noms figuraient déjà sur la carte de Dourado. Autour de chacune de ces îles est un pointillé qui révèle la présence de multiples îlots dans cet Archipel.

Les contours de cette carte sont bien réguliers. Toutefois, la région méridionale vers le C. Comorin est trop rétrécie. La côte orientale est à peu près exacte. L'île Ceylan est trop vaste et pourvue de plusieurs baies qui n'existent pas dans la réalité ; sa configuration, somme toute, est défectueuse.

Une autre carte de Berthelot (fol. 379-380) détaille les rivages de *Gerzellin* (1), *Orixa* (Orissa), *Bengalla, Xatigan, Aracao* (2), *Abacan, Pegu, Tanacri* (3), *Achem* (4), *Malaca* et *Siam.*

A *Bellasore* (Balasor) dans la région de Gerzellin et le long de la côte de l'Etat de *Pera* (Pórak) sur le détroit de Malacca, une ancre désigne un mouillage sûr. En quatre endroits, trois sur mer et un sur le continent, se trouve le mot *abaxo*, précédé d'une des lettres I, L, M, N, écrites à l'encre rouge.

Au Nord de Sumatra sont marquées les îles suivantes : *I. dos Cocos* (I. des Cocos), *Amdeman* (Andaman), *Ca Nicoubar* (Car Nicobar), *canal de Gomes Pulo,* etc.

La carte du folio 389 représente à l'Ouest la province de *Tanacari* (Ténassérim), la presqu'île de Malacca, et à

---

(1) Côtes de Ciscar et d'Orissa, et le Gange.

(2) *Arakan,* un des trois pays dont se compose la Birmanie anglaise.

(3) Province et ville de *Ténassérim* (Birmanie méridionale).

(4) Au Nord de Sumatra.

l'Est l'Etat de *Patane* (1) et les royaumes de *Siam* et de *Cambodge*. La presqu'île de Malacca y est très correctement tracée. La nomenclature des deux côtes occidentale et orientale, et des principales îles qui les bordent, comprend 68 noms. Le long du rivage occidental sont marqués avec soin les mouillages et la profondeur de la mer en brasses.

Enfin la dernière carte (fol. 405) retrace la *Cauchin China* (Cochinchine) (2) avec le *Tonquin* (Tonkin). Le golfe du Tonkin (*Enceada de Cauchin China*) s'avance trop en pointe dans les terres. En face de la Cochinchine sont les *Bexos de Polo cicer* (les îles et récifs Paracels), et au-dessus, presque à sa place, l'île *Ainan* (Hainan). Un peu au Nord est l'île *Sanchoam* (3). En suivant le littoral, on rencontre les provinces de *Quancy*, le port de *Macao*, *Cantan* (Canton), *Chencheu* (4), *Fothien* (Foukian), et plus au nord *Nanquin* (Nanking) avec l'*Enceada de Nanquin*, peut-être le commencement de la Mer Jaune. Les côtes sont pourvues d'une nomenclature compacte.

L'*Illo Fermosa* (île Formose) est trop rapprochée du continent. A l'Est de Formose sont marquées *os reis magos* (îles des Rois mages), sans doute le groupe des îles Nambou Soto, qui comprend Yonakouni-Sima, Iriomoto-Sima, Isigaki-Sima, et Miyako-Sima.

Berthelot s'arrête à la Corée dont il ne trace que la partie méridionale (*Coray pars*).

§ II. — L'Archipel de la Sonde.

L'Archipel asiatique ou Insulinde a des limites assez difficiles à bien préciser. Nous pouvons y comprendre : 1° l'Archipel de la Sonde (groupe de Sumatra, groupe de

---

(1) Groupe de principautés de la presqu'île malaise.

(2) C'est l'Annam.

(3) Groupe des îles San-Tchao.

(4) Tchang-Tch-Fou.

Java et l'archipel de Sumbawa-Timor), 2° l'Archipel des Moluques (les groupes des Moluques et de Célèbes) et la Nouvelle Guinée (les Papouas), 3° le groupe de Bornéo et des Philippines.

Les cartes normandes, de Desliens à Le Testu, sont supérieures aux cartes de la même époque, du moins en ce qui concerne les contours et la nomenclature de l'Archipel asiatique. Quel prototype reproduisent les Normands ? Nous l'ignorons. Nous n'avons pu le rencontrer dans aucune mappemonde de la première moitié du xvi° siècle. Nous nous demandons même si ce prototype ne serait pas normand et n'aurait pas pour auteur Jean de Clamorgan ou Desliens. Ce dernier, en effet, semble posséder plus de science géographique que les cartographes de son temps, et les Normands, ses compatriotes, lui ont dans la suite beaucoup emprunté. Il est certain qu'il s'est inspiré des Portugais ; mais n'a-t-il pas fait mieux qu'eux ? Bien des inexactitudes subsistent encore dans le tracé de Desliens, mais elles sont moins nombreuses et moins frappantes qu'ailleurs. Et cependant la plupart des régions figurées par Desliens venaient d'être découvertes depuis fort peu d'années, Bornéo par exemple. Nous faisons exception, bien entendu, pour la fantaisiste représentation de Jave la Grande par les Normands.

La carte marine de l'Océan Indien, conservée à Munich au *Hauptconservatorium der Armee* (1), montre pour la première fois un tracé un peu exact d'une partie des îles de la Sonde et des Moluques.

Deux cartographes havrais, G. Le Testu et J. de Vaulx, n'exposent dans leurs œuvres pourtant si remarquables qu'une connaissance bien vague de l'Archipel asiatique.

La 29° carte (fol. XXX v°) de l'Atlas de Le Testu (1556) s'étend de 34° lat. N. à 13° lat. S. et est bornée par l'*Aurea Chersonesus* et partie de la *Taprobane ;* au Sud, par la

---

(1) Carte attribuée aux Reinel et à l'année 1517 par le Dr Hamy (*Etudes historiques et géographiques*, Paris, 1896, in-8°, p. 156).

Petite Jave ; au Nord, par le *Sinus Magnus* (Mer de l'Inde orientale et des Moluques). C'est, dit Le Testu, « une partie de l'Asie où les Moluques sont comprinses... Toutes lesquelles terres sont situées sous la zonne toride, soubz les premiers climactz dia meroes). Parlant des productions du sol, il ajoute que « il croit en ceste region clou de girofle, noys de muguette et aultres sortes d'espiceries », et « en aulcunes de ces illes on trouve boys d'ebenus (ébène) et aultres boys d'alos (aloes) ».

Sur son planisphère de 1566, Le Testu inscrit quelques îles dont les noms sont plus ou moins correctement orthographiés. Ce sont : *I. de borno* (Bornéo), *Dos celebros* (Célèbes) au-dessus de laquelle *P. de Midanas* (Mindanao). Sur le méridien de Mindanao, mais plus au Nord, vers 10° à 15° lat. N. et 150° à 155° long. E., une île porte cette légende : « Icy furent tués aulcuns hommes de Magaillan ». Cette île est assurément celle des Philippines où Magellan lui-même trouva la mort et où plusieurs de ses gens furent peu après traîtreusement massacrés.

Les cartes insérées dans les *Premières OEuvres* de Jacques de Vaulx (1583) ont des dimensions trop restreintes pour nous éclairer sur la connaissance que l'auteur possédait de l'Archipel asiatique. Aux folios XXVI v° et XXVII v° (1), nous ne rencontrons qu'une représentation très sommaire des principales îles de cet archipel. Ainsi au folio XXVI v° nous lisons : *Traprobana,* la *Grande Jave, Cambade, Burneo, les baruses, Mindanao, Ambon,* et, au folio XXVII v°, *Samatre, Java maior, petite Jave, Terre haulte, Burneo, Cimbabon, Cantaron, Mindanao, Gilolo, Célèbes, Sabadides, La Nouvelle Guynée.* Le nom de *La petite Jave* est porté par deux îles, l'une à droite de *Iava maior,* et l'autre à côté de la Terre australe à l'Est de la *Terre de Beach.*

---

(1) Bibl. nat., ms. franç. 150.

Archipel de la Sonde

Par archipel de la Sonde, nous entendons : 1° le groupe de Sumatra, 2° le groupe de Java, et 3° l'archipel de Sumbawa-Timor.

I°. *Sumatra* n'est autre que l'île *Taprobane*. Anciennement ce nom de Taprobane était réservé à l'île Ceylan ; il fut plus tard attribué à la Sumatra des cartes modernes. Cette île était vaguement connue de Ptolémée. Marco Polo qui y résida cinq mois en a laissé une description assez précise : « Elle est habitée, écrit-il, par des hommes très différents des autres. Sur quelques montagnes de cette île, il y a des hommes d'une grande taille, c'est-à-dire de douze coudées, comme des géants, très noirs et dépourvus de raison. Ils mangent les hommes blancs étrangers, quand ils les peuvent attraper. Chaque année, dans cette île, il y a deux étés et deux hivers. Les arbres et les herbes y fleurissent deux fois l'an. C'est la dernière île des Indes. Elle abonde en or, argent et pierres précieuses ».

Le nom de Sumatra, attaché à une île, se rencontre pour la première fois, à notre connaissance, dans la relation imprimée de Nicolo de Conti (1). Jusque là, c'était un simple nom de ville,

Nicolo de Conti résida un an dans l'île de Sumatra, vers 1440 (2). Les renseignements qu'il donne sur Sumatra dans sa Relation sont très concis.

Geronimo Adorno et *da Santo Stefano* (3) visitèrent Sumatra à la fin du xvᵉ siècle et enrichirent de nouvelles données positives les cartes marines portugaises (4).

------

(1) La relation de N. de Conti a été insérée par Ramusio dans sa *Collection de voyages*, Venise, 1563, t. 1, fol. 338-345.

(2) R. H. Major, *India in the XVth century*, 1857 (Hackluyt Society) p. XIII.

(3) La première édition portugaise de leur récit de voyage parut à Lisbonne, en 1502, par les soins de Valentin Fernandez.

4) J. Dénucé, *Les Origines de la Cartographie portugaise et les cartes de Reinel*, Gand, 1908, in-8°, p. 14.

Ludovico Varthema parcourut Sumatra dans les premières années du xvie siècle. Revenu à Lisbonne en 1507, puis en Italie, il y publia la Relation de ses voyages. Les récits de Varthema engagèrent le roi Emmanuel, de Portugal, à fonder des établissements en Orient, et en 1508 il chargea Diogo Lopez de Sequiera d'entreprendre une expédition à Malacca. Sequiera appareilla de Lisbonne le 5 Avril avec une flottille de quatre bâtiments. En réalité, ce sont les Portugais qui, sous la conduite de ce marin, parvinrent dans les eaux de Sumatra en 1508. Sequiera gagna Pedir, dont le radjah voulut bien contracter une alliance avec le Portugal, puis il passa à Pasey et à Malacca.

Quand, sous le commandement d'Albuquerque, les Portugais eurent conquis la ville de Malacca en 1511, ils abordèrent successivement à Pedir et à Pasey et tentèrent de prendre possession de ces deux places.

En 1516, Fernando Perez d'Andrade toucha à Pasey en se rendant en Chine.

En 1519, Duarte Barbosa, embarqué à bord de la *Vittoria*, visita la côte nord de Sumatra.

En 1520, Diogo Pacheco partit de Malacca pour aller à la découverte des îles qu'on présumait gisantes à l'ouest de Sumatra. Il aborda à Barous, puis, poursuivant son chemin, franchit le détroit de Palimban, entre Java et Sumatra, et rentra à Malacca. Il est le premier des Européens qui ait contourné l'île. En 1521, ayant relâché à Barous il y fut massacré par les Malais.

Un navire commandé par Gaspard d'Acosta fit naufrage à la pointe d'Atchin et l'équipage fut pris, tué ou fait prisonnier.

Joao de Lima eut le même sort dans la rade d'Atchin.

Bien des hostilités furent accomplies dans le Nord-Est de Sumatra. Les Portugais avaient créé quelques établissements dans cette région. Ils y avaient construit un fort et laissé une garnison de cent hommes. Mais, exaspérés par les mauvais traitements que leur faisaient subir les Portugais, les Malais assiégèrent le fort et bientôt contraignirent la garnison à l'évacuer. Les sultans d'Atchin et de Pahang détruisirent leurs comptoirs en 1523 (1).

La situation était donc devenue alors bien critique pour les Portugais.

C'est bientôt après, en 1529, que les frères Parmentier arrivèrent en vue de Sumatra.

Les Hollandais ne pénétrèrent dans ces parages qu'à la fin du siècle. En 1599, le navigateur hollandais Houtman tenta, mais en vain, d'entrer en relations avec Atchin.

Tracé de Sumatra avant les Normands. — Sur la carte catalane de 1375, Java mineure (Sumatra) est située d'après le récit de Marco Polo.

Dans la mappemonde de Fra Mauro (1459), Sumatra occupe une place relativement exacte par rapport à l'île Ceylan.

La mappemonde de J. Ruysch montre que les Portugais avaient reconnu en 1507 l'île de Sumatra. « Ad hanc (insulam Taprobanam) Lusitani naute navigarunt anno salutis MDVII. » (2)

Bernard Sylvano, reprenant les esquisses de Barthélemy Colomb (3), figure l'île de « Tapbana » ou « Samotra ins. » (4).

Sur la *Carta marina* de 1516, le tracé de *Samotra insula* répond à l'*Ataprobana* de Canerio, et témoigne d'une meilleure connaissance de la grande île (5).

Sur l'Atlas de Reinel (6), Sumatra est dénommée « Taprobana insula ». Cette île n'a pas de nom sur le portulan de Munich (1517), mais elle est plus détaillée que sur l'Atlas de Paris. Le tracé en est assez exact dans la région Est et Nord, quoique à la fois très raccourcie et trop large ; et on

---

(1) Barros, dans la 4ᵉ Décade de son Histoire de l'Asie, fait l'historique des événements accomplis à Sumatra.

(2) Dénucé, *op. cit.*, p. 23.

(3) Mappemonde insérée dans l'édition de Ptolémée de 1511.

(4) J. Dénucé, *op. cit.*, p. 27.

(5) *Id., ibid.*, p. 17.

(6) Bibliothèque nat. de Paris.

y remarque les embouchures de deux fleuves (1). Sur le portulan de 1520, elle s'appelle *Camatara* (2).

Les Reinel et Rodriguez sont les seuls à mentionner la ville de Camatra, la *Samatra* de Marco Polo ou la *Sumoltra* d'Odoric de Pordenone. On a appliqué dans la suite à l'île entière le nom d'un royaume et de sa capitale. La situation de Camatra par rapport à Pedir est indiquée dans le voyage de Juan de Serrano (1512) (3). Les Portugais semblent avoir choisi Pacem comme capitale de l'île (4).

Tracé de Sumatra sur les cartes normandes. — Desliens (1541). — L'île est à peu près tracée, mais paraît un peu trop large, surtout dans sa partie méridionale.

L'harleienne. — Sumatra est encore bien située, mais sa largeur est excessive, comme sur les mappemondes de Desceliers.

Roze (1542). — Comme tracé et comme nomenclature, Sumatra a une grande ressemblance avec la mappemonde harleienne.

Desceliers (1546). — La forme commence à se rapprocher de sa vraie configuration. Il y a progrès sur la carte de Roze dans le tracé de la ligne des côtes.

Desceliers (1550). — Même tracé que sur la précédente. D'après la légende de Desceliers, *Sumatra* ou *Taprobana* est une île à grandes dimensions. La ligne « equinoctialle » la traverse en son milieu. Elle a de « haultes et merveilleuses montaignes », et les animaux qu'on y rencontre sont plus cruels et plus forts que dans les autres parties de l'Inde. Les habitants sont idolâtres ou musulmans. L'île est gouvernée par quatre rois. Les indigènes sont presque blancs, ont « grand front, les yeulx quasi rondz, longz che-

---

(1) Dr HAMY, *op. cit.*, p. 156.

(2) J. DÉNUCÉ, *op. cit.*, p. 117.

(3) *Id., ibid.*, p. 119.

(4) Giovanni da Empoli tenta d'y établir en 1515 une factorerie au nom du roi de Portugal.

veulx, nez fort et large ». Guerriers habiles, ils sont « convoiteux au gaing ». Ils font principalement commerce de « poyvre, aloës et soyes ».

Carte annexée au récit de Crignon, intitulée « Discours du voyage d'un grand capitaine de Dieppe ». — Cette curieuse carte de l'expédition des frères Parmentier à Sumatra en 1529 a été publiée avec le récit de Crignon par Ramusio (1). Nous l'appelons ici carte dieppoise. Elle offre sur un plan le résumé du *Discours*, et comme cette relation porte la date de 1539 et qu'elle a été écrite par Crignon, on a cru avoir ainsi la date et le nom de l'auteur de la carte. Toutefois on l'attribue généralement à Gastaldi qui l'aurait exécutée en 1550 (2), d'après des données fournies par le récit de Crignon (3).

Cette carte de Sumatra nous semble, sur quelques points, supérieure aux autres productions normandes. La partie orientale est plus exactement tracée que la partie occidentale. Cependant la région du Nord-Ouest est plus bombée et par suite plus défectueuse que sur la plupart des cartes normandes.

A l'intérieur de l'île, on aperçoit quelques indigènes. L'un conduit un chameau, deux ou trois semblent être des voyageurs, deux secouent un arbre et en ramassent les fruits tombés à terre, deux autres sont dans une grande hutte élevée à un mètre au moins du sol, un berger garde un troupeau de moutons.

Les seuls animaux représentés sont deux chameaux à une bosse, et un cheval.

Bien des arbres sont plantés dans les diverses parties de l'île ; nous croyons que ce sont des palmiers.

En mer, des poissons de toutes dimensions.

A l'Est, deux navires portugais, toutes voiles dehors,

---

(1) *Navigationi et Viaggi*, Venise, 1556, t. 3.

(2) Elle est reproduite par Ch. Schefer dans son édition du *Discours de la navigation de Jean et Raoul Parmentier*.

(3) ESTANCELIN, *Recherches sur les navigateurs normands*, p. 195-240. Texte et traduction du Discours de Crignon.

indiquent que cette mer et cette région étaient alors occupées par les Portugais ; puis le cartographe a certainement eu l'intention de représenter les deux navires de Parmentier, le *Sacre* et la *Pensée*, dans les bâtiments aux voiles fleurdelisées qu'il dépeint à l'Ouest de Taprobane à la hauteur des îles Batou.

La ligne équinoxiale traverse l'île vers la moitié, la plus grande partie étant au Sud.

Quatre îles faisant partie du groupe des îles Batou sont situées à l'Ouest. Ce sont les îles où les frères Parmentier abordèrent avant de descendre sur la Côte Ouest de Sumatra. Ils les dénommèrent la *Formetiera*, la *Margarite*, la *Louyse* et la *Verte plate*. La Verte plate est aujourd'hui l'île de Poulo-Nyas ; la Formetiera (ou la Parmentière) est Poulo-Pini ; la Margarite (Marguerite) est Tanah-Massa ; et la Louyse est Tanah-Ballah.

Crignon lui-même fixe la situation exacte de ces îles (1) : « La Louise et la Parmentière gisent nord et su par le milieu, et sont distantes l'une de l'autre dix lieuës. La Marguerite et la Parmentière gisent surouest et nordest, distantes par le milieu l'une de l'autre trois lieuës et par le bout devers l'est une lieuë ». La Parmentière est à 2/3 de degré de latitude australe, et tout près, vers la Marguerite, existe un bel ancrage où la sonde accuse de 15 à 25 brasses.

Les noms de Louise et de Marguerite ont été attribués en l'honneur de Louise de Savoie, mère de François Ier, et de Marguerite de Navarre, sa sœur.

Nous n'avons rencontré ces noms sur aucune autre carte normande.

Toute la nomenclature y est française.

G. *Le Testu* (1556). — L'île de Sumatra est trop large (fol. XXVIII v°). « Autour de Samotra ou Taprobanne sont 1378 illes qui sont celles que vous povez voir nommés les Moluques » (fol. XXX v°). Le Testu dissémine,

____

(1) SCHEFER, *Le Discours de la Navigation de Jean et Raoul Parmentier*, p. 58

non pas 1378, mais une assez grande quantité d'îles à l'Est
et au Nord de Sumatra ; ses délinéations, comme sa nomenclature, laissent bien à désirer. Il s'est inspiré de cartes
peu exactes pour représenter cette région, et en particulier
de l'Harleienne. Il semble avoir peu demandé aux planisphères de Desceliers.

Les productions de Sumatra, des Moluques et autres
îles proches sont le clou de girofle, la noix de muguette,
beaucoup d'épices et aussi le bois d'ébène et le bois d'aloès.

NOMENCLATURE DE SUMATRA OU TAPROBÁNE

Desliens (1541)	Carte dieppoise	Carte Harleienne	Roze (1542)	Desceliers (1546)	Desceliers (1550)
Samatra ou Taprobane	Taprobana	Samatra	Samatra	Samatra, Taprobane	Samatra
A l'Ouest :					
De limos		R. dos limos	Rio dos limos	R. limo	C. de lemos
Bairos		Bairos	Bairos	Bairos	Bairos
C. de courantez	Le Courente	C. des courentes	C. das courantes	C. de courans	C. de courantes
	Ticou (1)	Ticou	Ticou	Ticou	
	Priame (2)	Priamme	Priamyan	Prianme	Priamo
	Indapoure (3)	Andapon	Indapou	Andapo	Indat
	Selagam (4)	Selangan	Sullagam	Selanga	Selanga
Manacoba	Coste de manancabo (5)	Manancabo	Manacabo	Manancabo	Manancobo
Adiepu (6)		Adiepu	Adipu	Adiepu	Adiepu
Adallos		Adallos	Adallas	Adallos	Adallos
A l'Est, du Sud au Nord					
Sonda du canal		Sade de canal	Saida do canal	Saida du canal	Sonda du canal
	Palinban (7)	Palumban	Pallimbam	Palebum	Palembun
Alatign	Mandalican	Mandalican	Mandalican	Alarga	Alangan
Andragam	Andragian (8)	Andraga	Andragir	Andragin	Adragulm
	Campar (9)	Ampar	Campar	Compar	Campar
		R. dos aves	R. dos aves	R. des oyseaux	R. dos aves
Ciaca (10)	Ciaca	Siaca	Siaca	Ciaca	Ciaca
Terra darua (11)	Terre daru	Teradaru	Terra daru	Terre darua	Terra darua
	Entrée des basses	Entrée des basses			
	Tuncan				
				Basses de capaciar (12)	Basses de capaciar
				Apolnor	Apolnoi
Aru				Aru	Aru
Au Nord :					
Gomispolla (16)			Ganispolla		
	Pacem (13)			Pacem	Pacem
	Pedir (14)	Pedir		Pesil	Pedil
	Achins (15)	Achem		Acha	Acha
	Dava	Daia		Daia	Daia
Au Sud :					
Acanpu				Acampu	Acampu

1. *Ticou* est à la fois le nom d'un village et celui d'un
canton de la résidence de Padang. Le village compte aujourd'hui environ huit cents maisons construites en bam-

bou. Au xvi⁰ siècle, la ville de Ticou très petite n'avait, dit
Crignon (1), que « deux ou trois ruës ». Elle était « close
aux deux bouts de gros pieux de bois fichez en terre ». Les
portes étaient fermées à l'aide de « boises traversantes passées au travers deux gros pieux par des mortaises » qu'on
y avait pratiquées. Les habitants sont « gens a demy noirs,
et ne sont point gras », et leur vêtement consiste en « une
toile de cotton ceinte entour leurs reins, et une autre qu'ils
jettent sur leurs espaules » (2).

Le port de Ticou est bon et les navires y sont bien à
l'abri des vents. Sa rade est couverte par trois îlots boisés
et distants l'un de l'autre de trois quarts de mille environ.

2. *Priame* était au xvi⁰ siècle un petit havre peu fréquenté. Les marins dieppois y relâchèrent dans leur expédition de 1529 entre la mort de Jean Parmentier et celle
de Raoul. C'est maintenant un district de la résidence de
Padang. Les maisons sont presque toutes construites en
bambou.

3. *Indapoure* (Andripour, Indrapour), nom d'une rivière et d'une ville, qui furent plusieurs fois visitées par
les Normands de l'expédition de Parmentier. La rivière,
navigable pour de petits navires, est la plus considérable
de toutes celles qui arrosent cette côte de Sumatra. Le port
était autrefois le centre d'un grand commerce de poivre,
et les indigènes y apportaient de l'or de l'intérieur de l'île.

4. *Selagan* est le nom d'une petite rivière sur le bord de
laquelle est située la ville d'Indrapour.

5. *Coste de Manancabo*. Cette région était connue, dès
le commencement du xvi⁰ siècle, sous le nom de Macaboo
(Menang Kabou, pays de l'or), et elle est citée en 1517 par
Duarte Barbosa.

---

(1) *Le Discours de la Navigation de Jean et Raoul Parmentier, de
Dieppe*, publié par Ch. Schefer. Paris, 1883, in-4°, p. 70-74.

(2) André Thevet, *Cosmographie universelle*, Paris, 1575, in-8°, fol.
421-422. — *The second voyage of captain Walter Peyton, into the East
Indies* (Dans le 4⁰ volume du recueil de voyages de Purchas, Londres,
1625, p. 332).

6. *Adiepu* correspond sans doute à une escale, qui « se nomme en la carte marine Dieppe » (1).

7. *Palinban*, d'après Galvâo, était séparée de Sumatra et formait une île distincte. C'est une cité commerciale située à 2° 50' latitude Sud, et vers ses parages la navigation est périlleuse dans la mousson d'ouest. Francisco Rodriguez mentionnait au xvi° siècle les terres basses de Pallembam (As terras baxas de pallembam).

8. *Andragian, Indrajiri* est une localité mentionnée dès 1517 par Duarte Barbosa. Elle est située au milieu de la côte orientale, sur une rivière de même nom.

9. *Campar* est une ville connue dès les premières années du xvi° siècle, puisqu'on la rencontre sur les cartes des Reinel et dans la relation de Duarte Barbosa.

10. *Ciaca*, nom d'une rivière, d'un royaume et de sa capitale. Le royaume de *Siak* occupe la partie moyenne de la côte orientale de Sumatra, et Siak sa capitale est bâtie sur là rivière du même nom.

11. *Terre daru*. Marco Polo identifie la Terre d'*Aru* avec un petit archipel. *Haru*, chez Barbosa.

12. *Basses de Capaciar*. Ces mots se trouvent dans la nomenclature du voyage de Diogo Lopez de Sequeira en 1509 et sur la carte de Reinel (Munich, 1517) sous la forme *os baixos de capacea*.

13. *Pacem* correspond au Basma de la Relation de Marco Polo (2). Selon Lopez de Sequiera (1509), c'est une ville de Sumatra. Elle est dénommée *Passe* dans la lettre de Giovanni da Empoli (1514), *Pansem* par D. Barbosa, et *Paséi* par Reinel (Munich, 1517). Centre d'un grand marché, Pacem semble avoir été choisie comme capitale de l'île par les Portugais.

14. *Pedir* était une cité connue avant l'arrivée des Normands de Parmentier à Sumatra. Elle est signalée par

---

(1) *Le Discours de la Navigation de Jean et Raoul Parmentier*, publié par Ch. Schefer, Paris, 1883, in-4°, p. 3.

(2) H. YULE, *op. cit.*, t. II, p. 265, 270, 289-290.

Diego Lopez de Sequeira (1509), par Giovanni da Empoli (1514) sous le nom de *Pidir*, et par D. Barbosa. On la retrouve encore sur la carte de Reinel (Paris) et sur celle de Francisco Rodriguez.

15. *Achem*, ou *Atchin*, ou *Atché* est le nom d'un royaume, d'une ville et d'une rivière. Achem est mentionnée comme ville par D. Barbosa. Le royaume d'Achem est un Etat considérable. La population formait autrefois un centre maritime fort important, qui, vers la fin du xvie siècle et pendant le xviie, domina la Malaisie. La capitale Achem est bâtie sur la rivière du même nom.

16. *Gamispolla, Gamispora*. On appelle ainsi un groupement de plusieurs petites îles tout près d'Achem (1). C'est la *Gauenispola* de Marco Polo (2), la *Gaspula* de J. Ruysch, l'*Y. Sanulpola* de Reinel (Paris), la *Ganispora* de Reinel (Munich), la *Ganispola* de la mappemonde portugaise anonyme de 1520, as ilhas de Gamispolla de Francisco Rodriguez, et la *Gamispola* de Barros (3). Les dimensions de ces petites îles sont exagérées (4).

G. *Le Testu* (1566) figure « Taprobane dicte Samatra ».

J. *Cossin* (1570) inscrit *Taprobane* sur l'équateur.

Guerard (1634) trace Sumatra avec des contours assez corrects.

Berthelot (1635) présente une excellente configuration de Sumatra, qui s'étend en latitude de 5° 50' S. à 5° 45' N.

Sur la côte occidentale, là où figurent sur la carte de l'expédition de Parmentier les îles *Verte plate*, la *Louyse*, la *Margarite*, la *Formetiera* et plusieurs autres non nommées, on lit sur la carte de Berthelot les noms suivants : *Iª de nassao (ceminteiro des Franceses)* (5), *Iª de boa for-*

---

(1) H. YULE, *The book of Ser Marco Polo the venetian*, 2e édition, London, 1875, in-8°, t. II, p. 290.

(2) H. YULE, *ibid*.

(3) *Da Asia*, Dec. II, lib. VI, cap. II.

(4) C'est l'ensemble des îles Poulo Nankai, Poulo Bras, Poulo Way.

(5) *Cimetière des Français*. C'est DE BEAULIEU qui donna à l'île de Nassau ce surnom de cimetière des Français, parce qu'en cet endroit moururent et furent enterrés quatre-vingts de ses matelots emportés par les fièvres tropicales.

tuna, P. mintan, P. niaes, Iacoco. Entre ces îles et Sumatra est marquée la profondeur de l'eau, profondeur qui varie entre 6 et 40 brasses. Sur la côte opposée, à l'Est, la mer est moins profonde, si l'on en juge par les brasses dont le nombre est plus petit. Une ancre désigne les mouillages.

La nomenclature de Sumatra est très abondante. Nous la reproduisons dans le tableau suivant :

Côte Ouest (du Nord au Sud):			
Proza	Tansad Pansa	Palimbán	S. Paolo
Arigar	P. Babi	Salecar	R. Pissatad
Labo	Batacalas	Batacaram	R. themian
Sousou	Inda Pura	Tantadouro	Iambuaco
Logebay	Ronto Pao	Iambu	Simaric
Baros	Lamavicta	Quianior	Pte de passen
Roere	1. Pao	Toncal	Passen
Piso	Boncolo	Andrehiri	Au Nord :
Cineu	Cailhabar	Tuaque	Parange
Bathan	Pissangan	Tandad buro	Samerlangan
Babi	Pongora	Saban	Pedir
Sercoleuro	la fortuna	Camear	Lantaba
Pontebasan	Dam Pin	Ciaca	Saital
Ticous	Irmais	Passaratos	Achen
Priamad	Gondan	R. de galees	Pte de daya
Cotatangan	Côte Est (du Sud au Nord):	Rus	Gomes Pollo
Negri Padan	Canal de Fussi Para	R. Pe	1. dos degindados
Tello cabo	Pamanan	R. de delin	
	Rayulon	R. S. pedroa	

2° *Java proprement dite*. — Cette île était bien connue à la fin du moyen âge. Les productions du sol sont exactement énumérées dans les relations de Marco Polo et de Odoric de Pordenone, comme aussi dans une légende de la carte catalane (1375).

Marco Polo dit que, dans la « grant isle de Jawa », il y a « poivre noir, nois muguettes, garingal, cubebes, girofle et toutes autres espices ».

Odoric tient à peu près le même langage : « Ceste isle est moult habitée et est la seconde meilleure qui soit en tout le monde. On y treuve les clous de girofle, les cubebes, nois muscades et plusieurs autres espiçes qui y croissent et toutes manières de vivre en tres grant habondance fors de vin ».

La carte catalane n'est pas moins instructive : « Dans l'île de Java, on trouve beaucoup d'arbres, bois d'aloës, camphre, sandal, les épices fines, la galanga, noix muscade, les arbres de cannelle qui est l'épice la plus précieuse de tout l'Inde ; et là se recueillent de même le macis et ses feuilles ». (1)

Au commencement du xvᵉ siècle, Java fut occupée par les Arabes qui y introduisirent la religion musulmane et fondèrent les États de Bantam et de Mataram.

Les Portugais d'Abreu et Serrâo longèrent la côte septentrionale de Java, lorsqu'en 1511 ils entreprirent de passer de Malacca aux Moluques. A la fin du xviᵉ siècle, Java comptait quatre empires : Mataram, Djahatra, Bantam et Chéribon. Mais ces établissements, qu'avaient fondés les Portugais, leur furent enlevés par les Hollandais qui triomphèrent facilement des princes indigènes, et, en 1609, s'installèrent à Java dont ils firent le centre de leur commerce et de leur domination dans ces régions.

Java proprement dite est divisée en provinces ou districts, dont les noms sont bien connus, mais ne figurent pas dans la cartographie normande. Nous n'avons pu retrouver la source où les Normands ont puisé leur nomenclature.

Le tracé de Java a été longtemps fantaisiste. Ainsi, lorsque Barros acheva sa seconde Décade (2), Java n'avait pas encore été contournée et cependant la largeur de cette île était évaluée au tiers de sa longueur.

Desliens (1541). — Sur cette carte, comme sur l'Harleienne et les trois planisphères de Desceliers, Java a une apparence qui ne répond d'aucune façon à sa vraie configuration. Ses dimensions sont exagérées ; elle présente grossièrement la forme d'un parallélogramme dont le plus grand côté serait dirigé suivant la ligne Ouest-Est. Elle confine dans ses parties Sud et Est à Jave la Grande. En somme ses contours sont imaginaires. Elle est dénommée *Java la Grande* par Desliens (1541), *Jave* par l'auteur de

-----

(1) *Notice d'un atlas en langue catalane*, Ms. de l'an 1375, par Buchon et Tastu (2ᵉ partie du tome XIV des *Notices et Extraits* des Mss. de la Biblioth. nat., 1841, in-4°). — H. Cordier, Bull. de Géogr. histor. et descript., 1895, p. 61.

(2) *Da Asia*, Dec. II, lib. IX, cap. IV.

l'Harleienne, *Java petite*, *Java et Giave* par Desceliers (1546, 1550 et 1553).

Selon la légende de Desceliers (1550), Java est une grande île où règnent huit rois. Les habitants sont idolâtres, mais leurs divinités sont variées. Ils adorent les uns le soleil ou la lune, d'autres des bœufs ou même le diable. Certains, plus bizarres encore, offrent un culte divin à « ce qu'ilz rencontrent le premier au matin ». Ils portent de longs cheveux. Ils n'ont pas de canons et combattent avec des arcs et des flèches envenimées. Le sol renferme de l'or, de l'étain et les plus belles émeraudes du monde. On y récolte du poivre, de la noix muscade, etc. D'après Ludovicus Romanus Patricius, les indigènes ont l'habitude, quand leurs parents sont devenus vieux, de les vendre aux gens, nommés anthropophages, qui les tuent et les mangent.

Desliens (1541)	Harleienne	Roze (1542)	Desceliers (1546)	Desceliers (1550)
Java la Grande	Petite Jave	Java	Java petite	Petite Jave
De l'Est à l'Ouest :				
Panaruca	Sin de Java	Sin de Java	Paranuca	Panatura
Putaracan	Singrama	Sin grama	Putaraca	Pinaraca
Carubaia	Onrabaia	Sirubaia	Catabaia	Cerubaia (1)
	Agacim	Agarsim	Agacim	Agadim (2)
Tabaur	Tumbam	Tuba	Tabaur	Tabaur
Mandallican	Mandalican		Mandalican	Mandallican
Taniona			Taiona	Taiona
	Jappara	Japara	Japara	Jappara (3)
Java	Java	Java	Java	Java
Garbom	Chambac	Châbom	Carbam	Carbam (4)
Yᵉ Cobras			Y° de cobras	Y° des cobras
Aguada dailloin	Aguada dellum	Aguada dollim	Aguada dallom	Agonde delloin
Cunda	Sunda	Sunda	Cumda	Cunda (5)
Canal de Cunda	Canal de Sonda	Canal de Sonda	Canal de Sonda	Canal de Cunda
Charbam	Carl		Charbam	Charbam
	R. pallumbam	Palimbam	Palumbam	Palumbam (6)
A l'Ouest :				
Terre plate			Playne	Plaine
R. de S. Paul	R. de Sᵗ pᵒ		R. de Sᵗ pierre	R. de Sᵗ pᵒ

(1) *Cerubaia* ou *Sourabaya* était une ville considérable à l'embouchure d'un bras du Brantas.

(2) *Agacim*, ainsi appelée par Barros, est l'Agraçi de Reinel (Paris) placée à 5° lat. S. et l'*Agaçi* de Francisco Rodriguez. C'était la principale escale des flottilles qui se rendaient aux Moluques.

(3) *Japara* était au xvıᵉ siècle le chef-lieu de la côte.

(4) *Carbam*, pour *Chéribon*, capitale d'une province, était située au fond d'une baie.

(5) *Çunda* et *Canal de çunda*. Le nom de *Çunda*, ou Sandji en arabe,

G. Le Testu (1556). — Dans la petite Jave et les Moluques, les insulaires sont idolâtres. La petite Jave, « contenante en soy huict royaumes », a la nomenclature suivante de l'Est à l'Ouest : Riv. du destroict, clère baie, riv. basse, ille des basses, Comda, baie ronde, Palemban (1), rivière grande.

G. Le Testu (1566). — La *Petite Jave* est dépeinte plus bas que Sumatra, vers 30° lat. S. et 150° long. Est.

J. Cossin (1570) inscrit *Java* au-dessous de *Taprobane*.

Guerard (1634) lui donne un tracé O.-E. dans sa plus grande dimension et la dénomme *Java major*.

Berthelot (1635) impose à Java le nom de *Java major*. En suivant la côte de l'Ouest à l'Est, on rencontre : au Sud, *Bacalcas, Mauricus, R. Sine*, etc. ; au Nord, *Bantam* (2), *Lontan, Tanhora, Batavia* (3), *Caraoch, Seban, Chamare, Charabon, Sebam, Tagal, Binadel, Baralungan, Laban, Buruqui, Candal....*

Le détroit, qui sépare Java de Sumatra, est appelé *Estreito de Sunda* (Détroit de la Sonde).

3° *L'Archipel de Sumbawa-Timor*. — Bien des îles s'étendent de Java aux Papuas.

Desceliers sur ses mappemondes (1546, 1550 et 1553) reproduit à peu près le tracé de Desliens (1541). Bien plus imparfait est le tracé de l'Harleienne et de l'atlas de Roze.

A l'Est de Java, en se dirigeant vers les Papuas, on

fut attribué à un détroit, à une île et à un royaume de la partie occidentale de Java. Au commencement du xvi° siècle, Reinel inscrit sur ses cartes l'île Candin. D. Barbosa cite en même temps l'île Çunda et le royaume du même nom, renommé pour son poivre.

(6) *Pallumban* est la baie de *Balambuan* qui occupait au xvi° siècle, dans le détroit séparant Java de Bali, l'emplacement de la baie actuelle de Pampang.

(1) Le Testu, conformément au tracé de Reinel, donne Palembamg comme une île distincte de Sumatra.

(2) *Bantam*, capitale d'un district du même nom, était jadis le siège d'un État considérable. Les Portugais y abordèrent pour la première fois en 1582, et les Hollandais en 1596. Le port, autrefois assez commode, est maintenant envasé.

(3) Les Hollandais, en 1619, jetèrent les fondements de la ville de *Batavia* sur le site de *Jacatra*.

rencontre d'abord l'extrémité septentrionale de Java la Grande, qui est formée de Sumbawa et de quelques petites îles à l'Ouest.

Puis vient *Florès* sur laquelle se lisent divers noms. Sur la mappemonde de Desliens (1541), ces noms sont à peu près incompréhensibles. Sur l'Harleienne, Florès a une forme très défectueuse. Au lieu d'être allongée dans le sens Est-Ouest, elle l'est dans la direction Nord-Sud. C'est une île qui sur l'Harleienne s'étend deux fois plus en latitude qu'en longitude, tandis qu'en réalité elle est quatre fois plus longue suivant les parallèles que suivant les méridiens. La nomenclature comprent trois noms : C. de Flores, Buculeao, C. de Ferra.

Roze porte quatre noms sur Florès.

Desceliers emploie la même nomenclature sur ses cartes de Florès : C. Despoir, Bâlia, Lucarô, Gate, Lucotato, C. Fer.

Vallard inscrit les noms suivants sur l'île de Florès : I. de Frollis, Saonzia, Lusataia, Lneata, C. do Fero.

Plusieurs îles sont figurées dans les parages de Florès ; leur forme, leur nombre et leurs contours sont bien arbitraires.

Entre Florès et l'île Timor, l'Harleienne marque « l'entrée de Solor », au-dessus de laquelle est peinte une petite île *Bamtera*. Sur les premières cartes normandes, Timor est dirigée Est-Ouest.

Waldseemüller, utilisant la relation de Varthema, donne place à l'île de *Timor* dans sa *Carta marina* (1516). *Timor* est citée aussi par Pigafetta.

Giovanni da Empoli mentionne Timor comme le pays du santal : « Timor, onde viene sandali bianco e vermiglio ». (1)

Duarte Barbosa vante aussi le santal de Timor et le commerce important qui se fait de ce bois aromatique dans l'Inde et la Perse (2).

Timor s'étend en réalité dans sa plus grande dimen-

---

(1) Lettera de Giovanni da Empoli (novembre 1515).
(2) *Livro de Duarte Barbosa*, de la Société Hackluyt, p. 377.

sion, N.-E. 1/4 E., mais sur les cartes normandes cette île suit généralement la direction défectueuse Est-Ouest et est une très grande île, à proportions exagérées, ayant une superficie à peu près double de celle de Florès. Sur l'Harleienne, Timor, quoique plus grande que Florès, a un tracé trop réduit ; elle présente presque la forme d'un triangle rectangle dont les deux côtés de l'angle droit seraient dirigés Est-Ouest et Nord-Sud, et dont l'hypothénuse regarderait l'Ouest. Timor est donc bien déformée sur l'Harleienne. Sur la mappemonde de Desceliers (1550), elle est longue et peu large, et située de 8° 1/2 à 11° 1/2 latitude Sud. La nomenclature est bien simple : *C. de Timor rudo* (Desliens, 1541) ; *Tudor, Alanso* (Desceliers, 1546) ; *Timor, Tidor* (Desceliers, 1550). Sur l'Harleienne, l'île porte le nom de *Timoros* et au Nord de l'île est le nom *Alamse*.

Vallard localise l'île de Timor au Nord-Est de la *Terra Java*, mais elle est mal orientée et mal proportionnée.

Sur les cartes normandes, au Nord de l'île de Timor et vers le Nord-Est, on remarque de nombreuses îles dont nous ne citons que les principales. La plus grande porte le nom de *Sollie*, puis, en poussant vers l'Est, on rencontre *Terra alta, Cutam, Canoir* et enfin *Les Papuas*, îles très nombreuses placées où se trouve actuellement la côte Nord-Ouest de la Nouvelle-Guinée, et formant un archipel fantaisiste. La portion occidentale de la Nouvelle-Guinée apparaît déjà en 1517 dans la carte de Reinel (Munich), puis chez Francisco Rodriguez où elle est intitulée : « Ile des Papous, ennemis de la Foi ». A l'Est sont les îles d'Aroe (Aru, Aruiz, Arrom, etc...)

Nomenclature des iles Timor et autres avoisinantes.

Desliens (1541)	Harleienne	Desceliers (1546)	Desceliers (1550)
Timor	Timoros	Timor	Timor
		Tudor	Tidor
	Alamse	Alanso	
C. de Timor rudo			
Sollie	Sollie	Sollie	Sollie
	Terre haulte		Corcalta
	Cutam	Cutam	Cutam
	Canoir	Canoir	Canoir
	Arrom	Aruim	Aruiz
	Papuas	Papuas	Papuas

G. Le Testu (1556) figure Timor au fol. XXXII v°, mais la situation et les contours diffèrent de ceux de Desceliers (1550).

G. Le Testu (1566) marque *Timor* vers 12° lat. S. et 155° longitude Est. Les traits sont mieux arrêtés que sur les cartes précédentes. Dans les trois petites îles dessinées à l'Ouest de Timor, le Dr Hamy a cru reconnaître Samao, Landoe et Rotti (1).

J. Cossin (1570) n'inscrit pas ces îles d'une façon assez nette pour qu'on puisse les identifier.

Guerard (1634) omet le tracé de cet archipel.

Berthelot (1635) représente plus correctement que ses devanciers l'archipel Sumbawa-Timor (fol. 399-400). A la suite de Java, il a dessiné bien des îles dont les principales sont *Balli* (Bali), *Lomboc* (Lombok), *Sumbawa*, *Florès*, puis *Timor*. Ces îles sont généralement trop larges dans la direction N.-S.

§ III. — L'Archipel des Moluques.

Nous pouvons donner ici le nom de Moluques, ou Iles aux épices, à l'ensemble des îles comprises entre les Philippines, Bornéo, Florès, Timor et la Nouvelle Guinée, et y distinguer deux groupes principaux : le groupe des Moluques proprement dites, et le groupe de Célèbes.

1° *Le groupe des Moluques*. — Ces îles furent fréquentées par les Arabes qui y introduisirent l'islamisme.

Au commencement du xvi° siècle, en 1503, les Portugais entreprirent une expédition dont le but était de découvrir les Moluques et qui est connue sous le nom de quatrième voyage de Vespuce (2). Fait curieux, la route des Moluques

---

(1) *Etudes historiques et géographiques*, p. 298.

(2) Humboldt, *Examen critique*, V, 115-148. — L. Hugues, *Il quarto viaggio di A. Vespucci* (Bolletino della Società geografica italiana, 1886, p. 532-554).

par l'Amérique semblant exclusivement réservée aux Espagnols par suite de la ligne de démarcation définie par le pape, ce fut précisément par l'Ouest que les Portugais devaient, en longeant la côte du C. Saint-Augustin, rejoindre les Moluques (1).

Il est cependant bien difficile d'admettre, d'après O. Peschel (2) et quelques critiques, que le commandant en chef de l'escadre, l'amiral Gonzalo Coelho, ait reçu l'ordre de gagner les Moluques par la route du Sud-Ouest. Cette route n'était pas encore connue. D'ailleurs l'expédition n'eut aucun succès. Les Portugais relâchèrent au Brésil. Ils ne poussèrent pas leurs reconnaissances au delà et revinrent à Lisbonne en 1504. Le plan de cette expédition fut réalisé plus tard par Magellan.

Quelques années après le quatrième voyage de Vespuce, les Portugais arrivèrent dans les parages des Moluques qu'on appelait aussi les îles du Clou (ylhas do crauo).

Le vice-roi de Goa, Alfonso d'Albuquerque, s'empara du port de Malacca en 1511. De là il envoya, sous les ordres de Antonio d'Abreu (3), à la découverte des îles à épices, trois bâtiments montés par cent vingt hommes. Francisco Serrão partageait avec d'Abreu le commandement de cette petite escadre. L'expédition se fit sous la conduite de pilotes javanais et malais. L'escadre côtoya Sumatra et parvint à Palembang. Elle passa entre l'île Lusiparam et la côte, longea ensuite tout le rivage septentrional de Java et continua sa route vers l'Est en passant au Nord des îles Bali, Anjano (Lombok), Simbaba (Sumbawa), Solar (4), Galao (Kwella, Lomblen), Mauluea (Maloua, Ombai), Vitara (Wetter), et arriva à Arus (Arou). De là, d'Abreu remonta vers le Nord et découvrit plusieurs îles ; il atteignit Amboine, puis Ce-

---

(1) *Para buscar estrecho en aquella costa del cabo de San Agostin por da ir a las Malucas* (Gomara, Hist. de las Indias, fol. XLIX). — Humboldt, *Examen critique*, V, p. 119-120).

(2) *Geschichte des Zeitalters der Entdeckungen*, p. 269.

(3) Les résultats du voyage de d'Abreu ont été consignés sur les cartes de Reinel, aujourd'hui à Paris et à Munich.

(4) Dr Hamy, *Etudes historiques et géographiques*, Paris, 1896, p. 165.

ram et enfin Banda. Ayant décidé de retourner à Malacca, une violente tempête sépara Serrâo et d'Abreu. Serrâo fut emporté jusqu'à Ternate et d'Abreu atterrit à Amboine et à Banda, entrepôts des précieuses épices des Moluques (1.)

Une seconde expédition des Portugais, en 1513, sous les ordres de Antonio de Miranda, alla créer à Tidor et à Ternate les deux premiers établissements qu'aient possédé les Portugais dans ces îles.

Mais pendant l'année 1514 le pape Léon X adressa deux bulles au roi de Portugal. Par la première, datée du 29 Avril, Léon X faisait à D. Manuel cession du tiers des revenus de l'Eglise portugaise en faveur de la conquête de l'Orient (2), et par la seconde (3 Novembre) il lui confirmait les bulles antérieures concernant les découvertes et la conquête de l'Orient (3).

Entre 1515 et 1520, les routiers n'indiquent plus l'itinéraire des mers de Java et des Moluques.

On sait qu'il était interdit, sous des peines très sévères, de donner aux étrangers communication des cartes portugaises des Moluques. Nous pensons que cette interdiction ne s'appliquait qu'aux portulans très détaillés et non aux cartes générales qui vraiment étaient bien insuffisantes pour guider sûrement un navire à travers des mers parsemées d'un si grand nombre d'îles.

Les Portugais voulaient garder pour eux-mêmes toutes informations sur les Moluques. Ainsi plusieurs ouvrages de l'époque devaient contenir le tracé et la description des Moluques, par exemple le « Regimento de navegacion » d'André Pires, et le « Tratado de Marinharia », du pilote Joao de Lisboa, de 1514 (4) ; mais ces détails y sont volontairement omis.

---

(1) J. DENUCÉ, *Les Origines de la cartographie portugaise*, p. 123.

(2) *Alguns documentos do Archivo Nacional da Torre do Tombo*, Lisboa, 1892. Ce document y est reproduit en entier.

(3) Citation de ce document, dans *Alguns documentos...*

(4) Publié par M. de Brito Rebello, *João de Lisboa. Livro de Marinharia, Tratado da agulha de marear*. Lisboa, 1903, in-4°, p. 251.

Depuis 1512, peu de navires portugais avaient paru dans la mer de Banda. Leurs marchands se tenaient à Malacca où les jonques javanaises et malaises leur amenaient les précieuses épices.

L'arrivée des Espagnols sous la conduite de Magellan contribua puissamment à accélérer les progrès des connaissances géographiques de ces contrées.

Nous n'avons pas à raconter ici l'expédition de Magellan (1519-1522). Ce portugais qui avait passé en Castille tenta de prouver que les Moluques revenaient à l'Espagne (1). Il persuada au roi Charles-Quint que les Moluques lui appartenaient (2). Mais Auguste Baum a démontré (3) que, quelle que soit la ligne de démarcation adoptée, celle de 1493 ou celle de 1494, l'archipel des Moluques retournait de droit aux Portugais (4).

La relation du vicentin Antoine Pigafetta, qui accompagna Magellan, retrace la première partie du voyage, la mort du célèbre navigateur à l'île de Matan, tout près de Zebu, et le voyage de retour avec de nombreux détails sur la mer de Mindanao, de Bornéo, de Célèbes, de Gilolo et de Banda, visitée par les Espagnols. Pigafetta enregistre les dires des pilotes moluquois, qu'il avait à bord, au sujet des îles de la chaîne sumatrienne reconnues d'ailleurs par les Portugais en 1512 jusque fort près de la terre des Papous ou Nouvelle Guinée.

Un des cinq navires de Magellan, la *Vittoria*, commandée par Sebastian del Cano, doubla le Cap de Bonne-Espérance, arriva le 6 Septembre 1522 au port de San-Lucar, et acheva ainsi le premier voyage par mer autour du monde (5).

---

(1) Navarrète, *Coleccion de los viages y Descubrimientos que hicieron por mar los Espanôles desde fines del siglo* xv, t. IV, p. XXIX et suiv., LXXIII et suiv., 188-189, etc.

(2) Argensola, *Conquista de las islas Malucas al Rey Felippe III*, Madrid, 1609, in-fol., p. 16.

(3) *Die Demarkationslinie Papst Alexanders VI und ihre Folgen*, Cologne, 1890, in-8°.

(4) Dr Hamy, *op. cit.*, p. 148. — A. Rainaud, *op. cit.*, p. 239-242.

(5) La relation détaillée du voyage de Magellan par A. Pigafetta, qui

Au mois d'Avril 1524, une *Junta* se réunit à Badajoz pour régler les prétentions de l'Espagne et du Portugal à la possession des Moluques (1). Parmi les représentants de l'Espagne, nous trouvons Sébastien Cabot, Diego Ribeiro et Simao d'Alcaçova Sotomayor, cosmographe portugais au service de l'Espagne. Après d'assez vifs débats, la conférence de Badajoz se sépara sans conclure ; des deux côtés on se donnait gain de cause.

Mais pour prouver ses droits sur les Moluques, le roi d'Espagne arma une flotte de six navires et de quatre cent cinquante hommes d'équipage, dont il confia la conduite à Garcia de Loaise et qui appareilla de la Corogne le 24 Juillet 1525. Arrivée au détroit de Magellan au mois de Janvier suivant, cette flotte mit encore quatre mois à gagner l'Océan Pacifique. Une violente tempête dispersa les navires. Loaise mourut aux approches de l'équateur. Les bâtiments arrivèrent aux îles des Larrons, poursuivirent leur course vers les Moluques, abordèrent, en Janvier 1527, à Tidor, où ils eurent à lutter contre les Portugais. Quelques survivants de l'expédition de Loaise, conduits par Fernando de la Torre, revinrent des Moluques en Europe, dans le courant de 1534, après avoir fait la circumnavigation du globe.

Le 4 Mars 1525 (2), Sébastien Cabot, qui avait été

---

faisait partie de l'équipage de la *Victoire*, a été traduite en français et publiée par Ch. Amoretti, d'après le ms. de la Biblioth. Ambrosienne de Milan, sous le titre : *Premier voyage autour du monde par le chevalier Pigafetta*, Paris, l'an IX (1801), in-8° avec cartes et figures. La première édition de l'ouvrage de Pigafetta avait été publiée, en 1522, en français. — Bien des documents sur l'expédition de Magellan ont été reproduits par Navarrète, *Coleccion de los viages*, t. IV (1837). — H. HARRISSE, *Bibliotheca americana vetustissima*. Notice bio-bibliographique sur Magellan, p. 228-229. — Diego de BARROS Arana, *Vida y viages de Hernando de Magallanes*, Santiago du Chili, 1864, in-8°, VI-155 p. — F. H. H. GUILLEMARD, *The life of Ferdinand Magellan and the first circumnavigation of the globe*, London, in-8°, VIII-353 p. — Voir aussi les histoires générales de Barros (*Dec. III*, 5, 8-10, édit. 1778, t. V, p. 622-663), de Herrera (*Dec. II*, 9, 10-15), et de Lopez de Gomara (*Primeira y segunda parte de la historia de las Indias*, Çaragoça, 1552, in-folio).

(1) Dr HAMY, *op. cit.* p. 170.

(2) HERRERA, Decad. III, Lib. 9, cap. 3, t. 2, p. 259.

nommé capitaine général d'une flotte, reçut la mission d'atteindre les Moluques, et peut-être aussi le Cathay. L'expédition ne partit de Séville qu'au mois d'Avril 1526 (1), et elle fut malheureuse...

En cette même année le portugais Jorge de Ménesès, se rendant de Malacca à Ternate, fut entraîné par les courants au-delà de l'archipel des Moluques et jeté sur la côte de la Nouvelle Guinée chez un peuple nommé *Papuas* (2).

Cortez, n'ayant aucunes nouvelles de Loaise et de Cabot, équipa trois caravelles pour aller à leur recherche. Cette petite flotte appareilla du Mexique, le 31 Octobre 1527, sous les ordres de Alvaro de Saavedra, et s'élança à travers l'Océan Pacifique. Elle atteignit Mindanao, puis les Moluques. Saavedra quitta Tidor en Juin 1528 pour retourner à Mexico ; il avait recueilli à son bord les compagnons de Magellan et de Loaise demeurés dans ces îles. Saavedra mourut pendant la traversée, et la tempête repoussa son navire vers Tidor.

D'après A. Galvâo (3), c'est Saavedra qui, un des premiers, conçut l'idée d'ouvrir un canal à travers l'isthme de Darien.

Enfin, après plusieurs années passées en négociations, un traité fut signé à Saragosse, le 22 Avril 1529, entre l'Espagne et le Portugal au sujet de la possession des Moluques (4), puis ratifié par l'empereur dès le lendemain à Lérida, et à Lisbonne le 20 Juin 1530 par le roi de Portugal (5).

Charles-Quint cédait aux Portugais, au prix de trois

---

(1) HERRERA, *op. cit.*, p. 260 ; Navarrète, V, p. 440 et suiv.

(2) A. RAINAUD, *Le Continent Austral*, Paris, 1893, in-8°, p. 275.

(3) *Dos descobrimentos antigos*, (Ed. angl. London, Hakhluyt Soc., 1862, in-8°).

(4) *Alguns documentos.*

(5) Vicomte de SANTAREM, *Cuadro elementar das relações politicas e diplomaticas de Portugal*, t. II, p. 66 et 68. — Annexes du traité d'abolition de celui de Tordesillas, du 13 janvier 1750, Lisbonne (Le traité y est publié intégralement). — MARTENS, *Supplément au Recueil des traités de paix*, Gœttingue, 1802 à 1808, 4 vol. in-8°, t. I, p. 378-422.

cent cinquante mille ducats, tous ses droits sur les îles
à épices (1).

Ces îles à épices ou Moluques, nous les divisons en
trois groupes : le groupe Gilolo-Ternate, le groupe Batchian-Obi, et le groupe Amboine-Banda.

1er groupe : *Gilolo-Ternate*. — Gilolo, actuellement
Halmahera, est la plus grande des Moluques. Elle est située
à droite de Célèbes et en partie sur l'équateur, mais bien
déformée (Desceliers, 1546). Aussi large que haute, elle
possède à l'Est une énorme baie qui n'existe pas dans la
réalité. Le mot *Abatochina* est inscrit à l'une des extrémités orientales de cette baie. Gilolo est nommée par les Portugais *Batochina de Moro*. Desliens et Desceliers l'appellent *Abatochina*. Sur les cartes normandes, Gilolo se termine au Sud par une longue péninsule dirigée à peu près
de l'Ouest à l'Est et dont l'extrémité orientale se trouve
presque à la hauteur de la ligne équatoriale.

La baie de Weda a une fausse orientation ; elle s'étend
E.-N.-E. au lieu de N.-O. 1/4-N.

La baie de Kaoe n'est pas apparente. En général, sur
les cartes normandes, les golfes sont assez mal indiqués.

Les survivants de l'expédition de Magellan désignent
cette île sous le nom de *Giailolo*.

Les indigènes l'appellent Bato-Tsima.

Par sa forme irrégulière, Gilolo présente une petite
reproduction de l'île Célèbes.

Au Nord d'Abatochina sont plusieurs îles dont le nom
et la position nous échappent.

Au Nord-Est de Gilolo est figurée (Desceliers, 1546)
une île sous le nom de *Chao*. Ne serait-ce pas l'île Morotai
située au Nord de la baie de Kaoe ? Cette île fait défaut sur
la mappemonde de Desliens (1541), elle est déformée sur
l'Harleienne, et convenablement représentée sur les mappemondes de Desceliers (1546, 1550).

Le long de la Côte Occidentale de Gilolo, du Nord au

______

(1) D'Avezac, *Considérations géographiques sur l'Histoire du Brésil
de Varnhagen* (Bull. de la Soc. de Géogr. de Paris, 1857, t. II, p. 195-197).

Sud, on rencontre, outre quelques îlots peu connus, *Omollo*, *Ori*, que nous ne pouvons identifier, puis *Ternate* et *Tidor*. L'auteur de l'Harleienne n'a qu'une très vague connaissance de ces îles.

Ternate est à 15 kilomètres à l'Ouest de Gilolo et à la latitude de 40' N., d'après les pilotes de Magellan ; cette île accuse à peine 4 kilomètres de tour.

Tidore, un peu plus grande que Ternate, est une île située à 16 kilomètres Sud-Est de cette dernière et à 27' lat. N. Les marins de Magellan abordèrent sur un point de l'île *Tadore* (Tidor).

2e groupe : *Batchian-Obi*. — Ce groupe se compose plus particulièrement des îles Abillato et Bacham, lesquelles occupent la même position sur toutes les cartes normandes.

Abillato, sans doute *Obi Major*, est située entre Gilolo et Céram, et au Sud de Gilolo et de Batchian. Cette île abondait originairement en girofliers.

Batchian, ou *Batian*, ou *Bachian*, gît entre O° et 1° lat. S. près de la côte Ouest de la péninsule méridionale de la grande île de Gilolo. L'expédition de Magellan trouva Batyan à 1° latitude S.

3e groupe : *Amboine-Banda*. — Les îles *Soela* (Soulou, Solla) sont dénommées *Xulo* ou *Xullo* par les Normands. Ce groupe, intermédaire entre les Moluques et Célèbes, se compose de trois îles appelées Taliabo, Mangola, Bessi.

Burro (îles Bourou, Boeroe) est une grande île à l'extrémité Sud-Est des îles Xullo, et à l'ouest d'Amboine, sous le même parallèle que les îles Ceram et Amboine (entre 3° et 4° lat. S.). Les marins de Magellan mouillèrent en cet endroit.

Amblaou (Ambla ou Amblau). A 19 kilomètres Sud-Est de Bourou, à 72 kilomètres Sud-Ouest d'Amboine, et à 4 lieues au Sud de Bourou gît la petite île d'*Ambalao* (Amblaou).

Ceram est dénommée *Seillam* par l'auteur de l'Harleienne et *Seilon* par Desceliers (1550).

L'île *Seilon* (*Ceram*) est à peu près représentée sur

toutes les cartes normandes. Elle est appelée *Dabeino* par Desceliers (1546) ou *Daboino* par Desliens (1541). Cette île est située au Sud de Gilolo, à l'Est de Bourou, et à l'Ouest de la Nouvelle Guinée, entre 3° et 4° latitude S. Les Portugais (1512) hivernèrent dans l'île de *Seilam* (1).

Lucallam, placée au Sud de Ceram et à l'Est de Bourou, répond à la position d'Amboine.

Le nom de *Banda* est donné à un petit groupe d'îles qui s'étend au Sud-Est de Ceram, dans la partie orientale de la Mer de Banda entre 3° 50' et 4° 40' lat. S. Banda était connue comme l'une des îles aux épices, depuis les voyages de Nicolo di Conti, qui lui attribuait surtout la production du clou de girofle. Mais Varthema a signalé la vraie spécialité de cette île, la muscade (2).

L'île de *Bandan* est citée par Pigafetta.

Sur les cartes normandes, les îles *Banda* sont au Sud de Ceram et assez bien représentées. Leur tracé a moins de précision sur l'Harleienne. Entre Burro (Bourou) et Sollie, et au Nord de Timor, la cartographie normande inscrit les îles *Batibor* et *Lucapinho*.

C'est sur les îles Luco Pino (ou Schildpad Eilanden) que se perdit le navire de *François Serrao*, à 37 lieues de Banda. Reinel désigne ce groupe sous le nom de « Yslas do Serrâ » (3), lesquelles répondent aux îlots de Lucipara, isolés dans le milieu de la mer de Banda.

A l'Ouest de *Seillan* et au Nord de Sollie, l'auteur de l'Harleienne dessine plusieurs îles où nous ne lisons que ces deux noms : Collorico et Adia.

Roze reproduit l'Harleienne, ou réciproquement. En particulier, il marque au Nord-Est de Timor : *Tierra alta*, *Sollie*, et au-dessus, *Botombor*, puis plus haut encore, *Colorico*.

---

(1) J. DENUCÉ, *op. cit.*, 122-123.

(2) *Les voyages de Ludovico di Varthema ou le Viateur en la plus grande partie d'Orient*, publiés par Ch. Schefer, Paris, 1882, in-8°, p. 241-244. — Sur l'histoire de la muscade et du macis, voir *Les Voyages en Asie au XIV° siècle du bienheureux frère Odoric de Pordenone*, publiés par H. Cordier, Paris, 1891, in-8°, passim.

(3) J. DENUCÉ, *op. cit.*, p. 123.

Desliens (1541)	Harleienne	Desceliers (1546)	Desceliers (1550)
Abatochina	Abachachina	Abatochina	Abatochina
	Chao	Chao	Chao
Omollo		Omolo	Omollo
Ori		Ori	
	Tacanate	Tacenate	Trenate
Tidore		Tidore	Tidere
Bacham	Bacham	Bacham	Bacham
Abillato	Abillato	Abillato	Abillato
Xullo		Xullo	Xullo
Burro		Burro	Burio
Daboino		Daheino	Seilon
	Collorico		
	Adia		
Lucallam		Lucalam	Luculam
Lucapinho		Lucapinho	Lucapinho
Bamda		Bamda	Bamda
Belibor	Bomtaboir	Bitibor	Bilibor

2° *Le groupe de Célèbes.* — Les Portugais connaissaient cette grande île depuis 1525, mais ils ne s'y établirent
à demeure qu'en 1540. Le gouverneur de Ternate, Antonio
Galvao, alla fonder une factorerie au Nord de l'île, à Me-
nado. On ne connaît pas exactement la date de l'arrivée des
Hollandais dans ces parages. Ils y étaient certainement
installés en 1607.

Les Normands n'eurent tout d'abord qu'une vague
connaissance de Célèbes. Ils ne fréquentaient pas alors ces
régions. Desliens (1541) et Desceliers (1546, 1550 et 1553)
prêtent à cette île à peu près les mêmes contours défectueux
qui ne répondent nullement à la réalité. Pour ces cartographes, c'est une île massive dont la forme se rapproche assez
de celle d'un rectangle ayant les plus grands côtés dirigés
Nord-Sud et les plus petits Ouest-Est, avec une échancrure,
sur la côte Sud-Ouest, qui rappelle sans doute la Baie Man-
dar. Nous n'apercevons aucune trace des golfes de *Boni*,
de *Tolo* et de *Gorontalo*.

La mappemonde Harleienne figure Célèbes, mais
comme une toute petite île, ayant l'apparence d'un quadrilatère à côtés inégaux et placée tout près de Ternate. Sa
position et ses dimensions sont erronées ; le cartographe
l'ignore donc complètement.

Roze reproduit l'Harleienne ou réciproquement.

Célèbes donne son nom à un groupe d'îles, dont les Normands mentionnent les principales : *Manada, Siao, Sanguim.*

Les îles *Sangi*, ou *Sanghir*, sont dénommées *Sangui, Saguim, Sanguim* par les Normands. C'est une chaîne d'îles située entre Célèbes et Mindanao (de 2° 5' à 4° 47' latitude N.) et qui comprend l'île *Sanguim* (Sangi), *Siao* (Siauw), et *Manada* (Manado) au Nord de Célèbes. Ces îles, représentées par Desliens et Desceliers, sont défigurées sur la mappemonde Harleienne. Les marins de Magellan passèrent au milieu des îles Sangir avant d'atteindre les Moluques.

Les Normands ne donnent de nomenclature que sur la côte occidentale.

Desliens (1541)	Harleienne	Desceliers (1546)	Desceliers (1550)
Agatin		Agacim	Agacim
Tello			Telo
Secioa			Seciom
Mamollo		Maniolo	Maniollo
Macocays		Le Macoloy	Os macocays
		La basse	A buixa
Manada			Manada
Siao	Chao	Chao	Siao
Sangui	Isles Saguim	Saguim	Sanguim

Desliens (1566) figure les Moluques, mais sans y ajouter de nomenclature, faute d'espace libre sur sa carte.

J. Cossin (1570), tout à gauche de sa mappemonde, dessine un nombreux archipel où on lit *Les Meluques, Gilele, Y. dites raies.*

Guerard (1634) trace *Gillolo.*

Berthelot (1635) (1) présente une topographie bien meilleure que celle des autres Normands. La forme et la position des îles sont généralement exactes. Nous allons signaler dans son tracé certaines incorrections qui prouvent bien que, malgré une nomenclature chargée, Berthelot n'avait pas visité les archipels dépeints sur sa carte. Nous ne nommons que les plus importantes de ces îles.

---

(1) British Museum, ms. Sloane 197, fol. 399-400.

Au N.-E. de Timor est *Tr^a alta* (la tierra alta du xvi°
siècle), puis en remontant vers le Nord on distingue *Amboena*, *Ceiran* (Ceram) et *Buro* (Bourou) assez correctement
représentées.

Le groupe de *Gilolo* n'est qu'à peu près fixé, avec l'île
Obi au Sud, et *Gemmon* (Gomoemoe).

L'île Célèbes est régulière au-dessous de l'équateur,
excepté dans sa partie orientale, et très irrégulière au-dessus de la Ligne. L'île *Buton* (Bouton) est bien marquée
au S.-E., ainsi que *Camboena* (Kabaena) au Sud. A l'Est
de Célèbes sont les îles *Xulia* (Soula) et *Bangara* (Bang-
gai) ; et, au Nord, les îles *Sagi* (Sangi).

§ IV. — Le Groupe de Bornéo et l'Archipel des Philippines

1° *Le groupe de Bornéo*. — L'île de Bornéo fut
aperçue le 8 Juillet 1521, à 5° 15' lat. N., par les compagnons de Magellan, lorsqu'ils voguaient des Philippines
vers la Mer des Indes. Dans la suite, les Espagnols, parmi
lesquels Jorge de Menezes qui fonda un comptoir sur la
côte occidentale de l'île, et les Portugais essayèrent de s'y
établir ; mais ils y mirent peu d'empressement et peu
d'acharnement, et leurs faibles tentatives n'aboutirent à
aucun résultat. A la fin du xvi° siècle (1598), une expédition
néerlandaise, conduite par Olivier Van Noort, aborda à
Bornéo ; mais les Hollandais ne créèrent leur premier
comptoir qu'en 1609. Les Anglais suivirent les Hollandais ;
tous leurs essais d'exploitation furent infructueux. Les indigènes et les immigrants chinois se révoltèrent contre leur
autorité et en outre ils éprouvèrent bien des mécomptes
financiers. En somme, le commerce prospéra peu à Bornéo
pendant la période de temps que nous étudions.

Les Normands ne connaissaient pas la côte orientale
de Bornéo. Ils tracèrent assez irrégulièrement la côte occidentale, et la chargèrent d'une nomenclature dont nous
n'avons pu trouver l'origine.

Desliens (1541) et Desceliers (1546, 1550 et 1553) tracent à peu près et de même façon l'île de Bornéo qu'ils désignent par le mot *Borne*. Au Sud-Ouest, ils intercalent un grand golfe qui en réalité n'existe pas. Desceliers (1546) limite Bornéo entre 6° 1/2 latitude N. et 3° 1/2 latitude S., et entre 147° et 153° 1/2 de longitude. Au Sud de Bornéo, Desceliers (1550) insère cette légende : « Le peuple est idolâtre, et de couleur blanc, et maulvais. On y prend le canfre et disent estre faict du jus d'ung arbre ».

Bornéo est tout à fait inconnue à l'auteur de l'Harleienne, qui la représente en traits incertains et tout entière au-dessus de l'équateur. Chez Roze, même tracé et même nomenclature avec cette seule différence que Roze inscrit *Porto de Borneo et Baxos de Borne*, tandis que sur l'Harleienne on lit *Port de Borne et Basses de Borne*.

Tableau de la nomenclature de la côte occidentale de Bornéo en la suivant du Nord au Sud :

Desliens (1541)	Desceliers (1546)	Desceliers (1550)
	Pertam	Pertam
	Murado	Mutado
	Chinabulo	Chinabalo
	Lanara	Lanaca
C. S. Thom	M. de St Thomas	M. de St Thomas
	Bisara	Bisaia
Borne	Borne	Borne
Ombaro	Ombaro	Omlaro
Melanos	Melanos	Melanos
Tasacira	Tasacite	Iasaciro
Carena	Carena	Carena
Tatomrata	Tatomrato	Tatemrato
P. de Lamocoton	Y° de Lamorara	Y° de La Moeglain
Lane	Lane	
Taiapura	Taiapura	Tarapura

2° *L'archipel des Philippines.* — Les principales îles qui forment cet archipel sont l'île de *Luçon*, l'île de *Mindanao*, le groupe des *Bissayes* situé entre ces deux grandes îles, et, à l'Ouest, la chaîne qui comprend les Calamianes et Palouan (ou Paragua).

L'archipel des Philippines fut découvert pour l'Espagne, en 1521, par les vaisseaux de Magellan, et son nom lui fut attribué plus tard en l'honneur du roi Philippe II.

L'île de *Mindanao* fut la première des Philippines reconnue par Magellan. Ce fut lui qui, venant des îles Mariannes, aperçut le cap situé au Sud-Est de Mindanao (17 mars 1521), et lui donna le nom de Saint-Augustin ; mais il ne s'y arrêta pas. Continuant sa course vers le Nord, il relâcha au Nord-Est à l'embouchure du rio Agusan, près de Surigao. C'était le 8 Avril 1521. Magellan donna à tout l'archipel le nom de Saint-Lazare. Le 26 Avril suivant, Magellan tombait sous les coups des indigènes de la petite île de Mactan, près de Cebu, et son lieutenant El Cano rentrait bientôt en Europe avec la *Vittoria*.

Les Espagnols entreprirent, quelques années après, la conquête de l'archipel. Leur seconde expédition ne réussit pas. Une troisième, dirigée en 1542 par l'amiral Villalobos, ne fit qu'apercevoir l'archipel. C'est seulement sous le règne de Philippe II que les Espagnols se fixèrent définitivement aux Philippines, et leur établissement prospéra surtout pendant la première moitié du xviiᵉ siècle.

Les cartes normandes de l'archipel des Philippines sont peu exactes, surtout les mappemondes du xviᵉ siècle. Les Normands ne paraissent pas avoir même soupçonné l'existence d'îles au-dessus de 12° lat. N. Ainsi l'île de Luçon, quoique découverte en 1521, leur est inconnue. Il est vrai qu'elle ne fut conquise qu'en 1571 par l'espagnol Michel Lopez de Legaspi.

Entre Bornéo et Mindanao, les îles Tartane, Salloz et Taguema (situées au Nord-Est de Bornéo) des cartes normandes correspondent aux trois principales îles de l'archipel de Jolo ou Sulu :

Taui-Taui, Jolo ou *Sulu*, et *Basilan* (Desliens 1541 ; Desceliers 1546, 1550). Les survivants de l'expédition de Magellan reconnurent *Taghima* (Basilan) et deux îles de *Zolo* (Soulou). L'auteur de l'Harleienne ignore complètement cette région.

L'île *Mindanao* n'est pas très connue des Normands. Ils la tracent tous d'une façon peu régulière. La partie occidentale bien trop large porte le nom de *Subana*. La pointe tournée vers l'Ile Basilan est bien marquée. La partie septentrionale, trop bombée, s'étend dans la direction Ouest-Est. Sur la côte Sud-Est, le *Golfe de Davao* est à peine indiqué. Ce sont sans doute les *Iles Talaoet* que Desliens représente tout près de la côte Sud-Est de Mindanao (Desliens 1541, et Desceliers 1546, 1550). Sur l'Harleienne, Mindanao est une île plus ou moins informe, très grande, s'étendant quatre fois plus de l'Ouest à l'Est que du Nord au Sud.

A l'Est de Mindanao, les Normands dessinent une grande île *Bisaio* que nous ne pouvons identifier, en cet endroit du moins. Elle ne figure pas sur l'Harleienne.

Le Nord des cartes normandes correspond à la région des Philippines, dénommées *Iles Visayas*, mais assez défigurées (1). Ainsi dans une même grande île, les Normands insèrent *R. des Negres*, *Cebu*, *Acampu*, *Ouro* ou *De Lor*. Or, ce sont des îles distinctes. Sur l'Harleienne elles forment, au-dessus de Mindanao, quatre îles énormes séparées les unes des autres par un détroit très resserré qui se dirige du Nord au Sud, et portant les noms suivants, de gauche à droite : *Negres*, *Serbo*, *Sellan*, *de Bonismare*, *Populada*.

A l'Est de la grande île précitée, les Normands marquent les îles ci-après : *Papous*, *Ile de Bouloz*, *Peoplee*, qui semblent correspondre aux îles Surigao, Leyte ou Bohol. Cette région est plus déformée encore sur l'Harleienne que sur les autres cartes normandes.

Entre Bornéo et les Iles Visayas, les Normands placent une grande île presque carrée qui correspond à l'île *Palaouan* (ou Paragua). Cette île si étroite est à peu près triangulaire sur l'Harleienne ; très longue et très large, elle contient cette nomenclature : *Ile de Pollouan*, *Digusao*, *Ile Pollac Crassona*, *Balcam*, *Pallambue*, *Cabos*.

Au Nord de Palawan et assez rapprochées du conti-

---

(1) La dénomination d'*Iles Bisayes* ou *Bisayas* s'étend à toutes les îles situées entre Luçon et Mindanao.

nent, on voit sur l'Harleienne plusieurs îles : *Ile Arabaca, Canal y Perdoneb, Canallos Legos.* Sur les cartes normandes il y a quelques îles voisines de Palaouan que nous ne pouvons indentifier.

Desliens (1541)	Harleienne	Desceliers (1546)	Desceliers (1550)
Sᵉ Mᵉ Dallus		Sᵉ Mᵉ Dallus	
Pollauam	Yᵉ de Pallouan		
Caracaca		Lacataca	
Digusao	Digusao		
Yᵉ de Pollo	Yᵉ Pollacerassona		
Saint-Michel		Saint-Michel	Saint-Michel
R. des Negres	Negres	Des Naigres	R. de Negre
Cebu	Serbo		Cebu
Ouro		De Lorr	De Lor
		Acampa	Acampu
Papous	Sellan	Papous	Papous
Yᵉ de Bouloz	De Bonismare	Yᵉ de Bonsor	Yᵉ de Bonsor
Peoplee	Populada	Yᵉ Peoplee	Pouplee
		Mallaqua (ou Hassana)	Mallaqua
			Bisaia
			Quidanao
			Subana
Tartane		Tarane	Tartane
Sollor		Solor	Solor
Taguema		Taquema	Taguema

J. Cossin (1570). — La petitesse de la carte nous empêche de bien distinguer Bornéo et les Philippines.

Guerard (1634) trace Bornéo, Mindanao au Nord de laquelle est une grande île qu'il nomme *Luconie*, et vers l'Est l'*Archipelage* Sᵗ *Lazare.*

Berthelot (1635) figure Bornéo à peu près à sa place. Cependant la côte occidentale est orientée N. 1/4 N.-O. au lieu de N.-E., et la côte orientale est assez irrégulière dans la partie située au-dessus de l'équateur. Au Sud, on remarque la ville de *Bandjermassin*, et au S.-E. l'île *Laoet Pulo.* La nomenclature est bien difficile à vérifier. Nous ne savons où Berthelot l'a puisée ; elle ne ressemble en rien à celle des Normands du xviᵉ siècle. Et néanmoins tout le long de la côte occidentale les sondes sont exprimées en brasses, dont le nombre varie entre 4 et 20. Berthelot n'ayant pas visité ces parages a ajouté foi à des récits inexacts.

Les Philippines ne sont pas complètement tracées dans

le Nord (*Insules Philipinæ pars*). Nous ne connaissons aucune carte du commencement du xvii⁰ siècle où les Philippines soient aussi exactement figurées. On distingue très bien et à leur place Mindanao avec l'île Basilan au S.-O., puis *Peragoa* (Paragua), *Negros, Cebu, Letta* (Leyte), *Matan Bohol, Masbate, Panay, Mindor* (Mindoro). Au N.-E. de Mindanao sont plusieurs îles que nous n'avons pu identifier. Les contours de l'île de Luçon sont erronés pour les régions septentrionale et orientale, et exacts pour la côte occidentale.

§ V. — Zipangu (le Japon).

Marco Polo mentionne le Japon (1) sous le nom de *Jipenkoue* (2). C'est un grand pays situé à l'Orient de la Chine. « Jipenkoue, écrit-il, est une île qui est en la haute mer, au levant, loin de la terre ferme de quinze cents milles et est très grande. Les gens sont blancs et ont belle façon. Ils sont idolâtres... L'or abonde chez eux outre mesure et ils n'en savent que faire... Ils ont perdrix rouges qui sont très bonnes à manger, et ils en ont assez ; ils ont grande abondance de pierreries, et de perles qui sont rouges et sont très belles et de grande valeur, et qui valent bien autant comme les blanches. Elles sont très grosses et rondes, et ils en ont grande quantité. C'est une très riche île ».

Le mot Japon ne répondait pour les savants à aucune idée précise, et la connaissance de la topographie de cette île, comme aussi du littoral adjacent de l'Asie orientale, ne progressa que lentement et bien faiblement. Ce nom fut inscrit dans les traités de Cosmographie de la fin du moyen âge. Aussi les premiers explorateurs de l'Amérique crurent, en découvrant l'île de Cuba, aborder au royaume de *Cipango*. Behaim (1492) plaça *Cipango* au Sud-Est et à une

____

(1) *Livre des Diversités et Merveilles du Monde*, ch. CLVIII et CLIX.

(2) Ji-pèn-Koué est une expression chinoise qui signifie royaume du Soleil-Levant.

trentaine de degrés de *Mangi* et de *Cathaia*. Depuis lors, on la représentait comme une grande île de l'Océan Pacifique, ordinairement loin de la côte asiatique et quelquefois assez rapprochée de l'Amérique. Les cartes du xvie siècle ne concordent pas sur la position et sur les limites de cette île.

Canerio, sur sa mappemonde de 1502, sépare l'Asie du Nouveau Monde et distingue *Zipangu* de l'île Hispaniola et Cuba.

Waldseemuller figure le Japon en 1507 ; *Zipangri* est plus près de l'Amérique que de l'Asie. Behaim et Waldseemuller attribuent à l'île une forme rectangulaire qui sera adoptée par les Normands.

Bernard de Sylva (1511). — *Zampagu ins.*, plus voisine de l'Asie que de l'Amérique, est définie vers le Sud et indéterminée vers le Nord.

Nulle trace de Zipangu sur les portulans de Reinel.

Benedetto Bordone, dans son *Isolario* (1), emprunte à Behaim et à Waldseemuller leur tracé du Japon, mais les côtes en sont plus hachées.

Francesco Roselli (1532) trace *Zinpagu* tout près de l'Amérique.

Pour Mercator (1538), *Sipango* est une petite île au-dessus du *Cathaio* et à égale distance de l'Asie et de l'Amérique.

S'il faut en croire Collingridge, le Zipangu des anciens géographes est l'archipel de Simbava et non le Japon (2). Mais cette opinion a été combattue par F. G. Kramp (3).

En 1530, les Portugais avaient seuls atteint la région du Japon. Cette année-là, plusieurs de leurs marins furent

---

(1) Souvent réimprimé au xvie siècle, *l'Isolario* était terminé en 1521. Les cartes sont peut-être d'un type antérieur à cette date. La première édition est de 1528 avec le titre *Libro di Benedetto Bordone nel qual si ragiona de tutte l'Isole del mondo*. Impresse in Vinegia, in-folio.

(2) *The early cartography of Japan*. Geographical Journal, London, 1893, p. 403.

(3) *Japan or Java*. Tijdschrift v. h. Kon Nederl. Aardr. Gen., Leiden, 1894. — M. YULE-OLDHAM, Geogr. Journ., 1894, p. 276.

poussés dans ces parages. « Un vaisseau noir (européen) paraît dans l'été de la troisième des années Kôrok devant Funaï (1), province de Bungo (côte orientale de Kiousiou). C'étaient les premiers européens qui visitaient le Japon. Ils donnèrent deux armes à feu au prince de Bungo, Ohoto-mono Muneakira. » (2)

En 1542, le portugais Fernam Mendez Pinto aborda au Japon. On raconte aussi qu'en cette même année 1542 Antonio de Mota, Francisco Zeymoto et Antonio Peixoto furent entraînés par la tempête à l'île de Nipongi dans un voyage qu'ils faisaient en Chine. Mais les particularités de cette expédition sont encore bien obscures (3).

Notons toutefois que ce fut à la suite de ces voyages que des rapports suivis furent entretenus entre les Portugais et les Japonais.

Dans les cartes modernes (4) de la *Géographie* de Ptolémée (5), le Japon présente des contours indécis.

Vaz Dourado (1560) trace le *Iapan* trois fois plus large que haut.

En 1562, dans la carte de Gastaldi, l'île du Japon porte le nom de *Cinpaga* et est située entre le Nord-Est de l'Asie et le Nord-Ouest de l'Amérique.

En 1565, le Jésuite Louis Fréjus signale, dans une lettre écrite de la ville japonaise de Miako, l'existence d'une grande île située au Nord de Nippon et nommée *Jesso*. Elle est habitée par une race barbue (6).

Sur la 47ᵉ carte du *Theatrum* d'Ortelius (1570), le Japon est exactement placé.

Paul Forlani (1574) donne une configuration presque rectangulaire à *Isola di Giapan*, mais le plus grand côté, cinq fois plus long que le petit, est dirigé Est-Ouest.

---

(1) Cette date répond à l'année 1530.

(2) Siebold, *Voyage au Japon*, Paris, 1838 et ann. suiv., t. V. p. 220.

(3) Nordenskiold, *Periplus*, fol. 145.

(4) Editions de 1548 et de 1561.

(5) Nordenskiold. *Fac-similé Atlas*, pl. XLV.

(6) Arnold Montanus, *Denckwürdige Gesandlschafften... am unterschiedliche Keiser von Japan*, Amsterdam, 1669, p. 54.

La carte de Judæis (1593) (1) montre le Japon comme une grande île qui ferme l'immense *Streto de Anian*, placé à une longitude à peu près exacte.

Linschot pendant son séjour à Goa (1583-1589) était au service de l'archevêque Vincent Fonseca. Il y recueillit des renseignements sur le Japon et en dressa une carte qu'il inséra dans son livre, *Navigatio ac Itinerarium Iohannis Hugonis Linscotani in orientalem sive Lusitanorum Indiam*, qu'il publia en 1599 à La Haye. Ce fut cette carte qui, pendant nombre d'années au xviiᵉ siècle, servit de modèle aux cartographes pour le tracé du Japon.

Cartes normandes du Japon. — Desliens (1541) représente *Zipangu*, d'après Behaim et Waldseemuller, sous la forme d'un parallélogramme dont les plus longs côtés sont dirigés Nord-Sud, du 22ᵉ au 37ᵉ degré de latitude, et dont les plus courts, Est-Ouest, occupent un espace de 4 degrés suivant les longitudes. Zipangu n'est séparé de l'Asie que par un détroit très resserré, de deux degrés de largeur.

L'auteur de l'Harleienne n'indique que le nom et les contours de *Zipangri*. La forme de cette île rappelle celle de Behaim-Waldseemuller, mais légèrement arrondie. On n'y remarque aucune nomenclature. Elle est dessinée vers le Nord-Est des *Mollucques*, et remplit une étendue de 26 degrés selon les latitudes. Très éloignée du continent, son extrémité méridionale est à peu près à la hauteur des Moluques et correspond au Nord de *Samatra*.

Desceliers sur ses différentes mappemondes prête au Japon la forme d'un parallélogramme comme Desliens. Sur la carte de 1546, *Zipangri* est à une distance de 9 degrés du continent. Son extrémité inférieure se trouve un peu au-dessus du tropique du Cancer, et l'extrémité supérieure est à la latitude de 45°. Vers le Sud, l'île se rétrécit légèrement. De nombreuses embouchures de fleuves sont indiquées et distinguées par la lettre *R*, et le mot *Cap* est inscrit à deux endroits de la côte orientale. Au Nord et vers le

---

(1) Nordenskiold, *Fac-simile Atlas*, pl. XLVIII.

centre de l'île est une chaîne de montagnes. Au milieu de l'île sont figurés deux hommes, l'un debout et l'autre assis. En outre, on aperçoit six villes défendues chacune par deux tours.

En 1550, Desceliers place *Zipangri* à 4 degrés du continent. Le parallélogramme s'étend en latitude de 35° à 53° et en longitude de 155° à 160°, le premier méridien passant par l'île de Fer. « Zipangri, écrit Desceliers dans une des légendes de sa carte, est une ysle fort grande en laquelle y a six roys. Les habitants sont gentz blancz, idollattres, tributaires. Il y a grande abundance d'or, pierres precieuses en especial de couleur rouge qui excedent toutes aultres en valleur ; mais les Roys ne les permettent porter hors du pays, et est la cause que l'on ne y a traffic ».

La carte de 1553 reproduit à peu près celle de 1546, et *Zipangri* s'y trouve aussi à la même distance du continent.

G. Le Testu connaît mal le Japon. Dans son Atlas de 1556, il en présente un tracé peu exact (28° carte, fol. XXIX v°), et dans son planisphère de 1566 l'île *Zipagre* est située par 30° — 43° lat. N. et 235° — 245° long. E. Cette longitude est erronée, l'île n'étant pas aussi rapprochée de l'Amérique. Le Testu croyait donc encore que l'Amérique était, sinon un prolongement de l'Asie, du moins une région très voisine du continent asiatique.

La carte de Desliens (1566) ne contient pas le Japon.

Sur le Globe de Rouen, l'île *Cipango* est située au milieu du grand bras de mer qui sépare l'Asie de l'Amérique.

Jean Guerard, sur sa mappemonde de 1634, représente le *Japan* au milieu de l'*Océan de Chine* ; mais cette île affecte une forme bizarre. Placée à une distance convenable du continent, elle se fait remarquer par une étendue démesurée dans le sens des longitudes et par des dimensions très restreintes dans le sens des latitudes, et en outre son littoral est très haché par les baies et les promontoires qui l'environnent.

Berthelot (1635) ne trace le Japon que dans sa partie

méridionale et cette configuration est peu exacte. L'île Kiou-Siou, la plus méridionale des quatre grandes îles de l'archipel Japonais, est trop étroite et trop longue. Nous lisons sur son contour *Langesaque* (Nagasaki), *Sadsuma* (Satzouma, province), *Minate*.

Parmi les îles qui sont à l'Ouest de Nagasaki, Berthelot inscrit *Firando, Gotto, Machina, Gomo, I. Sta Clara, Tanachima* ; et, au Sud, *T. de Fogo, Legina* (?) *grande*.

La région située au Nord de Kiou-Siou, c'est-à-dire le Sud du Nippon, a une mauvaise orientation. Elle n'apparaît que dans sa partie inférieure ; mais elle est bien trop large, et sa côte occidentale est faussement dirigée Nord-Sud. Trois noms, que nous ne pouvons identifier, sont plus visibles que les autres : *Sin-masaca* (?), *Canasequa* (côte occidentale) et *Tomma* (côte orientale).

CHAPITRE IV

Le Continent austral

Dans l'antiquité et au moyen âge, on crut à l'existence d'une Terre Australe, qu'on dénomma *Antichthone*, et qu'on situait au midi de l'équateur. On rencontre chez les écrivains du temps de fréquentes allusions à ce continent ; mais il n'y a là qu'une conception indécise et vague, reposant uniquement sur une hypothèse. Cléomède le déclare formellement : « L'existence de cette terre antichthone, nous l'avons apprise par des considérations (théoriques) de physique générale, et non *par l'expérience* ». (1)

Cette idée de la Terre Australe était d'ailleurs confirmée par les lois qu'Aristote avait formulées sur la pesanteur (2). Selon les astronomes de l'Antiquité, les deux hémisphères terrestres ayant nécessairement le même poids, un continent austral doit contrebalancer la grande masse des terres de l'hémisphère boréal. Impossible donc, sans Antichthone, de conserver l'équilibre terrestre. C'est ce qu'Aristote appelait la loi de l'analogie (3).

---

(1) *Cyclic. Theor. Meteor.* (Théorie circulaire des Météores), édition Schmidt, 1832, p. 11-12.

(2) Aristote, *Meteorolog.*, II, 7, 3 ; *de Cœlo*, II, 14, 8. — Strabon, *Géographie*, I, 1, 14 ; I, 1, 20 ; II, 5, 2. — Pline, *Histoire naturelle*, II, 65. — Manilius, *Astronom.*, I, v. 238 et suivants.

(3) *Meteorolog.*, II, 5, 16.

Tous ces principes sont exposés avec détails dans les œuvres de Geminus (1), de Cléomède (2), et de Achilles Tatius (3).

Les Anciens partageaient ordinairement le globe terrestre en cinq zones d'inégale étendue : deux zones glaciales, deux zones tempérées comprises entre les cercles polaires et les tropiques correspondants, et une zone torride. Les frimas éternels des zones glaciales et l'extrême chaleur de la zone torride les rendaient toutes inhabitables.

Aristote admettait que les deux zones tempérées, l'*OEcumène* ou zone du Nord et l'*Antichthone* ou zone du Sud, convenaient seules à l'habitation de l'homme (4), et il appliquait à la zone tempérée du Sud la forme d'un tambour (5).

Eratosthène, Hipparque, Cratès de Mallos (6) et Pomponius Mela (7) peuplaient, eux aussi, l'Antichthone.

Ptolémée signale également cette région australe, et il en fixe les limites (8).

« La raison prouve, écrivait Cléomède (9), que partout où les conditions physiques le permettent, la terre doit être habitée par des êtres vivants, raisonnables ou privés de raison ».

L'hypothèse du continent austral eut, chez les Latins, un chaud partisan en Cicéron. Dans les *Tusculanes* (10), ce célèbre orateur proclame l'existence de cette zone australe

---

(1) *Elementa astronomica*, cap. XIII, dans l'*Uranologion* du P. Petau, 1630, in-fol., p. 50 et suiv.

(2) *Cyclic. Theor. Meteor.*, I, ch. II, édit. Schmidt, p. 9 et suiv.

(3) *Isagoge ad Arati Phœnomena*, dans Petau, cap. XXX, p. 155 et suiv.

(4) *Meteorolog.*, liv. II, ch. V.

(5) *Id., ibid.*

(6) Strabon, *op. cit.*, I, 2, 24 ; II, 3, 7. — Geminus, dans l'*Uranologion* de Petau, p. 53 et suiv.

(7) *De Situ orbis.* I, 1.

(8) *Géographie*, VII, 3, 1 ; VII, 5, 2 ; VII, 5, 5 ; VII, 3, 6 ; IV, 9, 1.

(9) *Op. cit.*, I, chap. II, p. 12.

(10) Liv. I, ch. 28.

tempérée qui nous est inconnue et que les Grecs appellent *Antichthone* (1) ; mais c'est surtout dans le *Songe de Scipion*, au VI° livre de la *République*, que Cicéron précise plus nettement sa pensée. Il déclare qu'il y a des peuples isolés et séparés qui ne peuvent aucunement communiquer entre eux. « Les uns résident dans les parties de la terre qui s'inclinent vers d'autres régions, d'autres sont derrière nous aux antipodes, et le reste en face de nous dans l'hémisphère austral ». (2)

Macrobe, écrivain du v° siècle de notre ère, dans son commentaire sur le songe de Scipion (3), affirme que, des deux zones tempérées, celle que nous occupons est la seule habitable. La zone australe doit être pourvue d'êtres vivants, mais ils ne sont pas de notre espèce. Nous ne les connaissons pas, et nous ne les connaîtrons jamais, à cause de l'obstacle insurmontable que la zone torride met entre eux et nous.

La *terra quadrifida* de Macrobe et du moyen âge est la terre partagée en quatre continents insulaires, formés par un premier courant océanique enveloppant le globe d'un pôle à l'autre, et par un second le divisant selon la zone équatoriale.

Au moyen âge, les Arabes et les Scolastiques recueillirent la théorie traditionnelle du continent austral. Bien des controverses s'élevèrent à ce propos ; mais, approuvée ou non, la croyance à la Terre Australe s'imposa à tous les esprits, et on la retrouve encore très robuste à l'époque des grandes découvertes des xv° et xvi° siècles.

Dès lors, la Terre Australe se montre sur les cartes, soit comme un anneau irrégulier, interrompu sur certaines et continu sur d'autres, soit plus fréquemment comme une calotte sphérique aux bords inégalement distants du pôle. De

---

(1) *Altera australis, ignota nobis, quam vocant Græci Antichthona.*

(2) *Partim obliquos, partim aversos, partim etiam adversos (vides) stare vobis.*

(3) Livre II, chap. IX.

cette bordure, plus ou moins dentelée et échancrée, trois grandes péninsules se projettent au Sud du détroit de Magellan, de l'Afrique et de l'île Taprobane ou Sumatra. Cette dernière saillie, plus avancée que les autres, se déploie en un vaste promontoire où certains ont cru reconnaître l'Australie.

Il faut bien se garder de confondre l'Australie avec le continent austral. L'Australie est une terre bien connue, que les Portugais et les Normands aperçurent peut-être au xvi⁰ siècle, mais qui certainement fut découverte et explorée en partie au xvii⁰ siècle par les Hollandais ; tandis que la Terre Australe est une région fictive, inventée par les anciens pour expliquer le maintien de l'équilibre terrestre.

Aux yeux des premiers navigateurs, qui à la suite de Magellan passèrent de l'Atlantique dans l'Océan Indien, le détroit de Magellan ne séparait-il pas deux continents dont les côtes présentaient entre elles de grandes analogies ? La largeur du détroit variait de une à quatre lieues, et sur les rives opposées se dressaient des montagnes dont les pics les plus élevés étaient recouverts de neige. Le navigateur voguant dans ces parages était convaincu qu'il se trouvait entre deux continents, et cette persuasion affermissait sa foi à l'Antichthone, foi qui chez les géographes subsista encore pendant deux siècles et demi. Ce fut Cook qui, dans la seconde moitié du xviii⁰ siècle, eut la gloire de prouver qu'aucune terre importante ne gisait au Sud de l'Afrique et de l'Amérique.

Les Normands, plus que les autres peuples, crurent à l'existence effective de la Terre Australe, et parmi les cartographes ce furent eux qui, sur leurs remarquables mappemondes, dessinèrent avec le plus de soin ce continent imaginaire. L'étude de leur cartographie présente un très grand intérêt. Elle montre en outre toute la puissance du préjugé même sur des esprits curieux et éclairés. Aucune donnée certaine n'était venue confirmer l'hypothèse de la Terre Australe ; ils la représentaient quand même comme une réalité.

Nous allons signaler les diverses formes attribuées au continent austral sur les cartes et globes terrestres du xvie siècle, et principalement sur les mappemondes normandes. Nous porterons ensuite notre attention sur la vaste péninsule qui s'avance vers le Sud de l'Asie et que les Normands désignaient sous le nom de *Jave la Grande*, terre qui correspondait sans doute à une portion de l'Australie moderne.

§ I. — LE CONTINENT AUSTRAL.

Depuis le commencement du xvie siècle, quelques cartes ou globes, dont se sont peut-être inspirés les Normands, avaient figuré une Terre Australe. Citons les plus importantes.

La première carte suivant l'ordre chronologique est celle, non datée et non signée, que R. H. Major a attribuée à *Léonard de Vinci* parce qu'il l'a retrouvée dans les papiers de l'illustre peintre florentin (1). Major et Wieser en font remonter la composition entre les années 1513 et 1515. Un bon fac-simile de cette carte est gravé dans l'*Archœologia* (2) à la suite de l'article de Major, puis dans le *Fac-simile Atlas* de Nordenskiöld (3) et dans *Le Continent Austral* de A. Rainaud (4).

Les incorrections du tracé ne sont imputables qu'à l'ignorance de son auteur, Léonard de Vinci ou tout autre. En projection polaire, sa Terre Australe a la forme d'un triangle irrégulier. Le plus petit côté contient le pôle presque en son milieu, et l'angle opposé se projette entre l'Amérique et l'Afrique, environ à la hauteur du Cap de Bonne-Espérance et du Sud de l'Amérique, les extrémités méridionales de l'Afrique et de l'Amérique se trouvant sur cette carte à la même latitude.

---

(1) *Archœologia*, vol. XL, 1866, p. 15.

(2) *Ibid.*, p. 1-40.

(3) Stockholm, 1889, in-fol., fig. 45.

(4) Paris, 1893, in-8°, p. 248.

En l'année même (1519) où mourait Léonard de Vinci, un écrivain espagnol, le bachelier *Martin Fernandez de Enciso*, publiait à Séville, avec dédicace à Charles-Quint, un ouvrage (1) qu'il venait d'écrire pour l'instruction de ce prince et aussi pour celle des pilotes et mariniers de son temps. Il y mentionnait, par 42° lat. S. (2), une Terre Australe à l'Orient du Cap de Bonne-Espérance et à une distance de 450 lieues. On ne connaît pas cette terre, dit-il, parce qu'aucun navire n'y a abordé (3). Selon A. Rainaud (4), les indications précises d'Enciso proviendraient de la relation du troisième voyage de Vespuce.

Jean Schœner, un des plus fameux géographes de l'école de Nuremberg, convaincu de la réalité d'un continent méridional, le figura, à partir de 1515, sur des globes construits par lui ou d'après ses principes ; plusieurs ne contiennent ni date ni signature. Le texte explicatif de ces globes est inséré dans plusieurs de ses œuvres géographiques, en particulier dans les trois suivantes écrites en latin : *Luculentissima terræ descriptio* (5), *De nuper repertis insulis*, de 1523 (6), et l'*Opusculum geographicum*, de 1533 (7).

(1) *Suma de geografia que trata de todas las partidas y provincias del mundo, en especial de las Indias, y trata largamente del arte del marear, juntamente con la esphera en romance : con el regimiento del Sol y del Norte : agora nuevamente enmendada de algunos defectos que tenia en la impresion pasada*, Séville, petit in-fol., 1re édit. 1519, 2e édit. 1530, 3e édit. 1546.

(2) Sauf avis contraire, toutes les latitudes indiquées dans ce chapitre sont australes.

(3) *Desta tierra no se sabe mas de quanto la han visto desde los navios, porque no han descendido en ella*, 1519, fol. 5 v°.

(4) *Op. cit.*, p. 238, note 1.

(5) *Luculentissima quædam terræ totius descriptio : cum multis utilissimis Cosmographiæ iniciis. Novaque et quæ ante fuit verior Europe nostre formatio: Prœterea, Fluviorum : Montium : Provintiarum : Urbium : et Gentium quamplurimarum vetustissima nomina recentioribus admixta vocabulis. Multa etiam quæ diligens lector nova usuique futura inveniet. Nuremberg*, 1515, 65 fol. in-4°. (Bibl. Mazarine, n° 16153).

(6) *De nuper sub Castilliæ ac Portugaliæ regibus serenissimis repertis Insulis ac Regionibus Joannis Schœner charolipolitani epistola et globus geographicus seriem navigationum annotantibus...: Timiripœ, ann. Incarn. Div. 1523*. Réimprimé en partie dans Wieser, *Magalhaes Strasse*, et entièrement dans Wieser, *Der Verschollene globus des Johannes Schœner von 1523*, et dans Stevens et Coote, *Johannes Schœner*.

(7) *Johannis Schoneri Carolostadii opusculum geographicum ex diver-

La description contenue dans la *Luculentissima* s'applique à trois globes connus : le globe de Paris (1), celui de Francfort (2) et celui de Weimar (3). Sur ces globes, l'Amérique est séparée de la *Brasilie regio*, nom sous lequel Schœner désigne le continent austral, par un très large détroit situé entre 44° et 46° de latitude. Au Sud de l'Inde, on distingue une autre terre méridionale.

Au traité *De nuper repertis* correspond le globe à fuseaux de 1523 (4).

L'*Opusculum geographicum* explique le deuxième globe de Weimar, celui qui porte la date de 1533.

Généralement Schœner prête au continent austral l'aspect d'un anneau non fermé. C'est une terre très vaste avec des contours assez découpés. Le pôle y est libre. Dans sa plus grande extension vers l'équateur, elle atteint à peine le 40° degré de latitude, et ce prolongement n'est autre que la *Brasilie regio* des globes décrits dans la *Luculentissima*.

C'est Schœner qui a imposé à la Terre Australe le nom de *Brasilie regio* (5).

La *Brasilie regio*, écrit-il dans la *Luculentissima* (6), est peu éloignée du Cap de Bonne-Espérance. Les Portugais ont navigué dans ces parages... La distance est faible de cette Brasilie regio à Mallaqua (Malacca). Dans cette région sont des endroits très montagneux, et au sommet la neige y est perpétuelle. Il y a aussi des animaux nombreux et inconnus sous notre climat. Les habitants sont

---

sorum libris ac cartis summa cura et diligentia collectum, accomodatum ad recenter elaboratum ab eodem globum descriptionis terrenœ. Préface datée de Nuremberg, 1533 (Bibl. Nat. G. 7245, in-4°).

(1) G. Marcel, *Un globe manuscrit de l'école de Schœner* (Compte-rendu du 4° Congrès international de Géographie, Paris, 1889, t. I, p. 518-524). — L. Gallois, *Les Géographes allemands de la Renaissance*, Paris, 1890, in-8°, pl. IV.

(2) Jomard, *Monuments géograph.*, pl. XVII. — Gallois, *op. cit.*, pl. V. — Nordenskiold, *Fac-simile Atlas*, fig. 46-47. — Wieser. *Magalhaes-Strasse und austral continent*, Innsbruck, 1881, carte II.

(3) J. Winsor, *Narrative and Critical History of America*, t. II, p. 118.

(4) Publié par M. Rosenthal.

(5) Wieser, *Magalhaes-Strasse und austral Continent*, fol. 59 et suiv.

(6) Fol. 61.

vêtus de peaux de bêtes. La contrée abonde en fruits excellents, en métaux précieux, en magnifiques oiseaux, en plantes gigantesques... Le roi de Portugal a fait explorer ce pays : « Hanc regionem Serenissimus Portugalliæ rex perquiri fecit ». Ce texte ne suggère-t-il pas l'idée que les premiers découvreurs de ces régions sont des portugais, et que portugaises aussi sont les sources auxquelles ont puisé les auteurs allemands consultés par Schœner ?

Les ouvrages auxquels Schœner a emprunté sa description et son tracé sont le recueil de Ruchamer (1), la *Cosmographiæ Introductio* de Saint-Dié, dans laquelle sont insérés les quatre voyages de Vespuce (2), et la *Copia der Newen Zeytung auss Presillg Landt* (3), plaquette antérieure à 1509, où Schœner a pris la notion de la Terre Australe.

Schœner s'est approprié le texte de la *Copia*, qu'il traduit presque littéralement.

Sur le globe de Nuremberg, signé et daté de 1520, la Terre Australe est appelée *Brasilia inferior* (Brésil inférieur).

Le voyage de Magellan amena Schœner à modifier ses tracés. La preuve en est visible sur le globe de 1523 ; mais la Terre Australe y est omise. Dix ans plus tard, en 1533, il n'a garde d'oublier le continent du Sud. Ce globe de 1533 est décrit dans l'*Opusculum geographicum*. On y remarque aisément de grandes analogies avec la mappemonde de Finé de 1531 ; mais Wieser (4), L. Gallois (5) et

---

(1) Ruchamer a publié à Nuremberg, vers 1508, la traduction allemande du recueil de Vicence de 1507, les *Pœsi novamente retrovati et novo mondo da Alberico Vespulio florentino intitulato*.

(2) Martin Waldseemuller, *Cosmographie Introductio cum quibusdam geometriæ ac astronomiæ principiis ad eam rem necessariis, insuper quatuor Americi Vespucii navigationes*, Saint-Dié, 1507.

(3) De Humboldt en a donné une traduction française, *Examen critique*, V. 239-258. — S. Ruge, *Jahresbericht* de la Société de Géographie de Dresde, nᵒˢ 4-5, p. 13-27. — F. Wieser, *op. cit.*, p. 28 et suiv., 64-66, 85-109.

(4) *Der verschollene globus des Johannes Schœner von 1523 wieder aufgefunden und Kritisch gewürdigt (Sitzungsberichte* de l'Acad. de Vienne, 1888, p. 10).

(5) *Les Géographes allemands de la Renaissance*, p. 92-96.

A. Rainaud (1) ont démontré que le droit de priorité était acquis à Finé. C'est donc Schœner qui a consulté son contemporain pour parfaire ce globe de 1533.

Un franciscain de Malines, nommé *François* (2), construisit un globe terrestre entre 1526 et 1530. Il l'offrit à l'archevêque de Palerme, qui résidait également à Malines, en l'accompagnant d'une lettre qui avait pour titre : *De orbis situ ac descriptione* (3). L'archevêque apprécia si bien ce travail qu'il le publia à ses frais, à Anvers, avec une reproduction réduite du globe.

François reconnaît dans cette légende, inscrite sur le globe lui-même : « Hec pars orbis nobis navigationibus detecta nundum existit », que la Terre Australe n'a pas encore été découverte par les navigateurs, et cependant il l'étale sur toute la partie méridionale (4). Cette terre entoure le pôle comme une calotte sphérique à bords inégalement éloignés de ce pôle ; la latitude des extrémités variant à peu près du 31° au 60° degré. Les deux hémisphères nous révèlent la portion du monde concédée par les papes aux Portugais et aux Espagnols. Les en-têtes l'indiquent expressément : *Hoc Orbis hemisphœrium cedit regi Lusitaniæ. — Hoc Orbis hemisphœrium cedit regi Hispaniæ.* « Au midi, écrit François dans sa description de la Terre Australe (5), on a découvert en deux endroits une terre s'infléchissant, à partir de l'Amérique, vers le pôle Sud ; sa longitude occidentale est de 43°, et sa latitude de 54° à 55°. On a aperçu en l'année 1526 une autre terre de longitude zéro et de latitude 52°. Le reste des côtes australiennes est encore inconnu, et cependant il paraît tout à fait vraisemblable que la mer ne couvre pas toute cette partie du globe. Et même il y a des conjectures et des preuves que gisent là

---

(1) *Op. cit.*, p. 294-297.

(2) H. Harrisse, *Bibliotheca americana*, ad annum 1524.

(3) Cette lettre a été reproduite par L. Gallois, *De Orontio Finœo, Parisiis*, 1890, in-8°, p. 87-105.

(4) L. Gallois, *De Orontio Finœo*, fac-similé p. 43.

(5) L. Gallois, *ibid.*, p. 104.

de vastes îles et régions découvertes, mais moins fréquentées à cause de la discontinuité des lieux et de la nature
improductive du sol ».

Oronce Finé, cartographe français né à Briançon en
Dauphiné, s'inspira de l'œuvre du moine François dans la
composition de ses deux mappemondes. La première est
signée du mois de Juillet 1531 ; la seconde ne porte aucune
date, mais L. Gallois (1) établit, d'après Gesner (2), que
cette carte a été gravée à Paris en 1536.

Dans ses productions cartographiques, Finé ne semble
pas avoir copié des spécimens déjà existants. Il s'en rapporte plus volontiers à ses connaissances personnelles et
aux journaux des navigateurs. Sa Terre Australe est une
calotte sphérique à bordure mouvementée, et, le premier,
il la dénomme *Terra Australis*. Il emprunte néanmoins à
Schœner le nom de Brasilie regio, et agrémente sa carte de
dessins de montagnes et de cours d'eau.

La mappemonde de 1531, bicordiforme, a pour titre :
Nova et integra universi orbis descriptio, et pour dimensions, 0 m. 42 × 0 m. 29 (3). Elle fut annexée à l'édition
française du *Novus orbis* de Grynœus (4). La Terre Australe récemment découverte, dit Finé, est encore peu connue : *Terra Australis recenter inventa, sed nondum plene
cognita*. Une énorme fraction se projette à l'Est de l'île
Zanzibar (au Sud de Taprobane et de Java) et remonte
jusqu'au 26° degré de latitude avec la légende Brasilie regio.
Une autre partie, la *Regio patalis*, se trouve à 60° longitude orientale de Java, et présente des dimensions égales
à 30° en latitude et à 50° en longitude.

La mappemonde de 1536 est unicordiforme (5) ; elle

---

(1) *Ibid.*, p. 38.

(2) *Bibliotheca Universalis*, Tiguri, 1545.

(3) Fac-similé dans L. GALLOIS, *De Orontio Finœo*, pl. V, et dans A.
Rainaud, *op. cit.*, p. 283. — Une seconde édition de cette carte fut publiée
en 1540 par Christian Wéchel, mais sans nom d'auteur.

(4) Edition de Paris, 1532, in-fol.

(5) L. GALLOIS, *De Orontio Finœo*, fac-similé, pl. I.

mesure 0 m. 52 × 0 m. 58, et est intitulée : *Recens et integra orbis descriptio*. Depuis cinq ans, l'auteur n'a pas acquis de nouvelles informations sur la Terre Australe ; c'est toujours la terre récemment découverte, mais non explorée : *Terra Australis nuper inventa, sed nondum plene examinata.*

La *Brasilie regio* s'étend à l'Est de Zanzibar, et la *Regio patalis* est fixée, sur une péninsule allongée, à 70° de longitude occidentale du détroit de Magellan.

Un avertissement au Lecteur, enfermé dans un cartouche que le cartographe a placé à l'angle gauche de l'extrémité inférieure de la carte, nous apprend qu'il y avait environ quinze ans que Finé avait figuré pour la première fois le globe terrestre sous la forme d'un cœur humain (1).

Le flamand *Mercator* fit à Louvain, en 1538, une mappemonde (2) bicordiforme comme celle de Finé (1531). La partie australe y ressemble comme contour à celle des globes de Schœner et des cartes de Finé. A l'intérieur du tracé du cercle polaire, le cartographe a inscrit une légende qui prouve qu'il était bien mal renseigné sur la situation et les limites de la Terre Australe (3).

En 1541, Mercator construisait, aussi à Louvain, un globe terrestre (4). La Terre Australe s'y étale sur une grande étendue. Cette cinquième partie du monde, dit Mercator, et, autant qu'on peut le présumer, la plus vaste, s'est ajoutée à notre globe ; mais une petite quantité de côtes en a été explorée (5). Dans la partie située au Midi de l'Asie, la Terre Australe se projette jusqu'au Sud de

---

(1) *Decimus quintus circiter agitur annus quo universam orbis terrarum designationem in hanc humani cordis effigiem primum redegimus.*

(2) Dr J. *Van Raemdonck Orbis Imago, mappemonde de G. Mercator de* 1538, 1886, VII-85 p.

(3) *Terras hic esse certum est, sed quantas quibusque limitibus finitas incertum* (Nordenskiöld, Fac-simile Atlas, Stockholm, 1889, pl. XLIII).

(4) Il en existe une reproduction à la Biblioth. Impér. de Vienne et à la Biblioth. de Weimar.

(5) *Quinta hœc et quidem amplissima pars quantum conjectare licet, nuper orbi nostro accessit, verum paucis adhuc littoribus explorata.*

Java à 17° lat. et est appelée *Terre des perroquets*. Les Portugais, dit Mercator, lui ont donné ce nom en l'année 1500. Cette terre nourrit en effet des perroquets atteignant une hauteur extraordinaire de trois coudées (1).

En 1543, mappemonde de *Gaspar Vopel*. La Terre Australe remplit tout le bas de la carte (2).

En 1552, *Georgio Calapoda* sur sa carte générale (3) dessine une grande Terre Australe au-dessous du détroit de Magellan ; elle s'étend jusqu'au pôle.

1554. — Sur la mappemonde vénitienne de Michel Tramezini, mappemonde en deux hémisphères circulaires de 0 m. 745 de diamètre chacun (4), la Terre Australe s'étend sur presque toute la partie inférieure de la carte. Au Sud et un peu à l'Ouest du détroit de Magellan, on lit *Regio patalis ;* au Sud de l'Afrique, *Terra Australis adhuc inexplorata ;* autour du pôle, *Oceanus antarcticus glacialis.*

Johan Martines (en Messina ano 1562), sur une des sept cartes (0 m. 18 × 0 m. 25) de son Atlas, marque une vaste Terre Australe entourant le pôle. Elle se développe jusqu'à la terre de *fuego* au-dessous du détroit de Magellan, et se prolonge au Sud des Moluques jusqu'à 18° lat. environ. En deux endroits, nous lisons *terra incognita.*

Mercator, sur sa célèbre mappemonde de 1569 (5), divise la terre en trois parties : l'ancien monde, l'Inde nouvelle ou Amérique, et le continent du Sud. Pour démontrer l'existence de grandes terres australes, l'illustre géographe rappelle l'argument des anciens sur la nécessité de ces terres pour le maintien de l'équilibre de la masse terrestre.

Mercator croit que la Terre Australe a été découverte par Magellan. Une légende, inscrite non loin de la Terre

---

(1) *Psittacorum regio sic a Lusitanis anno 1500 ad millia pasuum bis mille prœtervectis sic appellata, quod psitacos alat inaudite magnitudinis, ut qui ternos cubitos æquent longitudine.*

(2) NORDENSKIOLD, *fac-simile Atlas,* pl. XL.

(3) NORDENSKIOLD, *Periplus,* Stockholm, 1897, pl. XXVI.

(4) *Id., ibid.,* p. 146-147.

(5) *Nova et aucta terræ descriptio ad usum navigantium emendate accomodata,* Duisburg, 1569.

de feu vers l'Ouest et au Sud de la Nouvelle-Guinée, le proclame formellement (1). Il ajoute qu'on ne sait encore si la Nouvelle-Guinée est une île, ou une portion du continent austral (2).

Ortelius (3) conserve à peu près les mêmes contours et les mêmes légendes que Mercator.

1571. — Dans la *Biblia Polyglotta* d'Arias Montanus (4) est insérée une mappemonde (5) sur laquelle une simple ligne courbe indique la partie septentrionale d'une terre inconnue qui correspond assez bien avec le Nord de l'Australie (6).

1571. Fernando Berteli marque au Sud de la Nouvelle-Guinée et des Moluques la *Terra incognita discuoperta di nuovo* qui correspond assez bien avec la situation générale de l'Australie. Au Sud du Cap de Bonne-Espérance est un promontoire qu'il appelle *Terra de Vista*.

1587. Mappemonde de Mercator en deux hémisphères. La Terre Australe occupe toute la partie inférieure de la carte. Dans l'hémisphère qui comprend l'Amérique, Mercator reproduit, au Sud de la *Nova Guinea*, la légende de la mappemonde de 1569 : « Hanc continentem Australem nonnulli Magellanicam regionem ab ejus inventore nuncupant ». Au-dessous du détroit de Magellan est la Terre de feu (*Terra del fuego*) ; de là, en allant de l'Ouest à l'Est on rencontre le long de la côte les noms suivants : C. di bon signale, p° desconso, C. mal cognosciudo, C. deseado, p° grande, p° mal seguro, C. de crepusculo, ysola de cressalina.

---

(1) *Hanc continentem australem nonnulli Magellanicam ab ejus inventore nuncupant.*

(2) *Sitne insula an pars continentis australis ignotum adhuc est.*

(3) *Theatrum orbis terrarum*, Antverpiæ, 1570.

(4) VIII, Anvers, 1572.

(5) Carte reproduite avec bien d'autres dans *Remarkable Maps, II-III : The geography of Australia*, édité par C. H. Coote, Amsterdam, 1895.

(6) R. H. Major, *Early voyages*, p. LXV. — *Life of Prince Henry*, p. 441.

Dans l'autre hémisphère, de l'Ouest à l'Est, la légende : « Promontorium Terre Australis distans 450 leucas a Capite Bone spei, et 600 a promontorio S. Augustini », et au-dessous du Cap de Bonne-Espérance : « Psittacorum regio sic a Lusitanis appellata ob incredibilem earum avium ibidem magnitudinem », comme sur le globe de Mercator (1541).

Au-dessous de *Java maior*, nous retrouvons les noms empruntés à Marco Polo : la province de *Beach* ; à sa droite, *Lucach regnum* ; au-dessous, *Maletur* ; et à l'Ouest vers le bas de la carte Mercator rappelle que, d'après les relations de voyages du vénitien Marco Polo et de Ludovic Varthema, de très vastes régions existent certainement dans ces parages.

1592. *Plancius*. Dans la terre polaire, au plus bas bord de la carte est gravé un paysage où l'on voit des éléphants, des palmiers, un perroquet, un oiseau du paradis (1). Deux ans après, en 1594, on introduisit dans quelques éditions de l'*Itinerarium* de Linschot une copie remaniée des cartes de Plancius : changement de projection, réduction de l'échelle, omission d'un certain nombre de légendes, etc.

1592. *C. de Judœis* (2) reconnaît sur une de ses cartes que la *Terre de Vue* a été découverte par les Portugais, mais qu'ils ne l'ont pas encore explorée.

1598. Dans la *Cosmographie d'Apian* (3) la Terre Australe entoure le pôle et porte encore l'inscription : *Terra Australis incognita* (4).

Les Normands au XVIe siècle dessinent la Terre Australe sur leurs mappemondes ; mais tous déclarent, assez naïvement du reste, n'en rien savoir. Ce continent, disent-

---

(1) La description en a été faite par M. Blundeville, *His exercices*, etc., London, 1597, p. 251-286.

(2) *Speculum Orbis*, Anvers, 1592.

(3) Amsterdam, 1598.

(4) Nordenskiold, *Periplus*, p. 152.

ils, est encore *inconnu*, ou même *non du tout descouvert.*
Leurs délinéations offrent entre elles de grandes ressemblances ; et, par exemple, les mappemondes de Desliens et
de Desceliers ont une forme presque identique.

Les Normands n'ont pas été guidés par les travaux de
Léonard de Vinci et de Schœner, ni peut-être par ceux
du moine François et de Oronce Finé. Leur cartographie
de la Terre Australe apparaît bien comme leur œuvre
personnelle.

Généralement dans les mappemondes normandes, la
Terre Australe occupe le pôle, et de là, comme d'un centre,
elle rayonne en formant sur ses bords quelques échancrures
et quelques promontoires plus ou moins allongés vers
l'équateur.

Les Normands étaient renseignés sur les découvertes,
réelles ou supposées, faites dans les parages de la Terre
Australe, et, comme plusieurs de leurs devanciers, leurs
cartographes, sans souci de la vérité géographique, reliaient tout simplement entre elles par un trait continu ces
prétendues régions, et établissaient ainsi une longue ligne
de côtes qui se développait de la Terre de Feu à la Nouvelle-Guinée.

La nomenclature de la Terre Australe sur les cartes
normandes est mêlée d'expressions portugaises et françaises. Ce mélange provient vraisemblablement de ce que,
dans leurs voyages d'exploration vers les régions méridionales, les Normands prirent connaissance des diverses
terres entrevues par les Portugais, et empruntèrent leur
nomenclature qu'ils ne traduisirent qu'incomplètement.
D'ailleurs cette liste est très restreinte et ne présente qu'un
médiocre intérêt.

On sent tout ce qu'il y avait de fantaisiste dans la représentation et la description de pays dont on affirmait
l'existence, mais dont on ignorait même la situation géographique.

La plus ancienne mappemonde normande datée et signée, est celle du dieppois *Nicolas Desliens* (1541). La Terre

Australe s'étend sur toute la portion méridionale de la carte, à partir de la latitude de 49°. La nomenclature y est nulle, et le pays lui-même est dépourvu de toute peinture de végétaux et d'animaux. Seule, cette inscription couvre tout le bas de la carte : « La terre australle inconneue ».

L'*Harleienne* se terminant au 64° degré de latitude, la Terre Australe n'est tracée que dans sa partie la plus éloignée du pôle.

Jean Fonteneau, surnommé *Alphonse le Saintongeois* parce qu'il était né à Saintonge, village près de Cognac, résida longtemps à La Rochelle et voyagea beaucoup. Il était très connu en Normandie, surtout à Honfleur. C'est lui qui partit de ce port le 22 Août 1541, conduisant les deux navires que Roberval amenait à Jacques Cartier au Canada.

Deux œuvres portent le nom de Jean Fonteneau : une *Cosmographie universelle* (1544-1545), et *Les Voyages adventureux du capitaine Jean Alfonse*, publiés pour la première fois en 1559.

On a prétendu que, dans la composition de sa *Cosmographie*, Jean Fonteneau avait eu comme collaborateur un pilote royal de Honfleur, nommé Raulin Le Taillois dit Sécalart ; mais, d'après Mr Musset, Sécalart ne fut même pas le secrétaire du Saintongeois. Les *Voyages adventureux*, abrégé de la *Cosmographie* de Jean Alfonse qui servit de manuel à tous nos pêcheurs normands, ont été préparés et rédigés par un honfleurais du nom de Maugis Vumenot (1). Cet ouvrage est donc quelque peu normand.

Voici en quels termes Jean Fonteneau, dans sa *Cosmographie* (2), mentionne la Terre Australe : « Hors du destroict de Magaillan, en la mer Occeane, du commancement du dict destroict de Magaillan, tourne la terre Australle Nord-Nord-Ouest et Sud-Sud-Est jusques à la haul-

---

(1) Plusieurs éditions des *Voyages aventureux* parurent à Rouen.
(2) Edition Musset, p. 427.

teur de 72° du polle antarctique. Et de là retourne en l'Est-Sud-Est, et ne sait l'on où elle se va rendre, parce qu'elle n'est pas descouverte. Et sont toutes terres haultes pleines de neiges... J'estime que ceste coste de la mer Océane qu'est dicte coste Australle va se rendre en Oriant, à la Jave, du cousté d'occident de la dicte Jave. Toutesfoys jusques à présent n'est point descouverte ».

Jean Alfonse déclare en un autre endroit qu'il a navigué dans ces parages (1).

Desceliers (1546). — Le Terre Australe, unissant la Terre de Feu à Jave la Grande, y est désignée comme « La terre Australle non du tout descouverte », et on n'y aperçoit à peu près aucune nomenclature.

Desceliers (1550). — Les côtes de la Terre Australe se présentent sous la forme d'une ligne légèrement ondulée, sur laquelle le cartographe n'a peint que des arbres, et le long de ce continent on rencontre l'inscription déjà relevée sur plusieurs autres cartes : « Terre non du tout descouverte ». La nomenclature est plus abondante que sur les mappemondes précédentes. A partir du Sud du détroit de Magellan et en se dirigeant de l'Ouest à l'Est, on lit successivement : partie australle, terre de fumos, plaine, terre incongneue, terre Australle, puis, vers le méridien des Canaries, cap de midi, cap p°, cap du Su, plaine, cap austral (peut-être la Terre de Vue ?), coste non du tout descouverte, cap austral.

La *terre de fumos* est la Terre de Feu. Son découvreur, Magellan, en longea toute la lisière septentrionale. Pendant le demi-siècle qui suivit, on ne la retrouva plus. Les Normands n'hésitèrent pas à la regarder comme l'amorce de la Terre Australe, esquissée déjà par Léonard de Vinci, Schœner, le moine François et Oronce Finé. Elle était une des saillies du continent austral au Sud de l'Amérique. Cependant les cartes du xvıe siècle, qui ne figurent pas la Terre Australe, lui prêtent la forme d'une île. Mais

____

(1) Pierre MARGRY, *Les navigations françaises et la révolution maritime du xıve au xvıe siècle*, Paris, 1867, in-8°, p. 316-318.

les Normands la représentent comme une vaste terre s'élargissant à mesure qu'elle se rapproche des autres régions australes de l'Est et de l'Ouest. Ce fut le capitaine anglais, Drake, qui en 1578, parvenu au delà de l'extrémité occidentale du détroit de Magellan, fut poussé par les vents au Sud-Est, aperçut le premier les îles qui forment le côté méridional du groupe, et en conclut que la Terre de Feu était un archipel et non un continent. Cependant, à la fin du xvi⁰ siècle, on se demandait encore si la Terre de Feu était une île ou une terre. Gherritz, dans son expédition de 1599, démontra qu'elle ne se rattachait pas à la Terre Australe par ses côtes occidentales et méridionales. Enfin en 1615, les navigateurs néerlandais, Le Maire et Wilhem Schouten (1), découvrirent le détroit de Le Maire, puis le cap Horn, et précisèrent l'insularité ainsi que la forme générale de la Terre de Feu.

Desceliers (1553). La Terre Australe occupe tout le bas de la carte, et le tracé est identique à celui de la mappemonde de Desliens (1541). Ni nomenclature, ni dessin d'animaux ; quelques arbres seulement.

Le Testu (1556) insère la Terre Australe, en totalité ou en partie, sur douze cartes de son portulan ; mais il a soin, dans le texte explicatif de ses cartes, de déclarer à six reprises différentes que ses descriptions sont fantaisistes.

La 33⁰ carte (fol. XXXIV v°) s'étend du 40⁰ au 86⁰ degré de latitude. Le Testu dépeint une terre australe du côté de la mer de l'Inde orientale ; mais c'est d'imagination, « n'ayant notté, dit-il, ou faict mémoire aucune des commodités ou incommodités dicelle, tant des montaignes, fleuves, que aultres chozes : pour ce qu'il ny a encore eu homme qui en aict fait découverture certaine, pourquoy je diffère en parller jusques a ce que on en aict eu plus ample déclaration. Toutefoys en attendant que congnoissance en soit plus grande j'ay marqué et dénommé quel-

---

(1) Vivien de Saint-Martin, *Histoire de la Géographie*, Paris, 1873, in-8°, p. 391.

ques promontoires ou caps pour radreser les pieches qui pour ce sont cy depeinctes ».

Au fol. XXXVI v°, le cartographe décrit la « mer océane de l'Inde orientale ». La terre figurée, écrit-il, « na poinct encor esté découverte pour ce qu'il n'est mémoire qu'aulcun l'aict encor cherchée et pour ce quelle n'est marquée que par imagination ».

Au fol. XXXVII v°, (de 27° à 70° lat.) la distance qui sépare le Cap de Bonne-Espérance de la Terre Australe est d'environ 20 degrés en latitude.

Au fol. XXXVIII v°, (de 48° à 81° lat.) terre australe sous la zone froide. « Plusieurs ont opinion que la Terre du détroit de Magellan et la Grant Jave se tiennent ensemble : ce qui n'est encor certainement congnu : et pour ceste raison ne puis-je rien decripre des comodités dicelle ».

Le folio XXXIX v° (de 48° à 81° lat.) reproduit la partie de la terre australe située au Sud de l'Amérique. Entre le détroit de Magellan et cette Terre Australe se trouvent une île, puis une rivière qui met en communication la « Mer du Su » avec la « Mer Oceane ». Le Testu déclare ingénument qu'il a dépeint vers l'Orient le cap de *More* uniquement « pour radreser les feuillectz de ce Livre ».

Au fol. XLI v°, un sauvage coiffé d'une sorte de mitre est peint sur le continent austral.

Desliens (1566). — Cette mappemonde ne marque pas la Terre australe proprement dite. Au-dessous et de chaque côté du Cap de Bonne-Espérance, entre les latitudes 35° et 63°, le cartographe a inscrit la « Mer australe incongneue ». La Terre australe n'est indiquée que par les contours indécis d'une terre qui se forme au Sud de l'Amérique, et sur toute cette région flottent trois drapeaux portugais.

Le Testu (1566). — La *Terre Australe* occupe toute la partie méridionale du planisphère, et le cartographe n'y a peint que quelques animaux plus ou moins bizarres. La croyance à cette Terre Australe semble bien atténuée. Le Testu la trace encore, mais avec hésitation comme il le déclare lui-même dans un cartouche qu'il place au bord de la Terre Australe au-dessous de Madagascar : « Aulcuns portugais allans aux Indes furent par contrariété de temps transportés fort Su du Cap de Bonne-Espérance. Lesquelz firent raport que ils avoient eu quelque congnoisance de ceste Terre (1). Toutefoys pour navoir esté descouverte aultrement iay seullement ycy notée ny voullant adiouter Foy ».

Le Testu attribue donc aux Portugais, et non aux Français, la découverte de la Terre Australe. Nous avons là un texte qui corrobore notre opinion, car, à notre sens, les Français n'ont cru à l'existence d'un continent austral et ne l'ont figuré sur leurs cartes que d'après des indications portugaises. Le témoignage de Le Testu est ici bien explicite ; dans la question de la priorité de la découverte de la Terre Australe, le cartographe français se prononce en faveur des Portugais.

Le globe de Rouen. — La Terre Australe y est figurée sous la forme d'un anneau interrompu à 40° à l'Ouest du détroit de Magellan, et la partie manquante équivaut à peu près au sixième de l'anneau complet. C'est la *Terra Australis adhuc inexplorata* de toutes les cartes du xvi° siècle. A l'Ouest du détroit de Magellan est la *Regio patalis*, placée comme sur plusieurs autres globes du temps, le globe d'Ulpius (1542), le globe de Nancy, le globe en bois de notre Bibliothèque nationale ; puis viennent, à partir du détroit de Magellan et en allant de l'Ouest à l'Est, les noms : sierra de menadas, terra de fuge, loco dellos estrichos, primera cyrro, c. de tres pontas, terra de Sie (terre de Vue ?). Cette nomenclature est espagnole ; mais nous ignorons quand et par qui ces noms ont été attribués à la partie de la Terre Australe comprise entre le détroit de Magellan à l'Ouest et le Cap de Bonne-Espérance à l'Est.

Une *terra incognita* se trouve à l'extrémité de la Terre

----

(1) Le Testu fait ici allusion au voyage que Sampaio, commandant du navire *Saint-Paul*, fit dans ces parages en 1560 (Dʳ Hamy, *Etudes historiques et géographiques*, Paris, 1896, in-8°, p. 303).

Australe, c'est-à-dire à 60° longitude occidentale de la *Regio patalis*.

Entre le pôle et la Terre Australe, nous remarquons l'*Oceanus antarcticus* parsemé d'un certain nombre d'îles.

Le nom déjà ancien de *Regio patalis*, puisque nous le rencontrons dans l'*Opus majus* de Bacon (1) au xiii° siècle, dans l'*Imago mundi* (2) de Pierre d'Ailly au xiv° siècle, et sur la mappemonde du xv° siècle annexée à la *Salade nouvellement imprimée* (3), était alors appliqué à la partie inférieure de l'Inde. Au xvi° siècle, la *Regio patalis* est une vaste péninsule placée ordinairement vers la Magellanie. C'est vers le Sud des Moluques que Schœner (4) et Oronce Finé projettent cette *Regio patalis*.

Jean Cossin (1570). — La Terre Australe occupe toute la partie inférieure de la mappemonde. Au Sud-Ouest de l'Amérique, on lit sur ce continent : *Terre incongneue meridionale decouverte nouvellemen*. La partie située au Sud de l'Amérique est appelée *Terre de feu*, et le long de la côte sont inscrits neuf ou dix noms que nous n'avons rencontrés sur aucune carte antérieure. Ce sont, en se dirigeant de l'Ouest à l'Est : Archipel, capanaderoda, oelmor, p. grande, c. desille, gegantu, S. lostien. A peu près sous le méridien du Cap de Bonne-Espérance, l'inscription *Terre de Vista*, et au Sud de la Taprobane *Terre de lucar*. Et comme si c'était une terre réellement existante et connue, Cossin inscrit, au-dessous de la Terre de lucar, *merionalle decouverte*.

Le cartographe, sur toute la Terre Australe, n'a peint que des montagnes.

La *Terre de Vista* ou *Terre de Vüe*, mentionnée par Cossin, est généralement placée au Sud ou au Sud-Ouest du Cap de Bonne-Espérance entre le 42° et le 48° degré de latitude. On la rencontre aussi sous le nom de *Cap des*

---

(1) Londres, 1733, in-fol., p. 194.

(2) Cap. II, XI, XV.

(3) Santarem, *Essai sur l'histoire de la cosmographie et de la cartographie pendant le moyen âge*, Paris, 1852, in-8°, t. III, p. 450-459. — L. Gallois, *De Orontio Finœo*, p. 46.

(4) Globe de 1533.

Terres Australes. Cette terre légendaire qui, d'après A. Rainaud (1), doit se rapporter au troisième voyage de Vespuce en 1501-1502, avait été, paraît-il, découverte par les Portugais (2). Ce fut seulement en 1738 qu'un capitaine français de la Compagnie des Indes, Lozier-Bouvet, naviguant dans les parages de la Terre de Vue par 44° lat. et 0° long. (méridien français) put écrire : « C'est à ce point que plusieurs placent les terres Australes. Mais nous n'y découvrîmes aucune apparence de terre » (3). La *Terre de Vüe* n'est donc qu'une île de glace ou un jeu de la brume, ajoute A. Rainaud (4).

Une autre terre probablement empruntée par Cossin aux cartes mercatoriennes est la *Terre de lucar*. Ce nom, écrit parfois Locach, Lucach ou Lochac, se rencontre dans l'ouvrage de Marco Polo et les cartographes du XVIe siècle l'ont adopté avec quelques autres dans la nomenclature des Terres Australes (5). La terre de Lucar désigne-t-elle la partie du Cambodge qui avait pour capitale Loech ? Est-ce Lucaç pour Soucat, le royaume de Soucadane dans l'Ouest de Bornéo (6) ? ou bien doit-on, avec le colonel Yule, identifier Lochac avec le Siam ? (7) Nous croyons que ce nom indiquait autrefois des contrées siamoises et malaises, fort éloignées des positions que leur assignait Marco Polo. Au XVIe siècle, Locach est placé dans la Terre Australe et séparé de Java par un détroit très peu large.

Guillaume Postel, sur sa mappemonde de 1581, montre une Terre Australe, qui s'élève jusqu'à la hauteur de Fernambouc. Un détroit que le cartographe appelle *Fretum Martini Behaim* la sépare du continent brésilien.

---

(1) *Le Continent austral*, p. 273.

(2) MAJOR, *Early voyages*, p. LXVII-LXVIII. — NORDENSKIOLD, *Fac-simile Atlas*, p. XLVIII.

(3) *Mémoires de Trévoux*, février 1740, p. 257.

(4) *Op. cit.*, p. 400.

(5) R. H. MAJOR, *Early voyages*, p. XIV-XVIII.

(6) Godinho de Eredia, carte de 1613.

(7) *The book of ser Marco Polo the Venetian*, t. II, p. 258.

Jacques de Vaulx (1583). — Dans les trente folios de ses *Premières OEuvres* (1), le havrais J. de Vaulx dessine cinq ou six fois la Terre Australe. Au folio III du ms. 150, il représente la terre entière en un seul cercle, et sur toute la partie méridionale de la carte court une « Terre Australle ».

Au fol. IX, la Terre Australe commence seulement au Sud de la Nouvelle Guinée ; mais il faut noter que la carte ne s'étend pas jusqu'au pôle, elle s'arrête à la latitude de 30° environ.

Au fol. XXVI, la *Terre Australle* commence à la *Nouvelle Guynée* vers 15° de latitude, et elle se continue en descendant jusqu'au détroit de Magellan. Elle contourne toute la région sans aucune interruption et porte le nom de *Terre incogneue*.

Au fol. XXVI v°, dans l'hémisphère qui embrasse *l'Afrique* et *l'Asie*, elle est dénommée *Partie de la Terre Australle Incogneue*. Au-dessous du *Chef de bonne espérance*, nous lisons *Terre des tourmentes*, un peu à l'Ouest *Terre des grandz ventz* et un peu à l'Est *prom. Psitacorô*. De là, la ligne des côtes remonte vers le Nord, et passe entre la Grande Jave (au Sud de Taprobana) vers 6° lat., et Java minor placée plus à l'Est vers la latitude de 24° à 28°. Dans cette région, cette nomenclature : R. beach (tout au Nord), et au-dessous Mont paulli, Maletur, Region des geans, R. australle.

Au fol. XXVII v°, la Terre Australe entoure le pôle, et les bords très irréguliers s'étendent entre les latitudes extrêmes de 60° et 17°. C'est au Sud de la Nouvelle Guinée que la Terre Australe se rapproche le plus de l'équateur (17° lat.). Sur tout le pourtour de la Terre Australe, on lit successivement ces noms : terre incogneue, terre des grandz ventz, région frigide, région des geans.

Les mots *Beach* et *Maletur*, employés par J. de Vaulx, sont empruntés, comme *Lucac*, à la Relation de Marco Polo. Nous ne croyons pas que *Beach* soit une forme corrompue de *Lucach*, comme on l'a dit. Lucach et Beach figu-

---

(1) Biblioth. Nat., Mss. franç. 150 et 9.175.

rent simultanément sur la plupart des cartes et désignent des provinces distinctes. Beach est généralement dénommé le pays de l'or. Le promontoire de Beach est la *province de l'or* (1) ; c'est encore la *provincia aurifera* de la mer de Lantchidol (2).

Maletur, Maliur, Malaiour (3) est la terre des aromates, *regnum scatens aromatibus*, et ce nom désignait autrefois la Malaisie.

Selon A. Rainaud (4), cette nomenclature singulière (Maletur, Beach, Lucach, et autres appellations) est défectueuse, parce qu'elle provient d'une édition de Marco Polo (5) où le texte s'est trouvé altéré.

Le *prom. Psittac* (Terre des Perroquets), que mentionne J. de Vaulx, est probablement une des îles situées dans l'océan méridional. Les Portugais, à qui on en attribue la découverte, y ont rencontré une grande quantité de pingouins qu'ils auront pris sans doute pour une espèce particulière de perroquets.

De J. de Vaulx (1583) à Jean Guerard (1634), les Normands construisirent des cartes qui pour la plupart sont perdues. Parmi celles qui restent, nous connaissons la carte de G^{me} Levasseur (1601) dont la latitude extrême (37°) correspond au Cap de Bonne-Espérance, celle de Pierre de Vaulx (1613) qui s'arrête à la hauteur du Cap de Frie, au Brésil (29° lat.), et le portulan de Jean Dupont (1625) qui s'étend jusqu'au Cap de Bonne-Espérance (34° lat.).

Toutes ces cartes ne nous sont d'aucune utilité pour le sujet qui nous occupe. Elles ne nous donnent, pendant l'intervalle qui sépare l'œuvre de J. de Vaulx des cartes de J. Guerard, aucune connaissance des progrès accomplis par les Normands dans la cartographie de la Terre Australe.

---

(1) Godinho de Eredia, carte de 1613.

(2) *Histoire de la navigation de Hugues de Linschot, hollandais*, Amsterdam, 1638.

(3) La côte de Malacca (carte de G. de Eredia, 1613).

(4) *Op. cit.*, p. 175.

(5) Publiée par Grynœus dans le *Novus Orbis*, Bâle (1532).

Le dieppois Jean Guerard a laissé deux cartes sur lesquelles on découvre une apparence de la Terre Australe.

La *Nouvelle description hydrographique de tout le monde* datée de 1625 (1) est un planisphère qui s'étend jusqu'au 66° degré de latitude. Là Terre de feu y est appelée Terre de Maurice de Nassau, puis Cap de Horne, et à l'Est commence le tracé d'une région dénommée *Pais des estats*. Cette *Terre des États* est un promontoire du continent austral.

Le nom de Maurice de Nassau fut donné le 24 Janvier 1616 par les hollandais Jacques Le Maire et Guill. Schouten à une terre qu'ils crurent découvrir au Sud de l'Amérique par 55° environ de latitude. Une terre contiguë à l'Est fut appelée *Terre des États*. Cette terre, qui parut aux Hollandais comme le commencement du continent austral, n'était qu'une île bien petite. La carte de Le Maire et celle du Journal de Schouten (2) marquent seulement la pointe occidentale de la Terre des États ; la partie orientale est laissée indécise et sans limites. Jean Guerard a certainement tracé la Terre de Nassau et la Terre des États, d'après les cartes hollandaises. L'insularité de la Terre des États ne fut démontrée qu'en 1643, lors de l'expédition du capitaine hollandais, Hendrik Brouwer, dans le Sud de l'Amérique vers le Chili (3).

La carte de J. Guerard de 1634 est un petit planisphère intitulé : *Carte universelle hydrographique* (4). Une terre australe mal définie s'étend tout le long de la carte, laquelle se termine au 69° degré de latitude. Deux noms seulement y figurent : *pays des estats* à l'Est de la Terre de feu, et *Beach* au Sud de Java major. — Au bas : *Terre australe incogneue.*

---

(1) Dépôt des Cartes de la Marine, à Paris.

(2) *Journal ou description du merveilleux voyage de Guill. Schouten...*, Amsterdam, 1619, in-8° de 88 p., p. 24.

(3) Burney, *A Chronological History of the Discoveries in the South Sea*, III, 113-145. — Kohl, *Zeitschrift* de la Soc. de Géogr. de Berlin, 1876, p. 463-469. — Tiele, *Les journaux des navigateurs néerlandais*, 1867, p. 226.

(4) Dépôt des Cartes de la Marine, à Paris.

Ainsi, même vers le milieu du xvii⁰ siècle, on croyait encore à la réalité d'un continent austral, et cette croyance persista jusqu'à ce que Cook, dans son second voyage autour du monde (1772-1775), ait démontré la non-existence de ce continent. Toutefois il admettait que de vastes terres recouvertes de glace se rencontraient au delà de 60° lat. S.

Alors à l'hypothèse du continent austral succéda l'hypothèse du continent antarctique.

Au xix⁰ siècle, plusieurs voyages ont été entrepris qui ont dissipé bien des doutes et bien des illusions, et, de nos jours encore, le continent antarctique compte un certain nombre de partisans.

§ II. — Jave la Grande.

Les cartes normandes du xvi⁰ siècle attribuent généralement à la vaste terre située au Sud de l'Archipel de la Sonde le nom de *Jave la Grande* (1). Cette terre, jusqu'alors représentée comme une île, était isolée au milieu de beaucoup d'autres. Dans la cartographie normande, ses côtes orientales et occidentales tracées en lignes incertaines tendent vers le Sud, et pour la première fois elles sont rattachées au continent austral. Au Nord cependant apparaissent de nombreuses anfractuosités, et la nomenclature est abondante. Cette partie septentrionale répond sans doute à une région déjà découverte. Un étroit canal la sépare de Java ; l'île de Timor est placée au Nord-Est, et la position de cette grande terre semble correspondre à la moderne Australie, qu'on aurait rapprochée vers l'Ouest.

Les géographes qui ont examiné les cartes normandes ont interprété de différentes manières le tracé et la nomenclature de Jave la Grande. Considérant seulement la partie septentrionale de ce pays, les uns l'identifient avec le Nord-Ouest de l'Australie, d'autres avec une portion mal orientée

---

(1) Nous donnons ici le nom de *Java* à l'île de Java proprement dite, et celui de *Jave la Grande* à la terre dont nous retraçons l'histoire.

du Sud de Java. Les premiers, parmi lesquels on distingue le savant R. H. Major, semblent convaincus que Jave la Grande était bien dépendante de l'Australie. A les entendre, il faudrait assimiler le promontoire oriental de Jave la Grande à la presqu'île d'Yorck mal placée.

D'après d'autres géographes, Jave la Grande, dans sa partie septentrionale, serait un défectueux prolongement de la côte méridionale de Java.

Coote, dans son texte explicatif des mappemondes normandes éditées par le comte de Crawford, présente une théorie moins vraisemblable. Pour lui, les portions de Jave la Grande, définies dans les mappemondes de Desceliers, seraient plus ou moins archaïques et rétrogrades. Et il fonde son opinion, d'abord sur l'absence, dans ces cartes, de toute indication, de la Nouvelle-Guinée, sauf la mention *Les Papuas*, et en second lieu sur l'ignorance apparente de la première circumnavigation de la terre par les Espagnols (1519-1522). Mais de ce que le cartographe, sur sa mappemonde de 1550, a complètement barré le chemin à l'Ouest de Timor, s'ensuit-il qu'il n'a pas connu la route suivie par Magellan ? Selon nous, il serait téméraire d'adhérer à une semblable conclusion.

Et, ajoute Coote, il semble ressortir de l'étude bien attentive des cartes normandes que les connaissances de Desceliers et de ses compatriotes ne dépassaient pas la côte méridionale de Java. Au delà de cette limite, les Normands sont dans le domaine de l'imagination ou de l'hypothèse.

L'examen de la nomenclature des cartes normandes ne nous permet pas d'adopter complètement l'une ou l'autre de ces explications. Sur toutes les cartes normandes antérieures à 1556, la nomenclature de la région septentrionale de Jave la Grande est à peu près identique, et les noms qu'on y rencontre appartiennent à la série d'îles ou de villes comprises entre Java et Timor. Citons notamment Guamape, Cape, Bimma, Aramaran, Moio, Sumbava.

Sumbava et les îles avoisinantes sont donc soudées

entre elles et à Jave la Grande, et forment la limite septentrionale de ce continent. Par conséquent, d'après les Normands, l'expédition de Magellan, à son retour en Europe après la mort de son chef, aurait touché Timor, puis aurait longé le Nord de Sumbava, serait passée entre Java et Jave la Grande par la Rivière Grande, et de là aurait gagné le Cap de Bonne-Espérance.

Nos navigateurs apprirent bientôt que ces endroits, qu'ils croyaient reliés à la terre ferme, étaient des îles. Dès lors, les uns, comme le havrais Le Testu, corrigèrent ces erreurs ; d'autres, supposant ces rivages imaginaires, en supprimèrent tout simplement le tracé.

La côte orientale de Jave la Grande sur les cartes normandes semble dessinée de fantaisie. Elle était alors peu ou point connue. Toutefois la nomenclature de cette région sur la carte de Vallard nous révélera plusieurs dénominations appartenant au rivage septentrional de la Nouvelle-Guinée.

La nomenclature de Jave la Grande sur les mappemondes dieppoises et havraises est presque entièrement française. En résulte-t-il que les Français soient les premiers découvreurs de ces régions ? Quelques écrivains l'ont cru, Major en particulier. D'autres, et nous partageons leur sentiment, pensent que l'Australie, ou du moins la terre qui apparemment lui correspond, a été découverte d'abord par les Portugais au commencement du xvie siècle. Les Français sont venus ensuite qui ont reproduit leur tracé, et aussi leur nomenclature qu'ils ont traduite en français en conservant toutefois quelques expressions portugaises. On n'a pas retrouvé le prototype portugais d'où dérivent les cartes normandes.

Quelques appellations importantes se lisent déjà sur le portulan de Francis Rodriguez (1).

Les Normands ont bien peu emprunté à l'œuvre purement personnelle de Oronce Finé. Leur Terre Australe ne

---

(1) Atlas de Santarem, 1849, f° 84. — Geo. COLLINGRIDGE, *Discovery of Australia*, Sydney, 1895, in-4°, p. 116.

répond aucunement à la *Regio patalis* du dauphinois, lequel d'ailleurs ignore complètement Jave la Grande.

La *Terra Australis* des cartes de Mercator et d'Ortelius diffère aussi de Jave la Grande des mappemondes dieppoises.

Parmi les cartographes étrangers, un certain nombre n'ayant sans doute aucune foi dans l'existence de la Terre Australe, négligent de la dessiner sur leurs mappemondes. Notons en particulier la carte de l'*Isolario* de Bordone (1534), la carte de Gaspar Viegas (1534), celles de Gemma Frison destinées à la Cosmographie d'Apian (1540), deux Atlas de Baptista Agnese dont le second est daté de Venise (25 Juin 1543), puis les planisphères de Sébastien Munster (1540), de Sébastien Cabot (1544), de Vadianus (mappemonde cordiforme de 1546), de Joam Freire (1546), de Diego Homem (1558), de Lazaro Luiz (1563).

On a cru pendant longtemps, mais à tort, que la découverte de l'Australie était l'œuvre des Normands et principalement du honfleurais Binot Paulmier de Gonneville. Ce capitaine quitta Honfleur en 1503 avec deux pilotes portugais et un équipage normand pour un voyage d'aventures aux Indes orientales. La tempête le jeta sur une côte indéterminée (1). Gonneville n'ayant pas indiqué la position géographique de la terre méridionale où il avait atterri, on ignora longtemps le nom de cette côte. Plusieurs hypothèses furent mises en avant par les géographes et les navigateurs. Pour certains, Gonneville aurait abordé en Australie ou dans une région dépendant du groupe australasien (2).

---

(1) De Brosses, *Histoire des navigations aux terres australes*, 1756, 2 vol. in-4°, t. I, p. 102-120. — P. Margry, *Les navigations françaises*, 1867, p. 137-180. — D'Avezac, *Relation authentique du voyage du capitaine de Gonneville ès nouvelles terres des Indes* (*Annales des voyages*, juin 1869, p. 257-297 ; juillet 1869, p. 12-81). — Gaffarel, *Histoire du Brésil français*, 1878. — Bréard, *Documents relatifs à la marine normande*, Rouen, 1889, p. 202-214. — Id., *Le Vieux Honfleur et ses marins*, Rouen, 1897, p. 104-116. — Guénin, *La route de l'Inde*, 1903, in-4°. — A. Rainaud, *op. cit.*, p. 266 et suiv. — Ch. de La Roncière, *Histoire de la Marine française*.

(2) De Brosses, *ibid.* — L'abbé Prévost, *Histoire des Voyages*, t. XI, p. 200. — Major, *Early voyages*, p. XVIII-XXI. — Flacourt, *Histoire de la grande isle Madagascar*, 1661, in-4°, 2° partie, p. 464-466.

Pour d'autres, la Terre de Gonneville serait la Terre de Vue ou la Terre des Perroquets au Sud-Ouest du Cap de Bonne-Espérance (1), ou les îles Malouines (2), ou Madagascar (3). De nos jours cependant on admet comme incontestable que Gonneville atteignit seulement la côte brésilienne (4).

L'expédition de Gonneville a exercé une grande influence sur les nombreux voyages entrepris ensuite aux Terres australes, et c'est pour ce motif que nous devons la mentionner ici.

On peut admettre que ce sont les Portugais qui les premiers aperçurent la terre d'Australie. C'est à eux qu'on attribue les premiers voyages d'exploration du commencement du xvi⁰ siècle (5). Dès 1511, leurs navires sillonnaient la mer des Indes (6). Commerçant alors dans les îles de la Malaisie, il est vraisemblable qu'ils atteignirent les rivages de l'Australie, soit les côtes septentrionales, soit peut-être les côtes occidentales et orientales ; mais la date exacte de ces premières reconnaissances nous échappe. Qu'aucun document publié ne vienne élucider ce point d'histoire, il ne faut pas s'en étonner ; chaque peuple cachait ses expéditions maritimes, parce qu'alors le mystère était regardé comme la sauvegarde des intérêts commerciaux.

---

(1) Bouvet-Lozier, *Mémoires de Trévoux*, février 1740, p. 251-276 (extrait du journal de Lozier).

(2) Dr Neumayer, *Die Erforschung des Süd-Polar Gebietes*, 1872, p. 11.

(3) Kerguelen de Tremarec, *Relation de deux voyages dans les mers australes et les Indes*, 1782, p. 93-94. — *Voyage of F. Pyrard de Laval, Introduction.* — James Burney, *A chronological history of the discoveries in the south sea*, t. J, 1803, 377-378 ; t. III, 1813, p. 276. — Eyriès, *Notice sur Gonneville* (Biogr. universelle de Michaud). — Le colonel belge Adan (Bull. de la Soc. norm. de Géogr. 1882, p. 173). — Le capitaine Oliver, *The land of Parrots*, The Scottish geographical Magazine, janv. 1900, p. 1-17, 68-82, 583-586.

(4) Margry, *op. cit.* — D'Avezac, *op. cit.* — L. Hugues, *L'India meridionale de Paulmier de Gonneville e le scoperte australiane nei secoli XVI e XVII*, 1873, p. 3-7.

(5) Major, *Early voyages to Terra Australis*, p. XXVI et suiv., p. LX.

(6) Dr Hamy, Bull. de la Soc. de Géographie de Paris, 1878, p. 534.

Les Portugais, croyant rencontrer dans ces nouvelles régions les mêmes productions qu'aux îles des épices, rapprochèrent sur leurs cartes, de plusieurs degrés vers l'Ouest, l'Australie afin de l'intercaler dans la partie du monde qui leur avait été concédée par le traité de Tordesillas (7 Juin 1494).

On sait que le but poursuivi par les Portugais était l'extension de leur domaine d'outre-mer (1). Leur cartographie fournit de nombreuses preuves de leurs prétentions. A l'aide de certains déplacements ou de certaines déformations, ils introduisaient dans la zone lusitanienne des terres qui entraient de droit dans les possessions espagnoles. C'est à cet expédient qu'on reconnaît quantité de leurs cartes, et, comme les Normands ont commis les mêmes inexactitudes, on peut en conclure que le prototype de leurs mappemondes était lusitanien.

Cette ignorance de la région australienne persista pendant toute la durée du xvie siècle.

Tout au commencement du xviie siècle, les Espagnols et les Hollandais touchèrent les côtes de l'Australie presque en même temps.

La première expédition espagnole fut conduite par Pedro Fernandez Queiros. Elle allait à la découverte des îles et des terres australes qu'on croyait disséminées entre le détroit de Magellan et la Nouvelle-Guinée (2). Une flottille de trois navires appareilla de Callao (au Pérou) le 21 Décembre 1605 pour la mer du Sud (3). Queiros reconnut un certain nombre d'îles dans le Pacifique austral, et ne dépassa pas les Nouvelles-Hébrides.

Son lieutenant Torrès, séparé du vaisseau amiral par les vents et par les courants, fut entraîné jusqu'à l'extrémité

---

(1) Navarrète, *Coleccion de los viages*, t. IV, 347 et suiv.

(2) Queiros, *Historia del descubrimiento de las regiones Australes*, écrite sous la dictée de Queiros, édit. Zaragoza, t. I, p. 208-209.

(3) Queiros, *Ibid.*, t. I, p. 192-375. — Mémorial d'Arias (Dalrymple, *Historical collection*, 1770-1771. — Torquemada, *Monarquia Indiana*, 1re partie, liv. V, ch. 64 et suiv.). — La relation de Gaspar Gonçalez de Leza pilote chef de l'expédition (Queiros, *ibid.*, II, 76-186).

méridionale de la Nouvelle-Guinée par 11° 30' latit. et pénétra dans le détroit qui porte aujourd'hui son nom. Il naviqua à travers ce dangereux passage (1) et aperçut sur le continent quelques cimes de montagnes. En plusieurs endroits de la côte de la Nouvelle-Guinée, il descendit à terre, prit possession du pays au nom du roi d'Espagne et appliqua des noms espagnols à quelques points du rivage (2). La relation de son voyage est datée de Manille (12 Juillet 1607). Il n'y mentionne pas, il est vrai, l'Australie, mais la région septentrionale de ce continent n'avait pu échapper à sa vue. Sa découverte demeura tout à fait inconnue jusque dans la seconde moitié du xviiiᵉ siècle (3), et ne fut par conséquent d'aucune utilité aux navigateurs.

Mais les vrais *découvreurs* de l'Australie furent plutôt les Hollandais qui, dès les premières années du xviiᵉ siècle, se substituèrent aux Portugais dans le commerce des mers orientales. Ces aventuriers étant alors en guerre avec l'Espagne et voulant éviter les parages fréquentés par leurs rivaux, prirent une autre voie que le détroit de Magellan pour gagner les îles des épices, et adoptèrent la route portugaise par le Cap de Bonne-Espérance.

Leur premier voyage est celui de William Jansz qui, monté sur le navire *Duyfken*, devait explorer la Nouvelle-Guinée et rechercher s'il existait le long de ses côtes occidentales et méridionales un détroit faisant communiquer la mer des Indes avec la grande mer du Sud (4). Parti le 18 Novembre 1605 de Bantam dans l'île de Java, W. Jansz reconnut quelques groupes d'îles, gagna la côte septentrionale de la Nouvelle-Guinée, puis tournant vers le Sud il pénétra dans le golfe de Carpentarie et remonta vers le Nord-Ouest en longeant une rive inhospitalière jusqu'au

---

(1) MAJOR, *Early voyages to Terra Australis*, p. 39-40.

(2) FLEURIEU (*Découverte des Français en 1768 et 1769 dans le Sud-Est de la Nouvelle Guinée*, Paris, 1790, in-4°, p. 47) est convaincu que Torrès passa au Sud de la Nouvelle Guinée et par le détroit appelé plus tard l'*Endeavour* par Cook.

(3) A. RAINAUD, *op. cit.*, p. 329-330.

(4) PURCHAS, *Pilgrims...* I, 384-395. — MAJOR, *Early voyages...* p. 45-56.

C. de Retour (Kee-Weer) par 13° 45' lat. De là Jansz mit le cap sur Bantam et rentra dans ce port le 6 Juin 1606. Il avait cru côtoyer non pas l'Australie, mais la Nouvelle-Guinée. Ce fut Cook qui en découvrant le détroit de l'*Endeavour* prouva que la Nouvelle-Guinée était séparée de la Terre reconnue par W. Jansz (1).

A partir de cette époque, les découvertes des Hollandais se succédèrent assez rapidement sur les divers rivages du pays, qu'on appela la Nouvelle-Hollande.

La Terre d'Eendracht fut visitée en 1616 par Dirk Hartog, et les Terres d'Arnhem et de Van Diémen le furent peut-être par Zeachen en 1618. Jan Edels (1619), Pierre de Nuytz (1627) et de Witt (1629) léguèrent leur nom à des terres qu'ils avaient parcourues. En 1629, François Pelsart côtoya la partie occidentale.

Les Hollandais, en très peu d'années, avaient donc exploré toutes les côtes septentrionales et occidentales de cette vaste région.

Mais les plus importantes de leurs expéditions au point de vue géographique furent celles du grand navigateur Abel Tasman (1642 et 1644).

Le résultat de tous ces efforts des Hollandais fut la reconnaissance du littoral australien au Nord, à l'Ouest et au Sud. La dernière région, celle de l'Est, fut découverte en 1770 par Cook.

*
* *

Deux cartes de *J. Roze* figurent Jave la Grande sous le nom de « The lande of Java ». A l'Ouest, la côte se développe jusqu'au 36° degré de latitude, ce qui est assez conforme au tracé de l'Australie ; mais la côte orientale se prolongeant aux environs de 60° lat. est certainement hypothétique, et néanmoins ses bords sont, comme dans la réalité, très accidentés et pleins d'écueils et d'îlots. L'extension de

____

(1) A. RAINAUD, *op. cit.*, p. 357-358.

la côte orientale vers le Sud montre bien le souci du cartographe de relier l'Australie à la Magellanie (1).

L'Harleienne. — La ligne qui termine la carte coupe la grande Jave et laisse son étendue méridionale indéterminée. Le long des côtes, les noms sont français pour la plupart ; quelques-uns seulement sont portugais. La région Nord-Ouest, clairement dérivée de sources portugaises, laisse bien soupçonner une découverte antérieure de l'Australie par les Portugais. Cependant G. Collingridge se demande si le prototype est portugais ou peut-être espagnol (2).

On remarque à l'intérieur de l'île beaucoup de cabanes bien bâties, des arbres, des montagnes dont l'une est volcanique, des sauvages et quelques animaux, particulièrement des cerfs.

Jean Alfonse le Saintongeois décrit, lui aussi, Jave la Grande. « La Grand Jave est terre ferme, et a alentour d'elle force isles. Ceste Jave tient en Occident au destroict de Magaillor (Magellan) et en Orient à la Terre Australle selon la rondeur du monde. Et selon que j'entens, va jusques dessoubz le polle antarctique » (3). Margry (4) cite un texte analogue : « La grand Jayve, écrit-il, est une terre qui va jusque dessoubs le polle antarctique et en occident tient à la terre australe, et du cousté d'orient à la terre de destroit de Magaillan. Aulcuns dient que ce sont isles, et quant est *de ce que j'en ay veu*, c'est terre ferme ». Ici Alfonse affirme qu'il a abordé en cette terre, et si les découvertes n'ont pas été poussées plus au Sud, c'est, dit-il, « pour raison des grandz froidz qui sont dessoulz le polle antarctique » (5).

---

(1) On trouve le fac-similé des cartes de Roze dans MAJOR, *Early voyages*, p. XXIX ; E. DELMAR MORGAN, *Remarks on the early Discovery of Australia*, 1891, in-8° ; A. RAINAUD, *op. cit.*, p. 289. — Les cartes de Roze sont mentionnées aussi par Dalrymple au XVIII° siècle.

(2) Bull. de la Soc. neufchâteloise de Géographie, VI, 1891, p. 206-208. — Les Proceedings de la Soc. de Géogr. de Sydney, V, 1892, p. 97-116, 120-123, *The early Discovery of Australia* (Mém. de Collingridge).

(3) La *Cosmographie*, édition Musset, p. 399.

(4) *Les navigations françaises*, p. 316-317.

(5) *Id., ibid.*, p. 317.

Desceliers (1546). — A l'intérieur de la grande Jave, on aperçoit des montagnes, des arbres, peu de personnages, un homme à longues oreilles, deux lions.

Desceliers (1550). — Cette carte offre beaucoup d'analogie avec la mappemonde harleienne. Le nom de Jave la Grande est remplacé ici par celui de Java. La côte orientale s'arrête à une latitude de 32° environ, et la côte occidentale est portée jusqu'au delà du 50° degré. Elle présente cette mention : « terre non du tout descouverte ».

Desceliers ne pouvait ignorer l'expédition de Magellan (1519-1522). Cependant il semble avoir une connaissance peu précise de la route suivie par l'illustre navigateur. Il représente le détroit, situé près de Timor, comme obstrué, et deux hommes armés d'une pioche et d'une pelle semblent occupés à l'ouvrir. Collingridge (1) remarque néanmoins que ce détroit, compris entre Java et l'Australie, a été indiqué parce qu'on en savait l'existence et que laissé en blanc sur l'harleienne il a été peint en couleur sur la mappemonde de 1550. C. H. Coote de son côté est convaincu, mais à tort probablement, que la science géographique de Desceliers s'arrêtait à la région méridionale de Java proprement dite. Il dessine cependant, à l'intérieur de Jave la Grande, des éléphants, des chameaux, des indigènes adorant une idole, un sauvage hachant avec un couperet le corps d'un individu qu'il a tué.

Desceliers (1553). — Le tracé est identique à celui de la mappemonde précédente. Comme détails particuliers, nous remarquons les *antropofagi*, deux sauvages armés d'un gros coutelas coupant en morceaux, afin de le manger, un malheureux qu'ils ont étendu sur une planche, des indigènes armés de flèches, un éléphant avec ses défenses sortant de la mâchoire inférieure, des arbres en assez grand nombre, un roi sur son trône porté par trois sauvages, des huttes perchées au sommet des arbres où les gens se réfugient en cas de danger et d'où ils lancent des pierres sur les assaillants.

---

(1) Discovery of Australia, Sydney, 1895, p. 173.

Nicolas Vallard, de Dieppe (1547), présente la même ligne de côtes que Desceliers (1).

Vers le *Rio grant* et dans la grande Jave, le cartographe a dessiné un groupe composé d'un homme, d'une femme, d'un enfant et d'un chien, puis un cortège d'indigènes abritant avec un parasol un roi à cheval, d'autres naturels conduisant des chameaux, d'autres armés et en marche. On distingue encore des maisonnettes bâties sur des perches, des arbres, des montagnes peintes en bleu et blanc, des canots sur des rivières.

Sur la côte orientale et à une faible distance du rivage figurent plusieurs îles. Ce sont, du Sud au Nord : Illa grossa près du Rio Rial, Illa do magna et Illa dos al à la hauteur du C. Ste Caterine, Illa Conda, Illa de tabaras, Ilo do altofar, Illa Cama à la hauteur de l'île Timor.

Cette carte de Vallard possède une nomenclature bien plus fournie que les autres cartes normandes, et cette profusion de noms doit retenir notre attention.

Guillaume Le Testu (1556). — Dans les légendes qui accompagnent ses cartes de la Terre Australe, Le Testu rappelle que les habitants sont « idolatres ignorans Dieu ». Comme productions du sol, il cite la « noys de muscade », le clou de girofle, et « plusieurs aultres sortes tant de fruictz que espiceries ».

Il dessine dans plusieurs de ses cartes des indigènes bataillant les uns contre les autres, et, à l'intérieur de la grande Jave, il représente des gens chargés de corbeilles pleines d'épices.

Sur la 32e carte (fol. XXXIII v°), Le Testu indique bien qu'il ne connaît pas la grande Jave : « Ceste terre est partie de la dicte Terre Australle à nous incongneue, car ce qui en est merché n'est que par imagination et oppinion incertaine ».

En somme, Le Testu a-t-il quelque notion positive de l'Australie ? Chose étrange ! Lui qui représente tant de

---

(1) Major, *Early voyages*, p. XXVII-XXVIII, XXXV-XLV.

fois la Terre Australe sur son portulan de 1556 omet, ou à peu près, Jave la Grande sur son planisphère de 1566 (1). Il n'en trace que la partie septentrionale et la place entre Taprobane (Sumatra) et la *Petite Jave* qu'il dépeint vers 30° latit. Le Testu ne croyait donc plus à l'existence de Jave la Grande, ou tout au moins il ne savait plus où la situer.

Desliens (1566). — Jave la Grande, dont le tracé est analogue à celui de Roze, s'étend en s'élargissant jusqu'au bas de la carte ; elle a d'énormes proportions.

Elle est ornée d'étendards portugais. Mais n'exagérons pas la valeur documentaire des pavillons dessinés sur les navires dans les mers australes, aussi bien par Le Testu que par Desliens. L'examen de ces pavillons nous fixe insuffisamment sur la nationalité des navigateurs qui parcouraient alors ces mers.

---

(1) Archives du Ministère des Affaires étrangères à Paris.

NOMENCLATURE DES PREMIÈRES CARTES NORMANDES

Desliens (1541) Java la Grande	Harleienne Jave la Grande	Desceliers (1546) Java la Grande	Desceliers (1550) Java
A l'Est : Gouffre	Gouffre		
	C. de fremose		
C. des basses	Baye neufve	Baye neufve	
C. des Regrarde			
		playne	
			cap des herbaiges
			Ansse
	coste de gracal	coste de gracab	
			y° de l°
			R. des 3 y^s
		cap p°	
	coste des herbaiges	coste des herbages	
		R. des basses	
	R. de beaucoup d'isles		
		prarye	
	Baye perdue	Baye perdue	Baye perdue
	coste dangereuse	coste perieuse	coste périlleuse
Au Nord : Gnaps	Gannape	Guimape	Guanape
cape		cape	cape
Bimma	Bima	Bimma	Bimma
Apaarom	Araanam	Ara are	Aramara
Simbava	Symbava	Simbava	Simbava
maio		maio	maio
medan	Medan	medam	medam
A l'Ouest :	R. grande		Rio grande
	baye basse		Baye basse
Ansses			
terre aneguada	terre ennegade	terre enneguade	terre ennegada
	Baye bresille	Baye brasille	baye bresille
	y^s des ..	y^s de S°	
gouffre	baye basse	baye basse	
	B. de gao.	R. de gao	B. de Ga.
C. de grace	C. de grace	C. de grace	C. de grace
	C. de S^t drao	C. de S^t a°	
Rivière p°	Baye des y^s		
			Roches
C. quiesce	Quebesequnesca		cap Quiesci
terre haulte			
gouffre			
Rivière de g°			
	coste blanche	coste blanche	coste blanche
havre de sylle	havre de sylle	havre de sille	havre de sille
Rivière grande			
		R. de silla	
coste blanche	coste bracq		coste blanche
Gouffre			
		cap double	
R. p°			
Rivière des basses			baye des rivières
gouffre		Rochos	
ysletz			
Gouffre des ysletz			
R. grande		R. grande	
		R. double	
		playne	
		Ansses	

Le mot *gouffre* employé par les cartographes signifie golfe, ou plutôt grande baie.

Les *basses* (*baxos* en portugais) sont des récifs ou écueils.

La mappemonde harleienne est la seule carte normande qui mentionne le *C. de fremose* et la *Coste de gracal*. Le cap de fremose est un promontoire étendu et très saillant. Fremose, pour *formoso* (beau), est un nom d'origine portugaise. E. Delmar Morgan remarque que les géographes ne s'accordent pas sur l'emplacement du *C. de fremose* à l'Est de Jave la Grande.

Coste de gracal. Nous n'avons pu trouver la source et la signification de ce mot.

Alexandre Dalrymple, en 1786, comparant la nomenclature de Cook pour la côte orientale de la Nouvelle-Hollande avec la nomenclature de la côte orientale de Jave la Grande sur la mappemonde harleienne, se demanda si Cook n'avait pas pris pour modèle un ancien cartographe. Certaines analogies sont en effet surprenantes. Ainsi la Botany Bay de Cook serait à peu près la *Coste des Herbaiges* de l'harleienne, sa Bay of Inlets la *Baye perdue*, sa Bay of Isles la *R. de beaucoup d'isles*, et la côte où échoua l'Endeavour la *Coste dangereuse*. En tout cas, ce rapprochement est curieux, qu'il soit voulu ou fortuit.

Au Nord de Jave la Grande, les cartes normandes offrent une nomenclature identique, à l'orthographe près. Voici celle de Roze non insérée dans le précédent tableau : Gumape, Cape, Bîma, c. Arrâ âre, Simbava, Moio, Mada.

Gumape ou *Gumuape* n'est pas, selon nous, l'île Gounong Api découverte par Antonio d'Abreu à l'Est de la Sonde et un peu au Nord. Le texte portugais de Galvão (1) mentionne « ylheta que se chama o Gumuapè ». Le nom inscrit par les Normands rappelle plutôt le port de Ganape

---

(1) Antonio GALVÃO, *Tratado que compôs... dos diversos e desuayrados caminhos, por onde nos tempos passados a pimenta e especearia veyo da India*, Ed. angl. London, Hakluyt Soc., 1862. in-8°, p. 117.

situé au Nord-Est de l'île de Sumbava et à peu de distance de Bima (1).

Nous pensons que *Cape* n'est autre que *Sapi* ou *Sapy*, bourg de la côte occidentale de l'île Sumbava, à 33 kilom. Sud-Est de Bima, au fond de la baie de *Sapi*. C'est aussi un petit port faisant le commerce avec les îles environnantes. Il existe également un *Détroit de Sapi* entre Sumbava à l'Ouest et Komodo ou Ratten Eiland à l'Est.

Bimma et *Sumbava* sont les chefs-lieux de deux districts du même nom dans l'île de Sumbava. La ville de *Bima* est bâtie sur la rive orientale de la baie de Bima, et le port de *Bima* est un des meilleurs de l'Insulinde, dit Elisée Reclus (2).

Apâ arom, Arâ anam, Arâ are, Aramarâ ; ce nom ne semble pas se rapporter à l'île de Florès ou à l'une de ses divisions, mais bien à l'île Sumbava.

Maio, moio, est un îlot au Nord de Sumbava.

Medam est un mot portugais qui signifie *dunes.*

R. grande est le nom du détroit qui sépare Java de Java la Grande.

Terra aneguada, enneguade, anegada, expression espagnole qui veut dire *terre inondée.*

Baye Bresille ou *Brasille.* C'est probablement une réminiscence de la *Bresilie regio* des globes de Schœner et des mappemondes de O. Finé.

Cap de grace. Cette appellation est tout à fait française. On la trouve chez les cartographes normands depuis Desliens (1541). Est-elle placée là pour rappeler qu'un navigateur venu du Havre de Grâce avait visité ces parages ?

*
* *

---

(1) Cf. la carte des Indes orientales dans l'*Histoire de la Navigation de Jean Hugues de Linschot*, Amsterdam, 1638.

(2) *Géographie universelle, Océan et Terres océaniques*, Paris, 1889, in-4°, p. 428.

NOMENCLATURE DE NICOLAS VALLARD

C. Grant	Rio S. Jacque	Pomezita	Rio Timor
Bamator	Feromor	Rio Andria	Costa dangeroza
Rio Rial	Baie neuo	Rio macana	Rio bassa
C. apfria	Cap amato	Rio malla	Basse grant
Rio anno	Rio pater	Seralta	Illa grossa
Los portoboni	Rio S. Ambrozio	Rio angra	Rio primero
Port malla	Rio pescadoro	Bassa longa	Rio darena
Cap frimosa	Rio grant	Rio patmo	G. Serra
Terra onnia	Illes basses	Rio grant	Terra alta
Cap groca	Bonno porto	S. Nicollas	Cap mata
Illes grandes	Cap bonos port	R. S. fransois	Rio grant
Rio amgra	R. S. thomer	Cap veloza	Gumapa
Bonsinal	R. S. caterine	Baie perdone	Capee
Rio tartarigo	Rio S. augno	Illa grossa	Aramarant
Rio bassa	Rio merico	Rio secondo	Sumbava
Rio seguro	Camoirroa	Tres illes	Mozareda
P. S. Antonio	Faragontiniy	Cap double	

Tous les noms portés sur ce tableau sont inscrits sur la côte orientale de Jave la Grande, à l'exception des quatre derniers qui composent la nomenclature septentrionale. Ils appartiennent à l'île Sumbava quoique soudés au continent et se rencontrent déjà dans les mappemondes normandes antérieures. *Mozareda* semble être un déplacement de *Manzeray*, *Mangarai*, *Mangeraai*, qui est un district occidental de l'île Florès et non de Sumbava.

Vallard n'a emprunté que quelques noms aux cartes normandes, d'ailleurs peu nombreuses avant l'apparition de son Atlas (1547). Nous distinguons plus particulièrement la *Baie perdue* (mappem. harleienne et Desceliers), la *Coste dangerose* (Roze), la *Coste périeuse* (Desceliers, 1546), et *R. Grande* (Roze et Desceliers).

Mais ce qu'il importe de noter, c'est que bien des noms inscrits par Vallard sur la côte orientale de Jave la Grande conviennent aux rivages septentrionaux des premières cartes espagnoles de la Nouvelle-Guinée (1). Le dieppois Vallard était donc bien mal renseigné sur la topographie de Jave la Grande. Signalons la partie principale de sa nomenclature qui se rapporte à la Nouvelle-Guinée.

Rio S. Jacque, Santiago. Le port de Santiago figure

<hr>

(1) Cf. ORTELIUS, *Theatrum orbis terrarum*, 1570, fol. 2, et 1592 fol. 6 ; les cartes de Tatton de 1600 dans les Mém. de l'Acad. royale des Sc., 1787, p. 146, pl. VI ; HERRERA, Decad. I, Madrid, 1601, in-4°, carte p. 77.

sur la carte de Herrera de 1601. Santiago est le nom du navire que conduisait l'espagnol Saavedra lors de son expédition de 1528 et 1529.

Los porto boni, bonno port, cap bonos port. Ces mots ne correspondent-ils pas au *Buen puerto* ?

Rio S. augno (St Augustino). C'est le nom que Ynigo Ortiz donna le 20 Juin 1545 à une rivière de la Nouvelle-Guinée, qui est une des bouches orientales du delta de l'Ambernoh, et qu'on retrouve sur la plupart des cartes de la seconde moitié du xvie siècle.

S. Nicollas ; c'est la baie de St Nicolas.

Rio primero répond peut-être à *p° primero*, ou à la *primera tierra*, mentionnée par Herrera (le Cap Goodehoop) (1).

Terra alta est le nom d'une île située au Nord-Est de Timor.

Il nous reste à mentionner la nomenclature de G. Le Testu (1556) et celle de Desliens (1566). Ces nomenclatures sont plus courtes que les précédentes et n'annoncent aucune nouvelle découverte.

Nomenclature de Le Testu, à l'Est : Rivierre realle, los portos bonos, cap de frémoze, baie de nais, rivière pater, rivière basse, cote de artar, pos illeos, bono porto, coste des erbaiges, passe grand, rivière de beaucoup d'illes, r. de branco, r. sauvaige, rivière des cocodrilles, baie perdue, rivière dangerouze, rivière petite, côste dangerouse, terre de offir, rivière grande.

Nomenclature à l'Ouest : goulfre, rivierre noierre, baie brœcillie, rivière noierre, petite rivierre, fremoze, rivière de goulfre, rivière de perles, longue baie, riviere de sille, c. des 3 baies.

Nous remarquons immédiatement les mots empruntés par Le Testu à Vallard : Rivierre realle, los portos bonos, cap de frémoze, baie de nais, rivière pater, bono porto, baie perdue, coste dangerouse.

Mais, seul parmi les cartographes normands, Le

____

(1) Cf. la carte d'Ortelius.

Testu signale la *Terre de offir*. Nul doute qu'en écrivant
ce mot Le Testu ait eu l'idée de faire remarquer que cette
contrée, riche en or et en pierres précieuses, devait être
l'Ophir, d'où les flottes de Salomon rapportaient des trésors. Les découvreurs en effet, partout où ils trouvaient un
peu d'or, croyaient être au pays d'Ophir. Mais la vraie position d'Ophir, malgré les savantes études qui ont été faites
sur ce point, est encore incertaine. Le texte de la Bible (1)
manque de précision géographique. Il semble cependant
que Ophir était plutôt dans l'Inde. Pour Ernest Renan (2),
Ophir répond à l'Inde occidentale, au Guzurate ou à la
côte de Malabar. Pour Maspéro (3), c'est la côte orientale
d'Afrique ; pour Gaffarel (4), c'est le Mozambique ou le
Sofala ; pour Jules Codine (5), c'est le Sofala.

Les Normands, à la recherche du pays des épices et
autres choses rares, étaient préoccupés de savoir où était
le fameux Ophir. Vers 1544-1545, Jean Alfonse le Saintongeois avait décrit l'emplacement de Ophir, qu'il orthogra-
phie *Orfy*. « En orient de la Jaive la mineure, y a deux
grandes isles ; l'une d'elles est tout environnée de bâtures
plus de vingt et trente lieues en la mer, et est ceste coste
fort riche, et plus en orient de ceulx icy environ quatre-
vingtz ou cent lieues sont les isles de Jacatte et d'Orfy, en
la Terre de Tersie et l'isle des hommes blancs, et en ceste
coste se trouve force vignaulx, desquelz l'on use en aultre
part pour monnoye, et en ceste terre y a force d'or et d'argent et ellefans... et est la terre par les 21 degrez de la
haulteur du polle antarctique, et les isles par les huit et
dix degrez, et je ne doute pas que soit terre ferme et qu'elle
va se joindre à la terre australe, selon que d'Orfy est escript, d'où Salomon feit apporter l'or pour faire le temple.
Je pense que ce soit une de ceulx icy par ce que en elles y

---

(1) III Rois, IX, 26-28.

(2) *Histoire du peuple d'Israël*, Paris, 1889, t. II. p. 121.

(3) *Histoire ancienne des peuples d'Orient*, Paris, 1878, p. 324.

(4) *Eudoxe de Cyzique et l'auteur du périple de l'Afrique dans l'antiquité*, Besançon, 1873, p. 49-51.

(5) *Mém. géogr. sur la mer des Indes*, Paris, 1868, p. 55.

a grand quantité d'or et de toutes les choses qui furent apportées à Salomon » (1). Alfonse fait de Ophir une île, et Le Testu la place sur le continent à peu près à la latitude de 20 degrés. Le Testu ne s'est-il pas inspiré de la description de Jean Alfonse ?

Le planisphère de Desliens (1566), à cause de ses faibles dimensions, n'a qu'une nomenclature restreinte. Au-dessous de Taprobane est l'île énorme, nommée *Java la Grande*. Au Nord, et dans la direction de l'Est à l'Ouest, on lit : C. des basses, R. longue, Forillons (mot d'origine portugaise qui signifie banc de sable), C. des Ysletz, C. de lisle, R. grande ; au Sud de Taprobane grand baye ; et enfin, sur la côte occidentale, c. quiesco, havre de sylle, R. de lisle, playne.

Au havre de sylle et au c. de lisle sont plantés des pavillons portugais, dont la présence en cet endroit est pour quelques géographes un indice évident de la découverte de l'Australie par les Portugais.

---

(1) MARGRY, *Les navigations françaises*, p. 299.

APPENDICE I

Description des côtes normandes par Jean Fonteneau, dit Alfonse de Saintonge, et par Jehan Mallart

---

JEAN FONTENEAU (1)

« A Pont Orsson (2) commence la duché de Normandie, et achève celle de Bretaigne..... Du goulphe de Sainct Michel jusques au Ratz Blanchart y a vingt lieues, et la route est N.-E. et S.-O. et prent un quart de l'E. et O. Et est coste dangereuse de basses roches. L'eau y court en grand manière et haulse et baisse fort et n'est pas bonne pour passer grand navires. Toute ceste coste s'appelle la Basse Normandie. Le travers de ceste coste cinq ou six lieues en la mer, y a cinq ou six isles qui sont de la nation des Normans et sont de l'evesché de Cottances (Coutances) et tiennent pour les angloys. Passé le Ratz blanchart, tourne la coste N.-O. et S.-E., et prent un quart de l'E. et O. jusques a la riviere de Cans (Caen)..... Le Ratz Blanchart est par les cinquante degrés et trois quarts de la haulteur du polle articque. Et les dictes isles sont par les cinquante et un degrés. Et la rivière de Cans à qua-

---

(1) *La Cosmographie avec l'espère et régime du soleil et du nord,* publiée et annotée par Georges Musset, Paris, 1904, in-4°, de 600 pages.

(2) *Ibid.,* p. 160-163.

rante neuf et demi. De la rivière de Cans tourne la coste au N.-E. jusques à la rivière de Senne, et y a en la traverse dix lieues..... La ville Françoyse de Grace est par les cinquante degrés de la hauteur du polle articque, et Rouen par les quarante neuf et demi, Paris quarante huit et demi..... La dicte rivière de Senne, à son entrée, est fort dangereuse de bans et baptures et de grandz courantz d'eaue, et y a du cousté devers le su, la ville de Honnefleu qui est fort renommée par toutes les parties du monde. Elle est par les cinquante degrés moins dix minutes... La ville Françoise, son havre est bon. Du Ché de Caux, où est la ville Françoise, à Calis (Calais) qui est le commencement de la terre de Flandres y a trente cinq lieues, et la coste gist N.-E. et S.-O. et prent un quart de l'E. et O. Et au N.-O. et N.-N.-E. de ceste coste de Normandie et Picardie, sont les isles d'Angleterre et Hirlande et Ecosse. Et entre le Ché de Caux et Calis est la rivière de Dièpe qui est une petite rivière, là où il habite force navires, et la rivière de Somme qui passe à Péronne et par la Picardie, et vient descendre en la mer à Sainct Vallery et au Courtoys (Le Crotoy), qui est une bonne rivière fertile. Car elle passe par les meilleures villes de Picardie. Et aussy y a le port de Boulongne. Boulongne est une forte ville et une des clefz de France. La ville de Dièpe est par les cinquante degrés et un quart de la haulteur du polle articque. Sainct Vallery où descend la Somme est par les cinquante degrés et demi..... »

⋆

Jehan Mallart (1)

« Et puys. (2) le mont Sainct Mychel, digne place
Et dévot lieu, les mons qu'on n'oblye pas
Qui sont aussy de ces isles de Bas (3).
L'isle de Bas sans faire long quaquet
Sept isles a, comme j'ay ouy nommer,
Gaornys, Jarnessys, Aure et Cassequet (4),
Qui est la plus avant dedans la mer.
C'est une roche entre deux ou troys isles
Qui ne sont pas du tout beaucoup utilles.
L'une se dict darques et l'aultre garque
Sus l'evesché de Constance (5) les marque.
Mais nonobstant ilz tiennent d'Anglettre
J'entens leur roy et patron de leur terre,
Puys chose y a tout auprès de Granville
Où abbaye a de moynes bien gentille.
Passé le cap de la Hague la coste
Tourne au suest et dure cette rotte
Jusque au port et rivière de Caen,
Qui chemin est de venir à Rouen.
En ceste coste et bien deux mille en mer
Y a des bancqz. Or pour bien vous nommer
Ce pays cy est Basse Normandie
Tant plein de fruictz qu'il fault bien que l'on dye
Qu'il n'en est point de tel sous les .....
Les gens sont doulx qu'ilz cerchent accès
Envers quelcung et bien qu'il soit rebelle.
Caen est cité et bonne ville et belle
Où les espritz sont gentilz et arduz
Où residoient au temps passé les ducz
De Normandie en pompe singulière.
De Caen y a jusques à la rivière
Dicte de Seine environ douze lieux.
On scait cela quasy par tous les lieux

---

(1) *Premier livre de la description de tous les portz de mer de lunivers. Avecques summaire mention des conditions différentes des peuples et adresse pour le rang des ventz propres a naviguer.* (Biblioth. nat., ms. franç. 1382).

(2) *Ibid.*, fol. 22-25.

(3) Batz.

(4) Jersey, Guernesey, Aurigny et Les Casquets.

(5) Coutances.

Et gist la coste est et oest ; mais la Seyne
Est dangereuse en y faisant entrée
Non pour cela quel ne soit large et pleine
Mais est à cause et cours de la marée
Qui emplist tost myeulx l'exprime ung routier.
En entrant a ung roch qui le Rattier
Se faict nommer et pourtant je vous notte
Qu'il ne fault pas y entrer sans pilotte
Voire qui soit de ces terres normandes.
Ceste rivière accourt par les plus grandes
Villes de France et mesme de Bourgoigne
Sans enrichir ou farder ma besongne
Passe à Paris la plus grande du monde,
Paris sans per où plus de biens habonde,
Paris bon air où tout scavoir reluyt,
Où théologie en tout temps y florit,
Où les marchans payent comptant et vendent
Plus à crédit et longuement attendent,
Paris très fort, où plus est le Roy craint
Et myeux aimé, Paris qui se contrainct
Faire justice et des gros et menus,
Paris où vont du Roy les revenuz
Qu'on mect au Louvre à tas et à monceaulx
Myeux recueillis qu'en terre crestienne.
C'est assez dit ; il fault que m'en revienne
A Rouen où les grans nefz y arrivent
Dessus la Seine et quant et le floc virent
Jusques au pont. Car oultre il va et marche
Sept lieux passant de là le Pont de l'Arche.
Pour dire vray ceste ville est feconde
Après Paris de France la seconde,
Car marchandise illec fort se démeine.
Aultres plusieurs rivières à la Seine
Entrent portant des vins et aultres biens,
Mainte ville a dessus elle dont riens
Ne deslaissant la grande multitude,
Mais de Rouen j'ay telle certitude
Que dire puys les gens plus inventifz
De sens d'esprit et voire plus subtilz
Qui soient dedens la terre de l'Europpe.
Or retournons parler de la grant troppe
Des nefz qui viennent entrer au Chef de Caux.
Le Havre neuf est seur pour les batteaux,

La ville est neufve et sy faict ung bon port,
Une tour forte et excellent apport.
Le Chef de Caux gist est nordest en rotte.
Jusque à Calays gist au nordest la coste,
Cinquante lieux on trouve en la courant.
Du Chef de Caux à Dieppe chemynant
On compte aussy vingt une lieue en nombre.
La coste est saine et sy porte grand umbre
Pour la haulteur des terres et fallayses,
Qui blanches sont et ont plus de cent toises.
Et tout cecy Pays de Caux se dit
Où les aisnez emportent le crédit
Et ont le bien du père en l'héritage.
Sus les puysnez ils ont cest advantage,
Qui est la loy plus forte à extoller
Et qu'on ne veult en nul lieu tollérer.
Par tout la coste on prent force harenc,
Du macquereau et mesme du mëllenc ;
Car entre deux sont ces deux portz icy,
Fescamp en Caux, Sainct Vallery aussy.
Les gens d'illec sont grans hommes puissans,
Duitz à la mer et gens bien congnoissans.
Je dys cecy que scay certainement :
A Dieppe y a gens principallement
Très bons pilotz ; la ville n'est pas grande,
Mais la gent riche en tant quel se marchande
En divers lieux marchans adventureux
Tant à la guerre aussy qu'en loingtains lieux,
Plus sus la mer que nulles gens de France
Ny de Royaulme, et salent par oultrance
Tant de harenc et seichent qu'ilz fournissent
Divers pays qui les Dieppois béneissent.
Et de ce lieu grandz navyres en sortent
Voire et grand nombre et n'est quand ilz abordent
Gens plus hardys ne qui facent des prinses,
Telles qu'ilz font ne sy grandz entreprinses.
Par de là Dieppe à dix mil Normandie
Deffault, et entre icy la Picardye. »

APPENDICE II

Description des côtes normandes, par Jean Guerard (1)

———

« Depuis Mers jusques au bourg du Tresport, demy quart de lieue. Audict lieu du Tesport, il y a une rivière venant d'Eu. Il peult entrer dedans le havre du Tresport des navires de cent cinquante thonneaux ; il y a viron trente cinq à quarante tant moiens navires, grands batteaux et bateaux pescheurs.

Du Tesport à un vallée nommé Criel, il y a une lieue. Il y a une petitte rivière. Il n'y a aucun havre ; fault echouer sur le perray. C'est une grande vallée.

Depuis Criel jusques à Pailly, une lieue ; il n'y a aucune rivière, la décente est le long de la fallaize, un homme de cheval n'y sauroit monter.

De Pailly à Vassonville, il y a fort peu de distance ; il n'y a aucune décente.

De Vassonville à Bruneval le petit, il y a demie lieue. Il y a une petitte décente. Il y a plusieurs batteaux pescheurs qui echouent sur le perray.

De Bruneval le petit à Belleville, demie lieue ; il y a une petite décente pour gents de pied.

De Belleville jusques à Puis, il y a trois quarts de lieue ; la décente est belle ; il faut échouer sur le perray.

Entre ledict Belleville et Puis, sur le bord de la coste, est une place nommée la cité de Limé. Sa figure est un

———

(1) *Description hidrografique des costes, ports, havres et rades du royaume de France* (carte de 1627).

quarré oblong, antiennement fortifiée de grandes fosses ; il y a apárence que une grande armée y ait campé.

De Puis à la ville de Dieppe, il y a viron demie lieue. Audict Dieppe, il y a un bon havre et une très bonne radde pour l'ancreage des navires ; il y peult entrer des navires de quatre cents thonneaux d'une grande mer durant l'espace de trois à quatre jours, de traize à dix huict jours de lune et de un à quatre ; il y a nombre de grands navires qui vont en touttes sortes de voiages, tant en l'Africque, Sénégal, Cap de Vert, Gambie, Coste de Guinée, Cap de Bonne Espérance, en l'Américque, au Brésil, Canibales, au Pérou, et aux Indes Orientalles et Occidentalles, et à la pesche des mollues en la Nouvelle France ; il y a aussi trente à quarante navires qui vont par chacun an deux voiages à la pesche du hareng aux costes d'Ecosse et Angleterre. Il y a plusieurs petits batteaux qui vont à la pesche du poisson fraix. C'est un très bon lieu pour mettre des navires pour garder les costes des pirates à cause de sa bonne radde.

Depuis Dieppe jusques à Pourville, qui est une petite vallée où il y a une rivière, demie lieue ; la décente est belle ; il fault eschouer sur le perray. Il y a sept à huict batteaux pescheurs.

A un quart de lieue de Pourville, il y a une petitte décénte pour gents de pied, et ce nomme le Petit Ailly.

De laditte décente au Grand Ailly, demie lieue ; c'est une pointe de rochers qui s'eslongnent dedans la mer plus d'une demie lieue ; il y a une petite décente qui ce nomme Natrival.

Depuis l'Ailly jusques à une vallée nommée Saene, demie lieue ; il y a une belle décente et une rivière. Ledict lieu est propre pour faire un port.

Depuis Saene jusques à une autre vallée nommée Le Val de Dun, demie lieue ; il y a un petit village à l'entrée qui ce nomme St Aubin ; pour la décente il fault eschouer sur le perray.

A demy quart de lieue de St Aubin, il y a un petit val qui ce nomme Les Gables.

36

Des Gables à Veulles il y a demie lieue ; il y a une belle décente. Il faut eschouer sur le perray. Il y a grand nombre de batteaux pescheurs. Il y a une petitte rivière qui ce nomme la Cressonnière.

Depuis Veulles jusques à St Vallery, deux lieues. Le havre de St Vallery est bon ; il y peult entrer des navires de cent cinquante thonneaux. Il y peut avoir trente à quarante vaisseaux tant grands que petits.

Il y a une petitte décente entre St Vallery et Veulles, qui ce nomme Ste Sette.

De St Vallery à Veulettes, il y a deux lieues ; la décente est belle. Il y a une rivière. Il faut eschouer sur le perray.

De Veullettes aux Dalles, qui sont trois valles où il y a trois belles décentes, il y a deux lieues. La plus belle décente est du costé du nord et ce nomme St Pierre de port.

Des Dalles jusques à un lieu nommé Les Eschelles, une lieue.

Depuis ledict lieu jusques à Fécamp, une lieue ; il y peult entrer des navires de cent vingt thonneaux.

Depuis Fécamp jusques à Yport, une lieue et demie. Il y a une belle décente. Il y a plusieurs batteaux pescheurs qui échouent sur le perray.

Depuis Yport jusques à Etretat, une lieue et demie ; il y a des batteaux pescheurs qui eschouent sur le perray.

Depuis Estretat jusques à Antifer, il y a une lieue et demie ; il n'y a aucune décente.

De Antifer à la Heve ou Chef de Caux, cinq lieues. A une lieue de Antifer, il y a une petitte décente qui est fermée de muraille et ce nomme Brunevalét.

Du Chef de Caux au Havre de Grace, trois quarts de lieue ; en laditte ville Françoise de Grace, il y a grand nombre de très beaux navires et vont la plus part à la pesche des mollues en la Nouvelle France. Il peult entrer dedans ledict havre des navires de quatre cents thonneaux ; la rade n'est des meilleures, y aiant peu d'eau.

Honnefleur est du costé du Sud de la rivière de Rouen, eslonge du Havre de trois lieues ; dedans le havre dudict

Honnefleur peult entrer des navires de trois à quatre cents thonneaux ; il y a viron trente tant batteaux que navires.

De Honnefleur à Villers ville, une lieue.

De Villers ville à la pointe des Gars, demie lieue.

De la pointe des Gars à Toucques, lieue et demie ; il peult entrer dedans ledict Touques des moiens navires portants cinquante à soisante thonneaux.

De Touques à Villers, une lieue ; il y- a de petits batteaux pescheurs qui eschouent sur le perray au long de la coste.

De Villers à Dives, deux lieues. Il y a un petit havre avec une rivière et quelques petits batteaux.

De Dives à Estrehen, deux lieues et demie ; c'est l'entrée de la rivière de Caens ; il y peult entrer des navires de deux cents thonneaux.

De Estrehen à Caens, trois lieues.

De Estrehen à Colleville, une lieue et demie.

De Colleville à Lengrongne, une lieue ; il y a de petits batteaux.

De Lengrongne à Bernières, trois quarts de lieue ; il y a de petits batteaux.

De Bernières à la terre de Nelle, trois lieues ; c'est toutte coste ; il y a des batteaux pescheurs.

De la terre de Nelle à Ste Norine, deux lieues ; il y a des batteaux qui eschouent le long de la coste.

De Ste Norine à Bessin, une lieue ; c'est coste où il y a grand nombre de batteaux pescheurs.

De Bessin à Villers, une lieue ; c'est un petit havre où il y a un petit cours d'eau. Il y a des petits batteaux marchands.

De Villers à Grandcamp, deux lieues ; il y a des batteaux portants vingt thonneaux.

De Grandcamp au Ver, trois quarts de lieue ; le Ver à trois quarts de lieue ; Essigny est dedans laditte rivière.

De Carenten à Ste Marie, trois lieues. C'est coste.

De Ste Marie à Queneville, deux lieues ; les illeaux de St Maclou sont eslongnez de terre de une lieue et demie.

De Queneville aux hoiaux de la Hougue, ils sont fort

proches de terre. Il ce peult mettre à sauveté de terre les-
dittes illes des navires de cent cinquante thonneaux passant
par le costé du Sud.

Des hoiaux à la Hougue au chateau de Herneville,
trois quarts de lieue ; il y a une ance où ce mettent des batteaux de vingt à trente thonneaux ; la rade de la Hougue
est fort bonne.

De la Hougue à Berfleu, deux lieues un quart ; il y
a une ance où il y a force rochers. Il y peult entrer des
navires de cent thonneaux.

De Berfleu jusques à la pointe, il y a une demie lieue
où il y a belle décente.

De la pointe de Berfleu à Cap Blevy, une lieue ; est
une coste plaine de rochers. Il y a une bonne rade qui
demeure au ouest de la pointe. Il n'y a aucun havre.

De Cap Blevy à Cherbourg, deux lieues ; il y a entre
deux une barre de rocher qui ce nomme l'ille Plé ; à une
demie lieue de la terre, il y a bon ancreage. De terre c'est
un havre. Au travers est le hommet où de terre il y a bon
ancreage d'une grande mer. Entre dedans Cherbourg des
batteaux portants trente thonneaux.

De Cherebourg à Hemonville, une lieue et demie ;
il y a une pointe de rocher et dedans il y a un port qui ce
nomme la fosse de Emonville ; il y a eu sur l'entrée dudict
port un fort construict. Il y peult entrer de grands navires.

De Hemonville à une ance qui ce nomme St Germain,
trois quarts de lieue ; il y a belle décente.

De St Germain à la pointe du Ras, trois quarts de
lieues ; il y a décente ; il n'y a aucune rivière.

De la pointe du Ras au gros heurt de la grande ance,
deux lieues et demie ; il y a plusieurs lieux pour décendre.
Il y a une bonne rade pour l'ancreage. Il y a trois pierres
au milieu de laditte ance.

De la grande ance à Carteret, une lieue un quart ; il y
a une rivière ; il y a un havre pour des batteaux de vingt
à trente thonneaux.

De Carteret à Portbas, deux lieues ; il y a un petit
havre ; il y a une rivière.

De Portbas à St Germain, deux lieues ; il y a une rivière ; il y a un havre pour des navires de cent thonneaux, vulgairement nommé la haie du puys.

De St Germain au Piron, trois quarts de lieue ; il y a une petite fosse pour des batteaux pescheurs ; ce sont dunes.

Du Piron à Rades, une lieue un quart ; il y a des rochers vers l'eau. Il y a des batteaux pescheurs. Il y a une pierre vers l'eau qui ce nomme Seneguer. Les Beoufs sont à une lieue et demie de la terre.

De ...... à Fernanville, demie lieue ; il y a un petit havre pour des batteaux.

De Fernanville à la Breque à l'eau, demie lieue ; il y a un havre et une rivière venant de Constance ; il y peult entrer des batteaux de quarante thonneaux.

De la Breque à l'eau au petit havre, lieue et demie ; il y peult entrer des batteaux de vingt thonneaux ; ce sont dunes et marescages.

Dudict havre à la pointe de Granville, une lieue et demie ; il y a une jettée de pierre où il ce met de terre des navires de deux cents thonneaux ; il n'y a point de rivière, mais il y a une source d'eau.

De Granville jusques au Pont Orson, six lieues ; il y a une rivière ».

⁂

APPENDICE III

Nomenclature de l'Afrique. Occidentale

1° Dans le tableau suivant des nomenclatures de Desliens (1541), de l'Harleienne et de Desceliers (1546 et 1550), nous avons placé, à la suite de la plupart des noms, un numéro d'ordre qui correspond à la carte ou à la chronique à laquelle ce nom a été emprunté. Nous associons entre eux quelques vocables qui ne diffèrent que par l'orthographe ou par leur expression en langue étrangère.

Desliens (1541)	Carte harleienne	Desceliers (1546)	Desceliers (1550)
C. de boyador	C. de boiador	Cap de Bayador	C. de Buyador
penna grande (1), (10)	pena grande	pena grande	pena grande
	terra alta (1),(5),(10),(11)		
7 caps (5), (9), 10)		sept caps	7 caps
		terre blanche (1), (5), (9), (11)	
	G. de ruivos (2)	C. de rives	G. de ruivos
p. de medom (1),(10),(11)	C. de medam	pe de medom	medanos
		C. de medom	C. de medo
montz (9)	sete motas		
	p. Ruiva		
	p. domeron		
G. cavallos (2), (11)	G. de Cavalos	C. des chevaux	G. de cavollos
			Allagado (11)
	R. de Lore (2)	R. de lore	R. de lore
terre basse (11)	terre basse	terre basse	terre basse
	praia (10)		praia
G. de syntra (2)	G. de goncalo de syntra	G. de syntra	G. de syntra
		terre de sablon	terre de blanc sablon
	medos		medôs
G. S. Syprian (7), (9), (11)	G. de St Cyprian	G. de St Cyprian	G. S. Cyprian
C. des barbes (5), (9)	C. des barbes	C. des barbes	C. des barbes
	pedra de gallo (2), (5)		
		roche	
	C. Carvoeiro (9)		C. Carvoeire
C. blanc (2)	C. blanc		C. blanc
Ye de carcos (11)	Y. de coiros	yº de cuyr	ye de cuyr
Argim (2, Gete)	Argin	Argim	Arquim
	p. de resgate (2)	pe de rosgate	
			pe blanche
p. de cazor	C. de casel	C. de cager	
R S. Jehan (5), (11), (12)	R. de St Jeh.	R. de St Jhan	R. de S. Jehan
p. de tolia (5), (9)	p. de tafia	R. de tafia	pe de losio
G. S. Anne (2)	Ste Anne	G. de Ste Anne	G. de Se Anne
medonnes (2)	omedon	O medom	C. medom
	Sete môtas (10)	sept montz	7 montz
	Apraia (5), (10)		Apraia
	C. darca (9)	C. darca	C. darta
	Resgate de ade (9)		Resgate de cide
Anterote (5)	Anterote	Anterote	Anterote
tareim (10)	Taram	Tarem	Tarem
Allagra (5)		palmar	
R. de senega (2)	R. canaga	R. de senega	R. de senega
	chelam (10)		chelain
	goomnet (3)	godumela	godumel
C. Vert (2)	C. Verd	C. verde	C. verd
	Verzeginde (10)	Berzesinche	
C. de matos (2)	C. dos mastos	C. des mastz	C. de maste
			Barbacis (3)
R. de gambye (3)	R. de gambya	R. de gambie	R. de gambie

Desliens (1541)	Carte harleienne	Desceliers (1546)	Desceliers (1550)
C. S. Marie (10)	C. de Se Marie .	C. Se Marie	C. de Se Marye
	p° de Claire		R. de Se Claire (9)
	R. St Mezze	R. S. p°	R. de Se p° (11)
	Calamansa	Calamansa	Casamansa (3)
C. Roxo (3)	C. Roxo	C. de Roche	C. Roxo
fuluce (5), (11)	R. St dominiq	R. S. Dominiq	R. de St dominiq (3)
		Gormasa	Gormasa
R. grande (3)	R. grande	R. grande	R. grande
C. buguba (4), (5), (9)		buguba	Buqulel (9)
		birege	Besega
	R. de mine	R. de mino	R. dennino (9)
C. de verga (4), (5)	C. de vergue	C. de vergue	C. de verga
			C de peeha
	R. de pêche	R. de pêche	R. de pescadores (5), (8)
R. de sagres (4)	Sagres	C. de sagres	Sagres
	C. de cristal	C. de tamara	R. de St Xpofle (8)
R. de case (9)	R. de case	R. de case	R. de case
bauierez (9)		barpone	
agua daierra		R. derrieras	
serra liona (4)	serre lione	serra Lyone	serra liona
ye roxo (4)	ye rousse	ye Roxa	
R. de camboas (7), (8)	R. de combeas	R. de cambo	R. de camboas
	Capo Achinea	Achines	capo Achina
R. palmes (4)	R. des palmes	R. des palmes	R. de palmes
		C. Sto Anne (4)	
		R. de salines (9), (11)	
C. de mont (4)		C. de mont	C. de mont
		R. de Rain	R. de Ram (12)
C. mesurade (4)	C. mesurade	C. mesurade	C. mesurade
R. S. pol (10)	R. St paul	R. St panl	St paul
	forestz	arvoredo	
Aldea de palmas (6)	aldea de palm		
		R. de Junque	R. de junco (9), (11)
		Aldea de Lacia	aldegade Luga (9)
R. de cestos (9), (11)	R. des cestos	R. de cestes	R. de cestos
C. des basses	C. des basses	C. des basses	C. des basses
	ye de palaye		ye de palaye
R. de genoes (12)		R. de genoes	R. de genoes
R. Vincent (11)	R. de St Vincent	R. St Vincent	R. de St Vincent
Allagaa (9)	alagea	A Lagada	Alazea
	C. St Chemeat		C. de St Clamet (9)
p. du cavall.		p. du cavall.	p. de cavalos
C. de palmas (8)	C. des palmes	C. des palmes	C. de palmas
aldea de portugal (9)		aldea de portugal	
	R. des pontes	R. des pontas	R. de pontas (9)
		C. des montz	C. de montas (9), (11)
		p. des almadies	p. des Almadias (10)
St Jacquez (10)			
	forestz (11)		
R. S. André (8), (11)	R. St André	R. S. André	R. de St André
		St paull (10)	O. paull
R. des berbus (9)	R. des barbes	R. des barbas	R. des barbes
		Alagoa	Alagoa
aldea de lagos (9)	aldea de Lagos	aldea de lagos	aldea de lagos
	sept aldeas		
R. de maio (9)	R. demeo	R. domeo	R. domeo
	Acomada	connada	A. connada
	As montes	montaignes	montaignes
R. de funere	R. de smto de costa	R. de coste	R. de sacro de coste
	p. verde		p. verde
	mont Ste apolline (10)	mont de Ste appoline	mont S. apolline
	R. fremosa (9)		p. fremosa
C. des 3 poinctez (8)	C. des pointes	C. des III poinctes	C. des 3 poinctes
	C. delgado (9)		
Atallaya (10), (11)		Atallaya	Atallaya

Desliens (1541)	Carte harleienne	Desceliers (1546)	Desceliers (1550)
R. S. Jan (11)		R. S. jhan	R. de S' Jeh.
	aldea de torto	aldea de torto	aldea de torto
	castel de myne (7)	castel de myne	castel de myne
	C. corso (7), (9)	C. corco	C. corco
	C. de Redas		C. de Redes
M. Redondo (6)	mont Redonda	mont Rond	mont Redondo
C. paricrres (12)	C. palmar	C. palmar	O. palmar
escaroupin	Se roupim	escaroupim	
	Aldea de barca (12)		aldea de bacque
R. de volta (7), (11)	R. de volta	R. de la volta	R. de volte
m. de raposse (11)	mont de Raposso	m. raposte	mont de Raposse
C. S. paul (9)	C. de S' paul	C. S. paul	C. S. paul
	mont de gato (10)	m. de gato	mont de gato
	quatre palmas (12)		4 palmes
C. damoura (10)	C. damoura	C. de mort	C. damoura
alonbade	Alombada	Alombada	Alombada
	duas môtas (9)		
		forestz	
		Alhandra	Alhandra
	Torre basse	Terre basse	Terre basse
Albofera (9)	Albofera	Albofera	Albofera
ville longe (12)	villa longa	ville longa	villelonga
	aldea de cabro (9)		
R. dollago (9)	R. dollago	R. dollegue	R. dollago
praia des almadies (11), (12)	p. des almadias	p. des almadias	praia
os esteiros (9)	os estreprcos	esteiros	os estairos
aldea de palmar (9), (11)			aldea de palmar
R. premières (9), (11)	R. primero	R. premières	R. première
R. du benin	R. du benin	R. de benin	R. de bennin
R. des eser.	R. d'ascra	R. des estraos	R. des eseraos
R. forcados (9)	R. de forcados	R. des fourez	R. des sourez
		Rames (9)	R. des rames
R. fremose (9), (11)			C. fromose
	barbe	S'e barbe	R. Se barbe
	R. Real (9)	R. Reall	R. Realle
R. du carme	R. de carmo	R. du carme	R. du carme
	R. de S' domîqe (10)		R. S. dominiq
R. de pero sintre (9)			
	R. de crux	R. de la †	R. de †
G. de rey (9)	G. de Rey	G. de Rey	G. du Roy
	A. de pescaria	pescherie	pescherie
Serras de fernande (12)	C. de fernando poo	serra de fernando poo	serra de fernande poo
camerons (9)	R. de camarôes	R. des camarons	R. des camarons
R. dabarca (9)			
G. de serra			G. de serra
R. de guade (9)	p. delgada	y° de guade	R. de guade
	G. de gallo	G. du gallo	
	R. dabotoa	R. de borso	R. de horoa
	serra guerraita (10)	montagne guericata	
G. de lislet		C. de lislet	G. de lislet
	p. do gariao	Y. de gariao	C. de gariao
R. de campo (9)	R. de campo	R. du camp	R. de campo
	p. dos medos (12)		
serra bota	serra lota		serra bota
Acoonada		Aconnada	Acenada
S' benoist (9), (11)	R de S' bento	R. S' benoist	R. S' benoist
C. S. Jan (10)	C. de S' Jeh.		C. de S. Jhan
R. de corisco (10)	y° de corisco	y° de corisco	R. de corisco
	C. des esteiras (9)	C. des esterras	C. des seuras
R. do jabam (9)	R. de gabam		R. de gabam
	C. de barca (11)		C. de bare
	C. de S° Claire (9), (11)	G. de S'° Claire	
C. de lopys (9)	C. de Lopo gtz		C. de Lopes
R. S. bacyas (10)	R. de S. bâcias	R. de S' benoist	R. de S. bacias
C. primito		C. premier	C. primito

Desliens (1541)	Carte harleienne	Desceliers (1546)	Desceliers (1550)
R. de fernâvaz			R. de fernâvaz
G. de nomiz		G..de nomiz	G. de nomiz
C. de Katherine		C. de Katherina	C. de Katherina
Argillieres rouges (9)		Barreiras vermeilles	Barrieres vermeilles
G. des almadies (9)		G. des almadies —	G. des almadies
praia des almadies (9)			praia des almadies
C. de palme (10)	C. de palmar	C. de palme	C. de palme
R. manicongne (10)	R. de manicongo	R. de manicongne	manicongne
C. de padram	C. de padram	C. de padram	C. de padram
R. de fernâvaz (11)	R. de fernâvas	R. de fernanvaz	R. de fernâvaz
R. de magdelene (10)	R. de la magdalena	R. de la magdalene	R. de la magdalena
	Lededas (12)	C. Ledo	Llede
amgolla	R. damgolla mella	angolla	C. angolla
Serras de S¹ Lazare (12)		de S¹ Lazare	As serras de S¹ Lazare
S. Laurens (9)		S. Laurens	S. Laurent
Apraia			Apraia
G. de serras	G. des serras	G. des montaignes	G. de serras
serras haultes		montaignes haultes	
	terre basse	terra bassa	Terre basse
C. de Sᵉ Marie	G. de Sᵉ Marie	G. de Sⁿ Marie	G. de Sᵉ Mᵉ
terre haulte	terra alta	terre haulte	terre haulte
m. negre	monte negro	mont noir	m. negre
montz		montz	montaignes
terre de messas		terre de mesas	Terre de mesas Agisumba
madagas areas (12)	mont des gabarreras	mont des gabarreras	magadas areas
C. negro (10)	C. negro	C. noir	C. negre
praia des basses		playne des basses	prarye des basses
medanos (11)		medanos	os medanos
G. de rmpris	G. de rmpaz	G. de rimpir	G. de rompiz
C. froid (9)		C. froil	C. de froil
praia de petras	praia das pedras	p. des pierres	praia de petras
G. de S. Ambroise	G. de S¹ Anthoine		G. de S¹ Ambroise
praia de nevez	palas de nenous	playne des neves	praia de neves
b. de serras	G. desserra	G. des montaignes	G. des serras
as serras	as serras	montaignes	as serras
C. de lislet	Gouffre de lislet	G. de lislet	G. de lislet
rosto pedra	rosto de pena branca	R. de pierre blanche	Rosto de pierre
serras de S. Thome	serra de S¹ Thomas	mont de S¹ Thomas	serras de S. thome
G. de conception (12)	Angra de conception	G. de conception	G. de conception
terre dos basses	terra des basses	terre des basses	terre basse
g. pequena	b. peqna	G. petit	G. peqna
as serras	as serras	montaignes	as serras
ansses	duas angras	deulx ansses	ansses
trinitat		trinitat	
p. des isletz	p. de Ilheos	yᵉ des isletz	p. des ysletz
G. de voltas (12)	Angra de voltas	montaignes	as serras
		G. des tournées	G. de voltas
yslet seco (12)	islet seco	yslet sec	yslet secco
m. de brauid (9)	môt de brauid	m. de brauid	m. de brauid
serra de pendal (10)		m. de pendal	serra de pendal
G. de man	C. de monos	G. de monos	G. de moy
	os montes (10)	montz	montaignes
Alonbade	Alombade	alombada	A Lombada
		yᵉ de Sᵗᵉ Helene (12)	yᵉ de Sᵉ Helene
Riv. S. Luce		p. de Sᵉ Luce	de Sᵉ Luce
	C. de S¹ Clement		
C. de bonne espérance	C. de bonne espérance	C. de bonne espérance	C. de bonne espérance

(1) Carte marine de 1444.
(2) La Chronique d'Azurara.
(3) La relation des voyages de Cadamosto.
(4) Le voyage de Piedro de Cintra.
(5) La carte de Gr. Benincasa (1471),
(6) Le portulan de Cristoforo Soligo (1489).
(7) La mappemonde de 1489.
(8) Le Globe de Martin Behaim (1492).
(9) La mappemonde de Juan de la Cosa (1500).
(10) La mappemonde de Nicolas Canerio (1502).
(11) La carte du Dʳ Hamy (1502).
(12) La carte de Weimar (1527).

2° L'Afrique sur les Cartes Normandes, depuis G. Le Testu (1556) jusqu'à J. Guérard (1634).

Cartes XVII° et XVIII° de l'Atlas de Le Testu (1556).

Sanagua (pour Sénégal)	plaie verte	duas montes	B. de Saincte Marie
C. de vert	aux Montz	aldea de cuboz	B. des aldeas
riv. de Gambie	R. Sainct André	rivière de lago	C. negro
C. Roxeo	St Paul das montas	rivière fremozo	B. de Rmpiz
C. de Catherinne	R. do scurro	Riv. fouréquade	C. frio
R. Grande	plaia verte	fremoze	praia das pedras
riv. de manna	mont de Ste Apollinnie	bertelomeus	b. de S. ambroise
C. da vega	C. de talle	barbe	praia des neues
C. de sagres	rivière de St Jouan	rivière Real	B. des serras
serre lionne	C. à 3 poinctes	amgradelmey	As serras
oporto de Samboas	rivière Sainct Jehan	rivière des Camaronnes	serras de sainct Tomas
C. de Ste Anne	r. de S. Jorge	riv. dabora	terre de baixas
C. de montz	Castel de mine	riv. do campo	b. pequena
C. mesurade	C. de corse	Sam bamco	b. des Voltes
R. de Joncq	aldea de praia	riv. de gabur	baie de Ste ellenne
riv. de Sevre	aldea delacho	riv. de fernand Vaz	de Ste Luce
ille de palme	C. de redes	C. de Katherinne	agomado
riv. Gennevoire	O. palmas	rivière Manicongre	c. de bonne espérance
R. St Vincent	R. de volte	riv. de Madalainne	C. des eguilles
de S. Clément	c. de Saint Pallos	Amgoulla	Rivière fremoze
C. de palme	monta daguado	serras de St Lazare	
rivière des poinctes	C. de mont	Sameol	

Le Testu (1566)

Bojador	C. de Palme	R. fernando Vas	C. Froit
Riv. de Lore	Coste des bonnes gens	C. Segundo	C. de Sanmenbresio (1)
C. Blanc	C. à 3 poinctes	R. Manicongre	Poincte de Lillet
Sanaga	R. de mine	Lury	G. des Voltes
C. Verd	Minne	Angala	Aux montaignes
Gambie	Ille principe	G. de duas Seiias	C. de bonne espérance
R. Grande	Ille Saint-Thomas	G. des Aldes	C. Sainte-ellene
Sierra-Lionne	Ille Hennebon	C. Noir	C. des esguilles
Guinée	C. de Combles	Basses	B. fremosa

(1) C. de Saint-Ambroise.

Le Globe de Rouen

Tanger	C. de lion	R. dilaco	Padron
Fessa	C. d. scralon	R sclavo	R. madalena
C. Cur	S. Anna	R. regium	C. S. maria
C. d. Non	Ins. rubree (1)	R. d. vita	Goffo
Atlas	C. Nil	C. formoso	Cinagro
Maroc r.	C. de monte	R. Real	Os medos
Tera baxa	R. d. St paul	C. desry	G de prada
C. Album	C. mesurato	C. verde	C. ambrosio
C. Blanco	C. d. palmas	R. d. camaros	C. d. conceptio
Argin	R. d. S. andré	C. regia	Golpho D. (2)
R. S. Ioanis	R. d. medio	C. de re	Golpho S. thomas (3)
Costa de anterota	C. d. punctas	C. dabara	ponta deserta
Senega f.	cast. mina	C. S. Ioannis	S. helena
C. Viride	C. dos redes	C. d. campo	Caput bonæ spei
R. de cambra	R. d. volta	palmar	
C. bayo	R. d. St paul	R. manicongo	

(1) En mer, mais assez près du continent et l'angle de la *Quinea* (Guinée).
(2) A droite, *Capillati Œthiopes.*
(3) A droite, *gens fermea.*

J. DE VAUX (1583).

C. de Boyador	Château d'Arguin	R. de Gambia	Sirre Leone
G. de Ruives	St Jehan	Ste Marie	R. des Palmes
G. des chevaux	Ste Anne	C. Rouse	C. de Ste Anne
R. de Lor	C. d'Arques	R. Grande	C. de Mont
C. de Coe	Anterotte	R. de Nuno	C. Mesurade
G. des Barbes	R. de Sanaga	C. du Vergue	C. Basse
C. de Blanc	C. de Verd	R. Saigres	etc., etc.

G. LE VASSEUR (1601)

Cap Boyador (25° 2/3 lat. N.)	R. Tamara	R. ecatte	Côte S. Laurens
Terre haute	R. Casa	R. do carmo	B. S. Ambroise
G. cavalos	R. Tagrin	R. St domingues	G. 2 sierras
Laguedo	G. de lionne	R. de comde	Angra praya
R. Lore	Gambes	Adelecy	B. Ste marie
Apraya	R. galinas	Aspescacia	Terre basse
Terre basse	R. nono	Costade des amboas	M. negro
Ste Barbe	C. demont	R. camaranca	Os montes
C. Carnoiro	R. agoada	P. delgado	Praia
B. Se marie	C. masarade	C. do gallo	G. des aldeas
C. Blanc	C. S. pol	R. daboria	Mongadas areas
B. moule	R. de sestos	Serras	C. naigre
Argin	R. palme	P. gacio	Praia de baixas
Ylha branca	R. St Vincent	Aconiiada	Terre de ruibis
palme	R. des esclavons	R. do camp	Praia
R. S. Jean	Arene	R. S. bento	G. frie
S. Anne	Tre de cavalos	St Jean	Praya de pedras
praya ruina	C. palme	Y. corisco	B. S. ambroise
C. darca	Aldea portugal	Dastreiras	Praya das neves
Amtarlote	R. pointes	R. Gabon	Serras
Tenant	R. S. andré	C. barca	C. de serras
Pulinet	O. paul	G. Nazare	ade Ilheo
Palmaface	Madronhal	C. loupes	P. des yles
Senegal	R. S. barbe	R. pariadis	Costes do pedra
R. Niger	R. dame	R. fernanvaz	Coste S. lomas
Godumel	Ste apolline	C. Ste Catherine	Serras
P. des almadis	C. des trois poinetes	Serras du St Esprit	Praia
C. Verd	R. St Georges	Mayonde	G. pequena
Rufisque	Mine	C. premier	Serras
C. mare	Palmas	G. Dalumii	Pencal
Portudal	Aldea daptais	C. Segumdo	Montée
Barbensin	R. de Volte	Adiondio	Désert da praya
Dolago	St Paul	Serra conpuinas	Angra
R. Gambie	C. damonts	Duas montas	G. des Voltes
Ste Anne	R. da papoa	Loango	Montedes
St Pol	R. logo	B. des almadis	Bramidor
Cacamana	Almadean	C. de palmar	Serra de penadal
C. Roxo	R. de palmas	C. de congo	Montée alombada
R. grande	Première Rivière	Maniconguc	Dés areas
Verges	R. du bénin	R. palmar	G. S. heleine
R. pedras	R. des esclavons	Angoule	Agoada
R. danoceda	Rio de foncada	C. Ledo	De soldana
R. farinos	R. de ramor	Loansa	C. de bonne espérance
C. Sagros	C. fremoso	P. de camboas	C. des éguilles
R. Idolca	R. S. bertelomi	Longa	

Pierre de Vaulx (1613)

C. de Boyador (25° 1/2 lat. N.)	R. sainct domingues	R. de mede	R. St benoist
Pena grande	R. grande	Montaigne Ste Apolline	R. de St Jehan
7 pointes	Port des basses	C. des 3 pointes	Isle de corisque
G. des chevaulx	Port vieil	Atarana	C. des esteres
p. medaon	R. de norme	R. Jorge	R. de Gabon
pointe de la gallère	G. de vergue	Chasteau de myne	Lisle de fernando po
R. de lorre	R. de piedres	Allée des barques	Lisle de principe
Terre basse	R. de vazea	Mont redonde	Lisle Sainct thomé
Montz	R. de Jonc	Port des Almadi	Lisle de Anebon
G. St ciprien	R. de Saigres	Labitation des	B. Ste Claire
C. des barbes	les ydolles	Rade de barque	C. de lopes
C. de canoreira	R. de casse	R. de volte	R. St mathias
C. de blanc	R. de tagim	C. St paul	R. de perodias
Isles blanches	C. de serleone	Quattre palmes	P. nesgri
Chasteau Argin	Isle rougé	Playne	C. Ste Katherinne
Port de feffye	R. fourque	Alambade	Port de fernanvaz
Port de rocazer	La palme	Arvorede	Montaigne du St esprit
R. St Johan	C. saincte Anne	R. des poupous	C. premier
Port des basses	R. des guellines	R. dollagie	Deux montz
G. Ste Anne	C. de mont	P. de papeguy	C. segont
Medaon	C. de mesurade	Illes des almadies	C. de palmes
7 montz	R. des pecheurs	R. du benin	R. de manicongo
C. darques	R. longue	R. fourque	C. de pedram
R. esgatte	p. des basses	C. frimouse	Ambrise
Praries	R. St Vincent	R. de Jacony	C. à 3 pointes
Anterotte	R. des esclaves	R. St bartelemy	R. longue
Terre basse	P. de cavallée	R. realle	Pointe de sainct laurens
Montz	R. des palmes	G. des Roys	Goulfe St ambroise
R. de Sanaga	Abitation de portungal	Montaigne de fernando po	G. de serres
Godamet	R. des pointes	R. dolligue	Baye de negres
Barbacin	Medaons	R. camarona	Saincte marie
Cap de Vert	R. de mere	Pointe delgade	C. de nesgre
R. de Gambye	R. St andré	C des montaignes	C. des basses
Ste marie	Madronnal	R. daboras	Playe
R. claire	R. des barbes	P. de lisle	Cap de frye
R. St Pierre	Aldea de Velha	Montaigne de volte	
C. rouge	O medaon	R. de campe	

J. Dupont (1625)

Cap Boiador	R. des pecheux	R. St jorge	S. bertholomy
Rogne	Ser Lionne	C. la tortue	St barbe
Panne grande	Tagrin	La minne	R. Roialle
Terre longue	Cap Ste Anne	C. Coreo	R. de St domingue
Terre haulte	R. St André	Aldea doto	B. Roialle
Cap blanche	C. de montz	Aldea do vello	R. des pécheux
Terre basse	R. dagradas	R. St martin	C. fourchu
R. de lorre	Cap meserade	R. des barques	R. des Vartannes
Terre basse	R. St paul	Rivière de voltes	C. delgade
C. de blanc	R. de ceste	Port du Repos	Cap. St Augustin
Y. blanche	C. le cestre	Cap de St paul	B. St martin
Arguin	R. St Vincent	Quatre palmes	P. Jarzo
Glatie	R. des esclaves	C. demontz	Acommade
Aregate	Port de Cavallos	Alombrade	R. de camp
Palmer	C. de palme	R. Se Croix	Sainte bonne
R. de Senegal	R. St André	R. de louengue	C. St Jan
C. palmier	St paul	R. des nattes	B. corisco
Ste marie	St ambroize	C. de palme	C. de nattes
St Jan	R. de may	R. première	R. de gabon
St pol	Acomchelade	R. du benin	C. Ste claire
C. rouge	R. du sucre	Cap fremouze	Cap de loupe
St domingue	Cap à 3 pointtes	St Alfonsa	Consalve

J. Dupont (1625). — Suite.

R. St mattias	Y. St marc	B. darainne	Costes a ballaines
R. St martin	Angoulle	Cap negre	B. pettite
Caterine	C. Courant	Costes des basses	Praia
R. de saintz esprit	Foure	Les medes	St ambroise
C. première	St ambroize	Coste unnic	C. double
C. segomde	Louengo	Amgrade	R. St martin
Baie domedes	C. St Nicoullas	R. St martin	Coste droitte
Les montz	B. St ambroize	C. de frie	St Jan
R. vermaille	B. des basses	praia	B. Ste clainne
C. du palmier	B. de Ste Anne	St martin	Au ours marins
Mannigo	Apraia	B. St ambroize	Coste St marc
R. de palme	C. segonde	Coste St Denis	Praie St nicoullas
C. de padron	Baie St martin	B. Se anne	Montmorency
R. dabril	Coste negre	P. St nicoullas	C. de bonne espérance
lazy	Les montles	C. St Thommas	
C. Almadie	Baie de gal	R. de conception	

J. Guerard (1625)

C. Boiador	C. de palmes	C. ouzo	Basse
Barocas	Jouen	Terre haulte	Terre dar
Septmonts	Tabe	R. barre	C. butra
Lore	S. André	P. gafonta	Porpraio
C. Barbe	R. dame	St Jean	C. second
La gallère	C. 3 pointes	C. serras	Ambroise
C. blanc	St Jean	R. gabon	Praia
C. vert	La minne	C. loupes	Aldedina
St pol	C. terre	S. catherine	St anee
C. rouge	Mt redende	C. second	Aldemay
C. vergues	R. volte	Comprinda	Cap de St Thomas
Ydolles	Mt popose	B. almadi	C. basse
R. farine	St paul	R. congo	Alde confa
R. sacrée	R. lugo	Ambrise	La plaie
Tagrin	Benin	Lose *	C. volle
Serlionne-	Esclavons	Bengo	Madus
R. galinne	R. formose	Cauza	Ansa
C. de mont	R. St berthelemy	Angoulla	Penedul
R. delli	R. real	C. Iode	Alombade
C. mesurade	R. St dominique	Angrade	G. Ste helaine
R. St pol	G. del roy	C. Aldone	B. St daigne
R. cestre	Aspacaris	C. negre	C. des éguiles
Dieux	R. camarones	C. noir	C. de bonne espérance (1)

(1) Le Cap de Bonne Espérance est placé à 36° lat. S. et 50° long. Est.

J. Guerard (1631)

Cap Baiador (26° 1/2 lat. N.)	Port de praia	Ysles de garcas	3 monttes
Penegrande	Ances	Y. blanches	C. Vert
Barocas	Golfe de Cintra	R. St jean	Rufisque
Angrade	Montas	Pt lotia	Dernote
Ninari	G. St Ciprien	Touquer	Portudal
Sept monts	C. de barbe	Golfe Ste anne	Seraine
Pt raia	La gallere	Medes	Ioualle
Pt de medon	C. navire	Rivière dor	Bruselle
Golfe de montos	C. Ste Marie	Anterote	Barbasin
Tabageda	C. de blanc	Palmier	Rivière de Gambie
R. de lore	Y. decoyras	Dunes	Terre de pharaon
Terre basse	Arquin	Rivière de Sénégal	C. rouge

J. Guerard (1631). — Suite

Yllettes	O. paul	Coste des ambus	Sainct anaria
R. grande	Cap del drouins	Ysles des oiseaux	Terre alta
St Michel	R. de barbes	R. de camaronis	Terre preta
R. farines	Aldea de crus	Port allaguida	Angra
Quaques	rivière St domingue	Aridelsira	Praia
R. Tamana	O. paul	Seras gatiras	Angra de Se marie
Cap des basses	Liges	Golfe du lis	Mt negre
R. douce	Ste apolonie	Aimada	Os monts
Sable	Aixein	Loboa	G. aldeas
Port aux barques	Beaune	C. des ylles	Terre de muchas
C. rouge	C. à 3 pointes	Ysle de fernando poo	Manga darotir
Mitombe	Atoloia	R. comont	C. negre
Village du roy	R. St jean	C. St jean	Praia
Tagrin	Torres	Isle coriste	Buixue
C. Serlionne	Chateau de mine	G. serras	Terre du Roy
C. rouge	C. corse	R. gabon	Pic
Mograbondo	More	Ysle du prince	Basses
R. a perroquets	O. palmar	St Thome	Golfe fria
R. a langlois	Aldea de alto	Ysle de l'anbon	Praia
Basse terre	Aldeade de velle	C. à bargues	De pedras
R. gricline	C. daze	G. nasare	Baie St ambroise
R. du co	G. de redes	Cap de loupes	Praia de neves
C. de mont	Palmar	R. paradra	Rivière
Ance	R. voltes	R. farines	C. de surac
C. anguade	Ylet	Ste Catherine	Alde des ysles
R. St paul	Mont derupola	Serras du St esprit	St Thomas
R. tubefallira	C. demonts	G. dealnazuiom	Serras
C. de mesurade	Alonbada	Costes	Praia première
R. jonc	Ance del	C. second	Grand ance
Gros arbre	Terre daguzurie	Adiondi	Pequina
R. puante	Terre de negremite	Os montas	La plaie
Tabe grande rivière	Ance	Bariras	Terre haute
R. cestre ou est le roy	R. de ards	C. palmar	Desert
R. tabe collar	Ville longue	R. de Congo	Ylet
Petit Dieppe	R. dolagoa	R. de palme	Rivière de volte
St jouin	Rivière première	C. de padram	Ylet
Cetro	R. du benin	Ambrises	R. secque
Boutaone	R. des scraines	Life	Mt brinadas
Ouade	R. georomos	Obone	ance penegrande
Cron	C. fremose	Alande	Serras
Ratier	Stiliforeceque	Angoulle	Baie Ste hellaine
Badou	R. St berthelemy	Moriru	Ylet
Ninelet	R. real	R. de coango	Ance
Ance	Riv. de St berthelemy	C. Ledo	Table
C. de palme	R. du roy	Port de anbus	Ylet
Groouay	Ylles Ste anne	Longue	Cap de bonne espérance
Aldes de Portugal	Basses	Pt St formose	
R. St André	R. St Jean	B. St ambroise	

J. Guerard (1634)

C. Baiador	Guinée	I. du prince	C. Negre
Arquin	Lamine	St Omer	Maianba
R. de Senegal	Mine	C. Loupes	Ste helaine
C. de vert	Benin	Bramas	B. soldaigne
Gambie	Biafara	Congo	Table
R. grande	R. Gabon	Loanda	Cap de bonne espérance
Tagrin	Fernande	Angoulle	C. des eguilles

La nomenclature de Madagascar.

Reinel (Paris) av. 1517 À l'O. (du N. au S.)	Reinel (Munich) 1517	Ribeiro (1529)	Desliens (1641)	L'Harloienne	Roze (1542)	Desceliers (1546)	Desceliers (1550)	Le Testu (1555) carte 29 (fol. XIII v°)	Berthelot (1835)
Cady	Cady			'ada 'ady					
									Ia do buqui
							playne		
			de S. Marie						
C. de santo antonyo	C. de samt andra	Cio S. anadi	C. S. André			C. de S. André	C. de S andré	C. S. andré	
G. de dona da Cunha	G. de dona m. da Cunha	G. de dona mᵃ.		C.de dona mᵃ da cunha	. de dona mᵃ da cunha	G. de dame mario da cunha	G. de done mᶜ du c nha	G. de dona mᵃ da cunha	G. de donna mᵃ da cunha
terra de Samtome	trra de sto amtonyo	trra de S. antonio	terre de Saint Thom.	terre de Stielifens	erra de S. Ato	terre de Sᵗ Anthoine	terre de Sᵗ Anthoine	terre de Sᵗ Anthoine	terra de S. andres
baxos de pracell		baxos del pracel	coste de peell	basses de peel	aia do prasel	coste de pratel	coste de pracel	b. pracel	Baxos de Prace
			port capade			port capado	port cupado		
terra delgado	terra delgada	terra del goda		terra delgada	erra delgada			t. de Cate	Terra delagado
				yᵉ de Saca					
ylheo de S. Vicente	ilha de sam victe	y. de S. vicète	terre de Sᵗ Vincet	yᵉ de Sᵗ Vincent	. de S. Iago	p. de Sᵗ Vincent	p. de Sᵗ Vincent		Pta de S. Cinciute
porto de Samtiago	porto de Samtiago	porto de Sᵗ Iago		p. de Sᵗ Jacqz		port de Sᵗ Jaques	port de Sᵗ Jacques	port Sᵗ Jacque	Pta de S. tiago
									P° de S. Agostinho
									B. de S. Agostinho
	C. de Samta Justa		C. S. Justa			C. de Sᵗ Just	C. Sᵗ Just	C. Sᵗ Just	C. de Santa Justa
C. de Samta Maria	C. de S. cana	C. de S. Ma.	C. Sᵉ Marie	C. de Sᵉ Marie	Sta Maria	C. de Sᵉ mᵉ	C. de Stᵉ marie	C. Saincte Marie	las de Sa maria
									la de S. Sabastiao
									C. descorno
porto de crabaiu	porto de turobaya				. de cobar	tornbaz	Torambar	tuomare	
tarobay	turubana		R. de torunba			R. de forubar	R. de rerubar		
						R. dantipar			ante Para
y. dante pora	ilheos damtypera	S. dampa							
C. de Sa Romao	C. de Sam Rymao		C. Romain		. de S. Romain	C. Sᵗ Romain	C. Sᵗ Romain		C. de S. Romano
	motes San Romao								
y. de samta cra	ilheas de sta clara	y. de s. clara	y. s. clara			yᵉ sᵉ claire	yᵉ sᵉ claire		
C. aboulo	ivaboulo	enabulo	anaboujo	anabullo		anaboulo	anaboulo	cnsibambo	B. de Sta luzia
manatego	manategu	manatega	manantego	matangan	manatiga	manalega	manalega	nanalenga	manatangoa
manaiba	manayba	manaiba	manaita		manaiba	manaiba		manaihe	maiba
manapata	manapata	manapeta	manapata		manapata	manapate		manapare	manapata
natatana	matutana	matana	matatana		matanana	marana	matatana	matama	matatana
manajara	manu Jara	manajara		manaiara	manajara	manatcza			monantana
mamaluffo	mamalufo	nabasulo	mamaulo	mamaulo	mamaul	mamaulo	mamaul	manaluzo	moluco
cacacambo	Çacaçambo	cacucoho	Canco	Scasabo	sacasanbo	cacecabo	cacacabo	cacicambo	conçabo
arcos	arcos	arcos		Arcoz	arcuz	arcus	arc	artus	arcos
			yᵉ s. mᵉ	yᵉ de sᵗ. mᵃ.		yᵉ de sᵉ claire	yᵉ de sᵉ claire		la Sta maria
Baie d'antonio gonçalvez	Amguada damta gllz	agdad la g. llz				Baye de tanze calriez		Goncalvas	Baye de Antog.
	alogoa serrada	lago serra	b. serado	Lago serado	olago serado			lagocoa	
				port serad				C. temy	
								C. lampar	
C. do morro	cabo de maro	o p° maro	c. demareo	c. demoro	cap domoro	c. de mato	C. de mare	bomo	c. de banare
maro p' to	o porto de maro	eranero	maro		maaro	maaro	maaro	bomaro	
R. de bamaro	Ryo do bomaro			c. de siaporo	Siaparo		eranpt		
oci ampouro	ilhees de mocr apouro	o porto de sam Sibastja	siapore	port de S.	p. de S. sesbastia	S. Sebastie	S. Sebastien	b. S. Sebastien	P° de S. Sebastiao
	oporto de Sam Sebastia		S. Sebastien						las de dig° Sooros

TABLE DES MATIÈRES

LIVRE I

CHAPITRE I

CHAPITRE II

Cartographes et Cartes du XVIe siècle

CHAPITRE III

CARTOGRAPHES ET CARTES DU XVIIᵉ SIÈCLE

LIVRE II

CHAPITRE I

L'EUROPE MARITIME

CHAPITRE II

L'Afrique

CHAPITRE III

L'Asie, la route des Indes orientales, l'Archipel asiatique et le Japon

CHAPITRE IV

Le Continent Austral

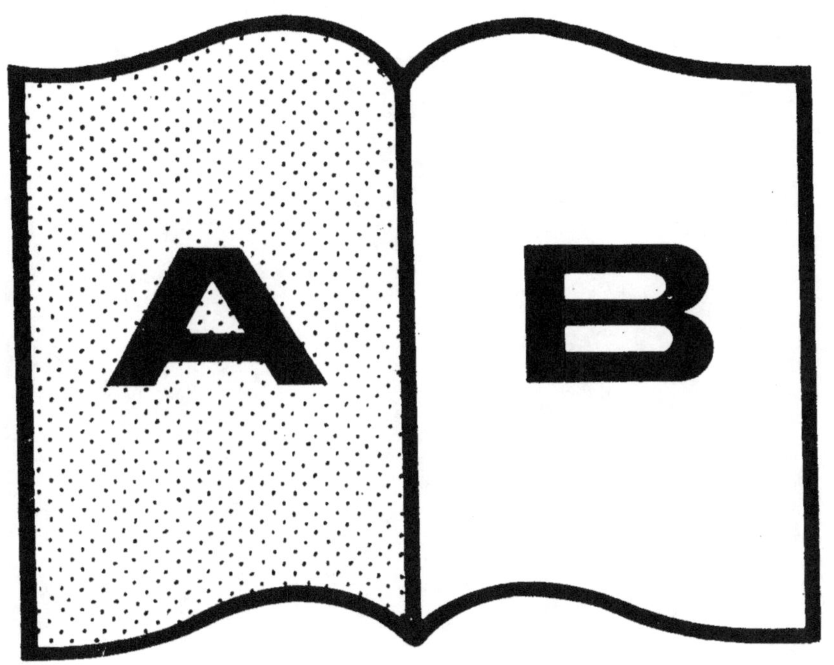

Contraste insuffisant

NF Z 43-120-14